矩阵论学习指导

赵礼峰　编著

东南大学出版社
·南京·

内容提要

本书为研究生教材《矩阵论》的配套学习参考用书，对矩阵论中的基本概念、主要结论和常用方法进行了简明扼要的分类总结. 全书共7章，每章都由教学基本要求、主要内容提要、解题方法归纳、典型例题解析、考博真题选录、书后习题解答、课外习题选解等内容组成.

本书可作为理工科院校硕士研究生"矩阵论"课程的学习指导用书，还可供相关科学技术人员参考.

图书在版编目(CIP)数据

矩阵论学习指导 / 赵礼峰编著. —南京：东南大学出版社，2016.8(2021.8重印)

ISBN 978-7-5641-6628-1

Ⅰ.①矩… Ⅱ.①赵… Ⅲ.①矩阵论—研究生—教学参考资料 Ⅳ.①O151.21

中国版本图书馆CIP数据核字(2016)第158702号

矩阵论学习指导

出版发行	东南大学出版社
社　　址	南京市四牌楼2号(邮编：210096)
出 版 人	江建中
责任编辑	吉雄飞(办公电话：025-83793169)
经　　销	全国各地新华书店
印　　刷	广东虎彩云印刷有限公司
开　　本	700mm×1000mm　1/16
印　　张	17.75
字　　数	348千字
版　　次	2016年8月第1版
印　　次	2021年8月第2次印刷
书　　号	ISBN 978-7-5641-6628-1
定　　价	40.00元

前　言

矩阵论是高等学校理工科研究生的一门重要基础课程.矩阵理论不仅是数学的一个重要组成部分,而且已成为现代科技领域中处理大量有限维空间形式与数量关系的强有力工具,它不仅能使所描述的问题具有极简洁的形式,而且也能使所描述的问题得以深入系统地研究.随着计算机和信息技术的飞速发展,以及复杂问题线性化技术的发展与成熟,不仅为矩阵理论的应用开辟了广阔的前景,也使工程技术的研究发生了新的变化,开拓了崭新的研究途径.矩阵理论和方法对培养人的科学素质、数学思维能力、数值计算与数据处理能力等具有不可替代的作用,对于将来从事工程技术工作的研究生来说,掌握矩阵理论和方法极其重要.

矩阵论内容不仅理论性强,概念比较抽象,而且有其独特的数学思维方式和解题技巧.学生在学习矩阵论时,往往感到概念多、结论多、算法多,对教学内容的全面理解也感到困难.为了方便课堂教学和研究生自学,使其更好地掌握矩阵论的学习内容,作者根据多年从事矩阵论课程教学工作经验,编写了《矩阵论学习指导》一书.本书紧扣许立炜、赵礼峰编著的《矩阵论》(科学出版社出版)研究生教材的内容体系,另外增加了 Hermite 二次型一章内容.本书对矩阵论中的基本概念、主要结论和常用方法进行了简明扼要的归纳和总结;通过对大量有代表性的典型例题解析,进一步揭示矩阵论的思想和方法;对原教材各章课后习题给出了解答;每章还选录了部分高校的考博真题;课外习题选解中的许多题目选自张明淳教授的《工程矩阵理论》(第 2 版,东南大学出版社出版)和戴华教授的《矩阵论》(科学出版社出版).矩阵论的各种题型与解题方法几乎都能从本书中获得,通过本书的学习,希望能够帮助读者加深对矩阵理论的理解,提高数学推理能力和计算能力.

在本书编写过程中,得到了南京邮电大学理学院李雷教授、王友国教授、唐家山教授、许立炜副教授等专家的支持和帮助,我的研究生黄奕雯、纪亚宝、刘艳清、纪亚劲、张雄、王刚刚等同学也做了许多工作,在此一并表示感谢.

限于作者水平有限,书中疏漏和不妥之处在所难免,敬请读者批评指正.

赵礼峰

2016 年 5 月于南京邮电大学

目　　录

1 线性空间与线性变换

线性空间与线性变换是学习矩阵论的基础，掌握有关概念与理论方法对后面学习有着重要作用.

1.1 教学基本要求

(1) 理解线性空间与线性子空间的定义与性质，会判断一个集合对于给定的运算是否是线性空间；

(2) 了解线性空间的基与维数以及向量在一个基下的坐标的求法；

(3) 掌握线性子空间的交与和的基与维数的求法以及维数的维数公式，掌握子空间的直和的判断方法，了解子空间的补子空间；

(4) 掌握线性变换的概念、线性变换的矩阵表示方法以及一个线性变换在不同基下矩阵之间的关系；

(5) 会求线性变换的核与值域的基与维数，了解坐标变换公式的应用；

(6) 理解线性不变子空间的定义与性质；

(7) 理解线性空间同构的意义与判断方法，了解线性空间同构的充要条件.

难点:(1) 线性空间的子空间交与和的基与维数的求法；

(2) 线性变换值域与核的求法；

(3) 已知向量 $\boldsymbol{\alpha}$ 在一组基下的坐标，求向量 $\boldsymbol{\alpha}$ 在线性变换 T 下的像 $T(\boldsymbol{\alpha})$ 在另一组基下的坐标.

1.2 主要内容提要

1.2.1 线性空间

线性空间的定义:设 V 是一个非空集合，P 是一个数域，在 V 中定义加法，在 P 与 V 之间定义数量乘法，且上述两种运算满足 8 条运算律，则称 V 是数域 P 上的一个线性空间.

线性空间中的元素均称为向量.

线性空间 V 中零向量是唯一的，V 中每一个向量的负向量是唯一的，且对 $k \in$

$P,\boldsymbol{\alpha}\in V$,则

$$k\boldsymbol{\alpha}=\mathbf{0}\Leftrightarrow k=0\text{ 或者 }\boldsymbol{\alpha}=\mathbf{0}.$$

1.2.2 线性子空间

线性空间V的非空子集W对于V的两种运算也构成数域P上的线性空间,则称W是V的子空间.

线性空间V的非空子集W是V的子空间$\Leftrightarrow\ \forall\boldsymbol{\alpha},\boldsymbol{\beta}\in W$以及$k,l\in P$,均有$k\boldsymbol{\alpha}+l\boldsymbol{\beta}\in W$.

有限生成子空间:线性空间V的任意n个向量$\boldsymbol{\alpha}_1,\boldsymbol{\alpha}_2,\cdots,\boldsymbol{\alpha}_n$的所有线性组合的集合组成$V$的子空间,称为由$\boldsymbol{\alpha}_1,\boldsymbol{\alpha}_2,\cdots,\boldsymbol{\alpha}_n$ **生成的子空间**,记为

$$\mathrm{span}\{\boldsymbol{\alpha}_1,\boldsymbol{\alpha}_2,\cdots,\boldsymbol{\alpha}_n\}=\{k_1\boldsymbol{\alpha}_1+k_2\boldsymbol{\alpha}_2+\cdots+k_n\boldsymbol{\alpha}_n\mid k_i\in P\}.$$

子空间交与和:设W_1,W_2是V的两个子空间,则$W_1\cap W_2,W_1+W_2$都是V的子空间.

注:$W_1\cup W_2$一般不是V的子空间,$W_1\cup W_2$是V的子空间$\Leftrightarrow W_1\subseteq W_2$或者$W_2\subseteq W_1$.

直和:设W_1,W_2是线性空间V的两个子空间,若W_1+W_2中每个元素$\boldsymbol{\alpha}$的分解式

$$\boldsymbol{\alpha}=\boldsymbol{\alpha}_1+\boldsymbol{\alpha}_2\quad(\boldsymbol{\alpha}_1\in W_1,\boldsymbol{\alpha}_2\in W_2)$$

是唯一的,则称W_1+W_2为直和,记为$W_1\oplus W_2$.

设W_1,W_2是线性空间V的两个子空间,则下列条件等价(判断子空间是否是直和的充分必要条件):

(1) W_1+W_2是直和;

(2) W_1+W_2中零元素的分解式唯一,即由

$$\mathbf{0}=\boldsymbol{\alpha}_1+\boldsymbol{\alpha}_2\quad(\boldsymbol{\alpha}_1\in W_1,\boldsymbol{\alpha}_2\in W_2)$$

可推出$\boldsymbol{\alpha}_1=\boldsymbol{\alpha}_2=\mathbf{0}$;

(3) $W_1\cap W_2=\{\mathbf{0}\}$;

(4) 若$\boldsymbol{\alpha}_1,\boldsymbol{\alpha}_2,\cdots,\boldsymbol{\alpha}_r$与$\boldsymbol{\beta}_1,\boldsymbol{\beta}_2,\cdots,\boldsymbol{\beta}_s$分别是$W_1,W_2$的线性无关组,则$\boldsymbol{\alpha}_1,\boldsymbol{\alpha}_2,\cdots,\boldsymbol{\alpha}_r,\boldsymbol{\beta}_1,\boldsymbol{\beta}_2,\cdots,\boldsymbol{\beta}_s$也线性无关;

(5) $\dim(W_1+W_2)=\dim W_1+\dim W_2$.

从而有结论:设W_1,W_2是线性空间V的两个子空间,若W_1+W_2是直和,则

$$\{W_1\text{ 的基}\}\cup\{W_2\text{ 的基}\}=\{W_1+W_2\text{ 的基}\}.$$

设W_1是n维线性空间V^n的一个子空间,则必存在V^n的另一个子空间W_2,使

$$V^n=W_1\oplus W_2.$$

1.2.3　线性空间的基、维数与坐标

线性空间 V 的一个向量组 $\boldsymbol{\alpha}_1,\boldsymbol{\alpha}_2,\cdots,\boldsymbol{\alpha}_n$ 称为 V 的一组基，若它们满足：① $\boldsymbol{\alpha}_1,\boldsymbol{\alpha}_2,\cdots,\boldsymbol{\alpha}_n$ 线性无关；② V 中任一向量均可由 $\boldsymbol{\alpha}_1,\boldsymbol{\alpha}_2,\cdots,\boldsymbol{\alpha}_n$ 线性表示. n 称为 V 的维数，记为 $\dim V=n$. V 中任一向量 $\boldsymbol{\alpha}$ 由基 $\boldsymbol{\alpha}_1,\boldsymbol{\alpha}_2,\cdots,\boldsymbol{\alpha}_n$ 线性表示的方法唯一，设为 $\boldsymbol{\alpha}=x_1\boldsymbol{\alpha}_1+x_2\boldsymbol{\alpha}_2+\cdots+x_n\boldsymbol{\alpha}_n$，则称 $\boldsymbol{X}=(x_1,x_2,\cdots,x_n)^{\mathrm{T}}$ 为向量 $\boldsymbol{\alpha}$ 在基 $\boldsymbol{\alpha}_1,\boldsymbol{\alpha}_2,\cdots,\boldsymbol{\alpha}_n$ 下的坐标. 此时，$\boldsymbol{\alpha}=(\boldsymbol{\alpha}_1,\boldsymbol{\alpha}_2,\cdots,\boldsymbol{\alpha}_n)\boldsymbol{X}$.

主要性质：(1) 设 $\dim V=n$，则 V 中任意 n 个线性无关的向量均构成 V 的一组基；

(2) 设 $\dim V=n$，则 V 中任意 $r(r<n)$ 个线性无关的向量均可以扩充为 V 的一组基.

常用的基：(1) 线性空间 $\mathbf{C}^n(\mathbf{R}^n)$ 的自然基(也称为标准基) $\boldsymbol{e}_1=(1,0,\cdots,0)^{\mathrm{T}}$，$\boldsymbol{e}_2=(0,1,0,\cdots,0)^{\mathrm{T}},\cdots,\boldsymbol{e}_n=(0,\cdots,0,1)^{\mathrm{T}}$.

(2) $P_n[x]$ 的基 $1,x,\cdots,x^{n-1}$.

(3) 矩阵空间 $\mathbf{C}^{m\times n}$ 的基 $\boldsymbol{E}_{ij}(i=1,2,\cdots,m;j=1,2,\cdots,n)$，其中 $\boldsymbol{E}_{ij}$ 是第 i 行第 j 列处元素为 1，其余元素都为零的 $m\times n$ 矩阵.

(4) $\mathrm{span}\{\boldsymbol{\alpha}_1,\boldsymbol{\alpha}_2,\cdots,\boldsymbol{\alpha}_n\}$ 的基就是 $\boldsymbol{\alpha}_1,\boldsymbol{\alpha}_2,\cdots,\boldsymbol{\alpha}_n$ 的一个极大无关组.

(5) 设 $\boldsymbol{A}\in\mathbf{C}^{m\times n}$，且 $\boldsymbol{A}=(\boldsymbol{A}_1,\boldsymbol{A}_2,\cdots,\boldsymbol{A}_n)$，则 $\boldsymbol{A}$ 的列空间 $R(\boldsymbol{A})=\mathrm{span}\{\boldsymbol{A}_1,\boldsymbol{A}_2,\cdots,\boldsymbol{A}_n\}$，$\dim R(T)=r(\boldsymbol{A})$；$\boldsymbol{A}$ 的零空间 $N(\boldsymbol{A})=\{\boldsymbol{X}\in\mathbf{C}^n\mid\boldsymbol{AX}=\boldsymbol{0}\}$ 即为齐次线性方程组 $\boldsymbol{AX}=\boldsymbol{0}$ 的解空间，基就是 $\boldsymbol{AX}=\boldsymbol{0}$ 的一个基础解系，其维数等于 $n-r(\boldsymbol{A})$.

1.3　解题方法归纳

(1) 要证明 V 是数域 P 上的线性空间，必须验证 V 对于向量的加法与数乘运算封闭，且满足 8 条性质；如果说明 V 不是数域 P 上的线性空间，则只需说明 V 对于向量的加法与数乘运算其中之一不封闭，或者运算不满足 8 条中的某一条即可.

(2) 要证明 W 是 V 子空间，首先说明 W 不空，再证明 W 对 V 的两种运算封闭即可.

(3) 要说明一个线性空间 V 的维数是 n，只需找出 V 中 n 个线性无关的向量，并且 V 中每一个向量均可以由这 n 个向量线性表示.

(4) 求 $\mathbf{R}^n$ 的两个子空间 W_1 与 W_2 的交与和的基与维数的方法：

① 利用 W_1 的基 $\boldsymbol{\alpha}_1,\boldsymbol{\alpha}_2,\cdots,\boldsymbol{\alpha}_r$ 与 W_2 的基 $\boldsymbol{\beta}_1,\boldsymbol{\beta}_2,\cdots,\boldsymbol{\beta}_s$，求出 $\boldsymbol{\alpha}_1,\boldsymbol{\alpha}_2,\cdots,\boldsymbol{\alpha}_r,\boldsymbol{\beta}_1,\boldsymbol{\beta}_2,\cdots,\boldsymbol{\beta}_s$ 的极大无关组 $\boldsymbol{\gamma}_1,\boldsymbol{\gamma}_2,\cdots,\boldsymbol{\gamma}_t$，则

$$\dim\mathrm{span}\{\boldsymbol{\alpha}_1,\boldsymbol{\alpha}_2,\cdots,\boldsymbol{\alpha}_r,\boldsymbol{\beta}_1,\boldsymbol{\beta}_2,\cdots,\boldsymbol{\beta}_s\}=t=\dim(W_1+W_2);$$

② 求出使 $\boldsymbol{\xi}=x_1\boldsymbol{\alpha}_1+x_2\boldsymbol{\alpha}_2+\cdots+x_r\boldsymbol{\alpha}_r=y_1\boldsymbol{\beta}_1+y_2\boldsymbol{\beta}_2+\cdots+y_s\boldsymbol{\beta}_s$ 的向量组的

极大无关组 $\boldsymbol{\xi}_1,\boldsymbol{\xi}_2,\cdots,\boldsymbol{\xi}_k$,就是 $W_1\cap W_2$ 的基.

(5) 证明 $W=W_1\oplus W_2$:首先证明 $W=W_1+W_2$,其次证明 $W_1\cap W_2=\{\mathbf{0}\}$ 或者 $\dim W=\dim W_1+\dim W_2$.

(6) 求线性变换 T 在一组基 $\boldsymbol{\alpha}_1,\boldsymbol{\alpha}_2,\cdots,\boldsymbol{\alpha}_n$ 下的矩阵 $\mathbf{A}$:

① 直接求法:将 $T(\boldsymbol{\alpha}_j)$ 在基 $\boldsymbol{\alpha}_1,\boldsymbol{\alpha}_2,\cdots,\boldsymbol{\alpha}_n$ 下的坐标作为第 $j(j=1,2,\cdots,n)$ 列,所得矩阵即为 $\mathbf{A}$.

② 间接求法:利用同一个线性变换在不同基下的矩阵是相似的性质求.即若线性变换 T 在基 $\boldsymbol{\alpha}_1,\boldsymbol{\alpha}_2,\cdots,\boldsymbol{\alpha}_n$ 的矩阵是 $\mathbf{A}$,则 T 在基 $\boldsymbol{\beta}_1,\boldsymbol{\beta}_2,\cdots,\boldsymbol{\beta}_n$ 的矩阵 $\mathbf{B}=\mathbf{P}^{-1}\mathbf{A}\mathbf{P}$,其中 $\mathbf{P}$ 是从基 $\boldsymbol{\alpha}_1,\boldsymbol{\alpha}_2,\cdots,\boldsymbol{\alpha}_n$ 到基 $\boldsymbol{\beta}_1,\boldsymbol{\beta}_2,\cdots,\boldsymbol{\beta}_n$ 的过渡矩阵.

(7) 求线性变换 T 的值域与核的方法:

设 T 在基 $\boldsymbol{\alpha}_1,\boldsymbol{\alpha}_2,\cdots,\boldsymbol{\alpha}_n$ 下的矩阵是 $\mathbf{A}$,且 $r(\mathbf{A})=r$.

① 若 $\mathbf{A}$ 的列向量组的极大无关组为 $\boldsymbol{\xi}_1,\boldsymbol{\xi}_2,\cdots,\boldsymbol{\xi}_r$,则

$$\boldsymbol{\eta}_j=(\boldsymbol{\alpha}_1,\boldsymbol{\alpha}_2,\cdots,\boldsymbol{\alpha}_n)\boldsymbol{\xi}_j\quad(j=1,2,\cdots,r)$$

即为值域 $R(T)$ 的一组基;

② 若齐次线性方程组 $\mathbf{AX}=\mathbf{0}$ 的基础解系为 $\boldsymbol{\gamma}_1,\boldsymbol{\gamma}_2,\cdots,\boldsymbol{\gamma}_{n-r}$,则

$$\boldsymbol{\delta}_j=(\boldsymbol{\alpha}_1,\boldsymbol{\alpha}_2,\cdots,\boldsymbol{\alpha}_n)\boldsymbol{\gamma}_j\quad(j=1,2,\cdots,n-r)$$

就是 T 的核 $\mathrm{Ker}(T)$ 的一组基.

1.4 典型例题解析

例 1.1 在实数域 $\mathbf{R}$ 上,二维向量的集合 $V=\{(a,b)\mid a,b\in\mathbf{R}\}$,按照以下的加法与数乘:

$$\forall(a_1,b_1),(a_2,b_2)\in V,k\in\mathbf{R},$$
$$(a_1,b_1)\oplus(a_2,b_2)=(a_1+a_2,b_1+b_2+a_1a_2),$$
$$k\otimes(a_1,b_1)=\left(ka_1,kb_1+\frac{1}{2}k(k-1)a_1^2\right),$$

则 V 是数域 $\mathbf{R}$ 上的线性空间.

证明:首先 V 显然非空,且对两个运算封闭,即

$$\forall(a_1,b_1),(a_2,b_2)\in V,k\in\mathbf{R},$$
$$(a_1,b_1)\oplus(a_2,b_2)=(a_1+a_2,b_1+b_2+a_1a_2)\in V,$$
$$k\otimes(a_1,b_1)=\left(ka_1,kb_1+\frac{1}{2}k(k-1)a_1^2\right)\in V.$$

再设 $\boldsymbol{\alpha}=(a_1,b_2),\boldsymbol{\beta}=(a_2,b_2),\boldsymbol{\gamma}=(a_3,b_3)$,及 $k,l\in\mathbf{R}$.

(1) $\boldsymbol{\alpha}\oplus\boldsymbol{\beta}=\boldsymbol{\beta}\oplus\boldsymbol{\alpha}=(a_2+a_1,b_2+b_1+a_2a_1)$;

(2) $(\boldsymbol{\alpha}\oplus\boldsymbol{\beta})\oplus\boldsymbol{\gamma}=((a_1+a_2)+a_3,(b_1+b_2+a_1a_2)+b_3+(a_1+a_2)a_3)$

$$= (a_1 + a_2 + a_3, b_1 + b_2 + b_3 + a_1a_2 + a_1a_3 + a_2a_3),$$

$$\boldsymbol{\alpha} \oplus (\boldsymbol{\beta} \oplus \boldsymbol{\gamma}) = (a_1 + (a_2 + a_3), b_1 + (b_2 + b_3 + a_2a_3) + a_1(a_2 + a_3))$$
$$= (a_1 + a_2 + a_3, b_1 + b_2 + b_3 + a_2a_3 + a_1a_2 + a_1a_3)$$
$$= (\boldsymbol{\alpha} \oplus \boldsymbol{\beta}) \oplus \boldsymbol{\gamma};$$

(3) $\mathbf{0} = (0,0)$，$\boldsymbol{\alpha} \oplus \mathbf{0} = (a_1 + 0, b_1 + 0 + a_1 \cdot 0) = (a_1, b_1) = \boldsymbol{\alpha}$;

(4) $\boldsymbol{\alpha}$ 负向量为 $-\boldsymbol{\alpha} = (-a_1, a_1^2 - b_1)$，且

$$\boldsymbol{\alpha} \oplus (-\boldsymbol{\alpha}) = (a_1 + (-a_1), b_1 + (a_1^2 - b_1) + a_1(-a_1)) = (0,0) = \mathbf{0};$$

(5) $1 \otimes \boldsymbol{\alpha} = \left(1 \cdot a_1, 1 \cdot b_1 + \frac{1}{2} \cdot 1 \cdot (1-1)a_1^2\right) = (a_1, b_1) = \boldsymbol{\alpha}$;

(6)
$$k \otimes (l \otimes \boldsymbol{\alpha}) = k \otimes \left(la_1, lb_1 + \frac{1}{2}l(l-1)a_1^2\right)$$
$$= \left(kla_1, k\left(lb_1 + \frac{1}{2}l(l-1)a_1^2\right) + \frac{1}{2}k(k-1)(la_1)^2\right)$$
$$= \left(kla_1, klb_1 + \frac{1}{2}kla_1^2(l-1+(k-1)l)\right)$$
$$= \left(kla_1, klb_1 + \frac{1}{2}kl(kl-1)a_1^2\right) = kl \otimes \boldsymbol{\alpha};$$

(7)
$$(k+l) \otimes \boldsymbol{\alpha} = \left((k+l)a_1, (k+l)b_1 + \frac{1}{2}(k+l)(k+l-1)a_1^2\right)$$
$$= \left((k+l)a_1, (k+l)b_1 + \frac{1}{2}(k^2 + l^2 + 2kl - k - l)a_1^2\right)$$
$$= \left(ka_1 + la_1, kb_1 + \frac{1}{2}k(k-1)a_1^2\right.$$
$$\left. + lb_1 + \frac{1}{2}l(l-1)a_1^2 + ka_1 \cdot la_1\right)$$
$$= k \otimes \boldsymbol{\alpha} \oplus l \otimes \boldsymbol{\alpha};$$

(8)
$$k \otimes (\boldsymbol{\alpha} \oplus \boldsymbol{\beta}) = k \otimes (a_1 + a_2, b_1 + b_2 + a_1a_2)$$
$$= \left(k(a_1 + a_2), k(b_1 + b_2 + a_1a_2) + \frac{1}{2}k(k-1)(a_1 + a_2)^2\right)$$
$$= \left(ka_1 + ka_2, kb_1 + \frac{1}{2}k(k-1)a_1^2\right.$$
$$\left. + kb_2 + \frac{1}{2}k(k-1)a_2^2 + ka_1a_2 + k(k-1)a_1a_2\right)$$
$$= \left(ka_1 + ka_2, \left(kb_1 + \frac{1}{2}k(k-1)a_1^2\right)\right.$$
$$\left. + \left(kb_2 + \frac{1}{2}k(k-1)a_2^2\right) + k^2a_1a_2\right)$$
$$= \left(ka_1, kb_1 + \frac{1}{2}k(k-1)a_1^2\right) \oplus \left(ka_2, kb_2 + \frac{1}{2}k(k-1)a_2^2\right)$$

$$= k \otimes \boldsymbol{\alpha} \oplus k \otimes \boldsymbol{\beta}.$$

故 V 是一个线性空间.

注:要判定一个集合 V 是否构成数域 P 上的线性空间,需验证 V 对两种运算封闭,且满足 8 条运算性质.

例 1.2 判断 $\mathbf{R}^{2\times2}$ 的下列子集是否构成子空间:

(1) $W_1 = \{\boldsymbol{A} \in \mathbf{R}^{2\times2} \mid \det\boldsymbol{A} = 0\}$;

(2) $W_2 = \{\boldsymbol{A} \in \mathbf{R}^{2\times2} \mid \boldsymbol{A}^2 = \boldsymbol{A}\}$.

解:(1) 取 $\boldsymbol{A} = \begin{bmatrix} 1 & -1 \\ 0 & 0 \end{bmatrix}$,$\boldsymbol{B} = \begin{bmatrix} 0 & -1 \\ 0 & 1 \end{bmatrix}$,则 $\boldsymbol{A}+\boldsymbol{B} = \begin{bmatrix} 1 & -2 \\ 0 & 1 \end{bmatrix}$,且 $\det\boldsymbol{A} = 0$,$\det\boldsymbol{B} = 0$,所以 $\boldsymbol{A},\boldsymbol{B} \in W_1$,而 $\det(\boldsymbol{A}+\boldsymbol{B}) = 1$,即 $\boldsymbol{A}+\boldsymbol{B} \notin W_1$,故 W_1 不是子空间.

(2) 取 $\boldsymbol{A} = \begin{bmatrix} 1 & 0 \\ 0 & 0 \end{bmatrix}$,有 $\boldsymbol{A}^2 = \boldsymbol{A}$,而 $2\boldsymbol{A} = \begin{bmatrix} 2 & 0 \\ 0 & 0 \end{bmatrix} \neq \begin{bmatrix} 4 & 0 \\ 0 & 0 \end{bmatrix} = (2\boldsymbol{A})^2$,即不满足数乘运算,故 W_2 不是子空间.

注:判断一个向量集合是否为子空间,只要证明加法或者数乘不封闭即可.

例 1.3 设 $\boldsymbol{C} = \begin{bmatrix} 1 & 1 \\ 0 & 0 \end{bmatrix}$,$W = \{\boldsymbol{A} \in \mathbf{R}^{2\times2} \mid \boldsymbol{AC} = \boldsymbol{CA}\}$.

(1) 证明 W 是 $\mathbf{R}^{2\times2}$ 的子空间;

(2) 求 W 的基与维数;

(3) 写出 W 中向量的一般形式.

解:(1) $\boldsymbol{O} \in W$,所以 W 非空. 任取 $\boldsymbol{A},\boldsymbol{B} \in W$,$k \in \mathbf{R}$,则 $\boldsymbol{AC} = \boldsymbol{CA}$,$\boldsymbol{BC} = \boldsymbol{CB}$,故 $(\boldsymbol{A}+\boldsymbol{B})\boldsymbol{C} = \boldsymbol{C}(\boldsymbol{A}+\boldsymbol{B})$,$(k\boldsymbol{A})\boldsymbol{C} = \boldsymbol{C}(k\boldsymbol{A})$,即 $\boldsymbol{A}+\boldsymbol{B}, k\boldsymbol{A} \in W$,因此 W 是 $\mathbf{R}^{2\times2}$ 的子空间.

(2) 任取 $\boldsymbol{A} = \begin{bmatrix} a & b \\ c & d \end{bmatrix} \in W$,由 $\boldsymbol{AC} = \boldsymbol{CA}$,得到 $\boldsymbol{A} = \begin{bmatrix} b+d & b \\ 0 & d \end{bmatrix}$,其中 b,d 是任意实数. 于是得到 W 中两个线性无关的向量 $\boldsymbol{A}_1 = \begin{bmatrix} 1 & 1 \\ 0 & 0 \end{bmatrix}$,$\boldsymbol{A}_2 = \begin{bmatrix} 1 & 0 \\ 0 & 1 \end{bmatrix}$ 构成一组基,所以 $\dim W = 2$.

(3) 由(2) 的解题过程得到 W 中向量的一般形式是

$$\boldsymbol{A} = \begin{bmatrix} b+d & b \\ 0 & d \end{bmatrix}, \quad \text{其中 } b,d \text{ 是任意实数.}$$

注:求子空间的基与维数时,先给出该子空间中向量的一般表达式,再对其中的独立参数分别将一个取 1,其余均取 0,即得该空间的一组基.

例 1.4　下列 P^n 的子集中是 P^n 的子空间的为(　　).

A. $W_1=\{(a_1,a_2,\cdots,a_n)\mid a_1+a_2+\cdots+a_n=0\}$

B. $W_2=\{(a_1,a_2,\cdots,a_n)\mid a_1^2+a_2^2+\cdots+a_n^2\leqslant 1\}$

C. $W_3=\{(a_1,a_2,\cdots,a_n)\mid a_1+a_2+\cdots+a_n=1\}$

D. $W_4=\{(a_1,a_2,\cdots,a_n)\mid a_1a_2\cdots a_n=0\}$

解:答案为 A.

因为设 $\boldsymbol{\alpha}=(a_1,a_2,\cdots,a_n)$,$\boldsymbol{\beta}=(b_1,b_2,\cdots,b_n)\in W_1$,则 $\sum\limits_{i=1}^{n}a_i=0$, $\sum\limits_{i=1}^{n}b_i=0$,故 $\sum\limits_{i=1}^{n}(a_i+b_i)=0$,即 $\boldsymbol{\alpha}+\boldsymbol{\beta}\in W_1$,同理 $k\boldsymbol{\alpha}\in W_1$,所以 W_1 是子空间.

B 选项数乘不封闭,例如取 $\boldsymbol{\alpha}=\left(\dfrac{1}{2},0,\cdots,0\right)\in W_2$,满足 $a_1^2+a_2^2+\cdots+a_n^2\leqslant 1$,但是 $4\boldsymbol{\alpha}=(2,0,\cdots,0)\notin W_2$.

C 选项加法不封闭,例如取 $\boldsymbol{\alpha}=(1,0,\cdots,0)\in W_3$,$\boldsymbol{\beta}=(0,1,\cdots,0)\in W_3$,但是 $\boldsymbol{\alpha}+\boldsymbol{\beta}=(1,1,\cdots,0)\notin W_3$.

D 选项加法不封闭,例如取 $\boldsymbol{\alpha}=(1,1,\cdots,1,0)\in W_4$,$\boldsymbol{\beta}=(0,1,\cdots,1,1)\in W_4$,但是 $\boldsymbol{\alpha}+\boldsymbol{\beta}=(1,2,\cdots,2,1)\notin W_4$.

例 1.5　已知 $\boldsymbol{\alpha}_1,\boldsymbol{\alpha}_2,\boldsymbol{\alpha}_3,\boldsymbol{\alpha}_4$ 是线性空间的 4 个线性无关的向量,设

$$\boldsymbol{\beta}_1=\boldsymbol{\alpha}_1+\boldsymbol{\alpha}_2,\quad \boldsymbol{\beta}_2=\boldsymbol{\alpha}_2+\boldsymbol{\alpha}_3,\quad \boldsymbol{\beta}_3=\boldsymbol{\alpha}_3+\boldsymbol{\alpha}_4,\quad \boldsymbol{\beta}_4=\boldsymbol{\alpha}_4+\boldsymbol{\alpha}_1,$$
$$W=\operatorname{span}\{\boldsymbol{\beta}_1,\boldsymbol{\beta}_2,\boldsymbol{\beta}_3,\boldsymbol{\beta}_4\},$$

求 W 的维数与一组基.

解:由题意

$$(\boldsymbol{\beta}_1,\boldsymbol{\beta}_2,\boldsymbol{\beta}_3,\boldsymbol{\beta}_4)=(\boldsymbol{\alpha}_1,\boldsymbol{\alpha}_2,\boldsymbol{\alpha}_3,\boldsymbol{\alpha}_4)\begin{bmatrix}1&0&0&1\\1&1&0&0\\0&1&1&0\\0&0&1&1\end{bmatrix},$$

令

$$\boldsymbol{A}=\begin{bmatrix}1&0&0&1\\1&1&0&0\\0&1&1&0\\0&0&1&1\end{bmatrix}\xrightarrow{\text{初等行变换}}\begin{bmatrix}1&0&0&1\\0&1&0&-1\\0&0&1&1\\0&0&0&0\end{bmatrix},$$

故 $r(\boldsymbol{A})=3$,所以 $r(\boldsymbol{\beta}_1,\boldsymbol{\beta}_2,\boldsymbol{\beta}_3,\boldsymbol{\beta}_4)=3$,且 $\boldsymbol{\beta}_1,\boldsymbol{\beta}_2,\boldsymbol{\beta}_3$ 为一个极大无关组,从而构成 W 的基,于是 $\dim W=3$.

例 1.6　证明:所有 n 阶对称矩阵组成 $\dfrac{n(n+1)}{2}$ 维线性空间;所有 n 阶反对称矩阵组成 $\dfrac{n(n-1)}{2}$ 维线性空间.

证明:用 $\boldsymbol{E}_{ij}$ 表示 n 阶矩阵中除第 i 行、第 j 列的元素为1外,其余元素全为0的矩阵. 令 $\boldsymbol{F}_{ij}=\boldsymbol{E}_{ij}+\boldsymbol{E}_{ji}(1\leqslant i<j\leqslant n)$.

显然,$\boldsymbol{E}_{ii}$,$\boldsymbol{F}_{ij}$ 都是对称矩阵,$\boldsymbol{E}_{ii}$ 有 n 个,$\boldsymbol{F}_{ij}$ 有 $\frac{n(n-1)}{2}$ 个. 不难证明 $\boldsymbol{E}_{ii}$,$\boldsymbol{F}_{ij}$ 是线性无关的,且任何一个对称矩阵都可以用这 $n+\frac{n(n-1)}{2}=\frac{n(n+1)}{2}$ 个矩阵线性表示,此即 n 阶对称矩阵组成 $\frac{n(n+1)}{2}$ 维线性空间.

同样可证所有 n 阶反对称矩阵组成 $\frac{n(n-1)}{2}$ 维线性空间.

> **注**:要证明一个线性空间 V 在加法与数乘两种运算下是一个 n 维线性空间,只需在 V 中找出 n 个线性无关的向量,并且集合中任何一个向量都可用这 n 个向量线性表示.

例 1.7 已知 $\mathbf{R}^4$ 中的两组基:

$$\boldsymbol{\alpha}_1=(1,-1,0,0)^{\mathrm{T}},\quad \boldsymbol{\alpha}_2=(0,1,-1,0)^{\mathrm{T}},$$
$$\boldsymbol{\alpha}_3=(0,0,1,-1)^{\mathrm{T}},\quad \boldsymbol{\alpha}_4=(1,0,0,1)^{\mathrm{T}}$$

与

$$\boldsymbol{\beta}_1=(2,1,-1,1)^{\mathrm{T}},\quad \boldsymbol{\beta}_2=(0,3,1,0)^{\mathrm{T}},$$
$$\boldsymbol{\beta}_3=(5,3,2,1)^{\mathrm{T}},\quad \boldsymbol{\beta}_4=(6,6,1,3)^{\mathrm{T}}.$$

(1) 求由基 $\boldsymbol{\alpha}_1,\boldsymbol{\alpha}_2,\boldsymbol{\alpha}_3,\boldsymbol{\alpha}_4$ 到 $\boldsymbol{\beta}_1,\boldsymbol{\beta}_2,\boldsymbol{\beta}_3,\boldsymbol{\beta}_4$ 的过渡矩阵;

(2) 求向量 $\boldsymbol{\xi}=(1,0,1,0)^{\mathrm{T}}$ 在基 $\boldsymbol{\beta}_1,\boldsymbol{\beta}_2,\boldsymbol{\beta}_3,\boldsymbol{\beta}_4$ 下的坐标.

解:(1) 设

$$(\boldsymbol{\beta}_1,\boldsymbol{\beta}_2,\boldsymbol{\beta}_3,\boldsymbol{\beta}_4)=(\boldsymbol{\alpha}_1,\boldsymbol{\alpha}_2,\boldsymbol{\alpha}_3,\boldsymbol{\alpha}_4)\boldsymbol{P},$$

将 $\boldsymbol{\alpha}_1,\boldsymbol{\alpha}_2,\boldsymbol{\alpha}_3,\boldsymbol{\alpha}_4$ 与 $\boldsymbol{\beta}_1,\boldsymbol{\beta}_2,\boldsymbol{\beta}_3,\boldsymbol{\beta}_4$ 的坐标代入上式得

$$\begin{bmatrix}2&0&5&6\\1&3&3&6\\-1&1&2&1\\1&0&1&3\end{bmatrix}=\begin{bmatrix}1&0&0&1\\-1&1&0&0\\0&-1&1&0\\0&0&-1&1\end{bmatrix}\boldsymbol{P},$$

故过渡矩阵

$$\boldsymbol{P}=\begin{bmatrix}1&0&0&1\\-1&1&0&0\\0&-1&1&0\\0&0&-1&1\end{bmatrix}^{-1}\begin{bmatrix}2&0&5&6\\1&3&3&6\\-1&1&2&1\\1&0&1&3\end{bmatrix}=\begin{bmatrix}\frac{1}{2}&-2&-\frac{1}{2}&-2\\\frac{3}{2}&1&\frac{5}{2}&4\\\frac{1}{2}&2&\frac{9}{2}&5\\\frac{3}{2}&2&\frac{11}{2}&8\end{bmatrix}.$$

(2) 设

$$\boldsymbol{\xi}=\begin{bmatrix}1\\0\\1\\0\end{bmatrix}=(\boldsymbol{\beta}_1,\boldsymbol{\beta}_2,\boldsymbol{\beta}_3,\boldsymbol{\beta}_4)\begin{bmatrix}y_1\\y_2\\y_3\\y_4\end{bmatrix},$$

将 $\boldsymbol{\beta}_1,\boldsymbol{\beta}_2,\boldsymbol{\beta}_3,\boldsymbol{\beta}_4$ 的坐标代入上式后整理得

$$\begin{bmatrix}y_1\\y_2\\y_3\\y_4\end{bmatrix}=\begin{bmatrix}2&0&5&6\\1&3&3&6\\-1&1&2&1\\1&0&1&3\end{bmatrix}^{-1}\begin{bmatrix}1\\0\\1\\0\end{bmatrix}=\begin{bmatrix}-\frac{5}{9}\\-\frac{8}{27}\\\frac{1}{3}\\\frac{2}{27}\end{bmatrix}.$$

例 1.8　已知

$$\boldsymbol{\alpha}_1=(1,2,1,0)^{\mathrm{T}},\quad \boldsymbol{\alpha}_2=(-1,1,1,1)^{\mathrm{T}},$$
$$\boldsymbol{\beta}_1=(2,-1,0,1)^{\mathrm{T}},\quad \boldsymbol{\beta}_2=(1,-1,3,7)^{\mathrm{T}},$$

求 $\mathrm{span}\{\boldsymbol{\alpha}_1,\boldsymbol{\alpha}_2\}$ 与 $\mathrm{span}\{\boldsymbol{\beta}_1,\boldsymbol{\beta}_2\}$ 的和与交的基和维数.

解: 设 $W_1=\mathrm{span}\{\boldsymbol{\alpha}_1,\boldsymbol{\alpha}_2\}$，$W_2=\mathrm{span}\{\boldsymbol{\beta}_1,\boldsymbol{\beta}_2\}$，则

$$W_1+W_2=\mathrm{span}\{\boldsymbol{\alpha}_1,\boldsymbol{\alpha}_2,\boldsymbol{\beta}_1,\boldsymbol{\beta}_2\},$$

由于 $r\{\boldsymbol{\alpha}_1,\boldsymbol{\alpha}_2,\boldsymbol{\beta}_1,\boldsymbol{\beta}_2\}=3$，且 $\boldsymbol{\alpha}_1,\boldsymbol{\alpha}_2,\boldsymbol{\beta}_1$ 是向量 $\boldsymbol{\alpha}_1,\boldsymbol{\alpha}_2,\boldsymbol{\beta}_1,\boldsymbol{\beta}_2$ 的一个极大线性无关组，所以和空间的维数是 3，基为 $\boldsymbol{\alpha}_1,\boldsymbol{\alpha}_2,\boldsymbol{\beta}_1$.

设 $\boldsymbol{\xi}\in W_1\cap W_2$，故

$$\boldsymbol{\xi}=k_1\boldsymbol{\alpha}_1+k_2\boldsymbol{\alpha}_2=l_1\boldsymbol{\beta}_1+l_2\boldsymbol{\beta}_2,$$

即

$$k_1\begin{bmatrix}1\\2\\1\\0\end{bmatrix}+k_2\begin{bmatrix}-1\\1\\1\\1\end{bmatrix}-l_1\begin{bmatrix}2\\-1\\0\\1\end{bmatrix}-l_2\begin{bmatrix}1\\-1\\3\\7\end{bmatrix}=\mathbf{0},$$

解之得

$$k_1=-l_2,\quad k_2=4l_2,\quad l_1=-3l_2\quad(l_2\text{ 为任意数}),$$

于是

$$\boldsymbol{\xi}=k_1\boldsymbol{\alpha}_1+k_2\boldsymbol{\alpha}_2=l_2(-5,2,3,4)^{\mathrm{T}}\quad(\text{很显然 }\boldsymbol{\xi}=l_1\boldsymbol{\beta}_1+l_2\boldsymbol{\beta}_2),$$

所以交空间的维数为 1，基为 $(-5,2,3,4)^{\mathrm{T}}$.

例 1.9 在实数域上的线性空间 $\mathbf{R}^{2\times 2}$ 上定义映射

$$T:\mathbf{R}^{2\times 2}\to\mathbf{R}^{2\times 2},\quad T(\boldsymbol{X})=\boldsymbol{AX}-\boldsymbol{XA},\quad \forall\,\boldsymbol{X}\in\mathbf{R}^{2\times 2},$$

其中 $\boldsymbol{A}=\begin{bmatrix}a&b\\c&d\end{bmatrix}$.

(1) 证明:T 是 $\mathbf{R}^{2\times 2}$ 的一个线性变换;

(2) 证明:对于任意的 $\boldsymbol{X},\boldsymbol{Y}\in\mathbf{R}^{2\times 2}$ 都有 $T(\boldsymbol{XY})=T(\boldsymbol{X})\boldsymbol{Y}+\boldsymbol{X}T(\boldsymbol{Y})$;

(3) 求 T 在基

$$\boldsymbol{E}_{11}=\begin{bmatrix}1&0\\0&0\end{bmatrix},\quad \boldsymbol{E}_{12}=\begin{bmatrix}0&1\\0&0\end{bmatrix},\quad \boldsymbol{E}_{21}=\begin{bmatrix}0&0\\1&0\end{bmatrix},\quad \boldsymbol{E}_{22}=\begin{bmatrix}0&0\\0&1\end{bmatrix}$$

下的矩阵;

(4) 设

$$\boldsymbol{F}_{11}=\boldsymbol{E}_{11},\quad \boldsymbol{F}_{12}=\boldsymbol{E}_{11}+\boldsymbol{E}_{12},$$
$$\boldsymbol{F}_{21}=\boldsymbol{E}_{11}+\boldsymbol{E}_{12}+\boldsymbol{E}_{21},\quad \boldsymbol{F}_{22}=\boldsymbol{E}_{11}+\boldsymbol{E}_{12}+\boldsymbol{E}_{21}+\boldsymbol{E}_{22},$$

试证 $\boldsymbol{F}_{11},\boldsymbol{F}_{12},\boldsymbol{F}_{21},\boldsymbol{F}_{22}$ 也是 $\mathbf{R}^{2\times 2}$ 的一个基,并求 T 在基 $\boldsymbol{F}_{11},\boldsymbol{F}_{12},\boldsymbol{F}_{21},\boldsymbol{F}_{22}$ 下的矩阵.

解:(1) 对任意的 $\boldsymbol{X},\boldsymbol{Y}\in\mathbf{R}^{2\times 2}$,$k,l\in\mathbf{R}$,根据 T 的定义有

$$\begin{aligned}T(k\boldsymbol{X}+l\boldsymbol{Y})&=\boldsymbol{A}(k\boldsymbol{X}+l\boldsymbol{Y})-(k\boldsymbol{X}+l\boldsymbol{Y})\boldsymbol{A}=k(\boldsymbol{AX}-\boldsymbol{XA})+l(\boldsymbol{AY}-\boldsymbol{YA})\\&=kT(\boldsymbol{X})+lT(\boldsymbol{Y}),\end{aligned}$$

所以 T 是 $\mathbf{R}^{2\times 2}$ 的一个线性变换.

(2) 对任意的 $\boldsymbol{X},\boldsymbol{Y}\in\mathbf{R}^{2\times 2}$,有

$$\begin{aligned}T(\boldsymbol{XY})&=\boldsymbol{AXY}-\boldsymbol{XYA}=\boldsymbol{AXY}-\boldsymbol{XAY}+\boldsymbol{XAY}-\boldsymbol{XYA}\\&=(\boldsymbol{AX}-\boldsymbol{XA})\boldsymbol{Y}+\boldsymbol{X}(\boldsymbol{AY}-\boldsymbol{YA})\\&=T(\boldsymbol{X})\boldsymbol{Y}+\boldsymbol{X}T(\boldsymbol{Y}).\end{aligned}$$

(3) 根据 T 的定义知

$$T(\boldsymbol{E}_{11})=\boldsymbol{AE}_{11}-\boldsymbol{E}_{11}\boldsymbol{A}=\begin{bmatrix}0&-b\\c&0\end{bmatrix},$$

$$T(\boldsymbol{E}_{12})=\boldsymbol{AE}_{12}-\boldsymbol{E}_{12}\boldsymbol{A}=\begin{bmatrix}-c&a-d\\0&c\end{bmatrix},$$

$$T(\boldsymbol{E}_{21})=\boldsymbol{AE}_{21}-\boldsymbol{E}_{21}\boldsymbol{A}=\begin{bmatrix}b&0\\d-a&-b\end{bmatrix},$$

$$T(\boldsymbol{E}_{22})=\boldsymbol{AE}_{22}-\boldsymbol{E}_{22}\boldsymbol{A}=\begin{bmatrix}0&b\\-c&0\end{bmatrix},$$

于是

$$T(\boldsymbol{E}_{11},\boldsymbol{E}_{12},\boldsymbol{E}_{21},\boldsymbol{E}_{22})=(\boldsymbol{E}_{11},\boldsymbol{E}_{12},\boldsymbol{E}_{21},\boldsymbol{E}_{22})\begin{bmatrix}0&-c&b&0\\-b&a-d&0&b\\c&0&d-a&-c\\0&c&-b&0\end{bmatrix},$$

即 T 在基 $\boldsymbol{E}_{11},\boldsymbol{E}_{12},\boldsymbol{E}_{21},\boldsymbol{E}_{22}$ 下的矩阵是

$$\boldsymbol{A}=\begin{bmatrix}0 & -c & b & 0\\ -b & a-d & 0 & b\\ c & 0 & d-a & -c\\ 0 & c & -b & 0\end{bmatrix}.$$

(4) 由已知条件可知

$$(\boldsymbol{F}_{11},\boldsymbol{F}_{12},\boldsymbol{F}_{21},\boldsymbol{F}_{22})=(\boldsymbol{E}_{11},\boldsymbol{E}_{12},\boldsymbol{E}_{21},\boldsymbol{E}_{22})\begin{bmatrix}1 & 1 & 1 & 1\\ 0 & 1 & 1 & 1\\ 0 & 0 & 1 & 1\\ 0 & 0 & 0 & 1\end{bmatrix},$$

其中 $\boldsymbol{P}=\begin{bmatrix}1 & 1 & 1 & 1\\ 0 & 1 & 1 & 1\\ 0 & 0 & 1 & 1\\ 0 & 0 & 0 & 1\end{bmatrix}$ 是可逆矩阵,所以 $\boldsymbol{F}_{11},\boldsymbol{F}_{12},\boldsymbol{F}_{21},\boldsymbol{F}_{22}$ 也是 $\mathbf{R}^{2\times 2}$ 的一个基. T 在基 $\boldsymbol{F}_{11},\boldsymbol{F}_{12},\boldsymbol{F}_{21},\boldsymbol{F}_{22}$ 下的矩阵为

$$\boldsymbol{B}=\boldsymbol{P}^{-1}\boldsymbol{A}\boldsymbol{P}=\begin{bmatrix}b-c & b+d-a-c & 2b+d-a-c & b+d-a-c\\ -b & a-b-c-d & 2a-2d-b-c & 2a-2d\\ c & 0 & b+d-a & b+d-a-c\\ 0 & c & c-b & c-b\end{bmatrix}.$$

例 1.10　已知 $\boldsymbol{A}=\begin{bmatrix}1 & 0 & 1\\ 0 & 1 & 1\end{bmatrix}$,求 $\boldsymbol{A},\boldsymbol{A}^{\mathrm{T}}$ 的秩及 $N(\boldsymbol{A}),N(\boldsymbol{A}^{\mathrm{T}})$ 的维数.

解:记 $\boldsymbol{A}=(\boldsymbol{\alpha}_1,\boldsymbol{\alpha}_2,\boldsymbol{\alpha}_3)$,显然有 $\boldsymbol{\alpha}_1+\boldsymbol{\alpha}_2-\boldsymbol{\alpha}_3=\boldsymbol{0}$,即 $\boldsymbol{A}$ 的三个列向量线性相关. 但 $\boldsymbol{A}$ 的任何两个列向量均线性无关,故 $r(\boldsymbol{A})=2$.

又由 $\boldsymbol{A}\boldsymbol{x}=\boldsymbol{0}$ 可求出 $\boldsymbol{x}=t(1,1,-1)^{\mathrm{T}}$,$t$ 为任意常数,从而有 $\dim N(\boldsymbol{A})=1$.

同样可以求得 $r(\boldsymbol{A}^{\mathrm{T}})=2$,$\dim N(\boldsymbol{A}^{\mathrm{T}})=0$.

注:由本例可知,$r(\boldsymbol{A})+\dim N(\boldsymbol{A})=\boldsymbol{A}$ 的列数,而 $\dim N(\boldsymbol{A})-\dim N(\boldsymbol{A}^{\mathrm{T}})=\boldsymbol{A}$ 的列数 $-\boldsymbol{A}$ 的行数. 这一事实有一般性,即若 $\boldsymbol{A}=(a_{ij})\in\mathbf{R}^{m\times n}$,则有下面的一般公式:

$$r(\boldsymbol{A})+\dim N(\boldsymbol{A})=n,\quad \dim N(\boldsymbol{A})-\dim N(\boldsymbol{A}^{\mathrm{T}})=n-m.$$

事实上,因为 $\boldsymbol{A}\boldsymbol{x}=\boldsymbol{0}$ 的解空间的维数为 $\dim N(\boldsymbol{A})=n-r(\boldsymbol{A})$,从而第一个等式成立;又由于

$$r(\boldsymbol{A}^{\mathrm{T}})+\dim N(\boldsymbol{A}^{\mathrm{T}})=m,$$

所以第二个等式成立.

例1.11 实数域$\mathbf{R}$上的2维线性空间V的一组基为$\boldsymbol{\alpha}_1,\boldsymbol{\alpha}_2$，$V$的两个子空间为

$$W_1=\{k_0(\boldsymbol{\alpha}_1+\boldsymbol{\alpha}_2)\mid k_0\in\mathbf{R}\},$$

$$W_2=\{k_1\boldsymbol{\alpha}_1+k_2\boldsymbol{\alpha}_2\mid k_1,k_2\in\mathbf{R}\text{ 且 }k_1+k_2=0\},$$

证明：$V=W_1\oplus W_2$.

分析：要证明$V=W_1\oplus W_2$，只需要证明$V=W_1+W_2$且$W_1\cap W_2=\{\mathbf{0}\}$，这等价于$W_1,W_2$的基合起来构成$V$的基.

证明：显然W_1,W_2都是1维的，其基分别是$\boldsymbol{\alpha}_1+\boldsymbol{\alpha}_2$与$\boldsymbol{\alpha}_1-\boldsymbol{\alpha}_2$，它们是线性无关的.

事实上，设$k(\boldsymbol{\alpha}_1+\boldsymbol{\alpha}_2)+l(\boldsymbol{\alpha}_1-\boldsymbol{\alpha}_2)=\mathbf{0}$，则

$$(k+l)\boldsymbol{\alpha}_1+(k-l)\boldsymbol{\alpha}_2=\mathbf{0},$$

由$\boldsymbol{\alpha}_1,\boldsymbol{\alpha}_2$线性无关，故$\begin{cases}k+l=0,\\k-l=0,\end{cases}$所以$k=l=0$，即$\boldsymbol{\alpha}_1+\boldsymbol{\alpha}_2$与$\boldsymbol{\alpha}_1-\boldsymbol{\alpha}_2$线性无关，从而构成$V$的基，所以$V=W_1+W_2$且$W_1\cap W_2=\{\mathbf{0}\}$，因而$V=W_1\oplus W_2$.

例1.12 已知线性空间$\mathbf{R}^4$的两组基：

(Ⅰ) $\boldsymbol{\varepsilon}_1=(1,0,0,0)^{\mathrm{T}},\boldsymbol{\varepsilon}_2=(2,1,0,0)^{\mathrm{T}},\boldsymbol{\varepsilon}_3=(3,2,1,0)^{\mathrm{T}},\boldsymbol{\varepsilon}_4=(4,3,2,1)^{\mathrm{T}}$；

(Ⅱ) $\boldsymbol{\xi}_1=(1,0,-2,0)^{\mathrm{T}},\boldsymbol{\xi}_2=(0,2,0,-1)^{\mathrm{T}},\boldsymbol{\xi}_3=(-1,0,3,0)^{\mathrm{T}},\boldsymbol{\xi}_4=(0,1,0,3)^{\mathrm{T}}$.

(1) 求由基(Ⅰ)到基(Ⅱ)的过渡矩阵；

(2) 求向量$\boldsymbol{\xi}=(1,2,3,4)^{\mathrm{T}}$在基(Ⅱ)下的坐标$\boldsymbol{x}$.

解：取自然基(Ⅲ)

$$\boldsymbol{e}_1=(1,0,0,0)^{\mathrm{T}},\quad \boldsymbol{e}_2=(0,1,0,0)^{\mathrm{T}},\quad \boldsymbol{e}_3=(0,0,1,0)^{\mathrm{T}},\quad \boldsymbol{e}_4=(0,0,0,1)^{\mathrm{T}},$$

于是

$$(\boldsymbol{\varepsilon}_1,\boldsymbol{\varepsilon}_2,\boldsymbol{\varepsilon}_3,\boldsymbol{\varepsilon}_4)=(\boldsymbol{e}_1,\boldsymbol{e}_2,\boldsymbol{e}_3,\boldsymbol{e}_4)\boldsymbol{A},\quad 其中\ \boldsymbol{A}=\begin{bmatrix}1&2&3&4\\0&1&2&3\\0&0&1&2\\0&0&0&1\end{bmatrix},$$

即由基(Ⅲ)到基(Ⅰ)的过渡矩阵为$\boldsymbol{A}$. 又

$$(\boldsymbol{\xi}_1,\boldsymbol{\xi}_2,\boldsymbol{\xi}_3,\boldsymbol{\xi}_4)=(\boldsymbol{e}_1,\boldsymbol{e}_2,\boldsymbol{e}_3,\boldsymbol{e}_4)\boldsymbol{B},\quad 其中\ \boldsymbol{B}=\begin{bmatrix}1&0&-1&0\\0&2&0&1\\-2&0&3&0\\0&-1&0&3\end{bmatrix},$$

即由基(Ⅲ)到基(Ⅱ)的过渡矩阵为$\boldsymbol{B}$.

所以

$$(\boldsymbol{\xi}_1,\boldsymbol{\xi}_2,\boldsymbol{\xi}_3,\boldsymbol{\xi}_4)=(\boldsymbol{\varepsilon}_1,\boldsymbol{\varepsilon}_2,\boldsymbol{\varepsilon}_3,\boldsymbol{\varepsilon}_4)\boldsymbol{A}^{-1}\boldsymbol{B},$$

于是得由基(Ⅰ)改变为基(Ⅱ)的过渡矩阵为

$$C=A^{-1}B=\begin{bmatrix}1&2&3&4\\0&1&2&3\\0&0&1&2\\0&0&0&1\end{bmatrix}^{-1}\begin{bmatrix}1&0&-1&0\\0&2&0&1\\-2&0&3&0\\0&-1&0&3\end{bmatrix}=\begin{bmatrix}-1&-4&2&-2\\4&1&-6&4\\-2&2&3&-6\\0&-1&0&3\end{bmatrix}.$$

(2) 设向量 $\boldsymbol{\xi}=(1,2,3,4)^{\mathrm T}$ 在基(Ⅱ)下的坐标为 $(x_1,x_2,x_3,x_4)^{\mathrm T}$，则

$$\boldsymbol{\xi}=x_1\boldsymbol{\xi}_1+x_2\boldsymbol{\xi}_2+x_3\boldsymbol{\xi}_3+x_4\boldsymbol{\xi}_4,$$

即

$$\boldsymbol{\xi}=(\boldsymbol{\xi}_1,\boldsymbol{\xi}_2,\boldsymbol{\xi}_3,\boldsymbol{\xi}_4)\begin{bmatrix}x_1\\x_2\\x_3\\x_4\end{bmatrix}\Rightarrow \boldsymbol{x}=\begin{bmatrix}x_1\\x_2\\x_3\\x_4\end{bmatrix}=\boldsymbol{B}^{-1}\boldsymbol{\xi}=\begin{bmatrix}6\\\frac{2}{7}\\5\\\frac{10}{7}\end{bmatrix},$$

故向量 $\boldsymbol{\xi}=(1,2,3,4)^{\mathrm T}$ 在基(Ⅱ)下的坐标为 $\boldsymbol{x}=\left(6,\frac{2}{7},5,\frac{10}{7}\right)^{\mathrm T}$.

注:在 $\mathbf{R}^n$ 空间中,经常取自然基作为媒介,与其他基建立联系.

例 1.13　设 V_n 是实的 n 维线性空间，T 是 V_n 上的线性变换，任取 $\boldsymbol{\alpha}\in V_n$，若

$$T^{n-1}(\boldsymbol{\alpha})\neq\mathbf{0},\quad T^n(\boldsymbol{\alpha})=\mathbf{0}.$$

(1) 证明：$\boldsymbol{\alpha},T(\boldsymbol{\alpha}),\cdots,T^{n-1}(\boldsymbol{\alpha})$ 为 V_n 的一组基；

(2) 求 T 在上述基下的矩阵.

分析：由于线性空间是 n 维的，只需证明 $\boldsymbol{\alpha},T(\boldsymbol{\alpha}),\cdots,T^{n-1}(\boldsymbol{\alpha})$ 这 n 个向量线性无关.

(1) **证明**：设

$$k_0\boldsymbol{\alpha}+k_1T(\boldsymbol{\alpha})+\cdots+k_{n-1}T^{n-1}(\boldsymbol{\alpha})=\mathbf{0}\quad(k_i\in\mathbf{R};i=0,1,\cdots,n-1),$$

上式两边作用 T^{n-1}，得

$$k_0T^{n-1}(\boldsymbol{\alpha})+k_1T^n(\boldsymbol{\alpha})+\cdots+k_{n-1}T^{2(n-1)}(\boldsymbol{\alpha})=k_0T^{n-1}(\boldsymbol{\alpha})=\mathbf{0}\Rightarrow k_0=0,$$

再由 $k_1T(\boldsymbol{\alpha})+\cdots+k_{n-1}T^{n-1}(\boldsymbol{\alpha})=\mathbf{0}$ 两边作用 $T^{n-2}\Rightarrow k_1=0$，类似可得 $k_2=\cdots=k_{n-1}=0$. 这说明 $\boldsymbol{\alpha},T(\boldsymbol{\alpha}),\cdots,T^{n-1}(\boldsymbol{\alpha})$ 线性无关.

(2) 由于

$$T(\boldsymbol{\alpha})=0\cdot\boldsymbol{\alpha}+1\cdot T(\boldsymbol{\alpha})+0\cdot T^2(\boldsymbol{\alpha})+\cdots+0\cdot T^{n-1}(\boldsymbol{\alpha}),$$
$$T^2(\boldsymbol{\alpha})=0\cdot\boldsymbol{\alpha}+0\cdot T(\boldsymbol{\alpha})+1\cdot T^2(\boldsymbol{\alpha})+\cdots+0\cdot T^{n-1}(\boldsymbol{\alpha}),$$
$$\vdots$$
$$T^{n-1}(\boldsymbol{\alpha})=0\cdot\boldsymbol{\alpha}+0\cdot T(\boldsymbol{\alpha})+0\cdot T^2(\boldsymbol{\alpha})+\cdots+1\cdot T^{n-1}(\boldsymbol{\alpha}),$$
$$T^n(\boldsymbol{\alpha})=0\cdot\boldsymbol{\alpha}+0\cdot T(\boldsymbol{\alpha})+0\cdot T^2(\boldsymbol{\alpha})+\cdots+0\cdot T^{n-1}(\boldsymbol{\alpha}),$$

即

$$T(\boldsymbol{\alpha},T(\boldsymbol{\alpha}),\cdots,T^{n-1}(\boldsymbol{\alpha}))=(\boldsymbol{\alpha},T(\boldsymbol{\alpha}),\cdots,T^{n-1}(\boldsymbol{\alpha}))\begin{bmatrix}0&&&&\\1&0&&&\\&1&0&&\\&&\ddots&\ddots&\\&&&1&0\end{bmatrix},$$

上式右边的矩阵即为所求.

例 1.14 设 n 阶矩阵 $\boldsymbol{A},\boldsymbol{B}$ 满足 $\boldsymbol{AB}=\boldsymbol{BA}$,证明:

(1) 列空间 $R(\boldsymbol{A}+\boldsymbol{B})\subset R(\boldsymbol{A})+R(\boldsymbol{B}),R(\boldsymbol{AB})\subset R(\boldsymbol{A})\cap R(\boldsymbol{B})$;

(2) 矩阵秩不等式 $r(\boldsymbol{A}+\boldsymbol{B})\leqslant r(\boldsymbol{A})+r(\boldsymbol{B})-r(\boldsymbol{AB})$.

证明:(1) 设 $\boldsymbol{A}=(\boldsymbol{\alpha}_1,\boldsymbol{\alpha}_2,\cdots,\boldsymbol{\alpha}_n),\boldsymbol{B}=(\boldsymbol{\beta}_1,\boldsymbol{\beta}_2,\cdots,\boldsymbol{\beta}_n)$,则有

$$\boldsymbol{A}+\boldsymbol{B}=(\boldsymbol{\alpha}_1+\boldsymbol{\beta}_1,\boldsymbol{\alpha}_2+\boldsymbol{\beta}_2,\cdots,\boldsymbol{\alpha}_n+\boldsymbol{\beta}_n),$$

于是 $\forall\boldsymbol{x}\in R(\boldsymbol{A}+\boldsymbol{B})$,有

$$\begin{aligned}\boldsymbol{x}&=k_1(\boldsymbol{\alpha}_1+\boldsymbol{\beta}_1)+k_2(\boldsymbol{\alpha}_2+\boldsymbol{\beta}_2)+\cdots+k_n(\boldsymbol{\alpha}_n+\boldsymbol{\beta}_n)\\&=(k_1\boldsymbol{\alpha}_1+k_2\boldsymbol{\alpha}_2+\cdots+k_n\boldsymbol{\alpha}_n)+(k_1\boldsymbol{\beta}_1+k_2\boldsymbol{\beta}_2+\cdots+k_n\boldsymbol{\beta}_n)\in R(\boldsymbol{A})+R(\boldsymbol{B}),\end{aligned}$$

所以 $R(\boldsymbol{A}+\boldsymbol{B})\subset R(\boldsymbol{A})+R(\boldsymbol{B})$.

因 $\boldsymbol{AB}$ 的列都是$\boldsymbol{A}$ 列向量的线性组合,又 $\boldsymbol{AB}=\boldsymbol{BA}$,所以 $\boldsymbol{AB}$ 的列也都是$\boldsymbol{B}$ 列向量的线性组合,因此 $R(\boldsymbol{AB})\subset R(\boldsymbol{A})\cap R(\boldsymbol{B})$.

(2) 由 $R(\boldsymbol{A}+\boldsymbol{B})\subset R(\boldsymbol{A})+R(\boldsymbol{B})$ 知

$$r(\boldsymbol{A}+\boldsymbol{B})=\dim R(\boldsymbol{A}+\boldsymbol{B})\leqslant\dim[R(\boldsymbol{A})+R(\boldsymbol{B})],$$

由 $R(\boldsymbol{AB})\subset R(\boldsymbol{A})\cap R(\boldsymbol{B})$ 知

$$\dim R(\boldsymbol{AB})\leqslant\dim[R(\boldsymbol{A})\cap R(\boldsymbol{B})],$$

则由维数定理,有

$$\begin{aligned}r(\boldsymbol{A}+\boldsymbol{B})&\leqslant\dim[R(\boldsymbol{A})+R(\boldsymbol{B})]\\&=\dim R(\boldsymbol{A})+\dim R(\boldsymbol{B})-\dim[R(\boldsymbol{A})\cap R(\boldsymbol{B})]\\&\leqslant\dim R(\boldsymbol{A})+\dim R(\boldsymbol{B})-\dim R(\boldsymbol{AB})\\&=r(\boldsymbol{A})+r(\boldsymbol{B})-r(\boldsymbol{AB}).\end{aligned}$$

注:矩阵的秩等于该矩阵的列秩,从而可以使用维数定理证明.

例 1.15 已知 $\mathbf{C}^{2\times2}$ 的子空间

$$V_1=\left\{\begin{bmatrix}x&x\\y&y\end{bmatrix}\middle|x,y\in\mathbf{C}\right\},\quad V_2=\left\{\begin{bmatrix}x&-y\\-x&y\end{bmatrix}\middle|x,y\in\mathbf{C}\right\},$$

分别求 $V_1,V_2,V_1\cap V_2,V_1+V_2$ 的一组基及它们的维数.

解:V_1 的基为$\begin{bmatrix}1&1\\0&0\end{bmatrix},\begin{bmatrix}0&0\\1&1\end{bmatrix}$,2 维.

V_2 的基为$\begin{bmatrix}1 & 0\\-1 & 0\end{bmatrix}$,$\begin{bmatrix}0 & -1\\0 & 1\end{bmatrix}$,2 维.

设 $\boldsymbol{\eta}\in V_1\cap V_2$,比较 V_1,V_2 可知 $y=-x$,则 $\boldsymbol{\eta}=\begin{bmatrix}x & x\\-x & -x\end{bmatrix}$,所以 $V_1\cap V_2$ 的基为$\begin{bmatrix}1 & 1\\-1 & -1\end{bmatrix}$,且 $\dim(V_1\cap V_2)=1$.

V_1+V_2 为由 V_1,V_2 生成的空间,即

$$V_1+V_2=\operatorname{span}\left\{\begin{bmatrix}1 & 1\\0 & 0\end{bmatrix},\begin{bmatrix}0 & 0\\1 & 1\end{bmatrix},\begin{bmatrix}1 & 0\\-1 & 0\end{bmatrix},\begin{bmatrix}0 & -1\\0 & 1\end{bmatrix}\right\},$$

其极大线性无关组为$\begin{bmatrix}1 & 1\\0 & 0\end{bmatrix}$,$\begin{bmatrix}0 & 0\\1 & 1\end{bmatrix}$,$\begin{bmatrix}1 & 0\\-1 & 0\end{bmatrix}$,此即为 V_1+V_2 的一组基,3 维.

例 1.16　设 $\mathbf{C}^{2\times 2}$ 上的线性变换 T 定义为

$$T(\boldsymbol{X})=\begin{bmatrix}t & t\\t & t\end{bmatrix},\quad \forall\boldsymbol{X}=\begin{bmatrix}a & b\\c & d\end{bmatrix}\in\mathbf{C}^{2\times 2},$$

其中,t 表示矩阵 $\boldsymbol{X}$ 的迹 $\operatorname{tr}(\boldsymbol{X})=a+d$.

(1) 求 T 在 V 的基 $\boldsymbol{E}_{11}$,$\boldsymbol{E}_{12}$,$\boldsymbol{E}_{21}$,$\boldsymbol{E}_{22}$ 下的矩阵 $\boldsymbol{A}$.

(2) 求 T 的值域 $R(T)$ 及核子空间 $\operatorname{Ker}(T)$ 的基及它们的维数.

(3) 问 $R(T)+\operatorname{Ker}(T)$ 是否为直和?为什么?

解:(1) 因为 $\operatorname{tr}(\boldsymbol{E}_{11})=\operatorname{tr}(\boldsymbol{E}_{22})=1$,$\operatorname{tr}(\boldsymbol{E}_{12})=\operatorname{tr}(\boldsymbol{E}_{21})=0$,所以

$$T(\boldsymbol{E}_{11})=T(\boldsymbol{E}_{22})=\begin{bmatrix}1 & 1\\1 & 1\end{bmatrix},\quad T(\boldsymbol{E}_{12})=T(\boldsymbol{E}_{21})=\begin{bmatrix}0 & 0\\0 & 0\end{bmatrix},$$

$$T(\boldsymbol{E}_{11},\boldsymbol{E}_{12},\boldsymbol{E}_{21},\boldsymbol{E}_{22})=(\boldsymbol{E}_{11},\boldsymbol{E}_{12},\boldsymbol{E}_{21},\boldsymbol{E}_{22})\begin{bmatrix}1 & 0 & 0 & 1\\1 & 0 & 0 & 1\\1 & 0 & 0 & 1\\1 & 0 & 0 & 1\end{bmatrix}\Rightarrow\boldsymbol{A}=\begin{bmatrix}1 & 0 & 0 & 1\\1 & 0 & 0 & 1\\1 & 0 & 0 & 1\\1 & 0 & 0 & 1\end{bmatrix}.$$

(2) 对于 T 的值域 $R(T)$:因为 V 的基为 $\boldsymbol{E}_{11}$,$\boldsymbol{E}_{12}$,$\boldsymbol{E}_{21}$,$\boldsymbol{E}_{22}$,故

$$R(T)=\operatorname{span}\{T(\boldsymbol{E}_{11}),T(\boldsymbol{E}_{12}),T(\boldsymbol{E}_{21}),T(\boldsymbol{E}_{22})\},$$

因此 $R(T)$ 的基即为 $T(\boldsymbol{E}_{11})$,$T(\boldsymbol{E}_{12})$,$T(\boldsymbol{E}_{21})$,$T(\boldsymbol{E}_{22})$ 的极大线性无关组$\begin{bmatrix}1 & 1\\1 & 1\end{bmatrix}$,即 $R(T)$ 为 1 维.

对于核子空间 $\operatorname{Ker}(T)$:因为 $\boldsymbol{A}\boldsymbol{x}=\boldsymbol{0}$ 的基础解系为 $(0,1,0,0)^{\mathrm{T}}$,$(0,0,1,0)^{\mathrm{T}}$,$(-1,0,0,1)^{\mathrm{T}}$,故 $\operatorname{Ker}(T)$ 为 3 维,一组基为$\begin{bmatrix}0 & 1\\0 & 0\end{bmatrix}$,$\begin{bmatrix}0 & 0\\1 & 0\end{bmatrix}$,$\begin{bmatrix}-1 & 0\\0 & 1\end{bmatrix}$.

(3) 观察可知 $R(T)$ 的基与 $\operatorname{Ker}(T)$ 的基线性无关,维数的和为 4,故 $R(T)+\operatorname{Ker}(T)$ 是直和.

注:求线性变换T的值域$R(T)$与核$\mathrm{Ker}(T)$基与维数的方法是先求出T在V的一组基$\boldsymbol{\varepsilon}_1,\boldsymbol{\varepsilon}_2,\cdots,\boldsymbol{\varepsilon}_n$下的矩阵$\boldsymbol{A}$. 设$\boldsymbol{A}=(\boldsymbol{A}_1,\boldsymbol{A}_2,\cdots,\boldsymbol{A}_n)$且$r(\boldsymbol{A})=r$.

(1) $\dim R(T)=r$,且若$\boldsymbol{A}_{i1},\boldsymbol{A}_{i2},\cdots,\boldsymbol{A}_{ir}$是$\boldsymbol{A}_1,\boldsymbol{A}_2,\cdots,\boldsymbol{A}_n$的一个极大无关组,则

$$\boldsymbol{\beta}_j=(\boldsymbol{\varepsilon}_1,\boldsymbol{\varepsilon}_2,\cdots,\boldsymbol{\varepsilon}_n)\boldsymbol{A}_{ij}\quad(j=1,2,\cdots,r)$$

是$R(T)$的一组基.

(2) 设$\boldsymbol{\eta}_1,\boldsymbol{\eta}_2,\cdots,\boldsymbol{\eta}_{n-r}$是齐次线性方程组$\boldsymbol{Ax}=\boldsymbol{0}$的一个基础解系,则$\dim\mathrm{Ker}(T)=n-r$,且

$$\boldsymbol{\gamma}_k=(\boldsymbol{\varepsilon}_1,\boldsymbol{\varepsilon}_2,\cdots,\boldsymbol{\varepsilon}_n)\boldsymbol{\eta}_k\quad(k=1,2,\cdots,n-r)$$

是$\mathrm{Ker}(T)$的一组基.

1.5 考博真题选录

1. 已知$\boldsymbol{\alpha}_1,\boldsymbol{\alpha}_2,\boldsymbol{\alpha}_3$是3维空间$V$的一组基,$\boldsymbol{\beta}_1,\boldsymbol{\beta}_2,\boldsymbol{\beta}_3$满足

$$\boldsymbol{\beta}_1+\boldsymbol{\beta}_3=\boldsymbol{\alpha}_1+\boldsymbol{\alpha}_2+\boldsymbol{\alpha}_3,\quad \boldsymbol{\beta}_1+\boldsymbol{\beta}_2=\boldsymbol{\alpha}_2+\boldsymbol{\alpha}_3,\quad \boldsymbol{\beta}_2+\boldsymbol{\beta}_3=\boldsymbol{\alpha}_1+\boldsymbol{\alpha}_3.$$

(1) 证明$\boldsymbol{\beta}_1,\boldsymbol{\beta}_2,\boldsymbol{\beta}_3$也是$V$的一组基,并求出从基$\boldsymbol{\beta}_1,\boldsymbol{\beta}_2,\boldsymbol{\beta}_3$到基$\boldsymbol{\alpha}_1,\boldsymbol{\alpha}_2,\boldsymbol{\alpha}_3$的过渡矩阵;

(2) 求向量$\boldsymbol{\alpha}=\boldsymbol{\alpha}_1+2\boldsymbol{\alpha}_2-\boldsymbol{\alpha}_3$在基$\boldsymbol{\beta}_1,\boldsymbol{\beta}_2,\boldsymbol{\beta}_3$下的坐标.

解:(1) 只要证明$\boldsymbol{\beta}_1,\boldsymbol{\beta}_2,\boldsymbol{\beta}_3$线性无关,便是$V$的一组基. 由已知条件,有

$$(\boldsymbol{\beta}_1+\boldsymbol{\beta}_3,\boldsymbol{\beta}_1+\boldsymbol{\beta}_2,\boldsymbol{\beta}_2+\boldsymbol{\beta}_3)=(\boldsymbol{\beta}_1,\boldsymbol{\beta}_2,\boldsymbol{\beta}_3)\begin{bmatrix}1&1&0\\0&1&1\\1&0&1\end{bmatrix}=(\boldsymbol{\alpha}_1,\boldsymbol{\alpha}_2,\boldsymbol{\alpha}_3)\begin{bmatrix}1&0&1\\1&1&0\\1&1&1\end{bmatrix},$$

则

$$(\boldsymbol{\beta}_1,\boldsymbol{\beta}_2,\boldsymbol{\beta}_3)=(\boldsymbol{\alpha}_1,\boldsymbol{\alpha}_2,\boldsymbol{\alpha}_3)\begin{bmatrix}1&0&1\\1&1&0\\1&1&1\end{bmatrix}\begin{bmatrix}1&1&0\\0&1&1\\1&0&1\end{bmatrix}^{-1},$$

由于$\boldsymbol{\alpha}_1,\boldsymbol{\alpha}_2,\boldsymbol{\alpha}_3$线性无关,$\begin{bmatrix}1&0&1\\1&1&0\\1&1&1\end{bmatrix}\begin{bmatrix}1&1&0\\0&1&1\\1&0&1\end{bmatrix}^{-1}$可逆,所以$\boldsymbol{\beta}_1,\boldsymbol{\beta}_2,\boldsymbol{\beta}_3$线性无关,从而构成$V$的一组基.

又

$$(\boldsymbol{\alpha}_1,\boldsymbol{\alpha}_2,\boldsymbol{\alpha}_3)=(\boldsymbol{\beta}_1,\boldsymbol{\beta}_2,\boldsymbol{\beta}_3)\begin{bmatrix}1&1&0\\0&1&1\\1&0&1\end{bmatrix}\begin{bmatrix}1&0&1\\1&1&0\\1&1&1\end{bmatrix}^{-1}=(\boldsymbol{\beta}_1,\boldsymbol{\beta}_2,\boldsymbol{\beta}_3)\begin{bmatrix}0&1&0\\-1&-1&2\\1&0&0\end{bmatrix},$$

即从基 $\boldsymbol{\beta}_1,\boldsymbol{\beta}_2,\boldsymbol{\beta}_3$ 到基 $\boldsymbol{\alpha}_1,\boldsymbol{\alpha}_2,\boldsymbol{\alpha}_3$ 的过渡矩阵为 $\begin{bmatrix} 0 & 1 & 0 \\ -1 & -1 & 2 \\ 1 & 0 & 0 \end{bmatrix}$.

(2) 因为向量

$$\boldsymbol{\alpha} = \boldsymbol{\alpha}_1 + 2\boldsymbol{\alpha}_2 - \boldsymbol{\alpha}_3 = (\boldsymbol{\alpha}_1,\boldsymbol{\alpha}_2,\boldsymbol{\alpha}_3)\begin{bmatrix} 1 \\ 2 \\ -1 \end{bmatrix}$$

$$= (\boldsymbol{\beta}_1,\boldsymbol{\beta}_2,\boldsymbol{\beta}_3)\begin{bmatrix} 0 & 1 & 0 \\ -1 & -1 & 2 \\ 1 & 0 & 0 \end{bmatrix}\begin{bmatrix} 1 \\ 2 \\ -1 \end{bmatrix} = (\boldsymbol{\beta}_1,\boldsymbol{\beta}_2,\boldsymbol{\beta}_3)\begin{bmatrix} 2 \\ -5 \\ 1 \end{bmatrix},$$

即向量 $\boldsymbol{\alpha}$ 在基 $\boldsymbol{\beta}_1,\boldsymbol{\beta}_2,\boldsymbol{\beta}_3$ 下的坐标为 $(2,-5,1)^{\mathrm{T}}$.

2. 设 3 维线性空间 V 中的线性变换 T 在基 $\boldsymbol{\alpha}_1,\boldsymbol{\alpha}_2,\boldsymbol{\alpha}_3$ 下的矩阵为

$$\boldsymbol{A} = \begin{bmatrix} 1 & 2 & 2 \\ 2 & 1 & 2 \\ 2 & 2 & 1 \end{bmatrix}.$$

(1) 证明:子空间 $W = \mathrm{span}\{\boldsymbol{\alpha}_2 - \boldsymbol{\alpha}_1, \boldsymbol{\alpha}_3 - \boldsymbol{\alpha}_1\}$ 是 T 的不变子空间;

(2) 将 T 看作子空间 W 中的线性变换时,求 T 的全体特征值.

解:(1) 因为

$$T(\boldsymbol{\alpha}_1,\boldsymbol{\alpha}_2,\boldsymbol{\alpha}_3) = (\boldsymbol{\alpha}_1,\boldsymbol{\alpha}_2,\boldsymbol{\alpha}_3)\begin{bmatrix} 1 & 2 & 2 \\ 2 & 1 & 2 \\ 2 & 2 & 1 \end{bmatrix},$$

所以

$$T(\boldsymbol{\alpha}_1) = \boldsymbol{\alpha}_1 + 2\boldsymbol{\alpha}_2 + 2\boldsymbol{\alpha}_3,\quad T(\boldsymbol{\alpha}_2) = 2\boldsymbol{\alpha}_1 + \boldsymbol{\alpha}_2 + 2\boldsymbol{\alpha}_3,\quad T(\boldsymbol{\alpha}_3) = 2\boldsymbol{\alpha}_1 + 2\boldsymbol{\alpha}_2 + \boldsymbol{\alpha}_3,$$

于是

$$T(\boldsymbol{\alpha}_2 - \boldsymbol{\alpha}_1) = T(\boldsymbol{\alpha}_2) - T(\boldsymbol{\alpha}_1) = \boldsymbol{\alpha}_1 - \boldsymbol{\alpha}_2 \in W,$$
$$T(\boldsymbol{\alpha}_3 - \boldsymbol{\alpha}_1) = T(\boldsymbol{\alpha}_3) - T(\boldsymbol{\alpha}_1) = \boldsymbol{\alpha}_1 - \boldsymbol{\alpha}_3 \in W,$$

所以子空间 $W = \mathrm{span}\{\boldsymbol{\alpha}_2 - \boldsymbol{\alpha}_1, \boldsymbol{\alpha}_3 - \boldsymbol{\alpha}_1\}$ 是 T 的不变子空间.

(2) 将 T 看作子空间 W 中的线性变换时,由(1) 可知 T 在 W 的基 $\boldsymbol{\alpha}_2 - \boldsymbol{\alpha}_1$,$\boldsymbol{\alpha}_3 - \boldsymbol{\alpha}_1$ 下矩阵为 $\boldsymbol{A}_1 = \begin{bmatrix} -1 & 0 \\ 0 & -1 \end{bmatrix}$,故 T 此时有 2 重特征值 -1.

3. 已知 $\boldsymbol{A} = \begin{bmatrix} 1 & -1 \\ 0 & 0 \end{bmatrix}$,$\boldsymbol{B} = \begin{bmatrix} 1 & 0 \\ 1 & 0 \end{bmatrix}$,在 $\mathbf{C}^{2\times 2}$ 上定义变换如下:

$$T(\boldsymbol{X}) = \boldsymbol{AXB},\quad \forall\, \boldsymbol{X} \in \mathbf{C}^{2\times 2}.$$

(1) 证明:T 是 $\mathbf{C}^{2\times 2}$ 上的线性变换.

(2) 求 T 在 $\mathbf{C}^{2\times 2}$ 的基

$$E_{11}=\begin{bmatrix}1&0\\0&0\end{bmatrix},\quad E_{12}=\begin{bmatrix}0&1\\0&0\end{bmatrix},\quad E_{21}=\begin{bmatrix}0&0\\1&0\end{bmatrix},\quad E_{22}=\begin{bmatrix}0&0\\0&1\end{bmatrix}$$

下矩阵 $\boldsymbol{M}$.

(3) 试求 $\boldsymbol{M}$ 的 Jordan 标准形,并写出 T 的最小多项式.

(4) 能否找到 $\mathbf{C}^{2\times2}$ 的基,使得 T 在该基下的矩阵为对角阵?为什么?

解:(1) $\forall \boldsymbol{X}\in\mathbf{C}^{2\times2}$,有

$$T(\boldsymbol{X})=\boldsymbol{AXB},$$

$\forall \boldsymbol{X},\boldsymbol{Y}\in\mathbf{C}^{2\times2}$,有

$$T(\boldsymbol{X}+\boldsymbol{Y})=\boldsymbol{A}(\boldsymbol{X}+\boldsymbol{Y})\boldsymbol{B}=\boldsymbol{AXB}+\boldsymbol{AYB}=T(\boldsymbol{X})+T(\boldsymbol{Y})\quad(\text{加法封闭}),$$

$\forall k\in\mathbf{C}$,有

$$T(k\boldsymbol{X})=\boldsymbol{A}(k\boldsymbol{X})\boldsymbol{B}=k\boldsymbol{AXB}=kT(\boldsymbol{X})\quad(\text{数乘封闭}),$$

故 T 是 $\mathbf{C}^{2\times2}$ 上的线性变换.

(2) 因为

$$T(\boldsymbol{E}_{11})=\begin{bmatrix}1&-1\\0&0\end{bmatrix}\begin{bmatrix}1&0\\0&0\end{bmatrix}\begin{bmatrix}1&0\\1&0\end{bmatrix}=\begin{bmatrix}1&0\\0&0\end{bmatrix},$$

$$T(\boldsymbol{E}_{12})=\begin{bmatrix}1&-1\\0&0\end{bmatrix}\begin{bmatrix}0&1\\0&0\end{bmatrix}\begin{bmatrix}1&0\\1&0\end{bmatrix}=\begin{bmatrix}1&0\\0&0\end{bmatrix},$$

$$T(\boldsymbol{E}_{21})=\begin{bmatrix}1&-1\\0&0\end{bmatrix}\begin{bmatrix}0&0\\1&0\end{bmatrix}\begin{bmatrix}1&0\\1&0\end{bmatrix}=\begin{bmatrix}-1&0\\0&0\end{bmatrix},$$

$$T(\boldsymbol{E}_{22})=\begin{bmatrix}1&-1\\0&0\end{bmatrix}\begin{bmatrix}0&0\\0&1\end{bmatrix}\begin{bmatrix}1&0\\1&0\end{bmatrix}=\begin{bmatrix}-1&0\\0&0\end{bmatrix},$$

即

$$T(\boldsymbol{E}_{11},\boldsymbol{E}_{12},\boldsymbol{E}_{21},\boldsymbol{E}_{22})=(\boldsymbol{E}_{11},\boldsymbol{E}_{12},\boldsymbol{E}_{21},\boldsymbol{E}_{22})\begin{bmatrix}1&1&-1&-1\\0&0&0&0\\0&0&0&0\\0&0&0&0\end{bmatrix},$$

因而

$$\boldsymbol{M}=\begin{bmatrix}1&1&-1&-1\\0&0&0&0\\0&0&0&0\\0&0&0&0\end{bmatrix}.$$

(3) 因为

$$\lambda\boldsymbol{I}-\boldsymbol{M}=\begin{bmatrix}\lambda-1&-1&1&1\\0&\lambda&0&0\\0&0&\lambda&0\\0&0&0&\lambda\end{bmatrix}\rightarrow\begin{bmatrix}1&0&0&0\\0&\lambda&0&0\\0&0&\lambda&0\\0&0&0&\lambda(\lambda-1)\end{bmatrix},$$

所以 $\boldsymbol{M}$ 的初等因子是 $\lambda,\lambda,\lambda,\lambda-1$，故 $\boldsymbol{M}$ 的 Jordan 标准形为

$$\boldsymbol{J}=\begin{bmatrix}1&0&0&0\\0&0&0&0\\0&0&0&0\\0&0&0&0\end{bmatrix},$$

且 T 的最小多项式为 $m(\lambda)=\lambda(\lambda-1)$.

(4) 当 $\lambda=0$ 时，有

$$0\boldsymbol{I}-\boldsymbol{M}=\begin{bmatrix}-1&-1&1&1\\0&0&0&0\\0&0&0&0\\0&0&0&0\end{bmatrix},$$

得基础解系为 $(-1,1,0,0)^{\mathrm{T}},(1,0,1,0)^{\mathrm{T}},(1,0,0,1)^{\mathrm{T}}$；

当 $\lambda=1$ 时，有

$$\boldsymbol{I}-\boldsymbol{M}=\begin{bmatrix}0&-1&1&1\\0&1&0&0\\0&0&1&0\\0&0&0&1\end{bmatrix},$$

得基础解系为 $(1,0,0,0)^{\mathrm{T}}$.

这 4 个解向量对应的 $\mathbf{C}^{2\times2}$ 向量组 $\begin{bmatrix}-1&1\\0&0\end{bmatrix},\begin{bmatrix}1&0\\1&0\end{bmatrix},\begin{bmatrix}1&0\\0&1\end{bmatrix},\begin{bmatrix}1&0\\0&0\end{bmatrix}$ 线性无关，故能成为 $\mathbf{C}^{2\times2}$ 的基，使得 T 在该基下的矩阵 $\boldsymbol{M}$ 为对角阵.

注：这里也可根据 T 的最小多项式 $m(\lambda)=\lambda(\lambda-1)$ 无重根判断出 $\boldsymbol{M}$ 可以对角化.

4. 设 $\boldsymbol{\xi}_1,\boldsymbol{\xi}_2,\boldsymbol{\xi}_3,\boldsymbol{\xi}_4$ 是 4 维线性空间 V 的一组基，已知线性变换 T 在这组基下的矩阵为

$$\begin{bmatrix}1&0&2&1\\-1&2&1&3\\1&2&5&5\\2&-2&1&-2\end{bmatrix}.$$

(1) 求 T 在基 $\boldsymbol{\eta}_1=\boldsymbol{\xi}_1-2\boldsymbol{\xi}_2+\boldsymbol{\xi}_4,\boldsymbol{\eta}_2=3\boldsymbol{\xi}_2-\boldsymbol{\xi}_3-\boldsymbol{\xi}_4,\boldsymbol{\eta}_3=\boldsymbol{\xi}_3+\boldsymbol{\xi}_4,\boldsymbol{\eta}_4=2\boldsymbol{\xi}_4$ 下的矩阵；

(2) 求 T 的核与值域；

(3) 在 T 的核中选一组基，把它扩充成 V 的一组基，并求 T 在这组基下的矩阵；

(4) 在 T 的值域中选一组基，把它扩充成 V 的一组基，并求 T 在这组基下的矩阵.

解:(1) 设线性变换 T 在这组基下的矩阵为 $\boldsymbol{A}$,即

$$\boldsymbol{A}=\begin{bmatrix}1&0&2&1\\-1&2&1&3\\1&2&5&5\\2&-2&1&-2\end{bmatrix},$$

因为

$$(\boldsymbol{\eta}_1,\boldsymbol{\eta}_2,\boldsymbol{\eta}_3,\boldsymbol{\eta}_4)=(\boldsymbol{\xi}_1,\boldsymbol{\xi}_2,\boldsymbol{\xi}_3,\boldsymbol{\xi}_4)\boldsymbol{P},\quad 其中\ \boldsymbol{P}=\begin{bmatrix}1&0&0&0\\-2&3&0&0\\0&-1&1&0\\1&-1&1&2\end{bmatrix},$$

故 T 在基 $\boldsymbol{\eta}_1,\boldsymbol{\eta}_2,\boldsymbol{\eta}_3,\boldsymbol{\eta}_4$ 下的矩阵为

$$\boldsymbol{P}^{-1}\boldsymbol{A}\boldsymbol{P}=\frac{1}{3}\begin{bmatrix}6&-9&9&6\\2&-4&10&10\\8&-16&40&40\\0&3&-21&-24\end{bmatrix}.$$

(2) 先求 T 的核 $\mathrm{Ker}(T)$. 设 $\boldsymbol{\gamma}\in\mathrm{Ker}(T)$,即 $T(\boldsymbol{\gamma})=\boldsymbol{0}$,又设

$$\boldsymbol{\gamma}=(\boldsymbol{\xi}_1,\boldsymbol{\xi}_2,\boldsymbol{\xi}_3,\boldsymbol{\xi}_4)\begin{bmatrix}x_1\\x_2\\x_3\\x_4\end{bmatrix},$$

则

$$T(\boldsymbol{\gamma})=T\left[(\boldsymbol{\xi}_1,\boldsymbol{\xi}_2,\boldsymbol{\xi}_3,\boldsymbol{\xi}_4)\begin{bmatrix}x_1\\x_2\\x_3\\x_4\end{bmatrix}\right]=T(\boldsymbol{\xi}_1,\boldsymbol{\xi}_2,\boldsymbol{\xi}_3,\boldsymbol{\xi}_4)\begin{bmatrix}x_1\\x_2\\x_3\\x_4\end{bmatrix}$$

$$=(\boldsymbol{\xi}_1,\boldsymbol{\xi}_2,\boldsymbol{\xi}_3,\boldsymbol{\xi}_4)\boldsymbol{A}\begin{bmatrix}x_1\\x_2\\x_3\\x_4\end{bmatrix}=\boldsymbol{0},$$

即

$$\boldsymbol{A}\begin{bmatrix}x_1\\x_2\\x_3\\x_4\end{bmatrix}=\boldsymbol{0},$$

解此方程组，得其通解为

$$\begin{cases} x_1 = -2t_1 - t_2, \\ x_2 = -\frac{3}{2}t_1 - 2t_2, \\ x_3 = t_1, \\ x_4 = t_2 \end{cases} \quad (\text{其中 } t_1, t_2 \text{ 为任意常数}),$$

于是

$$\begin{aligned} \boldsymbol{\gamma} &= (-2t_1 - t_2)\boldsymbol{\xi}_1 + \left(-\frac{3}{2}t_1 - 2t_2\right)\boldsymbol{\xi}_2 + t_1\boldsymbol{\xi}_3 + t_2\boldsymbol{\xi}_4 \\ &= t_1\left(-2\boldsymbol{\xi}_1 - \frac{3}{2}\boldsymbol{\xi}_2 + \boldsymbol{\xi}_3\right) + t_2(-\boldsymbol{\xi}_1 - 2\boldsymbol{\xi}_2 + \boldsymbol{\xi}_4) \quad (\text{其中 } t_1, t_2 \text{ 为任意常数}), \end{aligned}$$

令

$$\boldsymbol{\alpha}_1 = -2\boldsymbol{\xi}_1 - \frac{3}{2}\boldsymbol{\xi}_2 + \boldsymbol{\xi}_3, \quad \boldsymbol{\alpha}_2 = -\boldsymbol{\xi}_1 - 2\boldsymbol{\xi}_2 + \boldsymbol{\xi}_4,$$

则 $\boldsymbol{\alpha}_1, \boldsymbol{\alpha}_2$ 是 $\mathrm{Ker}(T)$ 的一组基，即 $\mathrm{Ker}(T) = \mathrm{span}\{\boldsymbol{\alpha}_1, \boldsymbol{\alpha}_2\}$.

再求 T 的值域. 由于 $\boldsymbol{A}$ 的秩为 2，且 $\boldsymbol{A}$ 的第 1，2 列构成 $\boldsymbol{A}$ 的列向量组的一个极大线性无关组，故 $T(\boldsymbol{\xi}_1), T(\boldsymbol{\xi}_2), T(\boldsymbol{\xi}_3), T(\boldsymbol{\xi}_4)$ 的秩为 2，且 $T(\boldsymbol{\xi}_1), T(\boldsymbol{\xi}_2)$ 是其极大线性无关组. 从而

$$R(T) = \mathrm{span}\{T(\boldsymbol{\xi}_1), T(\boldsymbol{\xi}_2), T(\boldsymbol{\xi}_3), T(\boldsymbol{\xi}_4)\} = \mathrm{span}\{T(\boldsymbol{\xi}_1), T(\boldsymbol{\xi}_2)\},$$

其中 $T(\boldsymbol{\xi}_1) = \boldsymbol{\xi}_1 - \boldsymbol{\xi}_2 + \boldsymbol{\xi}_3 + 2\boldsymbol{\xi}_4, T(\boldsymbol{\xi}_2) = 2\boldsymbol{\xi}_2 + 2\boldsymbol{\xi}_3 - 2\boldsymbol{\xi}_4$ 是 $R(T)$ 的基.

(3) 由(2) 知 $\boldsymbol{\alpha}_1, \boldsymbol{\alpha}_2$ 是 $\mathrm{Ker}(T)$ 的一组基，易知 $\boldsymbol{\xi}_1, \boldsymbol{\xi}_2, \boldsymbol{\alpha}_1, \boldsymbol{\alpha}_2$ 是 V 的一组基. 实际上，有

$$(\boldsymbol{\xi}_1, \boldsymbol{\xi}_2, \boldsymbol{\alpha}_1, \boldsymbol{\alpha}_2) = (\boldsymbol{\xi}_1, \boldsymbol{\xi}_2, \boldsymbol{\xi}_3, \boldsymbol{\xi}_4)\boldsymbol{C}, \quad \text{其中 } \boldsymbol{C} = \begin{bmatrix} 1 & 0 & -2 & -1 \\ 0 & 1 & -\frac{3}{2} & -2 \\ 0 & 0 & 1 & 0 \\ 0 & 0 & 0 & 1 \end{bmatrix} \text{可逆},$$

故 T 在基 $\boldsymbol{\xi}_1, \boldsymbol{\xi}_2, \boldsymbol{\alpha}_1, \boldsymbol{\alpha}_2$ 下的矩阵为

$$\boldsymbol{B} = \boldsymbol{C}^{-1}\boldsymbol{A}\boldsymbol{C} = \begin{bmatrix} 5 & 2 & 0 & 0 \\ \frac{9}{2} & 1 & 0 & 0 \\ 1 & 2 & 0 & 0 \\ 2 & -2 & 0 & 0 \end{bmatrix}.$$

(4) 由(2) 知 $T(\boldsymbol{\xi}_1) = \boldsymbol{\xi}_1 - \boldsymbol{\xi}_2 + \boldsymbol{\xi}_3 + 2\boldsymbol{\xi}_4, T(\boldsymbol{\xi}_2) = 2\boldsymbol{\xi}_2 + 2\boldsymbol{\xi}_3 - 2\boldsymbol{\xi}_4$ 是 $R(T)$ 的一组基，易知 $T(\boldsymbol{\xi}_1), T(\boldsymbol{\xi}_2), \boldsymbol{\xi}_3, \boldsymbol{\xi}_4$ 是 V 的一组基. 实际上，有

$$(T(\boldsymbol{\xi}_1),T(\boldsymbol{\xi}_2),\boldsymbol{\xi}_3,\boldsymbol{\xi}_4)=(\boldsymbol{\xi}_1,\boldsymbol{\xi}_2,\boldsymbol{\xi}_3,\boldsymbol{\xi}_4)\boldsymbol{R},\quad \text{其中 } \boldsymbol{R}=\begin{bmatrix}1&0&0&0\\-1&2&0&0\\1&2&1&0\\2&-2&0&1\end{bmatrix}\text{可逆},$$

故 T 在基 $T(\boldsymbol{\xi}_1),T(\boldsymbol{\xi}_2),\boldsymbol{\xi}_3,\boldsymbol{\xi}_4$ 下的矩阵为

$$\boldsymbol{M}=\boldsymbol{R}^{-1}\boldsymbol{A}\boldsymbol{R}=\begin{bmatrix}5&2&2&1\\\frac{9}{2}&1&\frac{3}{2}&2\\0&0&0&0\\0&0&0&0\end{bmatrix}.$$

5. 已知 $\boldsymbol{B}=\begin{bmatrix}1&1\\0&1\end{bmatrix}$,在线性空间 $V=\{\boldsymbol{A}=(a_{ij})_{2\times2}\mid a_{11}+a_{22}=0,a_{ij}\in\mathbf{R}\}$ 中定义变换 T:

$$T(\boldsymbol{A})=\boldsymbol{B}^{\mathrm{T}}\boldsymbol{A}-\boldsymbol{A}^{\mathrm{T}}\boldsymbol{B}\quad(\boldsymbol{A}\in V).$$

(1) 证明:变换 T 是线性变换;

(2) 求 V 的一组基,使线性变换 T 在该基下的矩阵为对角阵.

解:(1) 对任意的 $\boldsymbol{\alpha},\boldsymbol{\beta}\in V$ 及 $k,l\in\mathbf{R}$,有

$$\begin{aligned}T(k\boldsymbol{\alpha}+l\boldsymbol{\beta})&=\boldsymbol{B}^{\mathrm{T}}(k\boldsymbol{\alpha}+l\boldsymbol{\beta})-(k\boldsymbol{\alpha}+l\boldsymbol{\beta})^{\mathrm{T}}\boldsymbol{B}\\&=k(\boldsymbol{B}^{\mathrm{T}}\boldsymbol{\alpha}-\boldsymbol{\alpha}^{\mathrm{T}}\boldsymbol{B})+l(\boldsymbol{B}^{\mathrm{T}}\boldsymbol{\beta}-\boldsymbol{\beta}^{\mathrm{T}}\boldsymbol{B})\\&=kT(\boldsymbol{\alpha})+lT(\boldsymbol{\beta}),\end{aligned}$$

故 T 是线性变换.

(2) 易得 $\dim V=3$,取 V 的简单基

$$\boldsymbol{A}_1=\begin{bmatrix}1&0\\0&-1\end{bmatrix},\quad \boldsymbol{A}_2=\begin{bmatrix}0&1\\0&0\end{bmatrix},\quad \boldsymbol{A}_3=\begin{bmatrix}0&0\\1&0\end{bmatrix},$$

由于

$$T(\boldsymbol{A}_1)=\begin{bmatrix}0&-1\\1&0\end{bmatrix}=-\boldsymbol{A}_2+\boldsymbol{A}_3,\quad T(\boldsymbol{A}_2)=\begin{bmatrix}0&1\\-1&0\end{bmatrix}=\boldsymbol{A}_2-\boldsymbol{A}_3,$$

$$T(\boldsymbol{A}_3)=\begin{bmatrix}0&-1\\1&0\end{bmatrix}=-\boldsymbol{A}_2+\boldsymbol{A}_3,$$

所以 T 在基 $\boldsymbol{A}_1,\boldsymbol{A}_2,\boldsymbol{A}_3$ 下的矩阵为

$$\boldsymbol{A}=\begin{bmatrix}0&0&0\\-1&1&-1\\1&-1&1\end{bmatrix}.$$

因为 $\boldsymbol{A}$ 的特征值为 $\lambda_1=\lambda_2=0,\lambda_3=2$,对应线性无关特征向量为 $(1,1,0)^{\mathrm{T}}$,$(0,1,1)^{\mathrm{T}}$,$(0,1,-1)^{\mathrm{T}}$,令

$$C=\begin{bmatrix}1&0&0\\1&1&1\\0&1&-1\end{bmatrix},\quad \Lambda=\begin{bmatrix}0&0&0\\0&0&0\\0&0&2\end{bmatrix},$$

则有

$$C^{-1}AC=\Lambda.$$

由$(\boldsymbol{B}_1,\boldsymbol{B}_2,\boldsymbol{B}_3)=(\boldsymbol{A}_1,\boldsymbol{A}_2,\boldsymbol{A}_3)\boldsymbol{C}$,求得 V 的另一组基为

$$\boldsymbol{B}_1=\boldsymbol{A}_1+\boldsymbol{A}_2=\begin{bmatrix}1&1\\0&-1\end{bmatrix},\quad \boldsymbol{B}_2=\boldsymbol{A}_2+\boldsymbol{A}_3=\begin{bmatrix}0&1\\1&0\end{bmatrix},$$

$$\boldsymbol{B}_3=\boldsymbol{A}_2-\boldsymbol{A}_3=\begin{bmatrix}0&1\\-1&0\end{bmatrix},$$

则 T 在基 $\boldsymbol{B}_1,\boldsymbol{B}_2,\boldsymbol{B}_3$ 下的矩阵为

$$\Lambda=\begin{bmatrix}0&0&0\\0&0&0\\0&0&2\end{bmatrix}.$$

6. 在 $\mathbf{R}^3$ 中,定义 $T(x_1,x_2,x_3)=(2x_1-x_2-x_3,x_2+x_3,x_1)$,则 T 是否是 $\mathbf{R}^3$ 上的线性变换?如果是,求出 T 在某一基下的矩阵,并求 T 的核与值域.

解:(1) $\forall \boldsymbol{\alpha}=(x_1,x_2,x_3),\boldsymbol{\beta}=(y_1,y_2,y_3)\in\mathbf{R}^3,k\in\mathbf{R}$,有

$$T(\boldsymbol{\alpha}+\boldsymbol{\beta})=T(\boldsymbol{\alpha})+T(\boldsymbol{\beta}),\quad T(k\boldsymbol{\alpha})=kT(\boldsymbol{\alpha}),$$

所以 T 是 $\mathbf{R}^3$ 上的线性变换.

(2) 取 $\mathbf{R}^3$ 的一组基 $\boldsymbol{\alpha}_1=(1,0,0),\boldsymbol{\alpha}_2=(0,1,0),\boldsymbol{\alpha}_3=(0,0,1)$,则

$$T(\boldsymbol{\alpha}_1)=(2,0,1),\quad T(\boldsymbol{\alpha}_2)=(-1,1,0),\quad T(\boldsymbol{\alpha}_3)=(-1,1,0),$$

所以

$$T(\boldsymbol{\alpha}_1,\boldsymbol{\alpha}_2,\boldsymbol{\alpha}_3)=(\boldsymbol{\alpha}_1,\boldsymbol{\alpha}_2,\boldsymbol{\alpha}_3)\begin{bmatrix}2&-1&-1\\0&1&1\\1&0&0\end{bmatrix},$$

故 T 在该基下的矩阵为

$$\boldsymbol{A}=\begin{bmatrix}2&-1&-1\\0&1&1\\1&0&0\end{bmatrix}.$$

(3) 由于 $r(\boldsymbol{A})=2$,且 $\boldsymbol{A}$ 的 1,2 两列线性无关,T 的值域为 $T(\boldsymbol{\alpha}_1)=(2,0,1)$, $T(\boldsymbol{\alpha}_2)=(-1,1,0)$ 向量生成的子空间.

(4) T 的核 $\mathrm{Ker}(T)=\{\boldsymbol{\alpha}\in\mathbf{R}^3\mid T(\boldsymbol{\alpha})=\mathbf{0}\}=\{\boldsymbol{\alpha}\in\mathbf{R}^3\mid \boldsymbol{A}\boldsymbol{\alpha}^{\mathrm{T}}=\mathbf{0}\}$. 因为线性方程组 $\boldsymbol{A}\boldsymbol{\alpha}^{\mathrm{T}}=\mathbf{0}$ 的基础解系为 $\boldsymbol{\eta}=(0,1,-1)^{\mathrm{T}}$,故 T 的核 $\mathrm{Ker}(T)$ 的基是 $\boldsymbol{\eta}^{\mathrm{T}}=(0,1,-1)$.

7. 设 $\boldsymbol{A}\in\boldsymbol{P}^{n\times n}$，$\boldsymbol{AB}=\boldsymbol{O}$，$\boldsymbol{B}^2=\boldsymbol{B}$，$W_1=\{\boldsymbol{x}\in\boldsymbol{P}^n\mid\boldsymbol{Ax}=\boldsymbol{0}\}$，$W_2=\{\boldsymbol{x}\in\boldsymbol{P}^n\mid\boldsymbol{Bx}=\boldsymbol{0}\}$. 证明：

(1) $\boldsymbol{P}^n=W_1+W_2$；

(2) $\boldsymbol{P}^n=W_1\oplus W_2$ 当且仅当 $r(\boldsymbol{A})+r(\boldsymbol{B})=n$.

证明：(1) $\forall\boldsymbol{x}\in\boldsymbol{P}^n$，$\boldsymbol{x}=\boldsymbol{Bx}+(\boldsymbol{x}-\boldsymbol{Bx})$，由于

$$\boldsymbol{ABx}=\boldsymbol{0},\quad \boldsymbol{B}(\boldsymbol{x}-\boldsymbol{Bx})=\boldsymbol{Bx}-\boldsymbol{B}^2\boldsymbol{x}=\boldsymbol{0},$$

所以

$$\boldsymbol{Bx}\in W_1,\quad \boldsymbol{x}-\boldsymbol{Bx}\in W_2,$$

从而

$$\boldsymbol{P}^n=W_1+W_2.$$

(2) 先证必要性. 设 $\boldsymbol{P}^n=W_1\oplus W_2$，再假设 $\dim W_1=r$，则 $\dim W_2=n-r$，由于 W_1,W_2 分别是齐次线性方程组 $\boldsymbol{Ax}=\boldsymbol{0}$ 与 $\boldsymbol{Bx}=\boldsymbol{0}$ 的解空间，故 $r(\boldsymbol{A})=n-r$，$r(\boldsymbol{B})=r$，所以 $r(\boldsymbol{A})+r(\boldsymbol{B})=n$.

再证充分性. 由 $r(\boldsymbol{A})+r(\boldsymbol{B})=n$，令 $r(\boldsymbol{B})=r$，则 $r(\boldsymbol{A})=n-r$，即线性方程组 $\boldsymbol{Ax}=\boldsymbol{0}$ 的基础解系含 r 个解向量. 又设 $\boldsymbol{B}=(\boldsymbol{\alpha}_1,\boldsymbol{\alpha}_2,\cdots,\boldsymbol{\alpha}_n)$，不失一般性，设 $\boldsymbol{\alpha}_1,\boldsymbol{\alpha}_2,\cdots,\boldsymbol{\alpha}_r$ 为 $\boldsymbol{B}$ 列向量组的极大无关组，则由 $\boldsymbol{AB}=\boldsymbol{O}$ 知道 $\boldsymbol{\alpha}_1,\boldsymbol{\alpha}_2,\cdots,\boldsymbol{\alpha}_r$ 是线性方程组 $\boldsymbol{Ax}=\boldsymbol{0}$ 的基础解系，从而构成 W_1 的一组基.

另一方面，由 $\boldsymbol{B}^2=\boldsymbol{B}$，所以 $\boldsymbol{B\alpha}_i=\boldsymbol{\alpha}_i(i=1,2,\cdots,n)$，取 W_2 的一组基 $\boldsymbol{\xi}_{r+1},\cdots,\boldsymbol{\xi}_n$，则 $\boldsymbol{\alpha}_1,\boldsymbol{\alpha}_2,\cdots,\boldsymbol{\alpha}_r,\boldsymbol{\xi}_{r+1},\cdots,\boldsymbol{\xi}_n$ 线性无关. 事实上，设

$$k_1\boldsymbol{\alpha}_1+k_2\boldsymbol{\alpha}_2+\cdots+k_r\boldsymbol{\alpha}_r+k_{r+1}\boldsymbol{\xi}_{r+1}+\cdots+k_n\boldsymbol{\xi}_n=\boldsymbol{0},\qquad(*)$$

则

$$k_1\boldsymbol{B\alpha}_1+k_2\boldsymbol{B\alpha}_2+\cdots+k_r\boldsymbol{B\alpha}_r+k_{r+1}\boldsymbol{B\xi}_{r+1}+\cdots+k_n\boldsymbol{B\xi}_n=\boldsymbol{B0}=\boldsymbol{0},$$

即有

$$k_1\boldsymbol{\alpha}_1+k_2\boldsymbol{\alpha}_2+\cdots+k_r\boldsymbol{\alpha}_r=\boldsymbol{0},$$

由 $\boldsymbol{\alpha}_1,\boldsymbol{\alpha}_2,\cdots,\boldsymbol{\alpha}_r$ 线性无关，所以 $k_1=k_2=\cdots=k_r=0$，则($*$)式变成

$$k_{r+1}\boldsymbol{\xi}_{r+1}+\cdots+k_n\boldsymbol{\xi}_n=\boldsymbol{0},$$

又由 $\boldsymbol{\xi}_{r+1},\cdots,\boldsymbol{\xi}_n$ 线性无关，得 $k_{r+1}=\cdots=k_n=0$，即有 $\boldsymbol{\alpha}_1,\boldsymbol{\alpha}_2,\cdots,\boldsymbol{\alpha}_r,\boldsymbol{\xi}_{r+1},\cdots,\boldsymbol{\xi}_n$ 线性无关，故构成 $\boldsymbol{P}^n$ 的一组基，所以 $\dim\boldsymbol{P}^n=\dim W_1+\dim W_2$，故 $\boldsymbol{P}^n=W_1\oplus W_2$.

1.6 书后习题解答

1. 有没有一个向量的线性空间？有没有两个向量的线性空间？有没有 m 个向量的线性空间？

解：有一个向量的线性空间：$\{\boldsymbol{0}\}$；没有两个向量的线性空间，因为如果有两个不同向量，则必然含有无穷多个向量；没有 m 个向量的线性空间.

2. $\mathbf{R}^n \subset \mathbf{C}^n$，$\mathbf{R}^n$ 是 $\mathbf{C}^n$ 的线性子空间吗？为什么？

解： 不是，因为 $\forall \boldsymbol{\alpha} \in \mathbf{R}^n, \boldsymbol{\alpha} \neq \mathbf{0}$，有 $\mathrm{i} \cdot \boldsymbol{\alpha} \notin \mathbf{R}^n$.

3. 检验以下集合对所指定的加法和数乘运算是否构成 $\mathbf{R}$ 上的线性空间.

(1) 全体 n 阶实对称矩阵（或实反对称矩阵、实上三角矩阵、实对角矩阵），对矩阵的加法和数乘；

(2) 全体形如 $\begin{bmatrix} 0 & a \\ -a & b \end{bmatrix}$ 的 2 阶方阵，对矩阵的加法和数乘；

(3) 平面上全体向量，对通常的加法和如下定义的数乘：$k \otimes \boldsymbol{\alpha} = \boldsymbol{\alpha}$；

(4) 平面上全体向量，对如下定义的加法和数乘：

$$\boldsymbol{\alpha} \oplus \boldsymbol{\beta} = \boldsymbol{\alpha} - \boldsymbol{\beta}, \quad k \otimes \boldsymbol{\alpha} = -k\boldsymbol{\alpha}.$$

解： (1)，(2) 是线性空间：直接验证即可；

(3) 不是线性空间，因为 $\boldsymbol{\alpha} \neq \mathbf{0}$ 时，$2\boldsymbol{\alpha} = \boldsymbol{\alpha} + \boldsymbol{\alpha} \neq \boldsymbol{\alpha}$，数乘不封闭；

(4) 不是线性空间，因为 $\boldsymbol{\alpha} \neq \mathbf{0}$ 时，$1 \otimes \boldsymbol{\alpha} = -\boldsymbol{\alpha} \neq \boldsymbol{\alpha}$.

4. 在实线性空间 $\mathbf{R}^{2\times 2}$ 中，令

$$\boldsymbol{F}_1 = \begin{bmatrix} 1 & 0 \\ 0 & 0 \end{bmatrix}, \quad \boldsymbol{F}_2 = \begin{bmatrix} 1 & 1 \\ 0 & 0 \end{bmatrix}, \quad \boldsymbol{F}_3 = \begin{bmatrix} 1 & 1 \\ 1 & 0 \end{bmatrix}, \quad \boldsymbol{F}_4 = \begin{bmatrix} 1 & 1 \\ 1 & 1 \end{bmatrix},$$

验证 $\boldsymbol{F}_1, \boldsymbol{F}_2, \boldsymbol{F}_3, \boldsymbol{F}_4$ 线性无关.

证明： 设 $k_1\boldsymbol{F}_1 + k_2\boldsymbol{F}_2 + k_3\boldsymbol{F}_3 + k_4\boldsymbol{F}_4 = \boldsymbol{O}$，则

$$\begin{cases} k_1 + k_2 + k_3 + k_4 = 0, \\ k_2 + k_3 + k_4 = 0, \\ k_3 + k_4 = 0, \\ k_4 = 0, \end{cases}$$

解得 $k_1 = k_2 = k_3 = k_4 = 0$，故 $\boldsymbol{F}_1, \boldsymbol{F}_2, \boldsymbol{F}_3, \boldsymbol{F}_4$ 线性无关.

5. 在 $P_3[x]$ 中，设 $f_1(x) = 1, f_2(x) = x + 1, f_3(x) = x^2 + x + 1$.

(1) 证明：$f_1(x), f_2(x), f_3(x)$ 是 $P_3[x]$ 的一组基；

(2) 求从基 $x^2, x, 1$ 到基 $f_1(x), f_2(x), f_3(x)$ 的过渡矩阵；

(3) 求 $f(x) = x^2 + 2x + 3$ 在基 $f_1(x), f_2(x), f_3(x)$ 下的坐标.

解： (1) 由于 $P_3[x]$ 是 3 维的，因此只要证明 $f_1(x), f_2(x), f_3(x)$ 线性无关即可.

假设

$$k_1 f_1(x) + k_2 f_2(x) + k_3 f_3(x) = 0,$$

即

$$k_3 x^2 + (k_2 + k_3)x + k_1 + k_2 + k_3 = 0,$$

根据多项式相等性质，得到

$$\begin{cases} k_1 + k_2 + k_3 = 0, \\ k_2 + k_3 = 0, \\ k_3 = 0, \end{cases}$$

解得 $k_1 = k_2 = k_3 = 0$,故 $f_1(x), f_2(x), f_3(x)$ 线性无关.

(2) 因为

$$(f_1, f_2, f_3) = (x^2, x, 1)\begin{bmatrix} 0 & 0 & 1 \\ 0 & 1 & 1 \\ 1 & 1 & 1 \end{bmatrix},$$

即过渡矩阵为 $\begin{bmatrix} 0 & 0 & 1 \\ 0 & 1 & 1 \\ 1 & 1 & 1 \end{bmatrix}$.

(3) 因为

$$f(x) = x^2 + 2x + 3 = 1 \cdot (x^2 + x + 1) + 1 \cdot (x + 1) + 1 \cdot 1,$$

所以 $f(x)$ 在该基下坐标是 $(1,1,1)^{\mathrm{T}}$.

6. 设 $\boldsymbol{A} = \begin{bmatrix} 1 & 0 \\ 0 & 2 \end{bmatrix}$,记

$$L(\boldsymbol{A}) = \{\boldsymbol{B} \mid \boldsymbol{B} \in \mathbf{R}^{2\times 2}, \boldsymbol{AB} = \boldsymbol{BA}\},$$

求证 $L(\boldsymbol{A})$ 为 $\mathbf{R}^{2\times 2}$ 的线性子空间,并求 $\dim L(\boldsymbol{A})$.

解:子空间证明略,现求 $\dim L(\boldsymbol{A})$ 及一组基.

任取 $\boldsymbol{B} = \begin{bmatrix} a & c \\ b & d \end{bmatrix} \in L(\boldsymbol{A})$,则由 $\boldsymbol{AB} = \boldsymbol{BA}$ 得到 $b = c = 0$,所以 $\boldsymbol{B} = \begin{bmatrix} a & 0 \\ 0 & d \end{bmatrix}$,从而 $L(\boldsymbol{A})$ 是 2 维的. 分别取 $a = 1, d = 0$ 以及 $a = 0, d = 1$ 可得 $L(\boldsymbol{A})$ 的基是

$$\boldsymbol{B}_1 = \begin{bmatrix} 1 & 0 \\ 0 & 0 \end{bmatrix}, \quad \boldsymbol{B}_2 = \begin{bmatrix} 0 & 0 \\ 0 & 1 \end{bmatrix}.$$

7. 在 $\mathbf{R}^4$ 中,求由基 $\boldsymbol{\varepsilon}_1, \boldsymbol{\varepsilon}_2, \boldsymbol{\varepsilon}_3, \boldsymbol{\varepsilon}_4$ 到基 $\boldsymbol{\eta}_1, \boldsymbol{\eta}_2, \boldsymbol{\eta}_3, \boldsymbol{\eta}_4$ 的过渡矩阵.

(1) $\begin{cases} \boldsymbol{\varepsilon}_1 = \boldsymbol{e}_1, \\ \boldsymbol{\varepsilon}_2 = \boldsymbol{e}_2, \\ \boldsymbol{\varepsilon}_3 = \boldsymbol{e}_3, \\ \boldsymbol{\varepsilon}_4 = \boldsymbol{e}_4, \end{cases}$ 其中 $\boldsymbol{e}_1, \boldsymbol{e}_2, \boldsymbol{e}_3, \boldsymbol{e}_4$ 是自然基, $\begin{cases} \boldsymbol{\eta}_1 = (2,1,-1,1)^{\mathrm{T}}, \\ \boldsymbol{\eta}_2 = (0,3,1,0)^{\mathrm{T}}, \\ \boldsymbol{\eta}_3 = (5,3,2,1)^{\mathrm{T}}, \\ \boldsymbol{\eta}_4 = (6,6,1,3)^{\mathrm{T}}; \end{cases}$

(2) $\begin{cases} \boldsymbol{\varepsilon}_1 = (1,1,1,1)^{\mathrm{T}}, \\ \boldsymbol{\varepsilon}_2 = (1,2,1,1)^{\mathrm{T}}, \\ \boldsymbol{\varepsilon}_3 = (1,1,2,1)^{\mathrm{T}}, \\ \boldsymbol{\varepsilon}_4 = (1,3,2,3)^{\mathrm{T}}, \end{cases}$ $\begin{cases} \boldsymbol{\eta}_1 = (1,0,3,3)^{\mathrm{T}}, \\ \boldsymbol{\eta}_2 = (-2,-3,-5,-4)^{\mathrm{T}}, \\ \boldsymbol{\eta}_3 = (2,2,5,4)^{\mathrm{T}}, \\ \boldsymbol{\eta}_4 = (-2,-3,-4,-4)^{\mathrm{T}}. \end{cases}$

解:(1) 由题意,有

$$(\boldsymbol{\eta}_1,\boldsymbol{\eta}_2,\boldsymbol{\eta}_3,\boldsymbol{\eta}_4)=(\boldsymbol{e}_1,\boldsymbol{e}_2,\boldsymbol{e}_3,\boldsymbol{e}_4)\begin{bmatrix}2&0&5&6\\1&3&3&6\\-1&1&2&1\\1&0&1&3\end{bmatrix},$$

即过渡矩阵是$\begin{bmatrix}2&0&5&6\\1&3&3&6\\-1&1&2&1\\1&0&1&3\end{bmatrix}$.

(2) 设基$\boldsymbol{e}_1,\boldsymbol{e}_2,\boldsymbol{e}_3,\boldsymbol{e}_4$到基$\boldsymbol{\varepsilon}_1,\boldsymbol{\varepsilon}_2,\boldsymbol{\varepsilon}_3,\boldsymbol{\varepsilon}_4$的过渡矩阵是$\boldsymbol{A}$,到基$\boldsymbol{\eta}_1,\boldsymbol{\eta}_2,\boldsymbol{\eta}_3,\boldsymbol{\eta}_4$的过渡矩阵是$\boldsymbol{B}$,即

$$(\boldsymbol{\varepsilon}_1,\boldsymbol{\varepsilon}_2,\boldsymbol{\varepsilon}_3,\boldsymbol{\varepsilon}_4)=(\boldsymbol{e}_1,\boldsymbol{e}_2,\boldsymbol{e}_3,\boldsymbol{e}_4)\boldsymbol{A},\quad (\boldsymbol{\eta}_1,\boldsymbol{\eta}_2,\boldsymbol{\eta}_3,\boldsymbol{\eta}_4)=(\boldsymbol{e}_1,\boldsymbol{e}_2,\boldsymbol{e}_3,\boldsymbol{e}_4)\boldsymbol{B},$$

其中

$$\boldsymbol{A}=\begin{bmatrix}1&1&1&1\\1&2&1&3\\1&1&2&2\\1&1&1&3\end{bmatrix},\quad \boldsymbol{B}=\begin{bmatrix}1&-2&2&-2\\0&-3&2&-3\\3&-5&5&-4\\3&-4&4&-4\end{bmatrix},$$

则

$$(\boldsymbol{\eta}_1,\boldsymbol{\eta}_2,\boldsymbol{\eta}_3,\boldsymbol{\eta}_4)=(\boldsymbol{\varepsilon}_1,\boldsymbol{\varepsilon}_2,\boldsymbol{\varepsilon}_3,\boldsymbol{\varepsilon}_4)\boldsymbol{A}^{-1}\boldsymbol{B},$$

所以过渡矩阵是

$$\boldsymbol{A}^{-1}\boldsymbol{B}=\begin{bmatrix}2&0&1&-1\\-3&1&-2&1\\1&-2&2&-1\\1&-1&1&-1\end{bmatrix}.$$

8. 在 $\mathbf{R}^4$ 中,求齐次线性方程组

$$\begin{cases}3x_1+2x_2-5x_3+4x_4=0,\\3x_1-x_2+3x_3-3x_4=0,\\3x_1+5x_2-13x_3+11x_4=0\end{cases}$$

的解空间的基与维数.

解:系数矩阵

$$\boldsymbol{A}=\begin{bmatrix}3&2&-5&4\\3&-1&3&-3\\3&5&-13&11\end{bmatrix}\xrightarrow{\text{初等行变换}}\begin{bmatrix}1&0&\frac{1}{9}&-\frac{2}{9}\\0&1&-\frac{8}{3}&\frac{7}{3}\\0&0&0&0\end{bmatrix},$$

得系数矩阵的秩为 2,故解空间维数是 $4-2=2$.

原齐次线性方程组的同解方程组为

$$\begin{cases} x_1 + \frac{1}{9}x_3 - \frac{2}{9}x_4 = 0, \\ x_2 - \frac{8}{3}x_3 + \frac{7}{3}x_4 = 0, \end{cases}$$

基础解系为 $\boldsymbol{\xi}_1 = (-1,24,9,0)^{\mathrm{T}}, \boldsymbol{\xi}_2 = (2,-21,0,9)^{\mathrm{T}}$，即为解空间的一组基.

9. 设有 $\mathbf{R}^3$ 的两个子空间：

$$V_1 = \{(x_1,x_2,x_3) \mid 2x_1 + x_2 - x_3 = 0\},$$

$$V_2 = \{(x_1,x_2,x_3) \mid x_1 + x_2 = 0, 3x_1 + 2x_2 - x_3 = 0\},$$

分别求子空间 $V_1 + V_2, V_1 \cap V_2$ 的基与维数.

解：V_1 的基是 $\boldsymbol{\alpha}_1 = (-1,2,0), \boldsymbol{\alpha}_2 = (1,0,2)$，$V_2$ 的基是 $\boldsymbol{\alpha}_3 = (1,-1,1)$，则

$$V_1 + V_2 = \operatorname{span}\{\boldsymbol{\alpha}_1, \boldsymbol{\alpha}_2, \boldsymbol{\alpha}_3\},$$

由于

$$\boldsymbol{\alpha}_3 = -\frac{1}{2}\boldsymbol{\alpha}_1 + \frac{1}{2}\boldsymbol{\alpha}_2,$$

所以 $V_1 + V_2 = \operatorname{span}\{\boldsymbol{\alpha}_1, \boldsymbol{\alpha}_2\}$，且 $\boldsymbol{\alpha}_1, \boldsymbol{\alpha}_2$ 线性无关，故构成 $V_1 + V_2$ 的一组基，且

$$\dim(V_1 + V_2) = 2.$$

而 $\boldsymbol{\alpha}_3 = -\frac{1}{2}\boldsymbol{\alpha}_1 + \frac{1}{2}\boldsymbol{\alpha}_2 = (1,-1,1) \in V_1 \cap V_2$，故为 $V_1 \cap V_2$ 的基，所以

$$\dim(V_1 \cap V_2) = 1.$$

10. 设 V_1, V_2 分别是齐次线性方程组

$$x_1 + x_2 + \cdots + x_n = 0 \quad 与 \quad x_1 = x_2 = \cdots = x_n$$

的解空间，试证明：$\mathbf{R}^n = V_1 \oplus V_2$.

证法一：线性方程组 $x_1 + x_2 + \cdots + x_n = 0$ 的解空间是 $n-1$ 维的，且

$\boldsymbol{\alpha}_1 = (-1,1,0,\cdots,0)^{\mathrm{T}}, \quad \boldsymbol{\alpha}_2 = (-1,0,1,\cdots,0)^{\mathrm{T}}, \quad \cdots, \quad \boldsymbol{\alpha}_{n-1} = (-1,0,0,\cdots,1)^{\mathrm{T}}$

是其一组基，即

$$V_1 = \operatorname{span}\{\boldsymbol{\alpha}_1, \boldsymbol{\alpha}_2, \cdots, \boldsymbol{\alpha}_{n-1}\},$$

方程组 $x_1 = x_2 = \cdots = x_n$ 的解空间是1维的，$\boldsymbol{\alpha} = (1,1,1,\cdots,1)^{\mathrm{T}}$ 是其一组基，即

$$V_2 = \operatorname{span}\{\boldsymbol{\alpha}\},$$

由于 $\boldsymbol{\alpha}_1, \boldsymbol{\alpha}_2, \cdots, \boldsymbol{\alpha}_{n-1}, \boldsymbol{\alpha}$ 线性无关，故

$$V_1 + V_2 = \operatorname{span}\{\boldsymbol{\alpha}_1, \boldsymbol{\alpha}_2, \cdots, \boldsymbol{\alpha}_{n-1}\} + \operatorname{span}\{\boldsymbol{\alpha}\} = \operatorname{span}\{\boldsymbol{\alpha}_1, \boldsymbol{\alpha}_2, \cdots, \boldsymbol{\alpha}_{n-1}, \boldsymbol{\alpha}\} = \mathbf{R}^n,$$

又

$$\dim \mathbf{R}^n = \dim V_1 + \dim V_2,$$

根据维数定理，有 $V_1 \cap V_2 = \{\mathbf{0}\}$，故 $\mathbf{R}^n = V_1 \oplus V_2$.

证法二：因 V_1 是 $n-1$ 维，一组基为

$\boldsymbol{\alpha}_1 = (1,-1,0,\cdots,0)^{\mathrm{T}}, \quad \boldsymbol{\alpha}_2 = (1,0,-1,\cdots,0)^{\mathrm{T}}, \quad \cdots, \quad \boldsymbol{\alpha}_{n-1} = (1,0,0,\cdots,-1)^{\mathrm{T}},$

而 V_2 是1维的，一组基为 $\boldsymbol{\alpha}_n=(1,1,\cdots,1)^{\mathrm{T}}$. 又 $\boldsymbol{\alpha}_1,\boldsymbol{\alpha}_2,\cdots,\boldsymbol{\alpha}_{n-1},\boldsymbol{\alpha}_n$ 线性无关，从而构成 $\mathbf{R}^n$ 的一组基，所以 $\mathbf{R}^n=V_1+V_2$.

任取 $\boldsymbol{\eta}=(x_1,x_2,\cdots,x_n)^{\mathrm{T}}\in V_1\cap V_2$，则

$$x_1+x_2+\cdots+x_n=0 \quad 且 \quad x_1=x_2=\cdots=x_n,$$

所以 $V_1\cap V_2=\{\mathbf{0}\}$，故 $\mathbf{R}^n=V_1\oplus V_2$.

11. 证明：线性空间 $\mathbf{R}^{2\times2}$ 可以分解为二阶实对称矩阵的集合构成的子空间与二阶实反对称矩阵的集合构成的子空间的直和.

证明：令

$$S=\{\boldsymbol{A}\in\mathbf{R}^{2\times2}\mid \boldsymbol{A}^{\mathrm{T}}=\boldsymbol{A}\},\quad T=\{\boldsymbol{A}\in\mathbf{R}^{2\times2}\mid \boldsymbol{A}^{\mathrm{T}}=-\boldsymbol{A}\},$$

$\forall\boldsymbol{A}\in\mathbf{R}^{2\times2}$，有

$$\boldsymbol{A}=\frac{\boldsymbol{A}+\boldsymbol{A}^{\mathrm{T}}}{2}+\frac{\boldsymbol{A}-\boldsymbol{A}^{\mathrm{T}}}{2},\quad 其中\quad \frac{\boldsymbol{A}+\boldsymbol{A}^{\mathrm{T}}}{2}\in S,\frac{\boldsymbol{A}-\boldsymbol{A}^{\mathrm{T}}}{2}\in T,$$

所以 $\mathbf{R}^{2\times2}=S+T$. 又 $\forall\boldsymbol{A}\in S\cap T$，有

$$\boldsymbol{A}^{\mathrm{T}}=\boldsymbol{A}\quad 且\quad \boldsymbol{A}^{\mathrm{T}}=-\boldsymbol{A},$$

所以 $\boldsymbol{A}=\boldsymbol{O}$，即 $S\cap T=\{\boldsymbol{O}\}$. 因而 $\mathbf{R}^{2\times2}=S\oplus T$.

12. 下列线性空间中定义的变换是否是线性变换？为什么？

(1) $P_3[x]$ 中，定义

$$T(f(x))=f(x)+1,\quad \forall f(x)\in P_3[x];$$

(2) $P_3[x]$ 中，定义

$$T(f(x))=f(x+1),\quad \forall f(x)\in P_3[x];$$

(3) $\mathbf{R}^{2\times2}$ 中，定义

$$T(\boldsymbol{X})=\boldsymbol{X}^*,\quad \forall\boldsymbol{X}\in\mathbf{R}^{2\times2}\quad (\boldsymbol{X}^* 是 \boldsymbol{X} 的伴随矩阵);$$

(4) $\mathbf{R}^{2\times2}$ 中，定义

$$T(\boldsymbol{X})=\boldsymbol{X}^2,\quad \forall\boldsymbol{X}\in\mathbf{R}^{2\times2};$$

(5) V 是 ·线性空间，$\boldsymbol{\alpha}_0$ 是 V 中非零向量，定义

$$T(\boldsymbol{\alpha})=\boldsymbol{\alpha}+\boldsymbol{\alpha}_0\quad (\forall\boldsymbol{\alpha}\in V);$$

(6) V 是一线性空间，$\boldsymbol{\alpha}_0$ 是 V 中非零向量，定义

$$T(\boldsymbol{\alpha})=\boldsymbol{\alpha}_0\quad (\forall\boldsymbol{\alpha}\in V).$$

解：(1) 不是. 因为

$$T(f(x)+g(x))\neq T(f(x))+T(g(x)).$$

(2) 是. 因为

$$T(f(x)+g(x))=f(x+1)+g(x+1)=T(f(x))+T(g(x)),$$
$$T(kf(x))=kf(x+1)=kT(f(x)).$$

(3) 是. 因为对于2阶矩阵 $\boldsymbol{X},\boldsymbol{Y}\in\mathbf{R}^{2\times2}$，有

$$T(\boldsymbol{X}+\boldsymbol{Y})=(\boldsymbol{X}+\boldsymbol{Y})^*=\boldsymbol{X}^*+\boldsymbol{Y}^*=T(\boldsymbol{X})+T(\boldsymbol{Y}),$$

$$T(k\boldsymbol{X}) = (k\boldsymbol{X})^* = k^{2-1}\boldsymbol{X}^* = kT(\boldsymbol{X}).$$

注: 此题仅对 $n = 2$ 时成立;$n > 2$ 时,$(\boldsymbol{X}+\boldsymbol{Y})^* \neq \boldsymbol{X}^* + \boldsymbol{Y}^*$.

(4) 不是. 例如

$$\boldsymbol{B}_1 = \begin{bmatrix} 1 & 1 \\ 0 & 0 \end{bmatrix}, \quad \boldsymbol{B}_2 = \begin{bmatrix} 0 & 1 \\ 0 & 1 \end{bmatrix},$$

$$T(\boldsymbol{B}_1) = \boldsymbol{B}_1^2 = \begin{bmatrix} 1 & 1 \\ 0 & 0 \end{bmatrix}, \quad T(\boldsymbol{B}_2) = \boldsymbol{B}_2^2 = \begin{bmatrix} 0 & 1 \\ 0 & 1 \end{bmatrix},$$

$$T(\boldsymbol{B}_1 + \boldsymbol{B}_2) = (\boldsymbol{B}_1 + \boldsymbol{B}_2)^2 = \begin{bmatrix} 1 & 2 \\ 0 & 1 \end{bmatrix}^2 = \begin{bmatrix} 1 & 4 \\ 0 & 1 \end{bmatrix} \neq T(\boldsymbol{B}_1) + T(\boldsymbol{B}_2).$$

(5) 不是,因为 $T(\boldsymbol{\alpha}+\boldsymbol{\beta}) = \boldsymbol{\alpha}+\boldsymbol{\beta}+\boldsymbol{\alpha}_0 \neq T(\boldsymbol{\alpha}) + T(\boldsymbol{\beta})$.

(6) 不是,因为 $T(\boldsymbol{\alpha}+\boldsymbol{\beta}) = \boldsymbol{\alpha}_0 \neq T(\boldsymbol{\alpha}) + T(\boldsymbol{\beta})$.

13. 在 $\mathbf{R}^2$ 中,设 $\boldsymbol{\alpha} = (a_1, a_2)$,证明 $T_1(\boldsymbol{\alpha}) = (a_2, -a_1)$ 与 $T_2(\boldsymbol{\alpha}) = (a_1, -a_2)$ 是 $\mathbf{R}^2$ 上的两个线性变换,并求 $T_1 + T_2$,T_1T_2 以及 T_2T_1.

解: 直接验证可得 T_1,T_2 都是 $\mathbf{R}^2$ 的线性变换,且

$$\begin{aligned}(T_1 + T_2)(\boldsymbol{\alpha}) &= T_1(\boldsymbol{\alpha}) + T_2(\boldsymbol{\alpha}) = (a_2, -a_1) + (a_1, -a_2) \\ &= (a_1 + a_2, -a_1 - a_2), \\ T_1T_2(\boldsymbol{\alpha}) &= T_1(a_1, -a_2) = (-a_2, -a_1), \\ T_2T_1(\boldsymbol{\alpha}) &= T_2(a_2, -a_1) = (a_2, a_1).\end{aligned}$$

14. 设 $\boldsymbol{\varepsilon}_1, \boldsymbol{\varepsilon}_2$ 是线性空间 L 的一组基,T_1 与 T_2 是 L 上的两个线性变换,$T_1(\boldsymbol{\varepsilon}_1) = \boldsymbol{\eta}_1$,$T_1(\boldsymbol{\varepsilon}_2) = \boldsymbol{\eta}_2$,且 $T_2(\boldsymbol{\varepsilon}_1 + \boldsymbol{\varepsilon}_2) = \boldsymbol{\eta}_1 + \boldsymbol{\eta}_2$,$T_2(\boldsymbol{\varepsilon}_1 - \boldsymbol{\varepsilon}_2) = \boldsymbol{\eta}_1 - \boldsymbol{\eta}_2$,证明:$T_1 = T_2$.

证明: 由条件得到

$$T_2(\boldsymbol{\varepsilon}_1) + T_2(\boldsymbol{\varepsilon}_2) = \boldsymbol{\eta}_1 + \boldsymbol{\eta}_2, \quad T_2(\boldsymbol{\varepsilon}_1) - T_2(\boldsymbol{\varepsilon}_2) = \boldsymbol{\eta}_1 - \boldsymbol{\eta}_2,$$

解得 $T_2(\boldsymbol{\varepsilon}_1) = \boldsymbol{\eta}_1$,$T_2(\boldsymbol{\varepsilon}_2) = \boldsymbol{\eta}_2$.

$\forall \boldsymbol{\alpha} \in L$,则

$$\boldsymbol{\alpha} = a\boldsymbol{\varepsilon}_1 + b\boldsymbol{\varepsilon}_2, \quad T_1(\boldsymbol{\alpha}) = a\boldsymbol{\eta}_1 + b\boldsymbol{\eta}_2 = T_2(\boldsymbol{\alpha}),$$

所以 $T_1 = T_2$.

15. 设 $\boldsymbol{\varepsilon}_1, \boldsymbol{\varepsilon}_2$ 是线性空间 L 的一组基,线性变换 T 满足

$$T(\boldsymbol{\varepsilon}_1 - 2\boldsymbol{\varepsilon}_2) = -\boldsymbol{\varepsilon}_1 + 3\boldsymbol{\varepsilon}_2, \quad T(\boldsymbol{\varepsilon}_1) = -\boldsymbol{\varepsilon}_1 + \boldsymbol{\varepsilon}_2,$$

求 T 在基 $\boldsymbol{\varepsilon}_1, \boldsymbol{\varepsilon}_2$ 下的矩阵.

解: 由

$$T(\boldsymbol{\varepsilon}_1 - 2\boldsymbol{\varepsilon}_2) = T(\boldsymbol{\varepsilon}_1) - 2T(\boldsymbol{\varepsilon}_2) = -\boldsymbol{\varepsilon}_1 + 3\boldsymbol{\varepsilon}_2 \quad 及 \quad T(\boldsymbol{\varepsilon}_1) = -\boldsymbol{\varepsilon}_1 + \boldsymbol{\varepsilon}_2,$$

得 $T(\boldsymbol{\varepsilon}_2) = -\boldsymbol{\varepsilon}_2$,所以 T 在基 $\boldsymbol{\varepsilon}_1, \boldsymbol{\varepsilon}_2$ 下的矩阵为

$$\boldsymbol{A} = \begin{bmatrix} -1 & 0 \\ 1 & -1 \end{bmatrix}.$$

16. 在 $P_4[x]$ 中，求微分变换

$$D(f(x)) = f'(x) \quad (\forall f(x) \in P_4[x])$$

在基 $f_1(x)=x^3, f_2(x)=x^2, f_3(x)=x, f_4(x)=1$ 下的矩阵.

解：因为

$$Df_1(x)=3x^2,\quad Df_2(x)=2x,\quad Df_3(x)=1,\quad Df_4(x)=0,$$

所以 D 在基 $f_1(x), f_2(x), f_3(x), f_4(x)$ 下的矩阵是

$$\boldsymbol{A}=\begin{bmatrix}0&0&0&0\\3&0&0&0\\0&2&0&0\\0&0&1&0\end{bmatrix}.$$

17. 已知 V 是实线性空间 $C[a,b]$ 中由函数

$$f_1(x)=e^{2x}\cos 3x,\quad f_2(x)=e^{2x}\sin 3x,$$
$$f_3(x)=xe^{2x}\cos 3x,\quad f_4(x)=xe^{2x}\sin 3x$$

所生成的子空间.

(1) 试证明 $f_1(x), f_2(x), f_3(x), f_4(x)$ 是 V 的一组基；

(2) 求微分变换

$$D(f(x)) = f'(x) \quad (\forall f(x) \in V)$$

在这组基下的矩阵.

解：(1) 只要证明 $f_1(x), f_2(x), f_3(x), f_4(x)$ 线性无关.

设 $af_1+bf_2+cf_3+df_4=0$，即

$$ae^{2x}\cos 3x+be^{2x}\sin 3x+cxe^{2x}\cos 3x+dxe^{2x}\sin 3x=0,$$

分别令 $x=0, \frac{\pi}{2}, -\frac{\pi}{2}$，代入上式得到 $a=b=d=0$，所以 $cxe^{2x}\cos 3x=0$. 又 $xe^{2x}\cos 3x\neq 0$，因此 $c=0$. 故 $f_1(x), f_2(x), f_3(x), f_4(x)$ 线性无关，从而构成 V 的一组基.

(2) 因为

$$Df_1=2e^{2x}\cos 3x-3e^{2x}\sin 3x,\quad Df_2=3e^{2x}\cos 3x+2e^{2x}\sin 3x,$$
$$Df_3=e^{2x}\cos 3x+2xe^{2x}\cos 3x-3xe^{2x}\sin 3x,$$
$$Df_4=e^{2x}\sin 3x+3xe^{2x}\cos 3x+2xe^{2x}\sin 3x,$$

所以 D 在基 $f_1(x), f_2(x), f_3(x), f_4(x)$ 下的矩阵是

$$\boldsymbol{A}=\begin{bmatrix}2&3&1&0\\-3&2&0&1\\0&0&2&3\\0&0&-3&2\end{bmatrix}.$$

18. 在 $\mathbf{R}^{2\times2}$ 中定义线性变换，$\forall \mathbf{A}\in\mathbf{R}^{2\times2}$，有

$$T_1(\mathbf{A})=\begin{bmatrix}a & b\\ c & d\end{bmatrix}\mathbf{A},\quad T_2(\mathbf{A})=\mathbf{A}\begin{bmatrix}a & b\\ c & d\end{bmatrix},\quad T_3(\mathbf{A})=\begin{bmatrix}a & b\\ c & d\end{bmatrix}\mathbf{A}\begin{bmatrix}a & b\\ c & d\end{bmatrix},$$

其中$\begin{bmatrix}a & b\\ c & d\end{bmatrix}$是 $\mathbf{R}^{2\times2}$ 中给定的矩阵，求：

(1) T_i 在基

$$\mathbf{E}_{11}=\begin{bmatrix}1 & 0\\ 0 & 0\end{bmatrix},\quad \mathbf{E}_{12}=\begin{bmatrix}0 & 1\\ 0 & 0\end{bmatrix},\quad \mathbf{E}_{21}=\begin{bmatrix}0 & 0\\ 1 & 0\end{bmatrix},\quad \mathbf{E}_{22}=\begin{bmatrix}0 & 0\\ 0 & 1\end{bmatrix}$$

下的矩阵 $\mathbf{X}_i(i=1,2,3)$；

(2) T_1+T_2 和 T_1T_2 在基 $\mathbf{E}_{11},\mathbf{E}_{12},\mathbf{E}_{21},\mathbf{E}_{22}$ 下的矩阵.

解：(1) 根据题意，有

$$T_1(\mathbf{E}_{11})=\begin{bmatrix}a & b\\ c & d\end{bmatrix}\begin{bmatrix}1 & 0\\ 0 & 0\end{bmatrix}=\begin{bmatrix}a & 0\\ c & 0\end{bmatrix}=a\mathbf{E}_{11}+c\mathbf{E}_{21},$$

$$T_1(\mathbf{E}_{12})=\begin{bmatrix}a & b\\ c & d\end{bmatrix}\begin{bmatrix}0 & 1\\ 0 & 0\end{bmatrix}=\begin{bmatrix}0 & a\\ 0 & c\end{bmatrix}=a\mathbf{E}_{12}+c\mathbf{E}_{22},$$

$$T_1(\mathbf{E}_{21})=\begin{bmatrix}a & b\\ c & d\end{bmatrix}\begin{bmatrix}0 & 0\\ 1 & 0\end{bmatrix}=\begin{bmatrix}b & 0\\ d & 0\end{bmatrix}=b\mathbf{E}_{11}+d\mathbf{E}_{21},$$

$$T_1(\mathbf{E}_{22})=\begin{bmatrix}a & b\\ c & d\end{bmatrix}\begin{bmatrix}0 & 0\\ 0 & 1\end{bmatrix}=\begin{bmatrix}0 & b\\ 0 & d\end{bmatrix}=b\mathbf{E}_{12}+d\mathbf{E}_{22},$$

于是 T_1 在基 $\mathbf{E}_{11},\mathbf{E}_{12},\mathbf{E}_{21},\mathbf{E}_{22}$ 下的矩阵为

$$\mathbf{X}_1=\begin{bmatrix}a & 0 & b & 0\\ 0 & a & 0 & b\\ c & 0 & d & 0\\ 0 & c & 0 & d\end{bmatrix}.$$

同理，T_2 在基 $\mathbf{E}_{11},\mathbf{E}_{12},\mathbf{E}_{21},\mathbf{E}_{22}$ 下的矩阵为

$$\mathbf{X}_2=\begin{bmatrix}a & c & 0 & 0\\ b & d & 0 & 0\\ 0 & 0 & a & c\\ 0 & 0 & b & d\end{bmatrix}.$$

又

$$\begin{aligned}T_3(\mathbf{E}_{11})&=\begin{bmatrix}a & b\\ c & d\end{bmatrix}\begin{bmatrix}1 & 0\\ 0 & 0\end{bmatrix}\begin{bmatrix}a & b\\ c & d\end{bmatrix}=\begin{bmatrix}a^2 & ab\\ ac & cb\end{bmatrix}\\&=a^2\mathbf{E}_{11}+ab\mathbf{E}_{12}+ac\mathbf{E}_{21}+bc\mathbf{E}_{22},\end{aligned}$$

$$T_3(\mathbf{E}_{12})=\begin{bmatrix}a & b\\ c & d\end{bmatrix}\begin{bmatrix}0 & 1\\ 0 & 0\end{bmatrix}\begin{bmatrix}a & b\\ c & d\end{bmatrix}=\begin{bmatrix}ac & ad\\ c^2 & cd\end{bmatrix}$$

$$= ac\boldsymbol{E}_{11} + ad\boldsymbol{E}_{12} + c^2\boldsymbol{E}_{21} + cd\boldsymbol{E}_{22},$$

$$T_3(\boldsymbol{E}_{21}) = \begin{bmatrix} a & b \\ c & d \end{bmatrix}\begin{bmatrix} 0 & 0 \\ 1 & 0 \end{bmatrix}\begin{bmatrix} a & b \\ c & d \end{bmatrix} = \begin{bmatrix} ab & b^2 \\ ad & bd \end{bmatrix}$$

$$= ab\boldsymbol{E}_{11} + b^2\boldsymbol{E}_{12} + ad\boldsymbol{E}_{21} + bd\boldsymbol{E}_{22},$$

$$T_3(\boldsymbol{E}_{22}) = \begin{bmatrix} a & b \\ c & d \end{bmatrix}\begin{bmatrix} 0 & 0 \\ 0 & 1 \end{bmatrix}\begin{bmatrix} a & b \\ c & d \end{bmatrix} = \begin{bmatrix} bc & bd \\ cd & d^2 \end{bmatrix}$$

$$= bc\boldsymbol{E}_{11} + bd\boldsymbol{E}_{12} + cd\boldsymbol{E}_{21} + d^2\boldsymbol{E}_{22},$$

于是 T_3 在基 $\boldsymbol{E}_{11},\boldsymbol{E}_{12},\boldsymbol{E}_{21},\boldsymbol{E}_{22}$ 下的矩阵为

$$\boldsymbol{X}_3 = \begin{bmatrix} a^2 & ac & ab & bc \\ ab & ad & b^2 & bd \\ ac & c^2 & ad & cd \\ bc & cd & bd & d^2 \end{bmatrix}.$$

（2）$T_1 + T_2$ 在基 $\boldsymbol{E}_{11},\boldsymbol{E}_{12},\boldsymbol{E}_{21},\boldsymbol{E}_{22}$ 下的矩阵为

$$\boldsymbol{X}_1 + \boldsymbol{X}_2 = \begin{bmatrix} 2a & c & b & 0 \\ b & a+d & 0 & b \\ c & 0 & a+d & c \\ 0 & c & b & 2d \end{bmatrix},$$

T_1T_2 在基 $\boldsymbol{E}_{11},\boldsymbol{E}_{12},\boldsymbol{E}_{21},\boldsymbol{E}_{22}$ 下的矩阵为

$$\boldsymbol{X}_3 = \boldsymbol{X}_1\boldsymbol{X}_2 = \begin{bmatrix} a^2 & ac & ab & bc \\ ab & ad & b^2 & bd \\ ac & c^2 & ad & cd \\ bc & cd & bd & d^2 \end{bmatrix}.$$

19. 已知 $\mathbf{R}^3$ 的线性变换 $T(x_1,x_2,x_3) = (0,x_1,x_2)$，求 T^2 的值域与核的基与维数.

解：$\forall \boldsymbol{\alpha} = (x_1,x_2,x_3) \in \mathbf{R}^3$，有

$$T^2(\boldsymbol{\alpha}) = T^2(x_1,x_2,x_3) = T(0,x_1,x_2) = (0,0,x_1),$$

于是得

$$R(T^2) = \{(0,0,x_1) \mid x_1 \in \mathbf{R}\},$$

维数是 1，一组基是 $\boldsymbol{\alpha} = (0,0,1)$.

又 $\forall \boldsymbol{\alpha} = (x_1,x_2,x_3) \in \mathrm{Ker}(T^2)$，有

$$T^2(\boldsymbol{\alpha}) = T^2(x_1,x_2,x_3) = T(0,x_1,x_2) = (0,0,x_1) = (0,0,0),$$

因此 $x_1 = 0$，故 $\mathrm{Ker}(T^2) = \{(0,x_2,x_3) \mid x_2,x_3 \in \mathbf{R}\}$，维数是 2，一组基是

$$\boldsymbol{\alpha}_2 = (0,1,0), \quad \boldsymbol{\alpha}_3 = (0,0,1).$$

20. 设 $\boldsymbol{A} \in \mathbf{R}^{n\times n}$，$\boldsymbol{x} \in \mathbf{R}^n$，$\boldsymbol{x} \neq \boldsymbol{0}$ 使 $\boldsymbol{A}^{n-1}\boldsymbol{x} \neq \boldsymbol{0}$ 而 $\boldsymbol{A}^n\boldsymbol{x} = \boldsymbol{0}$.

（1）证明 $\boldsymbol{x},\boldsymbol{A}\boldsymbol{x},\boldsymbol{A}^2\boldsymbol{x},\cdots,\boldsymbol{A}^{n-1}\boldsymbol{x}$ 线性无关；

(2) 设 $\boldsymbol{B}=\begin{bmatrix}0 & & & & \\ 1 & 0 & & & \\ & 1 & 0 & & \\ & & 1 & \ddots & \\ & & & \ddots & 0 \\ & & & & 1 & 0\end{bmatrix}$,证明 $\boldsymbol{A}$ 与 $\boldsymbol{B}$ 相似.

证明:(1) 用反证法. 设向量组 $\boldsymbol{x},\boldsymbol{Ax},\cdots,\boldsymbol{A}^{n-1}\boldsymbol{x}$ 线性相关,则存在一组不全为 0 的数 $a_0,a_1,\cdots,a_{n-1}$ 使

$$a_0\boldsymbol{x}+a_1\boldsymbol{Ax}+\cdots+a_{n-1}\boldsymbol{A}^{n-1}\boldsymbol{x}=\boldsymbol{0}. \qquad (*)$$

设($*$)式中第一个不为 0 的系数为 a_i,则 $0\leqslant i\leqslant n-1$,于是($*$)式变成

$$a_i\boldsymbol{A}^i\boldsymbol{x}+\cdots+a_{n-1}\boldsymbol{A}^{n-1}\boldsymbol{x}=\boldsymbol{0}, \qquad (**)$$

用 $\boldsymbol{A}^{n-i-1}$ 左乘($**$)式两边,由 $\boldsymbol{A}^n\boldsymbol{x}=\boldsymbol{0}$ 得

$$\boldsymbol{A}^{n+1}\boldsymbol{x}=\boldsymbol{A}^{n+2}\boldsymbol{x}=\cdots=\boldsymbol{0},$$

故($**$)式变成 $a_i\boldsymbol{A}^{n-1}\boldsymbol{x}=\boldsymbol{0}$. 由于 $\boldsymbol{A}^{n-1}\boldsymbol{x}\neq\boldsymbol{0}$,得 $a_i=0$,与假设矛盾,由此表明 $\boldsymbol{x}$, $\boldsymbol{Ax},\cdots,\boldsymbol{A}^{n-1}\boldsymbol{x}$ 线性无关.

(2) 因为 $\boldsymbol{x},\boldsymbol{Ax},\boldsymbol{A}^2\boldsymbol{x},\cdots,\boldsymbol{A}^{n-1}\boldsymbol{x}$ 线性无关,从而构成 $\mathbf{R}^n$ 的一组基.

作 $\mathbf{R}^n$ 的线性变换 T:

$$T(\boldsymbol{x})=\boldsymbol{Ax} \quad (\forall\,\boldsymbol{x}\in\mathbf{R}^n),$$

则 T 在自然基:$\boldsymbol{e}_1=(1,0,\cdots,0)^{\mathrm{T}},\boldsymbol{e}_2=(0,1,0,\cdots,0)^{\mathrm{T}},\cdots,\boldsymbol{e}_n=(0,\cdots,0,1)^{\mathrm{T}}$ 下的矩阵为 $\boldsymbol{A}$,而 T 在基 $\boldsymbol{x},\boldsymbol{Ax},\boldsymbol{A}^2\boldsymbol{x},\cdots,\boldsymbol{A}^{n-1}\boldsymbol{x}$ 下的矩阵是

$$\boldsymbol{B}=\begin{bmatrix}0 & & & & \\ 1 & 0 & & & \\ & 1 & 0 & & \\ & & 1 & \ddots & \\ & & & \ddots & 0 \\ & & & & 1 & 0\end{bmatrix},$$

由于 $\boldsymbol{A}$ 与 $\boldsymbol{B}$ 是同一线性变换 T 在两组基下的矩阵,所以 $\boldsymbol{A}$ 与 $\boldsymbol{B}$ 相似.

21. 设 $\boldsymbol{A}\in\mathbf{R}^{m\times n}$,验证:

(1) $r(\boldsymbol{A}^{\mathrm{T}}\boldsymbol{A})=r(\boldsymbol{AA}^{\mathrm{T}})=r(\boldsymbol{A})$;

(2) $R(\boldsymbol{AA}^{\mathrm{T}})=R(\boldsymbol{A}),R(\boldsymbol{A}^{\mathrm{T}}\boldsymbol{A})=R(\boldsymbol{A}^{\mathrm{T}})$;

(3) $N(\boldsymbol{AA}^{\mathrm{T}})=N(\boldsymbol{A}^{\mathrm{T}}),N(\boldsymbol{A}^{\mathrm{T}}\boldsymbol{A})=N(\boldsymbol{A})$.

证明:(1) 首先证明线性方程组

$$\boldsymbol{A}^{\mathrm{T}}\boldsymbol{Ax}=\boldsymbol{0} \qquad (*)$$

与线性方程组

$$\boldsymbol{Ax}=\boldsymbol{0} \qquad (**)$$

同解.

事实上,线性方程组(＊＊)的解均为(＊)的解.反之设 $\boldsymbol{x}_0$ 是(＊)的解,则

$$\boldsymbol{A}^{\mathrm{T}}\boldsymbol{A}\boldsymbol{x}_0=\boldsymbol{0},$$

所以

$$\boldsymbol{x}_0^{\mathrm{T}}\boldsymbol{A}^{\mathrm{T}}\boldsymbol{A}\boldsymbol{x}_0=0,$$

即有

$$(\boldsymbol{A}\boldsymbol{x}_0)^{\mathrm{T}}\boldsymbol{A}\boldsymbol{x}_0=0,$$

于是

$$\boldsymbol{A}\boldsymbol{x}_0=\boldsymbol{0},$$

即(＊)的解也是(＊＊)的解,故(＊)和(＊＊)两式同解,因此有相同的基础解系.而(＊)的基础解系含 $n-r(\boldsymbol{A}^{\mathrm{T}}\boldsymbol{A})$ 个解向量,(＊＊)的基础解系含 $n-r(\boldsymbol{A})$ 个解向量,所以 $n-r(\boldsymbol{A}^{\mathrm{T}}\boldsymbol{A})=n-r(\boldsymbol{A})$,因此 $r(\boldsymbol{A}^{\mathrm{T}}\boldsymbol{A})=r(\boldsymbol{A})$.同理可证明

$$r(\boldsymbol{A}\boldsymbol{A}^{\mathrm{T}})=r(\boldsymbol{A}).$$

(2) $\forall \boldsymbol{y}\in R(\boldsymbol{A}\boldsymbol{A}^{\mathrm{T}})$,$\exists \boldsymbol{x}\in \mathbf{R}^n$,使 $\boldsymbol{y}=\boldsymbol{A}\boldsymbol{A}^{\mathrm{T}}\boldsymbol{x}=\boldsymbol{A}(\boldsymbol{A}^{\mathrm{T}}\boldsymbol{x})\in R(\boldsymbol{A})$,即有 $R(\boldsymbol{A}\boldsymbol{A}^{\mathrm{T}})\subseteq R(\boldsymbol{A})$.又因为

$$\dim R(\boldsymbol{A}\boldsymbol{A}^{\mathrm{T}})=r(\boldsymbol{A}\boldsymbol{A}^{\mathrm{T}})=r(\boldsymbol{A})=\dim R(\boldsymbol{A}),$$

所以

$$R(\boldsymbol{A}\boldsymbol{A}^{\mathrm{T}})=R(\boldsymbol{A}).$$

在上述证明中,取 $\boldsymbol{A}$ 为 $\boldsymbol{A}^{\mathrm{T}}$,则有

$$R(\boldsymbol{A}^{\mathrm{T}}\boldsymbol{A})=R(\boldsymbol{A}^{\mathrm{T}}).$$

(3) $\forall \boldsymbol{x}\in N(\boldsymbol{A}\boldsymbol{A}^{\mathrm{T}})$,$\boldsymbol{A}\boldsymbol{A}^{\mathrm{T}}\boldsymbol{x}=\boldsymbol{0}$,于是

$$\boldsymbol{x}^{\mathrm{T}}\boldsymbol{A}\boldsymbol{A}^{\mathrm{T}}\boldsymbol{x}=0,$$

所以

$$\boldsymbol{A}^{\mathrm{T}}\boldsymbol{x}=\boldsymbol{0},$$

即 $\boldsymbol{x}\in N(\boldsymbol{A}^{\mathrm{T}})$.反之,$\forall \boldsymbol{x}\in N(\boldsymbol{A}^{\mathrm{T}})$,则 $\boldsymbol{A}^{\mathrm{T}}\boldsymbol{x}=\boldsymbol{0}$,所以 $\boldsymbol{A}\boldsymbol{A}^{\mathrm{T}}\boldsymbol{x}=\boldsymbol{0}$,即 $\boldsymbol{x}\in N(\boldsymbol{A}\boldsymbol{A}^{\mathrm{T}})$.所以

$$N(\boldsymbol{A}\boldsymbol{A}^{\mathrm{T}})=N(\boldsymbol{A}^{\mathrm{T}}).$$

在上述证明中,以 $\boldsymbol{A}^{\mathrm{T}}$ 代替 $\boldsymbol{A}$,即得

$$N(\boldsymbol{A}^{\mathrm{T}}\boldsymbol{A})=N(\boldsymbol{A}).$$

1.7　课外习题选解

1. 设 $\mathbf{R}^+$ 是一切正实数集合,定义如下加法和数乘运算:

$$a\oplus b=ab,\quad k\otimes a=a^k,$$

其中 $a,b\in\mathbf{R}^+$,$k\in\mathbf{R}$.问 $\mathbf{R}^+$ 是否构成 $\mathbf{R}$ 上的线性空间?

解:$\mathbf{R}^+$ 构成 $\mathbf{R}$ 上的线性空间.

对任意 $a,b\in\mathbf{R}^+$,有 $a\oplus b=ab\in\mathbf{R}^+$;又对任意 $k\in\mathbf{R}$ 和 $a\in\mathbf{R}^+$,有 $k\otimes a=a^k\in\mathbf{R}^+$. 即 $\mathbf{R}^+$ 对所定义的加法与数乘运算封闭.

下面来检验 $\mathbf{R}^+$ 对于这两种运算满足线性空间的 8 条运算律:

① $a\oplus b=ab=ba=b\oplus a$;

② $(a\oplus b)\oplus c=(ab)\oplus c=(ab)c=a(bc)=a\oplus(b\oplus c)$;

③ 1 是零向量:$a\oplus 1=a\cdot 1=a$;

④ a 的负向量是 a^{-1}:$a\oplus a^{-1}=aa^{-1}=1$;

⑤ $1\otimes a=a^1=a$;

⑥ $k\otimes(l\otimes a)=k\otimes a^l=(a^l)^k=a^{lk}=(lk)\otimes a$;

⑦ $(k+l)\otimes a=a^{k+l}=a^ka^l=a^k\otimes a^l=(k\otimes a)\oplus(l\otimes a)$;

⑧ $k\otimes(a\oplus b)=k\otimes(ab)=(ab)^k=a^kb^k=(k\otimes a)\oplus(k\otimes b)$.

所以 $\mathbf{R}^+$ 对这两种运算构成实数域 $\mathbf{R}$ 上的线性空间.

2. 求下列线性空间的维数与一组基:

(1) $\mathbf{R}^{n\times n}$ 中全体对称(反对称、上三角)矩阵构成的实数域 $\mathbf{R}$ 上的线性空间;

(2) 第 1 题中的线性空间;

(3) 实数域 $\mathbf{R}$ 上由矩阵 $\boldsymbol{A}$ 的全体实系数多项式组成的线性空间,其中

$$\boldsymbol{A}=\begin{bmatrix}1&0&0\\0&\omega&0\\0&0&\omega^2\end{bmatrix},\quad \omega=\frac{-1+\sqrt{3}\mathrm{i}}{2},\quad \omega^2=\bar{\omega},\quad \omega^3=1.$$

解:(1) 设 $\boldsymbol{E}_{ij}$ 是第 i 行第 j 列的元素为 1 而其余元素全为 0 的 n 阶方阵.

① 令

$$\boldsymbol{F}_{ij}=\begin{cases}\boldsymbol{E}_{ii}, & i=j,\\ \boldsymbol{E}_{ij}+\boldsymbol{E}_{ji}, & i\neq j,\end{cases}$$

则 $\boldsymbol{F}_{ij}$ 是对称矩阵,易证 $\boldsymbol{F}_{11},\cdots,\boldsymbol{F}_{1n},\boldsymbol{F}_{22},\cdots,\boldsymbol{F}_{2n},\cdots,\boldsymbol{F}_{nn}$ 线性无关,且对任意 n 阶对称矩阵 $\boldsymbol{A}=(a_{ij})_{n\times n}$,其中 $a_{ij}=a_{ji}$,有

$$\boldsymbol{A}=\sum_{i=1}^{n}\sum_{j=i}^{n}a_{ij}\boldsymbol{F}_{ij},$$

故 $\boldsymbol{F}_{11},\cdots,\boldsymbol{F}_{1n},\boldsymbol{F}_{22},\cdots,\boldsymbol{F}_{2n},\cdots,\boldsymbol{F}_{nn}$ 是 $\mathbf{R}^{n\times n}$ 中全体对称矩阵所构成的线性空间的一组基,该线性空间的维数是 $\dfrac{n(n+1)}{2}$.

② 令 $\boldsymbol{G}_{ij}=\boldsymbol{E}_{ij}-\boldsymbol{E}_{ji}(i<j)$,则 $\boldsymbol{G}_{ij}$ 是反对称矩阵,易证 $\boldsymbol{G}_{12},\cdots,\boldsymbol{G}_{1n},\boldsymbol{G}_{23},\cdots,\boldsymbol{G}_{2n},\cdots,\boldsymbol{G}_{n-1,n}$ 线性无关,且对任意的 n 阶反对称矩阵 $\boldsymbol{A}=(a_{ij})_{n\times n}$,有

$$\boldsymbol{A}=\sum_{i=1}^{n-1}\sum_{j=i+1}^{n}a_{ij}\boldsymbol{G}_{ij},$$

故 $\boldsymbol{G}_{12},\cdots,\boldsymbol{G}_{1n},\boldsymbol{G}_{23},\cdots,\boldsymbol{G}_{2n},\cdots,\boldsymbol{G}_{n-1,n}$ 是 $\mathbf{R}^{n\times n}$ 中全体反对称矩阵所构成的线性空间的一组基,该线性空间的维数是$\dfrac{n(n-1)}{2}$.

③ 对任意 n 阶上三角矩阵 $\boldsymbol{A}=(a_{ij})_{n\times n}$,其中 $a_{ij}=0(i>j)$,有

$$\boldsymbol{A}=\sum_{i=1}^{n}\sum_{j=i}^{n}a_{ij}\boldsymbol{E}_{ij},$$

又 $\boldsymbol{E}_{11},\cdots,\boldsymbol{E}_{1n},\boldsymbol{E}_{22},\cdots,\boldsymbol{E}_{2n},\cdots,\boldsymbol{E}_{nn}$ 均为上三角矩阵且线性无关,故它们是 $\mathbf{R}^{n\times n}$ 中全体上三角矩阵所构成的线性空间的一组基,该线性空间的维数是$\dfrac{n(n+1)}{2}$.

(2) 数 1 是该空间的零向量,于是非零向量 2 是线性无关的,且对于任一正实数 a,有

$$a=2^{\log_2 a}=\log_2 a\otimes 2,$$

即 $\mathbf{R}^{+}$ 中任意向量均可由 2 线性表示,所以 2 是该空间的一组基,该空间的维数是 1. 事实上任意不等于 1 的正实数均可作为该空间的基.

(3) 因为 $\omega=\dfrac{-1+\sqrt{3}\mathrm{i}}{2}$,$\omega^2=\bar{\omega}$,$\omega^3=1$,故

$$\omega^n=\begin{cases}1, & n=3m,\\ \omega, & n=3m+1,\\ \omega^2, & n=3m+2\end{cases}\quad(m=1,2,3,\cdots),$$

于是

$$\boldsymbol{A}^2=\begin{bmatrix}1&0&0\\0&\bar{\omega}&0\\0&0&\omega\end{bmatrix},\quad \boldsymbol{A}^k=\begin{cases}\boldsymbol{I}, & k=3m,\\ \boldsymbol{A}, & k=3m+1,\\ \boldsymbol{A}^2, & k=3m+2,\end{cases}$$

则任意 $f(\boldsymbol{A})$ 可以表示成 $\boldsymbol{I},\boldsymbol{A},\boldsymbol{A}^2$ 的线性组合. $\boldsymbol{I},\boldsymbol{A},\boldsymbol{A}^2$ 是线性无关的. 实际上,设

$$k_1\boldsymbol{I}+k_2\boldsymbol{A}+k_3\boldsymbol{A}^3=\boldsymbol{O},\quad 即\quad \begin{cases}k_1+k_2+k_3=0,\\ k_1+k_2\omega+k_3\bar{\omega}=0,\\ k_1+k_2\bar{\omega}+k_3\omega=0,\end{cases}$$

因为关于 k_1,k_2,k_3 的该方程组的系数行列式

$$\begin{vmatrix}1&1&1\\1&\omega&\bar{\omega}\\1&\bar{\omega}&\omega\end{vmatrix}=3\omega(\omega-1)\neq 0,$$

故方程组只有零解,即 $k_1=k_2=k_3=0$,于是 $\boldsymbol{I},\boldsymbol{A},\boldsymbol{A}^2$ 线性无关. 故 $\boldsymbol{I},\boldsymbol{A},\boldsymbol{A}^2$ 是该空间的一组基,且该空间的维数为 3.

3. 已知矩阵 $\boldsymbol{A}=\begin{bmatrix}1&1\\-1&-1\end{bmatrix}$,$\mathbf{R}^{2\times 2}$ 的子集 $V=\{\boldsymbol{X}\mid \boldsymbol{AX}=\boldsymbol{O},\boldsymbol{X}\in\mathbf{R}^{2\times 2}\}$.

(1) 证明:V 是 $\mathbf{R}^{2\times 2}$ 的子空间;

(2) 求 V 的一组基及 V 的维数;

(3) 试给出 $\mathbf{R}^{2\times 2}$ 的两个不同的子空间 W 及 W',使得

$$\mathbf{R}^{2\times 2}=V\oplus W=V\oplus W'.$$

解:(1) 设 $\boldsymbol{x},\boldsymbol{y}\in V,k\in\mathbf{R}$,有

$$\boldsymbol{A}(\boldsymbol{x}+\boldsymbol{y})=\boldsymbol{A}\boldsymbol{x}+\boldsymbol{A}\boldsymbol{y}=\boldsymbol{O},\quad \boldsymbol{A}(k\boldsymbol{x})=k(\boldsymbol{A}\boldsymbol{x})=\boldsymbol{O},$$

所以 V 对加法和数乘封闭,故 V 是 $\mathbf{R}^{2\times 2}$ 的子空间.

(2) 设 $\boldsymbol{X}=\begin{bmatrix}a&b\\c&d\end{bmatrix}$,则

$$\begin{bmatrix}1&1\\-1&-1\end{bmatrix}\boldsymbol{X}=\begin{bmatrix}1&1\\-1&-1\end{bmatrix}\begin{bmatrix}a&b\\c&d\end{bmatrix}=\begin{bmatrix}a+c&b+d\\-a-c&-b-d\end{bmatrix}=\boldsymbol{O},$$

即

$$\begin{cases}a+c=0,\\b+d=0,\end{cases}\quad 得\quad \boldsymbol{X}=\begin{bmatrix}a&b\\-a&-b\end{bmatrix},$$

所以 V 的基为 $\boldsymbol{\alpha}_1=\begin{bmatrix}1&0\\-1&0\end{bmatrix},\boldsymbol{\alpha}_2=\begin{bmatrix}0&1\\0&-1\end{bmatrix}$,2 维.

(3) 扩充 V 的基为 $\mathbf{R}^{2\times 2}$ 上的基,扩充出来的向量生成的子空间即为 W 的基.

因为 V 的基为 $\boldsymbol{\alpha}_1=\begin{bmatrix}1&0\\-1&0\end{bmatrix},\boldsymbol{\alpha}_2=\begin{bmatrix}0&1\\0&-1\end{bmatrix}$,下面找两组与 $\boldsymbol{\alpha}_1,\boldsymbol{\alpha}_2$ 线性无关的向量.

容易看出 $\begin{bmatrix}1&0&1&1\\0&1&1&-1\\-1&0&0&0\\0&-1&0&0\end{bmatrix}$ 中的四个列向量线性无关,故

$$\boldsymbol{W}=\mathrm{span}\left\{\begin{bmatrix}1&1\\0&0\end{bmatrix},\begin{bmatrix}1&-1\\0&0\end{bmatrix}\right\}.$$

又 $\begin{bmatrix}1&0&0&1\\0&1&0&1\\-1&0&1&0\\0&-1&-1&0\end{bmatrix}$ 中的四个列向量也线性无关,故

$$\boldsymbol{W}'=\mathrm{span}\left\{\begin{bmatrix}0&0\\1&-1\end{bmatrix},\begin{bmatrix}1&1\\0&0\end{bmatrix}\right\}.$$

4. 设 $\boldsymbol{A}\in\mathbf{C}^{n\times n},r(\boldsymbol{A})=r$,证明 $S_A=\{\boldsymbol{X}\mid\boldsymbol{X}\in\mathbf{C}^{n\times n},\boldsymbol{A}\boldsymbol{X}=\boldsymbol{O}\}$ 是 $\mathbf{C}^{n\times n}$ 的子空间,并求 $\dim S_A$ 及一组基.

解:任取 $\boldsymbol{X}_1,\boldsymbol{X}_2\in S_A,k\in\mathbf{C}$,则

$$\boldsymbol{A}\boldsymbol{X}_1=\boldsymbol{O},\quad \boldsymbol{A}\boldsymbol{X}_2=\boldsymbol{O},$$

$$A(X_1+X_2)=AX_1+AX_2=O,\quad A(kX_1)=kAX_1=O,$$

即 $X_1+X_2, kX_1\in S_A$，故 S_A 是 $\mathbf{C}^{n\times n}$ 的子空间.

由 $r(A)=r$，存在 n 阶可逆矩阵 P,Q，使

$$A=P\begin{bmatrix}I_r & O\\ O & O\end{bmatrix}Q,$$

任取 $X\in S_A$，令

$$QX=\begin{bmatrix}X_{11} & X_{12}\\ X_{21} & X_{22}\end{bmatrix}\quad (X_{11}\in\mathbf{C}^{r\times r}),$$

由 $AX=O$，则

$$X_{11}=O,\quad X_{12}=O,\quad X=Q^{-1}\begin{bmatrix}O & O\\ X_{21} & X_{22}\end{bmatrix},$$

将 X_{21},X_{22} 中的元素其中一个取 1，其余均取 0，即得 S_A 中一个线性无关向量组

$$X_{ij}=Q^{-1}E_{ij}\quad (i=r+1,\cdots,n;j=1,2,\cdots,n),$$

它们构成 S_A 的一组基，所以

$$\dim S_A=n(n-r).$$

5. 在 $\mathbf{R}^4$ 中求由基 ξ_1,ξ_2,ξ_3,ξ_4 到 $\eta_1,\eta_2,\eta_3,\eta_4$ 的过渡矩阵，并求向量 ξ 在指定基下的坐标：

(1) $\begin{cases}\xi_1=(1,2,-1,0)^{\mathrm{T}},\\ \xi_2=(1,-1,1,1)^{\mathrm{T}},\\ \xi_3=(-1,2,1,1)^{\mathrm{T}},\\ \xi_4=(-1,-1,0,1)^{\mathrm{T}},\end{cases}$ $\begin{cases}\eta_1=(2,1,0,1)^{\mathrm{T}},\\ \eta_2=(0,1,2,2)^{\mathrm{T}},\\ \eta_3=(-2,1,1,2)^{\mathrm{T}},\\ \eta_4=(1,3,1,2)^{\mathrm{T}},\end{cases}$ $\xi=(1,0,0,0)^{\mathrm{T}}$ 在 ξ_1,ξ_2,ξ_3,ξ_4 下的坐标；

(2) $\begin{cases}\xi_1=(1,1,1,1)^{\mathrm{T}},\\ \xi_2=(1,1,-1,-1)^{\mathrm{T}},\\ \xi_3=(1,-1,1,-1)^{\mathrm{T}},\\ \xi_4=(1,-1,-1,1)^{\mathrm{T}},\end{cases}$ $\begin{cases}\eta_1=(1,1,0,1)^{\mathrm{T}},\\ \eta_2=(2,1,3,1)^{\mathrm{T}},\\ \eta_3=(1,1,0,0)^{\mathrm{T}},\\ \eta_4=(0,1,-1,-1)^{\mathrm{T}},\end{cases}$ $\xi=(1,0,0,-1)^{\mathrm{T}}$ 在 $\eta_1,\eta_2,\eta_3,\eta_4$ 下的坐标.

解： 设 $e_1=(1,0,0,0)^{\mathrm{T}},e_2=(0,1,0,0)^{\mathrm{T}},e_3=(0,0,1,0)^{\mathrm{T}},e_4=(0,0,0,1)^{\mathrm{T}}$.

(1) 因为

$$(\xi_1,\xi_2,\xi_3,\xi_4)=(e_1,e_2,e_3,e_4)A,\quad (\eta_1,\eta_2,\eta_3,\eta_4)=(e_1,e_2,e_3,e_4)B,$$

其中

$$A=\begin{bmatrix}1 & 1 & -1 & -1\\ 2 & -1 & 2 & -1\\ -1 & 1 & 1 & 0\\ 0 & 1 & 1 & 1\end{bmatrix},\quad B=\begin{bmatrix}2 & 0 & -2 & 1\\ 1 & 1 & 1 & 3\\ 0 & 2 & 1 & 1\\ 1 & 2 & 2 & 2\end{bmatrix},$$

故

$$(\boldsymbol{\eta}_1,\boldsymbol{\eta}_2,\boldsymbol{\eta}_3,\boldsymbol{\eta}_4)=(\boldsymbol{e}_1,\boldsymbol{e}_2,\boldsymbol{e}_3,\boldsymbol{e}_4)\boldsymbol{B}=(\boldsymbol{\xi}_1,\boldsymbol{\xi}_2,\boldsymbol{\xi}_3,\boldsymbol{\xi}_4)\boldsymbol{A}^{-1}\boldsymbol{B},$$

即由基 $\boldsymbol{\xi}_1,\boldsymbol{\xi}_2,\boldsymbol{\xi}_3,\boldsymbol{\xi}_4$ 到 $\boldsymbol{\eta}_1,\boldsymbol{\eta}_2,\boldsymbol{\eta}_3,\boldsymbol{\eta}_4$ 的过渡矩阵为

$$\boldsymbol{A}^{-1}\boldsymbol{B}=\begin{bmatrix}1&0&0&1\\1&1&0&1\\0&1&1&1\\0&0&1&0\end{bmatrix}.$$

又

$$\boldsymbol{\xi}=\begin{bmatrix}1\\0\\0\\0\end{bmatrix}=(\boldsymbol{e}_1,\boldsymbol{e}_2,\boldsymbol{e}_3,\boldsymbol{e}_4)\begin{bmatrix}1\\0\\0\\0\end{bmatrix}=(\boldsymbol{\xi}_1,\boldsymbol{\xi}_2,\boldsymbol{\xi}_3,\boldsymbol{\xi}_4)\boldsymbol{A}^{-1}\begin{bmatrix}1\\0\\0\\0\end{bmatrix},$$

则 $\boldsymbol{\xi}=(1,0,0,0)^{\mathrm{T}}$ 在 $\boldsymbol{\xi}_1,\boldsymbol{\xi}_2,\boldsymbol{\xi}_3,\boldsymbol{\xi}_4$ 下的坐标为

$$\boldsymbol{A}^{-1}\begin{bmatrix}1\\0\\0\\0\end{bmatrix}=\left(\frac{3}{13},\frac{5}{13},-\frac{2}{13},-\frac{3}{13}\right)^{\mathrm{T}}.$$

(2) 因为

$$(\boldsymbol{\xi}_1,\boldsymbol{\xi}_2,\boldsymbol{\xi}_3,\boldsymbol{\xi}_4)=(\boldsymbol{e}_1,\boldsymbol{e}_2,\boldsymbol{e}_3,\boldsymbol{e}_4)\boldsymbol{A},\quad(\boldsymbol{\eta}_1,\boldsymbol{\eta}_2,\boldsymbol{\eta}_3,\boldsymbol{\eta}_4)=(\boldsymbol{e}_1,\boldsymbol{e}_2,\boldsymbol{e}_3,\boldsymbol{e}_4)\boldsymbol{B},$$

其中

$$\boldsymbol{A}=\begin{bmatrix}1&1&1&1\\1&1&-1&-1\\1&-1&1&-1\\1&-1&-1&1\end{bmatrix},\quad\boldsymbol{B}=\begin{bmatrix}1&2&1&0\\1&1&1&1\\0&3&0&-1\\1&1&0&-1\end{bmatrix},$$

故

$$(\boldsymbol{\eta}_1,\boldsymbol{\eta}_2,\boldsymbol{\eta}_3,\boldsymbol{\eta}_4)=(\boldsymbol{e}_1,\boldsymbol{e}_2,\boldsymbol{e}_3,\boldsymbol{e}_4)\boldsymbol{B}=(\boldsymbol{\xi}_1,\boldsymbol{\xi}_2,\boldsymbol{\xi}_3,\boldsymbol{\xi}_4)\boldsymbol{A}^{-1}\boldsymbol{B},$$

即由基 $\boldsymbol{\xi}_1,\boldsymbol{\xi}_2,\boldsymbol{\xi}_3,\boldsymbol{\xi}_4$ 到 $\boldsymbol{\eta}_1,\boldsymbol{\eta}_2,\boldsymbol{\eta}_3,\boldsymbol{\eta}_4$ 的过渡矩阵为

$$\boldsymbol{A}^{-1}\boldsymbol{B}=\frac{1}{4}\begin{bmatrix}3&7&2&-1\\1&-1&2&3\\-1&3&0&-1\\1&-1&0&-1\end{bmatrix}.$$

又

$$\boldsymbol{\xi}=\begin{bmatrix}1\\0\\0\\-1\end{bmatrix}=(\boldsymbol{e}_1,\boldsymbol{e}_2,\boldsymbol{e}_3,\boldsymbol{e}_4)\begin{bmatrix}1\\0\\0\\-1\end{bmatrix}=(\boldsymbol{\eta}_1,\boldsymbol{\eta}_2,\boldsymbol{\eta}_3,\boldsymbol{\eta}_4)\boldsymbol{B}^{-1}\begin{bmatrix}1\\0\\0\\-1\end{bmatrix},$$

则 $\boldsymbol{\xi}=(1,0,0,-1)^{\mathrm{T}}$ 在 $\boldsymbol{\eta}_1,\boldsymbol{\eta}_2,\boldsymbol{\eta}_3,\boldsymbol{\eta}_4$ 下的坐标为

$$\boldsymbol{B}^{-1}\begin{bmatrix}1\\0\\0\\-1\end{bmatrix}=\left(-2,-\frac{1}{2},4,-\frac{3}{2}\right)^{\mathrm{T}}.$$

6. 在 $\mathbf{R}^4$ 中给定两组基：

$$\begin{cases}\boldsymbol{\xi}_1=(1,0,0,0)^{\mathrm{T}},\\\boldsymbol{\xi}_2=(0,1,0,0)^{\mathrm{T}},\\\boldsymbol{\xi}_3=(0,0,1,0)^{\mathrm{T}},\\\boldsymbol{\xi}_4=(0,0,0,1)^{\mathrm{T}},\end{cases}\quad\begin{cases}\boldsymbol{\eta}_1=(2,1,-1,1)^{\mathrm{T}},\\\boldsymbol{\eta}_2=(0,3,1,0)^{\mathrm{T}},\\\boldsymbol{\eta}_3=(5,3,2,1)^{\mathrm{T}},\\\boldsymbol{\eta}_4=(6,6,1,3)^{\mathrm{T}},\end{cases}$$

求一非零向量，使它在两组基下有相同的坐标.

解：设所求向量为 $\boldsymbol{\xi}$，它在给定的两组基下的坐标均为 $(x_1,x_2,x_3,x_4)^{\mathrm{T}}$，即

$$\boldsymbol{\xi}=(\boldsymbol{\xi}_1,\boldsymbol{\xi}_2,\boldsymbol{\xi}_3,\boldsymbol{\xi}_4)\begin{bmatrix}x_1\\x_2\\x_3\\x_4\end{bmatrix}=(\boldsymbol{\eta}_1,\boldsymbol{\eta}_2,\boldsymbol{\eta}_3,\boldsymbol{\eta}_4)\begin{bmatrix}x_1\\x_2\\x_3\\x_4\end{bmatrix},$$

又

$$(\boldsymbol{\eta}_1,\boldsymbol{\eta}_2,\boldsymbol{\eta}_3,\boldsymbol{\eta}_4)=(\boldsymbol{\xi}_1,\boldsymbol{\xi}_2,\boldsymbol{\xi}_3,\boldsymbol{\xi}_4)\boldsymbol{A},\quad 其中\ \boldsymbol{A}=\begin{bmatrix}2&0&5&6\\1&3&3&6\\-1&1&2&1\\1&0&1&3\end{bmatrix},$$

则

$$\begin{bmatrix}x_1\\x_2\\x_3\\x_4\end{bmatrix}=\boldsymbol{A}\begin{bmatrix}x_1\\x_2\\x_3\\x_4\end{bmatrix},\quad 即\quad(\boldsymbol{A}-\boldsymbol{I})\begin{bmatrix}x_1\\x_2\\x_3\\x_4\end{bmatrix}=\mathbf{0},$$

也即

$$\begin{bmatrix}1&0&5&6\\1&2&3&6\\-1&1&1&1\\1&0&1&2\end{bmatrix}\begin{bmatrix}x_1\\x_2\\x_3\\x_4\end{bmatrix}=\mathbf{0},$$

解该方程组得通解为 $(c,c,c,-c)^{\mathrm{T}}$，其中 c 为任意常数.

故所求向量为 $\boldsymbol{\xi}=(c,c,c,-c)^{\mathrm{T}}$，其中 c 为任意非零常数.

7. 设

$$A=\begin{bmatrix}1&0&0\\0&1&0\\3&1&2\end{bmatrix},$$

求 $\mathbf{R}^{3\times3}$ 中全体与 $\mathbf{A}$ 可交换的矩阵所生成子空间的维数和一组基.

解:将 $\mathbf{A}$ 分解为

$$A=I+S,\quad 其中\ S=\begin{bmatrix}0&0&0\\0&0&0\\3&1&1\end{bmatrix},$$

设

$$B=\begin{bmatrix}a&b&c\\a_1&b_1&c_1\\a_2&b_2&c_2\end{bmatrix}$$

与 $\mathbf{A}$ 可交换,即 $AB=BA$,则有$(I+S)B=B(I+S)$,于是 $SB=BS$. 即

$$\begin{bmatrix}0&0&0\\0&0&0\\3a+a_1+a_2&3b+b_1+b_2&3c+c_1+c_2\end{bmatrix}=SB=BS=\begin{bmatrix}3c&c&c\\3c_1&c_1&c_1\\3c_2&c_2&c_2\end{bmatrix},$$

根据矩阵相等的定义,有

$$\begin{cases}c=0,\\c_1=0,\\3a+a_1+a_2-3c_2=0,\\3b+b_1+b_2-c_2=0,\end{cases}$$

解此方程组,得其通解为

$$a_1=t_1,\quad b_1=t_2,\quad a_2=t_3,\quad b_2=t_4,\quad c_2=t_5,$$
$$a=-\frac{1}{3}t_1-\frac{1}{3}t_3+t_5,\quad b=-\frac{1}{3}t_2-\frac{1}{3}t_4+\frac{1}{3}t_5,$$

其中 $t_i(i=1,2,\cdots,5)$ 为任意常数. 于是

$$B=\begin{bmatrix}-\frac{1}{3}t_1-\frac{1}{3}t_3+t_5&-\frac{1}{3}t_2-\frac{1}{3}t_4+\frac{1}{3}t_5&0\\t_1&t_2&0\\t_3&t_4&t_5\end{bmatrix}$$
$$=t_1B_1+t_2B_2+t_3B_3+t_4B_4+t_5B_5,$$

其中

$$B_1=\begin{bmatrix}-\frac{1}{3}&0&0\\1&0&0\\0&0&0\end{bmatrix},\quad B_2=\begin{bmatrix}0&-\frac{1}{3}&0\\0&1&0\\0&0&0\end{bmatrix},\quad B_3=\begin{bmatrix}-\frac{1}{3}&0&0\\0&0&0\\1&0&0\end{bmatrix},$$

$$\boldsymbol{B}_4=\begin{bmatrix}0 & -\frac{1}{3} & 0\\ 0 & 0 & 0\\ 0 & 1 & 0\end{bmatrix},\quad \boldsymbol{B}_5=\begin{bmatrix}1 & \frac{1}{3} & 0\\ 0 & 0 & 0\\ 0 & 0 & 1\end{bmatrix}.$$

综上可知，$\mathbf{R}^{3\times3}$ 中任一与 $\boldsymbol{A}$ 可交换的矩阵均可由 $\boldsymbol{B}_1,\boldsymbol{B}_2,\boldsymbol{B}_3,\boldsymbol{B}_4,\boldsymbol{B}_5$ 线性表示. 又 $\boldsymbol{B}_1,\boldsymbol{B}_2,\boldsymbol{B}_3,\boldsymbol{B}_4,\boldsymbol{B}_5$ 线性无关，则 $\boldsymbol{B}_1,\boldsymbol{B}_2,\boldsymbol{B}_3,\boldsymbol{B}_4,\boldsymbol{B}_5$ 是 $\mathbf{R}^{3\times3}$ 中全体与 $\boldsymbol{A}$ 可交换的矩阵所生成子空间的一组基，该子空间的维数是 5.

8. 设 K,S 是实系数多项式空间 $P[x]$ 中的两个子集，其定义为

$$K=\{p(x)\mid p(x)=-p(-x),\forall x\in\mathbf{R}\},$$
$$S=\{p(x)\mid p(-x)=p(x),\forall x\in\mathbf{R}\},$$

证明：$P[x]=K\oplus S$.

证明：对任意的 $p(x)\in P[x]$，有

$$p(x)=\frac{1}{2}[p(x)+p(-x)]+\frac{1}{2}[p(x)-p(-x)]=p_1(x)+p_2(x),$$

其中

$$p_1(x)=\frac{1}{2}[p(x)+p(-x)]\in S,\quad p_2(x)=\frac{1}{2}[p(x)-p(-x)]\in K,$$

即 $P[x]$ 中的多项式均可表示为 K 中多项式与 S 中多项式的和，故 $P[x]=K+S$.

又 $K\cap S=\{0\}$，这是因为若 $p(x)\in K\cap S$，则 $p(x)=p(-x)=-p(x)$，故 $p(x)=0$. 从而 $K+S$ 是直和，得 $P[x]=K\oplus S$.

9. 求下列由向量$\{\boldsymbol{\alpha}_i\}$生成的子空间与由向量$\{\boldsymbol{\beta}_i\}$生成的子空间的交与和的维数和基：

(1) $\begin{cases}\boldsymbol{\alpha}_1=(1,2,1,0)^{\mathrm{T}},\\ \boldsymbol{\alpha}_2=(-1,1,1,1)^{\mathrm{T}},\end{cases}\begin{cases}\boldsymbol{\beta}_1=(2,-1,0,1)^{\mathrm{T}},\\ \boldsymbol{\beta}_2=(1,-1,3,7)^{\mathrm{T}};\end{cases}$

(2) $\begin{cases}\boldsymbol{\alpha}_1=(1,2,-1,-2)^{\mathrm{T}},\\ \boldsymbol{\alpha}_2=(3,1,1,1)^{\mathrm{T}},\\ \boldsymbol{\alpha}_3=(-1,0,1,-1)^{\mathrm{T}},\end{cases}\begin{cases}\boldsymbol{\beta}_1=(2,5,-6,-5)^{\mathrm{T}},\\ \boldsymbol{\beta}_2=(-1,2,-7,3)^{\mathrm{T}}.\end{cases}$

解：(1) 设

$$W_1=\mathrm{span}\{\boldsymbol{\alpha}_1,\boldsymbol{\alpha}_2\},\quad W_2=\mathrm{span}\{\boldsymbol{\beta}_1,\boldsymbol{\beta}_2\},$$

则

$$W_1+W_2=\mathrm{span}\{\boldsymbol{\alpha}_1,\boldsymbol{\alpha}_2\}+\mathrm{span}\{\boldsymbol{\beta}_1,\boldsymbol{\beta}_2\}=\mathrm{span}\{\boldsymbol{\alpha}_1,\boldsymbol{\alpha}_2,\boldsymbol{\beta}_1,\boldsymbol{\beta}_2\}.$$

考虑向量组 $\boldsymbol{\alpha}_1,\boldsymbol{\alpha}_2,\boldsymbol{\beta}_1,\boldsymbol{\beta}_2$ 的秩和极大线性无关组，对矩阵$(\boldsymbol{\alpha}_1,\boldsymbol{\alpha}_2,\boldsymbol{\beta}_1,\boldsymbol{\beta}_2)$作初等行变换，有

$$(\boldsymbol{\alpha}_1,\boldsymbol{\alpha}_2,\boldsymbol{\beta}_1,\boldsymbol{\beta}_2)=\begin{bmatrix}1 & -1 & 2 & 1\\ 2 & 1 & -1 & -1\\ 1 & 1 & 0 & 3\\ 0 & 1 & 1 & 7\end{bmatrix}\rightarrow\begin{bmatrix}1 & -1 & 2 & 1\\ 0 & 3 & -5 & -3\\ 0 & 2 & -2 & 2\\ 0 & 1 & 1 & 7\end{bmatrix}$$

$$\rightarrow\begin{bmatrix}1&0&0&-1\\0&1&0&4\\0&0&1&3\\0&0&0&0\end{bmatrix},$$

则 $\boldsymbol{\alpha}_1,\boldsymbol{\alpha}_2,\boldsymbol{\beta}_1$ 为向量组 $\boldsymbol{\alpha}_1,\boldsymbol{\alpha}_2,\boldsymbol{\beta}_1,\boldsymbol{\beta}_2$ 的极大线性无关组，故 W_1+W_2 的维数为 3，而 $\boldsymbol{\alpha}_1,\boldsymbol{\alpha}_2,\boldsymbol{\beta}_1$ 是 W_1+W_2 的一组基.

因为 $\dim W_1=\dim W_2=2$，则由维数定理知

$$\dim(W_1\cap W_2)=\dim W_1+\dim W_2-\dim(W_1+W_2)=1.$$

设 $\boldsymbol{\alpha}\in W_1\cap W_2$，且 $\boldsymbol{\alpha}=x_1\boldsymbol{\alpha}_1+x_2\boldsymbol{\alpha}_2=x_3\boldsymbol{\beta}_1+x_4\boldsymbol{\beta}_2$，有

$$(\boldsymbol{\alpha}_1,\boldsymbol{\alpha}_2,-\boldsymbol{\beta}_1,-\boldsymbol{\beta}_2)\begin{bmatrix}x_1\\x_2\\x_3\\x_4\end{bmatrix}=\mathbf{0},\quad \text{即}\quad \begin{bmatrix}1&-1&-2&-1\\2&1&1&1\\1&1&0&-3\\0&1&-1&-7\end{bmatrix}\begin{bmatrix}x_1\\x_2\\x_3\\x_4\end{bmatrix}=\mathbf{0},$$

求其通解为 $(-k,4k,-3k,k)$，其中 k 为任意常数，则

$$\boldsymbol{\alpha}=-k\boldsymbol{\alpha}_1+4k\boldsymbol{\alpha}_2=k(-5,2,3,4)^{\mathrm{T}},$$

故 $W_1\cap W_2=\{k(-5,2,3,4)^{\mathrm{T}}\mid k\text{ 为任意常数}\}$，$(-5,2,3,4)^{\mathrm{T}}$ 是 $W_1\cap W_2$ 的一组基.

或者：由

$$(\boldsymbol{\alpha}_1,\boldsymbol{\alpha}_2,\boldsymbol{\beta}_1,\boldsymbol{\beta}_2)=\begin{bmatrix}1&-1&2&1\\2&1&-1&-1\\1&1&0&3\\0&1&1&7\end{bmatrix}\rightarrow\begin{bmatrix}1&0&0&-1\\0&1&0&4\\0&0&1&3\\0&0&0&0\end{bmatrix},$$

则

$$\boldsymbol{\beta}_2=-\boldsymbol{\alpha}_1+4\boldsymbol{\alpha}_2+3\boldsymbol{\beta}_1,$$

所以

$$-3\boldsymbol{\beta}_1+\boldsymbol{\beta}_2=-\boldsymbol{\alpha}_1+4\boldsymbol{\alpha}_2=(-5,2,3,4)^{\mathrm{T}}\in W_1\cap W_2,$$

构成 $W_1\cap W_2$ 的一组基.

(2) 设

$$W_1=\operatorname{span}\{\boldsymbol{\alpha}_1,\boldsymbol{\alpha}_2,\boldsymbol{\alpha}_3\},\quad W_2=\operatorname{span}\{\boldsymbol{\beta}_1,\boldsymbol{\beta}_2\},$$

则

$$W_1+W_2=\operatorname{span}\{\boldsymbol{\alpha}_1,\boldsymbol{\alpha}_2,\boldsymbol{\alpha}_3\}+\operatorname{span}\{\boldsymbol{\beta}_1,\boldsymbol{\beta}_2\}=\operatorname{span}\{\boldsymbol{\alpha}_1,\boldsymbol{\alpha}_2,\boldsymbol{\alpha}_3,\boldsymbol{\beta}_1,\boldsymbol{\beta}_2\}.$$

对矩阵 $(\boldsymbol{\alpha}_1,\boldsymbol{\alpha}_2,\boldsymbol{\alpha}_3,\boldsymbol{\beta}_1,\boldsymbol{\beta}_2)$ 作初等行变换，有

$$(\boldsymbol{\alpha}_1,\boldsymbol{\alpha}_2,\boldsymbol{\alpha}_3,\boldsymbol{\beta}_1,\boldsymbol{\beta}_2)=\begin{bmatrix}1&3&-1&2&-1\\2&1&0&5&2\\-1&1&1&-6&-7\\-2&1&-1&-5&3\end{bmatrix}\rightarrow\begin{bmatrix}1&3&-1&2&-1\\0&1&0&-1&-2\\0&0&1&-2&-3\\0&0&0&0&2\end{bmatrix},$$

则 $\boldsymbol{\alpha}_1,\boldsymbol{\alpha}_2,\boldsymbol{\alpha}_3,\boldsymbol{\beta}_2$ 为向量组 $\boldsymbol{\alpha}_1,\boldsymbol{\alpha}_2,\boldsymbol{\alpha}_3,\boldsymbol{\beta}_1,\boldsymbol{\beta}_2$ 的极大线性无关组，故 W_1+W_2 的维数为 4，而 $\boldsymbol{\alpha}_1,\boldsymbol{\alpha}_2,\boldsymbol{\alpha}_3,\boldsymbol{\beta}_2$ 是 W_1+W_2 的一组基.

因为 $\dim W_1=3,\dim W_2=2$，由维数定理知

$$\dim(W_1\cap W_2)=\dim W_1+\dim W_2-\dim(W_1+W_2)=1,$$

由于 $\boldsymbol{\beta}_1=3\boldsymbol{\alpha}_1-\boldsymbol{\alpha}_2-2\boldsymbol{\alpha}_3$，故 $\boldsymbol{\beta}_1\in W_1\cap W_2$，则 $\boldsymbol{\beta}_1$ 是 $W_1\cap W_2$ 的一组基.

10. 在 $\mathbf{R}^{2\times2}$ 中：

(1) 求从基(Ⅰ)：$\boldsymbol{A}_1=\begin{bmatrix}2&1\\0&1\end{bmatrix},\boldsymbol{A}_2=\begin{bmatrix}0&1\\2&2\end{bmatrix},\boldsymbol{A}_3=\begin{bmatrix}-2&1\\1&2\end{bmatrix},\boldsymbol{A}_4=\begin{bmatrix}1&3\\1&2\end{bmatrix}$到基(Ⅱ)：$\boldsymbol{B}_1=\begin{bmatrix}1&2\\-1&0\end{bmatrix},\boldsymbol{B}_2=\begin{bmatrix}1&-1\\1&1\end{bmatrix},\boldsymbol{B}_3=\begin{bmatrix}-1&2\\1&1\end{bmatrix},\boldsymbol{B}_4=\begin{bmatrix}-1&-1\\0&1\end{bmatrix}$的过渡矩阵；

(2) 求 $\boldsymbol{A}=\boldsymbol{B}_1+2\boldsymbol{B}_2+3\boldsymbol{B}_3+4\boldsymbol{B}_4$ 在基(Ⅰ)下的坐标.

解：(1) 不难看出，由简单基 $\boldsymbol{E}_{11},\boldsymbol{E}_{12},\boldsymbol{E}_{21},\boldsymbol{E}_{22}$ 到基(Ⅰ)和基(Ⅱ)的过渡矩阵分别为

$$\boldsymbol{C}_1=\begin{bmatrix}2&0&-2&1\\1&1&1&3\\0&2&1&1\\1&2&2&2\end{bmatrix},\quad \boldsymbol{C}_2=\begin{bmatrix}1&1&-1&-1\\2&-1&2&-1\\-1&1&1&0\\0&1&1&1\end{bmatrix},$$

则有

$$(\boldsymbol{B}_1,\boldsymbol{B}_2,\boldsymbol{B}_3,\boldsymbol{B}_4)=(\boldsymbol{E}_{11},\boldsymbol{E}_{12},\boldsymbol{E}_{21},\boldsymbol{E}_{22})\boldsymbol{C}_2=(\boldsymbol{A}_1,\boldsymbol{A}_2,\boldsymbol{A}_3,\boldsymbol{A}_4)\boldsymbol{C}_1^{-1}\boldsymbol{C}_2,$$

故由基(Ⅰ)到基(Ⅱ)的过渡矩阵为

$$\boldsymbol{C}=\boldsymbol{C}_1^{-1}\boldsymbol{C}_2=\begin{bmatrix}0&1&-1&1\\-1&1&0&0\\0&0&0&1\\1&-1&1&-1\end{bmatrix}.$$

(2) 因为

$$\begin{aligned}\boldsymbol{A}&=\boldsymbol{B}_1+2\boldsymbol{B}_2+3\boldsymbol{B}_3+4\boldsymbol{B}_4=(\boldsymbol{B}_1,\boldsymbol{B}_2,\boldsymbol{B}_3,\boldsymbol{B}_4)(1,2,3,4)^{\mathrm{T}}\\&=(\boldsymbol{A}_1,\boldsymbol{A}_2,\boldsymbol{A}_3,\boldsymbol{A}_4)\boldsymbol{C}(1,2,3,4)^{\mathrm{T}}\\&=(\boldsymbol{A}_1,\boldsymbol{A}_2,\boldsymbol{A}_3,\boldsymbol{A}_4)\begin{bmatrix}0&1&-1&1\\-1&1&0&0\\0&0&0&1\\1&-1&1&-1\end{bmatrix}\begin{bmatrix}1\\2\\3\\4\end{bmatrix}\\&=(\boldsymbol{A}_1,\boldsymbol{A}_2,\boldsymbol{A}_3,\boldsymbol{A}_4)\begin{bmatrix}3\\1\\4\\-2\end{bmatrix},\end{aligned}$$

故所求坐标为$(3,1,4,-2)^{\mathrm{T}}$.

11. 已知$\boldsymbol{A}\in\mathbf{C}^{n\times n}$且$r(\boldsymbol{A})=r(\boldsymbol{A}^2)$,证明:

(1) $R(\boldsymbol{A})+N(\boldsymbol{A})$是直和;

(2) $R(\boldsymbol{A})+N(\boldsymbol{A})=\mathbf{C}^n$.

证明:(1) $\forall\boldsymbol{y}\in R(\boldsymbol{A})\cap N(\boldsymbol{A})$, $\exists\boldsymbol{x}\in\mathbf{C}^n$,使$\boldsymbol{y}=\boldsymbol{A}\boldsymbol{x}$,且$\boldsymbol{A}\boldsymbol{y}=\boldsymbol{0}$. 由

$$r(\boldsymbol{A})=r(\boldsymbol{A}^2)\Rightarrow\boldsymbol{A}=\boldsymbol{P}\begin{bmatrix}\boldsymbol{\Delta}&\boldsymbol{O}\\\boldsymbol{O}&\boldsymbol{O}\end{bmatrix}\boldsymbol{P}^{-1},$$

其中,$\boldsymbol{\Delta}\in\mathbf{C}^{r\times r}$,$r(\boldsymbol{A})=r(\boldsymbol{\Delta})=r$,则

$$\boldsymbol{y}=\boldsymbol{A}\boldsymbol{x}=\boldsymbol{P}\begin{bmatrix}\boldsymbol{\Delta}&\boldsymbol{O}\\\boldsymbol{O}&\boldsymbol{O}\end{bmatrix}\boldsymbol{P}^{-1}\boldsymbol{x}.$$

令$\boldsymbol{z}=\boldsymbol{P}^{-1}\boldsymbol{x}=\begin{bmatrix}\boldsymbol{z}_1\\\boldsymbol{z}_2\end{bmatrix}$,则

$$\boldsymbol{y}=\boldsymbol{A}\boldsymbol{x}=\boldsymbol{P}\begin{bmatrix}\boldsymbol{\Delta}&\boldsymbol{O}\\\boldsymbol{O}&\boldsymbol{O}\end{bmatrix}\begin{bmatrix}\boldsymbol{z}_1\\\boldsymbol{z}_2\end{bmatrix}=\boldsymbol{P}\begin{bmatrix}\boldsymbol{\Delta}\boldsymbol{z}_1\\\boldsymbol{0}\end{bmatrix},$$

$$\boldsymbol{A}\boldsymbol{y}=\boldsymbol{A}^2\boldsymbol{x}=\boldsymbol{P}\begin{bmatrix}\boldsymbol{\Delta}^2\boldsymbol{z}_1\\\boldsymbol{0}\end{bmatrix}=\boldsymbol{0}\Rightarrow\boldsymbol{z}_1=\boldsymbol{0},$$

所以

$$\boldsymbol{y}=\boldsymbol{A}\boldsymbol{x}=\boldsymbol{P}\begin{bmatrix}\boldsymbol{\Delta}&\boldsymbol{O}\\\boldsymbol{O}&\boldsymbol{O}\end{bmatrix}\begin{bmatrix}\boldsymbol{z}_1\\\boldsymbol{z}_2\end{bmatrix}=\boldsymbol{P}\begin{bmatrix}\boldsymbol{\Delta}\boldsymbol{z}_1\\\boldsymbol{0}\end{bmatrix}=\boldsymbol{0},$$

即

$$R(\boldsymbol{A})\cap N(\boldsymbol{A})=\{\boldsymbol{0}\}.$$

(2) 因为

$$\begin{aligned}\dim(R(\boldsymbol{A})+N(\boldsymbol{A}))&=\dim R(\boldsymbol{A})+\dim N(\boldsymbol{A})\\&=r(\boldsymbol{A})+n-r(\boldsymbol{A})=n,\end{aligned}$$

故$R(\boldsymbol{A})+N(\boldsymbol{A})=\mathbf{C}^n$.

12. 设T是n维线性空间V的线性变换,且$R(T)=\mathrm{Ker}(T)$,证明:

(1) $T^2=0$;

(2) n是偶数,且$r=r(T)=\dfrac{n}{2}$;

(3) T在V的某组基下的矩阵为$\begin{bmatrix}\boldsymbol{O}&\boldsymbol{I}_r\\\boldsymbol{O}&\boldsymbol{O}\end{bmatrix}$.

证明:(1) $\forall\boldsymbol{\alpha}\in V$, $T(\boldsymbol{\alpha})\in R(T)=\mathrm{Ker}(T)$,故$T(T(\boldsymbol{\alpha}))=T^2(\boldsymbol{\alpha})=0$,所以$T^2=0$.

(2) 由于

$$R(T)=\mathrm{Ker}(T)\quad 及\quad \dim R(T)+\dim\mathrm{Ker}(T)=n,$$

所以

$$r = r(T) = \dim R(T) = \frac{n}{2}.$$

(3) 由 $r = \frac{n}{2}$，取 $R(T) = \mathrm{Ker}(T)$ 的一组基 $\boldsymbol{\beta}_1, \boldsymbol{\beta}_2, \cdots, \boldsymbol{\beta}_r$，故存在 $\boldsymbol{\alpha}_1, \boldsymbol{\alpha}_2, \cdots, \boldsymbol{\alpha}_r \in V$，使得 $\boldsymbol{\beta}_1 = T(\boldsymbol{\alpha}_1), \boldsymbol{\beta}_2 = T(\boldsymbol{\alpha}_2), \cdots, \boldsymbol{\beta}_r = T(\boldsymbol{\alpha}_r)$，则 $\boldsymbol{\beta}_1, \boldsymbol{\beta}_2, \cdots, \boldsymbol{\beta}_r, \boldsymbol{\alpha}_1, \boldsymbol{\alpha}_2, \cdots, \boldsymbol{\alpha}_r$ 线性无关. 事实上，设

$$l_1\boldsymbol{\beta}_1 + l_2\boldsymbol{\beta}_2 + \cdots + l_r\boldsymbol{\beta}_r + k_1\boldsymbol{\alpha}_1 + k_2\boldsymbol{\alpha}_2 + \cdots + k_r\boldsymbol{\alpha}_r = \mathbf{0}, \qquad (*)$$

则

$$l_1 T(\boldsymbol{\beta}_1) + l_2 T(\boldsymbol{\beta}_2) + \cdots + l_r T(\boldsymbol{\beta}_r) + k_1 T(\boldsymbol{\alpha}_1) + k_2 T(\boldsymbol{\alpha}_2) + \cdots + k_r T(\boldsymbol{\alpha}_r) = \mathbf{0},$$

即

$$k_1\boldsymbol{\beta}_1 + k_2\boldsymbol{\beta}_2 + \cdots + k_r\boldsymbol{\beta}_r = \mathbf{0},$$

由于 $\boldsymbol{\beta}_1, \boldsymbol{\beta}_2, \cdots, \boldsymbol{\beta}_r$ 是 $R(T) = \mathrm{Ker}(T)$ 的基，故线性无关，从而 $k_1 = k_2 = \cdots = k_r = 0$，再由 $(*)$ 式得到

$$l_1\boldsymbol{\beta}_1 + l_2\boldsymbol{\beta}_2 + \cdots + l_r\boldsymbol{\beta}_r = \mathbf{0},$$

因此

$$l_1 = l_2 = \cdots = l_r = 0,$$

故 $\boldsymbol{\beta}_1, \boldsymbol{\beta}_2, \cdots, \boldsymbol{\beta}_r, \boldsymbol{\alpha}_1, \boldsymbol{\alpha}_2, \cdots, \boldsymbol{\alpha}_r$，线性无关，从而构成 V 的一组基，在该基下的矩阵具有形式 $\begin{bmatrix} \boldsymbol{O} & \boldsymbol{I}_r \\ \boldsymbol{O} & \boldsymbol{O} \end{bmatrix}$.

13. 设线性变换 $\boldsymbol{A}, \boldsymbol{B}$ 满足 $\boldsymbol{A}^2 = \boldsymbol{A}, \boldsymbol{B}^2 = \boldsymbol{B}$，证明：

(1) $\boldsymbol{A}$ 与 $\boldsymbol{B}$ 有相同值域的充要条件是 $\boldsymbol{AB} = \boldsymbol{B}, \boldsymbol{BA} = \boldsymbol{A}$；

(2) $\boldsymbol{A}$ 与 $\boldsymbol{B}$ 有相同的核的充要条件是 $\boldsymbol{AB} = \boldsymbol{A}, \boldsymbol{BA} = \boldsymbol{B}$.

证明：(1) 先证必要性. 若 $R(\boldsymbol{A}) = R(\boldsymbol{B})$，任取 $\boldsymbol{\alpha} \in V$，则 $\boldsymbol{B\alpha} \in R(\boldsymbol{B}) = R(\boldsymbol{A})$，故存在向量 $\boldsymbol{\beta} \in V$，使 $\boldsymbol{B\alpha} = \boldsymbol{A\beta}$，于是

$$\boldsymbol{AB\alpha} = \boldsymbol{A}^2\boldsymbol{\beta} = \boldsymbol{A\beta} = \boldsymbol{B\alpha},$$

由 $\boldsymbol{\alpha}$ 的任意性，故有 $\boldsymbol{AB} = \boldsymbol{B}$. 同理可证 $\boldsymbol{BA} = \boldsymbol{A}$.

再证充分性. 若 $\boldsymbol{AB} = \boldsymbol{B}, \boldsymbol{BA} = \boldsymbol{A}$，任取 $\boldsymbol{A\alpha} \in R(\boldsymbol{A}) \subset V$，则有

$$\boldsymbol{A\alpha} = \boldsymbol{BA\alpha} = \boldsymbol{B}(\boldsymbol{A\alpha}) \in R(\boldsymbol{B}),$$

于是 $R(\boldsymbol{A}) \subseteq R(\boldsymbol{B})$. 同理可证 $R(\boldsymbol{B}) \subseteq R(\boldsymbol{A})$，故 $R(\boldsymbol{A}) = R(\boldsymbol{B})$.

(2) 先证必要性. 若 $\mathrm{Ker}(\boldsymbol{A}) = \mathrm{Ker}(\boldsymbol{B})$，对任意 $\boldsymbol{\beta} \in V$，作向量 $\boldsymbol{\beta} - \boldsymbol{A\beta}$，因为

$$\boldsymbol{A}(\boldsymbol{\beta} - \boldsymbol{A\beta}) = \boldsymbol{A\beta} - \boldsymbol{A}^2\boldsymbol{\beta} = \boldsymbol{A\beta} - \boldsymbol{A\beta} = \mathbf{0},$$

所以

$$\boldsymbol{\beta} - \boldsymbol{A\beta} \in \mathrm{Ker}(\boldsymbol{A}) = \mathrm{Ker}(\boldsymbol{B}),$$

因此

$$\boldsymbol{B}(\boldsymbol{\beta}-\boldsymbol{A\beta})=\boldsymbol{B\beta}-\boldsymbol{BA\beta}=\boldsymbol{0},$$

所以 $\boldsymbol{B\beta}=\boldsymbol{BA\beta}$，由 $\boldsymbol{\beta}$ 的任意性，故有 $\boldsymbol{B}=\boldsymbol{BA}$.

作向量 $\boldsymbol{\beta}-\boldsymbol{B\beta}$，则

$$\boldsymbol{B}(\boldsymbol{\beta}-\boldsymbol{B\beta})=\boldsymbol{B\beta}-\boldsymbol{B}^2\boldsymbol{\beta}=\boldsymbol{B\beta}-\boldsymbol{B\beta}=\boldsymbol{0},$$

所以

$$\boldsymbol{\beta}-\boldsymbol{B\beta}\in\mathrm{Ker}(\boldsymbol{B})=\mathrm{Ker}(\boldsymbol{A}),$$

因此 $\boldsymbol{A}(\boldsymbol{\beta}-\boldsymbol{B\beta})=\boldsymbol{0}$，所以 $\boldsymbol{A\beta}=\boldsymbol{AB\beta}$，由 $\boldsymbol{\beta}$ 的任意性，故有 $\boldsymbol{A}=\boldsymbol{AB}$.

再证充分性. 若 $\boldsymbol{A}=\boldsymbol{AB}$，$\boldsymbol{B}=\boldsymbol{BA}$，任取 $\boldsymbol{\alpha}\in\mathrm{Ker}(\boldsymbol{A})$，由

$$\boldsymbol{B\alpha}=(\boldsymbol{BA})\boldsymbol{\alpha}=\boldsymbol{B}(\boldsymbol{A\alpha})=\boldsymbol{B0}=\boldsymbol{0},$$

知 $\boldsymbol{\alpha}\in\mathrm{Ker}(\boldsymbol{B})$，从而 $\mathrm{Ker}(\boldsymbol{A})\subseteq\mathrm{Ker}(\boldsymbol{B})$.

同理可证 $\mathrm{Ker}(\boldsymbol{B})\subseteq\mathrm{Ker}(\boldsymbol{A})$，即得 $\mathrm{Ker}(\boldsymbol{A})=\mathrm{Ker}(\boldsymbol{B})$.

14. 填空题：

(1) 在 $\mathbf{R}^3$ 中，如果 V_1 是过原点的平面 Π，V_2 是平面 Π 上过原点的直线 L，那么 $\dim(V_1+V_2)=$ ________.

(2) 设 $W\subset\mathbf{R}^n$，$W=\{(x_1,x_2\cdots,x_n)^{\mathrm{T}}\mid x_1+x_2+\cdots+x_n=0\}$，则 $\dim W=$ ________.

(3) 设 V 为数域 P 上的 n 维线性空间，且 $V=\mathrm{span}\{\boldsymbol{\alpha}_1,\boldsymbol{\alpha}_2,\cdots,\boldsymbol{\alpha}_n\}$，若 $\boldsymbol{\alpha}\in V$ 在基 $\{\boldsymbol{\alpha}_1,\boldsymbol{\alpha}_2,\cdots,\boldsymbol{\alpha}_n\}$ 下的坐标为 $(n,n-1,\cdots,2,1)^{\mathrm{T}}$，则 $\boldsymbol{\alpha}$ 在基 $\{\boldsymbol{\alpha}_1,\boldsymbol{\alpha}_1+\boldsymbol{\alpha}_2,\cdots,\boldsymbol{\alpha}_1+\boldsymbol{\alpha}_2+\cdots+\boldsymbol{\alpha}_n\}$ 下的坐标为________.

(4) 已知 $\mathbf{R}^3$ 中的两组基：

$$\boldsymbol{\alpha}_1=(1,0,1)^{\mathrm{T}},\quad \boldsymbol{\alpha}_2=(0,1,0)^{\mathrm{T}},\quad \boldsymbol{\alpha}_3=(1,2,2)^{\mathrm{T}};$$
$$\boldsymbol{\beta}_1=(1,0,0)^{\mathrm{T}},\quad \boldsymbol{\beta}_2=(1,1,1)^{\mathrm{T}},\quad \boldsymbol{\beta}_3=(1,1,2)^{\mathrm{T}},$$

则由基 $\boldsymbol{\alpha}_1,\boldsymbol{\alpha}_2,\boldsymbol{\alpha}_3$ 到基 $\boldsymbol{\beta}_1,\boldsymbol{\beta}_2,\boldsymbol{\beta}_3$ 的过渡矩阵为________.

(5) 在线性空间 $\mathbf{R}^{2\times2}$ 中，$T\left(\begin{bmatrix}a&b\\c&d\end{bmatrix}\right)=\begin{bmatrix}d&c\\c&d\end{bmatrix}$，则子空间 $\mathrm{Ker}(T)=$ ________.

解：(1) $\dim(V_1)$； (2) $n-1$； (3) $(1,1,\cdots,1,1)^{\mathrm{T}}$；

(4) $\begin{bmatrix}1&0&1\\0&1&2\\1&0&2\end{bmatrix}^{-1}\begin{bmatrix}1&1&1\\0&1&1\\0&1&2\end{bmatrix}=\begin{bmatrix}2&1&0\\2&1&-1\\-1&0&1\end{bmatrix}$；

(5) $\mathrm{Ker}(T)=\left\{\begin{bmatrix}a&b\\0&0\end{bmatrix}\middle| a,b\in\mathbf{R}\right\}$.

2　内积空间与等距变换

内积空间是用向量的度量即向量的长度、距离、夹角等相关性质研究实、复线性空间的性质.

2.1　教学基本要求

(1) 掌握内积空间的定义与内积的性质;熟练掌握两类重要的内积空间——欧氏空间 $\mathbf{R}^n$、酉空间 $\mathbf{C}^n$;熟练掌握 Cauchy-Schwarz 不等式:$\forall \boldsymbol{\alpha},\boldsymbol{\beta} \in V$,有 $|(\boldsymbol{\alpha},\boldsymbol{\beta})| \leqslant \|\boldsymbol{\alpha}\| \cdot \|\boldsymbol{\beta}\|$,等号成立当且仅当 $\boldsymbol{\alpha},\boldsymbol{\beta}$ 线性相关.

(2) 掌握向量的长度与夹角的定义与性质.

(3) 度量矩阵:设 $\boldsymbol{\alpha}_1,\boldsymbol{\alpha}_2,\cdots,\boldsymbol{\alpha}_n$ 是 n 维内积空间 V 的一组基,定义

$$a_{ij} = (\boldsymbol{\alpha}_i,\boldsymbol{\alpha}_j) \quad (i,j = 1,2,\cdots,n),$$

称矩阵 $\boldsymbol{A} = (a_{ij}) \in \mathbf{C}^{n\times n}$ 为基 $\boldsymbol{\alpha}_1,\boldsymbol{\alpha}_2,\cdots,\boldsymbol{\alpha}_n$ 的度量矩阵.

(4) 掌握标准正交基的定义及其性质,会用 Schmidt 正交化方法化线性无关向量组为标准正交组.

(5) 理解内积子空间与正交补子空间的含义,掌握内积空间 $V = W \oplus W^{\perp}$ 以及向量在子空间上的正交投影.

(6) 掌握等距变换的定义与等价条件.

2.2　主要内容提要

2.2.1　内积空间

设 V 为数域 P(P 为 $\mathbf{R}$ 或 $\mathbf{C}$) 上的线性空间,如果按照某种对应法则,使得 V 中任意两个向量都可以确定一个复数,且这个对应法则满足:对 $\boldsymbol{\alpha},\boldsymbol{\beta},\boldsymbol{\gamma} \in V, k \in P$,有

(1) 共轭对称性:$(\boldsymbol{\alpha},\boldsymbol{\beta}) = \overline{(\boldsymbol{\beta},\boldsymbol{\alpha})}$;

(2) 齐次性:$(k\boldsymbol{\alpha},\boldsymbol{\beta}) = k(\boldsymbol{\alpha},\boldsymbol{\beta})$;

(3) 可加性:$(\boldsymbol{\alpha}+\boldsymbol{\gamma},\boldsymbol{\beta}) = (\boldsymbol{\alpha},\boldsymbol{\beta}) + (\boldsymbol{\gamma},\boldsymbol{\beta})$;

(4) 正定性:$(\boldsymbol{\alpha},\boldsymbol{\alpha}) \geqslant 0$,当且仅当 $\boldsymbol{\alpha} = \mathbf{0}$ 时,$(\boldsymbol{\alpha},\boldsymbol{\alpha}) = 0$,

数$(\boldsymbol{\alpha},\boldsymbol{\beta})$称为$\boldsymbol{\alpha}$与$\boldsymbol{\beta}$的内积.定义了内积的线性空间$V$称为**内积空间**.

当$P=\mathbf{R}$时,定义了内积的实线性空间V称为**欧几里得空间**(简称欧氏空间),也称**实内积空间**;当$P=\mathbf{C}$时,定义了内积的复线性空间V称为**酉空间**,也称**复内积空间**.

在实线性空间$\mathbf{R}^n$中,对任意两个向量$\boldsymbol{\alpha}=(a_1,a_2,\cdots,a_n)^{\mathrm{T}},\boldsymbol{\beta}=(b_1,b_2,\cdots,b_n)^{\mathrm{T}}$,通常定义内积为

$$(\boldsymbol{\alpha},\boldsymbol{\beta})=a_1b_1+a_2b_2+\cdots+a_nb_n=\sum_{i=1}^{n}a_ib_i=\boldsymbol{\alpha}^{\mathrm{T}}\boldsymbol{\beta},$$

在$\mathbf{C}^n$中通常定义内积为

$$(\boldsymbol{\alpha},\boldsymbol{\beta})=\bar{a}_1b_1+\bar{a}_2b_2+\cdots+\bar{a}_nb_n=\sum_{i=1}^{n}\bar{a}_ib_i=\boldsymbol{\alpha}^{\mathrm{H}}\boldsymbol{\beta}.$$

2.2.2 长度与夹角

在内积空间V中,对$\forall\boldsymbol{\alpha}\in V$,称非负实数$\sqrt{(\boldsymbol{\alpha},\boldsymbol{\alpha})}$为向量$\boldsymbol{\alpha}$的长度,记为$\|\boldsymbol{\alpha}\|$.当$\|\boldsymbol{\alpha}\|=1$时,称$\boldsymbol{\alpha}$为**单位向量**.

向量的长度具有下列性质:

① 非负性:$\forall\boldsymbol{\alpha}\in V,\|\boldsymbol{\alpha}\|\geqslant 0$,且$\|\boldsymbol{\alpha}\|=0\Leftrightarrow\boldsymbol{\alpha}=\mathbf{0}$;

② 齐次性:$\forall\boldsymbol{\alpha}\in V,k\in\mathbf{C},\|k\boldsymbol{\alpha}\|=|k|\|\boldsymbol{\alpha}\|$;

③ 三角不等式:$\|\boldsymbol{\alpha}+\boldsymbol{\beta}\|\leqslant\|\boldsymbol{\alpha}\|+\|\boldsymbol{\beta}\|$.

$\|\boldsymbol{\alpha}-\boldsymbol{\beta}\|$称为向量$\boldsymbol{\alpha}$与$\boldsymbol{\beta}$的距离,记为$d(\boldsymbol{\alpha},\boldsymbol{\beta})=\|\boldsymbol{\alpha}-\boldsymbol{\beta}\|$.距离有下列性质:

① $d(\boldsymbol{\alpha},\boldsymbol{\beta})=d(\boldsymbol{\beta},\boldsymbol{\alpha})$;

② $d(\boldsymbol{\alpha},\boldsymbol{\beta})\leqslant d(\boldsymbol{\alpha},\boldsymbol{\gamma})+d(\boldsymbol{\gamma},\boldsymbol{\beta})$.

对任意非零向量$\boldsymbol{\alpha}$,向量$\dfrac{\boldsymbol{\alpha}}{\|\boldsymbol{\alpha}\|}$是与$\boldsymbol{\alpha}$同方向的单位向量,由$\boldsymbol{\alpha}$求$\dfrac{\boldsymbol{\alpha}}{\|\boldsymbol{\alpha}\|}$的过程称为把**向量$\boldsymbol{\alpha}$单位化**.

Cauchy-Schwarz不等式:设V为内积空间,对$\forall\boldsymbol{\alpha},\boldsymbol{\beta}\in V$,有

$$|(\boldsymbol{\alpha},\boldsymbol{\beta})|\leqslant\|\boldsymbol{\alpha}\|\|\boldsymbol{\beta}\|,$$

其中等号当且仅当$\boldsymbol{\alpha}$与$\boldsymbol{\beta}$线性相关时成立.

对欧氏空间V中任意非零向量$\boldsymbol{\alpha},\boldsymbol{\beta}$,规定

$$\theta=\arccos\frac{(\boldsymbol{\alpha},\boldsymbol{\beta})}{\|\boldsymbol{\alpha}\|\|\boldsymbol{\beta}\|}\quad(0\leqslant\theta\leqslant\pi)$$

为非零向量$\boldsymbol{\alpha}$与$\boldsymbol{\beta}$的夹角.且若$(\boldsymbol{\alpha},\boldsymbol{\beta})=0$,则称向量$\boldsymbol{\alpha}$与$\boldsymbol{\beta}$正交,记为$\boldsymbol{\alpha}\perp\boldsymbol{\beta}$.

2.2.3 正交基与Schmidt正交化方法

在内积空间V中,一组两两正交的非零向量称为V中的**正交向量组**.

设$\boldsymbol{\varepsilon}_1,\boldsymbol{\varepsilon}_2,\cdots,\boldsymbol{\varepsilon}_n$是$n$维内积空间$V$的一组基,且它们两两正交,则称$\boldsymbol{\varepsilon}_1,\boldsymbol{\varepsilon}_2,\cdots,$

$\boldsymbol{\varepsilon}_n$ 为 V 的一组正交基. 当正交基 $\boldsymbol{\varepsilon}_1,\boldsymbol{\varepsilon}_2,\cdots,\boldsymbol{\varepsilon}_n$ 都是单位向量时,则称为这组正交基为**标准正交基**.

显然,由定义知,$\boldsymbol{\varepsilon}_1,\boldsymbol{\varepsilon}_2,\cdots,\boldsymbol{\varepsilon}_r$ 是内积空间 V 的标准正交基的充要条件是

$$(\boldsymbol{\varepsilon}_i,\boldsymbol{\varepsilon}_j)=\begin{cases}0, & i\neq j,\\ 1, & i=j.\end{cases}$$

线性无关向量组 $\boldsymbol{\alpha}_1,\boldsymbol{\alpha}_2,\cdots,\boldsymbol{\alpha}_r$ 化为标准正交组的施密特(Schmidt) 正交化方法如下:

① 正交化:取 $\boldsymbol{\beta}_1=\boldsymbol{\alpha}_1$,有

$$\boldsymbol{\beta}_2=\boldsymbol{\alpha}_2-\frac{(\boldsymbol{\alpha}_2,\boldsymbol{\beta}_1)}{(\boldsymbol{\beta}_1,\boldsymbol{\beta}_1)}\boldsymbol{\beta}_1,$$

$$\vdots$$

$$\boldsymbol{\beta}_i=\boldsymbol{\alpha}_i-\frac{(\boldsymbol{\alpha}_i,\boldsymbol{\beta}_1)}{(\boldsymbol{\beta}_1,\boldsymbol{\beta}_1)}\boldsymbol{\beta}_1-\frac{(\boldsymbol{\alpha}_i,\boldsymbol{\beta}_2)}{(\boldsymbol{\beta}_2,\boldsymbol{\beta}_2)}\boldsymbol{\beta}_2-\cdots-\frac{(\boldsymbol{\alpha}_i,\boldsymbol{\beta}_{i-1})}{(\boldsymbol{\beta}_{i-1},\boldsymbol{\beta}_{i-1})}\boldsymbol{\beta}_{i-1}\quad(i=1,2,\cdots,r),$$

这样就得到一组两两正交的向量 $\boldsymbol{\beta}_1,\boldsymbol{\beta}_2,\cdots,\boldsymbol{\beta}_r$,且 $\boldsymbol{\beta}_1,\boldsymbol{\beta}_2,\cdots,\boldsymbol{\beta}_r$ 与 $\boldsymbol{\alpha}_1,\boldsymbol{\alpha}_2,\cdots,\boldsymbol{\alpha}_r$ 等价.

② 再单位化,即 $\boldsymbol{e}_1=\dfrac{\boldsymbol{\beta}_1}{\|\boldsymbol{\beta}_1\|},\boldsymbol{e}_2=\dfrac{\boldsymbol{\beta}_2}{\|\boldsymbol{\beta}_2\|},\cdots,\boldsymbol{e}_r=\dfrac{\boldsymbol{\beta}_r}{\|\boldsymbol{\beta}_r\|}$,得一组标准正交组.

2.2.4　正交子空间

设 W_1 与 W_2 是内积空间 V 的非空子集,若对于任意 $\boldsymbol{x}_1\in W_1,\boldsymbol{x}_2\in W_2$,都有 $(\boldsymbol{x}_1,\boldsymbol{x}_2)=0$,则称 W_1 与 W_2 互相正交,记为 $W_1\perp W_2$;若 $\boldsymbol{x}\in V$,对任意 $\boldsymbol{y}\in W_1$,都有 $(\boldsymbol{x},\boldsymbol{y})=0$,则称 $\boldsymbol{x}$ 与 W_1 正交,记为 $\boldsymbol{x}\perp W$.

由定义知:若 W_1 与 W_2 是内积空间两个互相正交的子空间,即 $W_1\perp W_2$,则必有 $W_1\cap W_2=\{\boldsymbol{0}\}$,所以两个互相正交的子空间之和必为直和.

设 V 是一个内积空间,集合 $W^{\perp}=\{\boldsymbol{x}\mid \boldsymbol{x}\in V$ 且 $\boldsymbol{x}\perp W\}$ 称为 W 的正交补.

设 V 是一个 n 维内积空间,W 是 V 的子空间,则 $\forall\boldsymbol{\alpha}\in V$,必存在唯一的 $\boldsymbol{\beta}\in W$,使 $d(\boldsymbol{\beta},\boldsymbol{\alpha})=\min\limits_{\xi\in W}d(\boldsymbol{\xi},\boldsymbol{\alpha})$. 称 $\boldsymbol{\beta}$ 为 $\boldsymbol{\alpha}$ 在子空间 W 上的**正投影**,也称 $\boldsymbol{\beta}$ 是 $\boldsymbol{\alpha}$ 在子空间 W 上的**最佳逼近**,$\|\boldsymbol{\alpha}-\boldsymbol{\beta}\|$ 为 $\boldsymbol{\alpha}$ 到 W 的最短距离.

内积空间正交直和分解:设 V 是一个 n 维内积空间,W 是 V 的子空间,则 $V=W\oplus W^{\perp}$. 故对每一个 $\boldsymbol{\alpha}\in V$,有唯一的表示,即

$$\boldsymbol{\alpha}=\boldsymbol{\alpha}_1+\boldsymbol{\alpha}_2\quad(\boldsymbol{\alpha}_1\in W,\boldsymbol{\alpha}_2\in W^{\perp}),$$

称 $\boldsymbol{\alpha}_1$ 为 $\boldsymbol{\alpha}$ 沿着空间 $W^{\perp}$ 向 W 的**正交投影**,$\boldsymbol{\alpha}_2$ 为 $\boldsymbol{\alpha}$ 沿着空间 W 向 $W^{\perp}$ 的**正交投影**,此时,$\|\boldsymbol{\alpha}-\boldsymbol{\alpha}_1\|$ 为 $\boldsymbol{\alpha}$ 到 W 的最短距离.

2.2.5　基的度量矩阵

设 $\boldsymbol{\varepsilon}_1,\boldsymbol{\varepsilon}_2,\cdots,\boldsymbol{\varepsilon}_n$ 是 n 维欧氏空间 V 的一组基,令 $a_{ij}=(\boldsymbol{\varepsilon}_i,\boldsymbol{\varepsilon}_j),i,j=1,2,\cdots,n$,

称 $\boldsymbol{A}=(a_{ij})_{n\times n}$ 为基 $\boldsymbol{\varepsilon}_1,\boldsymbol{\varepsilon}_2,\cdots,\boldsymbol{\varepsilon}_n$ 的度量矩阵.

度量矩阵有如下性质：

① 度量矩阵是正定的；

② 不同基的度量矩阵是合同的，即假设 $\boldsymbol{\varepsilon}_1,\boldsymbol{\varepsilon}_2,\cdots,\boldsymbol{\varepsilon}_n$ 与 $\boldsymbol{\eta}_1,\boldsymbol{\eta}_2,\cdots,\boldsymbol{\eta}_n$ 是 V 的两组基，度量矩阵分别是 $\boldsymbol{A},\boldsymbol{B}$，且从基 $\boldsymbol{\varepsilon}_1,\boldsymbol{\varepsilon}_2,\cdots,\boldsymbol{\varepsilon}_n$ 到基 $\boldsymbol{\eta}_1,\boldsymbol{\eta}_2,\cdots,\boldsymbol{\eta}_n$ 的过渡矩阵是 $\boldsymbol{C}$，则 $\boldsymbol{B}=\boldsymbol{C}^{\mathrm{T}}\boldsymbol{AC}$；

③ 假设 $\boldsymbol{\varepsilon}_1,\boldsymbol{\varepsilon}_2,\cdots,\boldsymbol{\varepsilon}_n$ 是内积空间 V 的一组基，度量矩阵为 $\boldsymbol{A}$，且 $\boldsymbol{\alpha}=x_1\boldsymbol{\varepsilon}_1+x_2\boldsymbol{\varepsilon}_2+\cdots+x_n\boldsymbol{\varepsilon}_n,\boldsymbol{\beta}=y_1\boldsymbol{\varepsilon}_1+y_2\boldsymbol{\varepsilon}_2+\cdots+y_n\boldsymbol{\varepsilon}_n$，则

$$(\boldsymbol{\alpha},\boldsymbol{\beta})=\boldsymbol{Y}^{\mathrm{H}}\boldsymbol{AX},\quad \text{其中 } \boldsymbol{X}=(x_1,x_2,\cdots,x_n)^{\mathrm{T}},\boldsymbol{Y}=(y_1,y_2,\cdots,y_n)^{\mathrm{T}}.$$

2.2.6 等距变换

设 T 是内积空间 V 上的一个线性变换，若对 $\forall\boldsymbol{\alpha},\boldsymbol{\beta}\in V$，成立

$$(T(\boldsymbol{\alpha}),T(\boldsymbol{\beta}))=(\boldsymbol{\alpha},\boldsymbol{\beta}),$$

则称 T 是**等距变换**. 特别地，当 V 是酉空间时，称 T 是**酉变换**；当 V 是欧氏空间时，称 T 是**正交变换**. 换言之，等距变换就是内积空间中保持内积不变的线性变换.

等距变换具有如下性质：

设 T 是内积空间 V 上的一个线性变换，则下列命题等价：

① $(T(\boldsymbol{\alpha}),T(\boldsymbol{\beta}))=(\boldsymbol{\alpha},\boldsymbol{\beta}),\forall\boldsymbol{\alpha},\boldsymbol{\beta}\in V$；

② $\|T(\boldsymbol{\alpha})\|=\|\boldsymbol{\alpha}\|,\forall\boldsymbol{\alpha}\in V$.

特别地，当 V 是有限维时，以上命题进一步与以下命题等价：

③ $\boldsymbol{\varepsilon}_1,\boldsymbol{\varepsilon}_2,\cdots,\boldsymbol{\varepsilon}_n$ 是 V 的一组标准正交基，则 $T(\boldsymbol{\varepsilon}_1),T(\boldsymbol{\varepsilon}_2),\cdots,T(\boldsymbol{\varepsilon}_n)$ 也是 V 的一组标准正交基；

④ T 在任一组标准正交基 $\boldsymbol{\varepsilon}_1,\boldsymbol{\varepsilon}_2,\cdots,\boldsymbol{\varepsilon}_n$ 下的矩阵是酉矩阵.

2.3 解题方法归纳

(1) 要判断一个复(实)线性空间的复(实)函数是否为内积，只要验证内积定义中的 4 条性质满足即可；

(2) 一个向量组 $\boldsymbol{\alpha}_1,\boldsymbol{\alpha}_2,\cdots,\boldsymbol{\alpha}_n$ 是一个标准正交组 $\Leftrightarrow (\boldsymbol{\alpha}_i,\boldsymbol{\alpha}_j)=\begin{cases}1, & i=j,\\ 0, & i\neq j;\end{cases}$

(3) 要证明内积空间的非空子集是子空间，除利用子空间性质，还要证明保持内积性质；

(4) 如出现内积空间某组基的度量矩阵 $\boldsymbol{A}$，则求内积可利用度量矩阵计算；

(5) 对于线性无关向量组用 Schmidt 正交化方法将其化为标准正交组，应先正交化再单位化.

(6) 证明内积空间的线性变换 T 是等距变换，只要证明 T 保持内积不变，或者证明 T 将标准正交基变成标准正交基.

2.4　典型例题解析

例 2.1　设 $\boldsymbol{x}=(\xi_1,\xi_2)^{\mathrm{T}}\in\mathbf{C}^2$，$\boldsymbol{y}=(\eta_1,\eta_2)^{\mathrm{T}}\in\mathbf{C}^2$，验证：

$$(\boldsymbol{x},\boldsymbol{y})=\xi_1\overline{\eta}_1+(1+\mathrm{i})\xi_1\overline{\eta}_2+(1-\mathrm{i})\xi_2\overline{\eta}_1+3\xi_2\overline{\eta}_2$$

是 $\mathbf{C}^2$ 上的内积.

证明：(1) 因为

$$(\boldsymbol{y},\boldsymbol{x})=\eta_1\bar{\xi}_1+(1+\mathrm{i})\eta_1\bar{\xi}_2+(1-\mathrm{i})\eta_2\bar{\xi}_1+3\eta_2\bar{\xi}_2,$$

所以

$$\overline{(\boldsymbol{y},\boldsymbol{x})}=\xi_1\overline{\eta}_1+(1-\mathrm{i})\xi_2\overline{\eta}_1+(1+\mathrm{i})\xi_1\overline{\eta}_2+3\xi_2\overline{\eta}_2=(\boldsymbol{x},\boldsymbol{y}).$$

(2) $\forall\alpha,\beta\in\mathbf{C}$，$\boldsymbol{x}=(\xi_1,\xi_2)^{\mathrm{T}}$，$\boldsymbol{y}=(\eta_1,\eta_2)^{\mathrm{T}}$，$\boldsymbol{z}=(\gamma_1,\gamma_2)^{\mathrm{T}}\in\mathbf{C}^2$，有

$$\begin{aligned}(\alpha\boldsymbol{x}+\beta\boldsymbol{y},\boldsymbol{z})&=(\alpha\xi_1+\beta\eta_1)\overline{\gamma}_1+(1+\mathrm{i})(\alpha\xi_1+\beta\eta_1)\overline{\gamma}_2\\&\quad+(1-\mathrm{i})(\alpha\xi_2+\beta\eta_2)\overline{\gamma}_1+3(\alpha\xi_2+\beta\eta_2)\overline{\gamma}_2\\&=[\alpha\xi_1\overline{\gamma}_1+(1+\mathrm{i})\alpha\xi_1\overline{\gamma}_2+(1-\mathrm{i})\alpha\xi_2\overline{\gamma}_1+3\alpha\xi_2\overline{\gamma}_2]\\&\quad+[\beta\eta_1\overline{\gamma}_1+(1+\mathrm{i})\beta\eta_1\overline{\gamma}_2+(1-\mathrm{i})\beta\eta_2\overline{\gamma}_1+3\beta\eta_2\overline{\gamma}_2]\\&=\alpha(\boldsymbol{x},\boldsymbol{z})+\beta(\boldsymbol{y},\boldsymbol{z}).\end{aligned}$$

(3) 因为

$$\begin{aligned}(\boldsymbol{x},\boldsymbol{x})&=\xi_1\bar{\xi}_1+(1+\mathrm{i})\xi_1\bar{\xi}_2+(1-\mathrm{i})\xi_2\bar{\xi}_1+3\xi_2\bar{\xi}_2\\&=(\xi_1,\xi_2)\begin{bmatrix}1&1+\mathrm{i}\\1-\mathrm{i}&3\end{bmatrix}\begin{bmatrix}\bar{\xi}_1\\\bar{\xi}_2\end{bmatrix}=\boldsymbol{x}^{\mathrm{T}}\boldsymbol{A}\overline{\boldsymbol{x}},\end{aligned}$$

由 $\boldsymbol{A}^{\mathrm{H}}=\boldsymbol{A}$ 为正定矩阵(顺序主子式全大于零) 得 $(\boldsymbol{x},\boldsymbol{x})\geqslant 0$，当且仅当 $\boldsymbol{x}=\boldsymbol{0}$ 时，$(\boldsymbol{x},\boldsymbol{x})=0$.

综上所述，上述定义为内积.

注：要验证复(实) 线性空间的复(实) 函数是内积，只要验证 4 条性质.

例 2.2　设 $V=\mathbf{C}^3$，并对 V 中任意的向量 $\boldsymbol{\alpha}=(x_1,x_2,x_3)^{\mathrm{T}}$，$\boldsymbol{\beta}=(y_1,y_2,y_3)^{\mathrm{T}}$，设内积为 $(\boldsymbol{\alpha},\boldsymbol{\beta})=\sum\limits_{k=1}^{3}x_k\overline{y}_k$，若 $\boldsymbol{\alpha}=(2,1+\mathrm{i},\mathrm{i})^{\mathrm{T}}$，$\boldsymbol{\beta}=(2-\mathrm{i},2,1+2\mathrm{i})^{\mathrm{T}}$，计算 $(\boldsymbol{\alpha},\boldsymbol{\beta})$，$\|\boldsymbol{\alpha}\|$，$\|\boldsymbol{\beta}\|$ 及距离 $d(\boldsymbol{\alpha},\boldsymbol{\beta})$，并验证 Cauchy-Schwarz 不等式.

解：根据题意，有

$$(\boldsymbol{\alpha},\boldsymbol{\beta})=2\cdot\overline{2-\mathrm{i}}+(1+\mathrm{i})\cdot\overline{2}+\mathrm{i}\cdot\overline{1+2\mathrm{i}}=8+5\mathrm{i},$$

$$\|\boldsymbol{\alpha}\|=\sqrt{(\boldsymbol{\alpha},\boldsymbol{\alpha})}=\sqrt{2^2+(1+\mathrm{i})(1-\mathrm{i})-\mathrm{i}^2}=\sqrt{7},$$

$$\|\boldsymbol{\beta}\| = \sqrt{(\boldsymbol{\beta},\boldsymbol{\beta})} = \sqrt{(2-\mathrm{i})(2+\mathrm{i})+2^2+(1+2\mathrm{i})(1-2\mathrm{i})} = \sqrt{14}.$$

因为 $|(\boldsymbol{\alpha},\boldsymbol{\beta})| = \sqrt{(8+5\mathrm{i})(8-5\mathrm{i})} = \sqrt{89}$，$\sqrt{89} \leqslant \sqrt{98} = \sqrt{7}\cdot\sqrt{14}$，故

$$|(\boldsymbol{\alpha},\boldsymbol{\beta})| \leqslant \|\boldsymbol{\alpha}\|\,\|\boldsymbol{\beta}\|.$$

又 $\boldsymbol{\alpha}-\boldsymbol{\beta} = (\mathrm{i}, -1+\mathrm{i}, -1-\mathrm{i})$，则

$$\begin{aligned} d(\boldsymbol{\alpha},\boldsymbol{\beta}) &= \|\boldsymbol{\alpha}-\boldsymbol{\beta}\| = \sqrt{(\boldsymbol{\alpha}-\boldsymbol{\beta},\boldsymbol{\alpha}-\boldsymbol{\beta})} \\ &= \sqrt{-\mathrm{i}^2+2(-1+\mathrm{i})(-1-\mathrm{i})} = \sqrt{5}. \end{aligned}$$

例 2.3 设 $\boldsymbol{\varepsilon}_1,\boldsymbol{\varepsilon}_2,\boldsymbol{\varepsilon}_3,\boldsymbol{\varepsilon}_4,\boldsymbol{\varepsilon}_5$ 是 $\mathbf{R}^5$ 中一组标准正交基，$V=\mathrm{span}\{\boldsymbol{\alpha}_1,\boldsymbol{\alpha}_2,\boldsymbol{\alpha}_3\}$，其中 $\boldsymbol{\alpha}_1=\boldsymbol{\varepsilon}_1+\boldsymbol{\varepsilon}_5$，$\boldsymbol{\alpha}_2=\boldsymbol{\varepsilon}_1-\boldsymbol{\varepsilon}_2+\boldsymbol{\varepsilon}_4$，$\boldsymbol{\alpha}_3=2\boldsymbol{\varepsilon}_1+\boldsymbol{\varepsilon}_2+\boldsymbol{\varepsilon}_3$，求 V 的一组标准正交基.

解：显然 $\boldsymbol{\alpha}_1,\boldsymbol{\alpha}_2,\boldsymbol{\alpha}_3$ 是线性无关的，将其正交化，得

$$\boldsymbol{\beta}_1 = \boldsymbol{\alpha}_1 = \boldsymbol{\varepsilon}_1+\boldsymbol{\varepsilon}_5,$$

$$\boldsymbol{\beta}_2 = \boldsymbol{\alpha}_2 - \frac{(\boldsymbol{\alpha}_2,\boldsymbol{\beta}_1)}{(\boldsymbol{\beta}_1,\boldsymbol{\beta}_1)}\boldsymbol{\beta}_1 = \frac{1}{2}\boldsymbol{\varepsilon}_1-\boldsymbol{\varepsilon}_2+\boldsymbol{\varepsilon}_4-\frac{1}{2}\boldsymbol{\varepsilon}_5,$$

$$\boldsymbol{\beta}_3 = \boldsymbol{\alpha}_3 - \frac{(\boldsymbol{\alpha}_3,\boldsymbol{\beta}_1)}{(\boldsymbol{\beta}_1,\boldsymbol{\beta}_1)}\boldsymbol{\beta}_1 - \frac{(\boldsymbol{\alpha}_3,\boldsymbol{\beta}_2)}{(\boldsymbol{\beta}_2,\boldsymbol{\beta}_2)}\boldsymbol{\beta}_2 = \boldsymbol{\varepsilon}_1+\boldsymbol{\varepsilon}_2+\boldsymbol{\varepsilon}_3-\boldsymbol{\varepsilon}_5,$$

单位化，得

$$\boldsymbol{\eta}_1 = \frac{\sqrt{2}}{2}(\boldsymbol{\varepsilon}_1+\boldsymbol{\varepsilon}_5),\quad \boldsymbol{\eta}_2 = \frac{\sqrt{10}}{10}(\boldsymbol{\varepsilon}_1-2\boldsymbol{\varepsilon}_2+2\boldsymbol{\varepsilon}_4-\boldsymbol{\varepsilon}_5),\quad \boldsymbol{\eta}_3 = \frac{1}{2}(\boldsymbol{\varepsilon}_1+\boldsymbol{\varepsilon}_2+\boldsymbol{\varepsilon}_3-\boldsymbol{\varepsilon}_5),$$

则 $\boldsymbol{\eta}_1,\boldsymbol{\eta}_2,\boldsymbol{\eta}_3$ 是 V 的一组标准正交基.

例 2.4 用 Schmidt 正交化方法将下面内积空间 V 的给定子集 W 正交化，再找出 V 的标准正交基，并求出给定向量在标准正交基下的坐标.

(1) $V=\mathbf{R}^4$，$W=\{(1,2,2,-1)^{\mathrm{T}},(1,1,-5,3)^{\mathrm{T}},(3,2,8,-7)^{\mathrm{T}}\}$，$\boldsymbol{\alpha}=(3,1,1,-3)^{\mathrm{T}}$；

(2) $V=P_4[x]$，定义内积为

$$(f,g)=\int_0^1 f(t)g(t)\mathrm{d}t,\quad W=\{1,x,x^2\},\quad f(x)=1+x.$$

解：(1) 设 $\boldsymbol{\alpha}_1=(1,2,2,-1)^{\mathrm{T}}$，$\boldsymbol{\alpha}_2=(1,1,-5,3)^{\mathrm{T}}$，$\boldsymbol{\alpha}_3=(3,2,8,-7)^{\mathrm{T}}$，由于 $\boldsymbol{\alpha}_1,\boldsymbol{\alpha}_2,\boldsymbol{\alpha}_3$ 线性无关，令

$$\boldsymbol{\beta}_1=\boldsymbol{\alpha}_1=(1,2,2,-1)^{\mathrm{T}},$$

$$\boldsymbol{\beta}_2=\boldsymbol{\alpha}_2-\frac{(\boldsymbol{\alpha}_2,\boldsymbol{\beta}_1)}{(\boldsymbol{\beta}_1,\boldsymbol{\beta}_1)}\boldsymbol{\beta}_1=(2,3,-3,2)^{\mathrm{T}},$$

$$\boldsymbol{\beta}_3=\boldsymbol{\alpha}_3-\frac{(\boldsymbol{\alpha}_3,\boldsymbol{\beta}_1)}{(\boldsymbol{\beta}_1,\boldsymbol{\beta}_1)}\boldsymbol{\beta}_1-\frac{(\boldsymbol{\alpha}_3,\boldsymbol{\beta}_2)}{(\boldsymbol{\beta}_2,\boldsymbol{\beta}_2)}\boldsymbol{\beta}_2=(2,-1,-1,-2)^{\mathrm{T}},$$

则 $\boldsymbol{\beta}_1,\boldsymbol{\beta}_2,\boldsymbol{\beta}_3$ 是与 $\boldsymbol{\alpha}_1,\boldsymbol{\alpha}_2,\boldsymbol{\alpha}_3$ 等价的两两正交的向量组.

设 $\boldsymbol{\beta}_4=(x_1,x_2,x_3,x_4)^{\mathrm{T}}$ 是与 $\boldsymbol{\beta}_1,\boldsymbol{\beta}_2,\boldsymbol{\beta}_3$ 均正交的向量，即

$$\begin{cases}x_1+2x_2+2x_3-x_4=0,\\2x_1+3x_2-3x_3+2x_4=0,\\2x_1-x_2-x_3-2x_4=0,\end{cases}$$

解之得方程组的通解为 $c(3,-2,2,3)^{\mathrm{T}}$，其中 c 为任意常数.

令 $\boldsymbol{\beta}_4=(3,-2,2,3)^{\mathrm{T}}$，则 $\boldsymbol{\beta}_1,\boldsymbol{\beta}_2,\boldsymbol{\beta}_3,\boldsymbol{\beta}_4$ 是 V 的一组正交基，将其单位化得 V 的一组标准正交基：

$$\boldsymbol{\gamma}_1=\frac{\boldsymbol{\beta}_1}{\|\boldsymbol{\beta}_1\|}=\frac{1}{\sqrt{10}}(1,2,2,-1)^{\mathrm{T}},\quad \boldsymbol{\gamma}_2=\frac{\boldsymbol{\beta}_2}{\|\boldsymbol{\beta}_2\|}=\frac{1}{\sqrt{26}}(2,3,-3,2)^{\mathrm{T}},$$

$$\boldsymbol{\gamma}_3=\frac{\boldsymbol{\beta}_3}{\|\boldsymbol{\beta}_3\|}=\frac{1}{\sqrt{10}}(2,-1,-1,-2)^{\mathrm{T}},\quad \boldsymbol{\gamma}_4=\frac{\boldsymbol{\beta}_4}{\|\boldsymbol{\beta}_4\|}=\frac{1}{\sqrt{26}}(3,-2,2,3)^{\mathrm{T}},$$

向量 $\boldsymbol{\alpha}=(3,1,1,-3)^{\mathrm{T}}$ 在标准正交基 $\boldsymbol{\gamma}_1,\boldsymbol{\gamma}_2,\boldsymbol{\gamma}_3,\boldsymbol{\gamma}_4$ 下的坐标为

$$((\boldsymbol{\alpha},\boldsymbol{\gamma}_1),(\boldsymbol{\alpha},\boldsymbol{\gamma}_2),(\boldsymbol{\alpha},\boldsymbol{\gamma}_3),(\boldsymbol{\alpha},\boldsymbol{\gamma}_4))^{\mathrm{T}}=(\sqrt{10},0,\sqrt{10},0)^{\mathrm{T}}.$$

(2) 设 $\boldsymbol{\alpha}_1=1,\boldsymbol{\alpha}_2=x,\boldsymbol{\alpha}_3=x^2$，由于 $\boldsymbol{\alpha}_1,\boldsymbol{\alpha}_2,\boldsymbol{\alpha}_3$ 线性无关，令

$$\boldsymbol{\beta}_1=\boldsymbol{\alpha}_1=1,$$

$$\boldsymbol{\beta}_2=\boldsymbol{\alpha}_2-\frac{(\boldsymbol{\alpha}_2,\boldsymbol{\beta}_1)}{(\boldsymbol{\beta}_1,\boldsymbol{\beta}_1)}\boldsymbol{\beta}_1=x-\frac{\int_0^1 x\,\mathrm{d}x}{\int_0^1 1\,\mathrm{d}x}=x-\frac{1}{2},$$

$$\begin{aligned}\boldsymbol{\beta}_3&=\boldsymbol{\alpha}_3-\frac{(\boldsymbol{\alpha}_3,\boldsymbol{\beta}_1)}{(\boldsymbol{\beta}_1,\boldsymbol{\beta}_1)}\boldsymbol{\beta}_1-\frac{(\boldsymbol{\alpha}_3,\boldsymbol{\beta}_2)}{(\boldsymbol{\beta}_2,\boldsymbol{\beta}_2)}\boldsymbol{\beta}_2\\&=x^2-\frac{\int_0^1 x^2\,\mathrm{d}x}{\int_0^1 1\,\mathrm{d}x}-\frac{\int_0^1 x^2\left(x-\frac{1}{2}\right)\mathrm{d}x}{\int_0^1\left(x-\frac{1}{2}\right)^2\mathrm{d}x}\left(x-\frac{1}{2}\right)\\&=x^2-x+\frac{1}{6},\end{aligned}$$

则 $\boldsymbol{\beta}_1,\boldsymbol{\beta}_2,\boldsymbol{\beta}_3$ 是与 $\boldsymbol{\alpha}_1,\boldsymbol{\alpha}_2,\boldsymbol{\alpha}_3$ 等价的两两正交的向量组.

由于 $1,x,x^2,x^3$ 线性无关，由 Schmidt 正交化方法，令

$$\begin{aligned}\boldsymbol{\beta}_4&=x^3-\frac{\int_0^1 x^3\,\mathrm{d}x}{\int_0^1 1\,\mathrm{d}x}-\frac{\int_0^1 x^3\left(x-\frac{1}{2}\right)\mathrm{d}x}{\int_0^1\left(x-\frac{1}{2}\right)^2\mathrm{d}x}\left(x-\frac{1}{2}\right)\\&\quad-\frac{\int_0^1 x^3\left(x^2-x+\frac{1}{6}\right)\mathrm{d}x}{\int_0^1\left(x^2-x+\frac{1}{6}\right)^2\mathrm{d}x}\left(x^2-x+\frac{1}{6}\right)\\&=x^3-\frac{3}{2}x^2+\frac{3}{5}x-\frac{1}{20},\end{aligned}$$

则 $\boldsymbol{\beta}_1,\boldsymbol{\beta}_2,\boldsymbol{\beta}_3,\boldsymbol{\beta}_4$ 是 V 的一组正交基，将其单位化得 V 的一组标准正交基：

$$\gamma_1=\frac{\boldsymbol{\beta}_1}{\|\boldsymbol{\beta}_1\|}=1,\quad \gamma_2=\frac{\boldsymbol{\beta}_2}{\|\boldsymbol{\beta}_2\|}=2\sqrt{3}x-\sqrt{3},$$

$$\gamma_3=\frac{\boldsymbol{\beta}_3}{\|\boldsymbol{\beta}_3\|}=6\sqrt{5}x^2-6\sqrt{5}x+\sqrt{5},$$

$$\gamma_4=\frac{\boldsymbol{\beta}_4}{\|\boldsymbol{\beta}_4\|}=20\sqrt{7}\left(x^3-\frac{3}{2}x^2+\frac{3}{5}x-\frac{1}{20}\right),$$

向量 $f(x)=1+x$ 在这组基下的坐标为 $\left(\frac{3}{2},\frac{1}{2\sqrt{3}},0,0\right)^{\mathrm{T}}$.

注:本例(1)表明,若向量 $\boldsymbol{\alpha}$ 在一组标准正交基 $\boldsymbol{\varepsilon}_1,\boldsymbol{\varepsilon}_2,\cdots,\boldsymbol{\varepsilon}_n$ 下的坐标为 $\boldsymbol{x}=(x_1,x_2,\cdots,x_n)^{\mathrm{T}}$,则必有 $x_i=(\boldsymbol{\alpha},\boldsymbol{\varepsilon}_i),i=1,2,\cdots,n$,即

$$\boldsymbol{x}=((\boldsymbol{\alpha},\boldsymbol{\varepsilon}_1),(\boldsymbol{\alpha},\boldsymbol{\varepsilon}_2),\cdots,(\boldsymbol{\alpha},\boldsymbol{\varepsilon}_n))^{\mathrm{T}}$$

例 2.5 用向量 $\boldsymbol{\alpha}_1=(1,0,2,1)^{\mathrm{T}},\boldsymbol{\alpha}_2=(2,1,2,3)^{\mathrm{T}},\boldsymbol{\alpha}_3=(0,1,-2,1)^{\mathrm{T}}$ 生成 $\mathbf{R}^4$ 的子空间 W,求 W 的正交补 $W^{\perp}$ 的一组基及正交补空间 $W^{\perp}$.

解:由于向量组 $\boldsymbol{\alpha}_1,\boldsymbol{\alpha}_2,\boldsymbol{\alpha}_3$ 中,$\boldsymbol{\alpha}_3=\boldsymbol{\alpha}_2-2\boldsymbol{\alpha}_1$,且 $\boldsymbol{\alpha}_1,\boldsymbol{\alpha}_2$ 线性无关,故 $\boldsymbol{\alpha}_1,\boldsymbol{\alpha}_2$ 是向量组 $\boldsymbol{\alpha}_1,\boldsymbol{\alpha}_2,\boldsymbol{\alpha}_3$ 的极大线性无关组,则 $W=\mathrm{span}\{\boldsymbol{\alpha}_1,\boldsymbol{\alpha}_2,\boldsymbol{\alpha}_3\}=\mathrm{span}\{\boldsymbol{\alpha}_1,\boldsymbol{\alpha}_2\}$,即 $\boldsymbol{\alpha}_1,\boldsymbol{\alpha}_2$ 是 W 的一组基.

如果向量 $\boldsymbol{\beta}$ 与 $\boldsymbol{\alpha}_1,\boldsymbol{\alpha}_2$ 正交,则 $\boldsymbol{\beta}$ 与 W 正交;反之,如果 $\boldsymbol{\beta}$ 与 W 正交,则 $\boldsymbol{\beta}$ 与 $\boldsymbol{\alpha}_1,\boldsymbol{\alpha}_2$ 均正交.故 W 的正交补 $W^{\perp}$ 由满足方程组

$$\begin{cases}(\boldsymbol{\beta},\boldsymbol{\alpha}_1)=0,\\(\boldsymbol{\beta},\boldsymbol{\alpha}_2)=0\end{cases}$$

的所有向量 $\boldsymbol{\beta}$ 组成.设 $\boldsymbol{\beta}=(x_1,x_2,x_3,x_4)^{\mathrm{T}}$,则 $W^{\perp}$ 就是方程组

$$\begin{cases}x_1+2x_3+x_4=0,\\2x_1+x_2+2x_3+3x_4=0\end{cases}$$

的解空间.该方程组的一个基础解系,即 $W^{\perp}$ 的基底为

$$\boldsymbol{\beta}_1=(-2,2,1,0)^{\mathrm{T}},\quad \boldsymbol{\beta}_2=(-1,-1,0,1)^{\mathrm{T}},$$

而 $W^{\perp}=\mathrm{span}\{\boldsymbol{\beta}_1,\boldsymbol{\beta}_2\}$.

注:本例求内积空间子空间的基,转化为求齐次线性方程组的基础解系.

例 2.6 设 V 是 n 维内积空间,T 是 V 的线性变换,W 是 T 的不变子空间,证明:$W^{\perp}$ 是 T^{H} 的不变子空间.

证明:任取 $\boldsymbol{u}\in W^{\perp}$,对任意 $\boldsymbol{x}\in W$,有 $(\boldsymbol{x},\boldsymbol{u})=0$.

由 W 为 T 的不变子空间得 $T(\boldsymbol{x})\in W$,$(T(\boldsymbol{x}),\boldsymbol{u})=0$.即

$$(T(\boldsymbol{x}),\boldsymbol{u})=(\boldsymbol{x},T^{\mathrm{H}}(\boldsymbol{u}))=0\quad(\boldsymbol{x}\in W,\boldsymbol{u}\in W^{\perp}),$$

再由 $\boldsymbol{x}$ 的任意性知 $T^{\mathrm{H}}(\boldsymbol{u})\in W^{\perp}$,即 $W^{\perp}$ 是 T^{H} 的不变子空间.

例 2.7 设 $\boldsymbol{x}_1,\boldsymbol{x}_2,\cdots,\boldsymbol{x}_n$ 是欧氏空间 V^n 中的一组向量，$(\boldsymbol{x},\boldsymbol{y})$ 表示 $\boldsymbol{x}$ 与 $\boldsymbol{y}$ 的内积，令

$$\boldsymbol{A}=\begin{bmatrix}(\boldsymbol{x}_1,\boldsymbol{x}_1) & (\boldsymbol{x}_1,\boldsymbol{x}_2) & \cdots & (\boldsymbol{x}_1,\boldsymbol{x}_n)\\ (\boldsymbol{x}_2,\boldsymbol{x}_1) & (\boldsymbol{x}_2,\boldsymbol{x}_2) & \cdots & (\boldsymbol{x}_2,\boldsymbol{x}_n)\\ \vdots & \vdots & & \vdots\\ (\boldsymbol{x}_n,\boldsymbol{x}_1) & (\boldsymbol{x}_n,\boldsymbol{x}_2) & \cdots & (\boldsymbol{x}_n,\boldsymbol{x}_n)\end{bmatrix},$$

试证明：$\det\boldsymbol{A}\neq 0$ 的充要条件为向量 $\boldsymbol{x}_1,\boldsymbol{x}_2,\cdots,\boldsymbol{x}_n$ 线性无关.

证明：若 $l_1\boldsymbol{x}_1+l_2\boldsymbol{x}_2+\cdots+l_n\boldsymbol{x}_n=\boldsymbol{0}$，则用 $\boldsymbol{x}_i(i=1,2,\cdots,n)$ 依次与此式作内积，有

$$l_1(\boldsymbol{x}_i,\boldsymbol{x}_1)+l_2(\boldsymbol{x}_i,\boldsymbol{x}_2)+\cdots+l_n(\boldsymbol{x}_i,\boldsymbol{x}_n)=0\quad(i=1,2,\cdots,n),$$

即

$$\begin{cases}l_1(\boldsymbol{x}_1,\boldsymbol{x}_1)+l_2(\boldsymbol{x}_1,\boldsymbol{x}_2)+\cdots+l_n(\boldsymbol{x}_1,\boldsymbol{x}_n)=0,\\ l_1(\boldsymbol{x}_2,\boldsymbol{x}_1)+l_2(\boldsymbol{x}_2,\boldsymbol{x}_2)+\cdots+l_n(\boldsymbol{x}_2,\boldsymbol{x}_n)=0,\\ \vdots\\ l_1(\boldsymbol{x}_n,\boldsymbol{x}_1)+l_2(\boldsymbol{x}_n,\boldsymbol{x}_2)+\cdots+l_n(\boldsymbol{x}_n,\boldsymbol{x}_n)=0,\end{cases}$$

此关于 $l_1,l_2,\cdots,l_n$ 为未知量的齐次线性方程组仅有零解的充分必要条件为 $\det\boldsymbol{A}\neq 0$，故 $\boldsymbol{x}_1,\boldsymbol{x}_2,\cdots,\boldsymbol{x}_n$ 线性无关的充分必要条件为 $\det\boldsymbol{A}\neq 0$.

注：凡是在内积空间讨论向量组的线性相关性时，一定要注意使用内积性质证明.

例 2.8 已知欧氏空间 $\mathbf{R}^{2\times 2}$ 的子空间

$$W=\left\{\boldsymbol{X}=\begin{bmatrix}x_1 & x_2\\ x_3 & x_4\end{bmatrix}\in\mathbf{R}^{2\times 2}\,\middle|\,x_3-x_4=0\right\},$$

$\mathbf{R}^{2\times 2}$ 中的内积为 $(\boldsymbol{A},\boldsymbol{B})=\sum\limits_{i=1}^{2}\sum\limits_{j=1}^{2}a_{ij}b_{ij}$，其中

$$\boldsymbol{A}=\begin{bmatrix}a_{11} & a_{12}\\ a_{21} & a_{22}\end{bmatrix},\quad \boldsymbol{B}=\begin{bmatrix}b_{11} & b_{12}\\ b_{21} & b_{22}\end{bmatrix},$$

W 中的线性变换为 $T(\boldsymbol{X})=\boldsymbol{XP}$，其中 $\boldsymbol{X}\in W$，$\boldsymbol{P}=\begin{bmatrix}0 & 1\\ 1 & 0\end{bmatrix}$.

(1) 给出子空间 W 的一个标准正交基；

(2) 验证 T 是 W 中的对称变换；

(3) 求 W 的一个标准正交基，使 T 在该基下的矩阵为对角矩阵.

解：(1) $\forall\boldsymbol{X}\in W$，有

$$\boldsymbol{X}=\begin{bmatrix}x_1 & x_2\\ x_3 & x_4\end{bmatrix}=x_1\begin{bmatrix}1 & 0\\ 0 & 0\end{bmatrix}+x_2\begin{bmatrix}0 & 1\\ 0 & 0\end{bmatrix}+x_3\begin{bmatrix}0 & 0\\ 1 & 1\end{bmatrix},$$

而$\boldsymbol{E}_1=\begin{bmatrix}1&0\\0&0\end{bmatrix}$,$\boldsymbol{E}_2=\begin{bmatrix}0&1\\0&0\end{bmatrix}$,$\boldsymbol{E}_3=\begin{bmatrix}0&0\\1&1\end{bmatrix}$显然线性无关,从而构成$W$的一组基.

又

$$\|\boldsymbol{E}_1\|=1,\quad \|\boldsymbol{E}_2\|=1,\quad \|\boldsymbol{E}_3\|=\sqrt{2},$$

且由定义$(\boldsymbol{E}_i,\boldsymbol{E}_j)=0(i\neq j)$,则$W$的一组标准正交基是

$$\boldsymbol{X}_1=\begin{bmatrix}1&0\\0&0\end{bmatrix},\quad \boldsymbol{X}_2=\begin{bmatrix}0&1\\0&0\end{bmatrix},\quad \boldsymbol{X}_3=\frac{1}{\sqrt{2}}\begin{bmatrix}0&0\\1&1\end{bmatrix}.$$

(2) 根据题意,可得

$$T(\boldsymbol{X}_1)=\begin{bmatrix}1&0\\0&0\end{bmatrix}\begin{bmatrix}0&1\\1&0\end{bmatrix}=\begin{bmatrix}0&1\\0&0\end{bmatrix}=\boldsymbol{X}_2,$$

$$T(\boldsymbol{X}_2)=\begin{bmatrix}0&1\\0&0\end{bmatrix}\begin{bmatrix}0&1\\1&0\end{bmatrix}=\begin{bmatrix}1&0\\0&0\end{bmatrix}=\boldsymbol{X}_1,$$

$$T(\boldsymbol{X}_3)=\frac{1}{\sqrt{2}}\begin{bmatrix}0&0\\1&1\end{bmatrix}\begin{bmatrix}0&1\\1&0\end{bmatrix}=\frac{1}{\sqrt{2}}\begin{bmatrix}0&0\\1&1\end{bmatrix}=\boldsymbol{X}_3,$$

因T在基$\boldsymbol{X}_1,\boldsymbol{X}_2,\boldsymbol{X}_3$下的矩阵$\boldsymbol{C}=\begin{bmatrix}0&1&0\\1&0&0\\0&0&1\end{bmatrix}$是实对称矩阵,故$T$是$W$的对称变换.

(3) 由

$$|\lambda\boldsymbol{I}-\boldsymbol{C}|=\begin{vmatrix}\lambda&-1&0\\-1&\lambda&0\\0&0&\lambda-1\end{vmatrix}=(\lambda-1)^2(\lambda+1),$$

可得$\boldsymbol{C}$的特征值是$\lambda_1=\lambda_2=1,\lambda_3=-1$.$\boldsymbol{C}$属于特征值$\lambda_1=\lambda_2=1$的线性无关的特征向量为$\boldsymbol{\alpha}_1=(0,0,1)^{\mathrm{T}}$,$\boldsymbol{\alpha}_2=(1,1,0)^{\mathrm{T}}$;$\boldsymbol{C}$属于特征值$\lambda_3=-1$的线性无关的特征向量为$\boldsymbol{\alpha}_3=(1,-1,0)^{\mathrm{T}}$.且$\boldsymbol{\alpha}_1,\boldsymbol{\alpha}_2,\boldsymbol{\alpha}_3$两两正交,将其单位化得标准正交的特征向量为

$$\boldsymbol{\gamma}_1=(0,0,1)^{\mathrm{T}},\quad \boldsymbol{\gamma}_2=\left(\frac{1}{\sqrt{2}},\frac{1}{\sqrt{2}},0\right)^{\mathrm{T}},\quad \boldsymbol{\gamma}_3=\left(\frac{1}{\sqrt{2}},-\frac{1}{\sqrt{2}},0\right)^{\mathrm{T}},$$

令

$$\boldsymbol{Q}=\begin{bmatrix}0&\frac{1}{\sqrt{2}}&\frac{1}{\sqrt{2}}\\0&\frac{1}{\sqrt{2}}&-\frac{1}{\sqrt{2}}\\1&0&0\end{bmatrix},$$

再令$(\boldsymbol{Y}_1,\boldsymbol{Y}_2,\boldsymbol{Y}_3)=(\boldsymbol{X}_1,\boldsymbol{X}_2,\boldsymbol{X}_3)\boldsymbol{Q}$,即得到所求的标准正交基是

$$Y_1 = X_3 = \frac{1}{\sqrt{2}}\begin{bmatrix} 0 & 0 \\ 1 & 1 \end{bmatrix},\quad Y_2 = \frac{1}{\sqrt{2}}X_1 + \frac{1}{\sqrt{2}}X_2 = \frac{1}{\sqrt{2}}\begin{bmatrix} 1 & 1 \\ 0 & 0 \end{bmatrix},$$

$$Y_3 = \frac{1}{\sqrt{2}}X_1 - \frac{1}{\sqrt{2}}X_2 = \frac{1}{\sqrt{2}}\begin{bmatrix} 1 & -1 \\ 0 & 0 \end{bmatrix},$$

T 在基 Y_1, Y_2, Y_3 下的矩阵为

$$\Lambda = \begin{bmatrix} 1 & 0 & 0 \\ 0 & 1 & 0 \\ 0 & 0 & -1 \end{bmatrix}.$$

注：对称变换是指在欧氏空间 V 上的线性变换 T 满足条件：$\forall \alpha, \beta \in V$，均有

$$(T(\alpha), \beta) = (\alpha, T(\beta)).$$

可以证明：① 欧氏空间的线性变换 T 是对称变换的充要条件是 T 在任何标准正交基下的矩阵是实对称矩阵；② 酉空间的线性变换 T 是 Hermite 变换的充要条件是 T 在任何标准正交基下的矩阵是 Hermite 矩阵.

例 2.9　在 $R_3[x]$ 中，定义内积 $(f(x), g(x)) = \int_{-1}^{1} f(x)g(x)\mathrm{d}x$.

(1) 求 $R_3[x]$ 的一组标准正交基；

(2) 求基 $1, x, x^2$ 的度量矩阵；

(3) 利用度量矩阵计算 $f(x) = 1 - x + x^2, g(x) = 1 - 4x - 5x^2$ 的内积.

解：取 $R_3[x]$ 的一组基 $1, x, x^2$，先将其正交化，有

$$\xi_1 = 1,\quad \xi_2 = x - \frac{(x,1)}{(1,1)}\xi_1 = x - 0\xi_1 = x,$$

$$\xi_3 = x^2 - \frac{(x^2,1)}{(1,1)}\xi_1 - \frac{(x^2,x)}{(x,x)}\xi_2 = x^2 - \frac{\int_{-1}^{1} x^2\mathrm{d}x}{\int_{-1}^{1}\mathrm{d}x} - \frac{\int_{-1}^{1} x^3\mathrm{d}x}{\int_{-1}^{1} x^2\mathrm{d}x}\cdot x = x^2 - \frac{1}{3},$$

且

$$|\xi_1| = \sqrt{\int_{-1}^{1} 1^2\mathrm{d}x} = \sqrt{2},\quad |\xi_2| = \sqrt{\int_{-1}^{1} x^2\mathrm{d}x} = \sqrt{\frac{2}{3}} = \frac{2}{\sqrt{6}},$$

$$|\xi_3| = \sqrt{\int_{-1}^{1}\left(x^2 - \frac{1}{3}\right)^2\mathrm{d}x} = \sqrt{\frac{8}{45}} = \frac{2\sqrt{10}}{15},$$

再单位化，得 $R_3[x]$ 的一个标准正交基为

$$\eta_1 = \frac{1}{\sqrt{2}}\xi_1 = \frac{\sqrt{2}}{2},\quad \eta_2 = \frac{1}{\sqrt{\frac{2}{3}}}\xi_2 = \frac{\sqrt{6}}{2}x,$$

$$\boldsymbol{\eta}_3 = \frac{1}{\frac{2\sqrt{10}}{15}}\boldsymbol{\xi}_3 = \frac{3\sqrt{10}}{4}\left(x^2 - \frac{1}{3}\right).$$

(2) 设基 $1,x,x^2$ 的度量矩阵为 $\boldsymbol{A} = (a_{ij})_{3\times 3}$，则 $\boldsymbol{A}$ 是实对称矩阵，因此我们只要计算 $a_{ij}(i \leqslant j)$. 因为

$$a_{11} = (1,1) = \int_{-1}^{1} 1 \cdot 1\mathrm{d}x = 2,\quad a_{12} = (1,x) = \int_{-1}^{1} 1 \cdot x\mathrm{d}x = 0,$$

$$a_{13} = (1,x^2) = \int_{-1}^{1} 1 \cdot x^2\mathrm{d}x = \frac{2}{3},\quad a_{22} = (x,x) = \int_{-1}^{1} x \cdot x\mathrm{d}x = \frac{2}{3},$$

$$a_{23} = (x,x^2) = \int_{-1}^{1} x \cdot x^2\mathrm{d}x = 0,\quad a_{33} = (x^2,x^2) = \int_{-1}^{1} x^2 \cdot x^2\mathrm{d}x = \frac{2}{5},$$

于是

$$\boldsymbol{A} = \begin{bmatrix} 2 & 0 & \frac{2}{3} \\ 0 & \frac{2}{3} & 0 \\ \frac{2}{3} & 0 & \frac{2}{5} \end{bmatrix}.$$

(3) $f(x),g(x)$ 在基 $1,x,x^2$ 下的坐标分别是

$$\boldsymbol{\alpha} = (1,-1,1)^{\mathrm{T}},\quad \boldsymbol{\beta} = (1,-4,-5)^{\mathrm{T}},$$

于是

$$(f(x),g(x)) = \boldsymbol{\beta}^{\mathrm{T}}\boldsymbol{A}\boldsymbol{\alpha} = (1,-4,-5)\begin{bmatrix} 2 & 0 & \frac{2}{3} \\ 0 & \frac{2}{3} & 0 \\ \frac{2}{3} & 0 & \frac{2}{5} \end{bmatrix}\begin{bmatrix} 1 \\ -1 \\ 1 \end{bmatrix} = 0.$$

例 2.10 设 $P_4[x]$ 中，两个子空间

$$W_1 = \mathrm{span}\{1,x\},\quad W_2 = \mathrm{span}\left\{x^2 - \frac{1}{3}, x^3 - \frac{3}{5}x\right\},$$

定义 $P_4[x]$ 的内积为

$$(f(x),g(x)) = \int_{-1}^{1} f(x)g(x)\mathrm{d}x,$$

证明：W_1 与 W_2 互为正交补.

证明：向量组 $1,x,x^2-\frac{1}{3},x^3-\frac{3}{5}x$ 显然线性无关，因此构成 $P_4[x]$ 的一组基，从而

$$P_4[x] = \mathrm{span}\left\{1,x,x^2-\frac{1}{3},x^3-\frac{3}{5}x\right\} = W_1 \oplus W_2,$$

再根据 $P_4[x]$ 内积的定义得到

$$\left(1,x^2-\frac{1}{3}\right)=\int_{-1}^{1}\left(x^2-\frac{1}{3}\right)dx=0,$$

$$\left(x,x^2-\frac{1}{3}\right)=\int_{-1}^{1}\left(x^3-\frac{1}{3}x\right)dx=0,$$

$$\left(1,x^3-\frac{3}{5}x\right)=\int_{-1}^{1}\left(x^3-\frac{3}{5}x\right)dx=0,$$

$$\left(x,x^3-\frac{3}{5}x\right)=\int_{-1}^{1}\left(x^4-\frac{3}{5}x^2\right)dx=0,$$

从而 $W_1\perp W_2$，故 $W_2=W_1^{\perp}$.

例 2.11　设 $\boldsymbol{A}\in\mathbf{C}^{n\times n}$，酉空间 $\mathbf{C}^n$ 的内积是通常的，证明：

$$(R(\boldsymbol{A}))^{\perp}=N(\boldsymbol{A}^{\mathrm{H}}),$$

其中，$R(\boldsymbol{A})$ 是 $\boldsymbol{A}$ 的列空间，$N(\boldsymbol{A}^{\mathrm{H}})$ 是 $\boldsymbol{A}^{\mathrm{H}}$ 的零空间.

证明：将 $\boldsymbol{A}$ 按照列分块为 $\boldsymbol{A}=(\boldsymbol{\alpha}_1,\boldsymbol{\alpha}_2,\cdots,\boldsymbol{\alpha}_n)$，则

$$R(\boldsymbol{A})=\mathrm{span}\{\boldsymbol{\alpha}_1,\boldsymbol{\alpha}_2,\cdots,\boldsymbol{\alpha}_n\},$$

$$\begin{aligned}(R(\boldsymbol{A}))^{\perp}&=\{\boldsymbol{\beta}\mid\boldsymbol{\beta}\perp(k_1\boldsymbol{\alpha}_1+k_2\boldsymbol{\alpha}_2+\cdots+k_n\boldsymbol{\alpha}_n),k_i\in\mathbf{C},\boldsymbol{\beta}\in\mathbf{C}^n\}\\&\Leftrightarrow\{\boldsymbol{\beta}\mid\boldsymbol{\beta}\perp\boldsymbol{\alpha}_i,i=1,2,\cdots,n,\boldsymbol{\beta}\in\mathbf{C}^n\}\\&\Leftrightarrow\{\boldsymbol{\beta}\mid\boldsymbol{\alpha}_i^{\mathrm{H}}\boldsymbol{\beta}=0,i=1,2,\cdots,n,\boldsymbol{\beta}\in\mathbf{C}^n\}\\&\Leftrightarrow\{\boldsymbol{\beta}\mid\boldsymbol{A}^{\mathrm{H}}\boldsymbol{\beta}=\mathbf{0},i=1,2,\cdots,n,\boldsymbol{\beta}\in\mathbf{C}^n\}=N(\boldsymbol{A}^{\mathrm{H}}).\end{aligned}$$

注：此题也可以直接证明两边互相包含(见第 1 章“书后习题解答”第 21 题).

例 2.12　设欧氏空间 V 中一组两两正交的单位向量组为 $\boldsymbol{\alpha}_1,\boldsymbol{\alpha}_2,\cdots,\boldsymbol{\alpha}_m$，令 $W=\mathrm{span}\{\boldsymbol{\alpha}_1,\boldsymbol{\alpha}_2,\cdots,\boldsymbol{\alpha}_m\}$，给定 $\boldsymbol{\beta}\in V$，求 $\boldsymbol{\alpha}_0\in W$，使得

$$\|\boldsymbol{\beta}-\boldsymbol{\alpha}_0\|=\min_{\boldsymbol{\alpha}\in W}\|\boldsymbol{\beta}-\boldsymbol{\alpha}\|,$$

并证明 $\boldsymbol{\alpha}_0$ 是唯一的.

解：先求 $\boldsymbol{\alpha}_0$. 子空间 W 的一组标准正交基是 $\boldsymbol{\alpha}_1,\boldsymbol{\alpha}_2,\cdots,\boldsymbol{\alpha}_m$，设 $\boldsymbol{\alpha}\in W$，则有

$$\boldsymbol{\alpha}=x_1\boldsymbol{\alpha}_1+x_2\boldsymbol{\alpha}_2+\cdots+x_m\boldsymbol{\alpha}_m.$$

考察 m 元函数

$$\begin{aligned}f(x_1,x_2,\cdots,x_m)&=\|\boldsymbol{\beta}-\boldsymbol{\alpha}\|^2=(\boldsymbol{\beta}-\boldsymbol{\alpha},\boldsymbol{\beta}-\boldsymbol{\alpha})=(\boldsymbol{\beta},\boldsymbol{\beta})-2(\boldsymbol{\beta},\boldsymbol{\alpha})+(\boldsymbol{\alpha},\boldsymbol{\alpha})\\&=(\boldsymbol{\beta},\boldsymbol{\beta})-2\sum_{i=1}^{m}x_i(\boldsymbol{\beta},\boldsymbol{\alpha}_i)+\sum_{i=1}^{m}x_i^2,\end{aligned}$$

显然，$\|\boldsymbol{\beta}-\boldsymbol{\alpha}\|$ 取得极小值等价于 $f(x_1,x_2,\cdots,x_m)$ 取得极小值，根据多元函数取得极值的条件得到 $\dfrac{\partial f}{\partial x_i}=0(i=1,2,\cdots,m)$，解得

$$x_i=(\boldsymbol{\beta},\boldsymbol{\alpha}_i)\quad(i=1,2,\cdots,m),$$

因此，使 $\|\boldsymbol{\beta}-\boldsymbol{\alpha}\|$ 达到极小值的向量为

$$\boldsymbol{\alpha}_0=(\boldsymbol{\beta},\boldsymbol{\alpha}_1)\boldsymbol{\alpha}_1+(\boldsymbol{\beta},\boldsymbol{\alpha}_2)\boldsymbol{\alpha}_2+\cdots+(\boldsymbol{\beta},\boldsymbol{\alpha}_m)\boldsymbol{\alpha}_m.$$

再证唯一性. $\forall \boldsymbol{\alpha}=k_1\boldsymbol{\alpha}_1+k_2\boldsymbol{\alpha}_2+\cdots+k_m\boldsymbol{\alpha}_m\in W$,有

$$\begin{aligned}\|\boldsymbol{\beta}-\boldsymbol{\alpha}\|^2&=\|(\boldsymbol{\beta}-\boldsymbol{\alpha}_0)+(\boldsymbol{\alpha}_0-\boldsymbol{\alpha})\|^2\\&=\|\boldsymbol{\beta}-\boldsymbol{\alpha}_0\|^2+2(\boldsymbol{\beta}-\boldsymbol{\alpha}_0,\boldsymbol{\alpha}_0-\boldsymbol{\alpha})+\|\boldsymbol{\alpha}_0-\boldsymbol{\alpha}\|^2,\end{aligned}$$

又

$$\boldsymbol{\alpha}_0-\boldsymbol{\alpha}=\sum_{i=1}^{m}[(\boldsymbol{\beta},\boldsymbol{\alpha}_i)-k_i]\boldsymbol{\alpha}_i,$$

$$(\boldsymbol{\beta}-\boldsymbol{\alpha}_0,\boldsymbol{\alpha}_i)=(\boldsymbol{\beta},\boldsymbol{\alpha}_i)-(\boldsymbol{\alpha}_0,\boldsymbol{\alpha}_i)=(\boldsymbol{\beta},\boldsymbol{\alpha}_i)-(\boldsymbol{\beta},\boldsymbol{\alpha}_i)=0,$$

故有

$$(\boldsymbol{\beta}-\boldsymbol{\alpha}_0,\boldsymbol{\alpha}_0-\boldsymbol{\alpha})=\sum_{i=1}^{m}[(\boldsymbol{\beta},\boldsymbol{\alpha}_i)-k_i](\boldsymbol{\beta}-\boldsymbol{\alpha}_0,\boldsymbol{\alpha}_i)=0,$$

即 $\boldsymbol{\beta}-\boldsymbol{\alpha}_0$ 与 $\boldsymbol{\alpha}_0-\boldsymbol{\alpha}$ 正交,因此

$$\|\boldsymbol{\beta}-\boldsymbol{\alpha}\|^2=\|\boldsymbol{\beta}-\boldsymbol{\alpha}_0\|^2+\|\boldsymbol{\alpha}_0-\boldsymbol{\alpha}\|^2,$$

所以,若 $\boldsymbol{\alpha}\neq\boldsymbol{\alpha}_0$,则 $\boldsymbol{\alpha}_0-\boldsymbol{\alpha}\neq\mathbf{0}$,故 $\|\boldsymbol{\alpha}_0-\boldsymbol{\alpha}\|>0$,因而

$$\|\boldsymbol{\beta}-\boldsymbol{\alpha}\|^2>\|\boldsymbol{\beta}-\boldsymbol{\alpha}_0\|^2,\quad 即\quad \|\boldsymbol{\beta}-\boldsymbol{\alpha}\|>\|\boldsymbol{\beta}-\boldsymbol{\alpha}_0\|.$$

所以,$\boldsymbol{\alpha}_0$ 是 W 中使 $\|\boldsymbol{\beta}-\boldsymbol{\alpha}\|$ 达到极小值的唯一向量.

注: 此题中的向量 $\boldsymbol{\alpha}_0$ 就是 $\boldsymbol{\beta}$ 在 W 上的投影向量.

例 2.13 设 $\boldsymbol{\alpha}_1,\boldsymbol{\alpha}_2,\boldsymbol{\alpha}_3$ 是欧氏空间 V 的一组基,该基的度量矩阵为

$$\boldsymbol{A}=\begin{bmatrix}1&-1&1\\-1&2&0\\1&0&4\end{bmatrix}.$$

(1) 计算内积$(\boldsymbol{\alpha}_1+\boldsymbol{\alpha}_2,\boldsymbol{\alpha}_1)$,$(\boldsymbol{\alpha}_2,\boldsymbol{\alpha}_3)$,$(\boldsymbol{\alpha}_1+2\boldsymbol{\alpha}_2-\boldsymbol{\alpha}_3,2\boldsymbol{\alpha}_2+\boldsymbol{\alpha}_3)$;

(2) 求 V 的一组标准正交基.

解: 记 $\boldsymbol{A}=(a_{ij})_{3\times3}$,则$(\boldsymbol{\alpha}_i,\boldsymbol{\alpha}_j)=a_{ij}$,于是有

$$(\boldsymbol{\alpha}_1+\boldsymbol{\alpha}_2,\boldsymbol{\alpha}_1)=(\boldsymbol{\alpha}_1,\boldsymbol{\alpha}_1)+(\boldsymbol{\alpha}_2,\boldsymbol{\alpha}_1)=1+(-1)=0,$$

$$(\boldsymbol{\alpha}_2,\boldsymbol{\alpha}_3)=a_{23}=0,$$

$$\begin{aligned}&(\boldsymbol{\alpha}_1+2\boldsymbol{\alpha}_2-\boldsymbol{\alpha}_3,2\boldsymbol{\alpha}_2+\boldsymbol{\alpha}_3)\\&=2(\boldsymbol{\alpha}_1,\boldsymbol{\alpha}_2)+(\boldsymbol{\alpha}_1,\boldsymbol{\alpha}_3)+4(\boldsymbol{\alpha}_2,\boldsymbol{\alpha}_2)+2(\boldsymbol{\alpha}_2,\boldsymbol{\alpha}_3)-2(\boldsymbol{\alpha}_3,\boldsymbol{\alpha}_2)-(\boldsymbol{\alpha}_3,\boldsymbol{\alpha}_3)\\&=2\times(-1)+1+4\times2+0-0-4=3.\end{aligned}$$

(2) 用 Schmidt 正交化方法. 令 $\boldsymbol{\beta}_1=\boldsymbol{\alpha}_1$,则

$$\boldsymbol{\beta}_2=\boldsymbol{\alpha}_2-\frac{(\boldsymbol{\alpha}_2,\boldsymbol{\beta}_1)}{(\boldsymbol{\beta}_1,\boldsymbol{\beta}_1)}\boldsymbol{\beta}_1=\boldsymbol{\alpha}_2-\frac{-1}{1}\boldsymbol{\beta}_1=\boldsymbol{\alpha}_1+\boldsymbol{\alpha}_2,$$

$$\boldsymbol{\beta}_3=\boldsymbol{\alpha}_3-\frac{(\boldsymbol{\alpha}_3,\boldsymbol{\beta}_1)}{(\boldsymbol{\beta}_1,\boldsymbol{\beta}_1)}\boldsymbol{\beta}_1-\frac{(\boldsymbol{\alpha}_3,\boldsymbol{\beta}_2)}{(\boldsymbol{\beta}_2,\boldsymbol{\beta}_2)}\boldsymbol{\beta}_2=\boldsymbol{\alpha}_3-\boldsymbol{\alpha}_1-\frac{(\boldsymbol{\alpha}_3,\boldsymbol{\alpha}_2+\boldsymbol{\alpha}_1)}{(\boldsymbol{\alpha}_2+\boldsymbol{\alpha}_1,\boldsymbol{\alpha}_2+\boldsymbol{\alpha}_1)}(\boldsymbol{\alpha}_2+\boldsymbol{\alpha}_1)$$

$$= -2\boldsymbol{\alpha}_1 - \boldsymbol{\alpha}_2 + \boldsymbol{\alpha}_3,$$

再单位化,有

$$\|\boldsymbol{\beta}_1\| = \sqrt{(\boldsymbol{\alpha}_1, \boldsymbol{\alpha}_1)} = 1,$$

$$\|\boldsymbol{\beta}_2\| = \sqrt{(\boldsymbol{\alpha}_1 + \boldsymbol{\alpha}_2, \boldsymbol{\alpha}_1 + \boldsymbol{\alpha}_2)} = 1,$$

$$\|\boldsymbol{\beta}_3\| = \sqrt{(-2\boldsymbol{\alpha}_1 - \boldsymbol{\alpha}_2 + \boldsymbol{\alpha}_3, -2\boldsymbol{\alpha}_1 - \boldsymbol{\alpha}_2 + \boldsymbol{\alpha}_3)} = \sqrt{2},$$

于是所求的标准正交基是

$$\boldsymbol{e}_1 = \boldsymbol{\alpha}_1, \quad \boldsymbol{e}_2 = \frac{\boldsymbol{\alpha}_1 + \boldsymbol{\alpha}_2}{1} = \boldsymbol{\alpha}_1 + \boldsymbol{\alpha}_2, \quad \boldsymbol{e}_3 = \frac{-2\boldsymbol{\alpha}_1 - \boldsymbol{\alpha}_2 + \boldsymbol{\alpha}_3}{\sqrt{2}}.$$

注:此题没有直接给出向量的内积,而是由基的度量矩阵算出向量的内积.

2.5　考博真题选录

1. 写出通常内积下 $\mathbf{R}^n$ 中的Cauchy-Schwarz不等式,并用其证明:对任意的实数 $a_1, a_2, \cdots, a_n$,有 $\sum_{i=1}^{n} |a_i| \leqslant \sqrt{n \sum_{i=1}^{n} a_i^2}$.

解:$\mathbf{R}^n$ 中的内积是对任意两个向量 $\boldsymbol{\alpha} = (a_1, a_2, \cdots, a_n)^{\mathrm{T}}, \boldsymbol{\beta} = (b_1, b_2, \cdots, b_n)^{\mathrm{T}} \in \mathbf{R}^n$,内积为

$$(\boldsymbol{\alpha}, \boldsymbol{\beta}) = a_1 b_1 + a_2 b_2 + \cdots + a_n b_n = \sum_{i=1}^{n} a_i b_i = \boldsymbol{\alpha}^{\mathrm{T}} \boldsymbol{\beta},$$

因此,有Cauchy-Schwarz不等式:$(\boldsymbol{\alpha}, \boldsymbol{\beta})^2 \leqslant (\boldsymbol{\alpha}, \boldsymbol{\alpha})(\boldsymbol{\beta}, \boldsymbol{\beta})$,当且仅当 $\boldsymbol{\alpha}$ 与 $\boldsymbol{\beta}$ 线性相关时等式成立.

取

$$\boldsymbol{\alpha} = (|a_1|, |a_2|, \cdots, |a_n|)^{\mathrm{T}}, \quad \boldsymbol{\beta} = (1, 1, \cdots, 1)^{\mathrm{T}},$$

又

$$(\boldsymbol{\alpha}, \boldsymbol{\beta})^2 = (\boldsymbol{\alpha}^{\mathrm{T}} \boldsymbol{\beta})^2 = (|a_1| + |a_2| + \cdots + |a_n|)^2,$$

$$(\boldsymbol{\alpha}, \boldsymbol{\alpha}) = \boldsymbol{\alpha}^{\mathrm{T}} \boldsymbol{\alpha} = a_1^2 + a_2^2 + \cdots + a_n^2,$$

$$(\boldsymbol{\beta}, \boldsymbol{\beta}) = \boldsymbol{\beta}^{\mathrm{T}} \boldsymbol{\beta} = n,$$

故 $\sum_{i=1}^{n} |a_i| \leqslant \sqrt{n \sum_{i=1}^{n} a_i^2}$.

2. 在 $\mathbf{R}^n$ 中定义内积 $(\boldsymbol{x}, \boldsymbol{y}) = \boldsymbol{x}^{\mathrm{T}} \boldsymbol{y}$,并记 $V = \{\boldsymbol{A} \in \mathbf{R}^{n \times n} \mid (\boldsymbol{A}\boldsymbol{x}, \boldsymbol{y}) = (\boldsymbol{x}, \boldsymbol{A}\boldsymbol{y}), \forall \boldsymbol{x}, \boldsymbol{y} \in \mathbf{R}^n\}$.

(1) 证明:V 是 $\mathbf{R}^{n \times n}$ 的一个线性子空间;

(2) 求 V 的一组基及 V 的维数;

解:(1) 因为$(\boldsymbol{O}\boldsymbol{x},\boldsymbol{y})=(\boldsymbol{x},\boldsymbol{O}\boldsymbol{y})$,所以$V\neq\varnothing$;

任取$\boldsymbol{A},\boldsymbol{B}\in V$,则

$$(\boldsymbol{Ax},\boldsymbol{y})=(\boldsymbol{x},\boldsymbol{Ay}),\quad(\boldsymbol{Bx},\boldsymbol{y})=(\boldsymbol{x},\boldsymbol{By}),$$

$$\begin{aligned}((\boldsymbol{A}+\boldsymbol{B})\boldsymbol{x},\boldsymbol{y})&=(\boldsymbol{Ax}+\boldsymbol{Bx},\boldsymbol{y})=(\boldsymbol{Ax},\boldsymbol{y})+(\boldsymbol{Bx},\boldsymbol{y})=(\boldsymbol{x},\boldsymbol{Ay})+(\boldsymbol{x},\boldsymbol{By})\\&=(\boldsymbol{x},\boldsymbol{Ay}+\boldsymbol{By})=(\boldsymbol{x},(\boldsymbol{A}+\boldsymbol{B})\boldsymbol{y}),\end{aligned}$$

所以$\boldsymbol{A}+\boldsymbol{B}\in V$.

任取$\boldsymbol{A}\in V,k\in\mathbf{R}$,因为$(\boldsymbol{Ax},\boldsymbol{y})=(\boldsymbol{x},\boldsymbol{Ay})$,于是有$k(\boldsymbol{Ax},\boldsymbol{y})=k(\boldsymbol{x},\boldsymbol{Ay})$,所以$(k\boldsymbol{Ax},\boldsymbol{y})=(\boldsymbol{x},k\boldsymbol{Ay})$,所以$k\boldsymbol{A}\in V$.

综上可知,V是$\mathbf{R}^{n\times n}$的一个线性子空间.

(2) 设$\boldsymbol{A}\in V$,那么

$$(\boldsymbol{Ax},\boldsymbol{y})=(\boldsymbol{x},\boldsymbol{Ay}),\quad 即\quad(\boldsymbol{Ax})^{\mathrm{T}}\boldsymbol{y}=\boldsymbol{x}^{\mathrm{T}}(\boldsymbol{Ay}),$$

所以

$$\boldsymbol{x}^{\mathrm{T}}\boldsymbol{A}^{\mathrm{T}}\boldsymbol{y}=\boldsymbol{x}^{\mathrm{T}}\boldsymbol{Ay},$$

由$\boldsymbol{x},\boldsymbol{y}$的任意性知$\boldsymbol{A}^{\mathrm{T}}=\boldsymbol{A}$. 令

$$\boldsymbol{F}_{ij}=\boldsymbol{E}_{ij}+\boldsymbol{E}_{ji}\quad(1\leqslant i\leqslant j\leqslant n),$$

则$\boldsymbol{F}_{ij}(1\leqslant i\leqslant j\leqslant n)$是$V$的一组基,且

$$\dim V=\frac{1}{2}n(n+1).$$

> **注**:第(1)问可以直接用$(\boldsymbol{Ax},\boldsymbol{y})=\boldsymbol{x}^{\mathrm{T}}\boldsymbol{Ay}$证明;也可以利用$(\boldsymbol{Ax})^{\mathrm{T}}\boldsymbol{y}=\boldsymbol{x}^{\mathrm{T}}(\boldsymbol{Ay})$当且仅当$\boldsymbol{A}^{\mathrm{T}}=\boldsymbol{A}$,所以$V$是$\mathbf{R}^{n\times n}$的一个线性子空间.

3. 设n维酉空间V上的线性变换T满足条件$(T(\boldsymbol{\alpha}),\boldsymbol{\beta})=(\boldsymbol{\alpha},T(\boldsymbol{\beta}))$,证明:线性变换$T$在酉空间$V$的标准正交基$\boldsymbol{\varepsilon}_1,\boldsymbol{\varepsilon}_2,\cdots,\boldsymbol{\varepsilon}_n$下的矩阵$\boldsymbol{A}$是Hermite矩阵.

证明:设

$$\boldsymbol{\alpha}=x_1\boldsymbol{\varepsilon}_1+x_2\boldsymbol{\varepsilon}_2+\cdots+x_n\boldsymbol{\varepsilon}_n,\quad\boldsymbol{\beta}=y_1\boldsymbol{\varepsilon}_1+y_2\boldsymbol{\varepsilon}_2+\cdots+y_n\boldsymbol{\varepsilon}_n,$$

且

$$T(\boldsymbol{\varepsilon}_1,\boldsymbol{\varepsilon}_2,\cdots,\boldsymbol{\varepsilon}_n)=(\boldsymbol{\varepsilon}_1,\boldsymbol{\varepsilon}_2,\cdots,\boldsymbol{\varepsilon}_n)\boldsymbol{A},$$

令

$$\boldsymbol{X}=(x_1,x_2,\cdots,x_n)^{\mathrm{T}},\quad\boldsymbol{Y}=(y_1,y_2,\cdots,y_n)^{\mathrm{T}},$$

于是由$(T(\boldsymbol{\alpha}),\boldsymbol{\beta})=(\boldsymbol{\alpha},T(\boldsymbol{\beta}))$得到

$$\boldsymbol{Y}^{\mathrm{H}}(\boldsymbol{AX})=(\boldsymbol{AY})^{\mathrm{H}}\boldsymbol{X},\quad 即\quad\boldsymbol{Y}^{\mathrm{H}}\boldsymbol{AX}=\boldsymbol{Y}^{\mathrm{H}}\boldsymbol{A}^{\mathrm{H}}\boldsymbol{X},$$

由$\boldsymbol{X},\boldsymbol{Y}$的任意性我们得到$\boldsymbol{A}^{\mathrm{H}}=\boldsymbol{A}$,所以$\boldsymbol{A}$是Hermite矩阵.

> **注**:内积空间中用标准正交基表示的向量,其内积就变为向量的坐标的内积;如果这里酉空间改为欧氏空间,则$\boldsymbol{A}$是实对称矩阵.

4. 在 n 阶复方阵构成的线性空间 $\mathbf{C}^{n\times n}$ 中，定义 $(\boldsymbol{A},\boldsymbol{B})=\operatorname{tr}(\boldsymbol{AB}^{\mathrm{H}})$，

(1) 证明：$(\boldsymbol{A},\boldsymbol{B})=\operatorname{tr}(\boldsymbol{AB}^{\mathrm{H}})$ 是 $\mathbf{C}^{n\times n}$ 的内积，从而 $\mathbf{C}^{n\times n}$ 对该内积作成酉空间；

(2) 写出该内积空间的 Cauchy-Schwarz 不等式；

(3) 对 $\boldsymbol{A},\boldsymbol{A}^{\mathrm{H}}$ 运用 Cauchy-Schwarz 不等式，看看能得到什么结果？

解：(1) 设

$$\boldsymbol{A}=(a_{ij})_{n\times n}\in\mathbf{C}^{n\times n},\quad \boldsymbol{B}=(b_{ij})_{n\times n}\in\mathbf{C}^{n\times n},$$

① $(\boldsymbol{A},\boldsymbol{B})=\operatorname{tr}(\boldsymbol{AB}^{\mathrm{H}})=\operatorname{tr}(\overline{\boldsymbol{B}^{\mathrm{T}}\overline{\boldsymbol{A}}})=\operatorname{tr}(\overline{\boldsymbol{BA}^{\mathrm{H}}})=\overline{(\boldsymbol{B},\boldsymbol{A})}$；

② $\forall \boldsymbol{A},\boldsymbol{B},\boldsymbol{C}\in\mathbf{C}^{n\times n}$，有

$(\boldsymbol{A}+\boldsymbol{B},\boldsymbol{C})=\operatorname{tr}((\boldsymbol{A}+\boldsymbol{B})\boldsymbol{C}^{\mathrm{H}})=\operatorname{tr}(\boldsymbol{AC}^{\mathrm{H}})+\operatorname{tr}(\boldsymbol{BC}^{\mathrm{H}})=(\boldsymbol{A},\boldsymbol{C})+(\boldsymbol{B},\boldsymbol{C})$；

③ $\forall k\in\mathbf{C}$，以及 $\boldsymbol{A},\boldsymbol{B}\in\mathbf{C}^{n\times n}$，有

$$(k\boldsymbol{A},\boldsymbol{B})=\operatorname{tr}(k\boldsymbol{AB}^{\mathrm{H}})=k\operatorname{tr}(\boldsymbol{AB}^{\mathrm{H}})=k(\boldsymbol{A},\boldsymbol{B})；$$

④ $\forall \boldsymbol{A}=(a_{ij})_{n\times n}\in\mathbf{C}^{n\times n}$，$(\boldsymbol{A},\boldsymbol{A})=\sum\limits_{i=1}^{n}\sum\limits_{j=1}^{n}|a_{ij}|^2\geqslant 0$，且等号成立当且仅当 $a_{ij}=0,i,j=1,2,\cdots,n$，即当且仅当 $\boldsymbol{A}=\boldsymbol{O}$.

综上可知，$(\boldsymbol{A},\boldsymbol{B})=\operatorname{tr}(\boldsymbol{AB}^{\mathrm{H}})$ 是 $\mathbf{C}^{n\times n}$ 的内积，从而 $\mathbf{C}^{n\times n}$ 对该内积作成酉空间.

(2) 设

$$\boldsymbol{A}=(a_{ij})_{n\times n}\in\mathbf{C}^{n\times n},\quad \boldsymbol{B}=(b_{ij})_{n\times n}\in\mathbf{C}^{n\times n},$$

则

$$\left|\sum_{k=1}^{n}\sum_{l=1}^{n}a_{kl}\bar{b}_{kl}\right|^2\leqslant\left(\sum_{k=1}^{n}\sum_{l=1}^{n}|a_{kl}|^2\right)\cdot\left(\sum_{k=1}^{n}\sum_{l=1}^{n}|b_{kl}|^2\right).$$

(3) 设 $\boldsymbol{A}=(a_{ij})_{n\times n}\in\mathbf{C}^{n\times n}$，则

$$\begin{aligned}|(\boldsymbol{A},\boldsymbol{A}^{\mathrm{H}})|^2&=\left|\sum_{k=1}^{n}\sum_{l=1}^{n}a_{kl}\bar{a}_{kl}\right|^2\leqslant\left(\sum_{k=1}^{n}\sum_{l=1}^{n}|a_{kl}|^2\right)\cdot\left(\sum_{k=1}^{n}\sum_{l=1}^{n}|a_{kl}|^2\right)\\&=\|\boldsymbol{A}\|_F^2\cdot\|\boldsymbol{A}^{\mathrm{H}}\|_F^2.\end{aligned}$$

5. 设 $\mathbf{R}^3$ 的子空间 $W=\{(x,y,z)^{\mathrm{T}}\mid x-2y-z=0\}$，$\boldsymbol{\eta}=(1,1,1)^{\mathrm{T}}$，求 $\boldsymbol{\eta}_0\in W$，使得 $\|\boldsymbol{\eta}-\boldsymbol{\eta}_0\|=\min\limits_{\boldsymbol{\xi}\in W}\|\boldsymbol{\eta}-\boldsymbol{\xi}\|$.

解：$\|\boldsymbol{\eta}-\boldsymbol{\eta}_0\|=\min\limits_{\boldsymbol{\xi}\in W}\|\boldsymbol{\eta}-\boldsymbol{\xi}\|$ 的含义是指在 W 中找一向量 $\boldsymbol{\eta}_0$，使得 $\|\boldsymbol{\eta}-\boldsymbol{\eta}_0\|$ 的距离最短，即寻找 $\boldsymbol{\eta}$ 在 W 中的正投影(作图如右侧所示).

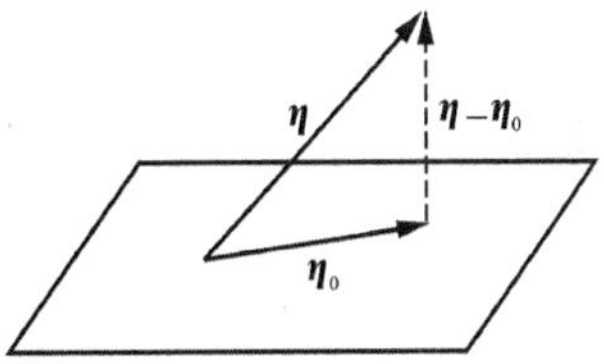

由 $W=\{(x,y,z)^{\mathrm{T}}\mid x-2y-z=0\}$，得 W 的基为

$$\boldsymbol{\alpha}_1=(2,1,0)^{\mathrm{T}},\quad \boldsymbol{\alpha}_2=(1,0,1)^{\mathrm{T}},$$

则 $\boldsymbol{\eta}_0\in W$，且

$$\boldsymbol{\eta}_0=k_1\boldsymbol{\alpha}_1+k_2\boldsymbol{\alpha}_2,\quad \|\boldsymbol{\eta}-\boldsymbol{\eta}_0\|=\|\boldsymbol{\eta}-k_1\boldsymbol{\alpha}_1-k_2\boldsymbol{\alpha}_2\|,$$

所以

$$\begin{cases}(\boldsymbol{\eta}-\boldsymbol{\eta}_0,\boldsymbol{\alpha}_1)=0,\\(\boldsymbol{\eta}-\boldsymbol{\eta}_0,\boldsymbol{\alpha}_2)=0,\end{cases}\quad 或\quad (\boldsymbol{\eta}-\boldsymbol{\eta}_0)\in W^{\perp},$$

即

$$\begin{cases}(k_1\boldsymbol{\alpha}_1+k_2\boldsymbol{\alpha}_2-\boldsymbol{\eta},\boldsymbol{\alpha}_1)=0,\\(k_1\boldsymbol{\alpha}_1+k_2\boldsymbol{\alpha}_2-\boldsymbol{\eta},\boldsymbol{\alpha}_2)=0\end{cases}\Rightarrow\begin{cases}(k_1\boldsymbol{\alpha}_1,\boldsymbol{\alpha}_1)+(k_2\boldsymbol{\alpha}_2,\boldsymbol{\alpha}_1)-(\boldsymbol{\eta},\boldsymbol{\alpha}_1)=0,\\(k_1\boldsymbol{\alpha}_1,\boldsymbol{\alpha}_2)+(k_2\boldsymbol{\alpha}_2,\boldsymbol{\alpha}_2)-(\boldsymbol{\eta},\boldsymbol{\alpha}_2)=0,\end{cases}$$

又

$$(\boldsymbol{\alpha}_1,\boldsymbol{\alpha}_1)=5,\quad(\boldsymbol{\alpha}_2,\boldsymbol{\alpha}_1)=2,\quad(\boldsymbol{\eta},\boldsymbol{\alpha}_1)=3,$$
$$(\boldsymbol{\alpha}_1,\boldsymbol{\alpha}_2)=2,\quad(\boldsymbol{\alpha}_2,\boldsymbol{\alpha}_2)=2,\quad(\boldsymbol{\eta},\boldsymbol{\alpha}_2)=2,$$

所以

$$\begin{cases}5k_1+2k_2-3=0,\\2k_1+2k_2-2=0\end{cases}\Rightarrow\begin{cases}k_1=\dfrac{1}{3},\\[2mm]k_2=\dfrac{2}{3},\end{cases}$$

于是得到

$$\boldsymbol{\eta}_0=k_1\boldsymbol{\alpha}_1+k_2\boldsymbol{\alpha}_2=\frac{1}{3}\cdot\begin{bmatrix}2\\1\\0\end{bmatrix}+\frac{2}{3}\begin{bmatrix}1\\0\\1\end{bmatrix}=\begin{bmatrix}\dfrac{4}{3}\\[2mm]\dfrac{1}{3}\\[2mm]\dfrac{2}{3}\end{bmatrix}.$$

6. 复数域$\mathbf{C}$是实数域$\mathbf{R}$上的2维线性空间,试定义$\mathbf{C}$上的一个内积,使得1与$1+\mathrm{i}$成为$\mathbf{C}$的一组标准正交基,并求$1+\mathrm{i}$的长度.

解:对任意$x_j+y_j\mathrm{i}\in\mathbf{C},j=1,2$,有

$$x_j+y_j\mathrm{i}=(x_j-y_j)\cdot1+y_j\cdot(1+\mathrm{i}),$$

为使1与$1+\mathrm{i}$成为$\mathbf{C}$的一组标准正交基,必要且只要

$$(1,1+\mathrm{i})=0,\quad(1+\mathrm{i},1+\mathrm{i})=1,\quad(1,1)=1,$$

必要且只要

$$(x_1+y_1\mathrm{i},x_2+y_2\mathrm{i})=(x_1-y_1)(x_2-y_2)+y_1y_2.$$

上式定义了一个$\mathbf{C}$上的内积:共轭对称性与正定性是显然的;且由于该内积还是x_1,x_2,y_1,y_2的二次型,故双线性性质也成立,即

$$(k(x_1+y_1\mathrm{i}),x_2+y_2\mathrm{i})=k(x_1+y_1\mathrm{i},x_2+y_2\mathrm{i}),$$
$$(x_1+y_1\mathrm{i}+(x_2+y_2\mathrm{i}),x_3+y_3\mathrm{i})=(x_1+y_1\mathrm{i},x_3+y_3\mathrm{i})+(x_2+y_2\mathrm{i},x_3+y_3\mathrm{i}).$$

在上述内积下,向量$x+y\mathrm{i}$的长度为$\sqrt{(x-y)^2+y^2}$,故$1-\mathrm{i}$的长度为$\sqrt{5}$.

7. 设$\boldsymbol{P}\in\mathbf{C}^{n\times n}$,且$\boldsymbol{P}^2=\boldsymbol{P}$,证明:

(1) $\boldsymbol{P}$的特征值为0或1;

(2) $R(\boldsymbol{I}_n-\boldsymbol{P})=N(\boldsymbol{P})$.

证明:(1) 设 λ 为 $\boldsymbol{P}$ 的特征值,$\boldsymbol{x}$ 为对应的特征向量,则 $\boldsymbol{P}\boldsymbol{x}=\lambda\boldsymbol{x}$,从而

$$\boldsymbol{P}^2\boldsymbol{x}=\boldsymbol{P}\lambda\boldsymbol{x}=\lambda\boldsymbol{P}\boldsymbol{x}=\lambda^2\boldsymbol{x},$$

再由 $\boldsymbol{P}^2=\boldsymbol{P}$,得到

$$\lambda^2\boldsymbol{x}=\lambda\boldsymbol{x}\Rightarrow(\lambda^2-\lambda)\boldsymbol{x}=\boldsymbol{0},$$

从而 $\lambda=0$ 或 $\lambda=1$.

(2) 对 $\forall\boldsymbol{y}\in R(\boldsymbol{I}_n-\boldsymbol{P})$,$\exists\boldsymbol{x}\in\mathbf{C}^n$,使得 $\boldsymbol{y}=(\boldsymbol{I}_n-\boldsymbol{P})\boldsymbol{x}$,则

$$\boldsymbol{P}\boldsymbol{y}=\boldsymbol{P}(\boldsymbol{I}_n-\boldsymbol{P})\boldsymbol{x}=(\boldsymbol{P}-\boldsymbol{P}^2)\boldsymbol{x}=\boldsymbol{0},$$

所以 $\boldsymbol{y}\in N(\boldsymbol{P})$,即 $R(\boldsymbol{I}_n-\boldsymbol{P})\subseteq N(\boldsymbol{P})$.

对 $\forall\boldsymbol{x}\in N(\boldsymbol{P})$,则 $\boldsymbol{P}\boldsymbol{x}=\boldsymbol{0}$,有 $(\boldsymbol{I}_n-\boldsymbol{P})\boldsymbol{x}=\boldsymbol{x}-\boldsymbol{P}\boldsymbol{x}=\boldsymbol{x}$,所以

$$\boldsymbol{x}\in R(\boldsymbol{I}_n-\boldsymbol{P}),\quad 即\quad N(\boldsymbol{P})\subseteq R(\boldsymbol{I}_n-\boldsymbol{P}).$$

综上所述,$R(\boldsymbol{I}_n-\boldsymbol{P})=N(\boldsymbol{P})$.

8. 给定 n 阶实正定矩阵 $\boldsymbol{A}$,对任意的列向量 $\boldsymbol{x},\boldsymbol{y}\in\mathbf{R}^n$,定义 $(\boldsymbol{x},\boldsymbol{y})=\boldsymbol{x}^{\mathrm{T}}\boldsymbol{A}\boldsymbol{y}$.

(1) 验证 $(\boldsymbol{x},\boldsymbol{y})$ 是 $\mathbf{R}^n$ 中的一种内积;

(2) 当 $n=3,\boldsymbol{A}=\begin{bmatrix}1&1&1\\1&2&0\\1&0&3\end{bmatrix}$ 时,求 $\mathbf{R}^n$ 在上述内积意义下的一组标准正交基.

解:(1) 因为对任意的 $\boldsymbol{x},\boldsymbol{y},\boldsymbol{z}\in\mathbf{R}^n,k\in\mathbf{R}$,有

$$(\boldsymbol{x},\boldsymbol{y})=\boldsymbol{x}^{\mathrm{T}}\boldsymbol{A}\boldsymbol{y}=(\boldsymbol{x}^{\mathrm{T}}\boldsymbol{A}\boldsymbol{y})^{\mathrm{T}}=\boldsymbol{y}^{\mathrm{T}}\boldsymbol{A}^{\mathrm{T}}\boldsymbol{x}=\boldsymbol{y}^{\mathrm{T}}\boldsymbol{A}\boldsymbol{x}=(\boldsymbol{y},\boldsymbol{x})\quad(\boldsymbol{A}\text{ 为对称矩阵}),$$

$$(k\boldsymbol{x},\boldsymbol{y})=(k\boldsymbol{x})^{\mathrm{T}}\boldsymbol{A}\boldsymbol{y}=k(\boldsymbol{x}^{\mathrm{T}}\boldsymbol{A}\boldsymbol{y})=k(\boldsymbol{x},\boldsymbol{y}),$$

$$(\boldsymbol{x}+\boldsymbol{z},\boldsymbol{y})=(\boldsymbol{x}+\boldsymbol{z})^{\mathrm{T}}\boldsymbol{A}\boldsymbol{y}=\boldsymbol{x}^{\mathrm{T}}\boldsymbol{A}\boldsymbol{y}+\boldsymbol{z}^{\mathrm{T}}\boldsymbol{A}\boldsymbol{y}=(\boldsymbol{x},\boldsymbol{y})+(\boldsymbol{z},\boldsymbol{y}),$$

$$(\boldsymbol{x},\boldsymbol{x})=\boldsymbol{x}^{\mathrm{T}}\boldsymbol{A}\boldsymbol{x}\geqslant 0,$$

且 $(\boldsymbol{x},\boldsymbol{x})=\boldsymbol{x}^{\mathrm{T}}\boldsymbol{A}\boldsymbol{x}=0$ 当且仅当 $\boldsymbol{x}=\boldsymbol{0}$($\boldsymbol{A}$ 为正定矩阵),所以 $(\boldsymbol{x},\boldsymbol{y})$ 是 $\mathbf{R}^n$ 中的一种内积.

(2) 当 $n=3,\boldsymbol{A}=\begin{bmatrix}1&1&1\\1&2&0\\1&0&3\end{bmatrix}$ 时,取 $\mathbf{R}^n$ 的一组基为

$$\boldsymbol{e}_1=(1,0,0)^{\mathrm{T}},\quad \boldsymbol{e}_2=(0,1,0)^{\mathrm{T}},\quad \boldsymbol{e}_3=(0,0,1)^{\mathrm{T}},$$

将其正交化得

$$\boldsymbol{\alpha}_1=\boldsymbol{e}_1;$$

$$\boldsymbol{\alpha}_2=\boldsymbol{e}_2-\frac{(\boldsymbol{e}_2,\boldsymbol{\alpha}_1)}{(\boldsymbol{\alpha}_1,\boldsymbol{\alpha}_1)}\boldsymbol{\alpha}_1=\boldsymbol{e}_2-\frac{1}{1}\boldsymbol{\alpha}_1=(-1,1,0)^{\mathrm{T}},$$

$$\boldsymbol{\alpha}_3=\boldsymbol{e}_3-\frac{(\boldsymbol{e}_3,\boldsymbol{\alpha}_1)}{(\boldsymbol{\alpha}_1,\boldsymbol{\alpha}_1)}\boldsymbol{\alpha}_1-\frac{(\boldsymbol{e}_3,\boldsymbol{\alpha}_2)}{(\boldsymbol{\alpha}_2,\boldsymbol{\alpha}_2)}\boldsymbol{\alpha}_2=\boldsymbol{e}_3-\frac{1}{1}\boldsymbol{\alpha}_1-\frac{-1}{1}\boldsymbol{\alpha}_2=(-2,1,1)^{\mathrm{T}}.$$

由于

$$(\boldsymbol{\alpha}_1,\boldsymbol{\alpha}_1)=(\boldsymbol{\alpha}_2,\boldsymbol{\alpha}_2)=(\boldsymbol{\alpha}_3,\boldsymbol{\alpha}_3)=1,$$

所以

$$\boldsymbol{\alpha}_1=(1,0,0)^{\mathrm{T}},\quad \boldsymbol{\alpha}_2=(-1,1,0)^{\mathrm{T}},\quad \boldsymbol{\alpha}_3=(-2,1,1)^{\mathrm{T}}$$

是 $\mathbf{R}^n$ 在上述内积意义下的一组标准正交基.

9. 设 $R_3[x]$ 表示实数域 $\mathbf{R}$ 上次数小于3的多项式再添上零多项式构成的线性空间(按通常多项式的加法和数与多项式的乘法).

(1) 在 $R_3[x]$ 中定义线性变换 T:

$$\begin{cases}T(1+x+x^2)=4+x^2,\\ T(x+x^2)=3-x+2x^2,\\ T(x^2)=x^2,\end{cases}$$

求变换 T 在基 $1,x,x^2$ 下的矩阵;

(2) 求 T 的值域 $R(T)$ 和 $\mathrm{Ker}(T)$ 的维数和基;

(3) 在 $R_3[x]$ 中定义内积

$$(f,g)=\int_{-1}^{1}f(x)g(x)\mathrm{d}x\quad (f(x),g(x)\in R_3[x]),$$

求出 $R_3[x]$ 的一组标准正交基.

解:(1) 由

$$\begin{cases}T(1+x+x^2)=4+x^2,\\ T(x+x^2)=3-x+2x^2,\\ T(x^2)=x^2\end{cases}\Rightarrow\begin{cases}T(1)+T(x)+T(x^2)=4+x^2,\\ T(x)+T(x^2)=3-x+2x^2,\\ T(x^2)=x^2,\end{cases}$$

所以

$$T(x^2)=x^2,$$

$$T(x)=3-x+2x^2-T(x^2)=3-x+x^2,$$

$$T(1)=4+x^2-(T(x)+T(x^2))=4+x^2-3+x-2x^2=1+x-x^2,$$

所以 T 在基 $1,x,x^2$ 下的矩阵是

$$\mathbf{A}=\begin{bmatrix}1 & 3 & 0\\ 1 & -1 & 0\\ -1 & 1 & 1\end{bmatrix}.$$

(2) $R(T)=\mathrm{span}\{T(1),T(x),T(x^2)\}$,而 T 在基 $1,x,x^2$ 下的矩阵 $\mathbf{A}$ 可逆,故向量组

$$T(1)=1+x-x^2,\quad T(x)=3-x+x^2,\quad T(x^2)=x^2$$

线性无关,所以构成 $R_3[x]$ 的一组基,故 $R(T)=R_3[x]$.

这表明 T 是满射,所以是可逆映射,故 $\mathrm{Ker}(T)=\{0\}$,此时 $\mathrm{Ker}(T)$ 没有基.

(3) 取 $R_3[x]$ 的一组基 $\boldsymbol{\alpha}_1=1,\boldsymbol{\alpha}_2=x,\boldsymbol{\alpha}_3=x^2$.

① 先正交化. 令

$$\boldsymbol{\beta}_1=\boldsymbol{\alpha}_1=1,$$

$$\boldsymbol{\beta}_2=\boldsymbol{\alpha}_2-\frac{(\boldsymbol{\alpha}_2,\boldsymbol{\beta}_1)}{(\boldsymbol{\beta}_1,\boldsymbol{\beta}_1)}\boldsymbol{\beta}_1=x-\frac{\int_{-1}^{1}x\cdot 1\mathrm{d}x}{\int_{-1}^{1}1\cdot 1\mathrm{d}x}\cdot 1=x,$$

$$\begin{aligned}\boldsymbol{\beta}_3&=\boldsymbol{\alpha}_3-\frac{(\boldsymbol{\alpha}_3,\boldsymbol{\beta}_1)}{(\boldsymbol{\beta}_1,\boldsymbol{\beta}_1)}\boldsymbol{\beta}_1-\frac{(\boldsymbol{\alpha}_3,\boldsymbol{\beta}_2)}{(\boldsymbol{\beta}_2,\boldsymbol{\beta}_2)}\boldsymbol{\beta}_2\\&=x^2-\frac{\int_{-1}^{1}x^2\cdot 1\mathrm{d}x}{\int_{-1}^{1}1\cdot 1\mathrm{d}x}\cdot 1-\frac{\int_{-1}^{1}x^2\cdot x\mathrm{d}x}{\int_{-1}^{1}x\cdot x\mathrm{d}x}\cdot x\\&=x^2-\frac{1}{3}.\end{aligned}$$

② 再单位化. 因为

$$\|\boldsymbol{\beta}_1\|=\sqrt{\int_{-1}^{1}1^2\mathrm{d}x}=\sqrt{2},\quad \|\boldsymbol{\beta}_2\|=\sqrt{\int_{-1}^{1}x^2\mathrm{d}x}=\sqrt{\frac{2}{3}},$$

$$\|\boldsymbol{\beta}_3\|=\sqrt{\int_{-1}^{1}\left(x^2-\frac{1}{3}\right)^2\mathrm{d}x}=\frac{2\sqrt{2}}{3\sqrt{5}},$$

令

$$\boldsymbol{e}_1=\frac{\boldsymbol{\beta}_1}{\|\boldsymbol{\beta}_1\|}=\frac{\sqrt{2}}{2},\quad \boldsymbol{e}_2=\frac{\boldsymbol{\beta}_2}{\|\boldsymbol{\beta}_2\|}=\frac{\sqrt{6}}{2}x,\quad \boldsymbol{e}_3=\frac{\boldsymbol{\beta}_3}{\|\boldsymbol{\beta}_3\|}=\frac{3\sqrt{10}}{4}\left(x^2-\frac{1}{3}\right),$$

则 $\boldsymbol{e}_1,\boldsymbol{e}_2,\boldsymbol{e}_3$ 就是 $R_3[x]$ 的一组标准正交基.

10. 设 V 是一个欧氏空间，$\boldsymbol{\varepsilon}_1,\boldsymbol{\varepsilon}_2,\boldsymbol{\varepsilon}_3,\boldsymbol{\varepsilon}_4$ 是 V 的一组基，已知基 $\boldsymbol{\alpha}_1=\boldsymbol{\varepsilon}_1-\boldsymbol{\varepsilon}_2$，$\boldsymbol{\alpha}_2=-\boldsymbol{\varepsilon}_1+2\boldsymbol{\varepsilon}_2$，$\boldsymbol{\alpha}_3=\boldsymbol{\varepsilon}_2+2\boldsymbol{\varepsilon}_3+\boldsymbol{\varepsilon}_4$，$\boldsymbol{\alpha}_4=\boldsymbol{\varepsilon}_1+\boldsymbol{\varepsilon}_3+\boldsymbol{\varepsilon}_4$ 的度量矩阵为

$$\boldsymbol{A}=\begin{bmatrix}2&-3&0&1\\-3&6&0&-1\\0&0&13&9\\1&-1&9&7\end{bmatrix}.$$

(1) 求 $\boldsymbol{\varepsilon}_1,\boldsymbol{\varepsilon}_2,\boldsymbol{\varepsilon}_3,\boldsymbol{\varepsilon}_4$ 的度量矩阵 $\boldsymbol{B}$；

(2) 求一个向量 $\boldsymbol{\xi}_4$ 与 $\boldsymbol{\xi}_1=\boldsymbol{\varepsilon}_1+\boldsymbol{\varepsilon}_2-\boldsymbol{\varepsilon}_3+\boldsymbol{\varepsilon}_4$，$\boldsymbol{\xi}_2=\boldsymbol{\varepsilon}_1-\boldsymbol{\varepsilon}_2-\boldsymbol{\varepsilon}_3+\boldsymbol{\varepsilon}_4$，$\boldsymbol{\xi}_3=2\boldsymbol{\varepsilon}_1+\boldsymbol{\varepsilon}_2+\boldsymbol{\varepsilon}_3+3\boldsymbol{\varepsilon}_4$ 都正交；

(3) 求 $\boldsymbol{\xi}_1,\boldsymbol{\xi}_2,\boldsymbol{\xi}_3,\boldsymbol{\xi}_4$ 的度量矩阵.

解:(1) 由 $\boldsymbol{\varepsilon}_1,\boldsymbol{\varepsilon}_2,\boldsymbol{\varepsilon}_3,\boldsymbol{\varepsilon}_4$ 到 $\boldsymbol{\alpha}_1,\boldsymbol{\alpha}_2,\boldsymbol{\alpha}_3,\boldsymbol{\alpha}_4$ 的过渡矩阵为

$$\boldsymbol{C}=\begin{bmatrix}1&-1&0&1\\-1&2&1&0\\0&0&2&1\\0&0&1&1\end{bmatrix},$$

所以由 $\boldsymbol{\alpha}_1,\boldsymbol{\alpha}_2,\boldsymbol{\alpha}_3,\boldsymbol{\alpha}_4$ 到 $\boldsymbol{\varepsilon}_1,\boldsymbol{\varepsilon}_2,\boldsymbol{\varepsilon}_3,\boldsymbol{\varepsilon}_4$ 的过渡矩阵为 $\boldsymbol{C}^{-1}$，于是基 $\boldsymbol{\varepsilon}_1,\boldsymbol{\varepsilon}_2,\boldsymbol{\varepsilon}_3,\boldsymbol{\varepsilon}_4$ 的度量矩

阵为

$$B=(C^{-1})^{\mathrm{T}}\begin{bmatrix}2&-3&0&1\\-3&6&0&-1\\0&0&13&9\\1&-1&9&7\end{bmatrix}C^{-1}=\begin{bmatrix}2&1&0&-1\\1&2&-1&0\\0&-1&2&1\\-1&0&1&3\end{bmatrix}.$$

(2) 设 $\boldsymbol{\xi}_4=x_1\boldsymbol{\varepsilon}_1+x_2\boldsymbol{\varepsilon}_2+x_3\boldsymbol{\varepsilon}_3+x_4\boldsymbol{\varepsilon}_4$ 与 $\boldsymbol{\xi}_1,\boldsymbol{\xi}_2,\boldsymbol{\xi}_3$ 均正交,则有

$$(x_1,x_2,x_3,x_4)B\begin{bmatrix}1\\1\\-1\\1\end{bmatrix}=0,$$

$$(x_1,x_2,x_3,x_4)B\begin{bmatrix}1\\-1\\-1\\1\end{bmatrix}=0,$$

$$(x_1,x_2,x_3,x_4)B\begin{bmatrix}2\\1\\1\\3\end{bmatrix}=0,$$

解之得一个非零解$(11,-6,-1,0)^{\mathrm{T}}$,令 $\boldsymbol{\xi}_4=11\boldsymbol{\varepsilon}_1-6\boldsymbol{\varepsilon}_2-\boldsymbol{\varepsilon}_3$,则其与 $\boldsymbol{\xi}_1,\boldsymbol{\xi}_2,\boldsymbol{\xi}_3$ 均正交.

(3) $\boldsymbol{\xi}_1,\boldsymbol{\xi}_2,\boldsymbol{\xi}_3,\boldsymbol{\xi}_4$ 的度量矩阵为

$$\begin{bmatrix}1&1&2&11\\1&-1&1&-6\\-1&-1&1&-1\\1&1&3&0\end{bmatrix}^{\mathrm{T}}B\begin{bmatrix}1&1&2&11\\1&-1&1&-6\\-1&-1&1&-1\\1&1&3&0\end{bmatrix}=\begin{bmatrix}9&1&9&0\\1&1&3&0\\9&3&35&0\\0&0&0&172\end{bmatrix}.$$

2.6 书后习题解答

1. 在 $\mathbf{R}^2$ 中,对任意两个向量 $\boldsymbol{\alpha}=(a_1,a_2),\boldsymbol{\beta}=(b_1,b_2)\in\mathbf{R}^2$,定义

$$(\boldsymbol{\alpha},\boldsymbol{\beta})=(a_1,a_2)\begin{bmatrix}1&-1\\-1&3\end{bmatrix}\begin{bmatrix}b_1\\b_2\end{bmatrix},$$

验证这样定义的$(\boldsymbol{\alpha},\boldsymbol{\beta})$ 也是 $\mathbf{R}^2$ 的内积.

解:取 $\mathbf{A}=\begin{bmatrix}1&-1\\-1&3\end{bmatrix}$,则 $\mathbf{A}$ 是 2 阶正定矩阵,且

$$(\boldsymbol{\alpha},\boldsymbol{\beta})=\boldsymbol{\alpha}\mathbf{A}\boldsymbol{\beta}^{\mathrm{T}},$$

所以对任意三个向量 $\boldsymbol{\alpha}=(a_1,a_2),\boldsymbol{\beta}=(b_1,b_2),\boldsymbol{\gamma}=(c_1,c_2)\in\mathbf{R}^2$,及 $k\in\mathbf{R}$,有

$$(\boldsymbol{\alpha},\boldsymbol{\beta})=\boldsymbol{\alpha}\boldsymbol{A}\boldsymbol{\beta}^{\mathrm{T}}=(\boldsymbol{\alpha}\boldsymbol{A}\boldsymbol{\beta}^{\mathrm{T}})^{\mathrm{T}}=\boldsymbol{\beta}\boldsymbol{A}\boldsymbol{\alpha}^{\mathrm{T}}=(\boldsymbol{\beta},\boldsymbol{\alpha}),$$

$$(\boldsymbol{\alpha},\boldsymbol{\beta}+\boldsymbol{\gamma})=\boldsymbol{\alpha}\boldsymbol{A}(\boldsymbol{\beta}+\boldsymbol{\gamma})^{\mathrm{T}}=\boldsymbol{\alpha}\boldsymbol{A}\boldsymbol{\beta}^{\mathrm{T}}+\boldsymbol{\alpha}\boldsymbol{A}\boldsymbol{\gamma}^{\mathrm{T}}=(\boldsymbol{\alpha},\boldsymbol{\beta})+(\boldsymbol{\alpha},\boldsymbol{\gamma}),$$

$$(k\boldsymbol{\alpha},\boldsymbol{\beta})=(k\boldsymbol{\alpha})\boldsymbol{A}\boldsymbol{\beta}^{\mathrm{T}}=k(\boldsymbol{\alpha}\boldsymbol{A}\boldsymbol{\beta}^{\mathrm{T}})=k(\boldsymbol{\alpha},\boldsymbol{\beta}),$$

又由 $\boldsymbol{A}$ 正定,所以

$$(\boldsymbol{\alpha},\boldsymbol{\alpha})=\boldsymbol{\alpha}\boldsymbol{A}\boldsymbol{\alpha}^{\mathrm{T}}\geqslant 0,$$

且等号成立当且仅当 $\boldsymbol{\alpha}=\mathbf{0}$.

所以$(\boldsymbol{\alpha},\boldsymbol{\beta})$ 也是 $\mathbf{R}^2$ 的内积.

2. 在 $\mathbf{R}^2$ 中,对任意两个向量 $\boldsymbol{\alpha}=(a_1,a_2),\boldsymbol{\beta}=(b_1,b_2)$,定义如下:

(1) $(\boldsymbol{\alpha},\boldsymbol{\beta})=a_1b_1+a_2b_2+1$;

(2) $(\boldsymbol{\alpha},\boldsymbol{\beta})=a_1b_1-a_2b_2$;

(3) $(\boldsymbol{\alpha},\boldsymbol{\beta})=3a_1b_1+5a_2b_2$;

(4) $(\boldsymbol{\alpha},\boldsymbol{\beta})=a_1b_1+(a_1-a_2)(b_1-b_2)$.

问 $\mathbf{R}^2$ 是否构成欧氏空间?

解:(1) $\mathbf{R}^2$ 不能构成欧氏空间. 因为

$$(2\boldsymbol{\alpha},\boldsymbol{\beta})=2a_1b_1+2a_2b_2+1\neq 2(\boldsymbol{\alpha},\boldsymbol{\beta}).$$

(2) $\mathbf{R}^2$ 不能构成欧氏空间. 因为 $\boldsymbol{\alpha}=(1,1)\neq\mathbf{0}$,而

$$(\boldsymbol{\alpha},\boldsymbol{\alpha})=a_1^2-a_2^2=0.$$

(3) $\mathbf{R}^2$ 能构成欧氏空间. 因为取 $\boldsymbol{A}=\begin{bmatrix}3&0\\0&5\end{bmatrix}$,则 $\boldsymbol{A}$ 是 2 阶正定矩阵,且

$$(\boldsymbol{\alpha},\boldsymbol{\beta})=\boldsymbol{\alpha}\boldsymbol{A}\boldsymbol{\beta}^{\mathrm{T}},$$

仿第 1 题证明知道$(\boldsymbol{\alpha},\boldsymbol{\beta})=3a_1b_1+5a_2b_2$ 是 $\mathbf{R}^2$ 的内积,所以 $\mathbf{R}^2$ 构成欧氏空间.

(4) 因为 $\forall\,\boldsymbol{\alpha}=(a_1,a_2),\boldsymbol{\beta}=(b_1,b_2),\boldsymbol{\gamma}=(c_1,c_2)\in\mathbf{R}^2,k\in\mathbf{R}$ 有

① $(\boldsymbol{\alpha},\boldsymbol{\beta})=a_1b_1+(a_1-a_2)(b_1-b_2)=b_1a_1+(b_1-b_2)(a_1-a_2)=(\boldsymbol{\beta},\boldsymbol{\alpha})$;

② 因 $\boldsymbol{\beta}+\boldsymbol{\gamma}=(b_1+c_1,b_2+c_2)$,则

$$\begin{aligned}(\boldsymbol{\alpha},\boldsymbol{\beta}+\boldsymbol{\gamma})&=a_1(b_1+c_1)+(a_1-a_2)(b_1+c_1-b_2-c_2)\\&=a_1b_1+a_1c_1+(a_1-a_2)(b_1-b_2)+(a_1-a_2)(c_1-c_2)\\&=a_1b_1+(a_1-a_2)(b_1-b_2)+a_1c_1+(a_1-a_2)(c_1-c_2)\\&=(\boldsymbol{\alpha},\boldsymbol{\beta})+(\boldsymbol{\alpha},\boldsymbol{\gamma});\end{aligned}$$

③ 因 $k\boldsymbol{\alpha}=(ka_1,ka_2)$,则

$$\begin{aligned}(k\boldsymbol{\alpha},\boldsymbol{\beta})&=ka_1b_1+(ka_1-ka_2)(b_1-b_2)\\&=k[a_1b_1+(a_1-a_2)(b_1-b_2)]=k(\boldsymbol{\alpha},\boldsymbol{\beta});\end{aligned}$$

④ 因$(\boldsymbol{\alpha},\boldsymbol{\alpha})=a_1^2+(a_1-a_2)(a_1-a_2)=a_1^2+(a_1-a_2)^2\geqslant 0$,且

$$(\boldsymbol{\alpha},\boldsymbol{\alpha})=0\Leftrightarrow\begin{cases}a_1^2=0,\\(a_1-a_2)^2=0\end{cases}\Leftrightarrow a_1=a_2=0\Leftrightarrow\boldsymbol{\alpha}=\mathbf{0}.$$

综上，$(\boldsymbol{\alpha},\boldsymbol{\beta})$ 为 $\mathbf{R}^2$ 上的内积，$\mathbf{R}^2$ 按该内积构成欧氏空间.

3. 在 $\mathbf{R}^{2\times2}$ 中，对任意 $\boldsymbol{A}=(a_{ij}),\boldsymbol{B}=(b_{ij})\in\mathbf{R}^{2\times2}$，定义

$$(\boldsymbol{A},\boldsymbol{B})=\sum_{i=1}^{2}\sum_{j=1}^{2}a_{ij}b_{ij}.$$

(1) 验证 $\mathbf{R}^{2\times2}$ 是欧氏空间；

(2) 由 $\mathbf{R}^{2\times2}$ 的基

$$\boldsymbol{G}_1=\begin{bmatrix}0&1\\1&1\end{bmatrix},\quad \boldsymbol{G}_2=\begin{bmatrix}1&0\\1&1\end{bmatrix},\quad \boldsymbol{G}_3=\begin{bmatrix}1&1\\0&1\end{bmatrix},\quad \boldsymbol{G}_4=\begin{bmatrix}1&1\\1&0\end{bmatrix}$$

出发，构造 $\mathbf{R}^{2\times2}$ 的一组正交基.

解：(1) 因为

$$(\boldsymbol{A},\boldsymbol{B})=\sum_{i=1}^{2}\sum_{j=1}^{2}a_{ij}b_{ij}=(\boldsymbol{B},\boldsymbol{A}),$$

$$(k\boldsymbol{A},\boldsymbol{B})=\sum_{i=1}^{2}\sum_{j=1}^{2}ka_{ij}b_{ij}=k\sum_{i=1}^{2}\sum_{j=1}^{2}a_{ij}b_{ij}=k(\boldsymbol{A},\boldsymbol{B}),$$

又设 $\boldsymbol{C}=(c_{ij})\in\mathbf{R}^{2\times2}$，则

$$\begin{aligned}(\boldsymbol{A}+\boldsymbol{B},\boldsymbol{C})&=\sum_{i=1}^{2}\sum_{j=1}^{2}(a_{ij}+b_{ij})c_{ij}=\sum_{i=1}^{2}\sum_{j=1}^{2}a_{ij}c_{ij}+\sum_{i=1}^{2}\sum_{j=1}^{2}b_{ij}c_{ij}\\&=(\boldsymbol{A},\boldsymbol{C})+(\boldsymbol{B},\boldsymbol{C}),\end{aligned}$$

$$(\boldsymbol{A},\boldsymbol{A})=\sum_{i=1}^{2}\sum_{j=1}^{2}a_{ij}^2\geqslant0,\quad (\boldsymbol{A},\boldsymbol{A})=0\Leftrightarrow a_{ij}=0(i,j=1,2)\Leftrightarrow\boldsymbol{A}=\boldsymbol{O},$$

所以 $\mathbf{R}^{2\times2}$ 是欧氏空间.

(2) 根据题意，有

$$\boldsymbol{H}_1=\begin{bmatrix}0&1\\1&1\end{bmatrix},$$

$$\boldsymbol{H}_2=\boldsymbol{G}_2-\frac{(\boldsymbol{G}_2,\boldsymbol{H}_1)}{(\boldsymbol{H}_1,\boldsymbol{H}_1)}\boldsymbol{H}_1=\begin{bmatrix}1&0\\1&1\end{bmatrix}-\frac{2}{3}\begin{bmatrix}0&1\\1&1\end{bmatrix}=\begin{bmatrix}1&-\frac{2}{3}\\\frac{1}{3}&\frac{1}{3}\end{bmatrix},$$

$$\begin{aligned}\boldsymbol{H}_3&=\boldsymbol{G}_3-\frac{(\boldsymbol{G}_3,\boldsymbol{H}_1)}{(\boldsymbol{H}_1,\boldsymbol{H}_1)}\boldsymbol{H}_1-\frac{(\boldsymbol{G}_3,\boldsymbol{H}_2)}{(\boldsymbol{H}_2,\boldsymbol{H}_2)}\boldsymbol{H}_2\\&=\begin{bmatrix}1&1\\0&1\end{bmatrix}-\frac{2}{3}\begin{bmatrix}0&1\\1&1\end{bmatrix}-\frac{2}{5}\begin{bmatrix}1&-\frac{2}{3}\\\frac{1}{3}&\frac{1}{3}\end{bmatrix}\\&=\begin{bmatrix}\frac{3}{5}&\frac{3}{5}\\-\frac{4}{5}&\frac{1}{5}\end{bmatrix},\end{aligned}$$

$$\boldsymbol{H}_4=\boldsymbol{G}_4-\frac{(\boldsymbol{G}_4,\boldsymbol{H}_1)}{(\boldsymbol{H}_1,\boldsymbol{H}_1)}\boldsymbol{H}_1-\frac{(\boldsymbol{G}_4,\boldsymbol{H}_2)}{(\boldsymbol{H}_2,\boldsymbol{H}_2)}\boldsymbol{H}_2-\frac{(\boldsymbol{G}_4,\boldsymbol{H}_3)}{(\boldsymbol{H}_3,\boldsymbol{H}_3)}\boldsymbol{H}_3$$

$$=\begin{bmatrix}1&1\\1&0\end{bmatrix}-\frac{2}{3}\begin{bmatrix}0&1\\1&1\end{bmatrix}-\frac{2}{5}\begin{bmatrix}1&-\frac{2}{3}\\\frac{1}{3}&\frac{1}{3}\end{bmatrix}-\frac{2}{7}\begin{bmatrix}\frac{3}{5}&\frac{3}{5}\\-\frac{4}{5}&\frac{1}{5}\end{bmatrix}$$

$$=\begin{bmatrix}\frac{3}{7}&\frac{3}{7}\\\frac{3}{7}&-\frac{6}{7}\end{bmatrix}.$$

则 $\boldsymbol{H}_1,\boldsymbol{H}_2,\boldsymbol{H}_3,\boldsymbol{H}_4$ 即为所求的一组正交基.

4. 在 $P_3[x]$ 中,定义内积

$$(f(x),g(x))=\int_0^1 f(x)g(x)\mathrm{d}x\quad(\forall f(x),g(x)\in P_3[x]),$$

设 $f(x)=x+2,g(x)=x^2-2x-3$,求 $(f(x),g(x))$.

解:根据题意,有

$$(f(x),g(x))=\int_0^1 f(x)g(x)\mathrm{d}x=\int_0^1(x^3-7x-6)\mathrm{d}x$$
$$=\left(\frac{x^4}{4}-\frac{7}{2}x^2-6x\right)\Big|_0^1=-\frac{37}{4}.$$

5. 设 $\boldsymbol{\alpha}_1,\boldsymbol{\alpha}_2,\boldsymbol{\alpha}_3,\boldsymbol{\alpha}_4,\boldsymbol{\alpha}_5$ 是5维欧氏空间 V 的一组标准正交基,令 $W=\operatorname{span}\{\boldsymbol{\beta}_1,\boldsymbol{\beta}_2,\boldsymbol{\beta}_3\}$,其中

$$\boldsymbol{\beta}_1=\boldsymbol{\alpha}_1+\boldsymbol{\alpha}_5,\quad \boldsymbol{\beta}_2=\boldsymbol{\alpha}_1-\boldsymbol{\alpha}_2+\boldsymbol{\alpha}_4,\quad \boldsymbol{\beta}_3=2\boldsymbol{\alpha}_1+\boldsymbol{\alpha}_2+\boldsymbol{\alpha}_3,$$

求 W 的一组标准正交基.

解:先将 $\boldsymbol{\beta}_1,\boldsymbol{\beta}_2,\boldsymbol{\beta}_3$ 正交化. 令

$$\boldsymbol{\gamma}_1=\boldsymbol{\beta}_1=\boldsymbol{\alpha}_1+\boldsymbol{\alpha}_5,$$

$$\boldsymbol{\gamma}_2=\boldsymbol{\beta}_3-\frac{(\boldsymbol{\beta}_2,\boldsymbol{\gamma}_1)}{(\boldsymbol{\gamma}_1,\boldsymbol{\gamma}_1)}\boldsymbol{\gamma}_1=\boldsymbol{\alpha}_1-\boldsymbol{\alpha}_2+\boldsymbol{\alpha}_4-\frac{1}{2}(\boldsymbol{\alpha}_1+\boldsymbol{\alpha}_5)$$
$$=\frac{1}{2}\boldsymbol{\alpha}_1-\boldsymbol{\alpha}_2+\boldsymbol{\alpha}_4-\frac{1}{2}\boldsymbol{\alpha}_5,$$

$$\boldsymbol{\gamma}_3=\boldsymbol{\beta}_3-\frac{(\boldsymbol{\beta}_3,\boldsymbol{\gamma}_1)}{(\boldsymbol{\gamma}_1,\boldsymbol{\gamma}_1)}\boldsymbol{\gamma}_1-\frac{(\boldsymbol{\beta}_3,\boldsymbol{\gamma}_2)}{(\boldsymbol{\gamma}_2,\boldsymbol{\gamma}_2)}\boldsymbol{\gamma}_2=\boldsymbol{\alpha}_1+\boldsymbol{\alpha}_2+\boldsymbol{\alpha}_3-\boldsymbol{\alpha}_5,$$

再单位化得

$$\boldsymbol{e}_1=\frac{\boldsymbol{\gamma}_1}{\|\boldsymbol{\gamma}_1\|}=\frac{1}{\sqrt{2}}(\boldsymbol{\alpha}_1+\boldsymbol{\alpha}_5),$$

$$\boldsymbol{e}_2=\frac{\boldsymbol{\gamma}_2}{\|\boldsymbol{\gamma}_2\|}=\frac{1}{\sqrt{10}}(\boldsymbol{\alpha}_1-2\boldsymbol{\alpha}_2+2\boldsymbol{\alpha}_4-\boldsymbol{\alpha}_5),$$

$$\boldsymbol{e}_3=\frac{\boldsymbol{\gamma}_3}{\|\boldsymbol{\gamma}_3\|}=\frac{1}{2}(\boldsymbol{\alpha}_1+\boldsymbol{\alpha}_2+\boldsymbol{\alpha}_3-\boldsymbol{\alpha}_5),$$

则 $\boldsymbol{e}_1,\boldsymbol{e}_2,\boldsymbol{e}_3$ 即为 W 的一组标准正交基.

6. 设 $\boldsymbol{\varepsilon}_1,\boldsymbol{\varepsilon}_2,\boldsymbol{\varepsilon}_3$ 是 3 维欧氏空间 V 的一组标准正交基,证明:

$$\boldsymbol{\alpha}_1=\frac{1}{3}(2\boldsymbol{\varepsilon}_1+2\boldsymbol{\varepsilon}_2-\boldsymbol{\varepsilon}_3),\quad \boldsymbol{\alpha}_2=\frac{1}{3}(2\boldsymbol{\varepsilon}_1-\boldsymbol{\varepsilon}_2+2\boldsymbol{\varepsilon}_3),\quad \boldsymbol{\alpha}_3=\frac{1}{3}(\boldsymbol{\varepsilon}_1-2\boldsymbol{\varepsilon}_2-2\boldsymbol{\varepsilon}_3),$$

也是一组标准正交基.

解:根据题意,可得

$$(\boldsymbol{\alpha}_1,\boldsymbol{\alpha}_2,\boldsymbol{\alpha}_3)=(\boldsymbol{\varepsilon}_1,\boldsymbol{\varepsilon}_2,\boldsymbol{\varepsilon}_3)\boldsymbol{A},\quad \text{其中}\boldsymbol{A}=\frac{1}{3}\begin{bmatrix}2&2&1\\2&-1&-2\\-1&2&-2\end{bmatrix},$$

因为 $\boldsymbol{A}$ 是正交矩阵,所以 $\boldsymbol{\alpha}_1,\boldsymbol{\alpha}_2,\boldsymbol{\alpha}_3$ 线性无关,从而可作成 V 的基,且 $\boldsymbol{A}$ 是由标准正交基 $\boldsymbol{\varepsilon}_1,\boldsymbol{\varepsilon}_2,\boldsymbol{\varepsilon}_3$ 到基 $\boldsymbol{\alpha}_1,\boldsymbol{\alpha}_2,\boldsymbol{\alpha}_3$ 过渡矩阵,故 $\boldsymbol{\alpha}_1,\boldsymbol{\alpha}_2,\boldsymbol{\alpha}_3$ 也是标准正交基.

7. 在 $P_3[x]$ 中,定义内积

$$(f(x),g(x))=\int_{-1}^{1}f(x)g(x)\mathrm{d}x\quad(\forall f(x),g(x)\in P_3[x]),$$

求 $P_3[x]$ 中与多项式 $1-x,x^2$ 都正交的单位向量.

解:设所求的多项式为 $f(x)=a+bx+cx^2$,则

$$\int_{-1}^{1}(a+bx+cx^2)(x-1)\mathrm{d}x=2\int_{0}^{1}[(b-c)x^2-a]\mathrm{d}x=\frac{2}{3}(b-c)-2a=0,$$

$$\int_{-1}^{1}(a+bx+cx^2)x^2\mathrm{d}x=2\int_{0}^{1}(ax^2+cx^4)\mathrm{d}x=\frac{2}{3}a+\frac{2}{5}c=0,$$

即 $3a-b+c=0,5a+3c=0$,解得 $a=-\frac{3}{5}c,b=-\frac{4}{5}c$,所以

$$f(x)=c\left(x^2-\frac{4}{5}x-\frac{3}{5}\right)\quad(c\text{ 是任意非零常数}).$$

令 $c=1$,单位化得 $\|f(x)\|=\sqrt{\frac{56}{75}}$,故所求的单位向量为

$$\pm\frac{f(x)}{\|f(x)\|}=\pm\frac{\sqrt{3}}{\sqrt{56}}(5x^2-4x-3).$$

8. 在欧氏空间 $\mathbf{R}^4$ 中,$\boldsymbol{\beta}_1=(1,1,-1,1),\boldsymbol{\beta}_2=(1,-1,-1,1)$,求子空间 $W=\mathrm{span}\{\boldsymbol{\beta}_1,\boldsymbol{\beta}_2\}$ 的正交补 $W^{\perp}$.

解:任取 $\boldsymbol{\alpha}=(x_1,x_2,x_3,x_4)\in W^{\perp}$,则$(\boldsymbol{\alpha},\boldsymbol{\beta}_1)=0,(\boldsymbol{\alpha},\boldsymbol{\beta}_2)=0$,即

$$\begin{cases}x_1+x_2-x_3+x_4=0,\\x_1-x_2-x_3+x_4=0,\end{cases}$$

解得基础解系为 $\boldsymbol{\alpha}_1=(1,0,1,0),\boldsymbol{\alpha}_2=(-1,0,0,1)$ 为 $W^{\perp}$ 的一组基,所以

$$W^{\perp}=\mathrm{span}\{\boldsymbol{\alpha}_1,\boldsymbol{\alpha}_2\}.$$

9. 在 $\mathbf{R}^5$ 中,求齐次线性方程组

$$\begin{cases}2x_1+x_2-x_3+x_4-3x_5=0,\\ x_1+x_2-x_3+x_5=0\end{cases}$$

的解空间 V 的一组标准正交基,并求向量 $\boldsymbol{\alpha}=(-1,3,-1,2,0)^{\mathrm{T}}$ 在子空间 V 上的正交投影 $\boldsymbol{\alpha}_1$.

解:对系数矩阵进行初等行变换,得

$$\boldsymbol{A}=\begin{bmatrix}2&1&-1&1&-3\\1&1&-1&0&1\end{bmatrix}\to\begin{bmatrix}1&0&0&1&-4\\0&1&-1&-1&5\end{bmatrix},$$

同解方程组为 $\begin{cases}x_1+x_4-4x_5=0,\\ x_2-x_3-x_4+5x_5=0,\end{cases}$ 基础解系为

$$\boldsymbol{\xi}_1=(0,1,1,0,0)^{\mathrm{T}},\quad \boldsymbol{\xi}_2=(-1,1,0,1,0)^{\mathrm{T}},\quad \boldsymbol{\xi}_3=(4,-5,0,0,1)^{\mathrm{T}},$$

将其正交化,得

$$\boldsymbol{\beta}_1=\boldsymbol{\xi}_1=(0,1,1,0,0)^{\mathrm{T}},$$

$$\boldsymbol{\beta}_2=\boldsymbol{\xi}_2-\frac{(\boldsymbol{\xi}_2,\boldsymbol{\beta}_1)}{(\boldsymbol{\beta}_1,\boldsymbol{\beta}_1)}\boldsymbol{\beta}_1=\left(-1,\frac{1}{2},-\frac{1}{2},1,0\right)^{\mathrm{T}},$$

$$\boldsymbol{\beta}_3=\boldsymbol{\xi}_3-\frac{(\boldsymbol{\xi}_3,\boldsymbol{\beta}_1)}{(\boldsymbol{\beta}_1,\boldsymbol{\beta}_1)}\boldsymbol{\beta}_1-\frac{(\boldsymbol{\xi}_3,\boldsymbol{\beta}_2)}{(\boldsymbol{\beta}_2,\boldsymbol{\beta}_2)}\boldsymbol{\beta}_2=\left(\frac{7}{5},-\frac{6}{5},\frac{6}{5},\frac{13}{5},1\right)^{\mathrm{T}},$$

再单位化,得

$$\boldsymbol{e}_1=\frac{\boldsymbol{\beta}_1}{\|\boldsymbol{\beta}_1\|}=\left(0,\frac{1}{\sqrt{2}},\frac{1}{\sqrt{2}},0,0\right)^{\mathrm{T}},$$

$$\boldsymbol{e}_2=\frac{\boldsymbol{\beta}_2}{\|\boldsymbol{\beta}_2\|}=\left(-\frac{2}{\sqrt{10}},\frac{1}{\sqrt{10}},-\frac{1}{\sqrt{10}},\frac{2}{\sqrt{10}},0\right)^{\mathrm{T}},$$

$$\boldsymbol{e}_3=\frac{\boldsymbol{\beta}_3}{\|\boldsymbol{\beta}_3\|}=\left(\frac{7}{\sqrt{315}},-\frac{6}{\sqrt{315}},\frac{6}{\sqrt{315}},\frac{13}{\sqrt{315}},\frac{5}{\sqrt{315}}\right)^{\mathrm{T}},$$

则 $\boldsymbol{e}_1,\boldsymbol{e}_2,\boldsymbol{e}_3$ 即为解空间 V 的一组标准正交基.

显然解空间 V 的正交补空间 $V^{\perp}=\mathrm{span}\{\boldsymbol{u}_1,\boldsymbol{u}_2\}$,其中 $\boldsymbol{u}_1=(1,0,0,1,-4)^{\mathrm{T}}$,$\boldsymbol{u}_2=(0,1,-1,-1,5)^{\mathrm{T}}$. 由于 $\mathbf{R}^5=V\oplus V^{\perp}$,所以 $\boldsymbol{\alpha}=(-1,3,-1,2,0)^{\mathrm{T}}$ 可以由 $\boldsymbol{\xi}_1,\boldsymbol{\xi}_2,\boldsymbol{\xi}_3,\boldsymbol{u}_1,\boldsymbol{u}_2$ 唯一线性表示. 设 $\boldsymbol{\alpha}=x_1\boldsymbol{\xi}_1+x_2\boldsymbol{\xi}_2+x_3\boldsymbol{\xi}_3+y_1\boldsymbol{u}_1+y_2\boldsymbol{u}_2$,解得

$$\boldsymbol{\alpha}=-\frac{2}{21}\boldsymbol{\xi}_1+\frac{113}{63}\boldsymbol{\xi}_2-\frac{5}{63}\boldsymbol{\xi}_3+\frac{10}{9}\boldsymbol{u}_1+\frac{19}{21}\boldsymbol{u}_2,$$

故 $\boldsymbol{\alpha}$ 在子空间 V 上的正交投影为

$$\boldsymbol{\alpha}_1=-\frac{2}{21}\boldsymbol{\xi}_1+\frac{113}{63}\boldsymbol{\xi}_2-\frac{5}{63}\boldsymbol{\xi}_3=\left(\frac{12}{7},\frac{17}{9},-\frac{589}{63},-\frac{2}{21},\frac{118}{63}\right)^{\mathrm{T}}.$$

10. 设 V 是欧氏空间,映射 $T:V\to V$ 满足 $(T(\boldsymbol{\alpha}),T(\boldsymbol{\beta}))=(\boldsymbol{\alpha},\boldsymbol{\beta})(\forall\boldsymbol{\alpha},\boldsymbol{\beta}\in V)$,证明:$T$ 必是线性变换,从而是等距变换.

证明:$\forall\boldsymbol{\alpha},\boldsymbol{\beta}\in V,k\in\mathbf{R}$,有

$$\begin{aligned}&(T(\boldsymbol{\alpha}+\boldsymbol{\beta})-T(\boldsymbol{\alpha})-T(\boldsymbol{\beta}),T(\boldsymbol{\alpha}+\boldsymbol{\beta})-T(\boldsymbol{\alpha})-T(\boldsymbol{\beta}))\\
=&(T(\boldsymbol{\alpha}+\boldsymbol{\beta}),T(\boldsymbol{\alpha}+\boldsymbol{\beta}))-2(T(\boldsymbol{\alpha}+\boldsymbol{\beta}),T(\boldsymbol{\alpha}))-2(T(\boldsymbol{\alpha}+\boldsymbol{\beta}),T(\boldsymbol{\beta}))\\
&+(T(\boldsymbol{\alpha}),T(\boldsymbol{\alpha}))+(T(\boldsymbol{\beta}),T(\boldsymbol{\beta}))+2(T(\boldsymbol{\alpha}),T(\boldsymbol{\beta}))\\
=&(\boldsymbol{\alpha}+\boldsymbol{\beta},\boldsymbol{\alpha}+\boldsymbol{\beta})-2(\boldsymbol{\alpha}+\boldsymbol{\beta},\boldsymbol{\alpha})-2(\boldsymbol{\alpha}+\boldsymbol{\beta},\boldsymbol{\beta})+(\boldsymbol{\alpha},\boldsymbol{\alpha})+(\boldsymbol{\beta},\boldsymbol{\beta})+2(\boldsymbol{\alpha},\boldsymbol{\beta})\\
=&(\boldsymbol{\alpha},\boldsymbol{\alpha})+2(\boldsymbol{\alpha},\boldsymbol{\beta})+(\boldsymbol{\beta},\boldsymbol{\beta})-2(\boldsymbol{\alpha},\boldsymbol{\alpha})-2(\boldsymbol{\alpha},\boldsymbol{\beta})-2(\boldsymbol{\alpha},\boldsymbol{\beta})\\
&-2(\boldsymbol{\beta},\boldsymbol{\beta})+(\boldsymbol{\alpha},\boldsymbol{\alpha})+(\boldsymbol{\beta},\boldsymbol{\beta})+2(\boldsymbol{\alpha},\boldsymbol{\beta})=0,\end{aligned}$$

所以

$$T(\boldsymbol{\alpha}+\boldsymbol{\beta})-T(\boldsymbol{\alpha})-T(\boldsymbol{\beta})=\mathbf{0},$$

故

$$T(\boldsymbol{\alpha}+\boldsymbol{\beta})=T(\boldsymbol{\alpha})+T(\boldsymbol{\beta}),$$

又因为

$$\begin{aligned}&(T(k\boldsymbol{\alpha})-kT(\boldsymbol{\alpha}),T(k\boldsymbol{\alpha})-kT(\boldsymbol{\alpha}))\\
=&(T(k\boldsymbol{\alpha}),T(k\boldsymbol{\alpha}))-2(T(k\boldsymbol{\alpha}),kT(\boldsymbol{\alpha}))+(kT(\boldsymbol{\alpha}),kT(\boldsymbol{\alpha}))\\
=&(k\boldsymbol{\alpha},k\boldsymbol{\alpha})-2k(k\boldsymbol{\alpha},\boldsymbol{\alpha})+k^2(\boldsymbol{\alpha},\boldsymbol{\alpha})\\
=&k^2(\boldsymbol{\alpha},\boldsymbol{\alpha})-2k^2(\boldsymbol{\alpha},\boldsymbol{\alpha})+k^2(\boldsymbol{\alpha},\boldsymbol{\alpha})=0,\end{aligned}$$

所以

$$T(k\boldsymbol{\alpha})=kT(\boldsymbol{\alpha}),$$

即证得 T 是线性变换，从而是等距变换.

11. 设 W_1,W_2 是有限维内积空间的子空间，求证：

(1) $(W_1+W_2)^{\perp}=W_1^{\perp}\cap W_2^{\perp}$；

(2) $W_1^{\perp}+W_2^{\perp}=(W_1\cap W_2)^{\perp}$.

证明：(1) $\forall\boldsymbol{\beta}\in(W_1+W_2)^{\perp}$，且 $\forall\boldsymbol{\alpha}_i\in W_i(i=1,2)$，有

$$(\boldsymbol{\beta},\boldsymbol{\alpha}_1)=(\boldsymbol{\beta},\boldsymbol{\alpha}_1+\mathbf{0})=0,$$

故 $\boldsymbol{\beta}\in W_1^{\perp}$，又

$$(\boldsymbol{\beta},\boldsymbol{\alpha}_2)=(\boldsymbol{\beta},\mathbf{0}+\boldsymbol{\alpha}_2)=0,$$

故 $\boldsymbol{\beta}\in W_2^{\perp}$. 于是

$$\boldsymbol{\beta}\in W_1^{\perp}\cap W_2^{\perp},\quad 即\quad (W_1+W_2)^{\perp}\subseteq W_1^{\perp}\cap W_2^{\perp}.$$

反之，$\forall\boldsymbol{\beta}\in W_1^{\perp}\cap W_2^{\perp}$，有

$$\boldsymbol{\beta}\in W_1^{\perp}\quad 且\quad \boldsymbol{\beta}\in W_2^{\perp},$$

从而对所有的

$$\forall\boldsymbol{\alpha}_i\in W_i\quad(i=1,2),\quad 有\quad (\boldsymbol{\beta},\boldsymbol{\alpha}_i)=0,$$

从而

$$(\boldsymbol{\beta},\boldsymbol{\alpha}_1+\boldsymbol{\alpha}_2)=0,$$

所以

$$\boldsymbol{\beta} \in (W_1 + W_2)^{\perp}, \quad 即 \quad W_1^{\perp} \cap W_2^{\perp} \subseteq (W_1 + W_2)^{\perp}.$$

综上所述，有

$$(W_1 + W_2)^{\perp} = W_1^{\perp} \cap W_2^{\perp}. \tag{$*$}$$

(2) 在(*)式中，用 $W_1^{\perp}$ 换 W_1，$W_2^{\perp}$ 换 W_2，得

$$(W_1^{\perp} + W_2^{\perp})^{\perp} = (W_1^{\perp})^{\perp} \cap (W_2^{\perp})^{\perp} = W_1 \cap W_2,$$

所以

$$W_1^{\perp} + W_2^{\perp} = (W_1 \cap W_2)^{\perp}.$$

12. 设 $\boldsymbol{\varepsilon}_1, \boldsymbol{\varepsilon}_2, \boldsymbol{\varepsilon}_3$ 是欧氏空间 $\mathbf{R}^3$ 的一组标准正交基，试求一个正交变换 $T: \mathbf{R}^3 \to \mathbf{R}^3$，使

$$T(\boldsymbol{\varepsilon}_1) = \frac{1}{3}(2\boldsymbol{\varepsilon}_1 + 2\boldsymbol{\varepsilon}_2 - \boldsymbol{\varepsilon}_3), \quad T(\boldsymbol{\varepsilon}_2) = \frac{1}{3}(2\boldsymbol{\varepsilon}_1 - \boldsymbol{\varepsilon}_2 + 2\boldsymbol{\varepsilon}_3).$$

解：令 $T(\boldsymbol{\varepsilon}_3) = x_1\boldsymbol{\varepsilon}_1 + x_2\boldsymbol{\varepsilon}_2 + x_3\boldsymbol{\varepsilon}_3$，则 T 在基 $\boldsymbol{\varepsilon}_1, \boldsymbol{\varepsilon}_2, \boldsymbol{\varepsilon}_3$ 下的矩阵

$$\boldsymbol{A} = \frac{1}{3}\begin{bmatrix} 2 & 2 & 3x_1 \\ 2 & -1 & 3x_2 \\ -1 & 2 & 3x_3 \end{bmatrix}$$

是正交矩阵，也即 $\boldsymbol{AA}^{\mathrm{T}} = \boldsymbol{I}$，解得

$$(x_1, x_2, x_3)^{\mathrm{T}} = \pm\left(\frac{1}{3}, -\frac{2}{3}, -\frac{2}{3}\right)^{\mathrm{T}}.$$

13. 设 $\boldsymbol{\varepsilon}_1, \boldsymbol{\varepsilon}_2, \cdots, \boldsymbol{\varepsilon}_n$ 与 $\tilde{\boldsymbol{\varepsilon}}_1, \tilde{\boldsymbol{\varepsilon}}_2, \cdots, \tilde{\boldsymbol{\varepsilon}}_n$ 都是欧氏空间 V 的标准正交基，$\boldsymbol{P}$ 由基 $\boldsymbol{\varepsilon}_1, \boldsymbol{\varepsilon}_2, \cdots, \boldsymbol{\varepsilon}_n$ 到基 $\tilde{\boldsymbol{\varepsilon}}_1, \tilde{\boldsymbol{\varepsilon}}_2, \cdots, \tilde{\boldsymbol{\varepsilon}}_n$ 的过渡矩阵，即

$$(\tilde{\boldsymbol{\varepsilon}}_1, \tilde{\boldsymbol{\varepsilon}}_2, \cdots, \tilde{\boldsymbol{\varepsilon}}_n) = (\boldsymbol{\varepsilon}_1, \boldsymbol{\varepsilon}_2, \cdots, \boldsymbol{\varepsilon}_n)\boldsymbol{P},$$

证明：$\boldsymbol{P}$ 是正交矩阵.

证明：令 $\boldsymbol{P} = (p_{ij})_{n\times n}$，由于 $\boldsymbol{\varepsilon}_1, \boldsymbol{\varepsilon}_2, \cdots, \boldsymbol{\varepsilon}_n$ 与 $\tilde{\boldsymbol{\varepsilon}}_1, \tilde{\boldsymbol{\varepsilon}}_2, \cdots, \tilde{\boldsymbol{\varepsilon}}_n$ 都是欧氏空间 V 的标准正交基，所以

$$(\tilde{\boldsymbol{\varepsilon}}_i, \tilde{\boldsymbol{\varepsilon}}_j) = \begin{cases} 1, & i - j, \\ 0, & i \neq j, \end{cases} \quad (\boldsymbol{\varepsilon}_i, \boldsymbol{\varepsilon}_j) = \begin{cases} 1, & i - j, \\ 0, & i \neq j, \end{cases}$$

且

$$\tilde{\boldsymbol{\varepsilon}}_i = p_{1i}\boldsymbol{\varepsilon}_1 + p_{2i}\boldsymbol{\varepsilon}_2 + \cdots + p_{ni}\boldsymbol{\varepsilon}_n = \sum_{k=1}^{n} p_{ki}\boldsymbol{\varepsilon}_k \quad (i = 1, 2, \cdots, n),$$

于是

$$\begin{aligned}(\tilde{\boldsymbol{\varepsilon}}_i, \tilde{\boldsymbol{\varepsilon}}_j) &= \left(\sum_{k=1}^{n} p_{ki}\boldsymbol{\varepsilon}_k, \sum_{l=1}^{n} p_{lj}\boldsymbol{\varepsilon}_l\right) = \sum_{k=1}^{n}\sum_{l=1}^{n} p_{ki}p_{lj}(\boldsymbol{\varepsilon}_k, \boldsymbol{\varepsilon}_l) \\ &= \sum_{k=1}^{n} p_{ki}p_{kj} = \begin{cases} 1, & i = j, \\ 0, & i \neq j, \end{cases}\end{aligned}$$

这表明 $\boldsymbol{P}^{\mathrm{T}}\boldsymbol{P} = \boldsymbol{I}_n$，即 $\boldsymbol{P}$ 是正交矩阵.

14. 设$\boldsymbol{\varepsilon}_1,\boldsymbol{\varepsilon}_2,\cdots,\boldsymbol{\varepsilon}_n$与$\tilde{\boldsymbol{\varepsilon}}_1,\tilde{\boldsymbol{\varepsilon}}_2,\cdots,\tilde{\boldsymbol{\varepsilon}}_n$都是欧氏空间$V$的标准正交基,正交变换$T$满足$T(\boldsymbol{\varepsilon}_1)=\tilde{\boldsymbol{\varepsilon}}_1$,证明:

$$\text{span}\{T(\boldsymbol{\varepsilon}_2),\cdots,T(\boldsymbol{\varepsilon}_n)\}=\text{span}\{\tilde{\boldsymbol{\varepsilon}}_2,\cdots,\tilde{\boldsymbol{\varepsilon}}_n\}.$$

证明:令

$$T(\boldsymbol{\varepsilon}_j)=b_{1j}\tilde{\boldsymbol{\varepsilon}}_1+b_{2j}\tilde{\boldsymbol{\varepsilon}}_2+\cdots+b_{nj}\tilde{\boldsymbol{\varepsilon}}_n\quad(j=2,3,\cdots,n),$$

于是

$$(T(\boldsymbol{\varepsilon}_1),T(\boldsymbol{\varepsilon}_2),\cdots,T(\boldsymbol{\varepsilon}_n))=(\tilde{\boldsymbol{\varepsilon}}_1,\tilde{\boldsymbol{\varepsilon}}_2,\cdots,\tilde{\boldsymbol{\varepsilon}}_n)\begin{bmatrix}1&b_{12}&\cdots&b_{1n}\\0&b_{22}&\cdots&b_{2n}\\\vdots&\vdots&&\vdots\\0&b_{n2}&\cdots&b_{nn}\end{bmatrix},$$

由题设知$T(\boldsymbol{\varepsilon}_1),T(\boldsymbol{\varepsilon}_2),\cdots,T(\boldsymbol{\varepsilon}_n)$是$V$的标准正交基,于是

$$\boldsymbol{Q}=\begin{bmatrix}1&b_{12}&\cdots&b_{1n}\\0&b_{22}&\cdots&b_{2n}\\\vdots&\vdots&&\vdots\\0&b_{n2}&\cdots&b_{nn}\end{bmatrix}$$

是正交矩阵,故$\boldsymbol{Q}^{\mathrm{T}}=\boldsymbol{Q}^{-1}$,得$b_{12}=b_{13}=\cdots=b_{1n}=0$,则

$$T(\boldsymbol{\varepsilon}_j)=b_{2j}\tilde{\boldsymbol{\varepsilon}}_2+\cdots+b_{nj}\tilde{\boldsymbol{\varepsilon}}_n\quad(j=2,3,\cdots,n),$$

因$\boldsymbol{Q}_1=\begin{bmatrix}b_{22}&\cdots&b_{2n}\\\vdots&&\vdots\\b_{n2}&\cdots&b_{nn}\end{bmatrix}$是$n-1$阶正交矩阵,所以

$$\text{span}\{T(\boldsymbol{\varepsilon}_2),\cdots,T(\boldsymbol{\varepsilon}_n)\}=\text{span}\{\tilde{\boldsymbol{\varepsilon}}_2,\cdots,\tilde{\boldsymbol{\varepsilon}}_n\}.$$

15. 设$\boldsymbol{A}\in\mathbf{R}^{m\times n}$,在实向量空间中取标准内积,证明:

(1) $N(\boldsymbol{A})\perp R(\boldsymbol{A}^{\mathrm{T}})$;

(2) $N(\boldsymbol{A}^{\mathrm{T}})\perp R(\boldsymbol{A})$.

证明:(1) $\forall\boldsymbol{x}\in N(\boldsymbol{A}),\boldsymbol{y}\in R(\boldsymbol{A}^{\mathrm{T}})$,则$\boldsymbol{Ax}=\boldsymbol{0}$且存在$\boldsymbol{u}\in\mathbf{R}^m$使$\boldsymbol{y}=\boldsymbol{A}^{\mathrm{T}}\boldsymbol{u}$,于是

$$(\boldsymbol{x},\boldsymbol{y})=\boldsymbol{y}^{\mathrm{T}}\boldsymbol{x}=(\boldsymbol{A}^{\mathrm{T}}\boldsymbol{u})^{\mathrm{T}}\boldsymbol{x}=\boldsymbol{u}^{\mathrm{T}}\boldsymbol{Ax}=\boldsymbol{0},$$

故$N(\boldsymbol{A})\perp R(\boldsymbol{A}^{\mathrm{T}})$.

(2) 在第(1)问中取$\boldsymbol{A}$为$\boldsymbol{A}^{\mathrm{T}}$即得结论.

2.7 课外习题选解

1. 设$\boldsymbol{A}=\begin{bmatrix}1&0&1&0&2\\2&1&2&0&2\end{bmatrix}$,求$N(\boldsymbol{A})$的一个标准正交基.

解:由于

$$\boldsymbol{Ax}=\begin{bmatrix}1&0&1&0&2\\2&1&2&0&2\end{bmatrix}\begin{bmatrix}x_1\\x_2\\x_3\\x_4\\x_5\end{bmatrix}=\begin{bmatrix}x_1+x_3+2x_5\\2x_1+x_2+2x_3+2x_5\end{bmatrix}=\begin{bmatrix}0\\0\end{bmatrix}$$

等价于

$$\begin{bmatrix}x_1+x_3+2x_5\\x_2-2x_5\end{bmatrix}=\begin{bmatrix}0\\0\end{bmatrix},$$

而其解空间的一组基为

$$\boldsymbol{\alpha}_1=(-1,0,1,0,0)^{\mathrm{T}},\quad \boldsymbol{\alpha}_2=(0,0,0,1,0)^{\mathrm{T}},\quad \boldsymbol{\alpha}_3=(-2,2,0,0,1)^{\mathrm{T}},$$

将它们标准正交化,得一组标准正交基为

$$\left(-\frac{1}{\sqrt{2}},0,\frac{1}{\sqrt{2}},0,0\right)^{\mathrm{T}},\quad (0,0,0,1,0)^{\mathrm{T}},\quad \left(-\frac{1}{\sqrt{7}},\frac{2}{\sqrt{7}},-\frac{1}{\sqrt{7}},0,\frac{1}{\sqrt{7}}\right).$$

2. 设 V 是实数域 $\mathbf{R}$ 上的 n 维线性空间,$\boldsymbol{\alpha}_1,\boldsymbol{\alpha}_2,\cdots,\boldsymbol{\alpha}_n$ 是 V 的一组基,对于 V 中任意两个向量:

$$\boldsymbol{\alpha}=\sum_{i=1}^{n}x_i\boldsymbol{\alpha}_i,\quad \boldsymbol{\beta}=\sum_{i=1}^{n}y_i\boldsymbol{\alpha}_i,$$

定义 $(\boldsymbol{\alpha},\boldsymbol{\beta})=\sum_{i=1}^{n}ix_iy_i$,证明:$(\boldsymbol{\alpha},\boldsymbol{\beta})$ 是 V 的一种内积,从而 V 对此内积构成一个欧氏空间.

证明: $\forall\,\boldsymbol{\alpha}=\sum_{i=1}^{n}x_i\boldsymbol{\alpha}_i,\boldsymbol{\beta}=\sum_{i=1}^{n}y_i\boldsymbol{\alpha}_i,\boldsymbol{\gamma}=\sum_{i=1}^{n}z_i\boldsymbol{\alpha}_i\in V$,有

$$(\boldsymbol{\alpha},\boldsymbol{\beta})=\sum_{i=1}^{n}ix_iy_i=\sum_{i=1}^{n}iy_ix_i=(\boldsymbol{\beta},\boldsymbol{\alpha}),$$

$$(\boldsymbol{\alpha}+\boldsymbol{\beta},\boldsymbol{\gamma})=\sum_{i=1}^{n}i(x_i+y_i)z_i=\sum_{i=1}^{n}ix_iz_i+\sum_{i=1}^{n}iy_iz_i=(\boldsymbol{\alpha},\boldsymbol{\gamma})+(\boldsymbol{\beta},\boldsymbol{\gamma}),$$

$$(k\boldsymbol{\alpha},\boldsymbol{\beta})=\sum_{i=1}^{n}i(kx_i)y_i=k\sum_{i=1}^{n}ix_iy_i=k(\boldsymbol{\alpha},\boldsymbol{\beta})\quad(k\in\mathbf{R}),$$

又

$$(\boldsymbol{\alpha},\boldsymbol{\alpha})=\sum_{i=1}^{n}ix_i^2\geqslant 0,$$

且等号成立当且仅当 $x_i=0(i=1,2,\cdots,n)$,即当且仅当 $\boldsymbol{\alpha}=\mathbf{0}$.

综上,$(\boldsymbol{\alpha},\boldsymbol{\beta})$ 是 V 的内积,从而 V 对该内积构成欧氏空间.

3. 设 $\boldsymbol{A}=(a_{ij})\in\mathbf{R}^{n\times n}$,记 a_{ij} 的代数余子式是 A_{ij},证明:$\boldsymbol{A}$ 是正交矩阵的充要条件是

$$a_{ij}=\frac{A_{ij}}{\det\boldsymbol{A}}\quad(i,j=1,2,\cdots,n).$$

证明:先证必要性. 设 $\boldsymbol{A}$ 是正交矩阵,则

$$\boldsymbol{A}^{\mathrm{T}}=(a_{ji})_{n\times n}=\boldsymbol{A}^{-1}=\frac{\boldsymbol{A}^{*}}{\det\boldsymbol{A}}=\frac{1}{\det\boldsymbol{A}}(A_{ji})_{n\times n},$$

比较两边元素得到

$$a_{ij}=\frac{A_{ij}}{\det\boldsymbol{A}}\quad(i,j=1,2,\cdots,n).$$

再证充分性. 如果

$$a_{ij}=\frac{A_{ij}}{\det\boldsymbol{A}}\quad(i,j=1,2,\cdots,n),$$

则 $\boldsymbol{A}$ 可逆,且 $\boldsymbol{A}^{\mathrm{T}}=\boldsymbol{A}^{-1}$,即 $\boldsymbol{A}^{\mathrm{T}}\boldsymbol{A}=\boldsymbol{I}_n$,所以 $\boldsymbol{A}$ 是正交矩阵.

4. 设向量空间 $\mathbf{R}^2$ 按照某种内积构成欧氏空间,已知它的两组基为

$$\boldsymbol{\alpha}_1=(1,1),\quad \boldsymbol{\alpha}_2=(1,-1)$$

和

$$\boldsymbol{\beta}_1=(0,2),\quad \boldsymbol{\beta}_2=(6,12),$$

且 $\boldsymbol{\alpha}_i$ 与 $\boldsymbol{\beta}_j$ 的内积为

$$(\boldsymbol{\alpha}_1,\boldsymbol{\beta}_1)=1,\quad(\boldsymbol{\alpha}_1,\boldsymbol{\beta}_2)=15,\quad(\boldsymbol{\alpha}_2,\boldsymbol{\beta}_1)=-1,\quad(\boldsymbol{\alpha}_2,\boldsymbol{\beta}_2)=3,$$

求基 $\boldsymbol{\alpha}_1,\boldsymbol{\alpha}_2$ 的度量矩阵.

解:设基 $\boldsymbol{\alpha}_1,\boldsymbol{\alpha}_2$ 的度量矩阵 $\boldsymbol{A}$,则

$$\boldsymbol{\alpha}_i\boldsymbol{A}\boldsymbol{\beta}_j^{\mathrm{T}}=(\boldsymbol{\alpha}_i,\boldsymbol{\beta}_j)\quad(i,j=1,2),$$

由题设知 $\begin{bmatrix}\boldsymbol{\alpha}_1\\ \boldsymbol{\alpha}_2\end{bmatrix}\boldsymbol{A}(\boldsymbol{\beta}_1^{\mathrm{T}},\boldsymbol{\beta}_2^{\mathrm{T}})=\begin{bmatrix}1&15\\-1&3\end{bmatrix}$,令

$$\boldsymbol{B}=\begin{bmatrix}\boldsymbol{\alpha}_1\\ \boldsymbol{\alpha}_2\end{bmatrix}=\begin{bmatrix}1&1\\1&-1\end{bmatrix},\quad \boldsymbol{C}=(\boldsymbol{\beta}_1^{\mathrm{T}},\boldsymbol{\beta}_2^{\mathrm{T}})=\begin{bmatrix}0&6\\2&12\end{bmatrix},$$

则 $\boldsymbol{B},\boldsymbol{C}$ 可逆,故

$$\boldsymbol{A}=\begin{bmatrix}1&1\\1&-1\end{bmatrix}^{-1}\begin{bmatrix}1&15\\-1&3\end{bmatrix}\begin{bmatrix}0&6\\2&12\end{bmatrix}^{-1}=\begin{bmatrix}\frac{3}{2}&0\\0&\frac{1}{2}\end{bmatrix}.$$

5. 设 $\boldsymbol{\eta}$ 是欧氏空间 V 中一单位向量.

(1) 定义 $T(\boldsymbol{\alpha})=\boldsymbol{\alpha}-2(\boldsymbol{\eta},\boldsymbol{\alpha})\boldsymbol{\eta},\forall\boldsymbol{\alpha}\in V$,证明:$T$ 是正交变换;

(2) 若定义 $T(\boldsymbol{\alpha})=\boldsymbol{\alpha}-k(\boldsymbol{\eta},\boldsymbol{\alpha})\boldsymbol{\eta}$,问 T 是正交变换的充要条件是什么?

解:(1) $\forall\boldsymbol{\alpha},\boldsymbol{\beta}\in V,k\in\mathbf{R}$,有

$$\begin{aligned}T(\boldsymbol{\alpha}+\boldsymbol{\beta})&=(\boldsymbol{\alpha}+\boldsymbol{\beta})-2(\boldsymbol{\eta},\boldsymbol{\alpha}+\boldsymbol{\beta})\boldsymbol{\eta}=\boldsymbol{\alpha}-2(\boldsymbol{\eta},\boldsymbol{\alpha})\boldsymbol{\eta}+\boldsymbol{\beta}-2(\boldsymbol{\eta},\boldsymbol{\beta})\boldsymbol{\eta}\\&=T(\boldsymbol{\alpha})+T(\boldsymbol{\beta}),\end{aligned}$$

$$T(k\boldsymbol{\alpha})=k\boldsymbol{\alpha}-2(\boldsymbol{\eta},k\boldsymbol{\alpha})\boldsymbol{\eta}=k\boldsymbol{\alpha}-2k(\boldsymbol{\eta},\boldsymbol{\alpha})\boldsymbol{\eta}=k(\boldsymbol{\alpha}-2(\boldsymbol{\eta},\boldsymbol{\alpha})\boldsymbol{\eta})=kT(\boldsymbol{\alpha}),$$

所以 T 是线性变换. 又

$$\begin{aligned}(T(\boldsymbol{\alpha}),T(\boldsymbol{\beta})) &= (\boldsymbol{\alpha}-2(\boldsymbol{\eta},\boldsymbol{\alpha})\boldsymbol{\eta},\boldsymbol{\beta}-2(\boldsymbol{\eta},\boldsymbol{\beta})\boldsymbol{\eta}) \\ &= (\boldsymbol{\alpha},\boldsymbol{\beta})-2(\boldsymbol{\eta},\boldsymbol{\alpha})(\boldsymbol{\eta},\boldsymbol{\beta})-2(\boldsymbol{\eta},\boldsymbol{\beta})(\boldsymbol{\alpha},\boldsymbol{\eta})+4(\boldsymbol{\eta},\boldsymbol{\alpha})(\boldsymbol{\eta},\boldsymbol{\beta})(\boldsymbol{\eta},\boldsymbol{\eta}) \\ &= (\boldsymbol{\alpha},\boldsymbol{\beta})-2(\boldsymbol{\eta},\boldsymbol{\alpha})(\boldsymbol{\eta},\boldsymbol{\beta})-2(\boldsymbol{\eta},\boldsymbol{\beta})(\boldsymbol{\alpha},\boldsymbol{\eta})+4(\boldsymbol{\eta},\boldsymbol{\alpha})(\boldsymbol{\eta},\boldsymbol{\beta}) \\ &= (\boldsymbol{\alpha},\boldsymbol{\beta}),\end{aligned}$$

所以 T 是正交变换.

(2) 同(1)一样可以证明 T 是线性变换. 要证明 T 是正交变换,则要保持向量长度不变. 因为

$$T(\boldsymbol{\eta})=\boldsymbol{\eta}-k(\boldsymbol{\eta},\boldsymbol{\eta})\boldsymbol{\eta}=(1-k)\boldsymbol{\eta},$$

所以

$$\| T(\boldsymbol{\eta}) \|^2=(T(\boldsymbol{\eta}),T(\boldsymbol{\eta}))=(1-k)^2=1,$$

解得 $k=0$ 或 $k=2$.

① 当 $k=0$ 时是恒等变换,因此是正交变换;

② 当 $k=2$ 时就是(1)中的正交变换,通常称为镜面反射.

注: 设 $\boldsymbol{\eta}_1,\boldsymbol{\eta}_2,\cdots,\boldsymbol{\eta}_n$ 是 n 维欧氏空间 V 的一组标准正交基, $\boldsymbol{\beta}=\boldsymbol{\eta}_1+\boldsymbol{\eta}_2+\cdots+\boldsymbol{\eta}_n$, 对于非零实数 k, 定义 $T(\boldsymbol{\alpha})=\boldsymbol{\alpha}+k(\boldsymbol{\alpha},\boldsymbol{\beta})\boldsymbol{\beta}$, $\forall\,\boldsymbol{\alpha}\in V$, 则 T 是正交变换当且仅当 $k=-\dfrac{2}{n}$.

6. 设 V 是一个 n 维欧氏空间, $\boldsymbol{\alpha}\neq\mathbf{0}$ 是 V 中的一个固定向量,证明:

(1) $V_1=\{\boldsymbol{\beta}\mid(\boldsymbol{\beta},\boldsymbol{\alpha})=0,\boldsymbol{\beta}\in V\}$ 是 V 的一个子空间;

(2) V_1 的维数等于 $n-1$.

证明: (1) 由于 $\mathbf{0}\in V_1$, 因而 V_1 非空. 下面证明 V_1 对两种运算封闭. 事实上,任取 $\boldsymbol{x}_1,\boldsymbol{x}_2\in V_1$, 则有

$$(\boldsymbol{x}_1,\boldsymbol{\alpha})=(\boldsymbol{x}_2,\boldsymbol{\alpha})=0,$$

于是又有

$$(\boldsymbol{x}_1+\boldsymbol{x}_2,\boldsymbol{\alpha})=(\boldsymbol{x}_1,\boldsymbol{\alpha})+(\boldsymbol{x}_2,\boldsymbol{\alpha})=0,$$

所以 $\boldsymbol{x}_1+\boldsymbol{x}_2\in V_1$.

另一方面,也有

$$(k\boldsymbol{x}_1,\boldsymbol{\alpha})=k(\boldsymbol{x}_1,\boldsymbol{\alpha})=0,$$

即 $k\boldsymbol{x}_1\in V_1$.

综上, V_1 是 V 的一个子空间.

(2) 因为 $\boldsymbol{\alpha}\neq\mathbf{0}$ 是线性无关的,可将其扩充为 V 的一组正交基 $\boldsymbol{\alpha},\boldsymbol{\eta}_2,\cdots,\boldsymbol{\eta}_n$, 则

$$(\boldsymbol{\eta}_i,\boldsymbol{\alpha})=0\quad(\boldsymbol{\eta}_i\in V_1;i=2,3,\cdots,n).$$

下面只要证明:对任意的 $\boldsymbol{\beta}\in V_1$, $\boldsymbol{\beta}$ 可以由 $\boldsymbol{\eta}_2,\boldsymbol{\eta}_3,\cdots,\boldsymbol{\eta}_n$ 线性表出,则 V_1 的维数就是 $n-1$.

事实上，对任意的$\boldsymbol{\beta} \in V_1$，都有$\boldsymbol{\beta} \in V$，于是有线性关系

$$\boldsymbol{\beta} = k_1\boldsymbol{\alpha} + k_2\boldsymbol{\eta}_2 + \cdots + k_n\boldsymbol{\eta}_n,$$

且

$$(\boldsymbol{\beta},\boldsymbol{\alpha}) = k_1(\boldsymbol{\alpha},\boldsymbol{\alpha}) + k_2(\boldsymbol{\eta}_2,\boldsymbol{\alpha}) + \cdots + k_n(\boldsymbol{\eta}_n,\boldsymbol{\alpha}),$$

又由上可知

$$(\boldsymbol{\beta},\boldsymbol{\alpha}) = (\boldsymbol{\eta}_i,\boldsymbol{\alpha}) = 0 \quad (i = 2,3,\cdots,n),$$

所以$k_1(\boldsymbol{\alpha},\boldsymbol{\alpha}) = 0$，又因为$\boldsymbol{\alpha} \neq \mathbf{0}$，故$k_1 = 0$，从而有

$$\boldsymbol{\beta} = k_2\boldsymbol{\eta}_2 + \cdots + k_n\boldsymbol{\eta}_n,$$

再由$\boldsymbol{\beta}$的任意性，即得结论.

7. 证明：向量$\boldsymbol{\beta} \in V_1$是向量$\boldsymbol{\alpha}$在子空间$V_1$上的正投影的充分必要条件是对任意$\boldsymbol{\xi} \in V_1$，有$\|\boldsymbol{\alpha} - \boldsymbol{\beta}\| \leqslant \|\boldsymbol{\alpha} - \boldsymbol{\xi}\|$.

证明：先证必要性. 设$\boldsymbol{\beta} \in V_1$是$\boldsymbol{\alpha}$在$V_1$上的正投影，则

$$\boldsymbol{\alpha} = \boldsymbol{\beta} + \boldsymbol{\gamma} \quad (\boldsymbol{\gamma} \in V_1^{\perp}) \Rightarrow \boldsymbol{\alpha} - \boldsymbol{\beta} = \boldsymbol{\gamma} \quad (\boldsymbol{\alpha} - \boldsymbol{\beta} \in V_1^{\perp}) \Rightarrow \boldsymbol{\alpha} - \boldsymbol{\beta} \perp V_1,$$

于是，$\forall \boldsymbol{\xi} \in V_1$，有

$$\|\boldsymbol{\alpha} - \boldsymbol{\beta}\| \leqslant \|\boldsymbol{\alpha} - \boldsymbol{\xi}\|.$$

再证充分性. 设$\boldsymbol{\alpha} = \boldsymbol{\beta}_1 + \boldsymbol{\gamma}, \boldsymbol{\beta}_1 \in V_1, \boldsymbol{\gamma} \in V_1^{\perp}$，由必要性的证明知

$$\|\boldsymbol{\alpha} - \boldsymbol{\beta}_1\| \leqslant \|\boldsymbol{\alpha} - \boldsymbol{\beta}\|,$$

另一方面，由充分性假设又有

$$\|\boldsymbol{\alpha} - \boldsymbol{\beta}\| \leqslant \|\boldsymbol{\alpha} - \boldsymbol{\beta}_1\|,$$

所以

$$\|\boldsymbol{\alpha} - \boldsymbol{\beta}_1\| = \|\boldsymbol{\alpha} - \boldsymbol{\beta}\|. \tag{$*$}$$

因为

$$\boldsymbol{\alpha} - \boldsymbol{\beta} = \boldsymbol{\beta}_1 + \boldsymbol{\gamma} - \boldsymbol{\beta} = (\boldsymbol{\beta}_1 - \boldsymbol{\beta}) + \boldsymbol{\gamma},$$

则

$$\begin{aligned}(\boldsymbol{\alpha} - \boldsymbol{\beta}, \boldsymbol{\alpha} - \boldsymbol{\beta}) &= ((\boldsymbol{\beta}_1 - \boldsymbol{\beta}) + \boldsymbol{\gamma}, (\boldsymbol{\beta}_1 - \boldsymbol{\beta}) + \boldsymbol{\gamma}) = (\boldsymbol{\beta}_1 - \boldsymbol{\beta}, \boldsymbol{\beta}_1 - \boldsymbol{\beta}) + (\boldsymbol{\gamma}, \boldsymbol{\gamma}) \\ &= (\boldsymbol{\beta}_1 - \boldsymbol{\beta}, \boldsymbol{\beta}_1 - \boldsymbol{\beta}) + (\boldsymbol{\alpha} - \boldsymbol{\beta}_1, \boldsymbol{\alpha} - \boldsymbol{\beta}_1),\end{aligned}$$

由(＊)式可知

$$(\boldsymbol{\alpha} - \boldsymbol{\beta}, \boldsymbol{\alpha} - \boldsymbol{\beta}) = (\boldsymbol{\alpha} - \boldsymbol{\beta}_1, \boldsymbol{\alpha} - \boldsymbol{\beta}_1),$$

因此

$$(\boldsymbol{\beta}_1 - \boldsymbol{\beta}, \boldsymbol{\beta}_1 - \boldsymbol{\beta}) = 0,$$

从而$\boldsymbol{\beta}_1 = \boldsymbol{\beta}$. 换句话说，$\boldsymbol{\beta}$就是$\boldsymbol{\alpha}$在$V_1$上的正投影.

8. 在$\mathbf{R}^3$中$W = \operatorname{span}\{\boldsymbol{\alpha}, \boldsymbol{\beta}\}$，其中$\boldsymbol{\alpha} = (1,1,0)^{\mathrm{T}}, \boldsymbol{\beta} = (0,0,1)^{\mathrm{T}}$.

(1) 求正交投影矩阵$\boldsymbol{P}_L$；

(2) 求$\boldsymbol{x} = (1,2,3)^{\mathrm{T}}$在$W$和$W^{\perp}$上的正交投影.

解：(1) 根据投影矩阵构造的计算公式，有

$$M=\begin{bmatrix}1&0\\1&0\\0&1\end{bmatrix},\quad M^{\mathrm{T}}M=\begin{bmatrix}2&0\\0&1\end{bmatrix},\quad (M^{\mathrm{T}}M)^{-1}=\frac{1}{2}\begin{bmatrix}1&0\\0&2\end{bmatrix},$$

所以

$$P_L=M(M^{\mathrm{T}}M)^{-1}M^{\mathrm{T}}=\frac{1}{2}\begin{bmatrix}1&1&0\\1&1&0\\0&0&2\end{bmatrix}.$$

(2) $\boldsymbol{x}$ 在 W 和 $W^{\perp}$ 上的投影分别为

$$\boldsymbol{y}=P_L\boldsymbol{x}=\frac{1}{2}\begin{bmatrix}3\\3\\6\end{bmatrix},\quad \boldsymbol{z}=\boldsymbol{x}-\boldsymbol{y}=\frac{1}{2}\begin{bmatrix}-1\\1\\0\end{bmatrix}.$$

9. 设 V 是 n 维欧氏空间，$\boldsymbol{\omega}\in \boldsymbol{V}$ 是一单位向量，a,b 是参数，V 上的线性变换 f 定义为 $f(\boldsymbol{\eta})=a\boldsymbol{\eta}-b(\boldsymbol{\eta},\boldsymbol{\omega})\boldsymbol{\omega}$，$\forall\,\boldsymbol{\eta}\in V$，问：当 a,b 取何值时，f 是正交变换？

解：扩充 $\boldsymbol{\omega}$ 为 V 的一组标准正交基 $\boldsymbol{\omega},\boldsymbol{\omega}_2,\cdots,\boldsymbol{\omega}_n$，则

$$f(\boldsymbol{\omega})=a\boldsymbol{\omega}-b(\boldsymbol{\omega},\boldsymbol{\omega})\boldsymbol{\omega}=a\boldsymbol{\omega}-b\boldsymbol{\omega}=(a-b)\boldsymbol{\omega},$$
$$f(\boldsymbol{\omega}_2)=a\boldsymbol{\omega}_2-b(\boldsymbol{\omega}_2,\boldsymbol{\omega})\boldsymbol{\omega}=a\boldsymbol{\omega}_2,$$
$$\vdots$$
$$f(\boldsymbol{\omega}_n)=a\boldsymbol{\omega}_n-b(\boldsymbol{\omega}_n,\boldsymbol{\omega})\boldsymbol{\omega}=a\boldsymbol{\omega}_n,$$

所以

$$f(\boldsymbol{\omega},\boldsymbol{\omega}_2,\cdots,\boldsymbol{\omega}_n)=(\boldsymbol{\omega},\boldsymbol{\omega}_2,\cdots\boldsymbol{\omega}_n)\begin{bmatrix}a-b&0&\cdots&0\\0&a&\cdots&0\\\vdots&\vdots&&\vdots\\0&0&0&a\end{bmatrix}=(\boldsymbol{\omega},\boldsymbol{\omega}_2,\cdots\boldsymbol{\omega}_n)\boldsymbol{A}.$$

若 f 是正交变换，则 $\boldsymbol{A}$ 必须为正交矩阵，即 $\boldsymbol{A}$ 的行向量或列向量必须为标准正交基. 故 $a=1,b=0$ 或 2；$a=-1,b=0$ 或 -2.

10. 证明：在 n 维欧氏空间 V 中两两夹角为钝角的向量不能多于 $n+1$ 个.

证明：对 n 用数学归纳法. 当 $n=1$ 时结论显然成立. 假设 $n>1$ 且结论对 $n-1$ 成立，则当 $\dim V=n$ 时，若 V 中有 $n+2$ 个向量 $\boldsymbol{\alpha}_1,\boldsymbol{\alpha}_2,\cdots,\boldsymbol{\alpha}_{n+2}$ 两两夹角为钝角，有

$$(\boldsymbol{\alpha}_i,\boldsymbol{\alpha}_j)<0\quad(1\leqslant i<j\leqslant n+2).$$

令 $W=\mathrm{span}\{\boldsymbol{\alpha}_{n+2}\}$，则

$$V=W\oplus W^{\perp},$$

设 $\boldsymbol{\alpha}_i=k_i\boldsymbol{\alpha}_{n+2}+\boldsymbol{\beta}_i(i=1,2,\cdots,n+1)$，其中 $\boldsymbol{\beta}_i\in W^{\perp}$，则

$$(\boldsymbol{\alpha}_{n+2},\boldsymbol{\alpha}_i)=k_i(\boldsymbol{\alpha}_{n+2},\boldsymbol{\alpha}_{n+2})+(\boldsymbol{\alpha}_{n+2},\boldsymbol{\beta}_i)=k_i(\boldsymbol{\alpha}_{n+2},\boldsymbol{\alpha}_{n+2})<0,$$

故有 $k_i<0$. 又当 $i\neq j$ 时，有

$$(\boldsymbol{\alpha}_i,\boldsymbol{\alpha}_j)=k_ik_j(\boldsymbol{\alpha}_{n+2},\boldsymbol{\alpha}_{n+2})+(\boldsymbol{\beta}_i,\boldsymbol{\beta}_j)<0,$$

所以有$(\boldsymbol{\beta}_i,\boldsymbol{\beta}_j)<0$,这样$W^{\perp}$是$n-1$维欧氏空间,且$\boldsymbol{\beta}_1,\boldsymbol{\beta}_2,\cdots,\boldsymbol{\beta}_{n+1}\in W^{\perp}$是$W^{\perp}$中$n+1$个两两夹角为钝角的向量,与归纳假设矛盾.

11. 设V是一个3维欧氏空间,$\boldsymbol{\alpha}_1,\boldsymbol{\alpha}_2,\boldsymbol{\alpha}_3$是$V$的一组基,内积在这组基下的度量矩阵为

$$\boldsymbol{A}=\begin{bmatrix}1&1&0\\1&2&-1\\0&-1&3\end{bmatrix}.$$

(1) 设$\boldsymbol{\beta}_1=\boldsymbol{\alpha}_1,\boldsymbol{\beta}_2=\boldsymbol{\alpha}_1+\boldsymbol{\alpha}_2,\boldsymbol{\beta}_3=\boldsymbol{\alpha}_1+\boldsymbol{\alpha}_2+\boldsymbol{\alpha}_3$,证明$\boldsymbol{\beta}_1,\boldsymbol{\beta}_2,\boldsymbol{\beta}_3$也是$V$的一组基,并求向量$\boldsymbol{\alpha}=\boldsymbol{\alpha}_1-\boldsymbol{\alpha}_2+\boldsymbol{\alpha}_3$在基$\boldsymbol{\beta}_1,\boldsymbol{\beta}_2,\boldsymbol{\beta}_3$下的坐标;

(2) 将$\boldsymbol{\beta}_1,\boldsymbol{\beta}_2,\boldsymbol{\beta}_3$正交化,并由此求出$V$的一组标准正交基.

解:(1) 设$k_1\boldsymbol{\beta}_1+k_2\boldsymbol{\beta}_2+k_3\boldsymbol{\beta}_3=\boldsymbol{0}$,故

$$(k_1+k_2+k_3)\boldsymbol{\alpha}_1+(k_2+k_3)\boldsymbol{\alpha}_2+k_3\boldsymbol{\alpha}_3=\boldsymbol{0},$$

由于$\boldsymbol{\alpha}_1,\boldsymbol{\alpha}_2,\boldsymbol{\alpha}_3$是$V$的一组基,故线性无关,所以

$$\begin{cases}k_1+k_2+k_3=0,\\k_2+k_3=0,\\k_3=0,\end{cases}$$

解得$k_1=k_2=k_3=0$,所以$\boldsymbol{\beta}_1,\boldsymbol{\beta}_2,\boldsymbol{\beta}_3$线性无关,从而也构成$V$的一组基.

又

$$\boldsymbol{\alpha}=\boldsymbol{\alpha}_1-\boldsymbol{\alpha}_2+\boldsymbol{\alpha}_3=\boldsymbol{\beta}_1-(\boldsymbol{\beta}_2-\boldsymbol{\beta}_1)+(\boldsymbol{\beta}_3-\boldsymbol{\beta}_2)=2\boldsymbol{\beta}_1-2\boldsymbol{\beta}_2+\boldsymbol{\beta}_3,$$

故向量$\boldsymbol{\alpha}$在基$\boldsymbol{\beta}_1,\boldsymbol{\beta}_2,\boldsymbol{\beta}_3$下的坐标为$\boldsymbol{x}=(2,-2,1)^{\mathrm{T}}$.

(2) 令

$$\boldsymbol{\gamma}_1=\boldsymbol{\beta}_1=\boldsymbol{\alpha}_1,\quad \boldsymbol{\gamma}_2=\boldsymbol{\beta}_2-\frac{(\boldsymbol{\beta}_2,\boldsymbol{\gamma}_1)}{(\boldsymbol{\gamma}_1,\boldsymbol{\gamma}_1)}\boldsymbol{\gamma}_1=-\boldsymbol{\alpha}_1+\boldsymbol{\alpha}_2,$$

$$\boldsymbol{\gamma}_3=\boldsymbol{\beta}_3-\frac{(\boldsymbol{\beta}_3,\boldsymbol{\gamma}_1)}{(\boldsymbol{\gamma}_1,\boldsymbol{\gamma}_1)}\boldsymbol{\gamma}_1-\frac{(\boldsymbol{\beta}_3,\boldsymbol{\gamma}_2)}{(\boldsymbol{\gamma}_2,\boldsymbol{\gamma}_2)}\boldsymbol{\gamma}_2=-\boldsymbol{\alpha}_1+\boldsymbol{\alpha}_2+\boldsymbol{\alpha}_3,$$

将$\boldsymbol{\gamma}_1,\boldsymbol{\gamma}_2,\boldsymbol{\gamma}_3$单位化得

$$\boldsymbol{e}_1=\frac{\boldsymbol{\gamma}_1}{\|\boldsymbol{\gamma}_1\|}=\frac{\boldsymbol{\alpha}_1}{\|\boldsymbol{\alpha}_1\|}=\boldsymbol{\alpha}_1,$$

$$\boldsymbol{e}_2=\frac{\boldsymbol{\gamma}_2}{\|\boldsymbol{\gamma}_2\|}=\frac{-\boldsymbol{\alpha}_1+\boldsymbol{\alpha}_2}{\|-\boldsymbol{\alpha}_1+\boldsymbol{\alpha}_2\|}=-\boldsymbol{\alpha}_1+\boldsymbol{\alpha}_2,$$

$$\boldsymbol{e}_3=\frac{\boldsymbol{\gamma}_3}{\|\boldsymbol{\gamma}_3\|}=\frac{-\boldsymbol{\alpha}_1+\boldsymbol{\alpha}_2+\boldsymbol{\alpha}_3}{\|-\boldsymbol{\alpha}_1+\boldsymbol{\alpha}_2+\boldsymbol{\alpha}_3\|}=\frac{-\boldsymbol{\alpha}_1+\boldsymbol{\alpha}_2+\boldsymbol{\alpha}_3}{\sqrt{2}},$$

则$\boldsymbol{e}_1,\boldsymbol{e}_2,\boldsymbol{e}_3$即为所求的标准正交基.

12. 给定$\mathbf{R}^3$的两组基:

$$\begin{cases}\boldsymbol{\xi}_1=(-1,0,2),\\\boldsymbol{\xi}_2=(0,1,1),\\\boldsymbol{\xi}_3=(3,-1,0)\end{cases}\quad 和\quad\begin{cases}\boldsymbol{\eta}_1=(-5,0,3),\\\boldsymbol{\eta}_2=(0,-1,3),\\\boldsymbol{\eta}_3=(-3,-1,4),\end{cases}$$

若定义线性变换 T 为 $T(\boldsymbol{\xi}_i)=\boldsymbol{\eta}_i(i=1,2,3)$，且有内积 $(\boldsymbol{\alpha},\boldsymbol{\beta})=\boldsymbol{\alpha}\boldsymbol{\beta}^{\mathrm{T}}$.

(1) 求两基间的过渡矩阵；

(2) 求 T 在基 $\boldsymbol{\eta}_1,\boldsymbol{\eta}_2,\boldsymbol{\eta}_3$ 下的矩阵；

(3) 求基 $\boldsymbol{\eta}_1,\boldsymbol{\eta}_2,\boldsymbol{\eta}_3$ 的度量矩阵 $\boldsymbol{P}=(a_{ij})_{3\times3}$，其中 $a_{ij}=(\boldsymbol{\eta}_i,\boldsymbol{\eta}_j)$.

解:(1) 取 $\mathbf{R}^3$ 的标准基

$$\boldsymbol{\varepsilon}_1=(1,0,0),\quad \boldsymbol{\varepsilon}_2=(0,1,0),\quad \boldsymbol{\varepsilon}_3=(0,0,1),$$

则 $\boldsymbol{\varepsilon}_1,\boldsymbol{\varepsilon}_2,\boldsymbol{\varepsilon}_3$ 到 $\boldsymbol{\xi}_1,\boldsymbol{\xi}_2,\boldsymbol{\xi}_3$ 及 $\boldsymbol{\eta}_1,\boldsymbol{\eta}_2,\boldsymbol{\eta}_3$ 的过渡矩阵分别是

$$\boldsymbol{A}=\begin{bmatrix}-1&0&3\\0&1&-1\\2&1&0\end{bmatrix},\quad \boldsymbol{B}=\begin{bmatrix}-5&0&-3\\0&-1&-1\\3&3&4\end{bmatrix},$$

则 $\boldsymbol{\xi}_1,\boldsymbol{\xi}_2,\boldsymbol{\xi}_3$ 到 $\boldsymbol{\eta}_1,\boldsymbol{\eta}_2,\boldsymbol{\eta}_3$ 的过渡矩阵是

$$\boldsymbol{C}=\boldsymbol{A}^{-1}\boldsymbol{B}=\begin{bmatrix}2&\frac{12}{7}&\frac{18}{7}\\-1&-\frac{3}{7}&-\frac{8}{7}\\-1&\frac{4}{7}&-\frac{1}{7}\end{bmatrix}.$$

(2) 由 $T(\boldsymbol{\xi}_i)=\boldsymbol{\eta}_i(i=1,2,3)$ 及(1) 得到

$$(T(\boldsymbol{\eta}_1),T(\boldsymbol{\eta}_2),T(\boldsymbol{\eta}_3))=T(\boldsymbol{\eta}_1,\boldsymbol{\eta}_2,\boldsymbol{\eta}_3)=T(\boldsymbol{\xi}_1,\boldsymbol{\xi}_2,\boldsymbol{\xi}_3)\boldsymbol{C}=(\boldsymbol{\eta}_1,\boldsymbol{\eta}_2,\boldsymbol{\eta}_3)\boldsymbol{C},$$

即 T 在基 $\boldsymbol{\eta}_1,\boldsymbol{\eta}_2,\boldsymbol{\eta}_3$ 下的矩阵是 $\boldsymbol{C}$.

(3) 由内积定义为 $(\boldsymbol{\alpha},\boldsymbol{\beta})=\boldsymbol{\alpha}\boldsymbol{\beta}^{\mathrm{T}}$ 得到

$$(\boldsymbol{\eta}_1,\boldsymbol{\eta}_1)=(-5)^2+0+3^2=34,$$
$$(\boldsymbol{\eta}_1,\boldsymbol{\eta}_2)=(-5)\times0+0\times(-1)+3\times3=9,$$

同理

$$(\boldsymbol{\eta}_1,\boldsymbol{\eta}_3)=27,\quad (\boldsymbol{\eta}_2,\boldsymbol{\eta}_2)=10,$$
$$(\boldsymbol{\eta}_2,\boldsymbol{\eta}_3)=13,\quad (\boldsymbol{\eta}_3,\boldsymbol{\eta}_3)=26,$$

因此基 $\boldsymbol{\eta}_1,\boldsymbol{\eta}_2,\boldsymbol{\eta}_3$ 的度量矩阵为

$$\boldsymbol{P}=\begin{bmatrix}34&9&27\\9&10&13\\27&13&26\end{bmatrix}.$$

13. 定义 $\mathbf{R}^n$ 中的内积 $(\boldsymbol{x},\boldsymbol{y})=\boldsymbol{y}^{\mathrm{T}}\boldsymbol{x}$，并记

$$V=\{\boldsymbol{A}\in\mathbf{R}^{n\times n}\mid(\boldsymbol{A}\boldsymbol{x},\boldsymbol{y})=(\boldsymbol{x},\boldsymbol{A}\boldsymbol{y}),\forall\,\boldsymbol{x},\boldsymbol{y}\in\mathbf{R}^n\}.$$

(1) 证明:V 是 $\mathbf{R}^{n\times n}$ 的一个线性子空间；

(2) 求 V 的一组基及 V 的维数.

解:(1) 首先 $\boldsymbol{O}\in V$，故 V 非空. $\forall\,\boldsymbol{A}=(a_{ij})_{n\times n}\in V$，及 $\forall\,\boldsymbol{x},\boldsymbol{y}\in\mathbf{R}^n$，有

$$(\boldsymbol{A}\boldsymbol{x},\boldsymbol{y})=(\boldsymbol{x},\boldsymbol{A}\boldsymbol{y}),$$

也即

$$y^{\mathrm{T}}\boldsymbol{A}\boldsymbol{x}=(\boldsymbol{A}\boldsymbol{y})^{\mathrm{T}}\boldsymbol{x}=\boldsymbol{y}^{\mathrm{T}}\boldsymbol{A}^{\mathrm{T}}\boldsymbol{x}, \tag{$*$}$$

分别取

$$\boldsymbol{x}=\boldsymbol{\varepsilon}_i=(0,0,\cdots,1,\cdots,0)^{\mathrm{T}},\quad \boldsymbol{y}=\boldsymbol{\varepsilon}_j=(0,0,\cdots,1,\cdots,0)^{\mathrm{T}},$$

则由($*$)式得到 $a_{ij}=a_{ji}(i,j=1,2,\cdots,n)$,即 $\boldsymbol{A}$ 是 n 阶实对称矩阵,所以

$$V=\{\boldsymbol{A}\in\mathbf{R}^{n\times n}\mid \boldsymbol{A}^{\mathrm{T}}=\boldsymbol{A}\},$$

因此 V 构成 $\mathbf{R}^{n\times n}$ 的子空间.

(2) $\forall \boldsymbol{A}=(a_{ij})_{n\times n}\in V$,有

$$\boldsymbol{A}=(a_{ij})_{n\times n}=\sum_{i=1}^{n}\sum_{j=1}^{n}a_{ij}\boldsymbol{E}_{ij}=\sum_{i=1}^{n}a_{ii}\boldsymbol{E}_{ii}+\sum_{1\leqslant j<i\leqslant n}a_{ij}(\boldsymbol{E}_{ij}+\boldsymbol{E}_{ji}),$$

而 $\boldsymbol{E}_{ii}(i=1,2,\cdots,n),\boldsymbol{E}_{ij}+\boldsymbol{E}_{ji}(1\leqslant j<i\leqslant n)\in V$ 且线性无关,所以构成 V 的一组基,因而

$$\dim V=n+\frac{n(n-1)}{2}=\frac{n(n+1)}{2},$$

其中,$\boldsymbol{E}_{ij}$ 表示第 i 行第 j 列元素为 1,其余元素均为 0 的 n 阶矩阵.

14. 已知 $\boldsymbol{P}_1^2=\boldsymbol{P}_1\in\mathbf{C}^{n\times n},\boldsymbol{P}_2^2=\boldsymbol{P}_2\in\mathbf{C}^{n\times n}$,且 $\boldsymbol{P}_1-\boldsymbol{P}_2$ 可逆,证明:

(1) $\boldsymbol{I}-\boldsymbol{P}_1\boldsymbol{P}_2$ 可逆;

(2) $\boldsymbol{P}_1+\boldsymbol{P}_2$ 可逆.

证明:(1) 设 $(\boldsymbol{I}-\boldsymbol{P}_1\boldsymbol{P}_2)\boldsymbol{x}=\boldsymbol{0}(\boldsymbol{x}\in\mathbf{C}^n)$,则

$$\begin{aligned}(\boldsymbol{I}-\boldsymbol{P}_1\boldsymbol{P}_2)\boldsymbol{x}=\boldsymbol{0}&\Rightarrow \boldsymbol{P}_1(\boldsymbol{I}-\boldsymbol{P}_1\boldsymbol{P}_2)\boldsymbol{x}=\boldsymbol{0}\Rightarrow \boldsymbol{P}_1\boldsymbol{x}=\boldsymbol{P}_1\boldsymbol{P}_2\boldsymbol{x}\\&\Rightarrow \boldsymbol{P}_1\boldsymbol{x}-\boldsymbol{P}_2\boldsymbol{x}=\boldsymbol{P}_1\boldsymbol{P}_2\boldsymbol{x}-\boldsymbol{P}_2\boldsymbol{x}\\&\Rightarrow (\boldsymbol{P}_1-\boldsymbol{P}_2)\boldsymbol{x}=(\boldsymbol{P}_1-\boldsymbol{P}_2)\boldsymbol{P}_2\boldsymbol{x}\\&\Rightarrow \boldsymbol{x}=\boldsymbol{P}_2\boldsymbol{x},\end{aligned}$$

又由 $(\boldsymbol{I}-\boldsymbol{P}_1\boldsymbol{P}_2)\boldsymbol{x}=\boldsymbol{0}$,则

$$\boldsymbol{x}=\boldsymbol{P}_1\boldsymbol{P}_2\boldsymbol{x}\Rightarrow \boldsymbol{x}=\boldsymbol{P}_1\boldsymbol{x},$$

由

$$\boldsymbol{P}_1\boldsymbol{x}=\boldsymbol{x},\boldsymbol{x}=\boldsymbol{P}_2\boldsymbol{x}\Rightarrow (\boldsymbol{P}_1-\boldsymbol{P}_2)\boldsymbol{x}=\boldsymbol{0}\Rightarrow \boldsymbol{x}=\boldsymbol{0},$$

所以 $\boldsymbol{I}-\boldsymbol{P}_1\boldsymbol{P}_2$ 可逆.

(2) 设 $(\boldsymbol{P}_1+\boldsymbol{P}_2)\boldsymbol{x}=\boldsymbol{0}(\boldsymbol{x}\in\mathbf{C}^n)$,则

$$(\boldsymbol{P}_1+\boldsymbol{P}_2)\boldsymbol{x}=\boldsymbol{0}\Rightarrow \boldsymbol{P}_1(\boldsymbol{P}_1+\boldsymbol{P}_2)\boldsymbol{x}=\boldsymbol{0}\Rightarrow \boldsymbol{P}_1\boldsymbol{x}+\boldsymbol{P}_1\boldsymbol{P}_2\boldsymbol{x}=\boldsymbol{0},$$

又由

$$\begin{aligned}\boldsymbol{P}_1\boldsymbol{x}=-\boldsymbol{P}_2\boldsymbol{x}&\Rightarrow \boldsymbol{P}_2\boldsymbol{x}-\boldsymbol{P}_1\boldsymbol{P}_2\boldsymbol{x}=\boldsymbol{0}\Rightarrow (\boldsymbol{I}-\boldsymbol{P}_1\boldsymbol{P}_2)\boldsymbol{P}_2\boldsymbol{x}=\boldsymbol{0}\\&\Rightarrow \boldsymbol{P}_2\boldsymbol{x}=\boldsymbol{0}\Rightarrow \boldsymbol{P}_1\boldsymbol{x}=\boldsymbol{0}\\&\Rightarrow (\boldsymbol{P}_1-\boldsymbol{P}_2)\boldsymbol{x}=\boldsymbol{0}\Rightarrow \boldsymbol{x}=\boldsymbol{0}\end{aligned}$$

所以 $\boldsymbol{P}_1+\boldsymbol{P}_2$ 可逆.

15. 填空题：

(1) 已知 $\boldsymbol{\alpha}_1,\boldsymbol{\alpha}_2,\cdots,\boldsymbol{\alpha}_n$ 为 n 维实内积空间 V 中的一组标准正交基，向量 $\boldsymbol{\alpha}\in V$ 在该基下的坐标为 $(1,1,\cdots,1)^{\mathrm{T}}$，则 $\|\boldsymbol{\alpha}\|=$ ________.

(2) 由向量 $\boldsymbol{\alpha}_1=(1,2,1)^{\mathrm{T}}$ 与 $\boldsymbol{\alpha}_2=(1,-1,2)^{\mathrm{T}}$ 生成的 $\mathbf{R}^3$ 的子空间 $V=\operatorname{span}\{\boldsymbol{\alpha}_1,\boldsymbol{\alpha}_2\}$ 的正交补 $V^{\perp}$ 的基是________.

(3) 设 $P_3[x]$ 是内积空间，$\forall f(x),g(x)\in P_3[x]$，定义内积

$$(f(x),g(x))=\int_0^2 f(x)g(x)\mathrm{d}x,$$

则内积在基 $1,x-1,(x-1)^2$ 下的度量矩阵为________.

(4) 在 n 维欧氏空间 V 中，满足条件 $(\boldsymbol{\alpha}_i,\boldsymbol{\alpha}_i)=i(i=1,2,\cdots,n)$，正交基 $\boldsymbol{\alpha}_1,\boldsymbol{\alpha}_2,\cdots,\boldsymbol{\alpha}_n$ 的度量矩阵为________.

解：(1) $\|\boldsymbol{\alpha}\|=\sqrt{n}$；　(2) $(-5,1,3)^{\mathrm{T}}$；　(3) $\boldsymbol{A}=\begin{bmatrix}2 & 0 & \frac{2}{3}\\ 0 & \frac{2}{3} & 0\\ \frac{2}{3} & 0 & \frac{2}{5}\end{bmatrix}$；

(4) $\operatorname{diag}(1,2,\cdots,n)$.

3 矩阵的 Jordan 标准形

本章主要讨论矩阵的特征值与特征向量的性质以及矩阵 Jordan 标准形的求法与应用. Jordan 标准形理论与方法在解决矩阵问题中起着重要作用.

3.1 教学基本要求

(1) 熟悉特征值与特征向量的定义与性质,会求矩阵的特征值与特征向量;掌握矩阵特征值与矩阵的关系:矩阵特征值的和等于矩阵主对角元的和(即矩阵的迹),矩阵特征值的乘积等于矩阵的行列式.

(2) 理解不变子空间的定义与证明方法.

(3) 熟练掌握矩阵可以对角化的条件与化矩阵为对角阵的方法.

(4) 理解正规矩阵的定义与性质.

(5) 掌握矩阵的不变因子、初等因子、各阶行列式因子、最小多项式的定义与求法.

(6) 掌握矩阵的 Jordan 标准形的求法,会求将矩阵化为 Jordan 标准形的变换矩阵.

(7) 会利用矩阵的 Jordan 标准形性质判断矩阵是否可以对角化.

(8) 掌握 Hamilton-Cayley 定理及其在求矩阵多项式中的应用.

难点:(1) 矩阵相似于对角矩阵的条件与化矩阵为对角阵的方法;

(2) 求矩阵 Jordan 标准形的相似变换矩阵.

3.2 主要内容提要

3.2.1 特征值与特征向量

(1) 矩阵 $\boldsymbol{A}$ 的迹等于 $\boldsymbol{A}$ 的所有特征值之和,矩阵 $\boldsymbol{A}$ 的行列式等于 $\boldsymbol{A}$ 所有特征值的乘积.

(2) **特征子空间**:设 V 是数域 P 上的 n 维线性空间,T 是 V 的线性变换,对 T 的任一特征值 λ_0,T 属于 λ_0 的全部特征向量再添加零向量所构成的集合是 V 的子空间,称为 T 属于特征值 λ_0 的特征子空间,记为 V_{λ_0},即

$$V_{\lambda_0} = \{\boldsymbol{\alpha} \mid T(\boldsymbol{\alpha}) = \lambda_0\boldsymbol{\alpha}, \boldsymbol{\alpha} \in V\}.$$

V_{λ_0} 是V在T下的不变子空间. T的特征子空间V_{λ_0} 的维数是T属于特征值λ_0 的线性无关的特征向量的最大个数.

3.2.2　矩阵的可对角化

(1) n 阶方阵$\boldsymbol{A}$ 可对角化的充要条件是它具有n 个线性无关的特征向量.

(2) n 阶方阵$\boldsymbol{A}$ 有n 个互异的特征值,则必可对角化.(充分条件)

(3) n 阶矩阵$\boldsymbol{A}$ 可与对角矩阵相似的充要条件是对$\boldsymbol{A}$ 的任意一个k 重特征值λ,均有$r(\lambda\boldsymbol{I}-\boldsymbol{A})=n-k$,从而对应于$k$重特征值$\lambda$,恰有$k$个线性无关的特征向量.

(4) n 阶复矩阵$\boldsymbol{A}$ 如果满足等式$\boldsymbol{A}^{\mathrm{H}}\boldsymbol{A}=\boldsymbol{A}\boldsymbol{A}^{\mathrm{H}}$,则称$\boldsymbol{A}$是正规矩阵或规范矩阵.

Schur 引理　设数$\lambda_1,\lambda_2,\cdots,\lambda_n$ 是n 阶方阵$\boldsymbol{A}$ 的特征值,则存在酉矩阵$\boldsymbol{U}$,使得$\boldsymbol{U}^{\mathrm{H}}\boldsymbol{A}\boldsymbol{U}$ 是上三角矩阵.

n 阶方阵$\boldsymbol{A}$ 酉相似于对角阵的充要条件是$\boldsymbol{A}$ 为(实或复) 正规阵.

记n 阶酉矩阵集合为 $\mathrm{U}^{n\times n}$,n 阶 Hermite 矩阵集合为 $\mathrm{H}^{n\times n}$.

3.2.3　矩阵的 Jordan 标准形

(1) λ- 矩阵

定义:元素均为λ 多项式的矩阵称为λ- 矩阵,记为$\boldsymbol{A}(\lambda)$.

λ- 矩阵的初等变换有以下三种:

① 互换λ- 矩阵的两行(列);

② 以非零常数乘以λ- 矩阵某行(列);

> **注:**这里不能乘以λ的多项式或零,这样有可能改变原来矩阵的秩和属性.

③ 将λ- 矩阵某行(列) 乘以λ 的多项式$\varphi(\lambda)$ 加到另一行(列) 上.

λ- 矩阵的标准形式:采用初等变换可将λ- 矩阵$\boldsymbol{A}(\lambda)$ 化为如下标准形,即

$$\boldsymbol{A}(\lambda) \rightarrow \begin{bmatrix} d_1(\lambda) & & & & & & 0 \\ & d_2(\lambda) & & & & & \\ & & \ddots & & & & \\ & & & d_r(\lambda) & & & \\ & & & & 0 & & \\ & & & & & \ddots & \\ 0 & & & & & & 0 \end{bmatrix},$$

其中,多项式$d_i(\lambda)$ 是首一多项式(首项系数为 1,即最高幂次项的系数为 1),并且$d_1(\lambda) \mid d_2(\lambda), d_2(\lambda) \mid d_3(\lambda), \cdots, d_{r-1}(\lambda) \mid d_r(\lambda)$,即$d_i(\lambda)$ 是$d_{i+1}(\lambda)$ 的因式.

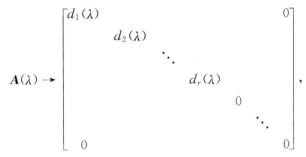

① λ-矩阵的标准形不随所采用的初等变换而变，故称 $d_i(\lambda)(i=1,2,\cdots,r)$ 为 $\boldsymbol{A}(\lambda)$ 的不变因子.

② 设 $D_i(\lambda)$ 为 $\boldsymbol{A}(\lambda)$ 的所有 i 阶子行列式的首一最大公因式，$D_i(\lambda)$ 称为 $\boldsymbol{A}(\lambda)$ 的 i 阶行列式因子. 可以证明初等变换不改变 $\boldsymbol{A}(\lambda)$ 的各阶行列式因子，若 $\boldsymbol{A}(\lambda)$ 的秩为 r，则有

$$d_i(\lambda)=\frac{D_i(\lambda)}{D_{i-1}(\lambda)}\quad(i=1,2,\cdots,r),$$

从而

$$D_i(\lambda)=d_1(\lambda)d_2(\lambda)\cdots d_i(\lambda)\quad(i=1,2,\cdots,r).$$

③ 将每个不变因子化为不可约因式的一次方幂，这些不可约因式的一次方幂均称为 $\boldsymbol{A}(\lambda)$ 的初等因子，全体初等因子称为初等因子组.

对于 n 阶矩阵 $\boldsymbol{A}$，定义 $\lambda\boldsymbol{I}-\boldsymbol{A}$ 的不变因子、各阶行列式因子以及初等因子分别为 $\boldsymbol{A}$ 的**不变因子、各阶行列式因子以及初等因子**.

(2) Jordan 矩阵

形如

$$\boldsymbol{J}_i(\lambda_i)=\begin{bmatrix}\lambda_i & 1 & & 0\\ & \lambda_i & \ddots & \\ & & \ddots & 1\\ 0 & & & \lambda_i\end{bmatrix}_{n_i\times n_i}$$

的矩阵称为 Jordan 块，由若干个 Jordan 块构成的分块对角阵称为 **Jordan 矩阵**，记为 $\boldsymbol{J}$，即

$$\boldsymbol{J}=\begin{bmatrix}\boldsymbol{J}_1(\lambda_1) & & & \\ & \boldsymbol{J}_2(\lambda_2) & & \\ & & \ddots & \\ & & & \boldsymbol{J}_s(\lambda_s)\end{bmatrix}$$

是 Jordan 矩阵.

性质：在复数域上，任何 n 阶方阵 $\boldsymbol{A}$ 均相似于如下的 Jordan 矩阵 $\boldsymbol{J}$，称为矩阵 $\boldsymbol{A}$ 的 Jordan 标准形，即存在 n 阶可逆矩阵 $\boldsymbol{P}$，使得

$$\boldsymbol{P}^{-1}\boldsymbol{A}\boldsymbol{P}=\boldsymbol{J}=\begin{bmatrix}\boldsymbol{J}_1(\lambda_1) & & & \\ & \boldsymbol{J}_2(\lambda_2) & & \\ & & \ddots & \\ & & & \boldsymbol{J}_s(\lambda_s)\end{bmatrix},$$

其中 $\boldsymbol{J}_i(\lambda_i)$ 为 n_i 阶 Jordan 块，$\sum_{i=1}^{s}n_i=n$.

若不计较 Jordan 块排列次序，则 $\boldsymbol{A}$ 的 Jordan 标准形是唯一的.

(3) Hamilton-Cayley 定理：设 $f(\lambda)=|\lambda\boldsymbol{I}-\boldsymbol{A}|$ 是 $\boldsymbol{A}$ 的特征多项式，则

$$f(\boldsymbol{A})=0.$$

此定理可以用于求矩阵多项式以及矩阵的 Jordan 标准形.

(4) 矩阵的最小多项式

定义 1 设 $\boldsymbol{A}$ 是 n 阶矩阵，$\varphi(\lambda)$ 是 λ 的多项式，若 $\varphi(\boldsymbol{A})=0$，则称 $\varphi(\lambda)$ 为 $\boldsymbol{A}$ 的一个化零多项式.

例如，$\boldsymbol{A}$ 的特征多项式就是 $\boldsymbol{A}$ 的一个化零多项式.

定义 2 n 阶矩阵 $\boldsymbol{A}$ 的化零多项式中，次数最低且首一的多项式称为 $\boldsymbol{A}$ 的最小多项式，记为 $m(\lambda)$.

相关性质：① 多项式 $\varphi(\lambda)$ 是矩阵 $\boldsymbol{A}$ 的化零多项式当且仅当 $m(\lambda)\mid\varphi(\lambda)$. 特别地，有 $m(\lambda)\mid f(\lambda)$，其中 $f(\lambda)$ 是 $\boldsymbol{A}$ 的特征多项式.

② 矩阵 $\boldsymbol{A}$ 的最小多项式是唯一的.

③ 矩阵 $\boldsymbol{A}$ 的特征值一定是最小多项式的根. 特别地，若矩阵 $\boldsymbol{A}$ 的特征值互异，则它的最小多项式与特征多项式相同.

④ 设 $\boldsymbol{A}$ 是 n 阶矩阵，$D_{n-1}(\lambda)$ 是 $\boldsymbol{A}$ 的 $n-1$ 阶行列式因子，则 $\boldsymbol{A}$ 的最小多项式是 $\boldsymbol{A}$ 的最后一个不变因子 $d_n(\lambda)=\dfrac{D_n(\lambda)}{D_{n-1}(\lambda)}$.

(5) 矩阵 Jordan 标准形的性质及应用

① 两个 n 阶矩阵 $\boldsymbol{A},\boldsymbol{B}$ 相似 $\Leftrightarrow$ $\lambda\boldsymbol{I}-\boldsymbol{A}$ 与 $\lambda\boldsymbol{I}-\boldsymbol{B}$ 等价 $\Leftrightarrow$ $\boldsymbol{A},\boldsymbol{B}$ 有相同的不变因子 $\Leftrightarrow$ $\boldsymbol{A},\boldsymbol{B}$ 有相同的各阶行列式因子 $\Leftrightarrow$ $\boldsymbol{A},\boldsymbol{B}$ 有相同的初等因子 $\Leftrightarrow$ $\boldsymbol{A},\boldsymbol{B}$ 有相同的 Jordan 标准形.

② n 阶矩阵 $\boldsymbol{A}$ 可以对角化 $\Leftrightarrow$ $\boldsymbol{A}$ 的初等因子都是一次的 $\Leftrightarrow$ $\boldsymbol{A}$ 的最小多项式无重根.

3.2.4 特征值估计

(1) 盖尔圆：设 $\boldsymbol{A}=(a_{ij})\in\mathbf{C}^{n\times n}$ 是 n 阶复矩阵，在复平面上，称集合

$$G_i(\boldsymbol{A})=\left\{z\in\mathbf{C}\,\middle|\,|z-a_{ii}|\leqslant\sum_{j\neq i}|a_{ij}|=R_i\right\}\quad(i=1,2,\cdots,n)$$

为矩阵 $\boldsymbol{A}$ 的第 i 个 **Gerschgorin 圆**，简称盖尔圆，其中

$$R_i=\sum_{j\neq i}|a_{ij}|\quad(i=1,2,\cdots,n)$$

称为盖尔圆 G_i 的半径.

相关结论：①（盖尔定理）矩阵 $\boldsymbol{A}=(a_{ij})\in\mathbf{C}^{n\times n}$ 的一切特征值都在它的 n 个盖尔圆的并集之内；

② 若 n 阶实矩阵 $\boldsymbol{A}$ 的每一个盖尔圆与其余盖尔圆分离，则 $\boldsymbol{A}$ 的特征值均为实数.

设 $\boldsymbol{A}$ 是 n 阶矩阵，它的特征值的全体称为 $\boldsymbol{A}$ 的谱，记为 $\lambda(\boldsymbol{A})$，并称 $\max\limits_{\lambda\in\lambda(\boldsymbol{A})}|\lambda|$ 为

矩阵 $\boldsymbol{A}$ 的谱半径，记为 $\rho(\boldsymbol{A})$. 从几何上看，矩阵 $\boldsymbol{A}$ 的特征值全部位于以原点为圆心，谱半径 $\rho(\boldsymbol{A})$ 为半径的圆盘内.

(2) Hermite 矩阵特征值的性质

设矩阵 $\boldsymbol{A}=(a_{ij})\in\mathbf{C}^{n\times n}$，如果 $\boldsymbol{A}^{\mathrm{H}}=\boldsymbol{A}$，则称矩阵 $\boldsymbol{A}$ 是 Hermite 矩阵. 特别地，若 $\boldsymbol{A}$ 是实矩阵，$\boldsymbol{A}^{\mathrm{H}}=\boldsymbol{A}$ 等价于 $\boldsymbol{A}^{\mathrm{T}}=\boldsymbol{A}$，即 $\boldsymbol{A}$ 是实对称矩阵.

① 设 $\boldsymbol{A}$ 是 n 阶 Hermite 矩阵，则 $\boldsymbol{A}$ 的特征值均为实数；且若 $\boldsymbol{A}$ 是实对称矩阵，则 $\boldsymbol{A}$ 正交相似于对角矩阵.

② 设 $\boldsymbol{A}$ 是 n 阶 Hermite 矩阵，并设 $\lambda_1\geqslant\lambda_2\geqslant\cdots\geqslant\lambda_n$ 是 $\boldsymbol{A}$ 的特征值，则 $\forall\boldsymbol{x}\in\mathbf{C}^n,\boldsymbol{x}\neq\boldsymbol{0}$，有 $\lambda_1\geqslant\dfrac{\boldsymbol{x}^{\mathrm{H}}\boldsymbol{A}\boldsymbol{x}}{\boldsymbol{x}^{\mathrm{H}}\boldsymbol{x}}\geqslant\lambda_n$.

关于 Hermite 矩阵的其他性质见第 7 章.

3.3 解题方法归纳

(1) 判断一个 n 阶矩阵 $\boldsymbol{A}$ 能否对角化的方法

方法 1：矩阵 $\boldsymbol{A}$ 有 n 个线性无关的特征向量；

方法 2：矩阵 $\boldsymbol{A}$ 的初等因子均为一次的；

方法 3：矩阵 $\boldsymbol{A}$ 的最小多项式无重根.

(2) 如果 n 阶矩阵 $\boldsymbol{A}$ 的特征值无重根，则 $\boldsymbol{A}$ 可以对角化(充分非必要条件).

(3) 判断 V 的一个线性子空间 W 是线性变换 T 的不变子空间，只要证明 $\forall\boldsymbol{\alpha}\in W$，均有 $T(\boldsymbol{\alpha})\in W$.

(4) 设 $\boldsymbol{A}\in\mathbf{C}^{n\times n}$，则 $\boldsymbol{A}$ 酉相似于对角矩阵 $\Leftrightarrow$ $\boldsymbol{A}$ 是正规矩阵.

(5) 求矩阵的 Jordan 标准形的方法

第一步：求出特征矩阵 $\lambda\boldsymbol{I}-\boldsymbol{A}$ 的初等因子，设为

$$(\lambda-\lambda_1)^{n_1},\quad(\lambda-\lambda_2)^{n_2},\quad\cdots,\quad(\lambda-\lambda_s)^{n_s};$$

第二步：对于每个初等因子 $(\lambda-\lambda_i)^{n_i}$ 写出对应的 n_i 阶 Jordan 块，即

$$\boldsymbol{J}_{n_i}(\lambda_i)=\begin{bmatrix}\lambda_i & 1 & & 0\\ & \lambda_i & \ddots & \\ & & \ddots & 1\\ 0 & & & \lambda_i\end{bmatrix}_{n_i\times n_i};$$

第三步：合成 Jordan 矩阵，即有

$$\boldsymbol{J}=\begin{bmatrix}\boldsymbol{J}_{n_1}(\lambda_1) & & & 0\\ & \boldsymbol{J}_{n_2}(\lambda_2) & & \\ & & \ddots & \\ 0 & & & \boldsymbol{J}_{n_s}(\lambda_s)\end{bmatrix}.$$

矩阵 $\boldsymbol{J}$ 即为矩阵 $\boldsymbol{A}$ 的 Jordan 标准形.

(6) 求初等因子的方法

方法 1:对 $\lambda\boldsymbol{I}-\boldsymbol{A}$ 进行初等变换,将其化为标准形,求出不变因子,再将每一个次数大于 0 的不变因子分解为 λ 的一次方幂的乘积,则每一个次数大于零的 λ 的一次方幂就是一个初等因子.

注:一个矩阵的初等因子可以有几个是相同的.

方法 2:计算出 n 阶矩阵 $\boldsymbol{A}$ 的特征多项式

$$f(\lambda)=|\lambda\boldsymbol{I}-\boldsymbol{A}|=(\lambda-\lambda_1)^{k_1}(\lambda-\lambda_2)^{k_2}\cdots(\lambda-\lambda_s)^{k_s},$$

其中

$$\lambda_i\neq\lambda_j\quad(i\neq j),\quad \sum_{i=1}^{s}k_i=n,$$

对于 $|\lambda\boldsymbol{I}-\boldsymbol{A}|$ 的第 i 个不可约因式 $(\lambda-\lambda_i)^{k_i}$,如果 $k_i=1$,则 $\lambda-\lambda_i$ 就是 $\boldsymbol{A}$ 的一个初等因子;如果 $k_i>1$,则 $(\lambda-\lambda_i)^{k_i}$ 是 $\boldsymbol{A}$ 的 $n-r(\lambda_i\boldsymbol{I}-\boldsymbol{A})$ 个初等因子的乘积.

(7) 求变换矩阵的方法

设 $\boldsymbol{A}$ 是 n 阶复矩阵,其 Jordan 标准形 $\boldsymbol{J}=\mathrm{diag}(\boldsymbol{J}_1,\boldsymbol{J}_2,\cdots,\boldsymbol{J}_s)$,其中 $\boldsymbol{J}_i$ 是 m_i 阶 Jordan 块,则存在 n 阶可逆矩阵 $\boldsymbol{P}$,使 $\boldsymbol{P}^{-1}\boldsymbol{A}\boldsymbol{P}=\boldsymbol{J}$,即 $\boldsymbol{A}\boldsymbol{P}=\boldsymbol{P}\boldsymbol{J}$. 以下给出求可逆矩阵 $\boldsymbol{P}$ 的方法.

① 将 $\boldsymbol{P}$ 按 $\boldsymbol{J}$ 的结构写成列块的形式,即

$$\boldsymbol{P}=(\underset{\substack{\uparrow\\ m_1\text{列}}}{\boldsymbol{P}_1},\underset{\substack{\uparrow\\ m_2\text{列}}}{\boldsymbol{P}_2},\cdots,\underset{\substack{\uparrow\\ m_s\text{列}}}{\boldsymbol{P}_s}),$$

所以

$$\boldsymbol{A}(\boldsymbol{P}_1,\boldsymbol{P}_2,\cdots,\boldsymbol{P}_s)=(\boldsymbol{P}_1,\boldsymbol{P}_2,\cdots,\boldsymbol{P}_s)\begin{bmatrix}\boldsymbol{J}_1 & & & \\ & \boldsymbol{J}_2 & & \\ & & \ddots & \\ & & & \boldsymbol{J}_s\end{bmatrix},$$

从而

$$\boldsymbol{A}\boldsymbol{P}_i=\boldsymbol{P}_i\boldsymbol{J}_i\quad(i=1,2,\cdots,s);$$

② 求解 s 个矩阵方程

$$\boldsymbol{A}\boldsymbol{P}_i=\boldsymbol{P}_i\boldsymbol{J}_i\quad(i=1,2,\cdots,s);$$

③ 将 s 个 $\boldsymbol{P}_i$ 合成变换矩阵

$$\boldsymbol{P}=(\boldsymbol{P}_1,\boldsymbol{P}_2,\cdots,\boldsymbol{P}_s).$$

关于方程 $\boldsymbol{A}\boldsymbol{P}_i=\boldsymbol{P}_i\boldsymbol{J}_i$ 的求解:设

$$\boldsymbol{P}_i=(\boldsymbol{P}_{i1},\boldsymbol{P}_{i2},\cdots,\boldsymbol{P}_{im_i}),$$

则

$$A(P_{i1},P_{i2},\cdots,P_{im_i})=(P_{i1},P_{i2},\cdots,P_{im_i})\begin{bmatrix}\lambda_i & 1 & & 0\\ & \lambda_i & \ddots & \\ & & \ddots & 1\\ 0 & & & \lambda_i\end{bmatrix}.$$

由 $AP_{i1}=\lambda_i P_{i1}$，得到

$$(A-\lambda_i I)P_{i1}=0,$$

由 $AP_{i2}=P_{i1}+\lambda_i P_{i2}$，得到

$$(A-\lambda_i I)P_{i2}=P_{i1},$$

故

$$(A-\lambda_i I)^2 P_{i2}=0,$$

以此类推，由 $AP_{im_i}=P_{im_{i-1}}+\lambda_i P_{im_i}$，得到

$$(A-\lambda_i I)P_{im_i}=P_{im_{i-1}},$$

于是

$$(A-\lambda_i I)^{m_i}P_{im_i}=0.$$

(8) 求矩阵的最小多项式的方法

① 利用最小多项式定义求；

② 利用最小多项式与特征多项式有相同的根求；

③ 利用最小多项式是矩阵 A 的最后一个不变因子求.

(9) 求矩阵 A 的多项式 $g(A)$：通常求出最小多项式 $m(\lambda)$，并令

$$g(\lambda)=m(\lambda)q(\lambda)+r(\lambda),\quad 其中\ r(\lambda)\ 的次数小于\ m(\lambda),$$

则 $g(A)=r(A)$.

3.4 典型例题解析

例 3.1 设两个 n 维列向量 $\boldsymbol{\alpha}=(a_1,a_2,\cdots,a_n)^{\mathrm T}$，$\boldsymbol{\beta}=(b_1,b_2,\cdots,b_n)^{\mathrm T}$ 都是非零列向量，且

$$\boldsymbol{\alpha}^{\mathrm T}\boldsymbol{\beta}=0,\quad A=\boldsymbol{\alpha}\boldsymbol{\beta}^{\mathrm T},$$

求 A 的特征值与特征向量.

解法一：根据题意，可得

$$|\lambda I-A|=\begin{vmatrix}\lambda-a_1b_1 & -a_1b_2 & \cdots & -a_1b_n\\ -a_2b_1 & \lambda-a_2b_2 & \cdots & -a_2b_n\\ \vdots & \vdots & & \vdots\\ -a_nb_1 & -a_nb_2 & \cdots & \lambda-a_nb_n\end{vmatrix},$$

由 $\boldsymbol{\alpha}=(a_1,a_2,\cdots,a_n)^{\mathrm T}\neq\mathbf 0$，$\boldsymbol{\beta}=(b_1,b_2,\cdots,b_n)^{\mathrm T}\neq\mathbf 0$，不妨设 $a_1b_1\neq0$，将上式右

端的行列式第 1 行的 $-\frac{a_i}{a_1}$ 倍加到第 i 行($i=2,\cdots,n$)，得到

$$|\lambda\boldsymbol{I}-\boldsymbol{A}|=\begin{vmatrix}\lambda-a_1b_1 & -a_1b_2 & \cdots & -a_1b_n\\ -\frac{a_2}{a_1}\lambda & \lambda & \cdots & 0\\ \vdots & \vdots & & \vdots\\ -\frac{a_n}{a_1}\lambda & 0 & \cdots & \lambda\end{vmatrix},$$

再将第 j 列的 $\frac{a_j}{a_1}$ 倍都加到第 1 列($j=2,\cdots,n$)，得到

$$|\lambda\boldsymbol{I}-\boldsymbol{A}|=\begin{vmatrix}\lambda-\sum_{j=1}^{n}a_jb_j & -a_1b_2 & \cdots & -a_1b_n\\ 0 & \lambda & \cdots & 0\\ \vdots & \vdots & & \vdots\\ 0 & 0 & \cdots & \lambda\end{vmatrix},$$

由于 $\sum_{i=1}^{n}a_ib_i=\boldsymbol{\alpha}^{\mathrm{T}}\boldsymbol{\beta}=0$，故 $|\lambda\boldsymbol{I}-\boldsymbol{A}|=\lambda^n$，所以 $\boldsymbol{A}$ 的 n 个特征值均为 0.

零特征值对应的特征矩阵为

$$-\boldsymbol{A}=\begin{bmatrix}-a_1b_1 & -a_1b_2 & \cdots & -a_1b_n\\ -a_2b_1 & -a_2b_2 & \cdots & -a_2b_n\\ \vdots & \vdots & & \vdots\\ -a_nb_1 & -a_nb_2 & \cdots & -a_nb_n\end{bmatrix}\xrightarrow{\text{初等行变换}}\begin{bmatrix}b_1 & b_2 & \cdots & b_n\\ 0 & 0 & \cdots & 0\\ \vdots & \vdots & & \vdots\\ 0 & 0 & \cdots & 0\end{bmatrix},$$

于是 $(0\boldsymbol{I}-\boldsymbol{A})\boldsymbol{X}=\boldsymbol{0}$ 等价于 $b_1x_1+b_2x_2+\cdots+b_nx_n=0$，基础解系也即 $\boldsymbol{A}$ 的属于特征值 0 的特征向量为 $\boldsymbol{X}_1=(-b_2,b_1,0,\cdots,0)^{\mathrm{T}},\boldsymbol{X}_2=(-b_3,0,b_1,0,\cdots,0)^{\mathrm{T}},\cdots,\boldsymbol{X}_{n-1}=(-b_n,0,0,0,\cdots,b_1)^{\mathrm{T}}$.

解法二：因为

$$\boldsymbol{A}^2=\boldsymbol{\alpha\beta}^{\mathrm{T}}\cdot\boldsymbol{\alpha\beta}^{\mathrm{T}}=\boldsymbol{\alpha}(\boldsymbol{\beta}^{\mathrm{T}}\boldsymbol{\alpha})\boldsymbol{\beta}^{\mathrm{T}}=\boldsymbol{\alpha}(\boldsymbol{\alpha}^{\mathrm{T}}\boldsymbol{\beta})\boldsymbol{\beta}^{\mathrm{T}}=\boldsymbol{O},$$

所以 $\boldsymbol{A}$ 的 n 个特征值均为零.

解法三：因为 $\boldsymbol{A}=\boldsymbol{\alpha\beta}^{\mathrm{T}}\Rightarrow r(\boldsymbol{A})\leqslant r(\boldsymbol{\alpha})=1<n$，故 $|\boldsymbol{A}|=0$，因此 0 是 $\boldsymbol{A}$ 的特征值，由于 $r(\boldsymbol{A})=1$，所以 $\boldsymbol{A}$ 属于特征值 0 的线性无关的特征向量共有 $n-1$ 个，因而 $\boldsymbol{A}$ 至少有 $n-1$ 重 0 特征值. 又由于

$$\mathrm{tr}(\boldsymbol{A})=\sum_{i=1}^{n}a_ib_i=\boldsymbol{\alpha}^{\mathrm{T}}\boldsymbol{\beta}=0,$$

表明 $\boldsymbol{A}$ 的第 n 个特征值也为 0，即 $\boldsymbol{A}$ 的 n 个特征值均为 0.

例 3.2 设 3 阶矩阵 $\boldsymbol{A}=\begin{bmatrix}1 & 1 & -1\\ -3 & 5 & -3\\ a & b & 4\end{bmatrix}$ 的特征值 $\lambda=2$ 对应的线性无关的特征向量有两个.

(1) 求 a,b;

(2) 求可逆矩阵 $\boldsymbol{P}$,使 $\boldsymbol{P}^{-1}\boldsymbol{A}\boldsymbol{P}=\boldsymbol{\Lambda}$ 为对角矩阵.

解:(1) 特征值 $\lambda=2$ 对应的线性无关的特征向量有两个,故 $(2\boldsymbol{I}-\boldsymbol{A})\boldsymbol{X}=\boldsymbol{0}$ 的基础解系含两个解向量,所以 $r(2\boldsymbol{I}-\boldsymbol{A})=1$. 而

$$2\boldsymbol{I}-\boldsymbol{A}=\begin{bmatrix}1 & -1 & 1\\ 3 & -3 & 3\\ -a & -b & -2\end{bmatrix}\xrightarrow[r_3+ar_1]{r_2-3r_1}\begin{bmatrix}1 & -1 & 1\\ 0 & 0 & 0\\ 0 & -b-a & -2+a\end{bmatrix},$$

故 $a-2=0,a+b=0$,所以 $a=2,b=-2$.

(2) 由第(1) 问可知 $\boldsymbol{A}=\begin{bmatrix}1 & 1 & -1\\ -3 & 5 & -3\\ 2 & -2 & 4\end{bmatrix}$,故

$$|\lambda\boldsymbol{I}-\boldsymbol{A}|=\begin{vmatrix}\lambda-1 & -1 & 1\\ 3 & \lambda-5 & 3\\ -2 & 2 & \lambda-4\end{vmatrix}=(\lambda-2)^2(\lambda-6),$$

解得 $\boldsymbol{A}$ 的特征值是 $\lambda_1=\lambda_2=2,\lambda_3=6$.

$\lambda_1=\lambda_2=2$ 线性无关的特征向量是

$$\boldsymbol{\alpha}_1=(1,1,0)^{\mathrm{T}},\quad \boldsymbol{\alpha}_2=(-1,0,1)^{\mathrm{T}},$$

$\lambda_3=6$ 线性无关的特征向量是

$$\boldsymbol{\alpha}_3=(1,3,-2)^{\mathrm{T}},$$

令 $\boldsymbol{P}=(\boldsymbol{\alpha}_1,\boldsymbol{\alpha}_2,\boldsymbol{\alpha}_3)=\begin{bmatrix}1 & -1 & 1\\ 1 & 0 & 3\\ 0 & 1 & -2\end{bmatrix}$,则 $\boldsymbol{P}$ 可逆,且

$$\boldsymbol{P}^{-1}\boldsymbol{A}\boldsymbol{P}=\boldsymbol{\Lambda}=\begin{bmatrix}2 & 0 & 0\\ 0 & 2 & 0\\ 0 & 0 & 6\end{bmatrix}.$$

注:此例表明,n 阶矩阵可以对角化当且仅当对于每一个 k 重特征值,其对应的线性无关的特征向量恰好有 k 个.

例 3.3 设 $\boldsymbol{A}=\begin{bmatrix}2 & -1 & -1\\ 2 & -1 & -2\\ -1 & 1 & 2\end{bmatrix}$,求 $\boldsymbol{A}$ 的不变因子、各阶行列式因子、初等因

子、最小多项式、Jordan 标准形 $\boldsymbol{J}$，并求可逆矩阵 $\boldsymbol{P}$，使 $\boldsymbol{P}^{-1}\boldsymbol{AP} = \boldsymbol{J}$.

解：因为

$$\lambda \boldsymbol{I} - \boldsymbol{A} = \begin{bmatrix} \lambda-2 & 1 & 1 \\ -2 & \lambda+1 & 2 \\ 1 & -1 & \lambda-2 \end{bmatrix} \xrightarrow{\text{初等变换}} \begin{bmatrix} 1 & 0 & 0 \\ 0 & \lambda-1 & 0 \\ 0 & 0 & (\lambda-1)^2 \end{bmatrix},$$

所以不变因子是 $1, \lambda-1, (\lambda-1)^2$；

各阶行列式因子分别为

$$D_1(\lambda) = 1, \quad D_2(\lambda) = \lambda-1, \quad D_3(\lambda) = (\lambda-1)^3;$$

初等因子为 $\lambda-1, (\lambda-1)^2$；

最小多项式是 $m(\lambda) = (\lambda-1)^2$，从而 Jordan 标准形为

$$\boldsymbol{J} = \begin{bmatrix} 1 & 0 & 0 \\ 0 & 1 & 1 \\ 0 & 0 & 1 \end{bmatrix}.$$

设 $\boldsymbol{P} = (\boldsymbol{\alpha}_1, \boldsymbol{\alpha}_2, \boldsymbol{\alpha}_3)$ 使 $\boldsymbol{P}^{-1}\boldsymbol{AP} = \boldsymbol{J}$，则

$$\boldsymbol{A\alpha}_1 = \boldsymbol{\alpha}_1, \quad \boldsymbol{A\alpha}_2 = \boldsymbol{\alpha}_2, \quad \boldsymbol{A\alpha}_3 = \boldsymbol{\alpha}_2 + \boldsymbol{\alpha}_3,$$

即 $\boldsymbol{\alpha}_1, \boldsymbol{\alpha}_2$ 是 $(\boldsymbol{I}-\boldsymbol{A})\boldsymbol{X} = \boldsymbol{0}$ 的解，$\boldsymbol{\alpha}_3$ 是 $(\boldsymbol{I}-\boldsymbol{A})\boldsymbol{Y} = -\boldsymbol{\alpha}_2$ 的解.

由 $(\boldsymbol{I}-\boldsymbol{A})\boldsymbol{X} = \boldsymbol{0}$ 解得基础解系.

$$\boldsymbol{X}_1 = (1,1,0)^{\mathrm{T}}, \quad \boldsymbol{X}_2 = (1,0,1)^{\mathrm{T}}.$$

要使线性方程组 $(\boldsymbol{I}-\boldsymbol{A})\boldsymbol{Y} = -\boldsymbol{\alpha}_2$ 有解，则

$$(\boldsymbol{I}-\boldsymbol{A})\boldsymbol{Y} = -(k_1\boldsymbol{X}_1 + k_2\boldsymbol{X}_2),$$

增广矩阵为

$$\begin{bmatrix} -1 & 1 & 1 & -k_1-k_2 \\ -2 & 2 & 2 & -k_1 \\ 1 & -1 & -1 & -k_2 \end{bmatrix} \xrightarrow{\text{初等行变换}} \begin{bmatrix} 1 & -1 & -1 & k_1+k_2 \\ 0 & 0 & 0 & k_1+2k_2 \\ 0 & 0 & 0 & 0 \end{bmatrix},$$

则 $k_1 + 2k_2 = 0$，于是取 $k_2 = 1$，则 $k_1 = -2$，此时线性方程组有解 $\boldsymbol{\alpha}_3 = (1,1,1)^{\mathrm{T}}$，而 $\boldsymbol{\alpha}_2 = -2\boldsymbol{X}_1 + \boldsymbol{X}_2 - (1, -2, 1)^{\mathrm{T}}$，另取 $\boldsymbol{\alpha}_1 = \boldsymbol{X}_1 = (1,1,0)$，即

$$\boldsymbol{P} = (\boldsymbol{\alpha}_1, \boldsymbol{\alpha}_2, \boldsymbol{\alpha}_3) = \begin{bmatrix} 1 & -1 & 1 \\ 1 & -2 & 1 \\ 0 & 1 & 1 \end{bmatrix},$$

则有

$$\boldsymbol{P}^{-1}\boldsymbol{AP} = \boldsymbol{J} = \begin{bmatrix} 1 & 0 & 0 \\ 0 & 1 & 1 \\ 0 & 0 & 1 \end{bmatrix}.$$

注：此题表明，在求解矩阵 $\boldsymbol{A}$ 的 Jordan 标准形的变换矩阵时，需要利用参数求解.

例 3.4 写出 Jordan 标准形为 $\boldsymbol{J}=\begin{bmatrix}1&0&0\\0&-1&1\\0&0&-1\end{bmatrix}$ 的两个矩阵 $\boldsymbol{A},\boldsymbol{B}$.

解法一: 与 $\boldsymbol{J}$ 相似的矩阵均有相同的 Jordan 标准形,故可任取两个 3 阶可逆矩阵 $\boldsymbol{P},\boldsymbol{Q}$,令 $\boldsymbol{A}=\boldsymbol{P}^{-1}\boldsymbol{J}\boldsymbol{P},\boldsymbol{B}=\boldsymbol{Q}^{-1}\boldsymbol{J}\boldsymbol{Q}$ 即可.

解法二: 由 $\boldsymbol{A},\boldsymbol{B}$ 与 $\boldsymbol{J}$ 相似,故 $\lambda\boldsymbol{I}-\boldsymbol{A}$ 与 $\lambda\boldsymbol{I}-\boldsymbol{J}$ 有相同的标准形

$$\begin{bmatrix}1&0&0\\0&1&0\\0&0&(\lambda-1)(\lambda+1)^2\end{bmatrix},$$

从而知 $\boldsymbol{A}$ 的各阶行列式因子为

$$D_1(\lambda)=1,\quad D_2(\lambda)=1,\quad D_3(\lambda)=(\lambda-1)(\lambda+1)^2,$$

而这样的矩阵有很多,取两个较为简单的矩阵. 注意到

$$r(-\boldsymbol{I}-\boldsymbol{A})=r(-\boldsymbol{I}-\boldsymbol{J})=2,$$

所以可取

$$\boldsymbol{A}=\begin{bmatrix}1&0&0\\0&-1&0\\0&a&-1\end{bmatrix},\quad \boldsymbol{B}=\begin{bmatrix}1&0&b\\0&-1&c\\0&0&-1\end{bmatrix}\quad (ac\neq 0).$$

例 3.5 已知矩阵 $\boldsymbol{A}=\begin{bmatrix}2&0&0\\a&2&0\\b&c&-1\end{bmatrix}$.

(1) 求出 $\boldsymbol{A}$ 可能的 Jordan 标准形;

(2) 给出 $\boldsymbol{A}$ 可对角化的条件.

解: (1) 由 $|\lambda\boldsymbol{I}-\boldsymbol{A}|=(\lambda-2)^2(\lambda+1)=0$,解得 $\boldsymbol{A}$ 的特征值是 $\lambda_1=\lambda_2=2$,$\lambda_3=-1$,且

$$2\boldsymbol{I}-\boldsymbol{A}=\begin{bmatrix}0&0&0\\-a&0&0\\-b&-c&3\end{bmatrix}.$$

当 $a\neq 0$ 时,$r(2\boldsymbol{I}-\boldsymbol{A})=2$,所以 $\boldsymbol{A}$ 属于特征值 2 的线性无关特征向量的个数是 $3-2=1$,故 $\lambda=2$ 对应的 Jordan 块是 2 阶的,且为 $\begin{bmatrix}2&1\\0&2\end{bmatrix}$,于是 $\boldsymbol{A}$ 的 Jordan 标准形为

$$\boldsymbol{J}=\begin{bmatrix}2&1&0\\0&2&0\\0&0&-1\end{bmatrix}.$$

当 $a=0$ 时,因 $r(2\boldsymbol{I}-\boldsymbol{A})=1$,于是 $(2\boldsymbol{I}-\boldsymbol{A})\boldsymbol{X}=\boldsymbol{0}$ 的基础解系含两个解向量,

即$\lambda=2$对应于两个线性无关的特征向量，于是$\boldsymbol{A}$的Jordan标准形是对角矩阵，即

$$\boldsymbol{J}=\begin{bmatrix}2&0&0\\0&2&0\\0&0&-1\end{bmatrix}.$$

(2) 由(1)知$a=0$时，存在可逆矩阵$\boldsymbol{P}$，使

$$\boldsymbol{P}^{-1}\boldsymbol{AP}=\begin{bmatrix}2&0&0\\0&2&0\\0&0&-1\end{bmatrix}.$$

注：n阶矩阵$\boldsymbol{A}$可以对角化当且仅当$\boldsymbol{A}$有n个线性无关的特征向量.

例3.6　设

$$\boldsymbol{A}_1=\begin{bmatrix}1&1\\-4&-3\end{bmatrix},\quad \boldsymbol{A}_2=\begin{bmatrix}-1&0&0\\0&-1&0\\2&0&-1\end{bmatrix},$$

求矩阵$\boldsymbol{A}=\begin{bmatrix}\boldsymbol{A}_1&\boldsymbol{O}\\\boldsymbol{O}&\boldsymbol{A}_2\end{bmatrix}$的Jordan标准形.

解：利用特征多项式分析法求矩阵$\boldsymbol{A}_1$与$\boldsymbol{A}_2$的初等因子. 因

$$|\lambda\boldsymbol{I}-\boldsymbol{A}_1|=(\lambda+1)^2,$$

由于$r(-\boldsymbol{I}-\boldsymbol{A}_1)=1$，所以$(\lambda+1)^2$是$\boldsymbol{A}_1$的唯一初等因子. 又

$$|\lambda\boldsymbol{I}-\boldsymbol{A}_2|=(\lambda+1)^3,$$

由于$r(-\boldsymbol{I}-\boldsymbol{A}_2)=1$，于是$(\lambda+1)^3$是$\boldsymbol{A}_2$的$3-1=2$个初等因子的乘积，因此$\boldsymbol{A}_2$的初等因子是$(\lambda+1)^2$，$\lambda+1$.

$\boldsymbol{A}_1$与$\boldsymbol{A}_2$的Jordan标准形分别是

$$\boldsymbol{J}_1=\begin{bmatrix}-1&1\\0&-1\end{bmatrix},\quad \boldsymbol{J}_2=\begin{bmatrix}-1&1&0\\0&-1&0\\0&0&-1\end{bmatrix}.$$

因此，矩阵$\boldsymbol{A}$的Jordan标准形为

$$\boldsymbol{J}=\begin{bmatrix}\boldsymbol{J}_1&\boldsymbol{O}\\\boldsymbol{O}&\boldsymbol{J}_2\end{bmatrix}.$$

注：分块对角矩阵的Jordan标准形等于各主对角块Jordan标准形构成的分块对角阵.

例3.7　已知n阶矩阵$\boldsymbol{A}$满足$\boldsymbol{A}^m=\boldsymbol{I}$（$m$是正整数），证明：$\boldsymbol{A}$与对角阵相似.

证明：只要证明$\boldsymbol{A}$的Jordan块都是1阶的.

设 $\boldsymbol{A}$ 的 Jordan 标准形为

$$\boldsymbol{J}=\begin{bmatrix}\boldsymbol{J}_1 & & & \\ & \boldsymbol{J}_2 & & \\ & & \ddots & \\ & & & \boldsymbol{J}_s\end{bmatrix},\quad 其中\quad \boldsymbol{J}_i=\begin{bmatrix}\lambda_i & 1 & & & \\ & \lambda_i & 1 & & \\ & & \lambda_i & \ddots & \\ & & & \ddots & 1 \\ & & & & \lambda_i\end{bmatrix}_{n_i\times n_i},$$

则存在可逆矩阵 $\boldsymbol{P}$,使

$$\boldsymbol{P}^{-1}\boldsymbol{A}\boldsymbol{P}=\boldsymbol{J},\quad \boldsymbol{P}^{-1}\boldsymbol{A}^m\boldsymbol{P}=\boldsymbol{J}^m=\boldsymbol{I}.$$

如果某个 Jordan 块 $\boldsymbol{J}_i$ 阶数大于 1,则

$$\boldsymbol{J}_i^m=\begin{bmatrix}\lambda_i^m & m\lambda_i^{m-1} & & & * \\ 0 & \lambda_i^m & m\lambda_i^{m-1} & & \\ 0 & 0 & \lambda_i^m & \ddots & \\ \vdots & \vdots & \vdots & \ddots & m\lambda_i^{m-1} \\ 0 & 0 & 0 & \cdots & \lambda_i^m\end{bmatrix}\neq \boldsymbol{I}_{n_i},$$

这与 $\boldsymbol{J}^m=\boldsymbol{I}$ 矛盾.因而 $\boldsymbol{A}$ 的每一 Jordan 块都是 1 阶的,所以 $\boldsymbol{A}$ 与对角矩阵相似.

例 3.8 设

$$\boldsymbol{A}=\begin{bmatrix}1 & 0 & 2\\ 0 & 1 & 0\\ 0 & -1 & 1\end{bmatrix},$$

求矩阵多项式 $2\boldsymbol{A}^6-3\boldsymbol{A}^5+\boldsymbol{A}^4+3\boldsymbol{A}^3-\boldsymbol{A}^2-4\boldsymbol{I}$.

解:因为

$$|\lambda\boldsymbol{I}-\boldsymbol{A}|=\begin{vmatrix}\lambda-1 & 0 & -2\\ 0 & \lambda-1 & 0\\ 0 & 1 & \lambda-1\end{vmatrix}=(\lambda-1)^3,$$

故由 Hamilton-Cayley 定理知

$$(\boldsymbol{A}-\boldsymbol{I})^3=\boldsymbol{O}.$$

设

$$g(\lambda)=2\lambda^6-3\lambda^5+\lambda^4+3\lambda^3-\lambda^2-4,\quad g(\lambda)=(\lambda-1)^3q(\lambda)+a\lambda^2+b\lambda+c,$$

则

$$g(1)=a+b+c=-2,\quad g'(1)=2a+b=8,\quad g''(1)=2a=28,$$

解得

$$a=14,\quad b=-20,\quad c=4,$$

于是

$$g(\boldsymbol{A})=2\boldsymbol{A}^6-3\boldsymbol{A}^5+\boldsymbol{A}^4+3\boldsymbol{A}^3-\boldsymbol{A}^2-4\boldsymbol{I}=a\boldsymbol{A}^2+b\boldsymbol{A}+c\boldsymbol{I}$$

$$= 14\boldsymbol{A}^2 - 20\boldsymbol{A} + 4\boldsymbol{I} = \begin{bmatrix} -2 & -28 & 16 \\ 0 & -2 & 0 \\ 0 & -8 & -2 \end{bmatrix}.$$

例 3.9 设矩阵 $\boldsymbol{A}$ 的特征多项式 $f(\lambda) = (\lambda - 2)(\lambda - 1)^4$，且 $r(\boldsymbol{I} - \boldsymbol{A}) = 3$，请写出矩阵 $\boldsymbol{A}$ 的所有可能的 Jordan 标准形.

解:因 $f(\lambda) = (\lambda - 2)(\lambda - 1)^4$，则

$$m(\lambda) = (\lambda - 2)(\lambda - 1)^j \quad (1 \leqslant j \leqslant 4).$$

若 $j = 1$，则 $\boldsymbol{A}$ 的初等因子都是一次的，所以 $\boldsymbol{A}$ 可以对角化，从而 $r(\boldsymbol{I} - \boldsymbol{A}) = 1$ 与题意不符.

若 $j = 4$，$\boldsymbol{A}$ 的初等因子是 $\lambda - 2$，$(\lambda - 1)^4$，Jordan 标准形是

$$\boldsymbol{J} = \begin{bmatrix} 2 & 0 & 0 & 0 & 0 \\ 0 & 1 & 1 & 0 & 0 \\ 0 & 0 & 1 & 1 & 0 \\ 0 & 0 & 0 & 1 & 1 \\ 0 & 0 & 0 & 0 & 1 \end{bmatrix},$$

这时 $r(\boldsymbol{I} - \boldsymbol{A}) = 4$，也不符合题意.

当 $j = 2$ 时，$\boldsymbol{A}$ 的初等因子为 $\lambda - 2$，$\lambda - 1$，$\lambda - 1$，$(\lambda - 1)^2$ 或者是 $\lambda - 2$，$(\lambda - 1)^2$，$(\lambda - 1)^2$. 若为前者，则 Jordan 标准形为

$$\boldsymbol{J} = \begin{bmatrix} 2 & 0 & 0 & 0 & 0 \\ 0 & 1 & 0 & 0 & 0 \\ 0 & 0 & 1 & 0 & 0 \\ 0 & 0 & 0 & 1 & 1 \\ 0 & 0 & 0 & 0 & 1 \end{bmatrix},$$

这时 $r(\boldsymbol{I} - \boldsymbol{A}) = 2$，不符合题意；若为后者，则此时 Jordan 标准形为

$$\boldsymbol{J} = \begin{bmatrix} 2 & 0 & 0 & 0 & 0 \\ 0 & 1 & 1 & 0 & 0 \\ 0 & 0 & 1 & 0 & 0 \\ 0 & 0 & 0 & 1 & 1 \\ 0 & 0 & 0 & 0 & 1 \end{bmatrix},$$

这时 $r(\boldsymbol{I} - \boldsymbol{A}) = 3$，符合题意.

当 $j = 3$ 时，$\boldsymbol{A}$ 的初等因子为 $\lambda - 2$，$\lambda - 1$，$(\lambda - 1)^3$，此时 Jordan 标准形为

$$\boldsymbol{J} = \begin{bmatrix} 2 & 0 & 0 & 0 & 0 \\ 0 & 1 & 0 & 0 & 0 \\ 0 & 0 & 1 & 1 & 0 \\ 0 & 0 & 0 & 1 & 1 \\ 0 & 0 & 0 & 0 & 1 \end{bmatrix},$$

满足 $r(\boldsymbol{I}-\boldsymbol{A})=3$.

注:特征多项式决定了 $\boldsymbol{A}$ 的阶数以及各个特征值的重根数,即有 4 个 1,1 个 2;而最小多项式则决定了 Jordan 块的大小;初等因子均为最小多项式的因式,而各初等因子的乘积等于 $\boldsymbol{A}$ 的特征多项式.

例 3.10 设矩阵 $\boldsymbol{A}$ 的 Jordan 标准形为

$$\boldsymbol{J}=\begin{bmatrix}5&0&0&0&0&0\\0&5&1&0&0&0\\0&0&5&1&0&0\\0&0&0&5&0&0\\0&0&0&0&2&1\\0&0&0&0&0&2\end{bmatrix},$$

求 $\boldsymbol{A}$ 的最小多项式.

解:$\boldsymbol{A}$ 的特征多项式为

$$f(\lambda)=|\lambda\boldsymbol{I}-\boldsymbol{A}|=|\lambda\boldsymbol{I}-\boldsymbol{J}|=(\lambda-5)^4(\lambda-2)^2,$$

令

$$\boldsymbol{J}=\begin{bmatrix}\boldsymbol{J}_1&\boldsymbol{O}&\boldsymbol{O}\\\boldsymbol{O}&\boldsymbol{J}_2&\boldsymbol{O}\\\boldsymbol{O}&\boldsymbol{O}&\boldsymbol{J}_3\end{bmatrix},$$

其中

$$\boldsymbol{J}_1=(5),\quad \boldsymbol{J}_2=\begin{bmatrix}5&1&0\\0&5&1\\0&0&5\end{bmatrix},\quad \boldsymbol{J}_3=\begin{bmatrix}2&1\\0&2\end{bmatrix},$$

因为

$$(\boldsymbol{J}_2-5\boldsymbol{I})^2\neq\boldsymbol{O},\quad (\boldsymbol{J}_2-5\boldsymbol{I})^3=\boldsymbol{O},\quad \boldsymbol{J}_3-2\boldsymbol{I}\neq\boldsymbol{O},\quad (\boldsymbol{J}_3-2\boldsymbol{I})^2=\boldsymbol{O},$$

于是 $\lambda-5$ 是 $\boldsymbol{J}_1$ 的最小多项式,$(\lambda-5)^3$ 是 $\boldsymbol{J}_2$ 的最小多项式,$(\lambda-2)^2$ 是 $\boldsymbol{J}_3$ 的最小多项式.从而这 3 个多项式的最小公倍式为

$$m(\lambda)=(\lambda-5)^3(\lambda-2)^2.$$

例 3.11 设 $\boldsymbol{A}$ 是 n 阶矩阵,$\boldsymbol{A}$ 的特征多项式

$$|\lambda\boldsymbol{I}-\boldsymbol{A}|=(\lambda-a)^n\quad(a\neq 0).$$

(1) 证明矩阵 $n\boldsymbol{A}-(\mathrm{tr}\boldsymbol{A})\boldsymbol{I}$ 不可逆;

(2) 证明 $\boldsymbol{A}$ 可逆,并求 $\boldsymbol{A}^{-1}$.

解:(1) 因为 $|\lambda\boldsymbol{I}-\boldsymbol{A}|=(\lambda-a)^n$,则 $\boldsymbol{A}$ 有 n 重特征值 $a\neq 0$,从而 $\boldsymbol{A}$ 的迹为 $\mathrm{tr}\boldsymbol{A}=na$,得

$$n\boldsymbol{A}-(\mathrm{tr}\boldsymbol{A})\boldsymbol{I}=n(\boldsymbol{A}-a\boldsymbol{I}),$$

由于 a 是 $\boldsymbol{A}$ 的特征值,故 $|a\boldsymbol{I}-\boldsymbol{A}|=0$,即 $a\boldsymbol{I}-\boldsymbol{A}$ 不可逆,也就有 $n\boldsymbol{A}-(\mathrm{tr}\boldsymbol{A})\boldsymbol{I}$ 不可逆.

(2) 由于 $|\boldsymbol{A}|=a^n\neq 0$,所以 $\boldsymbol{A}$ 可逆.

因为 $\boldsymbol{A}$ 的特征多项式 $f(\lambda)=(\lambda-a)^n$,由 Hamilton-Cayley 定理有

$$f(\boldsymbol{A})=(\boldsymbol{A}-a\boldsymbol{I})^n=\boldsymbol{O},$$

另一方面,有

$$(\boldsymbol{A}-a\boldsymbol{I})^n=\boldsymbol{A}^n-\mathrm{C}_n^1a\boldsymbol{A}^{n-1}+\mathrm{C}_n^2a^2\boldsymbol{A}^{n-2}+\cdots+(-1)^{n-1}\mathrm{C}_n^{n-1}a^{n-1}\boldsymbol{A}+(-1)^na^n\boldsymbol{I}=\boldsymbol{O},$$

可得

$$\boldsymbol{A}^{-1}=\frac{(-1)^{n-1}}{a^n}[\boldsymbol{A}^{n-1}-\mathrm{C}_n^1a\boldsymbol{A}^{n-2}+\mathrm{C}_n^2a^2\boldsymbol{A}^{n-2}+\cdots+(-1)^{n-1}\mathrm{C}_n^{n-1}a^{n-1}\boldsymbol{I}].$$

例 3.12 已知矩阵 $\boldsymbol{A}$ 的特征多项式与最小多项式分别是

$$f(\lambda)=(\lambda-2)^4(\lambda-3)^2,\quad m(\lambda)=(\lambda-2)^2(\lambda-3)^2,$$

求 $\boldsymbol{A}$ 的 Jordan 标准形.

解:由题意知 $\boldsymbol{A}$ 是 6 阶矩阵,且最后一个不变因子为

$$d_6(\lambda)=m(\lambda)=(\lambda-2)^2(\lambda-3)^2,$$

于是

$$d_5(\lambda)=(\lambda-2)^2,\quad 或\quad d_5(\lambda)=\lambda-2.$$

(1) 若 $d_5(\lambda)=(\lambda-2)^2$,则

$$d_4(\lambda)=d_3(\lambda)=d_2(\lambda)=d_1(\lambda)=1,$$

初等因子为$(\lambda-3)^2,(\lambda-2)^2,(\lambda-2)^2$,Jordan 标准形为

$$\boldsymbol{J}=\begin{bmatrix}3&1&0&0&0&0\\0&3&0&0&0&0\\0&0&2&1&0&0\\0&0&0&2&0&0\\0&0&0&0&2&1\\0&0&0&0&0&2\end{bmatrix}.$$

(2) 若 $d_5(\lambda)=\lambda-2$,则

$$d_4(\lambda)=\lambda-2,\quad d_3(\lambda)=d_2(\lambda)=d_1(\lambda)=1,$$

初等因子为$(\lambda-3)^2,(\lambda-2)^2,\lambda-2,\lambda-2$,Jordan 标准形为

$$\boldsymbol{J}=\begin{bmatrix}3&1&0&0&0&0\\0&3&0&0&0&0\\0&0&2&1&0&0\\0&0&0&2&0&0\\0&0&0&0&2&0\\0&0&0&0&0&2\end{bmatrix}.$$

例 3.13 已知矩阵 $\boldsymbol{A}$ 的特征多项式 $C_A(\lambda)$ 及最小多项式 $m_A(\lambda)$ 相等，且均等于 $(\lambda-1)\lambda^2$，若矩阵 $\boldsymbol{B}=\begin{bmatrix}1&1&0\\0&0&1\\0&0&0\end{bmatrix}$，分别求 $\boldsymbol{A}$ 和 $\boldsymbol{B}$ 的 Jordan 标准形. 矩阵 $\boldsymbol{A}$ 与 $\boldsymbol{B}$ 是否相似?为什么?

解:由矩阵 $\boldsymbol{A}$ 的特征多项式 $C_A(\lambda)$ 及最小多项式 $m_A(\lambda)$ 均为 $(\lambda-1)\lambda^2$，得

$$\boldsymbol{J}_A=\begin{bmatrix}1&0&0\\0&0&1\\0&0&0\end{bmatrix},$$

又

$$\lambda\boldsymbol{I}-\boldsymbol{B}=\begin{bmatrix}\lambda-1&-1&0\\0&\lambda&-1\\0&0&\lambda\end{bmatrix}\xrightarrow{\text{初等变换}}\begin{bmatrix}1&0&0\\0&1&0\\0&0&\lambda^2(\lambda-1)\end{bmatrix},$$

所以 $\boldsymbol{B}$ 的初等因子为 $\lambda^2,\lambda-1$，故 Jordan 标准形为

$$\boldsymbol{J}_B=\begin{bmatrix}1&0&0\\0&0&1\\0&0&0\end{bmatrix}.$$

因为矩阵 $\boldsymbol{A},\boldsymbol{B}$ 有相同的 Jordan 标准形，故 $\boldsymbol{A}$ 与 $\boldsymbol{B}$ 相似.

例 3.14 设 V 是由函数 $\mathrm{e}^x,x\mathrm{e}^x,x^2\mathrm{e}^x,\mathrm{e}^{2x}$ 的线性组合生成的线性空间，定义 V 的一个线性算子为 $T(f)=f'$，求 T 的 Jordan 标准形及 Jordan 基.

解:由 T 的定义得

$$\begin{aligned}T(\mathrm{e}^x,x\mathrm{e}^x,x^2\mathrm{e}^x,\mathrm{e}^{2x})&=(\mathrm{e}^x,x\mathrm{e}^x,x^2\mathrm{e}^x,\mathrm{e}^{2x})\begin{bmatrix}1&1&0&0\\0&1&2&0\\0&0&1&0\\0&0&0&2\end{bmatrix}\\&=(\mathrm{e}^x,x\mathrm{e}^x,x^2\mathrm{e}^x,\mathrm{e}^{2x})\boldsymbol{A},\end{aligned}$$

则 $\boldsymbol{A}$ 的特征矩阵为

$$\lambda\boldsymbol{I}-\boldsymbol{A}=\begin{bmatrix}\lambda-1&-1&0&0\\0&\lambda-1&-2&0\\0&0&\lambda-1&0\\0&0&0&\lambda-2\end{bmatrix},$$

因 $\boldsymbol{A}$ 的特征矩阵两个 3 阶子式

$$\begin{vmatrix}\lambda-1&-1&0\\0&\lambda-1&-2\\0&0&\lambda-1\end{vmatrix}=(\lambda-1)^3,\quad\begin{vmatrix}-1&0&0\\\lambda-1&-2&0\\0&0&\lambda-2\end{vmatrix}=2(\lambda-2)$$

互素，故

$$D_3(\lambda)=1,$$

从而

$$D_1(\lambda)=D_2(\lambda)=D_3(\lambda)=1,\quad D_4(\lambda)=|\lambda\boldsymbol{I}-\boldsymbol{A}|=(\lambda-1)^3(\lambda-2),$$

初等因子为$(\lambda-1)^3,\lambda-2$，故 $\boldsymbol{A}$ 的 Jordan 标准形为$\begin{bmatrix}1&1&0&0\\0&1&1&0\\0&0&1&0\\0&0&0&2\end{bmatrix}$.

设变换矩阵 $\boldsymbol{P}=(\boldsymbol{\alpha}_1,\boldsymbol{\alpha}_2,\boldsymbol{\alpha}_3,\boldsymbol{\alpha}_4)$，使 $\boldsymbol{P}^{-1}\boldsymbol{A}\boldsymbol{P}=\boldsymbol{J}$，则

$$\begin{cases}\boldsymbol{A}\boldsymbol{\alpha}_1=\boldsymbol{\alpha}_1,\\ \boldsymbol{A}\boldsymbol{\alpha}_2=\boldsymbol{\alpha}_1+\boldsymbol{\alpha}_2,\\ \boldsymbol{A}\boldsymbol{\alpha}_3=\boldsymbol{\alpha}_2+\boldsymbol{\alpha}_3,\\ \boldsymbol{A}\boldsymbol{\alpha}_4=2\boldsymbol{\alpha}_4,\end{cases}\quad \text{即}\quad \begin{cases}(\boldsymbol{I}-\boldsymbol{A})\boldsymbol{\alpha}_1=\boldsymbol{0},\\ (\boldsymbol{I}-\boldsymbol{A})\boldsymbol{\alpha}_2=-\boldsymbol{\alpha}_1,\\ (\boldsymbol{I}-\boldsymbol{A})\boldsymbol{\alpha}_3=-\boldsymbol{\alpha}_2,\\ (2\boldsymbol{I}-\boldsymbol{A})\boldsymbol{\alpha}_4=\boldsymbol{0},\end{cases}$$

解得 $\boldsymbol{\alpha}_1=\begin{bmatrix}1\\0\\0\\0\end{bmatrix},\boldsymbol{\alpha}_2=\begin{bmatrix}0\\1\\0\\0\end{bmatrix},\boldsymbol{\alpha}_3=\begin{bmatrix}0\\0\\\frac{1}{2}\\0\end{bmatrix},\boldsymbol{\alpha}_4=\begin{bmatrix}0\\0\\0\\1\end{bmatrix}$，故

$$\boldsymbol{P}=\begin{bmatrix}1&0&0&0\\0&1&0&0\\0&0&\frac{1}{2}&0\\0&0&0&1\end{bmatrix},\quad \boldsymbol{P}^{-1}=\begin{bmatrix}1&0&0&0\\0&1&0&0\\0&0&2&0\\0&0&0&1\end{bmatrix}\quad \text{使}\quad \boldsymbol{P}^{-1}\boldsymbol{A}\boldsymbol{P}=\begin{bmatrix}1&1&0&0\\0&1&1&0\\0&0&1&0\\0&0&0&2\end{bmatrix},$$

于是所求的 Jordan 基为

$$(\mathrm{e}^x,x\mathrm{e}^x,x^2\mathrm{e}^x,\mathrm{e}^{2x})\boldsymbol{P}=\left(\mathrm{e}^x,x\mathrm{e}^x,\frac{1}{2}x^2\mathrm{e}^x,\mathrm{e}^{2x}\right),$$

T 在该基下的矩阵为 $\boldsymbol{J}$.

注：若矩阵 $\boldsymbol{A}$ 的特征矩阵的两个 k 阶子式互素时，则 $\boldsymbol{A}$ 的 k 阶行列式因子为 1，从而 1 阶，2 阶，…，$k-1$ 阶行列式因子都为 1.

例 3.15　令

$$\boldsymbol{A}=\begin{bmatrix}2&0.1&0.1\\0.05&0.9&0\\0.11&0.02&1\end{bmatrix},$$

试用圆盘定理估计矩阵 $\boldsymbol{A}$ 的特征值分布范围，并适当选择一组正数对 $\boldsymbol{A}$ 的特征值

作更精确的估计(要求 $\boldsymbol{A}$ 的三个圆盘互不相交).

解:由矩阵盖尔圆的定义,易求 $\boldsymbol{A}$ 的三个盖尔圆分别为

$G_1: |z-2|\leqslant 0.2,\quad G_2: |z-0.9|\leqslant 0.05,\quad G_3: |z-1|\leqslant 0.13.$

显然 G_2 与 G_3 相交. 为了使它们不相交,可设法使 G_2,G_3 的半径都变小. 为此,令

$$\boldsymbol{D}=\mathrm{diag}(1,2,5),\quad \boldsymbol{B}=\boldsymbol{D}^{-1}\boldsymbol{A}\boldsymbol{D}=\begin{bmatrix}2 & 0.2 & 0.5\\ 0.025 & 0.9 & 0\\ 0.022 & 0.008 & 1\end{bmatrix},$$

即得

$G_1': |z-2|\leqslant 0.7,\quad G_2': |z-0.9|\leqslant 0.025,\quad G_3': |z-1|\leqslant 0.03,$

它们互不相交,因此 $\boldsymbol{A}$ 的三个特征值均为实数,且分别位于[1.3,2.7],[0.875,0.925],[0.97,1.03]三个区间中.

例 3.16 设 $\boldsymbol{U}$ 是 n 阶酉矩阵,$\boldsymbol{A}=\mathrm{diag}(a_1,a_2,\cdots,a_n)$,证明:$\boldsymbol{UA}$ 的特征值 λ 满足不等式 $\min\limits_{1\leqslant i\leqslant n}|a_i|\leqslant|\lambda|\leqslant\max\limits_{1\leqslant i\leqslant n}|a_i|$.

证明:由 $\boldsymbol{U}$ 是酉矩阵,故 $\boldsymbol{U}^{\mathrm{H}}\boldsymbol{U}=\boldsymbol{I}$. 设 λ 是 $\boldsymbol{UA}$ 的任一特征值,$\boldsymbol{\alpha}=(x_1,x_2,\cdots,x_n)^{\mathrm{T}}\neq\boldsymbol{0}$ 是 λ 对应的特征向量,则

$$\boldsymbol{UA\alpha}=\lambda\boldsymbol{\alpha},$$

两边取转置共轭,得

$$\boldsymbol{\alpha}^{\mathrm{H}}(\boldsymbol{UA})^{\mathrm{H}}=\bar{\lambda}\boldsymbol{\alpha}^{\mathrm{H}},$$

上式两边再分别右乘第一个等式两边,有

$$\boldsymbol{\alpha}^{\mathrm{H}}(\boldsymbol{UA})^{\mathrm{H}}(\boldsymbol{UA})\boldsymbol{\alpha}=\lambda\bar{\lambda}\boldsymbol{\alpha}^{\mathrm{H}}\boldsymbol{\alpha},$$

即

$$\boldsymbol{\alpha}^{\mathrm{H}}\boldsymbol{A}^{\mathrm{H}}\boldsymbol{A\alpha}=|\lambda|^2\boldsymbol{\alpha}^{\mathrm{H}}\boldsymbol{\alpha},$$

即

$$|\lambda|^2\sum_{i=1}^{n}|x_i|^2=\sum_{i=1}^{n}|a_i|^2|x_i|^2,$$

故有

$$\min_{1\leqslant i\leqslant n}|a_i|^2\sum_{i=1}^{n}|x_i|^2\leqslant\sum_{i=1}^{n}|a_i|^2|x_i|^2\leqslant\max_{1\leqslant i\leqslant n}|a_i|^2\sum_{i=1}^{n}|x_i|^2,$$

又 $\boldsymbol{\alpha}^{\mathrm{H}}\boldsymbol{\alpha}=\sum\limits_{i=1}^{n}|x_i|^2>0$,故得

$$\min_{1\leqslant i\leqslant n}|a_i|\leqslant|\lambda|\leqslant\max_{1\leqslant i\leqslant n}|a_i|.$$

3.5 考博真题选录

1. 设矩阵

$$A = \begin{bmatrix} 1 & 1 & -2 \\ -2 & -2 & 3 \\ -1 & -1 & 1 \end{bmatrix}.$$

(1) 求 A 的特征多项式和 A 的全部特征值;

(2) 求 A 的行列式因子、不变因子和初等因子;

(3) 求 A 的最小多项式,并计算 $A^6 + 3A - 2I$;

(4) 写出 A 的 Jordan 标准型.

解:(1) 因为

$$|\lambda I - A| = \begin{vmatrix} \lambda-1 & -1 & 2 \\ 2 & \lambda+2 & -3 \\ 1 & 1 & \lambda-1 \end{vmatrix} = \lambda^3,$$

则 A 的特征多项式为 λ^3,且 A 的特征值为 $\lambda_1 = \lambda_2 = \lambda_3 = 0$.

(2) A 的行列式因子为 $1,1,\lambda^3$;A 的不变因子为 $1,1,\lambda^3$;A 的初等因子为 λ^3.

(3) 因为 $A^2 \neq O, A^3 = O$,故 A 的最小多项式为 λ^3,且

$$A^6 + 3A - 2I = 3A - 2I = \begin{bmatrix} 1 & 3 & -6 \\ -6 & -8 & 9 \\ -3 & -3 & 1 \end{bmatrix}.$$

(4) 由 A 的初等因子为 λ^3,可知 A 的 Jordan 标准形为 $\begin{bmatrix} 0 & 1 & 0 \\ 0 & 0 & 1 \\ 0 & 0 & 0 \end{bmatrix}$.

2. 已知

$$A = \begin{bmatrix} 1 & 0 & 0 & 1 \\ 1 & 1 & 0 & 2 \\ 0 & 0 & 1 & 3 \\ 0 & 0 & 0 & 2 \end{bmatrix},$$

(1) 求 A 的 Jordan 标准形 J;

(2) 求可逆矩阵 P,使 $P^{-1}AP = J$.

解:(1) 因为

$$\lambda I - A = \begin{bmatrix} \lambda-1 & 0 & 0 & -1 \\ -1 & \lambda-1 & 0 & -2 \\ 0 & 0 & \lambda-1 & -3 \\ 0 & 0 & 0 & \lambda-2 \end{bmatrix} \to \begin{bmatrix} 1 & 0 & 0 & 0 \\ 0 & 1 & 0 & 0 \\ 0 & 0 & \lambda-1 & 0 \\ 0 & 0 & 0 & (\lambda-1)^2(\lambda-2) \end{bmatrix},$$

故 $\boldsymbol{A}$ 的初等因子是 $\lambda-1,(\lambda-1)^2,\lambda-2$，所以 $\boldsymbol{A}$ 的 Jordan 标准形为

$$\boldsymbol{J}=\begin{bmatrix}1&0&0&0\\0&1&1&0\\0&0&1&0\\0&0&0&2\end{bmatrix}.$$

(2) 设 $\boldsymbol{P}=(\boldsymbol{\alpha}_1,\boldsymbol{\alpha}_2,\boldsymbol{\alpha}_3,\boldsymbol{\alpha}_4)$，使 $\boldsymbol{P}^{-1}\boldsymbol{AP}=\boldsymbol{J}$，则

$$\begin{cases}\boldsymbol{A\alpha}_1=\boldsymbol{\alpha}_1,\\\boldsymbol{A\alpha}_2=\boldsymbol{\alpha}_2,\\\boldsymbol{A\alpha}_3=\boldsymbol{\alpha}_2+\boldsymbol{\alpha}_3,\\\boldsymbol{A\alpha}_4=2\boldsymbol{\alpha}_4\end{cases}\quad\text{或}\quad\begin{cases}(\boldsymbol{I}-\boldsymbol{A})\boldsymbol{\alpha}_1=\boldsymbol{0},\\(\boldsymbol{I}-\boldsymbol{A})\boldsymbol{\alpha}_2=\boldsymbol{0},\\(\boldsymbol{I}-\boldsymbol{A})\boldsymbol{\alpha}_3=-\boldsymbol{\alpha}_2,\\(2\boldsymbol{I}-\boldsymbol{A})\boldsymbol{\alpha}_4=\boldsymbol{0},\end{cases}$$

即 $\boldsymbol{\alpha}_1,\boldsymbol{\alpha}_2$ 是 $(\boldsymbol{I}-\boldsymbol{A})\boldsymbol{X}=\boldsymbol{0}$ 的解，$\boldsymbol{\alpha}_3$ 是 $(\boldsymbol{I}-\boldsymbol{A})\boldsymbol{Y}=-\boldsymbol{\alpha}_2$ 的解，$\boldsymbol{\alpha}_4$ 是 $(2\boldsymbol{I}-\boldsymbol{A})\boldsymbol{I}=\boldsymbol{0}$ 的解.

由 $(\boldsymbol{I}-\boldsymbol{A})\boldsymbol{X}=\boldsymbol{0}$ 解得基础解系

$$\boldsymbol{X}_1=(0,1,0,0)^{\mathrm{T}},\quad \boldsymbol{X}_2=(0,0,1,0)^{\mathrm{T}},$$

要使 $(\boldsymbol{I}-\boldsymbol{A})\boldsymbol{Y}=-\boldsymbol{\alpha}_2$ 有解，则

$$(\boldsymbol{I}-\boldsymbol{A})\boldsymbol{Y}=-(k_1\boldsymbol{X}_1+k_2\boldsymbol{X}_2),$$

增广矩阵为

$$\begin{bmatrix}0&0&0&-1&0\\-1&0&0&-2&-k_1\\0&0&0&-3&-k_2\\0&0&0&-1&0\end{bmatrix}\to\begin{bmatrix}0&0&0&0&0\\1&0&0&0&k_1\\0&0&0&0&k_2\\0&0&0&1&0\end{bmatrix},$$

则 $k_2=0$，令 $k_1=1$，此时有解 $\boldsymbol{\alpha}_3=(1,0,0,0)^{\mathrm{T}}$，而 $\boldsymbol{\alpha}_2=\boldsymbol{X}_1=(0,1,0,0)^{\mathrm{T}}$.

由 $(2\boldsymbol{I}-\boldsymbol{A})\boldsymbol{I}=\boldsymbol{0}$ 可得 $\boldsymbol{\alpha}_4=(1,3,3,1)^{\mathrm{T}}$，再取 $\boldsymbol{\alpha}_1=\boldsymbol{X}_2=(0,0,1,0)^{\mathrm{T}}$，则

$$\boldsymbol{P}=\begin{bmatrix}0&0&1&1\\0&1&0&3\\1&0&0&3\\0&0&0&1\end{bmatrix},\quad \text{使}\quad \boldsymbol{P}^{-1}\boldsymbol{AP}=\boldsymbol{J}.$$

3. 若 n 阶方阵 $\boldsymbol{A}$ 的特征多项式为 $(\lambda-a)^n$（n 为偶数），且

$$r(\boldsymbol{A}-a\boldsymbol{I})=\frac{n}{2},\quad r[(\boldsymbol{A}-a\boldsymbol{I})^2]=0,$$

求 $\boldsymbol{A}$ 的 Jordan 标准型.

解：由 $\boldsymbol{A}$ 的特征多项式为 $(\lambda-a)^n$ 知 $\boldsymbol{A}$ 的 Jordan 标准形为

$$\boldsymbol{J}=\begin{bmatrix}\boldsymbol{J}_1&\boldsymbol{O}&\cdots&\boldsymbol{O}\\\boldsymbol{O}&\boldsymbol{J}_2&\cdots&\boldsymbol{O}\\\vdots&\vdots&&\vdots\\\boldsymbol{O}&\boldsymbol{O}&\cdots&\boldsymbol{J}_s\end{bmatrix},$$

其中

$$\boldsymbol{J}_i=\begin{bmatrix} a & 1 & 0 & \cdots & 0 \\ 0 & a & 1 & \cdots & 0 \\ 0 & 0 & a & \cdots & \vdots \\ \vdots & \vdots & \vdots & & 1 \\ 0 & 0 & 0 & \cdots & a \end{bmatrix}_{n_i\times n_i} \quad (i=1,2,\cdots,s).$$

因为

$$r(\boldsymbol{A}-a\boldsymbol{I})=\frac{n}{2},\quad r[(\boldsymbol{A}-a\boldsymbol{I})^2]=0,$$

所以

$$r(\boldsymbol{J}-a\boldsymbol{I})=\frac{n}{2},\quad r[(\boldsymbol{J}-a\boldsymbol{I})^2]=0,$$

故

$$r(\boldsymbol{J}_i-a\boldsymbol{I}_{n_i})=1,\quad r[(\boldsymbol{J}_i-a\boldsymbol{I}_{n_i})^2]=0,\quad n_i=2\quad (i=1,2,\cdots,s),$$

于是 $s=\frac{n}{2}$. 故每一个 Jordan 块均为 2 阶的，即

$$\boldsymbol{J}_i=\begin{bmatrix} a & 1 \\ 0 & a \end{bmatrix}\quad \left(i=1,2,\cdots,\frac{n}{2}\right),$$

所以

$$\boldsymbol{J}=\begin{bmatrix} a & 1 & & & & & \\ & a & & & & & \\ & & a & 1 & & & \\ & & & a & & & \\ & & & & \ddots & & \\ & & & & & a & 1 \\ & & & & & & a \end{bmatrix}_{n\times n}.$$

4. 若方阵 $\boldsymbol{A}$ 的特征多项式为 λ^5，最小多项式为 λ^4，分别求 $\boldsymbol{A}$ 与 $\boldsymbol{A}^2$ 的 Jordan 标准型.

解: 由于 $\boldsymbol{A}$ 的特征多项式为 λ^5，最小多项式为 λ^4，则 $\boldsymbol{A}$ 的初等因子为 λ^4,λ，所以 $\boldsymbol{A}$ 的 Jordan 标准形为

$$\boldsymbol{J}=\begin{bmatrix} 0 & 1 & 0 & 0 & 0 \\ 0 & 0 & 1 & 0 & 0 \\ 0 & 0 & 0 & 1 & 0 \\ 0 & 0 & 0 & 0 & 0 \\ 0 & 0 & 0 & 0 & 0 \end{bmatrix}.$$

又

$$\lambda\boldsymbol{I}-\boldsymbol{J}^2=\begin{bmatrix}\lambda & 0 & -1 & 0 & 0\\0 & \lambda & 0 & -1 & 0\\0 & 0 & \lambda & 0 & 0\\0 & 0 & 0 & \lambda & 0\\0 & 0 & 0 & 0 & \lambda\end{bmatrix}\longrightarrow\begin{bmatrix}1 & & & & 0\\ & 1 & & & \\ & & \lambda & & \\ & & & \lambda^2 & \\0 & & & & \lambda^2\end{bmatrix},$$

故 $\boldsymbol{A}^2$ 的初等因子为 $\lambda^2,\lambda^2,\lambda$，所以 $\boldsymbol{A}^2$ 的 Jordan 标准形为

$$\boldsymbol{J}_1=\begin{bmatrix}0 & 1 & 0 & 0 & 0\\0 & 0 & 0 & 0 & 0\\0 & 0 & 0 & 1 & 0\\0 & 0 & 0 & 0 & 0\\0 & 0 & 0 & 0 & 0\end{bmatrix}.$$

5. 设

$$\boldsymbol{A}=\boldsymbol{\alpha\beta}^{\mathrm{T}}\quad(\boldsymbol{0}\neq\boldsymbol{\alpha},\boldsymbol{\beta}\in\mathbf{R}^n,n\geqslant 2).$$

(1) 证明：$\boldsymbol{A}$ 的最小多项式是 $m(\lambda)=\lambda^2-\mathrm{tr}(\boldsymbol{A})\lambda$；

(2) 求 $\boldsymbol{A}$ 的 Jordan 形(需要讨论).

解：(1) 易知 $r(\boldsymbol{A})=1,\mathrm{tr}(\boldsymbol{A})=\boldsymbol{\beta}^{\mathrm{T}}\boldsymbol{\alpha}$，故

$$m(\boldsymbol{A})=\boldsymbol{A}^2-\mathrm{tr}(\boldsymbol{A})\boldsymbol{A}=(\boldsymbol{\beta}^{\mathrm{T}}\boldsymbol{\alpha})\boldsymbol{A}-(\boldsymbol{\beta}^{\mathrm{T}}\boldsymbol{\alpha})\boldsymbol{A}=\boldsymbol{O}.$$

又对任意的一次多项式 $g(\lambda)=\lambda+c,g(\boldsymbol{A})=\boldsymbol{A}+c\boldsymbol{I}\neq\boldsymbol{O}$. 反证，如果 $\boldsymbol{A}+c\boldsymbol{I}=\boldsymbol{O}$. 当 $c=0$ 时，$\boldsymbol{A}=\boldsymbol{O}$，矛盾；当 $c\neq 0$ 时，$r(\boldsymbol{A})=r(-c\boldsymbol{I})=n\geqslant 2$，矛盾. 所以

$$m(\lambda)=\lambda^2-\mathrm{tr}(\boldsymbol{A})\lambda.$$

(2) 由 $m(\lambda)=\lambda(\lambda-\mathrm{tr}(\boldsymbol{A}))=0$ 可知，$\boldsymbol{A}$ 的特征值只能是 0 或 $\mathrm{tr}(\boldsymbol{A})=\boldsymbol{\beta}^{\mathrm{T}}\boldsymbol{\alpha}$.

① 当 $\mathrm{tr}(\boldsymbol{A})=\boldsymbol{\beta}^{\mathrm{T}}\boldsymbol{\alpha}\neq 0$ 时，$m(\lambda)$ 无重根，$\boldsymbol{A}$ 可对角化，再由 $r(\boldsymbol{A})=1$ 知

$$\boldsymbol{A}\sim\boldsymbol{J}=\begin{bmatrix}0 & & & \\ & \ddots & & \\ & & 0 & \\ & & & \boldsymbol{\beta}^{\mathrm{T}}\boldsymbol{\alpha}\end{bmatrix}.$$

② 当 $\mathrm{tr}(\boldsymbol{A})=\boldsymbol{\beta}^{\mathrm{T}}\boldsymbol{\alpha}=0$ 时，$\boldsymbol{A}$ 的特征值全是 $\lambda_0=0$，由 $n-r(\lambda_0\boldsymbol{I}-\boldsymbol{A})=n-1$ 可知 $\lambda_0=0$ 对应的特征向量只有 $n-1$ 个是线性无关的，从而

$$\boldsymbol{A}\sim\boldsymbol{J}=\begin{bmatrix}0 & & & \\ & \ddots & & \\ & & 0 & 1\\ & & & 0\end{bmatrix}.$$

6. 设

$$A = \begin{bmatrix} 9 & 1 & -2 & 1 \\ 0 & 8 & 1 & 1 \\ -1 & 0 & 4 & 0 \\ 1 & 0 & 0 & 1 \end{bmatrix}.$$

(1) 写出 A 的 4 个盖尔圆；

(2) 应用盖尔圆定理证明矩阵 A 至少有两个实特征值.

解:(1) 根据题意,可得

$$G_1: |z-9| \leqslant 4, \quad G_2: |z-8| \leqslant 2,$$
$$G_3: |z-4| \leqslant 1, \quad G_4: |z-1| \leqslant 1.$$

(2) 它们构成两个连通部分 $S_1 = G_1 \cup G_2 \cup G_3$,$S_2 = G_4$,且 S_1,S_2 均关于实轴对称,故 S_2 中只有一个特征值且必为实数,而 S_1 中有三个特征值,故至少有一个实特征值.

3.6　书后习题解答

1. 设 A 是 n 阶非奇异矩阵,证明:

(1) A 没有零特征值;

(2) 若 λ 是 A 的特征值,则 $\frac{1}{\lambda}$ 是 A^{-1} 的特征值,且它们对应相同的特征向量.

证明:(1) 因 A 非奇异,故 $|A| = \lambda_1\lambda_2\cdots\lambda_n \neq 0$,其中 $\lambda_1,\lambda_2,\cdots,\lambda_n$ 是 A 的特征值,所以均不为零.

(2) 设 $Ax = \lambda x (x \neq 0)$,又由(1) 可知 $\lambda \neq 0$,所以

$$A^{-1}x = \frac{1}{\lambda}x.$$

2. 设 A,B 为 n 阶方阵,$\lambda_1,\lambda_2,\cdots,\lambda_n$ 是 A 的特征值,证明:

(1) $\mathrm{tr}(AB) = \mathrm{tr}(BA)$;

(2) $\mathrm{tr}(A^k) = \sum_{i=1}^{n}\lambda_i^k$;

(3) 若 $P^{-1}AP = B$,则 $\mathrm{tr}(A) = \mathrm{tr}(B) = \sum_{i=1}^{n}\lambda_i$.

证明:(1) 记 AB 的第 i 行第 j 列元素为 $(AB)_{ij}$,则

$$\begin{aligned}\mathrm{tr}(AB) &= \sum_{i=1}^{n}(AB)_{ii} = \sum_{i=1}^{n}\left(\sum_{j=1}^{n}a_{ij}b_{ji}\right) = \sum_{j=1}^{n}\left(\sum_{i=1}^{n}b_{ji}a_{ij}\right) \\ &= \sum_{i=1}^{n}(BA)_{ii} = \mathrm{tr}(BA).\end{aligned}$$

(2) 设 λ_i 是 $\boldsymbol{A}$ 的特征值,即

$$\boldsymbol{AX}_i = \lambda_i \boldsymbol{X}_i, \quad 则 \quad \boldsymbol{A}^k \boldsymbol{X}_i = \lambda_i^k \boldsymbol{X}_i,$$

即 λ_i^k 是 $\boldsymbol{A}^k$ 的特征值,所以

$$\mathrm{tr}(\boldsymbol{A}^k) = \sum_{i=1}^{n} \lambda_i^k.$$

(3) 由 $\boldsymbol{P}^{-1}\boldsymbol{AP} = \boldsymbol{B}$ 及(1) 的结论,则有

$$\mathrm{tr}(\boldsymbol{B}) = \mathrm{tr}(\boldsymbol{P}^{-1}\boldsymbol{AP}) = \mathrm{tr}(\boldsymbol{APP}^{-1}) = \mathrm{tr}(\boldsymbol{A}) = \sum_{i=1}^{n} \lambda_i.$$

3. 设 n 阶实方阵 $\boldsymbol{A} = (a_{ij})_{n\times n}$,且 $\sum_{j=1}^{n} |a_{ij}| < 1, i = 1,2,\cdots,n$,证明:$\boldsymbol{A}$ 的每一个特征值 λ 的模 $|\lambda| < 1$.

证明: 设 $\boldsymbol{AX} = \lambda\boldsymbol{X}$,其中 $\boldsymbol{X} = (x_1, x_2, \cdots, x_n)^{\mathrm{T}} \neq \boldsymbol{0}$,并记 $\boldsymbol{X}$ 的分量中最大的模为 $|x_k|$. 考虑第 k 个方程,得到

$$(\lambda - a_{kk})x_k = \sum_{j\neq k} a_{kj}x_j,$$

所以

$$|\lambda - a_{kk}|\,|x_k| = \sum_{j\neq k} |a_{kj}|\,|x_j| \leqslant \sum_{j\neq k} |a_{kj}|\,|x_k|,$$

于是

$$|\lambda - a_{kk}| \leqslant \sum_{j\neq k} |a_{kj}|,$$

从而

$$|\lambda| \leqslant \sum_{i=1}^{n} |a_{ki}| < 1.$$

4. 设 V 是 n 维线性空间,V 的线性变换 T 在基 $\boldsymbol{\alpha}_1, \boldsymbol{\alpha}_2, \cdots, \boldsymbol{\alpha}_n$ 下的矩阵为 $\boldsymbol{A}$,I 是 V 的单位变换. 证明:存在非零向量 $\boldsymbol{\alpha}_0$,使 $T\boldsymbol{\alpha}_0 = (I - T)\boldsymbol{\alpha}_0$ 当且仅当 $\lambda = \frac{1}{2}$ 为 $\boldsymbol{A}$ 的特征值.

证明: 由 $T\boldsymbol{\alpha}_0 = (I - T)\boldsymbol{\alpha}_0$,当且仅当 $T\boldsymbol{\alpha}_0 = \frac{1}{2}\boldsymbol{\alpha}_0$,当且仅当 $\lambda = \frac{1}{2}$ 是 T 的特征值,当且仅当 $\lambda = \frac{1}{2}$ 是 $\boldsymbol{A}$ 的特征值.

5. 已知 3 阶矩阵

$$\boldsymbol{A} = \begin{bmatrix} 2 & 1 & 0 \\ -1 & 0 & 0 \\ -2 & -1 & 2 \end{bmatrix},$$

试求矩阵 $\boldsymbol{A}$ 的伴随矩阵 $\boldsymbol{A}^*$ 的特征值与特征向量.

解: 因为

$$|\lambda \boldsymbol{I}-\boldsymbol{A}|=\begin{vmatrix}\lambda-2 & -1 & 0\\ 1 & \lambda & 0\\ 2 & 1 & \lambda-2\end{vmatrix}=(\lambda-1)^2(\lambda-2),$$

故 $\boldsymbol{A}$ 的特征值为

$$\lambda_1=\lambda_2=1,\quad \lambda_3=2.$$

解 $(\boldsymbol{I}-\boldsymbol{A})\boldsymbol{X}=\boldsymbol{0}$ 得基础解系 $\boldsymbol{\alpha}_1=(1,-1,1)^{\mathrm{T}}$，即 $\boldsymbol{A}$ 属于特征值 1 的线性无关的特征向量为 $\boldsymbol{\alpha}_1=(1,-1,1)^{\mathrm{T}}$；

解 $(2\boldsymbol{I}-\boldsymbol{A})\boldsymbol{X}=\boldsymbol{0}$ 得属于特征值 2 的线性无关的特征向量为 $\boldsymbol{\alpha}_2=(0,0,1)^{\mathrm{T}}$.

因矩阵 $\boldsymbol{A}$ 的行列式 $|\boldsymbol{A}|=2\neq 0$，所以 $\boldsymbol{A}$ 可逆，从而 $\boldsymbol{A}^*$ 的特征值为 $\dfrac{|\boldsymbol{A}|}{\lambda}$，其中 λ 是 $\boldsymbol{A}$ 的特征值. 由此得到 $\boldsymbol{A}^*$ 的特征值为 $\mu_1=\mu_2=2,\mu_3=1$，并且 μ_i 对应的特征向量与 λ_i 对应的特征向量相同. 所以 $\boldsymbol{A}^*$ 属于 2 的线性无关的特征向量为 $\boldsymbol{\alpha}_1=(1,-1,1)^{\mathrm{T}}$，属于 1 的线性无关的特征向量为 $\boldsymbol{\alpha}_2=(0,0,1)^{\mathrm{T}}$.

6. 设 n 阶矩阵

$$\boldsymbol{A}=\begin{bmatrix}2 & 2 & \cdots & 2\\ 2 & 2 & \cdots & 2\\ \vdots & \vdots & & \vdots\\ 2 & 2 & \cdots & 2\end{bmatrix},$$

求 $\boldsymbol{A}$ 的特征值与特征向量.

解：因为

$$|\lambda \boldsymbol{I}-\boldsymbol{A}|=\begin{vmatrix}\lambda-2 & -2 & \cdots & -2\\ -2 & \lambda-2 & \cdots & -2\\ \vdots & \vdots & & \vdots\\ -2 & -2 & \cdots & \lambda-2\end{vmatrix}=\lambda^{n-1}(\lambda-2n),$$

所以 $\boldsymbol{A}$ 的特征值为

$$\lambda_1=2n,\quad \lambda_2=\cdots=\lambda_n=0.$$

解 $(2n\boldsymbol{I}-\boldsymbol{A})\boldsymbol{X}=\boldsymbol{0}$ 得属于特征值 $2n$ 的线性无关的特征向量为

$$\boldsymbol{\alpha}_1=(1,1,\cdots,1)^{\mathrm{T}};$$

解 $(0\boldsymbol{I}-\boldsymbol{A})\boldsymbol{X}=\boldsymbol{0}$，得属于特征值 0 的线性无关的特征向量为

$$\boldsymbol{\alpha}_2=(-1,1,0,\cdots,0)^{\mathrm{T}},\quad \boldsymbol{\alpha}_3=(-1,0,1,\cdots,0)^{\mathrm{T}},\quad \cdots,\quad \boldsymbol{\alpha}_n=(-1,0,0,\cdots,1)^{\mathrm{T}}.$$

7. 已知两个 n 维列向量

$$\boldsymbol{\alpha}=(a_1,a_2,\cdots,a_n)^{\mathrm{T}},\quad \boldsymbol{\beta}=(b_1,b_2,\cdots,b_n)^{\mathrm{T}}$$

都是非零向量，设 $\boldsymbol{\alpha}^{\mathrm{T}}\boldsymbol{\beta}=0,\boldsymbol{A}=\boldsymbol{\alpha}\boldsymbol{\beta}^{\mathrm{T}}$，求 $\boldsymbol{A}$ 的特征值与特征向量.

解：由于 $\boldsymbol{\alpha}\neq\boldsymbol{0},\boldsymbol{\beta}\neq\boldsymbol{0}$，不妨设 $a_1b_1\neq 0$. 可得 $\boldsymbol{A}$ 的特征值均为 0，属于特征值 0 的线性无关的特征向量有 $n-1$ 个，分别是

$$\boldsymbol{\alpha}_1=(-b_2,b_1,0,\cdots,0)^{\mathrm{T}},\quad \boldsymbol{\alpha}_2=(-b_3,0,b_1,0,\cdots,0)^{\mathrm{T}},\quad \cdots,$$
$$\boldsymbol{\alpha}_{n-1}=(-b_n,0,0,0,\cdots,b_1)^{\mathrm{T}}.$$

8. 设欧氏空间 $\mathbf{R}^4$ 上的线性变换 T 在标准正交基 $\boldsymbol{\varepsilon}_1,\boldsymbol{\varepsilon}_2,\boldsymbol{\varepsilon}_3,\boldsymbol{\varepsilon}_4$ 下的矩阵是

$$\boldsymbol{A}=\begin{bmatrix}5&-1&-2&0\\-1&5&0&-2\\-2&0&5&-1\\0&-2&-1&5\end{bmatrix}.$$

(1) 求 T 的特征值与特征向量;

(2) 设有正交矩阵

$$\boldsymbol{Q}=\frac{1}{2}\begin{bmatrix}1&-1&-1&1\\1&1&-1&-1\\1&-1&1&-1\\1&1&1&1\end{bmatrix},$$

证明:T 在基 $\boldsymbol{Q}\boldsymbol{\varepsilon}_1,\boldsymbol{Q}\boldsymbol{\varepsilon}_2,\boldsymbol{Q}\boldsymbol{\varepsilon}_3,\boldsymbol{Q}\boldsymbol{\varepsilon}_4$ 下的矩阵是对角矩阵.

解:(1) T 的特征值为

$$\lambda_1=2,\quad \lambda_2=4,\quad \lambda_3=6,\quad \lambda_4=8,$$

属于这些特征值的线性无关的特征向量分别是

$$\boldsymbol{\alpha}_1=(1,1,1,1)^{\mathrm{T}},\quad \boldsymbol{\alpha}_2=(1,-1,1,-1)^{\mathrm{T}},$$
$$\boldsymbol{\alpha}_3=(1,1,-1,-1)^{\mathrm{T}},\quad \boldsymbol{\alpha}_4=(1,-1,-1,1)^{\mathrm{T}}.$$

(2) 由(1) 可得

$$\boldsymbol{\beta}_1=\left(\frac{1}{2},\frac{1}{2},\frac{1}{2},\frac{1}{2}\right)^{\mathrm{T}},\quad \boldsymbol{\beta}_2=\left(-\frac{1}{2},\frac{1}{2},-\frac{1}{2},\frac{1}{2}\right)^{\mathrm{T}},$$
$$\boldsymbol{\beta}_3=\left(-\frac{1}{2},-\frac{1}{2},\frac{1}{2},\frac{1}{2}\right)^{\mathrm{T}},\quad \boldsymbol{\beta}_4=\left(\frac{1}{2},-\frac{1}{2},-\frac{1}{2},\frac{1}{2}\right)^{\mathrm{T}}$$

也分别是属于特征值 $\lambda_1,\lambda_2,\lambda_3,\lambda_4$ 的线性无关的特征向量,故取

$$\boldsymbol{Q}=(\boldsymbol{\beta}_1,\boldsymbol{\beta}_2,\boldsymbol{\beta}_3,\boldsymbol{\beta}_4)=\frac{1}{2}\begin{bmatrix}1&-1&-1&1\\1&1&-1&-1\\1&-1&1&-1\\1&1&1&1\end{bmatrix},$$

使得

$$\boldsymbol{Q}^{-1}\boldsymbol{A}\boldsymbol{Q}=\mathrm{diag}(2,4,6,8),$$

也即 T 在基 $\boldsymbol{Q}\boldsymbol{\varepsilon}_1,\boldsymbol{Q}\boldsymbol{\varepsilon}_2,\boldsymbol{Q}\boldsymbol{\varepsilon}_3,\boldsymbol{Q}\boldsymbol{\varepsilon}_4$ 下的矩阵是对角矩阵 $\mathrm{diag}(2,4,6,8)$.

9. 设 n 阶实矩阵 $\mathbf{A}$ 满足 $\mathbf{A}^2=\mathbf{A}$,$r(\mathbf{A})=r$.

(1) 求 $\mathbf{A}$ 的特征值;

(2) 证明 $\mathbf{R}^n$ 可分解为 $\mathbf{A}$ 的特征子空间的直和;

(3) 讨论 $\boldsymbol{A}$ 可否对角化.

解:(1) 设 λ 是 $\boldsymbol{A}$ 的任一特征值,$\boldsymbol{\alpha}$ 是 λ 对应的特征向量,则 $\boldsymbol{A\alpha}=\lambda\boldsymbol{\alpha}$,所以

$$\boldsymbol{A}^2\boldsymbol{\alpha}=\lambda\boldsymbol{A\alpha}=\lambda^2\boldsymbol{\alpha}=\lambda\boldsymbol{\alpha},\quad \text{即}\quad \lambda^2-\lambda=0,$$

故 $\lambda=1$ 或者 $\lambda=0$. 由于 $r(\boldsymbol{A})=r$,因此 $\boldsymbol{A}$ 的特征值为 $1(r$ 个$),0(n-r$ 个$)$.

(2) 易证 $\boldsymbol{A}^2=\boldsymbol{A}$ 时,$r(\boldsymbol{I}-\boldsymbol{A})+r(\boldsymbol{A})=n$,故

$$r(\boldsymbol{I}-\boldsymbol{A})=n-r,$$

所以$(\boldsymbol{I}-\boldsymbol{A})\boldsymbol{X}=\boldsymbol{0}$ 的基础解系含有 r 个解向量,即 $\boldsymbol{A}$ 属于特征值 1 的线性无关的特征向量个数为 r 个,设为 $\boldsymbol{\alpha}_1,\boldsymbol{\alpha}_2,\cdots,\boldsymbol{\alpha}_r$. 同样 $\boldsymbol{AX}=\boldsymbol{0}$ 的基础解系含有 $n-r$ 个解向量,即 $\boldsymbol{A}$ 属于特征值 0 的线性无关的特征向量个数为 $n-r$ 个,设为 $\boldsymbol{\alpha}_{r+1},\boldsymbol{\alpha}_{r+2},\cdots,\boldsymbol{\alpha}_n$. 由于 $\boldsymbol{\alpha}_1,\boldsymbol{\alpha}_2,\cdots,\boldsymbol{\alpha}_r,\boldsymbol{\alpha}_{r+1},\boldsymbol{\alpha}_{r+2},\cdots,\boldsymbol{\alpha}_n$ 线性无关,故构成 $\mathbf{R}^n$ 的一组基.

又因为 $\boldsymbol{A}$ 属于特征值 1 的特征子空间

$$V_1=\mathrm{span}\{\boldsymbol{\alpha}_1,\boldsymbol{\alpha}_2,\cdots,\boldsymbol{\alpha}_r\},$$

$\boldsymbol{A}$ 属于特征值 0 的特征子空间

$$V_0=\mathrm{span}\{\boldsymbol{\alpha}_{r+1},\boldsymbol{\alpha}_{r+2},\cdots,\boldsymbol{\alpha}_n\},$$

从而 $\mathbf{R}^n$ 可分解为 $\boldsymbol{A}$ 的特征子空间的直和,即

$$\mathbf{R}^n=V_1\oplus V_0.$$

(3) 由于 $\lambda^2-\lambda$ 是 $\boldsymbol{A}$ 的化零多项式且无重根,所以 $\boldsymbol{A}$ 可以对角化.

10. 设矩阵 $\boldsymbol{A}$ 和 $\boldsymbol{B}$ 相似,其中

$$\boldsymbol{A}=\begin{bmatrix}2&-1&0\\0&x&0\\1&-1&1\end{bmatrix},\quad \boldsymbol{B}=\begin{bmatrix}3&2&0\\-1&y&0\\-2&-2&1\end{bmatrix}.$$

(1) 求 x,y 的值;

(2) 证明 $\boldsymbol{A}$ 和 $\boldsymbol{B}$ 均可以对角化;

(3) 求可逆矩阵 $\boldsymbol{P}$,使得 $\boldsymbol{P}^{-1}\boldsymbol{AP}=\boldsymbol{B}$.

解:(1) 因为 $\boldsymbol{A}$ 和 $\boldsymbol{B}$ 相似,故

$$|\boldsymbol{A}|=|\boldsymbol{B}|,\quad \text{且}\quad \mathrm{tr}(\boldsymbol{A})=\mathrm{tr}(\boldsymbol{B}),$$

即有

$$\begin{cases}2x=3y+2,\\3+x=4+y,\end{cases}\quad \text{解得}\quad \begin{cases}x=1,\\y=0.\end{cases}$$

(2) 因为

$$|\lambda\boldsymbol{I}-\boldsymbol{A}|=\begin{vmatrix}\lambda-2&1&0\\0&\lambda-1&0\\-1&1&\lambda-1\end{vmatrix}=(\lambda-1)^2(\lambda-2),$$

所以 $\boldsymbol{A}$ 的特征值为 $\lambda_1=\lambda_2=1,\lambda_3=2$.

解$(\boldsymbol{I}-\boldsymbol{A})\boldsymbol{X}=\boldsymbol{0}$ 得基础解系 $\boldsymbol{\alpha}_1=(1,1,0)^{\mathrm{T}},\boldsymbol{\alpha}_2=(0,0,1)^{\mathrm{T}}$;解$(2\boldsymbol{I}-\boldsymbol{A})\boldsymbol{X}=$

$\mathbf{0}$ 得基础解系 $\boldsymbol{\alpha}_3=(1,0,1)^{\mathrm{T}}$. 因 $\boldsymbol{A}$ 有 3 个线性无关的特征向量,故 $\boldsymbol{A}$ 可以对角化.

同理 $\boldsymbol{B}$ 的特征值为 $\mu_1=\mu_2=1,\mu_3=2$. 解 $(\boldsymbol{I}-\boldsymbol{B})\boldsymbol{X}=\mathbf{0}$ 得基础解系 $\boldsymbol{\beta}_1=(1,-1,0)^{\mathrm{T}},\boldsymbol{\beta}_2=(0,0,1)^{\mathrm{T}}$;解 $(2\boldsymbol{I}-\boldsymbol{B})\boldsymbol{X}=\mathbf{0}$ 得基础解系 $\boldsymbol{\beta}_3=(-2,1,2)^{\mathrm{T}}$. 因 $\boldsymbol{B}$ 有 3 个线性无关的特征向量,故 $\boldsymbol{B}$ 也可以对角化.

(3) 令

$$\boldsymbol{P}_1=(\boldsymbol{\alpha}_1,\boldsymbol{\alpha}_2,\boldsymbol{\alpha}_3),\quad \boldsymbol{P}_2=(\boldsymbol{\beta}_1,\boldsymbol{\beta}_2,\boldsymbol{\beta}_3),$$

则

$$\boldsymbol{P}_1^{-1}\boldsymbol{A}\boldsymbol{P}_1=\boldsymbol{P}_2^{-1}\boldsymbol{B}\boldsymbol{P}_2=\boldsymbol{\Lambda}=\begin{bmatrix}1&0&0\\0&1&0\\0&0&2\end{bmatrix},$$

令

$$\boldsymbol{P}=\boldsymbol{P}_1\boldsymbol{P}_2^{-1}=\begin{bmatrix}-2&-3&0\\-1&-2&0\\1&1&1\end{bmatrix},$$

则 $\boldsymbol{P}$ 可逆,且 $\boldsymbol{P}^{-1}\boldsymbol{A}\boldsymbol{P}=\boldsymbol{B}$.

11. 设 T 是 $\mathbf{R}^3$ 的线性变换,它在 $\mathbf{R}^3$ 的基 $\boldsymbol{\alpha}_1,\boldsymbol{\alpha}_2,\boldsymbol{\alpha}_3$ 下的矩阵为

$$\boldsymbol{A}=\begin{bmatrix}5&6&-3\\-1&0&1\\1&2&-1\end{bmatrix}.$$

(1) 求 T 在基

$$\boldsymbol{\beta}_1=2\boldsymbol{\alpha}_1+\boldsymbol{\alpha}_2-\boldsymbol{\alpha}_3,\quad \boldsymbol{\beta}_2=2\boldsymbol{\alpha}_1-\boldsymbol{\alpha}_2+2\boldsymbol{\alpha}_3,\quad \boldsymbol{\beta}_3=3\boldsymbol{\alpha}_1+\boldsymbol{\alpha}_3$$

下的矩阵 $\boldsymbol{B}$;

(2) 求 T 的特征值与特征向量.

解:(1) 由条件得到 $\boldsymbol{\alpha}_1,\boldsymbol{\alpha}_2,\boldsymbol{\alpha}_3$ 到 $\boldsymbol{\beta}_1,\boldsymbol{\beta}_2,\boldsymbol{\beta}_3$ 的过渡矩阵

$$\boldsymbol{P}=\begin{bmatrix}2&2&3\\1&-1&0\\-1&2&1\end{bmatrix},$$

故

$$\boldsymbol{B}=\boldsymbol{P}^{-1}\boldsymbol{A}\boldsymbol{P}=\begin{bmatrix}16&4&14\\19&4&16\\-17&-6&-16\end{bmatrix}.$$

(2) $\boldsymbol{A}$ 的特征值为

$$\lambda_1=2,\quad \lambda_2=1+\sqrt{3},\quad \lambda_3=1-\sqrt{3},$$

属于它们的线性无关的特征向量分别是

$$(-2,1,0)^{\mathrm{T}},\quad (3,-1,2-\sqrt{3})^{\mathrm{T}},\quad (3,-1,2+\sqrt{3})^{\mathrm{T}},$$

故 T 的特征值为上述 λ_1,λ_2 和 λ_3，对应的线性无关的特征向量分别是

$$\boldsymbol{\xi}_1=-2\boldsymbol{\alpha}_1+\boldsymbol{\alpha}_2,\quad \boldsymbol{\xi}_2=3\boldsymbol{\alpha}_1-\boldsymbol{\alpha}_2+(2-\sqrt{3})\boldsymbol{\alpha}_3,\quad \boldsymbol{\xi}_3=3\boldsymbol{\alpha}_1-\boldsymbol{\alpha}_2+(2+\sqrt{3})\boldsymbol{\alpha}_3.$$

12. 设 $\boldsymbol{A}$ 是一个 n 阶矩阵，满足 $\boldsymbol{A}^2-5\boldsymbol{A}+6\boldsymbol{I}=\boldsymbol{O}$，证明：$\boldsymbol{A}$ 相似于对角矩阵.

证法一：首先证明 $\boldsymbol{A}$ 的特征值只能是 2 和 3；其次证明

$$r(2\boldsymbol{I}-\boldsymbol{A})+r(3\boldsymbol{I}-\boldsymbol{A})=n;$$

接着证明 $\boldsymbol{A}$ 属于特征值 2 的线性无关的特征向量的个数，也即齐次线性方程组 $(2\boldsymbol{I}-\boldsymbol{A})\boldsymbol{X}=\boldsymbol{0}$ 的基础解系所含向量个数等于 $r(3\boldsymbol{I}-\boldsymbol{A})$，从而 $\boldsymbol{A}$ 属于特征值 3 的线性无关的特征向量的个数，也即齐次线性方程组 $(3\boldsymbol{I}-\boldsymbol{A})\boldsymbol{X}=\boldsymbol{0}$ 的基础解系所含向量个数等于 $r(2\boldsymbol{I}-\boldsymbol{A})$. 因 $\boldsymbol{A}$ 有 n 个线性无关的特征向量，故可以对角化.

证法二：由 $\boldsymbol{A}^2-5\boldsymbol{A}+6\boldsymbol{I}=\boldsymbol{O}$，所以 $\lambda^2-5\lambda+6=(\lambda-2)(\lambda-3)$ 是 $\boldsymbol{A}$ 的化零多项式且无重根，因此 $\boldsymbol{A}$ 可以对角化.

13. 求下列矩阵的 Jordan 标准形 $\boldsymbol{J}$，并求可逆矩阵 $\boldsymbol{P}$，使得 $\boldsymbol{P}^{-1}\boldsymbol{A}\boldsymbol{P}=\boldsymbol{J}$，并指出 $\boldsymbol{A}$ 是否可以对角化.

$$(1)\ \boldsymbol{A}=\begin{bmatrix}-1&1&0\\-4&3&0\\1&0&2\end{bmatrix};\qquad (2)\ \boldsymbol{A}=\begin{bmatrix}2&6&-15\\1&1&-5\\1&2&-6\end{bmatrix}.$$

解：(1) 因为

$$\lambda\boldsymbol{I}-\boldsymbol{A}=\begin{bmatrix}\lambda+1&-1&0\\4&\lambda-3&0\\-1&0&\lambda-2\end{bmatrix}\xrightarrow{\text{初等变换}}\begin{bmatrix}1&0&0\\0&1&0\\0&0&(\lambda-2)(\lambda-1)^2\end{bmatrix},$$

即 $\boldsymbol{A}$ 的初等因子为 $(\lambda-1)^2,\lambda-2$，故 $\boldsymbol{A}$ 的 Jordan 标准形为

$$\boldsymbol{J}=\begin{bmatrix}1&1&0\\0&1&0\\0&0&2\end{bmatrix}.$$

设 $\boldsymbol{P}-(\boldsymbol{\alpha}_1,\boldsymbol{\alpha}_2,\boldsymbol{\alpha}_3)$ 使 $\boldsymbol{P}^{-1}\boldsymbol{A}\boldsymbol{P}=\boldsymbol{J}$，则

$$\begin{cases}\boldsymbol{A}\boldsymbol{\alpha}_1=\boldsymbol{\alpha}_1,\\ \boldsymbol{A}\boldsymbol{\alpha}_2=\boldsymbol{\alpha}_1+\boldsymbol{\alpha}_2,\\ \boldsymbol{A}\boldsymbol{\alpha}_3=2\boldsymbol{\alpha}_3\end{cases}\quad\text{或者}\quad\begin{cases}(\boldsymbol{I}-\boldsymbol{A})\boldsymbol{\alpha}_1=\boldsymbol{0},\\ (\boldsymbol{I}-\boldsymbol{A})\boldsymbol{\alpha}_2=-\boldsymbol{\alpha}_1,\\ (2\boldsymbol{I}-\boldsymbol{A})\boldsymbol{\alpha}_3=\boldsymbol{0},\end{cases}$$

参考例 3.3，解得

$$\boldsymbol{\alpha}_1=(-1,-2,1)^{\mathrm{T}},\quad \boldsymbol{\alpha}_2=(1,1,0)^{\mathrm{T}},\quad \boldsymbol{\alpha}_3=(0,0,1)^{\mathrm{T}},$$

于是

$$\boldsymbol{P}=\begin{bmatrix}-1&1&0\\-2&1&0\\1&0&1\end{bmatrix},\quad\text{使得}\quad \boldsymbol{P}^{-1}\boldsymbol{A}\boldsymbol{P}=\boldsymbol{J}=\begin{bmatrix}1&1&0\\0&1&0\\0&0&2\end{bmatrix}.$$

(2) 因为

$$\lambda \boldsymbol{I}-\boldsymbol{A}=\begin{bmatrix}\lambda-2 & -6 & 15\\ -1 & \lambda-1 & 5\\ -1 & -2 & \lambda+6\end{bmatrix}\xrightarrow{\text{初等变换}}\begin{bmatrix}1 & 0 & 0\\ 0 & \lambda+1 & 0\\ 0 & 0 & (\lambda+1)^2\end{bmatrix},$$

即 $\boldsymbol{A}$ 的初等因子为 $(\lambda+1)^2,\lambda+1$,故 $\boldsymbol{A}$ 的 Jordan 标准形为

$$\boldsymbol{J}=\begin{bmatrix}-1 & 1 & 0\\ 0 & -1 & 0\\ 0 & 0 & -1\end{bmatrix}.$$

设 $\boldsymbol{P}=(\boldsymbol{\alpha}_1,\boldsymbol{\alpha}_2,\boldsymbol{\alpha}_3)$ 使 $\boldsymbol{P}^{-1}\boldsymbol{AP}=\boldsymbol{J}$,则

$$\begin{cases}\boldsymbol{A\alpha}_1=-\boldsymbol{\alpha}_1,\\ \boldsymbol{A\alpha}_2=\boldsymbol{\alpha}_1-\boldsymbol{\alpha}_2,\\ \boldsymbol{A\alpha}_3=-\boldsymbol{\alpha}_3,\end{cases}\quad \text{或者}\quad \begin{cases}(\boldsymbol{I}+\boldsymbol{A})\boldsymbol{\alpha}_1=\boldsymbol{0},\\ (\boldsymbol{I}+\boldsymbol{A})\boldsymbol{\alpha}_2=\boldsymbol{\alpha}_1,\\ (\boldsymbol{I}+\boldsymbol{A})\boldsymbol{\alpha}_3=\boldsymbol{0},\end{cases}$$

参考例 3.3,解得

$$\boldsymbol{\alpha}_1=(-3,-1,-1)^{\mathrm{T}},\quad \boldsymbol{\alpha}_2=(1,-1,0)^{\mathrm{T}},\quad \boldsymbol{\alpha}_3=(-1,-2,-1)^{\mathrm{T}},$$

于是

$$\boldsymbol{P}=\begin{bmatrix}-3 & 1 & -1\\ -1 & -1 & -2\\ -1 & 0 & -1\end{bmatrix},\quad \text{使得}\quad \boldsymbol{P}^{-1}\boldsymbol{AP}=\boldsymbol{J}=\begin{bmatrix}-1 & 1 & 0\\ 0 & -1 & 0\\ 0 & 0 & -1\end{bmatrix}.$$

14. 设 a,b,c 是参数,矩阵

$$\boldsymbol{A}=\begin{bmatrix}2 & 0 & 0\\ a & 2 & 0\\ b & c & -1\end{bmatrix}.$$

(1) 写出 $\boldsymbol{A}$ 所有可能的 Jordan 标准形;

(2) 给出 $\boldsymbol{A}$ 可以对角化的条件.

解:(1) $\boldsymbol{A}$ 的特征多项式为 $|\lambda\boldsymbol{I}-\boldsymbol{A}|=(\lambda-2)^2(\lambda+1)$,所以 $\boldsymbol{A}$ 的最小多项式可能是 $(\lambda-2)^2(\lambda+1)$ 或者 $(\lambda-2)(\lambda+1)$.

① 若 $m(\lambda)=(\lambda-2)^2(\lambda+1)$,则 $\boldsymbol{A}$ 的初等因子为 $(\lambda-2)^2,\lambda+1$,故 Jordan 标准形为

$$\boldsymbol{J}=\begin{bmatrix}2 & 1 & 0\\ 0 & 2 & 0\\ 0 & 0 & -1\end{bmatrix}.$$

② 若 $m(\lambda)=(\lambda-2)(\lambda+1)$,则 $\boldsymbol{A}$ 的初等因子为 $\lambda-2,\lambda-2,\lambda+1$,故 Jordan 标准形为

$$\boldsymbol{J}=\begin{bmatrix}2 & 0 & 0\\ 0 & 2 & 0\\ 0 & 0 & -1\end{bmatrix}.$$

(2) 如果矩阵 $\boldsymbol{A}$ 可以对角化,则 $\boldsymbol{A}$ 属于特征值 2 有两个线性无关的特征向量,从而 $r(2\boldsymbol{I}-\boldsymbol{A})=1$. 而

$$2\boldsymbol{I}-\boldsymbol{A}=\begin{bmatrix}0&0&0\\-a&0&0\\-b&-c&3\end{bmatrix}$$

的秩为 1 当且仅当 $a=0$,即矩阵 $\boldsymbol{A}$ 可以对角化当且仅当 $a=0$.

15. 已知 n 阶方阵 $\boldsymbol{A}$ 满足 $\boldsymbol{A}^k=\boldsymbol{I}_n$($k$ 是正整数),证明:$\boldsymbol{A}$ 可以对角化.

证明: 因为 λ^k-1 是 $\boldsymbol{A}$ 的化零多项式且无重根,所以 $\boldsymbol{A}$ 可以对角化.

16. 设

$$\boldsymbol{A}=\begin{bmatrix}1&0&2\\0&-2&-1\\0&1&0\end{bmatrix},$$

计算矩阵多项式 $g(\boldsymbol{A})=2\boldsymbol{A}^8-3\boldsymbol{A}^5+\boldsymbol{A}^4+\boldsymbol{A}^2-4\boldsymbol{I}$.

解: $\boldsymbol{A}$ 的特征多项式 $f(\lambda)=|\lambda\boldsymbol{I}-\boldsymbol{A}|=(\lambda+1)^2(\lambda-1)$,由 Hamilton-Cayley 定理 $f(\boldsymbol{A})=0$. 令

$$g(\lambda)=2\lambda^8-3\lambda^5+\lambda^4+\lambda^2-4=f(\lambda)q(\lambda)+a+b\lambda+c\lambda^2,$$

则

$$\begin{cases}g(-1)=a-b+c=3,\\g'(-1)=b-2c=-37,\\g(1)=a+b+c=-3,\end{cases}\quad 解得\quad\begin{cases}a=-17,\\b=-3,\\c=17,\end{cases}$$

故

$$g(\boldsymbol{A})=17\boldsymbol{A}^2-3\boldsymbol{A}-17\boldsymbol{I}=\begin{bmatrix}-3&34&28\\0&40&37\\0&-37&-34\end{bmatrix},$$

17. 利用特征多项式的性质及 Hamilton-Cayley 定理证明:任意 n 阶可逆矩阵 $\boldsymbol{A}$ 的逆矩阵都可以表示为 $\boldsymbol{A}$ 的多项式.

证明: 设 $\boldsymbol{A}$ 的特征多项式为

$$f(\lambda)=\lambda^n+a_{n-1}\lambda^{n-1}+\cdots+a_1\lambda+a_0,$$

由于 $\boldsymbol{A}$ 可逆,从而

$$f(0)=a_0=|-\boldsymbol{A}|=(-1)^n\,|\boldsymbol{A}|\neq 0,$$

又由 Hamilton-Cayley 定理知

$$f(\boldsymbol{A})=\boldsymbol{A}^n+a_{n-1}\boldsymbol{A}^{n-1}+\cdots+a_1\boldsymbol{A}+a_0\boldsymbol{I}_n=\boldsymbol{O},$$

所以

$$\boldsymbol{A}\cdot\frac{\boldsymbol{A}^{n-1}+a_{n-1}\boldsymbol{A}^{n-2}+\cdots+a_1\boldsymbol{I}}{-a_0}=\boldsymbol{I}_n,$$

于是 $A^{-1}=\dfrac{A^{n-1}+a_{n-1}A^{n-2}+\cdots+a_1I}{-a_0}$ 为 A 的多项式.

18. 求下列矩阵的最小多项式：

(1) $\begin{bmatrix}3 & 1 & -1\\0 & 2 & 0\\1 & 1 & 1\end{bmatrix}$； (2) $\begin{bmatrix}4 & -2 & 2\\-5 & 7 & -5\\-6 & 7 & -4\end{bmatrix}$

(1) **解法一**:因为

$$|\lambda I-A|=\begin{vmatrix}\lambda-3 & -1 & 1\\0 & \lambda-2 & 0\\-1 & -1 & \lambda-1\end{vmatrix}=(\lambda-2)^3,$$

所以矩阵的最小多项式可能是 $\lambda-2$ 或者 $(\lambda-2)^2$ 或者 $(\lambda-2)^3$. 又因为

$$A-2I=\begin{bmatrix}1 & 1 & -1\\0 & 0 & 0\\1 & 1 & -1\end{bmatrix}\neq O,\quad (A-2I)^2=O,$$

所以最小多项式为 $m(\lambda)=(\lambda-2)^2$.

解法二:因为 A 的特征矩阵为

$$\lambda I-A=\begin{bmatrix}\lambda-3 & -1 & 1\\0 & \lambda-2 & 0\\-1 & -1 & \lambda-1\end{bmatrix}\to\begin{bmatrix}1 & 0 & 0\\0 & \lambda-2 & 0\\0 & 0 & (\lambda-2)^2\end{bmatrix},$$

最后一个不变因子 $(\lambda-2)^2$ 就是 A 的最小多项式.

(2) **解**:解法同(1),最小多项式为

$$m(\lambda)=(\lambda-2)(\lambda^2-5\lambda+11).$$

19. 设矩阵

$$A=\begin{bmatrix}-2 & 2 & -1\\0 & -2 & 0\\1 & -4 & 0\end{bmatrix},$$

求 A 的不变因子、各阶行列式因子、初等因子、最小多项式及Jordan标准形,并指出 A 能否对角化.

解:因为

$$\lambda I-A=\begin{bmatrix}\lambda+2 & -2 & 1\\0 & \lambda+2 & 0\\-1 & 4 & \lambda\end{bmatrix}\to\begin{bmatrix}1 & 0 & 0\\0 & 1 & 0\\0 & 0 & (\lambda+1)^2(\lambda+2)\end{bmatrix},$$

故 A 的不变因子为

$$d_1(\lambda)=d_2(\lambda)=1,\quad d_3(\lambda)=(\lambda+2)(\lambda+1)^2,$$

各阶行列式因子为

$$D_1(\lambda)=D_2(\lambda)=1,\quad D_3(\lambda)=(\lambda+2)(\lambda+1)^2,$$

初等因子为 $\lambda+2,(\lambda+1)^2$.

又矩阵 $\boldsymbol{A}$ 的最小多项式为

$$m(\lambda)=d_3(\lambda)=(\lambda+2)(\lambda+1)^2,$$

故 Jordan 标准形为

$$\boldsymbol{J}=\begin{bmatrix}-2&0&0\\0&-1&1\\0&0&-1\end{bmatrix}.$$

由于最小多项式有重根,故 $\boldsymbol{A}$ 不能对角化.

20. 用 Gerschgorin 定理隔离矩阵

$$\boldsymbol{A}=\begin{bmatrix}20&3&1\\2&10&2\\8&1&0\end{bmatrix}$$

的特征值,再利用实矩阵特征值的性质改进得出的结果.

解:矩阵 $\boldsymbol{A}$ 的 3 个盖尔圆分别为

$$G_1:|z-20|\leqslant 4,\quad G_2:|z-10|\leqslant 4,\quad G_3:|z|\leqslant 9,$$

所以 G_2,G_3 是一个连通区域,G_1 是一个孤立区域. 要使 G_3 的半径小些,故选

$$\boldsymbol{D}=\mathrm{diag}\left(1,1,\frac{1}{2}\right),\quad \boldsymbol{B}=\boldsymbol{DAD}^{-1}=\begin{bmatrix}20&3&2\\2&10&4\\4&0.5&0\end{bmatrix},$$

则 $\boldsymbol{B}$ 的前两个盖尔圆相交. 为此考察 $\boldsymbol{B}^{\mathrm{T}}$ 的盖尔圆为

$$G_1':|z-20|\leqslant 6,\quad G_2':|z-10|\leqslant 3.5,\quad G_3':|z|\leqslant 6,$$

显然有 G_1',G_2',G_3' 两两不交,其中各含 $\boldsymbol{B}^{\mathrm{T}}$ 的一个特征值 $\lambda_1,\lambda_2,\lambda_3$,同时它们也是 $\boldsymbol{A}$ 的特征值. 由于 $G_1\subset G_1'$ 且 G_1 中包含 $\boldsymbol{A}$ 的一个特征值,所以 $\lambda_1\in G_1$,而 $\lambda_2\in G_2'$, $\lambda_3\in G_3'$. 这些盖尔圆关于实轴对称,利用性质可以得到复特征值一定共轭成对出现,因此 $\boldsymbol{A}$ 的特征值均为实数且满足

$$\lambda_1\in[16,24],\quad \lambda_2\in[6.5,13.5],\quad \lambda_3\in[-6,6].$$

21. 设 $\boldsymbol{A}$ 是 n 阶实矩阵,如果 $\boldsymbol{A}$ 的 n 个盖尔圆互不相交,证明:$\boldsymbol{A}$ 的特征值均为实数.

证明:设 $\boldsymbol{A}$ 的 n 个盖尔圆为 $G_i(i=1,2,\cdots,n)$,由于它们互不相交,所以每个 G_i 中仅有一个特征值,根据实矩阵的复特征值必共轭成对出现的性质,关于实轴对称的盖尔圆 G_i 中的特征值必为实数,因此 $\boldsymbol{A}$ 有 n 个均为实数的互异特征值.

3.7 课外习题选解

1. 已知

$$A=\begin{bmatrix}-1&1&0\\-4&3&0\\1&0&2\end{bmatrix}.$$

(1) 求 A 的 Smith 标准型 $A(\lambda)$；

(2) 求 A 的 Jordan 标准型 J.

解:(1) 因为

$$\lambda I-A=\begin{bmatrix}\lambda+1&-1&0\\4&\lambda-3&0\\-1&0&\lambda-2\end{bmatrix}\to\begin{bmatrix}1&0&0\\0&1&0\\0&0&(\lambda-2)(\lambda-1)^2\end{bmatrix},$$

故 A 的 Smith 标准型是

$$A(\lambda)=\begin{bmatrix}1&0&0\\0&1&0\\0&0&(\lambda-2)(\lambda-1)^2\end{bmatrix}.$$

(2) 因为 A 的初等因子为 $\lambda-2,(\lambda-1)^2$，所以

$$J=\begin{bmatrix}2&0&0\\0&1&1\\0&0&1\end{bmatrix}\quad \text{或者}\quad J=\begin{bmatrix}1&1&0\\0&1&0\\0&0&2\end{bmatrix}.$$

2. 设 3 阶矩阵 A 满足多项式 $(A^2-4I)^2(A-3I)^2=O$，且最小多项式 $m(\lambda)$ 满足 $m(1)=m(3)=1$，求 A 的 Jordan 标准形.

解:由 $(A^2-4I)^2(A-3I)^2=O$ 知 A 的特征值可能是 $\pm 2,3$，而它们也必为 $m(\lambda)$ 的根. 又由 $m(3)=1\neq 0$ 知 3 不是 A 的特征值，故 A 的特征值只可能是 2 或 -2，从而

$$m(\lambda)=(\lambda-2)^i(\lambda+2)^j\quad(0\leqslant i\leqslant 3,0\leqslant j\leqslant 3).$$

若 $j>0$，则 $m(1)=(-1)^i3^j\neq 1$，故 $j=0$，所以 -2 不是 A 的特征值. 因而 $\lambda=2$ 是 A 的 3 重特征值，即

$$m(\lambda)=(\lambda-2)^i\quad(1\leqslant i\leqslant 3).$$

当 $i=1$ 或 3 时，$m(1)=(-1)^i=-1\neq 1$，故 $i=2$，即 $m(\lambda)=(\lambda-2)^2$. 因而 A 的初等因子为 $\lambda-2,(\lambda-2)^2$，所以 Jordan 标准形为

$$J=\begin{bmatrix}2&0&0\\0&2&1\\0&0&2\end{bmatrix}.$$

3. 设矩阵

$$A=\begin{bmatrix}2&1&0\\0&x&0\\4&-4&3\end{bmatrix},\quad B=\begin{bmatrix}3&2&y\\0&2&0\\0&0&3\end{bmatrix}.$$

(1) 根据 x 的不同的值,讨论矩阵 $\boldsymbol{A}$ 的所有可能的 Jordan 标准形.

(2) 若 $\boldsymbol{A}$ 与 $\boldsymbol{B}$ 是相似的,问参数 x,y 应满足什么条件?试说明理由.

解:(1) 如果 $x=2$,则 $\boldsymbol{A}$ 的最小多项式为 $m(\lambda)=(\lambda-2)^2(\lambda-3)$,初等因子为 $(\lambda-2)^2,\lambda-3$,于是 Jordan 标准形为

$$J=\begin{bmatrix}2&1&0\\0&2&0\\0&0&3\end{bmatrix};$$

如果 $x=3$,则 $\boldsymbol{A}$ 的最小多项式为 $m(\lambda)=(\lambda-2)(\lambda-3)$,初等因子为 $\lambda-2$,$\lambda-3,\lambda-3$,于是 Jordan 标准形为

$$J=\begin{bmatrix}2&0&0\\0&3&0\\0&0&3\end{bmatrix};$$

如果 $x\neq2$ 且 $x\neq3$,则 $\boldsymbol{A}$ 的最小多项式为 $m(\lambda)=(\lambda-2)(\lambda-3)(\lambda-x)$,初等因子为 $\lambda-2,\lambda-3,\lambda-x$,于是 Jordan 标准形为

$$J=\begin{bmatrix}2&0&0\\0&x&0\\0&0&3\end{bmatrix}.$$

(2) 若 $\boldsymbol{A}$ 与 $\boldsymbol{B}$ 是相似的,则 $\boldsymbol{A},\boldsymbol{B}$ 的特征值相同,所以 $x=3$. 由(1) 知道此时 $\boldsymbol{A}$ 相似于对角矩阵,故 $\boldsymbol{B}$ 也相似于对角阵,因而 $r(3I-B)=3-2=1$. 又

$$3I-B=\begin{bmatrix}0&-2&-y\\0&1&0\\0&0&0\end{bmatrix}\xrightarrow{r_1+2r_2}\begin{bmatrix}0&0&-y\\0&1&0\\0&0&0\end{bmatrix},$$

因此 $y=0$.

4. 设

$$A=\begin{bmatrix}\frac{1}{4}&\frac{1}{4}&\frac{1}{4}&\frac{1}{4}\\\frac{1}{5}&\frac{2}{5}&\frac{1}{5}&\frac{1}{5}\\\frac{1}{6}&\frac{1}{6}&\frac{3}{6}&\frac{1}{6}\\\frac{1}{7}&\frac{1}{7}&\frac{1}{7}&\frac{4}{7}\end{bmatrix},$$

证明：$\boldsymbol{A}$ 的谱半径 $\rho(\boldsymbol{A})=1$.

证明：由圆盘定理可知 $\boldsymbol{A}$ 的任意一个特征值的模 $|\lambda|\leqslant 1$，而

$$\boldsymbol{A}\begin{bmatrix}1\\1\\1\\1\end{bmatrix}=\begin{bmatrix}1\\1\\1\\1\end{bmatrix},$$

所以 $\lambda=1$ 是 $\boldsymbol{A}$ 的一个特征值，所以 $\boldsymbol{A}$ 的谱半径 $\rho(\boldsymbol{A})=1$.

5. 已知方阵 $\boldsymbol{A}$ 的特征多项式与最小多项式都是 λ^5，分别求 $\boldsymbol{A}$ 及 $\boldsymbol{A}^2$ 的 Jordan 标准形.

解：$\boldsymbol{A}$ 的最小多项式等于最后一个不变因子，所以 $m(\lambda)=d_5(\lambda)=\lambda^5$，故 $\boldsymbol{A}$ 仅有唯一的初等因子 λ^5，因此 $\boldsymbol{A}$ 的 Jordan 标准形为

$$\boldsymbol{J}=\begin{bmatrix}0&1&0&0&0\\0&0&1&0&0\\0&0&0&1&0\\0&0&0&0&1\\0&0&0&0&0\end{bmatrix}.$$

又 $\boldsymbol{A}^2$ 与 $\boldsymbol{J}^2$ 相似，且

$$\lambda\boldsymbol{I}-\boldsymbol{J}^2=\begin{bmatrix}\lambda&0&-1&0&0\\0&\lambda&0&-1&0\\0&0&\lambda&0&-1\\0&0&0&\lambda&0\\0&0&0&0&\lambda\end{bmatrix}\longrightarrow\begin{bmatrix}1&0&0&0&0\\0&1&0&0&0\\0&0&1&0&0\\0&0&0&\lambda^2&0\\0&0&0&0&\lambda^3\end{bmatrix},$$

故 $\boldsymbol{A}^2$ 的初等因子为 λ^2,λ^3，因此 $\boldsymbol{A}^2$ 的 Jordan 标准形为

$$\boldsymbol{J}_1=\begin{bmatrix}0&1&0&0&0\\0&0&0&0&0\\0&0&0&1&0\\0&0&0&0&1\\0&0&0&0&0\end{bmatrix}.$$

6. 已知 5 阶方阵 $\boldsymbol{A}$ 的最小多项式为 $m(\lambda)=(\lambda-3)(\lambda-2)^2$，又 $\det(\boldsymbol{A})=72$，求 $\boldsymbol{A}$ 的 Jordan 标准型.

解：由于最小多项式与特征多项式有相同的根，而

$$d_5(\lambda)=m(\lambda)=(\lambda-3)(\lambda-2)^2,$$

所以 $\boldsymbol{A}$ 的互异特征值仅为 2，3. 由于 $\det(\boldsymbol{A})=72$，所以 $\boldsymbol{A}$ 的特征多项式为

$$f(\lambda)=(\lambda-3)^2(\lambda-2)^3,$$

所以

$$D_4(\lambda)=\frac{f(\lambda)}{d_5(\lambda)}=(\lambda-3)(\lambda-2).$$

可以得到

$$d_4(\lambda)=D_4(\lambda)=(\lambda-3)(\lambda-2),\quad d_3(\lambda)=d_2(\lambda)=d_1(\lambda)=1,$$

由此得 $\boldsymbol{A}$ 的初等因子为 $\lambda-3,\lambda-3,(\lambda-2)^2,\lambda-2$，故 $\boldsymbol{A}$ 的 Jordan 标准形为

$$\boldsymbol{J}=\begin{bmatrix}3&0&0&0&0\\0&3&0&0&0\\0&0&2&1&0\\0&0&0&2&0\\0&0&0&0&2\end{bmatrix}.$$

7. 设

$$\boldsymbol{A}=\begin{bmatrix}a&x&1\\0&a&y\\0&0&b\end{bmatrix}\quad(a,b,x,y\in\mathbf{R}).$$

(1) 求 $\boldsymbol{A}$ 的 Jordan 标准型；

(2) 何时 $\boldsymbol{A}$ 的最小多项式无重根？

解：(1) 因为

$$|\lambda\boldsymbol{I}-\boldsymbol{A}|=\begin{vmatrix}\lambda-a&-x&-1\\0&\lambda-a&-y\\0&0&\lambda-b\end{vmatrix}=(\lambda-a)^2(\lambda-b).$$

① 当 $a\neq b,x\neq 0$ 时，因 $r(a\boldsymbol{I}-\boldsymbol{A})=2$，故 $\boldsymbol{A}$ 属于特征值 a 的线性无关的特征向量仅有 1 个，所以 $\boldsymbol{A}$ 不能对角化，此时 $\boldsymbol{A}$ 的 Jordan 标准形为

$$\boldsymbol{J}=\begin{bmatrix}a&1&0\\0&a&0\\0&0&b\end{bmatrix};$$

② 当 $a\neq b,x=0$ 时，因 $r(a\boldsymbol{I}-\boldsymbol{A})-1$，故 $\boldsymbol{A}$ 属于特征值 a 的线性无关的特征向量有 2 个，所以 $\boldsymbol{A}$ 能对角化，此时 $\boldsymbol{A}$ 的 Jordan 标准形为

$$\boldsymbol{J}=\begin{bmatrix}a&0&0\\0&a&0\\0&0&b\end{bmatrix};$$

③ 当 $a=b,x\neq 0,y\neq 0$ 时，因 $r(a\boldsymbol{I}-\boldsymbol{A})=2$，故 $\boldsymbol{A}$ 属于特征值 a 的线性无关的特征向量仅有 1 个，所以 $\boldsymbol{A}$ 不能对角化，最小多项式为 $m(\lambda)=(\lambda-a)^3$，此时 $\boldsymbol{A}$ 的 Jordan 标准形为

$$\boldsymbol{J}=\begin{bmatrix}a&1&0\\0&a&1\\0&0&a\end{bmatrix};$$

④ 当 $a=b, x=0, y\neq 0$ 时，最小多项式为 $m(\lambda)=(\lambda-a)^2$，此时 $\boldsymbol{A}$ 的 Jordan 标准形

$$\boldsymbol{J}=\begin{bmatrix} a & 1 & 0 \\ 0 & a & 0 \\ 0 & 0 & a \end{bmatrix};$$

⑤ 当 $a=b, y=0$ 时，最小多项式为 $m(\lambda)=(\lambda-a)^2$，此时 $\boldsymbol{A}$ 的 Jordan 标准形为

$$\boldsymbol{J}=\begin{bmatrix} a & 1 & 0 \\ 0 & a & 0 \\ 0 & 0 & a \end{bmatrix}.$$

(2) 由(1) 知道当 $a\neq b, x=0$ 时，因 $r(a\boldsymbol{I}-\boldsymbol{A})=1$，故 $\boldsymbol{A}$ 属于特征值 a 的线性无关的特征向量有 2 个，最小多项式为 $m(\lambda)=(\lambda-a)(\lambda-b)$ 且无重根，此时 $\boldsymbol{A}$ 的 Jordan 标准形为

$$\boldsymbol{J}=\begin{bmatrix} a & 0 & 0 \\ 0 & a & 0 \\ 0 & 0 & b \end{bmatrix}.$$

8. 设 $\boldsymbol{A}=\begin{bmatrix} 1 & 2 & 1 \\ 2 & 1 & 1 \\ 0 & -4 & -1 \end{bmatrix}$，求 $\boldsymbol{A}^{100}-3\boldsymbol{A}^{25}$.

解:因为特征矩阵

$$\lambda\boldsymbol{I}-\boldsymbol{A}=\begin{bmatrix} \lambda-1 & -2 & -1 \\ -2 & \lambda-1 & -1 \\ 0 & 4 & \lambda+1 \end{bmatrix}$$

的二阶子式 $\begin{vmatrix} -2 & \lambda-1 \\ 0 & 4 \end{vmatrix}=-8$ 是常数，所以 $\boldsymbol{A}$ 的二阶行列式因子等于1，即 $D_2(\lambda)=1$，所以

$$d_2(\lambda)=1,\quad d_3(\lambda)=D_3(\lambda)=|\lambda\boldsymbol{I}-\boldsymbol{A}|=(\lambda-1)^2(\lambda+1),$$

最小多项式为

$$m(\lambda)=d_3(\lambda)=(\lambda-1)^2(\lambda+1).$$

故令

$$g(\lambda)=\lambda^{100}-3\lambda^{25}=m(\lambda)q(\lambda)+a+b\lambda+c\lambda^2,$$

由

$$\begin{cases} g(1)=a+b+c=-2, \\ g'(1)=b+2c=25, \\ g(-1)=a-b+c=4, \end{cases} \quad \text{解得} \quad \begin{cases} a=-13, \\ b=-3, \\ c=14, \end{cases}$$

所以

$$g(\boldsymbol{A})=\boldsymbol{A}^{100}-3\boldsymbol{A}^{25}=a\boldsymbol{I}+b\boldsymbol{A}+c\boldsymbol{A}^2=-13\boldsymbol{I}-3\boldsymbol{A}+14\boldsymbol{A}^2$$

$$=\begin{bmatrix}54 & -6 & 25\\ 50 & -2 & 25\\ -112 & 12 & -52\end{bmatrix}.$$

9. 证明:相似矩阵必有相同的最小多项式.

证明:设 n 阶矩阵 $\boldsymbol{A},\boldsymbol{B}$ 相似,则存在 n 阶可逆矩阵 $\boldsymbol{P}$,使 $\boldsymbol{P}^{-1}\boldsymbol{A}\boldsymbol{P}=\boldsymbol{B}$. 设 $\boldsymbol{A},\boldsymbol{B}$ 的最小多项式分别是 $m_A(\lambda),m_B(\lambda)$,令

$$m_A(\lambda)=\lambda^m+a_1\lambda^{m-1}+\cdots+a_{m-1}\lambda+a_m,\quad m_B(\lambda)=\lambda^r+b_1\lambda^{r-1}+\cdots+b_{r-1}\lambda+b_r,$$

则

$$m_A(\boldsymbol{A})=\boldsymbol{A}^m+a_1\boldsymbol{A}^{m-1}+\cdots+a_{m-1}\boldsymbol{A}+a_m\boldsymbol{I}_n=\boldsymbol{O},$$

所以

$$\begin{aligned}m_A(\boldsymbol{B})&=\boldsymbol{B}^m+a_1\boldsymbol{B}^{m-1}+\cdots+a_{m-1}\boldsymbol{B}+a_m\boldsymbol{I}_n\\&=\boldsymbol{P}^{-1}(\boldsymbol{A}^m+a_1\boldsymbol{A}^{m-1}+\cdots+a_{m-1}\boldsymbol{A}+a_m\boldsymbol{I}_n)\boldsymbol{P}=\boldsymbol{O},\end{aligned}$$

故 $m_A(\lambda)$ 是 $\boldsymbol{B}$ 的化零多项式,所以 $m_B(\lambda)\mid m_A(\lambda)$.

同理 $m_A(\lambda)\mid m_B(\lambda)$,因此

$$m_A(\lambda)=cm_B(\lambda)\quad(c\neq 0),$$

比较首项系数得 $c=1$,即 $m_A(\lambda)=m_B(\lambda)$.

10. 求解矩阵方程 $\boldsymbol{X}^2-\boldsymbol{X}-20\boldsymbol{I}=\boldsymbol{O}$,其中 $\boldsymbol{X}$ 是 n 阶方阵.

解:由 $\boldsymbol{X}^2-\boldsymbol{X}-20\boldsymbol{I}=\boldsymbol{O}$,所以 $(\boldsymbol{X}-5\boldsymbol{I})(\boldsymbol{X}+4\boldsymbol{I})=\boldsymbol{O}$,故 $\boldsymbol{X}$ 的化零多项式是 $\lambda^2-\lambda-20$ 且无重根,即 $\boldsymbol{X}$ 可以对角化,且 $\boldsymbol{X}$ 的特征值是5或者-4,因此满足条件的解为

$$\boldsymbol{X}=\boldsymbol{P}\begin{bmatrix}5\boldsymbol{I}_r & \boldsymbol{O}\\ \boldsymbol{O} & -4\boldsymbol{I}_{n-r}\end{bmatrix}\boldsymbol{P}^{-1},$$

其中,$\boldsymbol{P}$ 是任意 n 阶可逆矩阵,且 $0\leqslant r\leqslant n$.

11. 设 $\boldsymbol{A},\boldsymbol{B}$ 分别是 n 阶和 m 阶矩阵,$f(\lambda)$ 是 $\boldsymbol{A}$ 的特征多项式,证明:$f(\boldsymbol{B})$ 可逆的充要条件是 $\boldsymbol{A}$ 与 $\boldsymbol{B}$ 无公共特征值.

证明:设 $f(\lambda)=(\lambda-\lambda_1)(\lambda-\lambda_2)\cdots(\lambda-\lambda_n)$,则

$$f(\boldsymbol{B})=(\boldsymbol{B}-\lambda_1\boldsymbol{I}_m)(\boldsymbol{B}-\lambda_2\boldsymbol{I}_m)\cdots(\boldsymbol{B}-\lambda_n\boldsymbol{I}_m)$$

可逆的充要条件是 $|f(\boldsymbol{B})|\neq 0$,当且仅当

$$|(\boldsymbol{B}-\lambda_1\boldsymbol{I}_m)(\boldsymbol{B}-\lambda_2\boldsymbol{I}_m)\cdots(\boldsymbol{B}-\lambda_n\boldsymbol{I}_m)|\neq 0,$$

当且仅当 $|\boldsymbol{B}-\lambda_i\boldsymbol{I}_m|\neq 0(i=1,2,\cdots,n)$,当且仅当 $\boldsymbol{A}$ 与 $\boldsymbol{B}$ 无公共特征值.

12. 设 $\boldsymbol{A},\boldsymbol{B}$ 分别是 n 阶和 m 阶矩阵,证明:$\boldsymbol{A},\boldsymbol{B}$ 无公共特征值当且仅当矩阵方程 $\boldsymbol{A}\boldsymbol{X}=\boldsymbol{X}\boldsymbol{B}$ 仅有零解.

证明:设 $f(\lambda)=\lambda^n+a_1\lambda^{n-1}+\cdots+a_{n-1}\lambda+a_n$ 是 $\boldsymbol{A}$ 的特征多项式,$\boldsymbol{X}_0$ 是矩阵方

程 $\boldsymbol{AX}=\boldsymbol{XB}$ 的任一解,故

$$\boldsymbol{AX}_0=\boldsymbol{X}_0\boldsymbol{B},$$

从而

$$\boldsymbol{A}^k\boldsymbol{X}_0=\boldsymbol{X}_0\boldsymbol{B}^k\quad(k=1,2,\cdots),$$

所以

$$\begin{aligned}f(\boldsymbol{A})\boldsymbol{X}_0&=(\boldsymbol{A}^n+a_1\boldsymbol{A}^{n-1}+\cdots+a_{n-1}\boldsymbol{A}+a_n\boldsymbol{I}_n)\boldsymbol{X}_0\\&=\boldsymbol{X}_0(\boldsymbol{B}^n+a_1\boldsymbol{B}^{n-1}+\cdots+a_{n-1}\boldsymbol{B}+a_n\boldsymbol{I}_m)=\boldsymbol{X}_0f(\boldsymbol{B}),\end{aligned}$$

由 Hamilton-Cayley 定理可知 $f(\boldsymbol{A})=\boldsymbol{O}$,故 $\boldsymbol{X}_0f(\boldsymbol{B})=\boldsymbol{O}$. 从上题得到 $f(\boldsymbol{B})$ 可逆,故 $\boldsymbol{X}_0=\boldsymbol{O}$.

13. 设 $\boldsymbol{A}$ 是 n 阶酉矩阵,证明:$\boldsymbol{A}$ 的特征值的模均为 1.

证明:设 λ 是 $\boldsymbol{A}$ 的任一特征值,$\boldsymbol{\alpha}\neq\boldsymbol{0}$ 是对应的特征向量,则

$$\boldsymbol{A\alpha}=\lambda\boldsymbol{\alpha},$$

所以

$$\boldsymbol{\alpha}^{\mathrm{H}}\boldsymbol{A}^{\mathrm{H}}=\bar{\lambda}\boldsymbol{\alpha}^{\mathrm{H}},$$

则

$$\boldsymbol{\alpha}^{\mathrm{H}}\boldsymbol{A}^{\mathrm{H}}\boldsymbol{A\alpha}=\bar{\lambda}\boldsymbol{\alpha}^{\mathrm{H}}\lambda\boldsymbol{\alpha}.$$

由 $\boldsymbol{A}^{\mathrm{H}}\boldsymbol{A}=\boldsymbol{I}_n$,所以

$$(\bar{\lambda}\lambda-1)\boldsymbol{\alpha}^{\mathrm{H}}\boldsymbol{\alpha}=0,$$

又 $\boldsymbol{\alpha}\neq\boldsymbol{0}$,即 $\boldsymbol{\alpha}^{\mathrm{H}}\boldsymbol{\alpha}>0$,所以 $\bar{\lambda}\lambda-1=0$,即 $|\lambda|=1$.

14. 设线性空间 V 的线性变换为 T,若存在正整数 k 及 $\boldsymbol{\alpha}\in V$,使 $T^{k-1}(\boldsymbol{\alpha})\neq\boldsymbol{0}$ 而 $T^k(\boldsymbol{\alpha})=\boldsymbol{0}$,证明:

(1) $\boldsymbol{\alpha},T(\boldsymbol{\alpha}),T^2(\boldsymbol{\alpha}),\cdots,T^{k-1}(\boldsymbol{\alpha})$ 线性无关,且当 $\dim V=k$ 时,$T^k=\boldsymbol{0}$;

(2) 当 $\dim V=k$,$T^k=\boldsymbol{0}$ 但 $T^{k-1}\neq\boldsymbol{0}$ 时,则 T 在某基下的矩阵是

$$\boldsymbol{N}=\begin{bmatrix}\boldsymbol{0}&\boldsymbol{I}_{k-1}\\\boldsymbol{0}&\boldsymbol{0}\end{bmatrix}.$$

证明:(1) 由第1章的例1.13知向量组 $\boldsymbol{\alpha},T(\boldsymbol{\alpha}),T^2(\boldsymbol{\alpha}),\cdots,T^{k-1}(\boldsymbol{\alpha})$ 线性无关,且当 $\dim V=k$ 时,$\boldsymbol{\alpha},T(\boldsymbol{\alpha}),T^2(\boldsymbol{\alpha}),\cdots,T^{k-1}(\boldsymbol{\alpha})$ 构成 V 的基,故 $\forall\boldsymbol{\beta}\in V$,有

$$\boldsymbol{\beta}=a_0\boldsymbol{\alpha}+a_1T(\boldsymbol{\alpha})+\cdots+a_{k-1}T^{k-1}(\boldsymbol{\alpha}),$$

于是

$$T^k(\boldsymbol{\beta})=a_0T^k(\boldsymbol{\alpha})+a_1T^{k+1}(\boldsymbol{\alpha})+\cdots+a_{k-1}T^{2k-1}(\boldsymbol{\alpha})=\boldsymbol{0},$$

所以 $T^k=\boldsymbol{0}$.

(2) 当 $\dim V=k$,$T^k=\boldsymbol{0}$,但 $T^{k-1}\neq\boldsymbol{0}$ 时,则存在 $\boldsymbol{\alpha}\in V$,使 $T^{k-1}(\boldsymbol{\alpha})\neq\boldsymbol{0}$,而 $T^k(\boldsymbol{\alpha})=\boldsymbol{0}$. 由(1)知 $T^{k-1}(\boldsymbol{\alpha}),T^{k-2}(\boldsymbol{\alpha}),\cdots,T(\boldsymbol{\alpha}),\boldsymbol{\alpha}$ 线性无关,从而构成 V 的一组基,则 T 在上述基下的矩阵为

$$N=\begin{bmatrix}0 & I_{k-1}\\ 0 & 0\end{bmatrix}.$$

15. 设 A,B 分别是 n 阶和 m 阶矩阵，D 是 $n\times m$ 矩阵，秩为 r，且 $AD=DB$，证明：A,B 至少有 r 个公共特征值.

证明：由 $r(D)=r$，则存在 n 阶可逆矩阵 P 和 m 阶可逆矩阵 Q，使得

$$PDQ=\begin{bmatrix}I_r & O\\ O & O\end{bmatrix},\quad 即\quad D=P^{-1}\begin{bmatrix}I_r & O\\ O & O\end{bmatrix}Q^{-1}.$$

令

$$PAP^{-1}=\begin{bmatrix}A_1 & A_2\\ A_3 & A_4\end{bmatrix},\quad Q^{-1}BQ=\begin{bmatrix}B_1 & B_2\\ B_3 & B_4\end{bmatrix},$$

其中 A_1,B_1 均为 r 阶方阵. 由

$$AD=P^{-1}PAP^{-1}\begin{bmatrix}I_r & O\\ O & O\end{bmatrix}Q^{-1}=P^{-1}\begin{bmatrix}A_1 & A_2\\ A_3 & A_4\end{bmatrix}\begin{bmatrix}I_r & O\\ O & O\end{bmatrix}Q^{-1}=P^{-1}\begin{bmatrix}A_1 & O\\ A_3 & O\end{bmatrix}Q^{-1},$$

$$DB=P^{-1}\begin{bmatrix}I_r & O\\ O & O\end{bmatrix}Q^{-1}BQQ^{-1}=P^{-1}\begin{bmatrix}I_r & O\\ O & O\end{bmatrix}\begin{bmatrix}B_1 & B_2\\ B_3 & B_4\end{bmatrix}Q^{-1}=P^{-1}\begin{bmatrix}B_1 & B_2\\ O & O\end{bmatrix}Q^{-1},$$

且

$$AD=DB,$$

故

$$P^{-1}\begin{bmatrix}A_1 & O\\ A_3 & O\end{bmatrix}Q^{-1}=P^{-1}\begin{bmatrix}B_1 & B_2\\ O & O\end{bmatrix}Q^{-1},$$

故 $A_1=B_1$，且 $A_3=O,B_2=O$，因此

$$|\lambda I-A|=|\lambda I-PAP^{-1}|=\begin{vmatrix}\lambda I_r-A_1 & -A_2\\ O & \lambda I_{n-r}-A_4\end{vmatrix}=|\lambda I_r-A_1|\,g(\lambda),$$

$$|\lambda I-B|=|\lambda I-Q^{-1}BQ|=\begin{vmatrix}\lambda I_r-B_1 & O\\ -B_3 & \lambda I_{m-r}-B_4\end{vmatrix}=|\lambda I_r-A_1|\,h(\lambda),$$

所以 A,B 的特征多项式至少有 r 次公因式，从而至少有 r 个公共特征值.

16. 已知矩阵

$$A=\begin{bmatrix}2 & \frac{1}{2} & \frac{1}{2^2} & \cdots & \frac{1}{2^{n-1}}\\ \frac{2}{3} & 4 & \frac{2}{3^2} & \cdots & \frac{2}{3^{n-1}}\\ \frac{3}{4} & \frac{3}{4^2} & 6 & \cdots & \frac{3}{4^{n-1}}\\ \vdots & \vdots & \vdots & & \vdots\\ \frac{n}{n+1} & \frac{n}{(n+1)^2} & \frac{n}{(n+1)^3} & \cdots & 2n\end{bmatrix}.$$

(1) 证明:$\boldsymbol{A}$ 能与对角矩阵相似;

(2) 证明:$\boldsymbol{A}$ 的特征值全为实数.

证明:(1) 因为 $\boldsymbol{A}$ 的第 k 个盖尔圆的半径为

$$R_k=\sum_{i=1}^{n-1}\frac{k}{(k+1)^i}=1-\frac{1}{(k+1)^{n-1}}<1\quad(k=1,2,\cdots,n),$$

所以 $\boldsymbol{A}$ 的盖尔圆 G_k 互不交,说明 $\boldsymbol{A}$ 有 n 个不同的特征值,从而可对角化.

(2) 因 G_k 关于实轴对称,且如果 $\boldsymbol{A}$ 有复特征值必成对共轭出现,而 G_k 中只有一个特征值,所以必为实数.

17. 令

$$\boldsymbol{A}=\begin{bmatrix}1&0.02&0.11\\0.01&0.8&0.14\\0.02&0.01&5\end{bmatrix},\quad \boldsymbol{D}=\begin{bmatrix}5&0&0\\0&5&0\\0&0&1\end{bmatrix}.$$

试用圆盘定理估计矩阵 $\boldsymbol{A}$ 的特征值分布范围,并在复平面上画出示意图;为了得到更精确的结果,请利用矩阵 $\boldsymbol{D}^{-1}\boldsymbol{AD}$ 的盖尔圆盘来隔离矩阵 $\boldsymbol{A}$ 的特征值.

解:由圆盘定理,易求 $\boldsymbol{A}$ 得三个盖尔圆分别为(图略)

$G_1:|z-1|\leqslant 0.13,\quad G_2:|z-0.8|\leqslant 0.15,\quad G_3:|z-5|\leqslant 0.03,$

显然,三个盖尔圆有两个在复平面上相交.令

$$\boldsymbol{B}=\boldsymbol{D}^{-1}\boldsymbol{AD}=\begin{bmatrix}1&0.02&0.022\\0.01&0.8&0.028\\0.1&0.05&5\end{bmatrix},$$

此时可进一步求得 $\boldsymbol{B}$ 的三个盖尔圆分别为

$G_1':|z-1|\leqslant 0.042,\quad G_2':|z-0.8|\leqslant 0.038,\quad G_3':|z-5|\leqslant 0.15,$

显然,此时三个盖尔圆两两不再相交.

因为 $\boldsymbol{A}$ 与 $\boldsymbol{B}$ 相似,所以矩阵 $\boldsymbol{A}$ 与 $\boldsymbol{B}$ 具有相同的特征值.又因为 $G_3\subset G_3'$,所以矩阵 $\boldsymbol{A}$ 的特征值分布在三个孤立圆盘 G_1',G_2',G_3' 中.

18. 证明:复数域上任意一个 n 阶矩阵 $\boldsymbol{A}$ 必可以表示成 $\boldsymbol{A}=\boldsymbol{S}+\boldsymbol{M}$,其中 $\boldsymbol{S}$ 可以相似对角化,$\boldsymbol{M}$ 是幂零矩阵,且 $\boldsymbol{SM}=\boldsymbol{MS}$.

证明:因为任意一个 n 阶矩阵 $\boldsymbol{A}$ 都相似于一个 Jordan 标准形 $\boldsymbol{J}$,故存在 n 阶可逆矩阵 $\boldsymbol{P}$ 使 $\boldsymbol{P}^{-1}\boldsymbol{AP}=\boldsymbol{J}$.设

$$\boldsymbol{J}=\begin{bmatrix}\boldsymbol{J}_1&&&\\&\boldsymbol{J}_2&&\\&&\ddots&\\&&&\boldsymbol{J}_s\end{bmatrix},\quad \boldsymbol{J}_i=\begin{bmatrix}\lambda_i&1&&0\\&\lambda_i&\ddots&\\&&\ddots&1\\0&&&\lambda_i\end{bmatrix}_{n_i\times n_i}=\lambda_i\boldsymbol{I}_{n_i}+\boldsymbol{N}_i,$$

其中 $\mathbf{N}_i = \begin{bmatrix} 0 & 1 & & 0 \\ & 0 & \ddots & \\ & & \ddots & 1 \\ 0 & & & 0 \end{bmatrix}_{n_i \times n_i}$ 是幂零矩阵，且

$$\mathbf{N}_i^{n_i-1} \neq \boldsymbol{O}, \quad \mathbf{N}_i^{n_i} = \boldsymbol{O} \quad (i = 1,2,\cdots,s),$$

则

$$\boldsymbol{P}^{-1}\boldsymbol{AP} = \begin{bmatrix} \lambda_1 \boldsymbol{I}_{n_1} & \boldsymbol{O} & & \boldsymbol{O} \\ & \lambda_2 \boldsymbol{I}_{n_2} & \ddots & \\ & & \ddots & \boldsymbol{O} \\ \boldsymbol{O} & & & \lambda_s \boldsymbol{I}_{n_s} \end{bmatrix} + \begin{bmatrix} \mathbf{N}_1 & \boldsymbol{O} & & \boldsymbol{O} \\ & \mathbf{N}_2 & \ddots & \\ & & \ddots & \boldsymbol{O} \\ \boldsymbol{O} & & & \mathbf{N}_s \end{bmatrix},$$

令

$$\boldsymbol{S} = \boldsymbol{P}\begin{bmatrix} \lambda_1 \boldsymbol{I}_{n_1} & \boldsymbol{O} & & \boldsymbol{O} \\ & \lambda_2 \boldsymbol{I}_{n_2} & \ddots & \\ & & \ddots & \boldsymbol{O} \\ \boldsymbol{O} & & & \lambda_s \boldsymbol{I}_{n_s} \end{bmatrix}\boldsymbol{P}^{-1}, \quad \boldsymbol{M} = \boldsymbol{P}\begin{bmatrix} \mathbf{N}_1 & \boldsymbol{O} & & \boldsymbol{O} \\ & \mathbf{N}_2 & \ddots & \\ & & \ddots & \boldsymbol{O} \\ \boldsymbol{O} & & & \mathbf{N}_s \end{bmatrix}\boldsymbol{P}^{-1},$$

则 $\boldsymbol{A} = \boldsymbol{S} + \boldsymbol{M}$，其中 $\boldsymbol{S}$ 可以相似对角化，而 $\boldsymbol{M}^k = \boldsymbol{O}$，且 $k = \max\limits_{1 \leqslant i \leqslant s}\{n_i\}$，即 $\boldsymbol{M}$ 是幂零矩阵，并且

$$\begin{aligned} \boldsymbol{SM} &= \boldsymbol{P}\begin{bmatrix} \lambda_1 \boldsymbol{I}_{n_1} & \boldsymbol{O} & & \boldsymbol{O} \\ & \lambda_2 \boldsymbol{I}_{n_2} & \ddots & \\ & & \ddots & \boldsymbol{O} \\ \boldsymbol{O} & & & \lambda_s \boldsymbol{I}_{n_s} \end{bmatrix}\boldsymbol{P}^{-1}\boldsymbol{P}\begin{bmatrix} \mathbf{N}_1 & \boldsymbol{O} & & \boldsymbol{O} \\ & \mathbf{N}_2 & \ddots & \\ & & \ddots & \boldsymbol{O} \\ \boldsymbol{O} & & & \mathbf{N}_s \end{bmatrix}\boldsymbol{P}^{-1} \\ &= \boldsymbol{P}\begin{bmatrix} \mathbf{N}_1 & \boldsymbol{O} & & \boldsymbol{O} \\ & \mathbf{N}_2 & \ddots & \\ & & \ddots & \boldsymbol{O} \\ \boldsymbol{O} & & & \mathbf{N}_s \end{bmatrix}\boldsymbol{P}^{-1}\boldsymbol{P}\begin{bmatrix} \lambda_1 \boldsymbol{I}_{n_1} & \boldsymbol{O} & & \boldsymbol{O} \\ & \lambda_2 \boldsymbol{I}_{n_2} & \ddots & \\ & & \ddots & \boldsymbol{O} \\ \boldsymbol{O} & & & \lambda_s \boldsymbol{I}_{n_s} \end{bmatrix}\boldsymbol{P}^{-1} \\ &= \boldsymbol{MS}. \end{aligned}$$

19. 设 $\mathbf{A} \in \mathbf{C}^{n\times n}$，且 $r(\mathbf{A}) = r(\mathbf{A}^2)$，$\mathbf{A}$ 的最小多项式为 $m(\lambda)$，证明：λ^2 不是 $m(\lambda)$ 的因式，即 $\lambda^2 \nmid m(\lambda)$.

证明：设

$$\boldsymbol{J} = \begin{bmatrix} \boldsymbol{J}_1 & & & \boldsymbol{O} \\ & \boldsymbol{J}_2 & & \\ & & \ddots & \\ \boldsymbol{O} & & & \boldsymbol{J}_s \end{bmatrix}$$

是 $\boldsymbol{A}$ 的 Jordan 标准形，则存在 n 阶可逆阵 $\boldsymbol{P}$ 使 $\boldsymbol{P}^{-1}\boldsymbol{AP}=\boldsymbol{J}$. 由 $r(\boldsymbol{A})=r(\boldsymbol{A}^2)$，则 $r(\boldsymbol{J})=r(\boldsymbol{J}^2)$，从而

$$r(\boldsymbol{J}_i)=r(\boldsymbol{J}_i^2)\quad(i=1,2,\cdots,s).$$

若 $\boldsymbol{A}$ 有特征值 $\lambda=0$，且设 $\lambda=0$ 对应的 Jordan 块 $\boldsymbol{J}_i(0)$ 的阶数 $\geqslant 2$，即

$$\boldsymbol{J}_i(0)=\begin{bmatrix}0 & 1 & & 0\\ & 0 & \ddots & \\ & & \ddots & 1\\ 0 & & & 0\end{bmatrix},$$

则 $r(\boldsymbol{J}_i)>r(\boldsymbol{J}_i^2)$，与已知矛盾. 所以 $m(\lambda)$ 中至多包含 λ 的一次因子，故 $\lambda^2\nmid m(\lambda)$.

注：由本题可知，若 n 阶方阵 $\boldsymbol{A}$ 满足 $r(\boldsymbol{A})=r(\boldsymbol{A}^2)=r$，则一定存在 n 阶可逆阵 $\boldsymbol{P}$，使

$$\boldsymbol{P}^{-1}\boldsymbol{AP}=\begin{bmatrix}\boldsymbol{\Delta} & \boldsymbol{O}\\ \boldsymbol{O} & \boldsymbol{O}\end{bmatrix},\quad 其中\ r(\boldsymbol{\Delta})=r.$$

20. 填空题：

(1) 已知 $\boldsymbol{A}$ 是 4 阶方阵，且 $\lambda\boldsymbol{I}-\boldsymbol{A}$ 的标准型为

$$\begin{bmatrix}1 & 0 & 0 & 0\\ 0 & 1 & 0 & 0\\ 0 & 0 & \lambda-1 & 0\\ 0 & 0 & 0 & (\lambda+1)(\lambda-1)^2\end{bmatrix},$$

则 $\boldsymbol{A}$ 的最小多项式 $m(\lambda)=$ ________.

(2) 矩阵 $\boldsymbol{A}=\begin{bmatrix}1 & -4\\ -3 & 5\end{bmatrix}$ 的谱半径 $\rho(\boldsymbol{A})=$ ________.

(3) 若 n 阶方阵 $\boldsymbol{A}$ 满足 $\boldsymbol{A}^2-2\boldsymbol{A}+\boldsymbol{I}=\boldsymbol{O}$，则 $\boldsymbol{A}$ 的特征值只可能是________.

(4) 已知 $\boldsymbol{A}=\begin{bmatrix}1 & 4 & -1\\ -1 & -3 & 0\\ 0 & 0 & 1\end{bmatrix}$ 是 3 阶方阵，则 $\boldsymbol{A}$ 的 Jordan 标准形为________.

(5) 已知 n 阶矩阵 $\boldsymbol{A}=2016\boldsymbol{I}$，则 $\boldsymbol{A}$ 的最小多项式 $m(\lambda)=$ ________.

(6) 设 $\boldsymbol{A}\in\mathbf{C}^{n\times n}$，$\boldsymbol{A}^k=\boldsymbol{O}$（$k$ 为正整数），则 $\det(\boldsymbol{A}+\boldsymbol{I}_n)=$ ________.

解：(1) $(\lambda+1)(\lambda-1)^2$；　(2) 7；　(3) 1；

(4) $\boldsymbol{J}=\begin{bmatrix}-1 & 1 & 0\\ 0 & -1 & 0\\ 0 & 0 & 1\end{bmatrix}$；　(5) $\lambda-2016$；　(6) 1.

4 矩阵分解

矩阵分解在计算数学中起着十分重要的作用，在数值代数理论中以及求解各类最小二乘法问题和最优化问题时都是重要的数学工具.

4.1 教学基本要求

(1) 掌握矩阵的三角分解定义以及存在的条件、分解方法.

(2) 理解矩阵的满秩分解定义，熟练掌握初等变换求满秩分解方法，并注意矩阵的满秩分解一般不唯一.

(3) 熟悉矩阵的 QR 分解的定义与分解方法，理解矩阵的 QR 分解与向量组的 Schmidt 正交化方法的关系，重点掌握 QR 分解与向量组的 Schmidt 正交化方法.

(4) 熟悉矩阵奇异值分解的定义并熟练掌握其分解方法，会用奇异值分解性质解决实际问题.

(5) 理解矩阵谱分解的含义，掌握单纯矩阵(可对角化矩阵) 与正规矩阵的谱分解方法.

4.2 主要内容提要

4.2.1 矩阵的三角分解

设矩阵 $\boldsymbol{A} \in \mathbf{C}^{n\times n}$，如果方阵 $\boldsymbol{A}$ 可以分解成一个下三角矩阵 $\boldsymbol{K}$ 与一个上三角矩阵 $\boldsymbol{U}$ 的乘积，即 $\boldsymbol{A} = \boldsymbol{KU}$，称 $\boldsymbol{A}$ 可以三角分解；如果 $\boldsymbol{A}$ 可以分解成一个单位下三角矩阵 $\boldsymbol{L}$ 与一个上三角矩阵 $\boldsymbol{U}$ 的乘积，即 $\boldsymbol{A} = \boldsymbol{LU}$，称 $\boldsymbol{A}$ 可以 LU 分解；如果 $\boldsymbol{A} = \boldsymbol{LDU}$，其中 $\boldsymbol{L}$ 是单位下三角矩阵，$\boldsymbol{D}$ 是对角阵，$\boldsymbol{U}$ 是单位上三角矩阵(主对角元素均为 1 的上三角矩阵)，则称 $\boldsymbol{A}$ 可以 LDU 分解.

注：一个方阵的三角分解一般不唯一.

(1) 主要结论

① 设 $\boldsymbol{A} \in \mathbf{C}^{n\times n}$，则 $\boldsymbol{A}$ 唯一分解为 $\boldsymbol{A} = \boldsymbol{LDU}$ 当且仅当 $\boldsymbol{A}$ 的前 $n-1$ 个顺序主子式皆不为零，即 $\Delta_k \neq 0(k = 1,2,\cdots,n-1)$，其中 $\boldsymbol{L}$ 是单位下三角矩阵，$\boldsymbol{U}$ 是单位上

三角矩阵，$\boldsymbol{D}=\mathrm{diag}(d_1,d_2,\cdots,d_n)$ 是对角阵，而且

$$d_1=\Delta_1,\quad d_k=\frac{\Delta_k}{\Delta_{k-1}}\quad (k=2,3,\cdots,n).$$

② 设$\boldsymbol{A}\in\mathbf{C}^{n\times n}$，则$\boldsymbol{A}$唯一分解为$\boldsymbol{A}=\boldsymbol{LU}$当且仅当$\boldsymbol{A}$的前$n-1$个顺序主子式皆不为零，即$\Delta_k\neq 0(k=1,2,\cdots,n-1)$，其中$\boldsymbol{L}$是单位下三角矩阵，$\boldsymbol{U}$是上三角矩阵.

③ n阶非奇异矩阵$\boldsymbol{A}$有三角分解$\boldsymbol{A}=\boldsymbol{KU}$当且仅当$\boldsymbol{A}$的前$n-1$个顺序主子式皆不为零，即$\Delta_k\neq 0(k=1,2,\cdots,n-1)$.

(2) 常见的几种三角分解

① LDU 分解：$\boldsymbol{A}=\boldsymbol{LDU}$，其中$\boldsymbol{L}$是单位下三角矩阵，$\boldsymbol{D}$是对角矩阵，$\boldsymbol{U}$是单位上三角矩阵；

② LU 分解：$\boldsymbol{A}=\boldsymbol{LU}$，其中$\boldsymbol{L}$是单位下三角矩阵，$\boldsymbol{U}$是上三角矩阵；

③ Cholesky 分解：$\boldsymbol{A}=\boldsymbol{LL}^{\mathrm{H}}$，其中$\boldsymbol{A}$是 Hermite 正定矩阵，$\boldsymbol{L}$是正线下三角矩阵；

④ 正交三角分解或 QR 分解：设$\boldsymbol{A}\in\mathbf{C}_r^{n\times r}$，则$\boldsymbol{A}=\boldsymbol{QR}$，其中$\boldsymbol{Q}\in\mathrm{U}_r^{n\times r}$，其列向量组是$\mathbf{C}^n$的标准正交组，$\boldsymbol{R}$是正线上三角矩阵(若$\boldsymbol{A}\in\mathbf{C}_r^{r\times n}$，则$\boldsymbol{A}=\boldsymbol{LQ}$，其中$\boldsymbol{Q}\in U_r^{r\times n}$，$\boldsymbol{L}$是正线下三角矩阵).

4.2.2 矩阵的满秩分解

设$\boldsymbol{A}\in\mathbf{C}_r^{m\times n}$，则存在矩阵$\boldsymbol{F}\in\mathbf{C}_r^{m\times r}$及$\boldsymbol{G}\in\mathbf{C}_r^{r\times n}$使$\boldsymbol{A}=\boldsymbol{FG}$，称为矩阵$\boldsymbol{A}$的满秩分解.

> **注：**矩阵的满秩分解不是唯一的. 例如$\boldsymbol{A}=\boldsymbol{FG}$是$\boldsymbol{A}$的一个满秩分解，则对于任意$r$阶可逆矩阵$\boldsymbol{D}$，令$\boldsymbol{F}_1=\boldsymbol{FD}$，$\boldsymbol{G}_1=\boldsymbol{D}^{-1}\boldsymbol{G}$，则$\boldsymbol{A}=\boldsymbol{F}_1\boldsymbol{G}_1$也是$\boldsymbol{A}$的满秩分解.

4.2.3 矩阵的 QR 分解

如果方阵$\boldsymbol{A}$可以分解成一个酉(正交)矩阵$\boldsymbol{Q}$与一个复(实)上三角矩阵$\boldsymbol{R}$的乘积，即

$$\boldsymbol{A}=\boldsymbol{QR},$$

则称上式为$\boldsymbol{A}$的一个 QR 分解.

如果n阶方阵$\boldsymbol{A}=(a_{ij})_{n\times n}\in\mathbf{C}^{n\times n}(\mathbf{R}^{n\times n})$非奇异，则存在酉(正交)矩阵$\boldsymbol{Q}$和复(实)的正线上三角矩阵$\boldsymbol{R}$，使得$\boldsymbol{A}=\boldsymbol{QR}$. 这种分解方法称为 Schmidt 正交化方法.

设$\boldsymbol{A}$是n阶非奇异实矩阵，则存在由有限个初等旋转矩阵的乘积构成的正交矩阵$\boldsymbol{Q}$和一个实上三角矩阵$\boldsymbol{R}$，使得$\boldsymbol{A}=\boldsymbol{QR}$.

设$\boldsymbol{A}$是n阶非奇异实矩阵，则存在由有限个初等反射矩阵的乘积构成的正交矩阵$\boldsymbol{Q}$和一个实上三角矩阵$\boldsymbol{R}$，使得$\boldsymbol{A}=\boldsymbol{QR}$.

4.2.4 矩阵的奇异值分解

设 $\boldsymbol{A}\in\mathbf{C}_r^{m\times n}(r>0)$，则 n 阶 Hermite 矩阵 $\boldsymbol{A}^{\mathrm{H}}\boldsymbol{A}$ 是半正定的，因而特征值 $\lambda_i(i=1,2,\cdots,n)$ 均为非负实数，可以表示为

$$\lambda_1\geqslant\lambda_2\geqslant\cdots\geqslant\lambda_r>\lambda_{r+1}=\cdots=\lambda_n=0,$$

称 $\sigma_i=\sqrt{\lambda_i}(i=1,2,\cdots,n)$ 为矩阵 $\boldsymbol{A}$ 的奇异值.

设 $\boldsymbol{A}\in\mathbf{C}_r^{m\times n}(r>0)$，则存在 m 阶酉矩阵 $\boldsymbol{U}$ 以及 n 阶酉矩阵 $\boldsymbol{V}$，使

$$\boldsymbol{A}=\boldsymbol{U}\begin{bmatrix}\boldsymbol{\Sigma}&\boldsymbol{O}\\\boldsymbol{O}&\boldsymbol{O}\end{bmatrix}\boldsymbol{V}^{\mathrm{H}},\quad 其中\quad \boldsymbol{\Sigma}=\mathrm{diag}(\sigma_1,\sigma_2,\cdots,\sigma_r).$$

设 $\boldsymbol{A}$ 为 n 阶非奇异矩阵，则存在 n 阶酉矩阵 $\boldsymbol{U}$ 及 $\boldsymbol{V}$，使得

$$\boldsymbol{U}^{\mathrm{H}}\boldsymbol{A}\boldsymbol{V}=\begin{bmatrix}\sigma_1&&&0\\&\sigma_2&&\\&&\ddots&\\0&&&\sigma_n\end{bmatrix}\quad(\sigma_i>0;i=1,2,\cdots,n),$$

若将 $\boldsymbol{U},\boldsymbol{V}$ 分别写成

$$\boldsymbol{U}=(\boldsymbol{u}_1,\boldsymbol{u}_2,\cdots,\boldsymbol{u}_n),\quad \boldsymbol{V}=(\boldsymbol{v}_1,\boldsymbol{v}_2,\cdots,\boldsymbol{v}_n),$$

则 $\boldsymbol{A}$ 可以表示成若干个秩为 1 的 n 阶矩阵之和，即

$$\boldsymbol{A}=\sum_{i=1}^{n}\sigma_i\boldsymbol{u}_i\boldsymbol{v}_i^{\mathrm{H}}.$$

4.3 解题方法归纳

(1) 设 $\boldsymbol{A}^{(0)}=\boldsymbol{A}$，其元素 $a_{ij}^{(0)}=a_{ij}$，记 $\boldsymbol{A}$ 的 k 阶顺序主子式为 $\Delta_k(k=1,2,\cdots,n)$. 如果 $\Delta_1=a_{11}^{(0)}\neq0$，令 $c_{i1}=\dfrac{a_{i1}^{(0)}}{a_{11}^{(0)}}(i=2,3,\cdots,n)$. 对应于 Gauss 消元程序，构造消元矩阵

$$\boldsymbol{L}_1=\begin{bmatrix}1&0&0&0\\-c_{21}&1&0&0\\\vdots&\vdots&&\vdots\\-c_{n1}&0&\cdots&1\end{bmatrix},$$

则有

$$\boldsymbol{L}_1\boldsymbol{A}^{(0)}=\begin{bmatrix}a_{11}^{(0)}&a_{12}^{(0)}&\cdots&a_{1n}^{(0)}\\0&a_{22}^{(1)}&\cdots&a_{2n}^{(1)}\\\vdots&\vdots&&\vdots\\0&a_{n2}^{(1)}&\cdots&a_{nn}^{(1)}\end{bmatrix}=\boldsymbol{A}^{(1)},$$

由 $\boldsymbol{A}^{(1)}$ 得 $\boldsymbol{A}$ 的 2 阶顺序主子式为 $\Delta_2 = a_{11}^{(0)}a_{22}^{(1)}$，如果 $\Delta_2 \neq 0$，则 $a_{22}^{(1)} \neq 0$. 再令 $c_{i2} = \dfrac{a_{i2}^{(1)}}{a_{22}^{(1)}}(i = 3,4,\cdots,n)$，并构造消元矩阵

$$\boldsymbol{L}_2 = \begin{bmatrix} 1 & 0 & 0 & 0 & 0 \\ 0 & 1 & 0 & 0 & 0 \\ 0 & -c_{32} & 1 & 0 & 0 \\ \vdots & \vdots & \vdots & & \vdots \\ 0 & -c_{n2} & 0 & \cdots & 1 \end{bmatrix},$$

于是

$$\boldsymbol{L}_2\boldsymbol{A}^{(1)} = \begin{bmatrix} a_{11}^{(0)} & a_{12}^{(0)} & a_{13}^{(0)} & \cdots & a_{1n}^{(0)} \\ 0 & a_{22}^{(1)} & a_{23}^{(1)} & \cdots & a_{2n}^{(1)} \\ 0 & 0 & a_{33}^{(2)} & \cdots & a_{3n}^{(2)} \\ \vdots & \vdots & \vdots & & \vdots \\ 0 & 0 & a_{n3}^{(2)} & \cdots & a_{nn}^{(2)} \end{bmatrix} = \boldsymbol{A}^{(2)},$$

同理，由 $\boldsymbol{A}^{(2)}$ 可得 $\boldsymbol{A}$ 的 3 阶顺序主子式为 $\Delta_3 = a_{11}^{(0)}a_{22}^{(1)}a_{33}^{(2)}$. 如果 $\Delta_3 \neq 0$，则 $a_{33}^{(2)} \neq 0$，继续下去，直到第 r 步，这时 $\Delta_r \neq 0$，则 $a_{rr}^{(r-1)} \neq 0$，且有

$$\boldsymbol{L}_r\boldsymbol{A}^{(r-1)} = \begin{bmatrix} a_{11}^{(0)} & \cdots & a_{1r}^{(0)} & a_{1,r+1}^{(0)} & \cdots & a_{1n}^{(0)} \\ \vdots & & \vdots & \vdots & & \vdots \\ 0 & \cdots & a_{rr}^{(r-1)} & a_{r,r+1}^{(r-1)} & \cdots & a_{rn}^{(r-1)} \\ 0 & \cdots & 0 & a_{r+1,r+1}^{(r)} & \cdots & a_{r+1n}^{(r)} \\ \vdots & & \vdots & \vdots & & \vdots \\ 0 & \cdots & 0 & a_{n,r+1}^{(r)} & \cdots & a_{nn}^{(r)} \end{bmatrix} = \boldsymbol{A}^{(r)}.$$

因

$$\boldsymbol{L}_{n-1}\cdots\boldsymbol{L}_2\boldsymbol{L}_1\boldsymbol{A}^{(0)} = \boldsymbol{A}^{(n-1)}, \quad \text{即} \quad \boldsymbol{A} = \boldsymbol{A}^{(0)} = \boldsymbol{L}_1^{-1}\boldsymbol{L}_2^{-1}\cdots\boldsymbol{L}_{n-1}^{-1}\boldsymbol{A}^{(n-1)},$$

令

$$\boldsymbol{L} = \boldsymbol{L}_1^{-1}\boldsymbol{L}_2^{-1}\cdots\boldsymbol{L}_{n-1}^{-1},$$

则

$$\boldsymbol{L} = \begin{bmatrix} 1 & 0 & \cdots & 0 & 0 \\ c_{21} & 1 & \cdots & 0 & 0 \\ \vdots & \vdots & & \vdots & \vdots \\ c_{n-1,1} & c_{n-1,2} & \cdots & 1 & 0 \\ c_{n1} & c_{n2} & \cdots & c_{n,n-1} & 1 \end{bmatrix},$$

它是一个单位下三角矩阵(主对角元素均为 1 的下三角矩阵). 我们记 $\boldsymbol{U} = \boldsymbol{A}^{(n-1)}$，则 $\boldsymbol{U}$ 是上三角矩阵，且 $\boldsymbol{A} = \boldsymbol{L}\boldsymbol{U}$.

(2) 若已知 $\boldsymbol{A}$ 的左上角 n_1 阶子块 $\boldsymbol{A}_{11}$ 非奇异，将 $\boldsymbol{A}$ 写成分块形式

$$\boldsymbol{A}=\begin{bmatrix}\boldsymbol{A}_{11} & \boldsymbol{A}_{12}\\ \boldsymbol{A}_{21} & \boldsymbol{A}_{22}\end{bmatrix},$$

其中 $\boldsymbol{A}_{22}$ 是 n_2 阶矩阵且 $n_1+n_2=n$，则

$$\begin{bmatrix}\boldsymbol{I}_{n_1} & \boldsymbol{O}\\ -\boldsymbol{A}_{21}\boldsymbol{A}_{11}^{-1} & \boldsymbol{I}_{n_2}\end{bmatrix}\begin{bmatrix}\boldsymbol{A}_{11} & \boldsymbol{A}_{12}\\ \boldsymbol{A}_{21} & \boldsymbol{A}_{22}\end{bmatrix}=\begin{bmatrix}\boldsymbol{A}_{11} & \boldsymbol{A}_{12}\\ \boldsymbol{O} & \boldsymbol{A}_{22}-\boldsymbol{A}_{21}\boldsymbol{A}_{11}^{-1}\boldsymbol{A}_{12}\end{bmatrix},$$

于是

$$\begin{bmatrix}\boldsymbol{A}_{11} & \boldsymbol{A}_{12}\\ \boldsymbol{A}_{21} & \boldsymbol{A}_{22}\end{bmatrix}=\begin{bmatrix}\boldsymbol{I}_{n_1} & \boldsymbol{O}\\ \boldsymbol{A}_{21}\boldsymbol{A}_{11}^{-1} & \boldsymbol{I}_{n_2}\end{bmatrix}\begin{bmatrix}\boldsymbol{A}_{11} & \boldsymbol{A}_{12}\\ \boldsymbol{O} & \boldsymbol{A}_{22}-\boldsymbol{A}_{21}\boldsymbol{A}_{11}^{-1}\boldsymbol{A}_{12}\end{bmatrix},$$

以及准 LDU 分解

$$\begin{bmatrix}\boldsymbol{A}_{11} & \boldsymbol{A}_{12}\\ \boldsymbol{A}_{21} & \boldsymbol{A}_{22}\end{bmatrix}=\begin{bmatrix}\boldsymbol{I}_{n_1} & \boldsymbol{O}\\ \boldsymbol{A}_{21}\boldsymbol{A}_{11}^{-1} & \boldsymbol{I}_{n_2}\end{bmatrix}\begin{bmatrix}\boldsymbol{A}_{11} & \boldsymbol{O}\\ \boldsymbol{O} & \boldsymbol{A}_{22}-\boldsymbol{A}_{21}\boldsymbol{A}_{11}^{-1}\boldsymbol{A}_{12}\end{bmatrix}\begin{bmatrix}\boldsymbol{I}_{n_1} & \boldsymbol{A}_{11}^{-1}\boldsymbol{A}_{12}\\ \boldsymbol{O} & \boldsymbol{I}_{n_2}\end{bmatrix}.$$

(3) 满秩分解方法

设 $\boldsymbol{A}\in\mathbf{C}_r^{m\times n}$，对 $\boldsymbol{A}$ 进行初等行变换化为行最简矩阵 $\begin{bmatrix}\boldsymbol{G}\\ \boldsymbol{O}\end{bmatrix}$，再去掉全为零的 $m-r$ 个行，即得 $\boldsymbol{G}$，然后再根据 $\boldsymbol{G}$ 中单位矩阵 $\boldsymbol{I}_r$ 对应的列找出矩阵 $\boldsymbol{A}$ 中的对应列向量 $\boldsymbol{\alpha}_{j_1},\boldsymbol{\alpha}_{j_2},\cdots,\boldsymbol{\alpha}_{j_r}$，则 $\boldsymbol{F}=(\boldsymbol{\alpha}_{j_1},\boldsymbol{\alpha}_{j_2},\cdots,\boldsymbol{\alpha}_{j_r})$ 满足 $\boldsymbol{A}=\boldsymbol{F}\boldsymbol{G}$，即为 $\boldsymbol{A}$ 的一个满秩分解.

(4) 求 n 阶可逆矩阵 $\boldsymbol{A}$ 的 QR 分解的 Schmidt 正交化方法

① 对矩阵 $\boldsymbol{A}$ 按列分块为 $\boldsymbol{A}=(\boldsymbol{\alpha}_1,\boldsymbol{\alpha}_2,\cdots,\boldsymbol{\alpha}_n)$，将 $\boldsymbol{\alpha}_1,\boldsymbol{\alpha}_2,\cdots,\boldsymbol{\alpha}_n$ 正交化得到正交向量组 $\boldsymbol{\beta}_1,\boldsymbol{\beta}_2,\cdots,\boldsymbol{\beta}_n$，则

$$(\boldsymbol{\alpha}_1,\boldsymbol{\alpha}_2,\cdots,\boldsymbol{\alpha}_n)=(\boldsymbol{\beta}_1,\boldsymbol{\beta}_2,\cdots,\boldsymbol{\beta}_n)\begin{bmatrix}1 & k_{21} & \cdots & k_{n1}\\ & 1 & \ddots & \vdots\\ & & \ddots & k_{n,n-1}\\ & & & 1\end{bmatrix},$$

其中

$$k_{ij}=\frac{(\boldsymbol{\alpha}_i,\boldsymbol{\beta}_j)}{(\boldsymbol{\beta}_j,\boldsymbol{\beta}_j)}\quad(j<i);$$

② 再对 $\boldsymbol{\beta}_1,\boldsymbol{\beta}_2,\cdots,\boldsymbol{\beta}_n$ 单位化，即 $\boldsymbol{\gamma}_i=\dfrac{1}{\|\boldsymbol{\beta}_i\|}\boldsymbol{\beta}_i(i=1,2,\cdots,n)$；

③ 令 $\boldsymbol{Q}=(\boldsymbol{\gamma}_1,\boldsymbol{\gamma}_2,\cdots,\boldsymbol{\gamma}_n)$，则 $\boldsymbol{Q}$ 是酉(正交) 矩阵，又令

$$\boldsymbol{R}=\begin{bmatrix}\|\boldsymbol{\beta}_1\| & & & \\ & \|\boldsymbol{\beta}_2\| & & \\ & & \ddots & \\ & & & \|\boldsymbol{\beta}_n\|\end{bmatrix}\begin{bmatrix}1 & k_{21} & \cdots & k_{n1}\\ & 1 & \ddots & \vdots\\ & & \ddots & k_{n,n-1}\\ & & & 1\end{bmatrix}$$

$$
=\begin{bmatrix} \|\boldsymbol{\beta}_1\| & \dfrac{(\boldsymbol{\alpha}_2,\boldsymbol{\beta}_1)}{\|\boldsymbol{\beta}_1\|} & \cdots & \dfrac{(\boldsymbol{\alpha}_n,\boldsymbol{\beta}_1)}{\|\boldsymbol{\beta}_1\|} \\ & \|\boldsymbol{\beta}_2\| & \ddots & \vdots \\ & & \ddots & \dfrac{(\boldsymbol{\alpha}_n,\boldsymbol{\beta}_{n-1})}{\|\boldsymbol{\beta}_{n-1}\|} \\ & & & \|\boldsymbol{\beta}_n\| \end{bmatrix},
$$

则 $\boldsymbol{A}=\boldsymbol{QR}$.

(5) 求矩阵的奇异值分解方法：设 $\mathbf{A}\in\mathbf{C}_r^{m\times n}$.

① 求 n 阶酉矩阵 $\mathbf{V}$，使

$$
\mathbf{V}^{\mathrm{H}}(\mathbf{A}^{\mathrm{H}}\mathbf{A})\mathbf{V}=\begin{bmatrix}\boldsymbol{\Sigma}^2 & \boldsymbol{O}\\ \boldsymbol{O} & \boldsymbol{O}\end{bmatrix},\quad \boldsymbol{\Sigma}=\operatorname{diag}(\sigma_1,\sigma_2,\cdots,\sigma_r),
$$

其中 $\sigma_1\geqslant\sigma_2\geqslant\cdots\geqslant\sigma_r>0$ 是 $\mathbf{A}^{\mathrm{H}}\mathbf{A}$ 的正特征值的算术平方根；

② 计算 $\boldsymbol{U}_1=\boldsymbol{A}\boldsymbol{V}_1\boldsymbol{\Sigma}^{-1}$，其中 $\mathbf{V}_1$ 是 $\mathbf{V}$ 的前 r 列构成的矩阵；

③ 将 $\boldsymbol{U}_1$ 的 r 个列扩充成 $\mathbf{C}^m$ 的一组标准正交基，并记扩充的 $m-r$ 个列向量构成的矩阵为 $\boldsymbol{U}_2$，则 $\boldsymbol{U}=(\boldsymbol{U}_1,\boldsymbol{U}_2)$ 是 m 阶酉矩阵；

④ 综上，有 $\mathbf{A}=\boldsymbol{U}\begin{bmatrix}\boldsymbol{\Sigma} & \boldsymbol{O}\\ \boldsymbol{O} & \boldsymbol{O}\end{bmatrix}\mathbf{V}^{\mathrm{H}}$.

(6) 单纯矩阵的谱分解

n 阶矩阵 $\mathbf{A}$ 的 n 个特征值称为 $\mathbf{A}$ 的谱. 若 $\mathbf{A}$ 可对角化，则称 $\mathbf{A}$ 是单纯矩阵.

设 $\mathbf{A}$ 是数域 P 上的 n 阶方阵，$\mathbf{A}$ 的谱为 $\{\lambda_1,\lambda_2,\cdots,\lambda_s\}$，其中 λ_i 为 $\mathbf{A}$ 的 n_i 重特征值 $(i=1,2,\cdots,s)$，且 $\sum\limits_{i=1}^{s}n_i=n$. 如果 $\mathbf{A}$ 可以对角化，则 $\mathbf{A}$ 有谱分解式

$$
\mathbf{A}=\sum_{i=1}^{s}\lambda_i\boldsymbol{P}_i,
$$

且 $\boldsymbol{P}_i$ 具有以下性质：

① $\sum\limits_{i=1}^{s}\boldsymbol{P}_i=\boldsymbol{I}_n$；

② $\boldsymbol{P}_i^2=\boldsymbol{P}_i\quad(i=1,2,\cdots,s)$；

③ $\boldsymbol{P}_i\boldsymbol{P}_j=\boldsymbol{O}\quad(i\neq j)$.

4.4 典型例题解析

例 4.1 求矩阵 $\mathbf{A}=\begin{bmatrix}1 & -1 & 0 & 2 & 1\\ 0 & 2 & -1 & -5 & -1\\ 3 & -1 & -1 & 1 & 2\end{bmatrix}$ 的满秩分解.

解：对 $\mathbf{A}$ 作初等行变换化成行最简形，有

$$A=\begin{bmatrix}1&-1&0&2&1\\0&2&-1&-5&-1\\3&-1&-1&1&2\end{bmatrix}\xrightarrow[r_3-r_2]{r_3-3r_1}\begin{bmatrix}1&-1&0&2&1\\0&2&-1&-5&-1\\0&0&0&0&0\end{bmatrix}$$

$$\xrightarrow[r_1+r_2]{r_2\times\frac{1}{2}}\begin{bmatrix}1&0&-\frac{1}{2}&-\frac{1}{2}&\frac{1}{2}\\0&1&-\frac{1}{2}&-\frac{5}{2}&-\frac{1}{2}\\0&0&0&0&0\end{bmatrix},$$

即 $r(A)=2$,所以

$$F=\begin{bmatrix}1&-1\\0&2\\3&-1\end{bmatrix},\quad G=\begin{bmatrix}1&0&-\frac{1}{2}&-\frac{1}{2}&\frac{1}{2}\\0&1&-\frac{1}{2}&-\frac{5}{2}&-\frac{1}{2}\end{bmatrix},$$

使 $A=FG$,即为 A 的满秩分解.

注:此分解方法比较简单易行,读者应熟练掌握.

例 4.2　设 $A\in C_r^{m\times n}$,对任意两个满秩分解 $A=FG=F_1G_1$,证明:它们之间的关系是 $F=F_1P,G=P^{-1}G_1$,其中 P 是 r 阶可逆矩阵.

证明:由满秩分解的定义,$r(G^{r\times n})=r$,故 GG^H 可逆.由 $FG=F_1G_1$ 得到

$$FGG^H=F_1G_1G^H,$$

所以

$$F=F_1G_1G^H(GG^H)^{-1},$$

令

$$P=(G_1G^H)(GG^H)^{-1},$$

由此知道 P 是 r 阶可逆矩阵,且 $F=F_1P$.

又 $FG=F_1G_1$,所以

$$(F^HF)G=F^HF_1G_1,$$

从而

$$G=(F^HF)^{-1}(F^HF_1)G_1,$$

令

$$P_1=(F^HF)^{-1}(F^HF_1),$$

则 $G=P_1G_1$.又

$$\begin{aligned}P_1P&=(F^HF)^{-1}(F^HF_1)(G_1G^H)(GG^H)^{-1}=(F^HF)^{-1}F^H(F_1G_1)G^H(GG^H)^{-1}\\&=(F^HF)^{-1}F^H(FG)G^H(GG^H)^{-1}=I_r,\end{aligned}$$

于是有

$$P_1=P^{-1},\quad 即\quad G=P^{-1}G_1.$$

注:此例表明矩阵的满秩分解不是唯一的.

例 4.3 已知$A \in \mathbf{R}_r^{m\times n}$的满秩分解为$A = FG$,证明:齐次线性方程组$Ax = 0$与齐次线性方程组$Gx = 0$同解.

证明:由$A = FG$及$r(A) = r(F) = r(G) = r$,从而$r(F^{\mathrm{T}}F) = r(F) = r$,因此$F^{\mathrm{T}}F$是可逆矩阵,且齐次线性方程组$Ax = 0$同解于$FGx = 0$,因而

$$(F^{\mathrm{T}}F)^{-1}F^{\mathrm{T}}FGx = 0,$$

即$Gx = 0$,表明齐次线性方程组$Ax = 0$的解都是$Gx = 0$的解.

反之,由$Gx = 0$,故$FGx = 0$,即$Ax = 0$,表明齐次线性方程组$Gx = 0$的解都是$Ax = 0$的解.

综上,齐次线性方程组$Ax = 0$与齐次线性方程组$Gx = 0$同解.

例 4.4 求矩阵$A = \begin{bmatrix} 0 & 1 & 1 \\ 1 & 1 & 0 \\ 1 & 0 & 1 \end{bmatrix}$的 QR 分解式.

解:记

$$\boldsymbol{\alpha}_1 = (0,1,1)^{\mathrm{T}}, \quad \boldsymbol{\alpha}_2 = (1,1,0)^{\mathrm{T}}, \quad \boldsymbol{\alpha}_3 = (1,0,1)^{\mathrm{T}},$$

将$\boldsymbol{\alpha}_1,\boldsymbol{\alpha}_2,\boldsymbol{\alpha}_3$用 Schmidt 正交化方法可得

$$\boldsymbol{\beta}_1 = \boldsymbol{\alpha}_1 = (0,1,1)^{\mathrm{T}},$$

$$\boldsymbol{\beta}_2 = \boldsymbol{\alpha}_2 - \frac{(\boldsymbol{\alpha}_2,\boldsymbol{\beta}_1)}{(\boldsymbol{\beta}_1,\boldsymbol{\beta}_1)}\boldsymbol{\beta}_1 = \boldsymbol{\alpha}_2 - \frac{1}{2}\boldsymbol{\beta}_1 = \left(1,\frac{1}{2},-\frac{1}{2}\right)^{\mathrm{T}},$$

$$\boldsymbol{\beta}_3 = \boldsymbol{\alpha}_3 - \frac{(\boldsymbol{\alpha}_3,\boldsymbol{\beta}_1)}{(\boldsymbol{\beta}_1,\boldsymbol{\beta}_1)}\boldsymbol{\beta}_1 - \frac{(\boldsymbol{\alpha}_3,\boldsymbol{\beta}_2)}{(\boldsymbol{\beta}_2,\boldsymbol{\beta}_2)}\boldsymbol{\beta}_2 = \boldsymbol{\alpha}_3 - \frac{1}{2}\boldsymbol{\beta}_1 - \frac{1}{3}\boldsymbol{\beta}_2 = \left(\frac{2}{3},-\frac{2}{3},\frac{2}{3}\right)^{\mathrm{T}},$$

则

$$\boldsymbol{\alpha}_1 = \boldsymbol{\beta}_1, \quad \boldsymbol{\alpha}_2 = \frac{1}{2}\boldsymbol{\beta}_1 + \boldsymbol{\beta}_2, \quad \boldsymbol{\alpha}_3 = \frac{1}{2}\boldsymbol{\beta}_1 + \frac{1}{3}\boldsymbol{\beta}_2 + \boldsymbol{\beta}_3,$$

即有

$$(\boldsymbol{\alpha}_1,\boldsymbol{\alpha}_2,\boldsymbol{\alpha}_3) = (\boldsymbol{\beta}_1,\boldsymbol{\beta}_2,\boldsymbol{\beta}_3)\begin{bmatrix} 1 & \frac{1}{2} & \frac{1}{2} \\ 0 & 1 & \frac{1}{3} \\ 0 & 0 & 1 \end{bmatrix}.$$

再将$\boldsymbol{\beta}_1,\boldsymbol{\beta}_2,\boldsymbol{\beta}_3$单位化得到

$$\boldsymbol{\gamma}_1 = \frac{\boldsymbol{\beta}_1}{\|\boldsymbol{\beta}_1\|} = \left(0,\frac{1}{\sqrt{2}},\frac{1}{\sqrt{2}}\right)^{\mathrm{T}},$$

$$\boldsymbol{\gamma}_2 = \frac{\boldsymbol{\beta}_2}{\|\boldsymbol{\beta}_2\|} = \left(\frac{2}{\sqrt{6}},\frac{1}{\sqrt{6}},-\frac{1}{\sqrt{6}}\right)^{\mathrm{T}},$$

$$\boldsymbol{\gamma}_3=\frac{\boldsymbol{\beta}_3}{\|\boldsymbol{\beta}_3\|}=\left(\frac{1}{\sqrt{3}},-\frac{1}{\sqrt{3}},\frac{1}{\sqrt{3}}\right)^{\mathrm{T}},$$

所以

$$(\boldsymbol{\beta}_1,\boldsymbol{\beta}_2,\boldsymbol{\beta}_3)=(\boldsymbol{\gamma}_1,\boldsymbol{\gamma}_2,\boldsymbol{\gamma}_3)\begin{bmatrix}\sqrt{2}&0&0\\0&\frac{\sqrt{6}}{2}&0\\0&0&\frac{2}{\sqrt{3}}\end{bmatrix},$$

则

$$\boldsymbol{Q}=(\boldsymbol{\gamma}_1,\boldsymbol{\gamma}_2,\boldsymbol{\gamma}_3)=\begin{bmatrix}0&\frac{2}{\sqrt{6}}&\frac{1}{\sqrt{3}}\\\frac{1}{\sqrt{2}}&\frac{1}{\sqrt{6}}&-\frac{1}{\sqrt{3}}\\\frac{1}{\sqrt{2}}&-\frac{1}{\sqrt{6}}&\frac{1}{\sqrt{3}}\end{bmatrix},$$

$$\boldsymbol{R}=\begin{bmatrix}\sqrt{2}&0&0\\0&\frac{\sqrt{6}}{2}&0\\0&0&\frac{2}{\sqrt{3}}\end{bmatrix}\begin{bmatrix}1&\frac{1}{2}&\frac{1}{2}\\0&1&\frac{1}{3}\\0&0&1\end{bmatrix}=\begin{bmatrix}\sqrt{2}&\frac{1}{\sqrt{2}}&\frac{1}{\sqrt{2}}\\0&\frac{\sqrt{6}}{2}&\frac{\sqrt{6}}{6}\\0&0&\frac{2}{\sqrt{3}}\end{bmatrix},$$

使 $\boldsymbol{A}=\boldsymbol{QR}$.

注:本题也可以用初等反射矩阵方法分解.

例 4.5 设 $\boldsymbol{A}=\begin{bmatrix}0&4&1\\1&1&1\\0&3&2\end{bmatrix}$,用 Householder 变换求 $\boldsymbol{A}$ 的 QR 分解 $\boldsymbol{A}=\boldsymbol{QR}$.(提示:Householder 变换 $\boldsymbol{H}=\boldsymbol{I}-2\boldsymbol{u}\boldsymbol{u}^{\mathrm{T}}$, $|\boldsymbol{u}|=1$)

解:令 $\boldsymbol{b}^{(1)}=\begin{bmatrix}0\\1\\0\end{bmatrix}$, $\boldsymbol{v}=\boldsymbol{b}^{(1)}-\|\boldsymbol{b}^{(1)}\|\boldsymbol{e}_1=\begin{bmatrix}-1\\1\\0\end{bmatrix}$,则

$$\boldsymbol{u}=\frac{\boldsymbol{v}}{\|\boldsymbol{v}\|}=\frac{1}{\sqrt{2}}\begin{bmatrix}-1\\1\\0\end{bmatrix}=\begin{bmatrix}-\frac{1}{\sqrt{2}}\\\frac{1}{\sqrt{2}}\\0\end{bmatrix},$$

$$\boldsymbol{H}_1=\boldsymbol{I}-2\boldsymbol{u}\boldsymbol{u}^{\mathrm{T}}=\begin{bmatrix}0&1&0\\1&0&0\\0&0&1\end{bmatrix},\quad \boldsymbol{H}_1\boldsymbol{A}=\begin{bmatrix}1&1&1\\0&4&1\\0&3&2\end{bmatrix}.$$

对其子块 $\boldsymbol{A}^{(1)}=\begin{bmatrix}4&1\\3&2\end{bmatrix}$ 的第 1 列,有

$$\boldsymbol{b}^{(2)}=\begin{bmatrix}4\\3\end{bmatrix},\quad \boldsymbol{v}=\boldsymbol{b}^{(2)}-\|\boldsymbol{b}^{(2)}\|\boldsymbol{e}_1=\begin{bmatrix}-1\\3\end{bmatrix},$$

$$\boldsymbol{u}=\frac{\boldsymbol{v}}{\|\boldsymbol{v}\|}=\frac{1}{\sqrt{10}}\begin{bmatrix}-1\\3\end{bmatrix}=\begin{bmatrix}-\dfrac{1}{\sqrt{10}}\\\dfrac{3}{\sqrt{10}}\end{bmatrix},$$

$$\boldsymbol{H}_2=\boldsymbol{I}-2\boldsymbol{u}\boldsymbol{u}^{\mathrm{T}}=\frac{1}{5}\begin{bmatrix}4&3\\3&-4\end{bmatrix},\quad \boldsymbol{H}_2\boldsymbol{A}^{(1)}=\begin{bmatrix}5&2\\0&-1\end{bmatrix}.$$

令

$$\boldsymbol{H}=\begin{bmatrix}1&\boldsymbol{0}\\\boldsymbol{0}&\boldsymbol{H}_2\end{bmatrix}\boldsymbol{H}_1=\begin{bmatrix}0&1&0\\\dfrac{4}{5}&0&\dfrac{3}{5}\\\dfrac{3}{5}&0&-\dfrac{4}{5}\end{bmatrix},$$

则

$$\boldsymbol{Q}=\boldsymbol{H}^{\mathrm{T}}=\begin{bmatrix}0&\dfrac{4}{5}&\dfrac{3}{5}\\1&0&0\\0&\dfrac{3}{5}&-\dfrac{4}{5}\end{bmatrix},\quad \boldsymbol{R}=\begin{bmatrix}1&1&1\\0&5&2\\0&0&-1\end{bmatrix},$$

使 $\boldsymbol{A}=\boldsymbol{Q}\boldsymbol{R}$.

例 4.6 设 $m\times n$ 阶矩阵 $\boldsymbol{A}$ 的奇异值分解为

$$\boldsymbol{A}=\boldsymbol{U}\begin{bmatrix}\boldsymbol{\Sigma}&\boldsymbol{O}\\\boldsymbol{O}&\boldsymbol{O}\end{bmatrix}\boldsymbol{V}^{\mathrm{H}},$$

其中 $\boldsymbol{\Sigma}=\mathrm{diag}(\sigma_1,\sigma_2,\cdots,\sigma_r)$. 证明:$\boldsymbol{U}$ 的列向量是 $\boldsymbol{A}\boldsymbol{A}^{\mathrm{H}}$ 的特征向量,而 $\boldsymbol{V}$ 的列向量是 $\boldsymbol{A}^{\mathrm{H}}\boldsymbol{A}$ 的特征向量.

证明:由于

$$\boldsymbol{A}\boldsymbol{A}^{\mathrm{H}}=\boldsymbol{U}\begin{bmatrix}\boldsymbol{\Sigma}&\boldsymbol{O}\\\boldsymbol{O}&\boldsymbol{O}\end{bmatrix}\boldsymbol{V}^{\mathrm{H}}\boldsymbol{V}\begin{bmatrix}\boldsymbol{\Sigma}&\boldsymbol{O}\\\boldsymbol{O}&\boldsymbol{O}\end{bmatrix}\boldsymbol{U}^{\mathrm{H}}=\boldsymbol{U}\begin{bmatrix}\boldsymbol{\Sigma}^2&\boldsymbol{O}\\\boldsymbol{O}&\boldsymbol{O}\end{bmatrix}\boldsymbol{U}^{\mathrm{H}},$$

所以

$$\boldsymbol{A}\boldsymbol{A}^{\mathrm{H}}\boldsymbol{U}=\boldsymbol{U}\begin{bmatrix}\boldsymbol{\Sigma}^2&\boldsymbol{O}\\\boldsymbol{O}&\boldsymbol{O}\end{bmatrix}.$$

令 $\boldsymbol{U}=(\boldsymbol{\gamma}_1,\boldsymbol{\gamma}_2,\cdots,\boldsymbol{\gamma}_m)$，代入上式得到

$$\boldsymbol{AA}^{\mathrm{H}}\boldsymbol{\gamma}_i=\sigma_i^2\boldsymbol{\gamma}_i\quad(i=1,2,\cdots,r),$$
$$\boldsymbol{AA}^{\mathrm{H}}\boldsymbol{\gamma}_j=\boldsymbol{0}=0\boldsymbol{\gamma}_j\quad(j=r+1,\cdots,m),$$

故 $\boldsymbol{U}$ 的列向量是 $\boldsymbol{AA}^{\mathrm{H}}$ 标准正交的特征向量.

同理可证

$$\boldsymbol{A}^{\mathrm{H}}\boldsymbol{A}=\boldsymbol{V}\begin{bmatrix}\boldsymbol{\Sigma}^2 & \boldsymbol{O}\\ \boldsymbol{O} & \boldsymbol{O}\end{bmatrix}\boldsymbol{V}^{\mathrm{H}},$$

所以

$$\boldsymbol{A}^{\mathrm{H}}\boldsymbol{AV}=\boldsymbol{V}\begin{bmatrix}\boldsymbol{\Sigma}^2 & \boldsymbol{O}\\ \boldsymbol{O} & \boldsymbol{O}\end{bmatrix}.$$

令 $\boldsymbol{V}=(\boldsymbol{\alpha}_1,\boldsymbol{\alpha}_2,\cdots,\boldsymbol{\alpha}_n)$，代入上式得到

$$\boldsymbol{A}^{\mathrm{H}}\boldsymbol{A\alpha}_i=\sigma_i^2\boldsymbol{\alpha}_i\quad(i=1,2,\cdots,r),$$
$$\boldsymbol{A}^{\mathrm{H}}\boldsymbol{A\alpha}_j=\boldsymbol{0}=0\boldsymbol{\alpha}_j\quad(j=r+1,\cdots,n),$$

故 $\boldsymbol{V}$ 的列向量是 $\boldsymbol{A}^{\mathrm{H}}\boldsymbol{A}$ 标准正交的特征向量.

例 4.7　设 $\boldsymbol{A}\in\mathbf{R}^{m\times n}(m\neq n)$，且 $\boldsymbol{A}$ 为满秩矩阵(行满秩或列满秩). 证明：$\boldsymbol{A}$ 可以分解为 $\boldsymbol{A}=\boldsymbol{QR}$，其中 $\boldsymbol{R}$ 为 n 阶上三角矩阵，$\boldsymbol{Q}$ 为 $m\times n$ 矩阵，且当 $m>n$ 时 $\boldsymbol{Q}^{\mathrm{T}}\boldsymbol{Q}=\boldsymbol{I}_n$，当 $m<n$ 时 $\boldsymbol{QQ}^{\mathrm{T}}=\boldsymbol{I}_m$.

证明：当 $n<m$ 时，设 $\boldsymbol{A}=(\boldsymbol{\alpha}_1,\boldsymbol{\alpha}_2,\cdots,\boldsymbol{\alpha}_n)$，则 $\boldsymbol{\alpha}_1,\boldsymbol{\alpha}_2,\cdots,\boldsymbol{\alpha}_n$ 线性无关. 用 Schmidt 正交化方法，令

$$\begin{cases}\boldsymbol{\beta}_1=\boldsymbol{\alpha}_1,\\ \boldsymbol{\beta}_2=\boldsymbol{\alpha}_2-\dfrac{(\boldsymbol{\alpha}_2,\boldsymbol{\beta}_1)}{(\boldsymbol{\beta}_1,\boldsymbol{\beta}_1)}\boldsymbol{\beta}_1,\\ \quad\vdots\\ \boldsymbol{\beta}_n=\boldsymbol{\alpha}_n-\dfrac{(\boldsymbol{\alpha}_n,\boldsymbol{\beta}_1)}{(\boldsymbol{\beta}_1,\boldsymbol{\beta}_1)}\boldsymbol{\beta}_1-\cdots-\dfrac{(\boldsymbol{\alpha}_n,\boldsymbol{\beta}_{n-1})}{(\boldsymbol{\beta}_{n-1},\boldsymbol{\beta}_{n-1})}\boldsymbol{\beta}_{n-1},\end{cases}$$

即

$$\begin{cases}\boldsymbol{\alpha}_1=\boldsymbol{\beta}_1,\\ \boldsymbol{\alpha}_2=\dfrac{(\boldsymbol{\alpha}_2,\boldsymbol{\beta}_1)}{(\boldsymbol{\beta}_1,\boldsymbol{\beta}_1)}\boldsymbol{\beta}_1+\boldsymbol{\beta}_2,\\ \quad\vdots\\ \boldsymbol{\alpha}_n=\dfrac{(\boldsymbol{\alpha}_n,\boldsymbol{\beta}_1)}{(\boldsymbol{\beta}_1,\boldsymbol{\beta}_1)}\boldsymbol{\beta}_1+\dfrac{(\boldsymbol{\alpha}_n,\boldsymbol{\beta}_2)}{(\boldsymbol{\beta}_2,\boldsymbol{\beta}_2)}\boldsymbol{\beta}_2+\cdots+\dfrac{(\boldsymbol{\alpha}_n,\boldsymbol{\beta}_{n-1})}{(\boldsymbol{\beta}_{n-1},\boldsymbol{\beta}_{n-1})}\boldsymbol{\beta}_{n-1}+\boldsymbol{\beta}_n,\end{cases}$$

故

$$\boldsymbol{A}=(\boldsymbol{\alpha}_1,\boldsymbol{\alpha}_2,\cdots,\boldsymbol{\alpha}_n)=(\boldsymbol{\beta}_1,\boldsymbol{\beta}_2,\cdots,\boldsymbol{\beta}_n)\begin{bmatrix}1 & \frac{(\boldsymbol{\alpha}_2,\boldsymbol{\beta}_1)}{(\boldsymbol{\beta}_1,\boldsymbol{\beta}_1)} & \cdots & \frac{(\boldsymbol{\alpha}_{n-1},\boldsymbol{\beta}_1)}{(\boldsymbol{\beta}_1,\boldsymbol{\beta}_1)} & \frac{(\boldsymbol{\alpha}_n,\boldsymbol{\beta}_1)}{(\boldsymbol{\beta}_1,\boldsymbol{\beta}_1)} \\ 0 & 1 & \cdots & \frac{(\boldsymbol{\alpha}_{n-1},\boldsymbol{\beta}_2)}{(\boldsymbol{\beta}_2,\boldsymbol{\beta}_2)} & \frac{(\boldsymbol{\alpha}_n,\boldsymbol{\beta}_2)}{(\boldsymbol{\beta}_2,\boldsymbol{\beta}_2)} \\ \vdots & \vdots & & \vdots & \vdots \\ 0 & 0 & \cdots & 1 & \frac{(\boldsymbol{\alpha}_n,\boldsymbol{\beta}_{n-1})}{(\boldsymbol{\beta}_{n-1},\boldsymbol{\beta}_{n-1})} \\ 0 & 0 & \cdots & 0 & 1\end{bmatrix}.$$

再将 $\boldsymbol{\beta}_1,\boldsymbol{\beta}_2,\cdots,\boldsymbol{\beta}_n$ 单位化，即

$$\boldsymbol{e}_1=\frac{\boldsymbol{\beta}_1}{\|\boldsymbol{\beta}_1\|},\quad \boldsymbol{e}_2=\frac{\boldsymbol{\beta}_2}{\|\boldsymbol{\beta}_2\|},\quad \cdots,\quad \boldsymbol{e}_n=\frac{\boldsymbol{\beta}_n}{\|\boldsymbol{\beta}_n\|},$$

则 $\boldsymbol{Q}=(\boldsymbol{e}_1,\boldsymbol{e}_2,\cdots,\boldsymbol{e}_n)\in\mathbf{R}^{m\times n}$，且 $\boldsymbol{Q}^{\mathrm{T}}\boldsymbol{Q}=\boldsymbol{I}_n$，而

$$\boldsymbol{R}=\begin{bmatrix}\|\boldsymbol{\beta}_1\| & & & 0 \\ & \|\boldsymbol{\beta}_2\| & & \\ & & \ddots & \\ 0 & & & \|\boldsymbol{\beta}_n\|\end{bmatrix}\begin{bmatrix}1 & \frac{(\boldsymbol{\alpha}_2,\boldsymbol{\beta}_1)}{(\boldsymbol{\beta}_1,\boldsymbol{\beta}_1)} & \cdots & \frac{(\boldsymbol{\alpha}_n,\boldsymbol{\beta}_1)}{(\boldsymbol{\beta}_1,\boldsymbol{\beta}_1)} \\ 0 & 1 & \cdots & \frac{(\boldsymbol{\alpha}_n,\boldsymbol{\beta}_2)}{(\boldsymbol{\beta}_2,\boldsymbol{\beta}_2)} \\ \vdots & \vdots & & \vdots \\ 0 & 0 & \cdots & 1\end{bmatrix}$$

为 n 阶上三角阵，故使 $\boldsymbol{A}=\boldsymbol{QR}$.

当 $m<n$ 时，$r(\boldsymbol{A})=m$，令 $\boldsymbol{A}=\begin{bmatrix}\boldsymbol{A}_1\\ \boldsymbol{A}_2\\ \vdots\\ \boldsymbol{A}_m\end{bmatrix}$，则 $\boldsymbol{A}$ 的行向量组 $\boldsymbol{A}_1,\boldsymbol{A}_2,\cdots,\boldsymbol{A}_m$ 线性无关，故存在 $n-m$ 个 n 维行向量 $\boldsymbol{A}_{m+1},\cdots,\boldsymbol{A}_n$，使

$$\boldsymbol{B}=\begin{bmatrix}\boldsymbol{A}_1\\ \boldsymbol{A}_2\\ \vdots\\ \boldsymbol{A}_m\\ \boldsymbol{A}_{m+1}\\ \vdots\\ \boldsymbol{A}_n\end{bmatrix}=\begin{bmatrix}\boldsymbol{A}\\ \boldsymbol{C}\end{bmatrix}$$

为可逆矩阵，从而存在 n 阶正交阵 $\boldsymbol{P}$ 和上三角阵 $\boldsymbol{R}$，使 $\boldsymbol{B}=\boldsymbol{PR}$. 令

$$\boldsymbol{P}=\begin{bmatrix}\boldsymbol{Q}\\ \boldsymbol{P}_1\end{bmatrix},\quad 其中\quad \boldsymbol{Q}\in\mathbf{R}^{m\times n},$$

由于 $\boldsymbol{P}$ 正交，故行向量组为 $\mathbf{R}^n$ 的标准正交基，即

$$PP^{\mathrm{T}}=\begin{bmatrix}Q\\P_1\end{bmatrix}(Q^{\mathrm{T}},P_1^{\mathrm{T}})=\begin{bmatrix}QQ^{\mathrm{T}} & QP_1^{\mathrm{T}}\\P_1Q^{\mathrm{T}} & P_1P^{\mathrm{T}}\end{bmatrix}=\begin{bmatrix}I_m & O\\O & I_{n-m}\end{bmatrix},$$

故

$$QQ^{\mathrm{T}}=I_m \quad 且 \quad B=PR=\begin{bmatrix}Q\\P_1\end{bmatrix}R=\begin{bmatrix}QR\\P_1R\end{bmatrix}=\begin{bmatrix}A\\C\end{bmatrix},$$

即

$$A=QR \quad 且 \quad QQ^{\mathrm{T}}=I_m.$$

例 4.8 验证矩阵 $A=\begin{bmatrix}0 & 2 & 4\\\frac{1}{2} & 0 & 2\\\frac{1}{4} & \frac{1}{2} & 0\end{bmatrix}$ 为单纯矩阵,并求 A 的谱分解.

解: 因为

$$|\lambda I-A|=\begin{vmatrix}\lambda & -2 & -4\\-\frac{1}{2} & \lambda & -2\\-\frac{1}{4} & -\frac{1}{2} & \lambda\end{vmatrix}=\lambda^3-3\lambda-2=(\lambda+1)^2(\lambda-2),$$

所以特征值为 $\lambda_1=\lambda_2=-1,\lambda_3=2$.

当 $\lambda=-1$ 时,求得线性无关的特征向量 $\alpha_1=(-2,1,0)^{\mathrm{T}},\alpha_2=(-4,0,1)^{\mathrm{T}}$;当 $\lambda=2$ 时,求得线性无关的特征向量分别为 $\alpha_3=(4,2,1)$. 故 A 有 3 个线性无关的特征向量,从而可以对角化,即 A 是单纯矩阵.

设 $f(\lambda)=(\lambda+1)^2(\lambda-2)$,令

$$f_1(\lambda)=\lambda-2, \quad f_2(\lambda)=\lambda+1,$$

从而

$$P_1=\frac{f_1(A)}{f_1(\lambda_1)}=\frac{A-2I_3}{-1-2}=-\frac{1}{3}\begin{bmatrix}-2 & 2 & 4\\\frac{1}{2} & -2 & 2\\\frac{1}{4} & \frac{1}{2} & -2\end{bmatrix},$$

$$P_2=\frac{f_2(A)}{f_2(\lambda_3)}=\frac{A+I_3}{2+1}=\frac{1}{3}\begin{bmatrix}1 & 2 & 4\\\frac{1}{2} & 1 & 2\\\frac{1}{4} & \frac{1}{2} & 1\end{bmatrix},$$

故 A 的谱分解表达式为 $A=-P_1+2P_2$.

4.5 考博真题选录

1. 设矩阵 $\boldsymbol{A}=\begin{bmatrix}1 & 0\\ 0 & 1\\ 2 & 0\\ 0 & -1\end{bmatrix}$.

(1) 求矩阵 $\boldsymbol{A}$ 的奇异值；

(2) 求矩阵 $\boldsymbol{A}$ 的奇异值分解.

解:(1) 因为 $\boldsymbol{A}^{\mathrm{H}}\boldsymbol{A}=\begin{bmatrix}5 & 0\\ 0 & 2\end{bmatrix}$,得 $\boldsymbol{A}^{\mathrm{H}}\boldsymbol{A}$ 的特征值为 $\lambda_1=5,\lambda_2=2$,即 $\boldsymbol{A}$ 的奇异值分别是 $\sigma_1=\sqrt{5},\sigma_2=\sqrt{2}$.

(2) 因为 λ_1,λ_2 对应的标准正交的特征向量分别是

$$\boldsymbol{v}_1=\begin{bmatrix}1\\ 0\end{bmatrix},\quad \boldsymbol{v}_2=\begin{bmatrix}0\\ 1\end{bmatrix},$$

即 $\boldsymbol{V}=\begin{bmatrix}1 & 0\\ 0 & 1\end{bmatrix}$,使得

$$\boldsymbol{V}^{\mathrm{H}}\boldsymbol{A}^{\mathrm{H}}\boldsymbol{A}\boldsymbol{V}=\begin{bmatrix}5 & 0\\ 0 & 2\end{bmatrix}=\begin{bmatrix}\sqrt{5} & 0\\ 0 & \sqrt{2}\end{bmatrix}^2.$$

令

$$\boldsymbol{U}_1=\boldsymbol{A}\boldsymbol{V}\boldsymbol{\Sigma}^{-1}=\begin{bmatrix}1 & 0\\ 0 & 1\\ 2 & 0\\ 0 & -1\end{bmatrix}\begin{bmatrix}1 & 0\\ 0 & 1\end{bmatrix}\begin{bmatrix}\frac{1}{\sqrt{5}} & 0\\ 0 & \frac{1}{\sqrt{2}}\end{bmatrix}=\begin{bmatrix}\frac{1}{\sqrt{5}} & 0\\ 0 & \frac{1}{\sqrt{2}}\\ \frac{2}{\sqrt{5}} & 0\\ 0 & -\frac{1}{\sqrt{2}}\end{bmatrix},$$

将 $\boldsymbol{U}_1$ 的列向量扩充成 $\mathbf{R}^4$ 的一组标准正交基,得到

$$\boldsymbol{U}=\begin{bmatrix}\frac{1}{\sqrt{5}} & 0 & \frac{2}{\sqrt{5}} & 0\\ 0 & \frac{1}{\sqrt{2}} & 0 & \frac{1}{\sqrt{2}}\\ \frac{2}{\sqrt{5}} & 0 & -\frac{1}{\sqrt{5}} & 0\\ 0 & -\frac{1}{\sqrt{2}} & 0 & \frac{1}{\sqrt{2}}\end{bmatrix},\quad 则\quad \boldsymbol{A}=\boldsymbol{U}\begin{bmatrix}\sqrt{5} & 0\\ 0 & \sqrt{2}\\ 0 & 0\\ 0 & 0\end{bmatrix}\boldsymbol{V}^{\mathrm{H}}.$$

2. 设矩阵 $\boldsymbol{A}$ 的奇异值分解为

$$\boldsymbol{A}=\boldsymbol{U}\begin{bmatrix}\boldsymbol{\Sigma} & \boldsymbol{O}\\ \boldsymbol{O} & \boldsymbol{O}\end{bmatrix}\boldsymbol{V}^{\mathrm{H}},$$

其中 $\boldsymbol{\Sigma}=\mathrm{diag}(\sigma_1,\sigma_2,\cdots,\sigma_r)$.

(1) 证明 $\boldsymbol{U}$ 的列向量是 $\boldsymbol{A}\boldsymbol{A}^{\mathrm{H}}$ 的特征向量(称其为 $\boldsymbol{A}$ 的左特征向量);

(2) 证明 $\boldsymbol{V}$ 的列向量是 $\boldsymbol{A}^{\mathrm{H}}\boldsymbol{A}$ 的特征向量(称其为 $\boldsymbol{A}$ 的右特征向量);

(3) 举反例说明(1) 和(2) 中确定的酉矩阵 $\boldsymbol{U}$ 和 $\boldsymbol{V}$ 不一定是 $\boldsymbol{A}$ 的奇异值分解.

解:(1) 和(2) 的证明见例 4.6.

(3) 在 $\boldsymbol{A}$ 的奇异值分解表达式中,虽然 $\boldsymbol{U}$ 的列向量是 $\boldsymbol{A}\boldsymbol{A}^{\mathrm{H}}$ 的特征向量,$\boldsymbol{V}$ 的列向量是 $\boldsymbol{A}^{\mathrm{H}}\boldsymbol{A}$ 的特征向量,而且 $\boldsymbol{A}\boldsymbol{A}^{\mathrm{H}}$ 与 $\boldsymbol{A}^{\mathrm{H}}\boldsymbol{A}$ 有相同的非零特征值,但却不能以此得到 $\boldsymbol{A}$ 的奇异值分解表达式. 例如

$$\boldsymbol{A}=\begin{bmatrix}1 & 2\\ 2 & 1\\ 0 & 0\end{bmatrix},\quad \boldsymbol{A}^{\mathrm{H}}\boldsymbol{A}=\begin{bmatrix}5 & 4\\ 4 & 5\end{bmatrix},\quad \boldsymbol{A}\boldsymbol{A}^{\mathrm{H}}=\begin{bmatrix}5 & 4 & 0\\ 4 & 5 & 0\\ 0 & 0 & 0\end{bmatrix},$$

$\boldsymbol{A}^{\mathrm{H}}\boldsymbol{A}$ 的特征值是 $9,1$,$\boldsymbol{A}\boldsymbol{A}^{\mathrm{H}}$ 的特征值是 $9,1,0$.

$\boldsymbol{A}^{\mathrm{H}}\boldsymbol{A}$ 属于特征值 $9,1$ 的线性无关的特征向量分别是

$$\boldsymbol{\alpha}_1=\begin{bmatrix}1\\ 1\end{bmatrix},\quad \boldsymbol{\alpha}_2=\begin{bmatrix}1\\ -1\end{bmatrix}$$

可见 $\boldsymbol{\alpha}_1$ 和 $\boldsymbol{\alpha}_2$ 正交. 将其单位化得

$$\boldsymbol{e}_1=\begin{bmatrix}\frac{1}{\sqrt{2}}\\ \frac{1}{\sqrt{2}}\end{bmatrix},\quad \boldsymbol{e}_2=\begin{bmatrix}\frac{1}{\sqrt{2}}\\ -\frac{1}{\sqrt{2}}\end{bmatrix},$$

并令

$$\boldsymbol{V}=\begin{bmatrix}\frac{1}{\sqrt{2}} & \frac{1}{\sqrt{2}}\\ \frac{1}{\sqrt{2}} & -\frac{1}{\sqrt{2}}\end{bmatrix}.$$

$\boldsymbol{A}\boldsymbol{A}^{\mathrm{H}}$ 属于特征值 $9,1,0$ 的线性无关的特征向量分别是

$$\boldsymbol{\beta}_1=\begin{bmatrix}1\\ 1\\ 0\end{bmatrix},\quad \boldsymbol{\beta}_2=\begin{bmatrix}1\\ -1\\ 0\end{bmatrix},\quad \boldsymbol{\beta}_3=\begin{bmatrix}0\\ 0\\ 1\end{bmatrix},$$

可见 $\boldsymbol{\beta}_1,\boldsymbol{\beta}_2,\boldsymbol{\beta}_3$ 两两正交. 将其单位化得

$$\boldsymbol{\gamma}_1=\begin{bmatrix}\frac{1}{\sqrt{2}}\\ \frac{1}{\sqrt{2}}\\ 0\end{bmatrix},\quad \boldsymbol{\gamma}_2=\begin{bmatrix}\frac{1}{\sqrt{2}}\\ -\frac{1}{\sqrt{2}}\\ 0\end{bmatrix},\quad \boldsymbol{\gamma}_3=\begin{bmatrix}0\\ 0\\ 1\end{bmatrix},$$

并令

$$\boldsymbol{U}=\begin{bmatrix}\frac{1}{\sqrt{2}} & \frac{1}{\sqrt{2}} & 0\\ \frac{1}{\sqrt{2}} & -\frac{1}{\sqrt{2}} & 0\\ 0 & 0 & 1\end{bmatrix}.$$

经验证,有

$$\boldsymbol{U}\begin{bmatrix}\boldsymbol{\Sigma} & \boldsymbol{O}\\ \boldsymbol{O} & \boldsymbol{O}\end{bmatrix}\boldsymbol{V}^{\mathrm{H}}=\begin{bmatrix}\frac{1}{\sqrt{2}} & \frac{1}{\sqrt{2}} & 0\\ \frac{1}{\sqrt{2}} & -\frac{1}{\sqrt{2}} & 0\\ 0 & 0 & 1\end{bmatrix}\begin{bmatrix}3 & 0\\ 0 & 1\\ 0 & 0\end{bmatrix}\begin{bmatrix}\frac{1}{\sqrt{2}} & \frac{1}{\sqrt{2}}\\ \frac{1}{\sqrt{2}} & -\frac{1}{\sqrt{2}}\end{bmatrix}=\begin{bmatrix}2 & 1\\ 1 & 2\\ 0 & 0\end{bmatrix}\neq \boldsymbol{A}.$$

3. 设 $\boldsymbol{A}$ 是 n 阶正规矩阵,证明:$\boldsymbol{A}$ 的奇异值是 $\boldsymbol{A}$ 的特征值的模.

证明:因为 $\boldsymbol{A}$ 是正规矩阵,从而酉相似于对角矩阵,即存在 n 阶酉矩阵 $\boldsymbol{U}$,使

$$\boldsymbol{U}^{\mathrm{H}}\boldsymbol{A}\boldsymbol{U}=\mathrm{diag}(\lambda_1,\lambda_2,\cdots,\lambda_n),$$

其中 $\lambda_1,\lambda_2,\cdots,\lambda_n$ 是 $\boldsymbol{A}$ 的特征值,从而

$$\boldsymbol{U}^{\mathrm{H}}\boldsymbol{A}^{\mathrm{H}}\boldsymbol{A}\boldsymbol{U}=(\boldsymbol{U}^{\mathrm{H}}\boldsymbol{A}\boldsymbol{U})^{\mathrm{H}}(\boldsymbol{U}^{\mathrm{H}}\boldsymbol{A}\boldsymbol{U})=\mathrm{diag}(|\lambda_1|^2,|\lambda_2|^2,\cdots,|\lambda_n|^2),$$

由定义知 $\boldsymbol{A}$ 的奇异值为

$$\sigma_i=\sqrt{|\lambda_i|^2}=|\lambda_i|\quad(i=1,2,\cdots,n),$$

所以结论成立.

4. 设 $\boldsymbol{A}\in\mathbf{C}^{m\times n}$,$\boldsymbol{b}\in\mathbf{C}^m$,且 $\boldsymbol{A}=\boldsymbol{U}\begin{bmatrix}\boldsymbol{\Sigma} & \boldsymbol{O}\\ \boldsymbol{O} & \boldsymbol{O}\end{bmatrix}\boldsymbol{V}^{\mathrm{H}}$ 是 $\boldsymbol{A}$ 的奇异值分解,令

$$\boldsymbol{\alpha}=\boldsymbol{V}\begin{bmatrix}\boldsymbol{\Sigma}^{-1} & \boldsymbol{O}\\ \boldsymbol{O} & \boldsymbol{O}\end{bmatrix}\boldsymbol{U}^{\mathrm{H}}\boldsymbol{b},$$

证明:对于 $\forall\boldsymbol{x}\in\mathbf{C}^n$,$\|\boldsymbol{A\alpha}-\boldsymbol{b}\|_2\leqslant\|\boldsymbol{Ax}-\boldsymbol{b}\|_2$.

证明:因为

$$\|\boldsymbol{Ax}-\boldsymbol{b}\|_2^2=\|\boldsymbol{Ax}-\boldsymbol{A\alpha}+\boldsymbol{A\alpha}-\boldsymbol{b}\|_2^2,$$

又

$$\begin{aligned}(\boldsymbol{Ax}-\boldsymbol{A\alpha},\boldsymbol{A\alpha}-\boldsymbol{b})&=(\boldsymbol{A\alpha}-\boldsymbol{b})^{\mathrm{H}}(\boldsymbol{Ax}-\boldsymbol{A\alpha})=(\boldsymbol{\alpha}^{\mathrm{H}}\boldsymbol{A}^{\mathrm{H}}-\boldsymbol{b}^{\mathrm{H}})(\boldsymbol{Ax}-\boldsymbol{A\alpha})\\&=\left[\boldsymbol{b}^{\mathrm{H}}\boldsymbol{U}\begin{bmatrix}\boldsymbol{\Sigma} & \boldsymbol{O}\\ \boldsymbol{O} & \boldsymbol{O}\end{bmatrix}\boldsymbol{V}^{\mathrm{H}}\boldsymbol{V}\begin{bmatrix}\boldsymbol{\Sigma}^{-1} & \boldsymbol{O}\\ \boldsymbol{O} & \boldsymbol{O}\end{bmatrix}\boldsymbol{U}^{\mathrm{H}}-\boldsymbol{b}^{\mathrm{H}}\right]\\&\quad\cdot\left[\boldsymbol{U}\begin{bmatrix}\boldsymbol{\Sigma} & \boldsymbol{O}\\ \boldsymbol{O} & \boldsymbol{O}\end{bmatrix}\boldsymbol{V}^{\mathrm{H}}\boldsymbol{x}-\boldsymbol{U}\begin{bmatrix}\boldsymbol{\Sigma} & \boldsymbol{O}\\ \boldsymbol{O} & \boldsymbol{O}\end{bmatrix}\boldsymbol{V}^{\mathrm{H}}\boldsymbol{V}\begin{bmatrix}\boldsymbol{\Sigma}^{-1} & \boldsymbol{O}\\ \boldsymbol{O} & \boldsymbol{O}\end{bmatrix}\boldsymbol{U}^{\mathrm{H}}\boldsymbol{b}\right]\\&=\boldsymbol{b}^{\mathrm{H}}\boldsymbol{U}\begin{bmatrix}\boldsymbol{\Sigma} & \boldsymbol{O}\\ \boldsymbol{O} & \boldsymbol{O}\end{bmatrix}\boldsymbol{V}^{\mathrm{H}}\boldsymbol{x}-\boldsymbol{b}^{\mathrm{H}}\boldsymbol{U}\begin{bmatrix}\boldsymbol{I}_r & \boldsymbol{O}\\ \boldsymbol{O} & \boldsymbol{O}\end{bmatrix}\boldsymbol{U}^{\mathrm{H}}\boldsymbol{b}\end{aligned}$$

$$-\boldsymbol{b}^{\mathrm{H}}\boldsymbol{U}\begin{bmatrix}\boldsymbol{\Sigma} & \boldsymbol{O}\\ \boldsymbol{O} & \boldsymbol{O}\end{bmatrix}\boldsymbol{V}^{\mathrm{H}}\boldsymbol{x}+\boldsymbol{b}^{\mathrm{H}}\boldsymbol{U}\begin{bmatrix}\boldsymbol{I}_r & \boldsymbol{O}\\ \boldsymbol{O} & \boldsymbol{O}\end{bmatrix}\boldsymbol{U}^{\mathrm{H}}\boldsymbol{b}=0,$$

故 $\boldsymbol{Ax}-\boldsymbol{A\alpha}$ 与 $\boldsymbol{A\alpha}-\boldsymbol{b}$ 正交,所以

$$\|\boldsymbol{Ax}-\boldsymbol{b}\|_2^2=\|\boldsymbol{Ax}-\boldsymbol{A\alpha}\|_2^2+\|\boldsymbol{A\alpha}-\boldsymbol{b}\|_2^2\geqslant\|\boldsymbol{A\alpha}-\boldsymbol{b}\|_2^2,$$

即

$$\|\boldsymbol{A\alpha}-\boldsymbol{b}\|_2\leqslant\|\boldsymbol{Ax}-\boldsymbol{b}\|_2.$$

5. 设 $\boldsymbol{A}\in\mathbf{C}^{m\times n}$,叙述 $\boldsymbol{A}$ 的奇异值分解指的是什么,并求矩阵 $\boldsymbol{A}=\begin{bmatrix}1 & 0\\ 0 & 1\\ 1 & 1\end{bmatrix}$ 的奇异值分解式.

解:设 $\boldsymbol{A}\in\mathbf{C}_r^{m\times n}(r>0)$,则 $\boldsymbol{A}^{\mathrm{H}}\boldsymbol{A}$ 的特征值为

$$\lambda_1\geqslant\lambda_2\geqslant\cdots\geqslant\lambda_r>\lambda_{r+1}=\cdots=\lambda_n=0,$$

称 $\sigma_i=\sqrt{\lambda_i}\,(i=1,2,\cdots,n)$ 为 $\boldsymbol{A}$ 的奇异值. 对于上述矩阵 $\boldsymbol{A}$,存在 m 阶酉矩阵 $\boldsymbol{U}$ 和 n 阶酉矩阵 $\boldsymbol{V}$,使得

$$\boldsymbol{A}=\boldsymbol{U}\begin{bmatrix}\boldsymbol{\Sigma} & \boldsymbol{O}\\ \boldsymbol{O} & \boldsymbol{O}\end{bmatrix}\boldsymbol{V}^{\mathrm{H}}\quad\left(\text{其中 }\boldsymbol{\Sigma}=\mathrm{diag}(\sigma_1,\sigma_2,\cdots,\sigma_r)\right),$$

此式称为 $\boldsymbol{A}$ 的奇异值分解式.

当 $\boldsymbol{A}=\begin{bmatrix}1 & 0\\ 0 & 1\\ 1 & 1\end{bmatrix}$ 时,由

$$\boldsymbol{A}^{\mathrm{H}}\boldsymbol{A}=\begin{bmatrix}1 & 0 & 1\\ 0 & 1 & 1\end{bmatrix}\begin{bmatrix}1 & 0\\ 0 & 1\\ 1 & 1\end{bmatrix}=\begin{bmatrix}2 & 1\\ 1 & 2\end{bmatrix},$$

$$|\lambda\boldsymbol{I}-\boldsymbol{A}^{\mathrm{H}}\boldsymbol{A}|=\begin{vmatrix}\lambda-2 & -1\\ -1 & \lambda-2\end{vmatrix}=(\lambda-2)^2-1=(\lambda-3)(\lambda-1)=0,$$

得 $\lambda_1=3,\lambda_2=1$. 对于 $\lambda_1=3$,由

$$(3\boldsymbol{I}-\boldsymbol{A}^{\mathrm{H}}\boldsymbol{A})\begin{bmatrix}x_1\\ x_2\end{bmatrix}=\boldsymbol{0},\quad\text{得}\quad\begin{bmatrix}1 & -1\\ -1 & 1\end{bmatrix}\begin{bmatrix}x_1\\ x_2\end{bmatrix}=\boldsymbol{0},$$

故 $x_1=x_2$,取 $\boldsymbol{p}_1=\begin{bmatrix}1\\ 1\end{bmatrix}$;对于 $\lambda_2=1$ 由

$$(\boldsymbol{I}-\boldsymbol{A}^{\mathrm{H}}\boldsymbol{A})\begin{bmatrix}x_1\\ x_2\end{bmatrix}=\boldsymbol{0},\quad\text{得}\quad\begin{bmatrix}1 & 1\\ 1 & 1\end{bmatrix}\begin{bmatrix}x_1\\ x_2\end{bmatrix}=\boldsymbol{0},$$

故 $x_1=-x_2$,取 $\boldsymbol{p}_2=\begin{bmatrix}1\\ -1\end{bmatrix}$. 由于

$$r(\boldsymbol{A})=2,\quad \boldsymbol{\Sigma}=\begin{bmatrix}\sqrt{3} & 0\\ 0 & 1\end{bmatrix},$$

故取 $\boldsymbol{V}=\begin{bmatrix}\frac{1}{\sqrt{2}} & \frac{1}{\sqrt{2}}\\ \frac{1}{\sqrt{2}} & -\frac{1}{\sqrt{2}}\end{bmatrix}$,此时 $\boldsymbol{V}_1=\boldsymbol{V}$,有

$$\boldsymbol{U}_1=\boldsymbol{A}\boldsymbol{V}_1\boldsymbol{\Sigma}^{-1}=\begin{bmatrix}1 & 0\\ 0 & 1\\ 1 & 1\end{bmatrix}\begin{bmatrix}\frac{1}{\sqrt{2}} & \frac{1}{\sqrt{2}}\\ \frac{1}{\sqrt{2}} & -\frac{1}{\sqrt{2}}\end{bmatrix}\begin{bmatrix}\frac{\sqrt{3}}{3} & 0\\ 0 & 1\end{bmatrix}=\begin{bmatrix}\frac{1}{\sqrt{6}} & \frac{1}{\sqrt{2}}\\ \frac{1}{\sqrt{6}} & -\frac{1}{\sqrt{2}}\\ \frac{2}{\sqrt{6}} & 0\end{bmatrix},$$

再取单位向量 $\boldsymbol{U}_2=\begin{bmatrix}a\\ b\\ c\end{bmatrix}$,使得 $\boldsymbol{U}_2$ 与 $\boldsymbol{U}_1$ 的两个列向量正交,从而有

$$\begin{cases}\frac{1}{\sqrt{6}}a+\frac{1}{\sqrt{6}}b+\frac{2}{\sqrt{6}}c=0,\\ \frac{1}{\sqrt{2}}a-\frac{1}{\sqrt{2}}b=0,\\ a^2+b^2+c^2=1,\end{cases}\quad 即\quad \begin{cases}a+b+2c=0,\\ a-b=0,\\ a^2+b^2+c^2=1,\end{cases}$$

解得 $a=b=-c=\frac{1}{\sqrt{3}}$,故 $\boldsymbol{U}_2=\left(\frac{1}{\sqrt{3}},\frac{1}{\sqrt{3}},-\frac{1}{\sqrt{3}}\right)^{\mathrm{T}}$,因此

$$\boldsymbol{U}=\begin{bmatrix}\frac{1}{\sqrt{6}} & \frac{1}{\sqrt{2}} & \frac{1}{\sqrt{3}}\\ \frac{1}{\sqrt{6}} & -\frac{1}{\sqrt{2}} & \frac{1}{\sqrt{3}}\\ \frac{2}{\sqrt{6}} & 0 & -\frac{1}{\sqrt{3}}\end{bmatrix},\quad 有\quad \boldsymbol{A}=\boldsymbol{U}\begin{bmatrix}\sqrt{3} & 0\\ 0 & 1\\ 0 & 0\end{bmatrix}\boldsymbol{V}^{\mathrm{H}}.$$

6. 试求矩阵 $\boldsymbol{A}=\begin{bmatrix}0 & 3 & 1\\ 0 & 4 & -2\\ 2 & 1 & 2\end{bmatrix}$ 的 QR 分解.

解:用初等反射矩阵方法求解. 令 $\boldsymbol{\alpha}_1=\begin{bmatrix}0\\ 0\\ 2\end{bmatrix}$,取 $a_1=\|\boldsymbol{\alpha}_1\|_2=2$,则

$$\boldsymbol{u}_1=\frac{\boldsymbol{\alpha}_1-2\boldsymbol{e}_1}{\|\boldsymbol{\alpha}_1-2\boldsymbol{e}_1\|_2}=\frac{1}{\sqrt{2}}\begin{bmatrix}-1\\ 0\\ 1\end{bmatrix},$$

于是

$$\boldsymbol{H}_1=\boldsymbol{I}-2\boldsymbol{u}_1\boldsymbol{u}_1^{\mathrm{T}}=\begin{bmatrix}0&0&1\\0&1&0\\1&0&0\end{bmatrix},$$

使

$$\boldsymbol{H}_1\boldsymbol{A}=\begin{bmatrix}2&1&2\\0&4&-2\\0&3&1\end{bmatrix}.$$

又令 $\boldsymbol{\alpha}_2=\begin{bmatrix}4\\3\end{bmatrix}$,取

$$a_2=\|\boldsymbol{\alpha}_2\|_2=5,\quad \boldsymbol{u}_2=\frac{\boldsymbol{\alpha}_2-5\tilde{\boldsymbol{e}}_1}{\|\boldsymbol{\alpha}_2-5\tilde{\boldsymbol{e}}_1\|_2}=\frac{1}{\sqrt{10}}\begin{bmatrix}-1\\3\end{bmatrix},$$

于是

$$\widetilde{\boldsymbol{H}}_2=\boldsymbol{I}-2\boldsymbol{u}_2\boldsymbol{u}_2^{\mathrm{T}}=\frac{1}{5}\begin{bmatrix}4&3\\3&-4\end{bmatrix}.$$

令

$$\boldsymbol{H}_2=\begin{bmatrix}1&\\&\widetilde{\boldsymbol{H}}_2\end{bmatrix}=\begin{bmatrix}1&0&0\\0&\frac{4}{5}&\frac{3}{5}\\0&\frac{3}{5}&-\frac{4}{5}\end{bmatrix},$$

则

$$\boldsymbol{H}_2(\boldsymbol{H}_1\boldsymbol{A})=\begin{bmatrix}2&1&2\\0&5&-1\\0&0&-2\end{bmatrix},$$

故

$$\boldsymbol{A}=(\boldsymbol{H}_1\boldsymbol{H}_2)\boldsymbol{R}=\begin{bmatrix}0&\frac{3}{5}&-\frac{4}{5}\\0&\frac{4}{5}&\frac{3}{5}\\1&0&0\end{bmatrix}\begin{bmatrix}2&1&2\\0&5&-1\\0&0&-2\end{bmatrix}.$$

7. 用 Householder 变换求矩阵

$$\boldsymbol{A}=\begin{bmatrix}0&3&1&-4\\0&4&-2&3\\2&1&2&4\\0&0&0&-5\end{bmatrix}$$

的 QR 分解.

解:令 $\boldsymbol{\alpha}_1=(0,0,2,0)^{\mathrm{T}}$,$\|\boldsymbol{\alpha}_1\|_2=2$,则

$$\boldsymbol{u}_1=\frac{\boldsymbol{\alpha}_1-2\boldsymbol{e}_1}{\|\boldsymbol{\alpha}_1-2\boldsymbol{e}_1\|_2}=\frac{1}{2\sqrt{2}}\begin{bmatrix}-2\\0\\2\\0\end{bmatrix}=\frac{1}{\sqrt{2}}\begin{bmatrix}-1\\0\\1\\0\end{bmatrix},$$

于是

$$\boldsymbol{H}_1=\boldsymbol{I}-2\boldsymbol{u}_1\boldsymbol{u}_1^{\mathrm{T}}=\begin{bmatrix}0&0&1&0\\0&1&0&0\\1&0&0&0\\0&0&0&1\end{bmatrix},\quad \boldsymbol{H}_1\boldsymbol{A}=\begin{bmatrix}2&1&2&4\\0&4&-2&3\\0&3&1&-4\\0&0&0&-5\end{bmatrix}.$$

又令

$$\boldsymbol{\alpha}_2=\begin{bmatrix}4\\3\\0\end{bmatrix},\quad \|\boldsymbol{\alpha}_2\|_2=5,\quad \boldsymbol{u}_2=\frac{\boldsymbol{\alpha}_2-5\tilde{\boldsymbol{e}}_1}{\|\boldsymbol{\alpha}_2-5\tilde{\boldsymbol{e}}\|_2}=\frac{1}{\sqrt{10}}\begin{bmatrix}-1\\3\\0\end{bmatrix},$$

得

$$\widetilde{\boldsymbol{H}}_2=\boldsymbol{I}-2\boldsymbol{u}_2\boldsymbol{u}_2^{\mathrm{T}}=\begin{bmatrix}\frac{4}{5}&\frac{3}{5}&0\\\frac{3}{5}&-\frac{4}{5}&0\\0&0&1\end{bmatrix},\quad \boldsymbol{H}_2=\begin{bmatrix}1&\\&\widetilde{\boldsymbol{H}}_2\end{bmatrix}=\begin{bmatrix}1&0&0&0\\0&\frac{4}{5}&\frac{3}{5}&0\\0&\frac{3}{5}&-\frac{4}{5}&0\\0&0&0&1\end{bmatrix},$$

则

$$\boldsymbol{H}_2(\boldsymbol{H}_1\boldsymbol{A})=\begin{bmatrix}2&1&2&4\\0&5&-1&0\\0&0&-2&5\\0&0&0&-5\end{bmatrix}=\boldsymbol{R},\quad \boldsymbol{Q}=\boldsymbol{H}_1\boldsymbol{H}_2=\begin{bmatrix}0&\frac{3}{5}&-\frac{4}{5}&0\\0&\frac{4}{5}&\frac{3}{5}&0\\1&0&0&0\\0&0&0&1\end{bmatrix},$$

使得 $\boldsymbol{A}=\boldsymbol{Q}\boldsymbol{R}$.

4.6 书后习题解答

1. 利用 Gauss 消元法求矩阵

$$\boldsymbol{A}=\begin{bmatrix}2&-1&3\\4&2&5\\2&0&2\end{bmatrix}$$

的 LU 分解与 LDU 分解.

解:因 $\Delta_1 = 2, \Delta_2 = 8$,所以 $\boldsymbol{A}$ 有唯一的 LU 分解. 令

$$\boldsymbol{L}_1 = \begin{bmatrix} 1 & 0 & 0 \\ -2 & 1 & 0 \\ -1 & 0 & 1 \end{bmatrix}, \quad \boldsymbol{L}_1^{-1} = \begin{bmatrix} 1 & 0 & 0 \\ 2 & 1 & 0 \\ 1 & 0 & 1 \end{bmatrix},$$

则

$$\boldsymbol{L}_1\boldsymbol{A}^{(0)} = \begin{bmatrix} 2 & -1 & 3 \\ 0 & 4 & -1 \\ 0 & 1 & -1 \end{bmatrix} = \boldsymbol{A}^{(1)},$$

再令

$$\boldsymbol{L}_2 = \begin{bmatrix} 1 & 0 & 0 \\ 0 & 1 & 0 \\ 0 & -\frac{1}{4} & 1 \end{bmatrix}, \quad \boldsymbol{L}_2^{-1} = \begin{bmatrix} 1 & 0 & 0 \\ 0 & 1 & 0 \\ 0 & \frac{1}{4} & 1 \end{bmatrix},$$

则

$$\boldsymbol{L}_2\boldsymbol{A}^{(1)} = \begin{bmatrix} 2 & -1 & 3 \\ 0 & 4 & -1 \\ 0 & 0 & -\frac{3}{4} \end{bmatrix} = \boldsymbol{A}^{(2)},$$

由此

$$\boldsymbol{L} = \boldsymbol{L}_1^{-1}\boldsymbol{L}_2^{-1} = \begin{bmatrix} 1 & 0 & 0 \\ 2 & 1 & 0 \\ 1 & \frac{1}{4} & 1 \end{bmatrix},$$

于是 $\boldsymbol{A} = \boldsymbol{A}^{(0)}$ 的 LU 分解为

$$\boldsymbol{A} = \boldsymbol{LU} = \begin{bmatrix} 1 & 0 & 0 \\ 2 & 1 & 0 \\ 1 & \frac{1}{4} & 1 \end{bmatrix} \begin{bmatrix} 2 & -1 & 3 \\ 0 & 4 & -1 \\ 0 & 0 & -\frac{3}{4} \end{bmatrix},$$

由上可得 $\boldsymbol{A}$ 的 LDU 分解为

$$\boldsymbol{A} = \begin{bmatrix} 1 & 0 & 0 \\ 2 & 1 & 0 \\ 1 & \frac{1}{4} & 1 \end{bmatrix} \begin{bmatrix} 2 & 0 & 0 \\ 0 & 4 & 0 \\ 0 & 0 & -\frac{3}{4} \end{bmatrix} \begin{bmatrix} 1 & -\frac{1}{2} & \frac{3}{2} \\ 0 & 1 & -\frac{1}{4} \\ 0 & 0 & 1 \end{bmatrix}.$$

2. 求矩阵 $\boldsymbol{A}=\begin{bmatrix}2 & -1 & 3\\ 1 & 2 & 1\\ 2 & 4 & 2\end{bmatrix}$,求 $\boldsymbol{A}$ 的 LU 分解及 LDU 分解.

解:解法同上一题,结果如下:

$$\boldsymbol{A}=\boldsymbol{LU}=\begin{bmatrix}1 & 0 & 0\\ \frac{1}{2} & 1 & 0\\ 1 & 2 & 1\end{bmatrix}\begin{bmatrix}2 & -1 & 3\\ 0 & \frac{5}{2} & -\frac{1}{2}\\ 0 & 0 & 0\end{bmatrix},$$

$$\boldsymbol{A}=\boldsymbol{LDU}=\begin{bmatrix}1 & 0 & 0\\ \frac{1}{2} & 1 & 0\\ 1 & 2 & 1\end{bmatrix}\begin{bmatrix}2 & 0 & 0\\ 0 & \frac{5}{2} & 0\\ 0 & 0 & 0\end{bmatrix}\begin{bmatrix}1 & -\frac{1}{2} & \frac{3}{2}\\ 0 & 1 & -\frac{1}{5}\\ 0 & 0 & 1\end{bmatrix}.$$

3. 设 $\boldsymbol{A}=\begin{bmatrix}0 & 1 & 0 & -1 & 5\\ 0 & 2 & 0 & 0 & 0\\ 2 & -1 & 2 & -4 & 0\\ -2 & 1 & -2 & 2 & 10\end{bmatrix}$,求 $\boldsymbol{A}$ 的满秩分解.

解:对 $\boldsymbol{A}$ 进行初等行变换,有

$$\boldsymbol{A}=\begin{bmatrix}0 & 1 & 0 & -1 & 5\\ 0 & 2 & 0 & 0 & 0\\ 2 & -1 & 2 & -4 & 0\\ -2 & 1 & -2 & 2 & 10\end{bmatrix}\to\begin{bmatrix}1 & 0 & 1 & 0 & -10\\ 0 & 1 & 0 & 0 & 0\\ 0 & 0 & 0 & 1 & -5\\ 0 & 0 & 0 & 0 & 0\end{bmatrix},$$

因为 1,2,4 列对应于单位阵的列,从而

$$\boldsymbol{F}=\begin{bmatrix}0 & 1 & -1\\ 0 & 2 & 0\\ 2 & -1 & -4\\ -2 & 1 & 2\end{bmatrix},\quad \boldsymbol{G}=\begin{bmatrix}1 & 0 & 1 & 0 & -10\\ 0 & 1 & 0 & 0 & 0\\ 0 & 0 & 0 & 1 & -5\end{bmatrix},$$

得 $\boldsymbol{A}$ 的满秩分解为 $\boldsymbol{A}=\boldsymbol{FG}$.

4. 设 $\boldsymbol{A}\in\mathbf{C}^{m\times n}$,$\boldsymbol{A}$ 可以表示为 $\boldsymbol{A}=\begin{bmatrix}\boldsymbol{X} & \boldsymbol{Y}\\ \boldsymbol{Z} & \boldsymbol{W}\end{bmatrix}$,其中 $\boldsymbol{X}\in\mathbf{C}^{r\times r}$,且

$$r(\boldsymbol{A})=r(\boldsymbol{X})=r,\quad \boldsymbol{W}=\boldsymbol{ZX}^{-1}\boldsymbol{Y},$$

证明 $\boldsymbol{A}$ 有如下的满秩分解:

$$\boldsymbol{A}=\begin{bmatrix}\boldsymbol{X}\\ \boldsymbol{Z}\end{bmatrix}(\boldsymbol{I}_r,\boldsymbol{X}^{-1}\boldsymbol{Y}),\quad \boldsymbol{A}=\begin{bmatrix}\boldsymbol{I}_r\\ \boldsymbol{ZX}^{-1}\end{bmatrix}(\boldsymbol{X},\boldsymbol{Y}).$$

证明:因为

$$\boldsymbol{A}=\begin{bmatrix}\boldsymbol{X} & \boldsymbol{Y}\\ \boldsymbol{Z} & \boldsymbol{W}\end{bmatrix}\xrightarrow[\boldsymbol{X}^{-1}r_1]{r_2-\boldsymbol{Z}\boldsymbol{X}^{-1}r_1}\begin{bmatrix}\boldsymbol{I}_r & \boldsymbol{X}^{-1}\boldsymbol{Y}\\ \boldsymbol{O} & \boldsymbol{W}-\boldsymbol{Z}\boldsymbol{X}^{-1}\boldsymbol{Y}\end{bmatrix}=\begin{bmatrix}\boldsymbol{I}_r & \boldsymbol{X}^{-1}\boldsymbol{Y}\\ \boldsymbol{O} & \boldsymbol{O}\end{bmatrix}=\begin{bmatrix}\boldsymbol{G}\\ \boldsymbol{O}\end{bmatrix},$$

其中 $\boldsymbol{G}$ 是行满秩矩阵，于是

$$\boldsymbol{A}=\begin{bmatrix}\boldsymbol{X}\\ \boldsymbol{Z}\end{bmatrix}(\boldsymbol{I}_r,\boldsymbol{X}^{-1}\boldsymbol{Y})$$

是 $\boldsymbol{A}$ 的满秩分解. 进一步

$$\boldsymbol{A}=\begin{bmatrix}\boldsymbol{X}\\ \boldsymbol{Z}\end{bmatrix}\boldsymbol{X}^{-1}\boldsymbol{X}(\boldsymbol{I}_r,\boldsymbol{X}^{-1}\boldsymbol{Y})=\begin{bmatrix}\boldsymbol{I}_r\\ \boldsymbol{Z}\boldsymbol{X}^{-1}\end{bmatrix}(\boldsymbol{X},\boldsymbol{Y})$$

也是 $\boldsymbol{A}$ 的满秩分解.

5. 设矩阵 $\boldsymbol{A}$ 的满秩分解为 $\boldsymbol{A}=\boldsymbol{BC}$，证明：$\boldsymbol{CX}=\boldsymbol{0}\Leftrightarrow\boldsymbol{AX}=\boldsymbol{0}$.

证明：设 $r(\boldsymbol{A})=r$，则 $r(\boldsymbol{B})=r(\boldsymbol{C})=r$.

若 $\boldsymbol{CX}=\boldsymbol{0}$，则 $\boldsymbol{BCX}=\boldsymbol{0}$，即 $\boldsymbol{AX}=\boldsymbol{0}$.

反之，若 $\boldsymbol{AX}=\boldsymbol{0}$，则 $\boldsymbol{BCX}=\boldsymbol{0}$，$(\boldsymbol{B}^{\mathrm{H}}\boldsymbol{B})\boldsymbol{CX}=\boldsymbol{0}$，由于 $r(\boldsymbol{B}^{\mathrm{H}}\boldsymbol{B})=r(\boldsymbol{B})=r$，故 $\boldsymbol{B}^{\mathrm{H}}\boldsymbol{B}$ 可逆，所以 $\boldsymbol{CX}=\boldsymbol{0}$.

6. 求下列矩阵的奇异值分解：

(1) $\boldsymbol{A}=\begin{bmatrix}1 & 0 & 0 & -1\\ 0 & 1 & 0 & 1\\ 0 & 0 & 0 & 0\end{bmatrix}$；　(2) $\boldsymbol{A}=\begin{bmatrix}1 & 0\\ 0 & 1\\ 1 & 1\end{bmatrix}$.

解：(1) 由

$$\boldsymbol{A}^{\mathrm{H}}\boldsymbol{A}=\begin{bmatrix}1 & 0 & 0 & -1\\ 0 & 1 & 0 & 1\\ 0 & 0 & 0 & 0\\ -1 & 1 & 0 & 2\end{bmatrix}$$

的特征值为

$$\lambda_1=1,\quad \lambda_2=3,\quad \lambda_3=\lambda_4=0,$$

特征向量依次为

$$\boldsymbol{\alpha}_1=\begin{bmatrix}1\\1\\0\\0\end{bmatrix},\quad \boldsymbol{\alpha}_2=\begin{bmatrix}1\\1\\0\\2\end{bmatrix},\quad \boldsymbol{\alpha}_3=\begin{bmatrix}0\\0\\1\\0\end{bmatrix},\quad \boldsymbol{\alpha}_4=\begin{bmatrix}1\\-1\\0\\1\end{bmatrix},$$

它们已两两正交，于是可得

$$r(\boldsymbol{A})=2,\quad \boldsymbol{\Sigma}=\begin{bmatrix}1 & 0\\ 0 & \sqrt{3}\end{bmatrix},\quad \boldsymbol{V}=\begin{bmatrix}\frac{1}{\sqrt{2}} & -\frac{1}{\sqrt{6}} & 0 & \frac{1}{\sqrt{3}}\\ \frac{1}{\sqrt{2}} & \frac{1}{\sqrt{6}} & 0 & -\frac{1}{\sqrt{3}}\\ 0 & 0 & 1 & 0\\ 0 & \frac{2}{\sqrt{6}} & 0 & \frac{1}{\sqrt{3}}\end{bmatrix},$$

此时

$$\boldsymbol{V}_1=\begin{bmatrix}\frac{1}{\sqrt{2}} & -\frac{1}{\sqrt{6}}\\ \frac{1}{\sqrt{2}} & \frac{1}{\sqrt{6}}\\ 0 & 0\\ 0 & \frac{2}{\sqrt{6}}\end{bmatrix},\quad \boldsymbol{U}_1=\boldsymbol{A}\boldsymbol{V}_1\boldsymbol{\Sigma}^{-1}=\begin{bmatrix}\frac{1}{\sqrt{2}} & -\frac{1}{\sqrt{2}}\\ \frac{1}{\sqrt{2}} & \frac{1}{\sqrt{2}}\\ 0 & 0\end{bmatrix},$$

取

$$\boldsymbol{U}_2=(0,0,1),\quad \boldsymbol{U}=(\boldsymbol{U}_1,\boldsymbol{U}_2)=\begin{bmatrix}\frac{1}{\sqrt{2}} & -\frac{1}{\sqrt{2}} & 0\\ \frac{1}{\sqrt{2}} & \frac{1}{\sqrt{2}} & 0\\ 0 & 0 & 1\end{bmatrix},$$

则 $\boldsymbol{A}$ 的奇异值分解为

$$\boldsymbol{A}=\boldsymbol{U}\begin{bmatrix}1 & 0 & 0 & 0\\ 0 & \sqrt{3} & 0 & 0\\ 0 & 0 & 0 & 0\end{bmatrix}\boldsymbol{V}^{\mathrm{H}}.$$

(2) 参考"考博真题选录"第 5 题,知

$$\boldsymbol{A}=\begin{bmatrix}\frac{1}{\sqrt{6}} & \frac{1}{\sqrt{2}} & \frac{1}{\sqrt{3}}\\ \frac{1}{\sqrt{6}} & -\frac{1}{\sqrt{2}} & \frac{1}{\sqrt{3}}\\ \frac{2}{\sqrt{6}} & 0 & -\frac{1}{\sqrt{3}}\end{bmatrix}\begin{bmatrix}\sqrt{3} & 0\\ 0 & 1\\ 0 & 0\end{bmatrix}\begin{bmatrix}\frac{1}{\sqrt{2}} & \frac{1}{\sqrt{2}}\\ \frac{1}{\sqrt{2}} & -\frac{1}{\sqrt{2}}\end{bmatrix}.$$

7. 求下列矩阵的 QR 分解:

(1) $\boldsymbol{A}=\begin{bmatrix}0 & 1 & 1\\ 1 & 1 & 0\\ 1 & 0 & 1\end{bmatrix}$;　　(2) $\boldsymbol{A}=\begin{bmatrix}1 & 2 & 2\\ 2 & 1 & 2\\ 1 & 2 & 1\end{bmatrix}$.

解:(1) 参见例 4.4.

(2) 用初等旋转矩阵求 $\boldsymbol{A}$ 的 QR 分解.

设 $\boldsymbol{A}$ 的第 1 列 $\boldsymbol{\alpha}_1=(1,2,1)^{\mathrm{T}}=(x_1,x_2,x_3)^{\mathrm{T}}$,取

$$c_1=\frac{x_1}{\sqrt{x_1^2+x_2^2}}=\frac{1}{\sqrt{5}},\quad s_1=\frac{x_2}{\sqrt{x_1^2+x_2^2}}=\frac{2}{\sqrt{5}},$$

则有

$$T_{12}=\begin{bmatrix}\frac{1}{\sqrt{5}} & \frac{2}{\sqrt{5}} & 0\\ -\frac{2}{\sqrt{5}} & \frac{1}{\sqrt{5}} & 0\\ 0 & 0 & 1\end{bmatrix},\quad 使\quad T_{12}\alpha_1=\begin{bmatrix}\sqrt{5}\\0\\1\end{bmatrix}.$$

再取

$$c_2=\frac{\sqrt{x_1^2+x_2^2}}{\sqrt{x_1^2+x_2^2+x_3^2}}=\frac{\sqrt{5}}{\sqrt{6}},\quad s_2=\frac{x_3}{\sqrt{x_1^2+x_2^2+x_3^2}}=\frac{1}{\sqrt{6}},$$

则有

$$T_{13}=\begin{bmatrix}\frac{\sqrt{5}}{\sqrt{6}} & 0 & \frac{1}{\sqrt{6}}\\ 0 & 1 & 0\\ -\frac{1}{\sqrt{6}} & 0 & \frac{\sqrt{5}}{\sqrt{6}}\end{bmatrix},\quad 使\quad T_{13}T_{12}\alpha_1=\begin{bmatrix}\sqrt{6}\\0\\0\end{bmatrix}.$$

令

$$T_1=T_{13}T_{12}=\begin{bmatrix}\frac{1}{\sqrt{6}} & \frac{2}{\sqrt{6}} & \frac{1}{\sqrt{6}}\\ -\frac{2}{\sqrt{5}} & \frac{1}{\sqrt{5}} & 0\\ -\frac{1}{\sqrt{30}} & -\frac{2}{\sqrt{30}} & \frac{5}{\sqrt{30}}\end{bmatrix},\quad T_1A=\begin{bmatrix}\sqrt{6} & \sqrt{6} & \frac{7}{\sqrt{6}}\\ 0 & -\frac{3}{\sqrt{5}} & -\frac{2}{\sqrt{5}}\\ 0 & \frac{6}{\sqrt{30}} & -\frac{1}{\sqrt{30}}\end{bmatrix},$$

又令

$$A^{(1)}=\begin{bmatrix}-\frac{3}{\sqrt{5}} & -\frac{2}{\sqrt{5}}\\ \frac{6}{\sqrt{30}} & -\frac{1}{\sqrt{30}}\end{bmatrix},$$

对 $A^{(1)}$ 的第 1 列，取

$$c_1=\frac{x_1}{\sqrt{x_1^2+x_2^2}}=-\frac{3}{\sqrt{15}},\quad s_1=\frac{x_2}{\sqrt{x_1^2+x_2^2}}=\frac{2}{\sqrt{10}},\quad T_{23}=\begin{bmatrix}-\frac{3}{\sqrt{15}} & \frac{2}{\sqrt{10}}\\ -\frac{2}{\sqrt{10}} & -\frac{3}{\sqrt{15}}\end{bmatrix},$$

则

$$T_{23}A^{(1)}=\begin{bmatrix}\sqrt{3} & \frac{1}{\sqrt{3}}\\ 0 & \frac{1}{\sqrt{2}}\end{bmatrix},\quad T_2=\begin{bmatrix}1 & O\\ O & T_{23}\end{bmatrix}=\begin{bmatrix}1 & 0 & 0\\ 0 & -\frac{3}{\sqrt{15}} & \frac{2}{\sqrt{10}}\\ 0 & -\frac{2}{\sqrt{10}} & -\frac{3}{\sqrt{15}}\end{bmatrix}.$$

$$T = T_2 T_1 = \begin{bmatrix} \frac{1}{\sqrt{6}} & \frac{2}{\sqrt{6}} & \frac{1}{\sqrt{6}} \\ \frac{1}{\sqrt{3}} & -\frac{1}{\sqrt{3}} & \frac{1}{\sqrt{3}} \\ \frac{1}{\sqrt{2}} & 0 & -\frac{1}{\sqrt{2}} \end{bmatrix}, \quad TA = \begin{bmatrix} \sqrt{6} & \sqrt{6} & \frac{7}{\sqrt{6}} \\ 0 & \sqrt{3} & \frac{1}{\sqrt{3}} \\ 0 & 0 & \frac{1}{\sqrt{2}} \end{bmatrix},$$

则

$$A = T^{-1} \begin{bmatrix} \sqrt{6} & \sqrt{6} & \frac{7}{\sqrt{6}} \\ 0 & \sqrt{3} & \frac{1}{\sqrt{3}} \\ 0 & 0 & \frac{1}{\sqrt{2}} \end{bmatrix} = \begin{bmatrix} \frac{1}{\sqrt{6}} & \frac{1}{\sqrt{3}} & \frac{1}{\sqrt{2}} \\ \frac{2}{\sqrt{6}} & -\frac{1}{\sqrt{3}} & 0 \\ \frac{1}{\sqrt{6}} & \frac{1}{\sqrt{3}} & -\frac{1}{\sqrt{2}} \end{bmatrix} \begin{bmatrix} \sqrt{6} & \sqrt{6} & \frac{7}{\sqrt{6}} \\ 0 & \sqrt{3} & \frac{1}{\sqrt{3}} \\ 0 & 0 & \frac{1}{\sqrt{2}} \end{bmatrix}.$$

8. 求矩阵 A 的谱分解，其中 $A = \begin{bmatrix} 3 & -1 & 0 \\ -1 & 2 & -1 \\ 0 & -1 & 3 \end{bmatrix}$.

解:因为

$$|\lambda I - A| = \begin{vmatrix} \lambda-3 & 1 & 0 \\ 1 & \lambda-2 & 1 \\ 0 & 1 & \lambda-3 \end{vmatrix} = (\lambda-1)(\lambda-3)(\lambda-4),$$

所以特征值为 $\lambda_1 = 1, \lambda_1 = 3, \lambda_1 = 4$. 因特征值互异，所以 A 可以对角化. 令

$$f_1(\lambda) = (\lambda-\lambda_2)(\lambda-\lambda_3) = (\lambda-3)(\lambda-4),$$
$$f_2(\lambda) = (\lambda-\lambda_1)(\lambda-\lambda_3) = (\lambda-1)(\lambda-4),$$
$$f_3(\lambda) = (\lambda-\lambda_1)(\lambda-\lambda_2) = (\lambda-1)(\lambda-3),$$

从而

$$P_1 = \frac{f_1(A)}{f_1(\lambda_1)} = \frac{(A-3I_3)(A-4I_3)}{(-2)\times(-3)} = \begin{bmatrix} \frac{1}{6} & \frac{1}{3} & \frac{1}{6} \\ \frac{1}{3} & \frac{2}{3} & \frac{1}{3} \\ \frac{1}{6} & \frac{1}{3} & \frac{1}{6} \end{bmatrix},$$

$$P_2 = \frac{f_2(A)}{f_2(\lambda_2)} = \frac{(A-I_3)(A-4I_3)}{2\times(-1)} = \begin{bmatrix} \frac{1}{2} & 0 & -\frac{1}{2} \\ 0 & 0 & 0 \\ -\frac{1}{2} & 0 & \frac{1}{2} \end{bmatrix},$$

$$P_3=\frac{f_3(A)}{f_3(\lambda_3)}=\frac{(A-I_3)(A-3I_3)}{3\times 1}=\begin{bmatrix}\frac{1}{3} & -\frac{1}{3} & \frac{1}{3}\\ -\frac{1}{3} & \frac{1}{3} & -\frac{1}{3}\\ \frac{1}{3} & -\frac{1}{3} & \frac{1}{3}\end{bmatrix},$$

故 A 的谱分解式为

$$A=\begin{bmatrix}\frac{1}{6} & \frac{1}{3} & \frac{1}{6}\\ \frac{1}{3} & \frac{2}{3} & \frac{1}{3}\\ \frac{1}{6} & \frac{1}{3} & \frac{1}{6}\end{bmatrix}+3\begin{bmatrix}\frac{1}{2} & 0 & -\frac{1}{2}\\ 0 & 0 & 0\\ -\frac{1}{2} & 0 & \frac{1}{2}\end{bmatrix}+4\begin{bmatrix}\frac{1}{3} & -\frac{1}{3} & \frac{1}{3}\\ -\frac{1}{3} & \frac{1}{3} & -\frac{1}{3}\\ \frac{1}{3} & -\frac{1}{3} & \frac{1}{3}\end{bmatrix}.$$

9. 已知 $A=\begin{bmatrix}2 & 2 & 0\\ 8 & 2 & a\\ 0 & 0 & 6\end{bmatrix}$ 是可对角化矩阵.

(1) 求 a 的值;

(2) 求可逆矩阵 P,使得 $P^{-1}AP$ 是对角矩阵;

(3) 求 A 的谱分解表达式.

解:(1) 因为

$$|\lambda I-A|=\begin{vmatrix}\lambda-2 & -2 & 0\\ -8 & \lambda-2 & -a\\ 0 & 0 & \lambda-6\end{vmatrix}=(\lambda-6)^2(\lambda+2),$$

得 A 的特征值为 $\lambda_1=\lambda_2=6,\lambda_3=-2$,所以要使 A 可以对角化,则有

$$r(6I-A)=3-2=1,$$

又

$$6I-A=\begin{bmatrix}4 & -2 & 0\\ -8 & 4 & -a\\ 0 & 0 & 0\end{bmatrix}\to\begin{bmatrix}4 & -2 & 0\\ 0 & 0 & -a\\ 0 & 0 & 0\end{bmatrix},$$

故 $a=0$ 时 $r(6I-A)=1$,此时矩阵 A 可以对角化.

(2) 对 $\lambda_3=-2$,解齐次线性方程组 $(-2I-A)x=0$ 得基础解系 $\alpha_1=(1,-2,0)^{\mathrm{T}}$;对 $\lambda_1=\lambda_2=6$,解齐次线性方程组 $(6I-A)x=0$ 得基础解系

$$\alpha_2=(1,2,0)^{\mathrm{T}},\quad \alpha_3=(0,0,1)^{\mathrm{T}}.$$

故令

$$P=\begin{bmatrix}1 & 1 & 0\\ -2 & 2 & 0\\ 0 & 0 & 1\end{bmatrix},\quad 有\quad P^{-1}AP=\begin{bmatrix}-2 & 0 & 0\\ 0 & 6 & 0\\ 0 & 0 & 6\end{bmatrix}.$$

(3) 仿例 4.8,得到

$$A=(-2)\begin{bmatrix}\frac{1}{2} & -\frac{1}{4} & 0\\ -1 & \frac{1}{2} & 0\\ 0 & 0 & 0\end{bmatrix}+6\begin{bmatrix}\frac{1}{2} & \frac{1}{4} & 0\\ 1 & \frac{1}{2} & 0\\ 0 & 0 & 1\end{bmatrix}.$$

10. 设 $\boldsymbol{A}\in\mathbf{C}^{m\times n}$,证明:

(1) 若 $r(\boldsymbol{A})=n$,则存在 m 阶可逆矩阵 $\boldsymbol{P}$,使 $\boldsymbol{A}=\boldsymbol{P}\begin{bmatrix}\boldsymbol{I}_n\\ \boldsymbol{O}\end{bmatrix}$;

(2) 若 $r(\boldsymbol{A})=m$,则存在 n 阶可逆矩阵 $\boldsymbol{Q}$,使 $\boldsymbol{A}=(\boldsymbol{I}_m,\boldsymbol{O})\boldsymbol{Q}$.

证明:(1) 由于 $\boldsymbol{A}$ 的秩是 n,所以 $\boldsymbol{A}$ 中一定存在 n 阶可逆子矩阵 $\boldsymbol{B}$. 如果 $\boldsymbol{B}$ 位于 $\boldsymbol{A}$ 的前 n 行,即

$$\boldsymbol{A}=\begin{bmatrix}\boldsymbol{B}\\ \boldsymbol{C}\end{bmatrix}\quad(\boldsymbol{B}\in\mathbf{C}^{n\times n},\ |\boldsymbol{B}|\neq 0),$$

则

$$\begin{bmatrix}\boldsymbol{B}^{-1} & \boldsymbol{O}\\ -\boldsymbol{C}\boldsymbol{B}^{-1} & \boldsymbol{I}_{m-n}\end{bmatrix}\begin{bmatrix}\boldsymbol{B}\\ \boldsymbol{C}\end{bmatrix}=\begin{bmatrix}\boldsymbol{I}_n\\ \boldsymbol{O}\end{bmatrix},$$

令

$$\boldsymbol{P}^{-1}=\begin{bmatrix}\boldsymbol{B}^{-1} & \boldsymbol{O}\\ -\boldsymbol{C}\boldsymbol{B}^{-1} & \boldsymbol{I}_{m-n}\end{bmatrix},$$

则 $\boldsymbol{P}$ 是 m 阶可逆矩阵且使

$$\boldsymbol{A}=\boldsymbol{P}\begin{bmatrix}\boldsymbol{I}_n\\ \boldsymbol{O}\end{bmatrix}.$$

如果 $\boldsymbol{B}$ 不是 $\boldsymbol{A}$ 的前 n 行,则经过一系列行交换,可以把 $\boldsymbol{B}$ 变成前 n 行,即存在有限个 m 阶初等矩阵 $\boldsymbol{P}_1,\boldsymbol{P}_2,\cdots,\boldsymbol{P}_s$,使得

$$\boldsymbol{P}_1\boldsymbol{P}_2\cdots\boldsymbol{P}_s\boldsymbol{A}=\begin{bmatrix}\boldsymbol{B}\\ \boldsymbol{C}\end{bmatrix},$$

于是由前面的证明,存在 m 阶可逆矩阵 $\boldsymbol{P}_t$,使

$$\boldsymbol{P}_1\boldsymbol{P}_2\cdots\boldsymbol{P}_s\boldsymbol{A}=\boldsymbol{P}_t\begin{bmatrix}\boldsymbol{I}_n\\ \boldsymbol{O}\end{bmatrix},$$

令

$$\boldsymbol{P}=\boldsymbol{P}_s^{-1}\cdots\boldsymbol{P}_2^{-1}\boldsymbol{P}_1^{-1}\boldsymbol{P}_t,$$

则 $\boldsymbol{P}$ 是 m 阶可逆矩阵且使 $\boldsymbol{A}=\boldsymbol{P}\begin{bmatrix}\boldsymbol{I}_n\\ \boldsymbol{O}\end{bmatrix}$.

(2) 证法同(1),请读者自己完成.

4.7　课外习题选解

1. 设矩阵

$$\boldsymbol{A}=\begin{bmatrix}1&2&0\\2&1&0\\-2&a&3\end{bmatrix}.$$

(1) a 取何值时,$\boldsymbol{A}$ 可以对角化?

(2) 当 $\boldsymbol{A}$ 可对角化时,求可逆矩阵 $\boldsymbol{P}$ 使得 $\boldsymbol{P}^{-1}\boldsymbol{AP}$ 为对角矩阵;

(3) 当 $\boldsymbol{A}$ 可对角化时,求其谱分解表达式.

解:(1) 因为

$$|\lambda\boldsymbol{I}-\boldsymbol{A}|=\begin{vmatrix}\lambda-1&-2&0\\-2&\lambda-1&0\\2&-a&\lambda-3\end{vmatrix}=(\lambda-3)^2(\lambda+1),$$

所以 $\boldsymbol{A}$ 的特征值为 $\lambda_1=\lambda_2=3,\lambda_3=-1$. 要使 $\boldsymbol{A}$ 可以对角化,必有 $r(3\boldsymbol{I}-\boldsymbol{A})=3-2=1$,又

$$3\boldsymbol{I}-\boldsymbol{A}=\begin{bmatrix}2&-2&0\\-2&2&0\\2&-a&0\end{bmatrix}\longrightarrow\begin{bmatrix}1&-1&0\\0&0&0\\0&2-a&0\end{bmatrix},$$

故 $a=2$,即 $a=2$ 时 $\boldsymbol{A}$ 可以对角化.

(2) 对 $\lambda_1=\lambda_2=3$ 解线性方程组 $(3\boldsymbol{I}-\boldsymbol{A})\boldsymbol{x}=\boldsymbol{0}$,得基础解系

$$\boldsymbol{\xi}_1=(1,1,0)^{\mathrm{T}},\quad \boldsymbol{\xi}_2=(0,0,1)^{\mathrm{T}},$$

对 $\lambda_3=-1$ 解线性方程组 $(-\boldsymbol{I}-\boldsymbol{A})\boldsymbol{x}=\boldsymbol{0}$,得基础解系 $\boldsymbol{\xi}_3=(1,-1,1)^{\mathrm{T}}$,令

$$\boldsymbol{P}=(\boldsymbol{\xi}_1,\boldsymbol{\zeta}_2,\boldsymbol{\xi}_3)=\begin{bmatrix}1&0&1\\1&0&-1\\0&1&1\end{bmatrix},$$

则

$$\boldsymbol{P}^{-1}\boldsymbol{AP}=\begin{bmatrix}3&0&0\\0&3&0\\0&0&-1\end{bmatrix}.$$

(3) 因为 $\boldsymbol{A}$ 的特征多项式为 $f(\lambda)=(\lambda-3)^2(\lambda+1)$,故令

$$f_1(\lambda)=\lambda+1,\quad f_2(\lambda)=\lambda-3,$$

$$\boldsymbol{P}_1=\frac{f_1(\boldsymbol{A})}{f_1(3)}=\frac{\boldsymbol{A}+\boldsymbol{I}}{4}=\frac{1}{4}\begin{bmatrix}2&2&0\\2&2&0\\-2&2&4\end{bmatrix},$$

$$\boldsymbol{P}_2=\frac{f_2(\boldsymbol{A})}{f_2(-1)}=\frac{\boldsymbol{A}-3\boldsymbol{I}}{-4}=-\frac{1}{4}\begin{bmatrix}-2 & 2 & 0\\ 2 & -2 & 0\\ -2 & 2 & 0\end{bmatrix},$$

则

$$\boldsymbol{A}=3\boldsymbol{P}_1-\boldsymbol{P}_2.$$

2. 设 $\boldsymbol{A}\in\mathbf{C}^{n\times n}$,且 $\boldsymbol{A}^3=\boldsymbol{A}$,证明:$\boldsymbol{A}$ 可表示为

$$\boldsymbol{A}=\boldsymbol{P}\begin{bmatrix}\boldsymbol{I}_r & & \\ & -\boldsymbol{I}_s & \\ & & \boldsymbol{O}\end{bmatrix}\boldsymbol{P}^{-1}\quad(\boldsymbol{P}\text{ 为可逆矩阵}).$$

证明:设 $\boldsymbol{A}$ 的 Jordan 标准形为

$$\boldsymbol{J}=\begin{bmatrix}\boldsymbol{J}_1 & \boldsymbol{O} & \cdots & \boldsymbol{O}\\ \boldsymbol{O} & \boldsymbol{J}_2 & \cdots & \boldsymbol{O}\\ \vdots & \vdots & & \vdots\\ \boldsymbol{O} & \boldsymbol{O} & \cdots & \boldsymbol{J}_\sigma\end{bmatrix}\quad(\boldsymbol{J}_k\text{ 为 Jordan 块}),$$

故存在 n 阶可逆矩阵 $\boldsymbol{P}_1$,使得

$$\boldsymbol{A}=\boldsymbol{P}_1\begin{bmatrix}\boldsymbol{J}_1 & \boldsymbol{O} & \cdots & \boldsymbol{O}\\ \boldsymbol{O} & \boldsymbol{J}_2 & \cdots & \boldsymbol{O}\\ \vdots & \vdots & & \vdots\\ \boldsymbol{O} & \boldsymbol{O} & \cdots & \boldsymbol{J}_\sigma\end{bmatrix}\boldsymbol{P}_1^{-1},$$

则

$$\boldsymbol{A}^3=\boldsymbol{P}_1\begin{bmatrix}\boldsymbol{J}_1^3 & \boldsymbol{O} & \cdots & \boldsymbol{O}\\ \boldsymbol{O} & \boldsymbol{J}_2^3 & \cdots & \boldsymbol{O}\\ \vdots & \vdots & & \vdots\\ \boldsymbol{O} & \boldsymbol{O} & \cdots & \boldsymbol{J}_\sigma^3\end{bmatrix}\boldsymbol{P}_1^{-1}=\boldsymbol{P}_1\begin{bmatrix}\boldsymbol{J}_1 & \boldsymbol{O} & \cdots & \boldsymbol{O}\\ \boldsymbol{O} & \boldsymbol{J}_2 & \cdots & \boldsymbol{O}\\ \vdots & \vdots & & \vdots\\ \boldsymbol{O} & \boldsymbol{O} & \cdots & \boldsymbol{J}_\sigma\end{bmatrix}\boldsymbol{P}_1^{-1},$$

故

$$\boldsymbol{J}_k^3=\boldsymbol{J}_k,$$

从而 $\boldsymbol{J}_k$ 必为 1 阶块,故 $\boldsymbol{A}$ 可对角化,且相应特征值与其立方值相等,即特征值只能为 0,1 和 -1. 因此将 $\boldsymbol{J}$ 的主对角块适当调整,即存在 n 阶置换阵 $\boldsymbol{P}_2$,使

$$\boldsymbol{P}_2^{-1}\boldsymbol{J}\boldsymbol{P}_2=\begin{bmatrix}\boldsymbol{I}_r & & \\ & -\boldsymbol{I}_s & \\ & & \boldsymbol{O}\end{bmatrix}.$$

令 $\boldsymbol{P}=\boldsymbol{P}_1\boldsymbol{P}_2$,则

$$\boldsymbol{A}=\boldsymbol{P}\begin{bmatrix}\boldsymbol{I}_r & & \\ & -\boldsymbol{I}_s & \\ & & \boldsymbol{O}\end{bmatrix}\boldsymbol{P}^{-1}.$$

3. 证明:任意非零矩阵 $\boldsymbol{A}\in\mathbf{R}^{m\times n}$ 均可表示为 $\boldsymbol{A}=\boldsymbol{BC}$ 的形式,其中 $\boldsymbol{B}$ 的各列构成的向量组为实标准正交向量组,$\boldsymbol{C}$ 的各行构成的向量组为实正交向量组.

证明:由于 $\boldsymbol{A}\in\mathbf{R}^{m\times n}$,所以 $\boldsymbol{A}^{\mathrm{H}}\boldsymbol{A}\in\mathbf{R}^{n\times n}$,且半正定对称. 从而存在 m 阶正交矩阵 $\boldsymbol{U}$ 和 n 阶正交矩阵 $\boldsymbol{V}$,使 $\boldsymbol{A}$ 的奇异值分解为

$$\boldsymbol{A}=\boldsymbol{U}\mathrm{diag}(\lambda_1,\lambda_2,\cdots,\lambda_r,0,\cdots,0)\boldsymbol{V}^{\mathrm{H}},$$

其中 $\lambda_1,\lambda_2,\cdots,\lambda_r$ 为 $\boldsymbol{A}^{\mathrm{H}}\boldsymbol{A}$ 的非零特征值(为正数). 设 $\boldsymbol{U}_1$ 为 $\boldsymbol{U}$ 的前 r 列所成的矩阵,$\boldsymbol{V}_1$ 为 $\boldsymbol{V}$ 的前 r 列所成的矩阵,则

$$\boldsymbol{A}=\boldsymbol{U}_1\mathrm{diag}(\lambda_1,\lambda_2,\cdots,\lambda_r)\boldsymbol{V}_1^{\mathrm{H}},$$

而 $\boldsymbol{C}=\mathrm{diag}(\lambda_1,\lambda_2,\cdots,\lambda_r)\boldsymbol{V}_1^{\mathrm{H}}$ 和 $\boldsymbol{B}=\boldsymbol{U}_1$ 就是满足条件的矩阵.

4. 用 Givens 变换求矩阵 $\boldsymbol{A}=\begin{bmatrix}0&1&0&1\\1&0&1&0\\0&1&0&1\\1&0&1&0\end{bmatrix}$ 的 QR 分解.

解:由 $c_1=\dfrac{0}{\sqrt{0^2+1^2}}=0,s_1=1$,得

$$\boldsymbol{T}_{12}=\begin{bmatrix}0&1&0&0\\-1&0&0&0\\0&0&1&0\\0&0&0&1\end{bmatrix},\quad \boldsymbol{T}_{12}\boldsymbol{A}=\begin{bmatrix}1&0&1&0\\0&-1&0&-1\\0&1&0&1\\1&0&1&0\end{bmatrix},$$

由 $c_2=\dfrac{1}{\sqrt{2}},s_2=\dfrac{1}{\sqrt{2}}$,得

$$\boldsymbol{T}_{14}=\begin{bmatrix}\frac{1}{\sqrt{2}}&0&0&\frac{1}{\sqrt{2}}\\0&1&0&0\\0&0&1&0\\-\frac{1}{\sqrt{2}}&0&0&\frac{1}{\sqrt{2}}\end{bmatrix},\quad \boldsymbol{T}_{14}(\boldsymbol{T}_{12}\boldsymbol{A})=\begin{bmatrix}\sqrt{2}&0&\sqrt{2}&0\\0&-1&0&-1\\0&1&0&1\\0&0&0&0\end{bmatrix},$$

由 $c_3=-\dfrac{1}{\sqrt{2}},s_3=\dfrac{1}{\sqrt{2}}$,得 $\boldsymbol{T}_{23}=\begin{bmatrix}1&0&0&0\\0&-\frac{1}{\sqrt{2}}&\frac{1}{\sqrt{2}}&0\\0&-\frac{1}{\sqrt{2}}&-\frac{1}{\sqrt{2}}&0\\0&0&0&1\end{bmatrix}$,则

$$\boldsymbol{T}_{23}(\boldsymbol{T}_{14}\boldsymbol{T}_{12}\boldsymbol{A})=\begin{bmatrix}\sqrt{2}&0&\sqrt{2}&0\\0&\sqrt{2}&0&\sqrt{2}\\0&0&0&0\\0&0&0&0\end{bmatrix}=\boldsymbol{R},$$

$$Q = T_{12}^{\mathrm{T}} T_{14}^{\mathrm{T}} T_{23}^{\mathrm{T}} = \frac{1}{\sqrt{2}}\begin{bmatrix} 0 & 1 & 1 & 0 \\ 1 & 0 & 0 & -1 \\ 0 & 1 & -1 & 0 \\ 1 & 0 & 0 & 1 \end{bmatrix},$$

且 $A = QR$.

5. 设 A 是 n 阶正规矩阵,则 A 可以分解为

$$A = \lambda_1 U_1 U_1^{\mathrm{H}} + \lambda_2 U_2 U_2^{\mathrm{H}} + \cdots + \lambda_n U_n U_n^{\mathrm{H}},$$

其中 $U_1, U_2, \cdots, U_n$ 分别是 A 属于特征值 $\lambda_1, \lambda_2, \cdots, \lambda_n$ 的标准正交的特征向量.

证明:由于 A 是 n 阶正规矩阵,故存在 n 阶酉矩阵 U,使

$$U^{\mathrm{H}} A U = \mathrm{diag}(\lambda_1, \lambda_2, \cdots, \lambda_n), \quad A = U \mathrm{diag}(\lambda_1, \lambda_2, \cdots, \lambda_n) U^{\mathrm{H}},$$

将 U 按照列分块得

$$U = (U_1, U_2, \cdots, U_n),$$

故

$$A = (U_1, U_2, \cdots, U_n)\begin{bmatrix} \lambda_1 & & & \\ & \lambda_2 & & \\ & & \ddots & \\ & & & \lambda_n \end{bmatrix}\begin{bmatrix} U_1^{\mathrm{H}} \\ U_2^{\mathrm{H}} \\ \vdots \\ U_n^{\mathrm{H}} \end{bmatrix}$$

$$= \lambda_1 U_1 U_1^{\mathrm{H}} + \lambda_2 U_2 U_2^{\mathrm{H}} + \cdots + \lambda_n U_n U_n^{\mathrm{H}}.$$

本题的特例:设 A 是 n 阶实对称矩阵,则 A 的 n 个特征值均为实数,从而对应的 n 个特征向量均为实向量,故必存在 n 阶正交矩阵 $Q = (\gamma_1, \gamma_2, \cdots, \gamma_n)$,使

$$A = \lambda_1 \gamma_1 \gamma_1^{\mathrm{T}} + \lambda_2 \gamma_2 \gamma_2^{\mathrm{T}} + \cdots + \lambda_n \gamma_n \gamma_n^{\mathrm{T}}.$$

6. 设 $c_1, c_2, \cdots, c_r$ 是 r 个非零常数,若存在 n 维列向量 $\alpha_1, \alpha_2, \cdots, \alpha_r$ 使

$$A = c_1 \alpha_1 \alpha_1^{\mathrm{H}} + c_2 \alpha_2 \alpha_2^{\mathrm{H}} + \cdots + c_r \alpha_r \alpha_r^{\mathrm{H}},$$

证明:$\alpha_1, \alpha_2, \cdots, \alpha_r$ 线性无关当且仅当 A 的秩为 r.

证明:先证充分性.设 A 的秩为 r,由条件可得

$$A = (\alpha_1, \alpha_2, \cdots, \alpha_r)\begin{bmatrix} c_1 & & & \\ & c_2 & & \\ & & \ddots & \\ & & & c_r \end{bmatrix}\begin{bmatrix} \alpha_1^{\mathrm{H}} \\ \alpha_2^{\mathrm{H}} \\ \vdots \\ \alpha_r^{\mathrm{H}} \end{bmatrix},$$

令

$$P = (\alpha_1, \alpha_2, \cdots, \alpha_r),$$

则

$$A = P\begin{bmatrix} c_1 & & & \\ & c_2 & & \\ & & \ddots & \\ & & & c_r \end{bmatrix} P^{\mathrm{H}},$$

于是可得 $r = r(\boldsymbol{A}) \leqslant r(\boldsymbol{P}) \leqslant r$,故 $r(\boldsymbol{P}) = r$,从而 $\boldsymbol{\alpha}_1, \boldsymbol{\alpha}_2, \cdots, \boldsymbol{\alpha}_r$ 线性无关.

再证必要性. 设 $\boldsymbol{\alpha}_1, \boldsymbol{\alpha}_2, \cdots, \boldsymbol{\alpha}_r$ 线性无关,故 $\boldsymbol{P} = (\boldsymbol{\alpha}_1, \boldsymbol{\alpha}_2, \cdots, \boldsymbol{\alpha}_r)$ 列满秩,即 $r(\boldsymbol{P}) = r$,从而 $r(\boldsymbol{P}^{\mathrm{H}}\boldsymbol{P}) = r$,所以 $\boldsymbol{P}^{\mathrm{H}}\boldsymbol{P}$ 可逆,且

$$\boldsymbol{P}^{\mathrm{H}}\boldsymbol{A}\boldsymbol{P} = \boldsymbol{P}^{\mathrm{H}}\boldsymbol{P}\begin{bmatrix} c_1 & & & \\ & c_2 & & \\ & & \ddots & \\ & & & c_r \end{bmatrix} \boldsymbol{P}^{\mathrm{H}}\boldsymbol{P},$$

上式右边是 3 个 r 阶可逆矩阵的乘积,故为 r 阶可逆矩阵,因此

$$r = r(\boldsymbol{P}^{\mathrm{H}}\boldsymbol{A}\boldsymbol{P}) \leqslant r(\boldsymbol{A}) \leqslant r,$$

所以 $r(\boldsymbol{A}) = r$.

7. 填空题:

(1) 矩阵 $\boldsymbol{A} = \begin{bmatrix} 1 & 2 & 3 \\ 4 & 5 & 6 \\ 7 & 8 & 9 \end{bmatrix}$ 的正奇异值的个数是________.

(2) 矩阵 $\boldsymbol{A} = \begin{bmatrix} 1 & 2 \\ 1 & 2 \end{bmatrix}$ 的正奇异值是________.

(3) 设 $\boldsymbol{A}$ 是 n 阶实对称矩阵,特征值为 $\lambda_1, \lambda_2, \cdots, \lambda_n$,若 n 阶实矩阵 $\boldsymbol{B}$ 与 $\boldsymbol{A}$ 酉等价,则 $\boldsymbol{B}$ 的奇异值是________.

解:(1) 2;　　(2) $\sqrt{10}$;　　(3) $|\lambda_1|, |\lambda_2|, \cdots, |\lambda_n|$.

5 矩阵函数

利用数学分析方法研究矩阵有其重要的意义，本章讨论向量范数、矩阵范数以及矩阵函数及其应用.

5.1 教学基本要求

(1) 掌握向量范数与矩阵范数的定义与判定；

(2) 熟练掌握三种向量范数、六种矩阵范数的定义与求法；

(3) 掌握矩阵的收敛、矩阵幂级数的定义与判定法则，会求收敛矩阵幂级数的和；

(4) 掌握矩阵函数的定义与求法，以及熟悉常用的矩阵函数 $e^{\boldsymbol{A}}$，$\sin\boldsymbol{A}$，$\cos\boldsymbol{A}$，$(\boldsymbol{I}-\boldsymbol{A})^{-1}$，$\ln(\boldsymbol{I}+\boldsymbol{A})$ 的表达式和收敛域；

(5) 会求矩阵函数，特别是掌握利用矩阵最小多项式求矩阵函数的方法；

(6) 掌握矩阵函数在解微分方程组中的应用方法，并会求解具体的线性常系数微分方程组.

难点：矩阵范数的判定、矩阵级数的求和、矩阵函数的求法；矩阵范数与向量范数的相容性判定.

5.2 主要内容提要

5.2.1 向量范数

(1) 向量范数定义

设 V 是数域 P(实数域或复数域) 上的线性空间，如果对任意向量 $\boldsymbol{x}\in V$，按照某个对应法则，对应于一个实数 $\|\boldsymbol{x}\|$，且满足下列三个条件：

① 非负性：$\forall \boldsymbol{x}\in V$，$\|\boldsymbol{x}\|\geqslant 0$，且 $\|\boldsymbol{x}\|=0$ 当且仅当 $\boldsymbol{x}=\boldsymbol{0}$；

② 齐次性：$\|a\boldsymbol{x}\|=|a|\,\|\boldsymbol{x}\|$ $(\forall a\in P, \boldsymbol{x}\in V)$；

③ 三角不等式：$\|\boldsymbol{x}+\boldsymbol{y}\|\leqslant\|\boldsymbol{x}\|+\|\boldsymbol{y}\|$ $(\forall \boldsymbol{x},\boldsymbol{y}\in V)$，

则称 $\|\boldsymbol{x}\|$ 为 V 上向量 $\boldsymbol{x}$ 的范数，简称为**向量范数**.

若在线性空间 V 中定义了范数，就称 V 是线性赋范空间.

(2) 向量范数的性质

① 当 $\|\boldsymbol{x}\| \neq 0$ 时，$\left\|\frac{1}{\|\boldsymbol{x}\|}\cdot \boldsymbol{x}\right\| = 1$；

② $\forall \boldsymbol{x} \in V$，有 $\|-\boldsymbol{x}\| = \|\boldsymbol{x}\|$；

③ $|\,\|\boldsymbol{x}\| - \|\boldsymbol{y}\|\,| \leqslant \|\boldsymbol{x}-\boldsymbol{y}\|$；

④ $|\,\|\boldsymbol{x}\| - \|\boldsymbol{y}\|\,| \leqslant \|\boldsymbol{x}+\boldsymbol{y}\|$.

(3) 常用的几种向量范数

① 向量 $\boldsymbol{x} = (x_1, x_2, \cdots, x_n)^{\mathrm{T}} \in \mathbf{C}^n$ 的 1- 范数：$\|\boldsymbol{x}\|_1 = \sum_{i=1}^{n} |x_i|$.

② 向量 $\boldsymbol{x} = (x_1, x_2, \cdots, x_n)^{\mathrm{T}} \in \mathbf{C}^n$ 的 ∞- 范数：$\|\boldsymbol{x}\|_\infty = \max_{1\leqslant i\leqslant n} |x_i|$.

③ 向量 $\boldsymbol{x} = (x_1, x_2, \cdots, x_n)^{\mathrm{T}} \in \mathbf{C}^n$ 的 2- 范数：

$$\|\boldsymbol{x}\|_2 = \sqrt{\sum_{i=1}^{n} |x_i|^2} = \sqrt{\boldsymbol{x}^{\mathrm{H}}\boldsymbol{x}},$$

也称为 $\mathbf{C}^n$ 上的欧氏范数.

④ 向量 $\boldsymbol{x} = (x_1, x_2, \cdots, x_n) \in \mathbf{C}^n$ 的 p- 范数：

$$\|\boldsymbol{x}\|_p = \left(\sum_{i=1}^{n} |x_i|^p\right)^{\frac{1}{p}},$$

其中 p 是大于或等于 1 的实数.

若记 $\lim_{p\to\infty} \|\boldsymbol{x}\|_p = \|\boldsymbol{x}\|_\infty$，则

$$\|\boldsymbol{x}\|_\infty = \max_i |x_i| \quad (1 \leqslant i \leqslant n).$$

注：当 $0 < p < 1$ 时，$\left(\sum_{i=1}^{n} |x_i|^p\right)^{\frac{1}{p}}$ 不是向量范数. 例如，取 $\boldsymbol{x} = (1, 0, \cdots, 0)^{\mathrm{T}}$，$\boldsymbol{y} = (0, 1, \cdots, 0)^{\mathrm{T}}$，有 $\boldsymbol{z} = \boldsymbol{x} + \boldsymbol{y} = (1, 1, 0, \cdots, 0)^{\mathrm{T}}$，但

$$\left(\sum_{i=1}^{n} |z_i|^p\right)^{\frac{1}{p}} = 2^{\frac{1}{p}} > 2 = \left(\sum_{i=1}^{n} |x_i|^p\right)^{\frac{1}{p}} + \left(\sum_{i=1}^{n} |y_i|^p\right)^{\frac{1}{p}},$$

不满足向量范数定义中的条件.

(4) 向量范数的等价性

设 $\|\boldsymbol{x}\|_\alpha$ 与 $\|\boldsymbol{x}\|_\beta$ 是 n 维线性空间 V 中两种向量范数，则一定存在两个与向量 $\boldsymbol{x}$ 无关的正常数 c_1, c_2，使得对所有 $\boldsymbol{x} \in V$，有不等式

$$c_1 \|\boldsymbol{x}\|_\beta \leqslant \|\boldsymbol{x}\|_\alpha \leqslant c_2 \|\boldsymbol{x}\|_\beta,$$

则称向量范数 $\|\boldsymbol{x}\|_\alpha$ 与 $\|\boldsymbol{x}\|_\beta$ 等价.

结论：n 维线性空间 V 的任意两种向量范数均等价.

5.2.2 矩阵范数

(1) 矩阵范数的定义

设 $\boldsymbol{A} \in \mathbf{C}^{m\times n}$，定义一个实值函数 $\|\boldsymbol{A}\|$ 满足以下三条性质：

① 非负性：$\boldsymbol{A} \neq \boldsymbol{O}$ 时 $\|\boldsymbol{A}\| > 0$，且 $\|\boldsymbol{A}\| = 0 \Leftrightarrow \boldsymbol{A} = \boldsymbol{O}$；

② 齐次性：$\|a\boldsymbol{A}\| = |a| \|\boldsymbol{A}\| \ (a \in \mathbf{C})$；

③ 三角不等式：$\|\boldsymbol{A}+\boldsymbol{B}\| \leqslant \|\boldsymbol{A}\| + \|\boldsymbol{B}\| \ (\boldsymbol{B} \in \mathbf{C}^{m\times n})$，

则称 $\|\boldsymbol{A}\|$ 为 $\boldsymbol{A}$ 的广义矩阵范数.

若对 $\mathbf{C}^{m\times n}$，$\mathbf{C}^{n\times l}$ 及 $\mathbf{C}^{m\times l}$ 上的同类矩阵范数 $\|\cdot\|$，还应满足下面一个条件：

④ 相容性，即

$$\|\boldsymbol{AB}\| \leqslant \|\boldsymbol{A}\| \|\boldsymbol{B}\| \quad (\boldsymbol{B} \in \mathbf{C}^{n\times l}),$$

则称 $\|\boldsymbol{A}\|$ 为 $\boldsymbol{A}$ 的矩阵范数.

(2) 设 $\|\boldsymbol{A}\|$ 是矩阵范数，$\|\boldsymbol{x}\|$ 是向量范数，若满足关系式

$$\|\boldsymbol{Ax}\| \leqslant \|\boldsymbol{A}\| \|\boldsymbol{x}\|,$$

则矩阵范数 $\|\boldsymbol{A}\|$ 与向量范数 $\|\boldsymbol{x}\|$ 是相容的.

与向量范数相容的矩阵范数(诱导范数) 称为向量范数的从属范数，也称为算子范数，即有

$$\|\boldsymbol{A}\|_{\alpha} = \max_{\forall x \in \mathbf{C}^n} \frac{\|\boldsymbol{Ax}\|_{\alpha}}{\|\boldsymbol{x}\|_{\alpha}}.$$

(3) 常用的矩阵范数：设 $\boldsymbol{A} = (a_{ij})_{m\times n}$.

① 列和范数：$\|\boldsymbol{A}\|_1 = \max\limits_{1\leqslant j\leqslant n} \sum\limits_{i=1}^{m} |a_{ij}|$，也称为 $\boldsymbol{A}$ 的 1- 范数.

② 行和范数：$\|\boldsymbol{A}\|_{\infty} = \max\limits_{1\leqslant i\leqslant m} \sum\limits_{j=1}^{n} |a_{ij}|$，也称为 $\boldsymbol{A}$ 的 ∞- 范数.

③ 谱范数：$\|\boldsymbol{A}\|_2 = \sqrt{\max\lambda(\boldsymbol{A}^{\mathrm{H}}\boldsymbol{A})}$，称为 $\boldsymbol{A}$ 的 2- 范数，其中 $\max\lambda(\boldsymbol{A}^{\mathrm{H}}\boldsymbol{A})$ 是矩阵 $\boldsymbol{A}^{\mathrm{H}}\boldsymbol{A}$ 的最大特征值.

> **注：** $\|\boldsymbol{A}\|_1$，$\|\boldsymbol{A}\|_2$，$\|\boldsymbol{A}\|_{\infty}$ 是分别与 $\|\boldsymbol{x}\|_1$，$\|\boldsymbol{x}\|_2$，$\|\boldsymbol{x}\|_{\infty}$ 相容的矩阵范数.

④ F- 范数：$\|\boldsymbol{A}\|_F = \left(\sum\limits_{i=1}^{m}\sum\limits_{j=1}^{n} |a_{ij}|^2\right)^{\frac{1}{2}}$，也称为 $\boldsymbol{A}$ 的 m_2- 范数.

⑤ m_1- 范数：$\|\boldsymbol{A}\|_{m_1} = \sum\limits_{i=1}^{m}\sum\limits_{j=1}^{n} |a_{ij}|$.

⑥ m_{∞}- 范数：$\|\boldsymbol{A}\|_{m_{\infty}} = \max\{m,n\} \max\limits_{i,j} |a_{ij}|$.

注：（ⅰ）$\|A\|_F$ 是与 $\|x\|_2$ 相容的矩阵范数，$\|A\|_{m_1}$ 是与 $\|x\|_1$ 相容的矩阵范数；

（ⅱ）矩阵 2- 范数和 F- 范数具有酉不变性，即设 P,Q 分别是 m,n 阶酉矩阵，则

$$\|PAQ\|_2 = \|PA\|_2 = \|AQ\|_2 = \|A\|_2,$$
$$\|PAQ\|_F = \|PA\|_F = \|AQ\|_F = \|A\|_F.$$

(4) 矩阵范数的等价性：若 $\|A\|_\alpha$ 与 $\|A\|_\beta$ 满足不等式

$c_1\|A\|_\beta \leqslant \|A\|_\alpha \leqslant c_2\|A\|_\beta$，其中 c_1,c_2 是与 A 无关的常数，

则称 $\|A\|_\alpha$ 与 $\|A\|_\beta$ 等价.

(5) 矩阵的谱半径：$\rho(A)$ 定义为 n 阶矩阵 A 的特征值最大模，即

$$\rho(A) = \max_{1\leqslant i\leqslant n}\{|\lambda_i(A)|\},$$

其中 $\lambda_i(A)$ 是 A 的特征值，$i = 1,2,\cdots,n$.

性质：① 设 A 是 n 阶正规矩阵，则 $\rho(A) = \|A\|_2$，从而两个实对称矩阵 A,B 之和的谱半径满足 $\rho(A+B) \leqslant \rho(A) + \rho(B)$；

② 设 $\|\cdot\|$ 是 $\mathbf{C}^{n\times n}$ 上的任一矩阵范数，则对于任意的 $A \in \mathbf{C}^{n\times n}$，均有

$$\rho(A) = \lim_{k\to\infty}\|A^k\|^{\frac{1}{k}};$$

③ 对任意的 $A \in \mathbf{C}^{n\times n}$，总有 $\rho(A) \leqslant \|A\|$，即 A 的谱半径 $\rho(A)$ 不超过 A 的任一范数.

5.2.3 向量、矩阵序列与极限

(1) 向量序列的极限定义与运算性质（参见《矩阵论》教材）.

(2) 矩阵序列的极限定义与运算性质（参见《矩阵论》教材）.

(3) n 阶矩阵 $A = (a_{ij})$ 收敛的定义：设 n 阶矩阵 $A \in \mathbf{C}^{n\times n}$，若 $\lim\limits_{k\to\infty}A^k = O$，则称 A 为收敛矩阵.

收敛矩阵的相关性质：

① n 阶方阵 A 为收敛矩阵的充要条件是 $\rho(A) < 1$；

② 若存在某种矩阵范数 $\|\cdot\|$ 使 $\|A\| < 1$，则 A 收敛.

(4) 矩阵级数：矩阵序列 $\{A^{(k)}\}$ 的无穷和 $A^{(1)} + A^{(2)} + \cdots + A^{(k)} + \cdots$ 称为矩阵级数，记为 $\sum\limits_{k=1}^{\infty}A^{(k)}$，而 $S_n = \sum\limits_{k=1}^{n}A^{(k)}$ 称为 $\sum\limits_{k=1}^{\infty}A^{(k)}$ 的部分和. 若矩阵序列 $\{S_n\}$ 收敛，且有极限 S，则称矩阵级数 $\sum\limits_{k=1}^{\infty}A^{(k)}$ 收敛，且有极限 S. 称 S 为矩阵级数 $\sum\limits_{k=1}^{\infty}A^{(k)}$ 的和，记为 $\sum\limits_{k=1}^{\infty}A^{(k)} = S$. 不收敛的矩阵级数称为发散的.

(5) 方阵的幂级数：设$\boldsymbol{A}$为n阶方阵，$\sum_{k=0}^{\infty} c_k \boldsymbol{A}^k (\boldsymbol{A}^0 = \boldsymbol{I})$称为$\boldsymbol{A}$的幂级数，$\sum_{k=0}^{\infty} \boldsymbol{A}^k$称为$\boldsymbol{A}$的 Neumann 级数. $\boldsymbol{A}$的 Neumann 级数收敛的充要条件是$\boldsymbol{A}$为收敛矩阵，且收敛时其和为$(\boldsymbol{I}-\boldsymbol{A})^{-1}$.

相关性质：若方阵$\boldsymbol{A}$的特征值全部落在幂级数$\varphi(z) = \sum_{k=0}^{\infty} c_k z^k$的收敛域内，则矩阵$\boldsymbol{A}$幂级数$\varphi(\boldsymbol{A}) = \sum_{k=0}^{\infty} c_k \boldsymbol{A}^k (\boldsymbol{A}^0 = \boldsymbol{I})$是绝对收敛的；反之，若$\boldsymbol{A}$存在落在$\varphi(z)$的收敛域外的特征值，则$\varphi(\boldsymbol{A})$是发散的. 由此

① 若幂级数$\varphi(z) = \sum_{k=0}^{\infty} c_k z^k$在整个复平面上收敛，则对任何的方阵$\boldsymbol{A}$，$\varphi(\boldsymbol{A})$均收敛.

② 设幂级数$\varphi(z) = \sum_{k=0}^{\infty} c_k z^k$的收敛半径为$r$，$\boldsymbol{A} \in \mathbf{C}^{n\times n}$，若存在$\mathbf{C}^{n\times n}$上的某一矩阵范数$\|\cdot\|$使得$\|\boldsymbol{A}\| < r$，则矩阵幂级数$\varphi(\boldsymbol{A}) = \sum_{k=0}^{\infty} c_k \boldsymbol{A}^k$绝对收敛.

5.2.4 矩阵函数

定义：设幂级数$\sum_{k=0}^{\infty} a_k z^k$的收敛半径是$R$，且当$|z| < R$时，幂级数收敛于$f(z)$，即

$$f(z) = \sum_{k=0}^{\infty} a_k z^k \quad (|z| < R),$$

如果矩阵$\boldsymbol{A} \in \mathbf{C}^{n\times n}$，且满足$\rho(\boldsymbol{A}) < R$，则称收敛的矩阵幂级数$\sum_{k=0}^{\infty} a_k \boldsymbol{A}^k$为矩阵函数，记为$f(\boldsymbol{A})$，即$f(\boldsymbol{A}) = \sum_{k=0}^{\infty} a_k \boldsymbol{A}^k$.

几种重要的矩阵函数：设$\boldsymbol{A}$是n阶矩阵，则

$$\mathrm{e}^{\boldsymbol{A}} = \sum_{k=0}^{\infty} \frac{1}{k!} \boldsymbol{A}^k \quad (\forall \boldsymbol{A} \in \mathbf{C}^{n\times n}),$$

$$\sin \boldsymbol{A} = \sum_{k=0}^{\infty} \frac{(-1)^k}{(2k+1)!} \boldsymbol{A}^{2k+1} \quad (\forall \boldsymbol{A} \in \mathbf{C}^{n\times n}),$$

$$\cos \boldsymbol{A} = \sum_{k=0}^{\infty} \frac{(-1)^k}{(2k)!} \boldsymbol{A}^{2k} \quad (\forall \boldsymbol{A} \in \mathbf{C}^{n\times n}),$$

$$(\boldsymbol{I}-\boldsymbol{A})^{-1} = \sum_{k=0}^{\infty} \boldsymbol{A}^k \quad (\rho(\boldsymbol{A}) < 1),$$

$$\ln(\boldsymbol{I}+\boldsymbol{A}) = \sum_{k=0}^{\infty} \frac{(-1)^k}{k+1} \boldsymbol{A}^{k+1} \quad (\rho(\boldsymbol{A}) < 1).$$

$e^{\boldsymbol{A}}$，$\sin\boldsymbol{A}$，$\cos\boldsymbol{A}$ 分别称为矩阵指数函数、矩阵正弦函数、矩阵余弦函数，它们均绝对收敛.

5.2.5　函数矩阵的微分与积分

若矩阵 $\boldsymbol{A}(t)=(a_{ij}(t))_{m\times n}$ 中的元素 $a_{ij}(t)$ 均为变量 t 的函数，称 $\boldsymbol{A}(t)$ 为函数矩阵.

(1) 如果 $\boldsymbol{A}(t)$ 的所有元素 $a_{ij}(t)$ 均在区间 $[a,b]$ 上有界、连续、可微、可积，就分别称 $\boldsymbol{A}(t)$ 在区间 $[a,b]$ 上有界、连续、可微、可积.

(2) 若函数矩阵 $\boldsymbol{A}(t)$ 的所有元素 $a_{ij}(t)$ 均在 $t=t_0$(或区间 (a,b) 上) 可导($i=1,2,\cdots,m;j=1,2,\cdots,n$)，则称函数矩阵 $\boldsymbol{A}(t)$ 在 $t=t_0$(或区间 (a,b) 上) 可导，且把以各元素 $a_{ij}(t)$ 在 $t=t_0$ 处的导数为元素的矩阵 $\left(\dfrac{\mathrm{d}a_{ij}(t)}{\mathrm{d}t}\right)_{m\times n}$ 称为函数矩阵 $\boldsymbol{A}(t)$ 在 t_0 处的导数，记作

$$\boldsymbol{A}'(t_0)=\left(\frac{\mathrm{d}a_{ij}(t)}{\mathrm{d}t}\right)_{m\times n}\bigg|_{t=t_0}=(a'_{ij}(t_0))_{m\times n},$$

并把以元素 $a_{ij}(t)$ 在 t_0 处的微分为元素的矩阵称为函数矩阵 $\boldsymbol{A}(t)$ 在 t_0 处的微分，记作

$$\mathrm{d}\boldsymbol{A}(t_0)=(\mathrm{d}a_{ij}(t_0))_{m\times n}.$$

相关性质：设函数矩阵 $\boldsymbol{A}(t)=(a_{ij}(t))_{m\times n}$，$\boldsymbol{B}(t)=(b_{ij}(t))_{m\times n}$ 均可导，则

① $\dfrac{\mathrm{d}}{\mathrm{d}t}[\boldsymbol{A}(t)\pm\boldsymbol{B}(t)]=\dfrac{\mathrm{d}}{\mathrm{d}t}\boldsymbol{A}(t)\pm\dfrac{\mathrm{d}}{\mathrm{d}t}\boldsymbol{B}(t)$；

② 设 $g(t)$ 是 t 的一元函数且可导，则

$$\frac{\mathrm{d}}{\mathrm{d}t}[g(t)\boldsymbol{A}(t)]=\frac{\mathrm{d}g(t)}{\mathrm{d}t}\boldsymbol{A}(t)+g(t)\frac{\mathrm{d}}{\mathrm{d}t}\boldsymbol{A}(t),$$

特别地，当 $g(t)=c$(为常数) 时，有

$$\frac{\mathrm{d}}{\mathrm{d}t}[c\boldsymbol{A}(t)]=c\frac{\mathrm{d}}{\mathrm{d}t}\boldsymbol{A}(t);$$

③ 如果 $\boldsymbol{A}(t)=(a_{ij}(t))$，$\boldsymbol{B}(t)=(b_{ij}(t))$ 可乘且均可导，则

$$\frac{\mathrm{d}}{\mathrm{d}t}[\boldsymbol{A}(t)\boldsymbol{B}(t)]=\left[\frac{\mathrm{d}}{\mathrm{d}t}\boldsymbol{A}(t)\right]\cdot\boldsymbol{B}(t)+\boldsymbol{A}(t)\cdot\left[\frac{\mathrm{d}}{\mathrm{d}t}\boldsymbol{B}(t)\right];$$

④ 如果 $\boldsymbol{A}(t)$ 是函数矩阵，$t=f(u)$ 是 u 的一元函数，且 $\boldsymbol{A}(t)$ 可导，$t=f(u)$ 也可导，则

$$\frac{\mathrm{d}}{\mathrm{d}u}\boldsymbol{A}(t)=f'(u)\frac{\mathrm{d}}{\mathrm{d}t}\boldsymbol{A}(t);$$

⑤ 若函数矩阵 $\boldsymbol{A}(t)=(a_{ij}(t))$ 与 $\boldsymbol{A}^{-1}(t)$ 均可导，则

$$\frac{\mathrm{d}}{\mathrm{d}t}\boldsymbol{A}^{-1}(t)=-\boldsymbol{A}^{-1}(t)\left[\frac{\mathrm{d}}{\mathrm{d}t}\boldsymbol{A}(t)\right]\boldsymbol{A}^{-1}(t).$$

(3) 若函数矩阵$\boldsymbol{A}(t)$的所有元素$a_{ij}(t)$均在$[a,b]$上可积($i=1,2,\cdots,m;j=1,2,\cdots,n$),则称此函数矩阵$\boldsymbol{A}(t)$在$[a,b]$上可积,把以各元素$a_{ij}(t)$在$[a,b]$上积分为元素的矩阵$\left(\int_a^b a_{ij}(t)\mathrm{d}t\right)_{m\times n}$称为函数矩阵$\boldsymbol{A}(t)$在$[a,b]$上的积分,记作

$$\int_a^b \boldsymbol{A}(t)\mathrm{d}t=\left(\int_a^b a_{ij}(t)\mathrm{d}t\right)_{m\times n}.$$

函数矩阵的积分有以下性质:设函数矩阵$\boldsymbol{A}(t)$,$\boldsymbol{B}(t)$在$[a,b]$上均可积,则

① $\int_a^b[\boldsymbol{A}(t)+\boldsymbol{B}(t)]\mathrm{d}t=\int_a^b\boldsymbol{A}(t)\mathrm{d}t+\int_a^b\boldsymbol{B}(t)\mathrm{d}t$;

② $\int_a^b c\boldsymbol{A}(t)\mathrm{d}t=c\int_a^b\boldsymbol{A}(t)\mathrm{d}t$,其中$c$是实常数;

③ $\int_a^b\boldsymbol{A}(t)\boldsymbol{B}\mathrm{d}t=\left[\int_a^b\boldsymbol{A}(t)\mathrm{d}t\right]\cdot\boldsymbol{B}$,其中$\boldsymbol{B}$是与$t$无关的常数矩阵;

④ $\int_a^b\boldsymbol{A}\boldsymbol{B}(t)\mathrm{d}t=\boldsymbol{A}\cdot\left[\int_a^b\boldsymbol{B}(t)\mathrm{d}t\right]$,其中$\boldsymbol{A}$是与$t$无关的常数矩阵;

⑤ $\int_a^b\boldsymbol{A}(t)\boldsymbol{B}'(t)\mathrm{d}t=\boldsymbol{A}(t)\boldsymbol{B}(t)\Big|_a^b-\int_a^b[\boldsymbol{A}'(t)\boldsymbol{B}(t)]\mathrm{d}t$.

当$a_{ij}(t)(i=1,2,\cdots,m;j=1,2,\cdots,n)$都在$[a,b]$上连续,则称$\boldsymbol{A}(t)$在$[a,b]$上连续,且有

$$\frac{\mathrm{d}}{\mathrm{d}t}\int_a^t\boldsymbol{A}(\tau)\mathrm{d}\tau=\boldsymbol{A}(t);$$

当$a_{ij}'(t)$都在$[a,b]$上连续,则

$$\int_a^b\boldsymbol{A}'(t)\mathrm{d}t=\boldsymbol{A}(b)-\boldsymbol{A}(a).$$

(4) 函数对矩阵变量的导数

① 设$\boldsymbol{X}=(x_{ij})_{m\times n}$,$mn$元函数$f(\boldsymbol{X})=f(x_{11},x_{12},\cdots,x_{mn})$,则$f(\boldsymbol{X})$对$\boldsymbol{X}$的导数为

$$\frac{\mathrm{d}f}{\mathrm{d}\boldsymbol{X}}=\left(\frac{\partial f}{\partial x_{ij}}\right)=\begin{bmatrix}\frac{\partial f}{\partial x_{11}} & \frac{\partial f}{\partial x_{12}} & \cdots & \frac{\partial f}{\partial x_{1n}}\\ \frac{\partial f}{\partial x_{21}} & \frac{\partial f}{\partial x_{22}} & \cdots & \frac{\partial f}{\partial x_{2n}}\\ \vdots & \vdots & & \vdots\\ \frac{\partial f}{\partial x_{m1}} & \frac{\partial f}{\partial x_{m2}} & \cdots & \frac{\partial f}{\partial x_{mn}}\end{bmatrix}.$$

② 设$\boldsymbol{X}=(x_{ij})_{m\times n}$,$mn$元函数$f_{ij}(\boldsymbol{X})=f_{ij}(x_{11},x_{12},\cdots,x_{mn})$,且

$$\boldsymbol{F}(\boldsymbol{X})=\begin{bmatrix}f_{11}(\boldsymbol{X}) & f_{12}(\boldsymbol{X}) & \cdots & f_{1s}(\boldsymbol{X})\\ f_{21}(\boldsymbol{X}) & f_{22}(\boldsymbol{X}) & \cdots & f_{2s}(\boldsymbol{X})\\ \vdots & \vdots & & \vdots\\ f_{r1}(\boldsymbol{X}) & f_{r2}(\boldsymbol{X}) & \cdots & f_{rs}(\boldsymbol{X})\end{bmatrix},$$

则 $\boldsymbol{F}(\boldsymbol{X})$ 对 $\boldsymbol{X}$ 的导数为

$$\frac{\mathrm{d}\boldsymbol{F}}{\mathrm{d}\boldsymbol{X}}=\begin{bmatrix}\frac{\partial \boldsymbol{F}}{\partial x_{11}} & \frac{\partial \boldsymbol{F}}{\partial x_{12}} & \cdots & \frac{\partial \boldsymbol{F}}{\partial x_{1n}}\\ \frac{\partial \boldsymbol{F}}{\partial x_{21}} & \frac{\partial \boldsymbol{F}}{\partial x_{22}} & \cdots & \frac{\partial \boldsymbol{F}}{\partial x_{2n}}\\ \vdots & \vdots & & \vdots\\ \frac{\partial \boldsymbol{F}}{\partial x_{m1}} & \frac{\partial \boldsymbol{F}}{\partial x_{m1}} & \cdots & \frac{\partial \boldsymbol{F}}{\partial x_{mn}}\end{bmatrix},\quad \text{其中}\frac{\partial \boldsymbol{F}}{\partial x_{ij}}=\begin{bmatrix}\frac{\partial f_{11}}{\partial x_{ij}} & \frac{\partial f_{12}}{\partial x_{ij}} & \cdots & \frac{\partial f_{1s}}{\partial x_{ij}}\\ \frac{\partial f_{21}}{\partial x_{ij}} & \frac{\partial f_{22}}{\partial x_{ij}} & \cdots & \frac{\partial f_{2s}}{\partial x_{ij}}\\ \vdots & \vdots & & \vdots\\ \frac{\partial f_{r1}}{\partial x_{ij}} & \frac{\partial f_{r2}}{\partial x_{ij}} & \cdots & \frac{\partial f_{rs}}{\partial x_{ij}}\end{bmatrix}.$$

5.3　解题方法归纳

(1) 判断一个向量序列或者矩阵序列收敛当且仅当判断其每一个分量序列收敛.

(2) 要验证所给实数是否是向量范数，只要验证非负性、齐次性、三角不等式性质即可；要验证所给实值函数是否是矩阵范数，除验证非负性、齐次性、三角不等式性质外，还需要验证相容性.

(3) 判断方阵 $\boldsymbol{A}$ 是否收敛，只需求出 $\rho(\boldsymbol{A})$，当 $\rho(\boldsymbol{A})<1$ 时收敛，当 $\rho(\boldsymbol{A})\geqslant 1$ 时发散.

对一般的矩阵范数 $\|\cdot\|$，当 $\|\boldsymbol{A}\|<1$，则 $\boldsymbol{A}$ 收敛. 对于 Neumann 矩阵级数，当 $\rho(\boldsymbol{A})<1$(对某种矩阵范数有 $\|\boldsymbol{A}\|<1$) 时收敛，且 $\sum\limits_{k=0}^{\infty}\boldsymbol{A}^k=(\boldsymbol{I}-\boldsymbol{A})^{-1}$. 注意其变化形式，并且对于具体收敛矩阵能求其 Neumann 和.

(4) 设幂级数 $\sum\limits_{k=0}^{\infty}c_k\lambda^k$ 的收敛半径为 r，$\boldsymbol{A}\in\mathbf{C}^{n\times n}$ 的谱半径为 $\rho(\boldsymbol{A})$，则当 $\rho(\boldsymbol{A})<r$ 时矩阵幂级数 $\sum\limits_{k=0}^{\infty}c_k\boldsymbol{A}^k$ 绝对收敛，当 $\rho(\boldsymbol{A})>r$ 时矩阵幂级数 $\sum\limits_{h=0}^{\infty}c_k\boldsymbol{A}^k$ 发散.

(5) 求矩阵函数常用的方法

① 待定系数法：设 $\boldsymbol{A}\in\mathbf{C}^{n\times n}$，要求矩阵函数 $f(\boldsymbol{A})$，先求出 $\boldsymbol{A}$ 的最小多项式

$$m(\lambda)=(\lambda-\lambda_1)^{k_1}(\lambda-\lambda_2)^{k_2}\cdots(\lambda-\lambda_r)^{k_r},$$

其中 $\lambda_1,\lambda_2,\cdots,\lambda_r$ 互不相同.

若 $k_1+k_2+\cdots+k_r=m$，则形式上令 $g(\lambda)=a_0+a_1\lambda+\cdots+a_{m-1}\lambda^{m-1}$，有

$$\begin{cases}g(\lambda_i)=f(\lambda_i),\\ g'(\lambda_i)=f'(\lambda_i),\\ \vdots\\ g^{(k_i-1)}(\lambda_i)=f^{(k_i-1)}(\lambda_i)\end{cases}\quad(i=1,2,\cdots,r),$$

求出 $a_0,a_1,\cdots,a_{m-1}$，则

$$f(\boldsymbol{A})=g(\boldsymbol{A})=a_0\boldsymbol{I}+a_1\boldsymbol{A}+\cdots+a_{m-1}\boldsymbol{A}^{m-1}.$$

注:不仅最小多项式可用于矩阵函数的计算,一般的化零多项式也可以,其中以特征多项式最为方便.这里主要利用了 Hamilton-Cayley 定理.

② 设 $\boldsymbol{A}\in\mathbf{C}^{n\times n}$ 是可对角化的矩阵,则存在 n 阶可逆矩阵 $\boldsymbol{P}$,使得

$$\boldsymbol{P}^{-1}\boldsymbol{A}\boldsymbol{P}=\mathrm{diag}(\lambda_1,\lambda_2,\cdots,\lambda_n)=\boldsymbol{\Lambda},$$

则有

$$f(\boldsymbol{A})=\boldsymbol{P}\mathrm{diag}(f(\lambda_1),f(\lambda_2),\cdots,f(\lambda_n))\boldsymbol{P}^{-1},$$

从而

$$f(\boldsymbol{A}t)=\boldsymbol{P}\mathrm{diag}(f(\lambda_1 t),f(\lambda_2 t),\cdots,f(\lambda_n t))\boldsymbol{P}^{-1}.$$

③ 求矩阵函数的 Jordan 标准形方法

设 $\boldsymbol{A}\in\mathbf{C}^{n\times n}$,求出 $\boldsymbol{A}$ 的 Jordan 标准形 $\boldsymbol{J}=\mathrm{diag}(\boldsymbol{J}_1,\boldsymbol{J}_2,\cdots,\boldsymbol{J}_s)$,其中 $\boldsymbol{J}_i$ 是 m_i 阶 Jordan 块,并求出可逆矩阵 $\boldsymbol{P}$,使得 $\boldsymbol{P}^{-1}\boldsymbol{A}\boldsymbol{P}=\mathrm{diag}(\boldsymbol{J}_1,\boldsymbol{J}_2,\cdots,\boldsymbol{J}_s)$,然后对于每一个 Jordan 块,计算出

$$f(\boldsymbol{J}_i)=\begin{bmatrix} f(\lambda_i) & f'(\lambda_i) & \dfrac{f''(\lambda_i)}{2!} & \cdots & \dfrac{f^{(m_i-1)}(\lambda_i)}{(m_i-1)!} \\ 0 & f(\lambda_i) & f'(\lambda_i) & \cdots & \dfrac{f^{(m_i-2)}(\lambda_i)}{(m_i-2)!} \\ \vdots & \vdots & \vdots & & \vdots \\ 0 & 0 & 0 & \cdots & f'(\lambda_i) \\ 0 & 0 & 0 & \cdots & f(\lambda_i) \end{bmatrix},$$

则

$$f(\boldsymbol{A})=\boldsymbol{P}\mathrm{diag}(f(\boldsymbol{J}_1),f(\boldsymbol{J}_2),\cdots,f(\boldsymbol{J}_s))\boldsymbol{P}^{-1}.$$

(6) 已知 $\boldsymbol{A}$ 的函数 $f(\boldsymbol{A}t)=\mathrm{e}^{\boldsymbol{A}t}$,或者 $f(\boldsymbol{A}t)=\sin\boldsymbol{A}t$,求矩阵 $\boldsymbol{A}$,通常是将 $f(\boldsymbol{A}t)$ 对 t 求导得 $\boldsymbol{A}\mathrm{e}^{\boldsymbol{A}t}=f'(\boldsymbol{A}t)$,或者 $\boldsymbol{A}\cos(\boldsymbol{A}t)=f'(\boldsymbol{A}t)$,再令 $t=0$ 即得.

(7) 矩阵 $\boldsymbol{A}$ 的函数 $f(\boldsymbol{A})$ 的 Lagrange-Sylvester 内插多项式表示:设 $\boldsymbol{A}$ 的最小多项式

$$m_{\mathrm{A}}(\lambda)=(\lambda-\lambda_1)^{m_1}(\lambda-\lambda_2)^{m_2}\cdots(\lambda-\lambda_s)^{m_s},$$

记

$$\varphi_i(\lambda)=\frac{m_{\mathrm{A}}(\lambda)}{(\lambda-\lambda_i)^{m_i}},$$

$$c_{ij}=\frac{1}{(j-1)!}\left[\frac{\mathrm{d}^{j-1}}{\mathrm{d}\lambda^{j-1}}\left(\frac{f(\lambda)}{\varphi_i(\lambda)}\right)\right]\bigg|_{\lambda=\lambda_i}\quad(i=1,2,\cdots,s;j=1,2,\cdots,m_i),$$

则矩阵 $\boldsymbol{A}$ 的函数 $f(\boldsymbol{A})$ 的 Lagrange-Sylvester 内插多项式为

$$f(\boldsymbol{A})=\sum_{i=1}^{s}[c_{i1}\boldsymbol{I}+c_{i2}(\boldsymbol{A}-\lambda_i\boldsymbol{I})+\cdots+c_{im_i}(\boldsymbol{A}-\lambda_i\boldsymbol{I})^{m_i-1}]\varphi_i(\boldsymbol{A}).$$

5.4 典型例题解析

例 5.1 设 V 是复数域 $\mathbf{C}$ 上的 n 维线性空间，$\boldsymbol{\alpha}_1,\boldsymbol{\alpha}_2,\cdots,\boldsymbol{\alpha}_n$ 是 V 的一组基，$\forall\boldsymbol{\alpha}\in V$，有 $\boldsymbol{\alpha}=\sum_{i=1}^{n}x_i\boldsymbol{\alpha}_i$，令 $\boldsymbol{X}=(x_1,x_2,\cdots,x_n)^{\mathrm{T}}$ 为 $\boldsymbol{\alpha}$ 在基 $\boldsymbol{\alpha}_1,\boldsymbol{\alpha}_2,\cdots,\boldsymbol{\alpha}_n$ 下的坐标，设 $\|\cdot\|$ 是 $\mathbf{C}^n$ 上的一种向量范数，定义

$$\|\boldsymbol{\alpha}\|_V=\|\boldsymbol{X}\|,$$

证明：$\|\boldsymbol{\alpha}\|_V$ 是 V 上的向量范数.

证明：(1) $\forall\boldsymbol{\alpha}\in V$，如果 $\boldsymbol{\alpha}=\mathbf{0}$，则 $\boldsymbol{X}$ 是 $\mathbf{C}^n$ 中的零向量，于是

$$\|\boldsymbol{\alpha}\|_V=\|\boldsymbol{X}\|=0;$$

如果 $\boldsymbol{\alpha}\neq\mathbf{0}$，则 $\boldsymbol{X}$ 是非零向量，从而

$$\|\boldsymbol{\alpha}\|_V=\|\boldsymbol{X}\|>0.$$

(2) $\forall\boldsymbol{\alpha}\in V,k\in\mathbf{C}$，有

$$\|k\boldsymbol{\alpha}\|_V=\|k\boldsymbol{X}\|=|k|\,\|\boldsymbol{X}\|=|k|\,\|\boldsymbol{\alpha}\|_V.$$

(3) $\forall\boldsymbol{\beta}=\sum_{i=1}^{n}y_i\boldsymbol{\alpha}_i\in V$，$\boldsymbol{\beta}$ 在基 $\boldsymbol{\alpha}_1,\boldsymbol{\alpha}_2,\cdots,\boldsymbol{\alpha}_n$ 下的坐标是 $\boldsymbol{Y}=(y_1,y_2,\cdots,y_n)^{\mathrm{T}}$，则

$$\|\boldsymbol{\alpha}+\boldsymbol{\beta}\|_V=\|\boldsymbol{X}+\boldsymbol{Y}\|\leqslant\|\boldsymbol{X}\|+\|\boldsymbol{Y}\|=\|\boldsymbol{\alpha}\|_V+\|\boldsymbol{\beta}\|_V.$$

综上，$\|\boldsymbol{\alpha}\|_V$ 是 V 上的向量范数.

> **注：**此例表明抽象的 n 维线性空间 V 的向量范数可以由 $\mathbf{C}^n$ 上的向量范数来表示.

例 5.2 设 $\|\cdot\|_a$ 与 $\|\cdot\|_b$ 均是 $\mathbf{C}^n$ 上的范数，k_1,k_2 为正实数，证明：

$$\|\boldsymbol{X}\|=k_1\|\boldsymbol{X}\|_a+k_2\|\boldsymbol{X}\|_b\quad(\forall\boldsymbol{X}\in\mathbf{C}^n)$$

是 $\mathbf{C}^n$ 上的范数.

证明：(1) $\forall\boldsymbol{X}\in\mathbf{C}^n$，$\|\boldsymbol{X}\|=k_1\|\boldsymbol{X}\|_a+k_2\|\boldsymbol{X}\|_b\geqslant 0$，且当 $\boldsymbol{X}\neq\mathbf{0}$ 时，$k_1\|\boldsymbol{X}\|_a>0$ 且 $k_2\|\boldsymbol{X}\|_b>0$，所以

$$\|\boldsymbol{X}\|=k_1\|\boldsymbol{X}\|_a+k_2\|\boldsymbol{X}\|_b>0.$$

(2) 对任意的复数 k，有

$$\begin{aligned}\|k\boldsymbol{X}\|&=k_1\|k\boldsymbol{X}\|_a+k_2\|k\boldsymbol{X}\|_b=|k|\,(k_1\|\boldsymbol{X}\|_a+k_2\|\boldsymbol{X}\|_b)\\&=|k|\,\|\boldsymbol{X}\|.\end{aligned}$$

(3) $\forall\boldsymbol{X},\boldsymbol{Y}\in\mathbf{C}^n$，有

$$\begin{aligned}\|\boldsymbol{X}+\boldsymbol{Y}\| &= k_1\|\boldsymbol{X}+\boldsymbol{Y}\|_a+k_2\|\boldsymbol{X}+\boldsymbol{Y}\|_b\\ &\leqslant k_1\|\boldsymbol{X}\|_a+k_1\|\boldsymbol{Y}\|_a+k_2\|\boldsymbol{X}\|_b+k_2\|\boldsymbol{Y}\|_b\\ &=(k_1\|\boldsymbol{X}\|_a+k_2\|\boldsymbol{X}\|_b)+(k_1\|\boldsymbol{Y}\|_a+k_2\|\boldsymbol{Y}\|_b)\\ &=\|\boldsymbol{X}\|+\|\boldsymbol{Y}\|.\end{aligned}$$

综上，$\|\boldsymbol{X}\|$ 是 $\mathbf{C}^n$ 上的向量范数.

例 5.3 设 $\boldsymbol{A}$ 是 n 阶 Hermite 正定矩阵，定义 $\|\boldsymbol{X}\|=\sqrt{\boldsymbol{X}^{\mathrm{H}}\boldsymbol{A}\boldsymbol{X}}\,(\forall\boldsymbol{X}\in\mathbf{C}^n)$.

(1) 证明：$\|\boldsymbol{X}\|$ 是 $\mathbf{C}^n$ 上的范数；

(2) 当 $\boldsymbol{A}=\mathrm{diag}(a_1,a_2,\cdots,a_n)$，其中 $a_i>0(i=1,2,\cdots,n)$，具体写出 $\|\boldsymbol{X}\|$ 的表达式.

解：(1) ① $\forall\boldsymbol{X}\in\mathbf{C}^n$，$\|\boldsymbol{X}\|=\sqrt{\boldsymbol{X}^{\mathrm{H}}\boldsymbol{A}\boldsymbol{X}}\geqslant\mathbf{0}$，且当 $\boldsymbol{X}\neq\mathbf{0}$ 时，由于 $\boldsymbol{A}$ 正定，则

$$\|\boldsymbol{X}\|=\sqrt{\boldsymbol{X}^{\mathrm{H}}\boldsymbol{A}\boldsymbol{X}}>0.$$

② 对任意的复数 k，有

$$\|k\boldsymbol{X}\|=\sqrt{(k\boldsymbol{X})^{\mathrm{H}}\boldsymbol{A}(k\boldsymbol{X})}=\sqrt{|k|^2\boldsymbol{X}^{\mathrm{H}}\boldsymbol{A}\boldsymbol{X}}=|k|\sqrt{\boldsymbol{X}^{\mathrm{H}}\boldsymbol{A}\boldsymbol{X}}=|k|\,\|\boldsymbol{X}\|.$$

③ 由于 $\boldsymbol{A}$ 正定，所以存在 n 阶复可逆矩阵 $\boldsymbol{P}$ 使 $\boldsymbol{A}=\boldsymbol{P}^{\mathrm{H}}\boldsymbol{P}$，则 $\forall\boldsymbol{X},\boldsymbol{Y}\in\mathbf{C}^n$，有

$$\begin{aligned}\|\boldsymbol{X}+\boldsymbol{Y}\| &=\sqrt{(\boldsymbol{X}+\boldsymbol{Y})^{\mathrm{H}}\boldsymbol{A}(\boldsymbol{X}+\boldsymbol{Y})}=\sqrt{(\boldsymbol{PX}+\boldsymbol{PY})^{\mathrm{H}}(\boldsymbol{PX}+\boldsymbol{PY})}\\ &=\sqrt{\|\boldsymbol{PX}+\boldsymbol{PY}\|_2^2}=\|\boldsymbol{PX}+\boldsymbol{PY}\|_2\leqslant\|\boldsymbol{PX}\|_2+\|\boldsymbol{PY}\|_2\\ &=\sqrt{(\boldsymbol{PX})^{\mathrm{H}}\boldsymbol{PX}}+\sqrt{(\boldsymbol{PY})^{\mathrm{H}}\boldsymbol{PY}}\\ &=\sqrt{\boldsymbol{X}^{\mathrm{H}}\boldsymbol{A}\boldsymbol{X}}+\sqrt{\boldsymbol{Y}^{\mathrm{H}}\boldsymbol{A}\boldsymbol{Y}}=\|\boldsymbol{X}\|+\|\boldsymbol{Y}\|.\end{aligned}$$

综上，$\|\boldsymbol{X}\|$ 是 $\mathbf{C}^n$ 上的向量范数.

(2) $\forall\boldsymbol{X}=(x_1,x_2,\cdots,x_n)^{\mathrm{T}}\in\mathbf{C}^n$，以及 $\boldsymbol{A}=\mathrm{diag}(a_1,a_2,\cdots,a_n)$，有

$$\|\boldsymbol{X}\|=\sqrt{\boldsymbol{X}^{\mathrm{H}}\boldsymbol{A}\boldsymbol{X}}=\sum_{i=1}^{n}\sqrt{a_i}\,|x_i|.$$

例 5.4 证明在 $\mathbf{C}^n$ 中以下各式成立：

(1) $\|\boldsymbol{x}\|_2\leqslant\|\boldsymbol{x}\|_1\leqslant\sqrt{n}\,\|\boldsymbol{x}\|_2$；

(2) $\dfrac{1}{n}\|\boldsymbol{x}\|_1\leqslant\|\boldsymbol{x}\|_\infty\leqslant\|\boldsymbol{x}\|_1$.

证明：设 $\boldsymbol{x}=(x_1,x_2,\cdots,x_n)^{\mathrm{T}}\in\mathbf{C}^n$.

(1) 令

$$\boldsymbol{y}=(|x_1|,|x_2|,\cdots,|x_n|)^{\mathrm{T}},\quad \boldsymbol{z}=(1,1,\cdots,1)^{\mathrm{T}},$$

则由 Cauchy-Schwarz 不等式 $|(\boldsymbol{y},\boldsymbol{z})|\leqslant\|\boldsymbol{y}\|_2\cdot\|\boldsymbol{z}\|_2$，则

$$|x_1|+|x_2|+\cdots+|x_n|\leqslant\sqrt{n}(|x_1|^2+|x_2|^2+\cdots+|x_n|^2)^{\frac{1}{2}},$$

即

$$\|\boldsymbol{x}\|_1\leqslant\sqrt{n}\,\|\boldsymbol{x}\|_2,$$

又因为

$$\sum_{i=1}^{n} |x_i|^2 \leqslant \left(\sum_{i=1}^{n} |x_i|\right)^2, \quad 即 \quad \|\boldsymbol{x}\|_2 \leqslant \|\boldsymbol{x}\|_1,$$

综上得

$$\|\boldsymbol{x}\|_2 \leqslant \|\boldsymbol{x}\|_1 \leqslant \sqrt{n}\|\boldsymbol{x}\|_2.$$

(2) 因为

$$\|\boldsymbol{x}\|_1 = \sum_{i=1}^{n} |x_i| \leqslant n \max_{1\leqslant i\leqslant n} |x_i| = n\|\boldsymbol{x}\|_\infty,$$

即

$$\frac{1}{n}\|\boldsymbol{x}\|_1 \leqslant \|\boldsymbol{x}\|_\infty,$$

另一方面

$$\|\boldsymbol{x}\|_\infty = \max_{1\leqslant i\leqslant n} |x_i| \leqslant \sum_{i=1}^{n} |x_i| = \|\boldsymbol{x}\|_1,$$

综上可得

$$\frac{1}{n}\|\boldsymbol{x}\|_1 \leqslant \|\boldsymbol{x}\|_\infty \leqslant \|\boldsymbol{x}\|_1.$$

例 5.5 设矩阵$\boldsymbol{A}=(a_{ij})\in\mathbf{C}^{m\times n}$,定义$\|\boldsymbol{A}\| = \max\{m,n\} \max\limits_{\substack{1\leqslant i\leqslant m\\1\leqslant j\leqslant n}} |a_{ij}|$,证明:$\|\boldsymbol{A}\|$是矩阵范数(称为矩阵的$m_\infty$-范数,记为$\|\boldsymbol{A}\|_{m_\infty}$),并且与向量的2-范数、$\infty$-范数都相容.

证明:(1) 当$\boldsymbol{A}=\boldsymbol{O}$,显然$\|\boldsymbol{A}\|=0$;当$\boldsymbol{A}\neq\boldsymbol{O}$时,一定存在至少一个元素$a_{ij}\neq 0$,因而

$$\|\boldsymbol{A}\| = \max\{m,n\} \max_{\substack{1\leqslant i\leqslant m\\1\leqslant j\leqslant n}} |a_{ij}| \geqslant |a_{ij}| > 0.$$

(2) $\forall k\in\mathbf{C}$,有

$$\|k\boldsymbol{A}\| = \max\{m,n\} \max_{\substack{1\leqslant i\leqslant m\\1\leqslant j\leqslant n}} |ka_{ij}| = |k| \max\{m,n\} \max_{\substack{1\leqslant i\leqslant m\\1\leqslant j\leqslant n}} |a_{ij}| = |k|\,\|\boldsymbol{A}\|.$$

(3) $\forall \boldsymbol{A}=(a_{ij}),\boldsymbol{B}=(b_{ij})\in\mathbf{C}^{m\times n}$,有

$$\begin{aligned}\|\boldsymbol{A}+\boldsymbol{B}\| &= \max\{m,n\} \max_{\substack{1\leqslant i\leqslant m\\1\leqslant j\leqslant n}} |a_{ij}+b_{ij}| \\ &\leqslant \max\{m,n\} \max_{\substack{1\leqslant i\leqslant m\\1\leqslant j\leqslant n}} |a_{ij}| + \max\{m,n\} \max_{\substack{1\leqslant i\leqslant m\\1\leqslant j\leqslant n}} |b_{ij}| \\ &= \|\boldsymbol{A}\| + \|\boldsymbol{B}\|.\end{aligned}$$

(4) $\forall \boldsymbol{A}=(a_{ij})\in\mathbf{C}^{m\times s},\boldsymbol{B}=(b_{ij})\in\mathbf{C}^{s\times n}$,有

$$\|\boldsymbol{AB}\| = \max\{m,n\} \max_{\substack{1\leqslant i\leqslant m\\1\leqslant j\leqslant n}} \left|\sum_{k=1}^{s} a_{ik}b_{kj}\right| \leqslant \max\{m,n\} \max_{\substack{1\leqslant i\leqslant m\\1\leqslant j\leqslant n}} \sum_{k=1}^{s} |a_{ik}|\,|b_{kj}|$$

$$\leqslant \max\{m,n\} \cdot s \cdot \max_{\substack{1\leqslant i\leqslant m\\1\leqslant k\leqslant s}} |a_{ik}| \max_{\substack{1\leqslant k\leqslant s\\1\leqslant j\leqslant n}} |b_{kj}|$$

$$\leqslant \max\{m,s\} \max_{\substack{1\leqslant i\leqslant m\\1\leqslant k\leqslant s}} |a_{ik}| \cdot \max\{s,n\} \max_{\substack{1\leqslant k\leqslant s\\1\leqslant j\leqslant n}} |b_{kj}| = \|\boldsymbol{A}\| \|\boldsymbol{B}\|.$$

综上，$\|\boldsymbol{A}\|_{m_\infty} = \max\{m,n\} \max\limits_{\substack{1\leqslant i\leqslant m\\1\leqslant j\leqslant n}} |a_{ij}|$ 是矩阵范数.

因 $\boldsymbol{A} = (a_{ij}) \in \mathbf{C}^{m\times n}$，设 $\boldsymbol{x} = (x_1, x_2, \cdots, x_n)^{\mathrm{T}}$，则

$$\boldsymbol{Ax} = \left(\sum_{j=1}^{n} a_{1j}x_j, \sum_{j=1}^{n} a_{2j}x_j, \cdots, \sum_{j=1}^{n} a_{mj}x_j\right)^{\mathrm{T}},$$

$$\|\boldsymbol{Ax}\|_2^2 = \sum_{i=1}^{m}\left|\sum_{j=1}^{n} a_{ij}x_j\right|^2 \leqslant \sum_{i=1}^{m}\left(\sum_{j=1}^{n} |a_{ij}|^2 \sum_{j=1}^{n} |x_j|^2\right)$$

$$= \left(\sum_{i=1}^{m}\sum_{j=1}^{n} |a_{ij}|^2\right)\left(\sum_{j=1}^{n} |x_j|^2\right)$$

$$\leqslant (mn) \max_{\substack{1\leqslant i\leqslant m\\1\leqslant j\leqslant n}} |a_{ij}|^2 \sum_{j=1}^{n} |x_j|^2$$

$$\leqslant (\max\{m,n\})^2 \max_{\substack{1\leqslant i\leqslant m\\1\leqslant j\leqslant n}} |a_{ij}|^2 \sum_{j=1}^{n} |x_j|^2 = \|\boldsymbol{A}\|_{m_\infty}^2 \cdot \|\boldsymbol{x}\|_2^2,$$

即 $\|\boldsymbol{Ax}\|_2 \leqslant \|\boldsymbol{A}\|_{m_\infty} \cdot \|\boldsymbol{x}\|_2$，所以 $\|\boldsymbol{A}\|_{m_\infty}$ 与 $\|\boldsymbol{x}\|_2$ 相容.

又

$$\|\boldsymbol{Ax}\|_\infty = \max_{1\leqslant i\leqslant m}\left|\sum_{k=1}^{n} a_{ik}x_k\right| \leqslant \max_{1\leqslant i\leqslant m}\sum_{k=1}^{n} |a_{ik}||x_k|$$

$$\leqslant \left(\max_{1\leqslant i\leqslant m}\sum_{k=1}^{n} |a_{ik}|\right) \cdot \max_{1\leqslant j\leqslant n} |x_j|$$

$$\leqslant \left(n \cdot \max_{\substack{1\leqslant i\leqslant m\\1\leqslant j\leqslant n}} |a_{ij}|\right) \|\boldsymbol{x}\|_\infty$$

$$\leqslant \left(\max\{m,n\} \cdot \max_{\substack{1\leqslant i\leqslant m\\1\leqslant j\leqslant n}} |a_{ij}|\right) \|\boldsymbol{x}\|_\infty$$

$$= \|\boldsymbol{A}\|_{m_\infty} \|\boldsymbol{x}\|_\infty,$$

即 $\|\boldsymbol{Ax}\|_\infty \leqslant \|\boldsymbol{A}\|_{m_\infty} \cdot \|\boldsymbol{x}\|_\infty$，所以 $\|\boldsymbol{A}\|_{m_\infty}$ 与 $\|\boldsymbol{x}\|_\infty$ 相容.

例 5.6 设 $\|\boldsymbol{A}\|$ 是 $\mathbf{C}^{n\times n}$ 的矩阵范数，$\boldsymbol{P} \in \mathbf{C}^{n\times n}$ 可逆，证明：实函数 $\|\boldsymbol{A}\|_P = \|\boldsymbol{P}^{-1}\boldsymbol{AP}\|$ 是 $\mathbf{C}^{n\times n}$ 的一个矩阵范数.

证明：(1) 当 $\boldsymbol{A} = \boldsymbol{O}$，则 $\|\boldsymbol{A}\|_P = \|\boldsymbol{P}^{-1}\boldsymbol{OP}\| = 0$；当 $\boldsymbol{A} \neq \boldsymbol{O}$，由 $\boldsymbol{P}$ 可逆，所以 $\boldsymbol{P}^{-1}\boldsymbol{AP} \neq \boldsymbol{O}$，故

$$\|\boldsymbol{A}\|_P = \|\boldsymbol{P}^{-1}\boldsymbol{AP}\| > 0.$$

(2) $\forall k \in \mathbf{C}$，有

$$\|k\boldsymbol{A}\|_P = \|\boldsymbol{P}^{-1}(k\boldsymbol{A})\boldsymbol{P}\| = \|k(\boldsymbol{P}^{-1}\boldsymbol{AP})\| = |k| \|\boldsymbol{P}^{-1}\boldsymbol{AP}\| = |k| \|\boldsymbol{A}\|_P.$$

(3) $\forall \boldsymbol{A} = (a_{ij}), \boldsymbol{B} = (b_{ij}) \in \mathbf{C}^{n\times n}$，有

$$\|\boldsymbol{A}+\boldsymbol{B}\|_P = \|\boldsymbol{P}^{-1}(\boldsymbol{A}+\boldsymbol{B})\boldsymbol{P}\| = \|\boldsymbol{P}^{-1}\boldsymbol{AP}+\boldsymbol{P}^{-1}\boldsymbol{BP}\|$$

$$\leqslant \|P^{-1}AP\| + \|P^{-1}BP\| = \|A\|_P + \|B\|_P.$$

(4) $\forall A=(a_{ij}), B=(b_{ij}) \in \mathbf{C}^{n\times n}$，有

$$\|AB\|_P = \|P^{-1}ABP\| = \|(P^{-1}AP)(P^{-1}BP)\|$$
$$\leqslant \|P^{-1}AP\| \cdot \|P^{-1}BP\| = \|A\|_P \cdot \|B\|_P.$$

综上，可知 $\|A\|_P = \|P^{-1}AP\|$ 是 $\mathbf{C}^{n\times n}$ 的一个矩阵范数.

例 5.7 设 $A\in\mathbf{R}^{n\times n}$，$\|\cdot\|$ 是 $\mathbf{R}^{n\times n}$ 上的一个算子范数，若 $\|A\|<1$，证明：

(1) $I-A$ 可逆；

(2) $\|(I-A)^{-1}\| \leqslant \dfrac{1}{1-\|A\|}$.

(1) **证法一：**因 A 的特征值 $|\lambda_i| \leqslant \rho(A) \leqslant \|A\| < 1$，故 $I-A$ 的特征值 $1-\lambda_i \neq 0$，从而 $I-A$ 可逆.

证法二：用反证法. 如 $I-A$ 不可逆，则 $(I-A)x=0$ 有非零解 α，从而 $\|\alpha\| = \|A\alpha\| \leqslant \|A\|\cdot\|\alpha\| \Rightarrow \|A\| \geqslant 1$ （这里向量范数与矩阵范数相容），矛盾.

(2) **证明：**因为 $(I-A)^{-1}(I-A) = I \Rightarrow (I-A)^{-1} = I + (I-A)^{-1}A$，所以

$$\|(I-A)^{-1}\| = \|I+(I-A)^{-1}A\| \leqslant 1 + \|(I-A)^{-1}\|\ \|A\|,$$

有

$$\|(I-A)^{-1}\|(1-\|A\|) \leqslant 1,$$

即得结论.

例 5.8 设 $\|\cdot\|$ 是相容矩阵范数，证明：对任意方阵 A，A 的谱半径

$$\rho(A) \leqslant \|A\|.$$

证明：设 A 的特征值为 λ，$\eta\neq 0$ 为与 λ 对应的特征向量，则

$$A\eta = \lambda\eta,$$

两边取范数，有 $\|A\eta\| = \|\lambda\eta\|$. 因为 $\|\cdot\|$ 是相容矩阵范数，所以

$$\|\lambda\eta\| = |\lambda|\cdot\|\eta\| = \|A\eta\| \leqslant \|A\|\ \|\eta\|,$$

由 $\eta\neq 0$，得 $\|\eta\|>0$，故 $|\lambda| \leqslant \|A\|$，即 $\rho(A) \leqslant \|A\|$.

> **注：**若考虑 $\|\cdot\|$ 仅为方阵上的相容矩阵范数，则只需将 η 扩充为 $(\eta, 0, \cdots, 0)$ 的方阵即可.

例 5.9 设 $A = \begin{bmatrix} 1 & 0 & 2 & \mathrm{i} \\ 2+\mathrm{i} & 1 & 1-\mathrm{i} & 0 \\ -1 & -\mathrm{i} & 0 & -\mathrm{i} \end{bmatrix}$，$x = \begin{bmatrix} 1 \\ \mathrm{i} \\ 0 \\ 1 \end{bmatrix}$，$\mathrm{i}^2=-1$，求 $\|Ax\|_1$，$\|Ax\|_2$，$\|Ax\|_\infty$，$\|A\|_1$，$\|A\|_\infty$，$\|A\|_F$.

解：因为 $Ax = (1+\mathrm{i}, 2+2\mathrm{i}, -\mathrm{i})^{\mathrm{T}}$，则

$$\|\boldsymbol{Ax}\|_1=\sum_{i=1}^{3}|x_i|=\sqrt{2}+\sqrt{8}+1=3\sqrt{2}+1,$$

$$\|\boldsymbol{Ax}\|_2=\sqrt{\sum_{i=1}^{3}|x_i|^2}=\sqrt{2+8+1}=\sqrt{11},$$

$$\|\boldsymbol{Ax}\|_\infty=\max_{1\leqslant i\leqslant 3}\{|x_i|\}=|2+2\mathrm{i}|=\sqrt{8}=2\sqrt{2},$$

$$\|\boldsymbol{A}\|_1=\max_{1\leqslant j\leqslant n}\left\{\sum_{i=1}^{m}|a_{ij}|\right\}=\max\{2+\sqrt{5},2,2+\sqrt{2},2\}=2+\sqrt{5},$$

$$\|\boldsymbol{A}\|_\infty=\max_{1\leqslant i\leqslant m}\left\{\sum_{j=1}^{n}|a_{ij}|\right\}=\max\{4,\sqrt{5}+1+\sqrt{2},3\}=\sqrt{5}+1+\sqrt{2},$$

$$\|\boldsymbol{A}\|_F=\sqrt{\sum_{i=1}^{m}\sum_{j=1}^{n}|a_{ij}|^2}=\sqrt{17}.$$

例 5.10 设列向量 $\boldsymbol{x},\boldsymbol{y}\in\mathbf{C}^n$，$\boldsymbol{A}\in\mathbf{C}^{n\times n}$，证明：

$$\|\boldsymbol{A}\|_2=\max\{|\boldsymbol{x}^{\mathrm{H}}\boldsymbol{Ay}|\mid\|\boldsymbol{x}\|_2=\|\boldsymbol{y}\|_2=1\}.$$

证明：当 $\boldsymbol{A}=\boldsymbol{O}$，有

$$\|\boldsymbol{A}\|_2=\max\{|\boldsymbol{x}^{\mathrm{H}}\boldsymbol{Oy}|\}=0.$$

当 $\boldsymbol{A}\neq\boldsymbol{O}$，因 $\|\boldsymbol{x}\|_2=\|\boldsymbol{y}\|_2=1$，由 Cauchy-Schwarz 不等式得

$$|\boldsymbol{x}^{\mathrm{H}}\boldsymbol{Ay}|=|\boldsymbol{x}^{\mathrm{H}}(\boldsymbol{Ay})|\leqslant\|\boldsymbol{x}\|_2\|\boldsymbol{Ay}\|_2\leqslant\|\boldsymbol{x}\|_2\|\boldsymbol{A}\|_2\|\boldsymbol{y}\|_2=\|\boldsymbol{A}\|_2,$$

又因为

$$\|\boldsymbol{A}\|_2=\max_{\|\boldsymbol{y}\|_2=1}\|\boldsymbol{Ay}\|_2,$$

所以存在 $\boldsymbol{y}_1\in\mathbf{C}^n$，$\|\boldsymbol{y}_1\|_2=1$，使得

$$\|\boldsymbol{Ay}_1\|_2=\max_{\|\boldsymbol{y}\|_2=1}\|\boldsymbol{Ay}\|_2=\|\boldsymbol{A}\|_2\neq 0,$$

令 $\boldsymbol{x}_1=\dfrac{\boldsymbol{Ay}_1}{\|\boldsymbol{Ay}_1\|_2}$，则 $\|\boldsymbol{x}_1\|_2=1$，且有

$$|\boldsymbol{x}_1^{\mathrm{H}}\boldsymbol{Ay}_1|=\left|\frac{(\boldsymbol{Ay}_1)^{\mathrm{H}}}{\|\boldsymbol{Ay}_1\|_2}(\boldsymbol{Ay}_1)\right|=\|\boldsymbol{Ay}_1\|_2=\|\boldsymbol{A}\|_2,$$

故结论成立.

例 5.11 设 $\boldsymbol{A}\in\mathbf{C}^{n\times n}$，且 $\boldsymbol{A}$ 是正规矩阵，证明：$\|\boldsymbol{A}\|_2=\rho(\boldsymbol{A})$.

证明：由于 $\boldsymbol{A}$ 是正规矩阵，则 $\boldsymbol{A}^{\mathrm{H}}\boldsymbol{A}=\boldsymbol{AA}^{\mathrm{H}}$，所以存在 n 阶酉矩阵 $\boldsymbol{U}$，使得

$$\boldsymbol{U}^{\mathrm{H}}\boldsymbol{AU}=\mathrm{diag}(\lambda_1,\lambda_2,\cdots,\lambda_n),$$

其中 $\lambda_1,\lambda_2,\cdots,\lambda_n$ 是 $\boldsymbol{A}$ 的特征值. 记 $\boldsymbol{\Lambda}=\mathrm{diag}(\lambda_1,\lambda_2,\cdots,\lambda_n)$，则

$$\begin{aligned}\boldsymbol{A}^{\mathrm{H}}\boldsymbol{A}&=\boldsymbol{U}(\boldsymbol{U}^{\mathrm{H}}\boldsymbol{AU})^{\mathrm{H}}\cdot(\boldsymbol{U}^{\mathrm{H}}\boldsymbol{AU})\boldsymbol{U}^{\mathrm{H}}=\boldsymbol{U\Lambda}^{\mathrm{H}}\boldsymbol{\Lambda U}^{\mathrm{H}}\\&=\boldsymbol{U}\mathrm{diag}(|\lambda_1|^2,|\lambda_2|^2,\cdots,|\lambda_n|^2)\boldsymbol{U}^{\mathrm{H}},\end{aligned}$$

所以 $\boldsymbol{A}^{\mathrm{H}}\boldsymbol{A}$ 的全体特征值为 $|\lambda_1|^2,|\lambda_2|^2,\cdots,|\lambda_n|^2$，从而有

$$\|\boldsymbol{A}\|_2^2=\rho(\boldsymbol{A}^{\mathrm{H}}\boldsymbol{A})=\max_{1\leqslant i\leqslant n}|\lambda_i|^2=\rho^2(\boldsymbol{A}),$$

故 $\|\boldsymbol{A}\|_2=\rho(\boldsymbol{A})$.

特例：若 $\boldsymbol{A}$ 是 Hermite 矩阵，则 $\boldsymbol{A}^{\mathrm{H}}\boldsymbol{A}=\boldsymbol{A}^2$，从而 $\|\boldsymbol{A}\|_2=\rho(\boldsymbol{A})$.

例 5.12　设 $\boldsymbol{A}\in\mathbf{C}^{n\times n}$，证明：$\frac{1}{\sqrt{n}}\|\boldsymbol{A}\|_F\leqslant\|\boldsymbol{A}\|_2\leqslant\|\boldsymbol{A}\|_F$.

证明：因为 $\|\boldsymbol{A}\|_2=\sqrt{\lambda_{\max}(\boldsymbol{A}^{\mathrm{H}}\boldsymbol{A})}$，又矩阵 $\boldsymbol{A}^{\mathrm{H}}\boldsymbol{A}$ 是 Hermite 矩阵，其特征值是非负实数，记为 $\lambda_1\geqslant\cdots\geqslant\lambda_n\geqslant 0$，于是得 $\|\boldsymbol{A}\|_2=\sqrt{\lambda_1}$，且

$$\|\boldsymbol{A}\|_F=\sqrt{\mathrm{tr}(\boldsymbol{A}^{\mathrm{H}}\boldsymbol{A})}=\sqrt{\sum_{i=1}^{n}\lambda_i}\geqslant\sqrt{\lambda_1}=\|\boldsymbol{A}\|_2.$$

另一方面，有

$$\|\boldsymbol{A}\|_F=\sqrt{\sum_{i=1}^{n}\lambda_i}\leqslant\sqrt{n\lambda_1}=\sqrt{n}\,\|\boldsymbol{A}\|_2,$$

故有

$$\frac{1}{\sqrt{n}}\|\boldsymbol{A}\|_F\leqslant\|\boldsymbol{A}\|_2\leqslant\|\boldsymbol{A}\|_F.$$

例 5.13　设 $\boldsymbol{A}\in\mathbf{C}^{n\times n}$，$\boldsymbol{A}$ 是可逆矩阵，λ 是 $\boldsymbol{A}$ 的特征值，证明：$|\lambda|\geqslant\frac{1}{\|\boldsymbol{A}^{-1}\|}$.

证明：设对应 λ 的特征向量为 $\boldsymbol{\alpha}$，即 $\boldsymbol{A\alpha}=\lambda\boldsymbol{\alpha}$，从而 $\boldsymbol{A}^{-1}\boldsymbol{\alpha}=\frac{1}{\lambda}\boldsymbol{\alpha}$，则

$$\left|\frac{1}{\lambda}\right|\|\boldsymbol{\alpha}\|=\left\|\frac{1}{\lambda}\boldsymbol{\alpha}\right\|=\|\boldsymbol{A}^{-1}\boldsymbol{\alpha}\|\leqslant\|\boldsymbol{A}^{-1}\|\,\|\boldsymbol{\alpha}\|,$$

即

$$\left|\frac{1}{\lambda}\right|\leqslant\|\boldsymbol{A}^{-1}\|,\quad 也就是\quad |\lambda|\geqslant\frac{1}{\|\boldsymbol{A}^{-1}\|}.$$

例 5.14　设 $\boldsymbol{A}=\begin{bmatrix}0&a&a\\a&0&a\\a&a&0\end{bmatrix}$，问实数 a 为何值时 $\boldsymbol{A}$ 为收敛矩阵？

解：由于 $\boldsymbol{A}$ 的特征值为 $\lambda_1=2a$，$\lambda_2=\lambda_3=-a$，于是 $\rho(\boldsymbol{A})=2|a|$，故当 $\rho(\boldsymbol{A})<1$，即 $|a|<\frac{1}{2}$ 或 $-\frac{1}{2}<a<\frac{1}{2}$ 时，$\boldsymbol{A}$ 为收敛矩阵.

例 5.15　讨论下列矩阵幂级数的敛散性：

(1) $\sum\limits_{k=1}^{\infty}\frac{1}{k^2}\begin{bmatrix}1&7\\-1&-3\end{bmatrix}^k$；　　(2) $\sum\limits_{k=1}^{\infty}\frac{k}{6^k}\begin{bmatrix}1&-8\\-2&1\end{bmatrix}^k$.

解：(1) 设 $\boldsymbol{A}=\begin{bmatrix}1&7\\-1&-3\end{bmatrix}$，则 $\boldsymbol{A}$ 的特征值为 $\lambda_1=-1+\sqrt{3}\mathrm{i}$，$\lambda_2=-1-\sqrt{3}\mathrm{i}$，所以 $\rho(\boldsymbol{A})=2$. 由幂级数 $\sum\limits_{k=1}^{\infty}\frac{1}{k^2}x^k$ 的收敛半径为

$$r=\lim_{k\to\infty}\left|\frac{a_k}{a_{k+1}}\right|=\lim_{k\to\infty}\frac{(k+1)^2}{k^2}=1,$$

因 $\rho(\boldsymbol{A})=2>r$,知矩阵幂级数 $\sum\limits_{k=1}^{\infty}\frac{1}{k^2}\boldsymbol{A}^k$ 发散.

(2) 设 $\boldsymbol{B}=\begin{bmatrix}1 & -8\\ -2 & 1\end{bmatrix}$,可求得 $\boldsymbol{B}$ 的特征值为 $\lambda_1=-3,\lambda_2=5$,所以 $\rho(\boldsymbol{B})=5$. 又因幂级数 $\sum\limits_{k=0}^{\infty}\frac{k}{6^k}x^k$ 的收敛半径为

$$r=\lim_{k\to\infty}\left|\frac{a_k}{a_{k+1}}\right|=\lim_{k\to\infty}\frac{k}{6^k}\,\frac{6^{k+1}}{k+1}=6,$$

即有 $\rho(\boldsymbol{B})<r$,故矩阵幂级数 $\sum\limits_{k=0}^{\infty}\frac{k}{6^k}\boldsymbol{B}^k$ 绝对收敛.

例 5.16 计算矩阵幂级数 $\sum\limits_{k=1}^{\infty}\begin{bmatrix}0.1 & 0.7\\ 0.3 & 0.6\end{bmatrix}^k$.

解:设 $\boldsymbol{A}=\begin{bmatrix}0.1 & 0.7\\ 0.3 & 0.6\end{bmatrix}$,由于 $\|\boldsymbol{A}\|_\infty=0.9<1$,故矩阵幂级数 $\sum\limits_{k=0}^{\infty}\boldsymbol{A}^k$ 收敛,且其和为

$$(\boldsymbol{I}-\boldsymbol{A})^{-1}=\frac{2}{3}\begin{bmatrix}4 & 7\\ 3 & 9\end{bmatrix}.$$

例 5.17 设 $\boldsymbol{A}=\begin{bmatrix}-2 & 1 & 0\\ -4 & 2 & 0\\ 1 & 0 & 1\end{bmatrix}$.

(1) 求 $\boldsymbol{A}$ 的特征多项式;

(2) 利用 Hamilton-Cayley 定理计算 $\mathrm{e}^{\boldsymbol{A}}$ 及 $\sin\boldsymbol{A}$.

解:(1) 根据题意,有

$$f(\lambda)=|\lambda\boldsymbol{I}-\boldsymbol{A}|=\begin{vmatrix}\lambda+2 & -1 & 0\\ 4 & \lambda-2 & 0\\ -1 & 0 & \lambda-1\end{vmatrix}=\lambda^2(\lambda-1).$$

(2) 由 Hamilton-Cayley 定理知

$$f(\boldsymbol{A})=\boldsymbol{A}^3-\boldsymbol{A}^2=\boldsymbol{O},\quad 即\quad \boldsymbol{A}^3=\boldsymbol{A}^2,$$

从而有

$$\begin{aligned}\boldsymbol{A}^4&=\boldsymbol{A}^3\cdot\boldsymbol{A}=\boldsymbol{A}^3=\boldsymbol{A}^2,\\ \boldsymbol{A}^5&=\boldsymbol{A}^4\cdot\boldsymbol{A}=\boldsymbol{A}^3=\boldsymbol{A}^2,\\ &\vdots\end{aligned}$$

故

$$\begin{aligned}\mathrm{e}^{\boldsymbol{A}}&=\boldsymbol{I}+\boldsymbol{A}+\frac{1}{2!}\boldsymbol{A}^2+\frac{1}{3!}\boldsymbol{A}^3+\cdots+\frac{1}{n!}\boldsymbol{A}^n+\cdots\\ &=\boldsymbol{I}+\boldsymbol{A}+\boldsymbol{A}^2\left(\frac{1}{2!}+\frac{1}{3!}+\cdots+\frac{1}{n!}+\cdots\right)\end{aligned}$$

$$= \boldsymbol{I} + \boldsymbol{A} + (\mathrm{e}-2)\boldsymbol{A}^2 = \begin{bmatrix} -1 & 1 & 0 \\ -4 & 3 & 0 \\ 3-\mathrm{e} & \mathrm{e}-2 & \mathrm{e} \end{bmatrix},$$

$$\sin\boldsymbol{A} = \boldsymbol{A} - \frac{1}{3!}\boldsymbol{A}^3 + \frac{1}{5!}\boldsymbol{A}^5 + \cdots + (-1)^k \frac{1}{(2k+1)!}\boldsymbol{A}^{2k+1} + \cdots$$

$$= \boldsymbol{A} + \boldsymbol{A}^2\left[-\frac{1}{3!} + \frac{1}{5!} + \cdots + (-1)^k \frac{1}{(2k+1)!} + \cdots\right]$$

$$= \boldsymbol{A} + (\sin 1 - 1)\boldsymbol{A}^2$$

$$= \begin{bmatrix} -2 & 1 & 0 \\ -4 & 2 & 0 \\ 2-\sin 1 & \sin 1 - 1 & \sin 1 \end{bmatrix}.$$

例 5.18 设 $\boldsymbol{A} = \begin{bmatrix} 2 & 1 & 0 \\ 0 & 0 & 1 \\ 0 & 1 & 0 \end{bmatrix}$，求 $\mathrm{e}^{\boldsymbol{A}}$，$\mathrm{e}^{t\boldsymbol{A}}$ 及 $\sin\boldsymbol{A}$.

解: 由

$$|\lambda\boldsymbol{I} - \boldsymbol{A}| = (\lambda+1)(\lambda-1)(\lambda-2) = 0,$$

求得 $\boldsymbol{A}$ 的特征值为 $\lambda_1 = -1, \lambda_2 = 1, \lambda_3 = 2$，对应的特征向量分别为 $\boldsymbol{\alpha}_1 = (1,-3,3)^{\mathrm{T}}$，$\boldsymbol{\alpha}_2 = (-1,1,1)^{\mathrm{T}}$，$\boldsymbol{\alpha}_3 = (1,0,0)^{\mathrm{T}}$，于是存在可逆阵

$$\boldsymbol{P} = \begin{bmatrix} 1 & -1 & 1 \\ -3 & 1 & 0 \\ 3 & 1 & 0 \end{bmatrix}, \quad \boldsymbol{P}^{-1} = \frac{1}{6}\begin{bmatrix} 0 & -1 & 1 \\ 0 & 3 & 3 \\ 6 & 4 & 2 \end{bmatrix},$$

使得 $\boldsymbol{P}^{-1}\boldsymbol{A}\boldsymbol{P} = \begin{bmatrix} -1 & 0 & 0 \\ 0 & 1 & 0 \\ 0 & 0 & 2 \end{bmatrix}$. 再根据矩阵函数值公式，得

$$\mathrm{e}^{\boldsymbol{A}} = \boldsymbol{P}\mathrm{diag}(\mathrm{e}^{-1}, \mathrm{e}^{1}, \mathrm{e}^{2})\boldsymbol{P}^{-1}$$

$$= \frac{1}{6}\begin{bmatrix} 6\mathrm{e}^2 & 4\mathrm{e}^2 - 3\mathrm{e} - \mathrm{e}^{-1} & 2\mathrm{e}^2 - 3\mathrm{e} + \mathrm{e}^{-1} \\ 0 & 3\mathrm{e} + 3\mathrm{e}^{-1} & 3\mathrm{e} - 3\mathrm{e}^{-1} \\ 0 & 3\mathrm{e} - 3\mathrm{e}^{-1} & 3\mathrm{e} + 3\mathrm{e}^{-1} \end{bmatrix},$$

$$\mathrm{e}^{t\boldsymbol{A}} = \boldsymbol{P}\mathrm{diag}(\mathrm{e}^{-t}, \mathrm{e}^{t}, \mathrm{e}^{2t})\boldsymbol{P}^{-1}$$

$$= \frac{1}{6}\begin{bmatrix} 6\mathrm{e}^{2t} & 4\mathrm{e}^{2t} - 3\mathrm{e}^t - \mathrm{e}^{-t} & 2\mathrm{e}^{2t} - 3\mathrm{e}^t + \mathrm{e}^{-t} \\ 0 & 3\mathrm{e}^t + 3\mathrm{e}^{-t} & 3\mathrm{e}^t - 3\mathrm{e}^{-t} \\ 0 & 3\mathrm{e}^t - 3\mathrm{e}^{-t} & 3\mathrm{e}^t + 3\mathrm{e}^{-t} \end{bmatrix},$$

$$\sin\boldsymbol{A} = \boldsymbol{P}\mathrm{diag}(\sin(-1), \sin 1, \sin 2)\boldsymbol{P}^{-1}$$

$$= \frac{1}{6}\begin{bmatrix} 6\sin 2 & 4\sin 2 - 2\sin 1 & 2\sin 2 - 4\sin 1 \\ 0 & 0 & 6\sin 1 \\ 0 & 6\sin 1 & 0 \end{bmatrix}.$$

例 5.19 已知 $\boldsymbol{A}=\begin{bmatrix}-1 & -2 & 6\\ -1 & 0 & 3\\ -1 & -1 & 4\end{bmatrix}$,求 $e^{t\boldsymbol{A}}$.

解法一:矩阵 $\boldsymbol{A}$ 的特征多项式为

$$f(\lambda)=\begin{vmatrix}\lambda+1 & 2 & -6\\ 1 & \lambda & -3\\ 1 & 1 & \lambda-4\end{vmatrix}=(\lambda-1)^3,$$

令

$$e^{t\lambda}=f(\lambda)q(\lambda)+a+b\lambda+c\lambda^2,$$

再令 $\lambda=1$,分别代入 $e^{t\lambda}$,$(e^{t\lambda})'$,$(e^{t\lambda})''$ 得到

$$\begin{cases}a+b+c=e^t,\\ b+2c=te^t,\\ 2c=t^2e^t,\end{cases}\quad \text{解得}\quad \begin{cases}a=e^t-te^t+\frac{1}{2}t^2e^t,\\ b=te^t-t^2e^t,\\ c=\frac{1}{2}t^2e^t,\end{cases}$$

于是由 Hamilton-Cayley 定理得到

$$e^{t\boldsymbol{A}}=a\boldsymbol{I}+b\boldsymbol{A}+c\boldsymbol{A}^2=e^t\begin{bmatrix}1-2t & -2t & 6t\\ -t & 1-t & 3t\\ -t & -t & 1+3t\end{bmatrix}.$$

解法二:利用最小多项式计算.

容易求出 $m(\lambda)=(\lambda-1)^2$,于是设

$$e^{t\lambda}=a+b\lambda,\quad \text{则}\quad \begin{cases}e^t=a+b,\\ te^t=b,\end{cases}\quad \text{解得}\quad \begin{cases}a=e^t-te^t,\\ b=te^t,\end{cases}$$

于是

$$e^{t\boldsymbol{A}}=a\boldsymbol{I}+b\boldsymbol{A}=e^t\begin{bmatrix}1-2t & -2t & 6t\\ -t & 1-t & 3t\\ -t & -t & 1+3t\end{bmatrix}.$$

解法三:利用 Jordan 标准形求解. 因

$$\lambda\boldsymbol{I}-\boldsymbol{A}=\begin{bmatrix}\lambda+1 & 2 & -6\\ 1 & \lambda & -3\\ 1 & 1 & \lambda-4\end{bmatrix}\rightarrow\begin{bmatrix}1 & 0 & 0\\ 0 & \lambda-1 & 0\\ 0 & 0 & (\lambda-1)^2\end{bmatrix},$$

故初等因子为 $\lambda-1$,$(\lambda-1)^2$,得 Jordan 标准形为

$$\boldsymbol{J}=\begin{bmatrix}1 & 0 & 0\\ 0 & 1 & 1\\ 0 & 0 & 1\end{bmatrix}.$$

可求得可逆矩阵 $\boldsymbol{P}=\begin{bmatrix}-1 & 2 & -1\\ 1 & 1 & 0\\ 0 & 1 & 0\end{bmatrix}$，$\boldsymbol{P}^{-1}=\begin{bmatrix}0 & 1 & -1\\ 0 & 0 & 1\\ -1 & -1 & 3\end{bmatrix}$，使得

$$\boldsymbol{P}^{-1}\boldsymbol{A}\boldsymbol{P}=\begin{bmatrix}1 & 0 & 0\\ 0 & 1 & 1\\ 0 & 0 & 1\end{bmatrix},$$

故

$$\mathrm{e}^{t\boldsymbol{A}}=\boldsymbol{P}\begin{bmatrix}\mathrm{e}^t & 0 & 0\\ 0 & \mathrm{e}^t & t\mathrm{e}^t\\ 0 & 0 & \mathrm{e}^t\end{bmatrix}\boldsymbol{P}^{-1}=\mathrm{e}^t\begin{bmatrix}1-2t & -2t & 6t\\ -t & 1-t & 3t\\ -t & -t & 1+3t\end{bmatrix}.$$

注：从以上三种解法可以看出，如果最小多项式次数低于特征多项式次数，则用最小多项式方法计算最简单.

例 5.20 设矩阵 $\boldsymbol{A}=\begin{bmatrix}1 & 1 & 1\\ 0 & 1 & 1\\ 0 & 0 & 1\end{bmatrix}$，求矩阵函数 $f(\boldsymbol{A})$ 的 Jordan 表示，并计算 $\mathrm{e}^{t\boldsymbol{A}}$，$\sin\boldsymbol{A}$，$\cos\pi\boldsymbol{A}$，$\ln(\boldsymbol{I}+\boldsymbol{A})$.

解：首先求出 $\boldsymbol{A}$ 的 Jordan 标准形 $\boldsymbol{J}$ 及可逆矩阵 $\boldsymbol{P}$，且使 $\boldsymbol{P}^{-1}\boldsymbol{A}\boldsymbol{P}=\boldsymbol{J}$. 因

$$\lambda\boldsymbol{I}-\boldsymbol{A}=\begin{bmatrix}\lambda-1 & -1 & -1\\ 0 & \lambda-1 & -1\\ 0 & 0 & \lambda-1\end{bmatrix}\to\begin{bmatrix}1 & 0 & 0\\ 0 & 1 & 0\\ 0 & 0 & (\lambda-1)^3\end{bmatrix},$$

故 $\boldsymbol{A}$ 的初等因子是 $(\lambda-1)^3$，得 Jordan 标准形为

$$\boldsymbol{J}=\begin{bmatrix}1 & 1 & 0\\ 0 & 1 & 1\\ 0 & 0 & 1\end{bmatrix}.$$

设 $\boldsymbol{P}=(\boldsymbol{\alpha}_1,\boldsymbol{\alpha}_2,\boldsymbol{\alpha}_3)$，代入 $\boldsymbol{A}\boldsymbol{P}=\boldsymbol{P}\boldsymbol{J}$，得

$$\begin{cases}\boldsymbol{A}\boldsymbol{\alpha}_1=\boldsymbol{\alpha}_1,\\ \boldsymbol{A}\boldsymbol{\alpha}_2=\boldsymbol{\alpha}_1+\boldsymbol{\alpha}_2,\\ \boldsymbol{A}\boldsymbol{\alpha}_3=\boldsymbol{\alpha}_2+\boldsymbol{\alpha}_3,\end{cases}\quad 即\quad\begin{cases}(\boldsymbol{I}-\boldsymbol{A})\boldsymbol{\alpha}_1=\boldsymbol{0},\\ (\boldsymbol{I}-\boldsymbol{A})\boldsymbol{\alpha}_2=-\boldsymbol{\alpha}_1,\\ (\boldsymbol{I}-\boldsymbol{A})\boldsymbol{\alpha}_3=-\boldsymbol{\alpha}_2,\end{cases}$$

解之得

$$\boldsymbol{\alpha}_1=(1,0,0)^{\mathrm{T}},\quad \boldsymbol{\alpha}_2=(0,1,0)^{\mathrm{T}},\quad \boldsymbol{\alpha}_3=(0,-1,1)^{\mathrm{T}},$$

因此

$$\boldsymbol{P}=\begin{bmatrix}1 & 0 & 0\\ 0 & 1 & -1\\ 0 & 0 & 1\end{bmatrix},\quad \boldsymbol{P}^{-1}=\begin{bmatrix}1 & 0 & 0\\ 0 & 1 & 1\\ 0 & 0 & 1\end{bmatrix},$$

于是 $f(\boldsymbol{A})$ 的 Jordan 表示式是

$$f(\boldsymbol{A})=\boldsymbol{P}f(\boldsymbol{J})\boldsymbol{P}^{-1}=\begin{bmatrix}1&0&0\\0&1&-1\\0&0&1\end{bmatrix}\begin{bmatrix}f(1)&f'(1)&\frac{1}{2}f''(1)\\0&f(1)&f'(1)\\0&0&f(1)\end{bmatrix}\begin{bmatrix}1&0&0\\0&1&1\\0&0&1\end{bmatrix}$$

$$=\begin{bmatrix}f(1)&f'(1)&f'(1)+\frac{1}{2}f''(1)\\0&f(1)&f'(1)\\0&0&f(1)\end{bmatrix}.$$

当 $f(\lambda)=\mathrm{e}^{t\lambda}$ 时,因

$$f(1)=\mathrm{e}^t,\quad f'(1)=t\mathrm{e}^t,\quad f''(1)=t^2\mathrm{e}^t,$$

故

$$\mathrm{e}^{t\boldsymbol{A}}=\begin{bmatrix}\mathrm{e}^t&t\mathrm{e}^t&t\mathrm{e}^t+\frac{1}{2}t^2\mathrm{e}^t\\0&\mathrm{e}^t&t\mathrm{e}^t\\0&0&\mathrm{e}^t\end{bmatrix};$$

当 $f(\lambda)=\sin\lambda$ 时,因

$$f(1)=\sin1,\quad f'(1)=\cos1,\quad f''(1)=-\sin1,$$

故

$$\sin\boldsymbol{A}=\begin{bmatrix}\sin1&\cos1&\cos1-\frac{1}{2}\sin1\\0&\sin1&\cos1\\0&0&\cos1\end{bmatrix};$$

当 $f(\lambda)=\cos\pi\lambda$ 时,因

$$f(1)=-1,\quad f'(1)=0,\quad f''(1)=\pi^2,$$

故

$$\cos\pi\boldsymbol{A}=\begin{bmatrix}-1&0&\frac{1}{2}\pi^2\\0&-1&0\\0&0&-1\end{bmatrix};$$

当 $f(\lambda)=\ln(1+\lambda)$ 时,因

$$f(1)=\ln2,\quad f'(1)=\frac{1}{2},\quad f''(1)=-\frac{1}{4},$$

故

$$\ln(\boldsymbol{I}+\boldsymbol{A})=\begin{bmatrix}\ln2&\frac{1}{2}&\frac{3}{8}\\0&\ln2&\frac{1}{2}\\0&0&\ln2\end{bmatrix}.$$

例 5.21　已知 $\boldsymbol{A}\in\mathbf{C}^{n\times n}$,证明下列等式:

(1) $\sin^2\boldsymbol{A}+\cos^2\boldsymbol{A}=\boldsymbol{I}_n$;　(2) $\sin(-\boldsymbol{A})=-\sin\boldsymbol{A}$;　(3) $\cos(-\boldsymbol{A})=\cos\boldsymbol{A}$.

证明:(1) 因为

$$\sin\boldsymbol{A}=\frac{\mathrm{e}^{\mathrm{i}\boldsymbol{A}}-\mathrm{e}^{-\mathrm{i}\boldsymbol{A}}}{2\mathrm{i}},\quad \cos\boldsymbol{A}=\frac{\mathrm{e}^{\mathrm{i}\boldsymbol{A}}+\mathrm{e}^{-\mathrm{i}\boldsymbol{A}}}{2},$$

所以

$$\begin{aligned}\sin^2\boldsymbol{A}+\cos^2\boldsymbol{A}&=\left(\frac{\mathrm{e}^{\mathrm{i}\boldsymbol{A}}-\mathrm{e}^{-\mathrm{i}\boldsymbol{A}}}{2\mathrm{i}}\right)^2+\left(\frac{\mathrm{e}^{\mathrm{i}\boldsymbol{A}}+\mathrm{e}^{-\mathrm{i}\boldsymbol{A}}}{2}\right)^2\\&=\frac{1}{4}(\mathrm{e}^{2\mathrm{i}\boldsymbol{A}}+\mathrm{e}^{-2\mathrm{i}\boldsymbol{A}}+2\boldsymbol{I}_n)-\frac{1}{4}(\mathrm{e}^{2\mathrm{i}\boldsymbol{A}}+\mathrm{e}^{-2\mathrm{i}\boldsymbol{A}}-2\boldsymbol{I}_n)=\boldsymbol{I}_n.\end{aligned}$$

(2) 由

$$\sin\boldsymbol{A}=\sum_{k=0}^{\infty}\frac{(-1)^k}{(2k+1)!}\boldsymbol{A}^{2k+1}\quad(\forall\boldsymbol{A}\in\mathbf{C}^{n\times n}),$$

以 $-\boldsymbol{A}$ 代 $\boldsymbol{A}$ 代入上式可得

$$\sin(-\boldsymbol{A})=\sum_{k=0}^{\infty}\frac{(-1)^k}{(2k+1)!}(-\boldsymbol{A})^{2k+1}=-\sum_{k=0}^{\infty}\frac{(-1)^k}{(2k+1)!}\boldsymbol{A}^{2k+1}=-\sin\boldsymbol{A}.$$

(3) 由

$$\cos\boldsymbol{A}=\sum_{k=0}^{\infty}\frac{(-1)^k}{(2k)!}\boldsymbol{A}^{2k}\quad(\forall\boldsymbol{A}\in\mathbf{C}^{n\times n}),$$

以 $-\boldsymbol{A}$ 代 $\boldsymbol{A}$ 代入上式可得

$$\cos(-\boldsymbol{A})=\sum_{k=0}^{\infty}\frac{(-1)^k}{(2k)!}(-\boldsymbol{A})^{2k}=\sum_{k=0}^{\infty}\frac{(-1)^k}{(2k)!}\boldsymbol{A}^{2k}=\cos\boldsymbol{A}.$$

例 5.22　已知 $\boldsymbol{A}\in\mathbf{C}^{n\times n}$,证明下列等式:

(1) $\frac{\mathrm{d}}{\mathrm{d}t}\mathrm{e}^{t\boldsymbol{A}}=\boldsymbol{A}\mathrm{e}^{t\boldsymbol{A}}=\mathrm{e}^{t\boldsymbol{A}}\boldsymbol{A}$;

(2) $\frac{\mathrm{d}}{\mathrm{d}t}\cos(t\boldsymbol{A})=-\boldsymbol{A}[\sin(t\boldsymbol{A})]=-[\sin(t\boldsymbol{A})]\boldsymbol{A}$;

(3) $\frac{\mathrm{d}}{\mathrm{d}t}\sin(t\boldsymbol{A})=\boldsymbol{A}[\cos(t\boldsymbol{A})]=[\cos(t\boldsymbol{A})]\boldsymbol{A}$.

证明:(1) 由

$$\mathrm{e}^{\boldsymbol{A}}=\sum_{k=0}^{\infty}\frac{1}{k!}\boldsymbol{A}^k\quad(\forall\boldsymbol{A}\in\mathbf{C}^{n\times n}),$$

所以

$$\mathrm{e}^{t\boldsymbol{A}}=\sum_{k=0}^{\infty}\frac{1}{k!}(t\boldsymbol{A})^k,$$

由于此矩阵幂级数对于所有的 n 阶矩阵 $\boldsymbol{A}$ 以及所有复数 t 都是绝对收敛且对 t 一致收敛,因此可以对 $\mathrm{e}^{t\boldsymbol{A}}=\sum\limits_{k=0}^{\infty}\frac{1}{k!}(t\boldsymbol{A})^k$ 逐项求导,有

$$\frac{\mathrm{d}}{\mathrm{d}t}\mathrm{e}^{t\boldsymbol{A}}=\frac{\mathrm{d}}{\mathrm{d}t}\Big(\sum_{k=0}^{\infty}\frac{1}{k!}(t\boldsymbol{A})^k\Big)=\sum_{k=1}^{\infty}\frac{\boldsymbol{A}}{(k-1)!}(t\boldsymbol{A})^{k-1}$$
$$=\boldsymbol{A}\sum_{k=0}^{\infty}\frac{1}{k!}(t\boldsymbol{A})^k=\boldsymbol{A}\cdot\mathrm{e}^{t\boldsymbol{A}}=\mathrm{e}^{t\boldsymbol{A}}\cdot\boldsymbol{A}.$$

(2) 由

$$\cos(t\boldsymbol{A})=\sum_{k=0}^{\infty}\frac{(-1)^k}{(2k)!}(t\boldsymbol{A})^{2k},$$

由于此矩阵幂级数对于所有的n阶矩阵$\boldsymbol{A}$以及所有复数t都是绝对收敛且对t一致收敛,因此可以对 $\cos(t\boldsymbol{A})=\sum_{k=0}^{\infty}\frac{(-1)^k}{(2k)!}(t\boldsymbol{A})^{2k}$ 逐项求导,有

$$\frac{\mathrm{d}}{\mathrm{d}t}[\cos(t\boldsymbol{A})]=\sum_{k=0}^{\infty}\frac{\mathrm{d}}{\mathrm{d}t}\Big[\frac{(-1)^k}{(2k)!}\cdot t^{2k}\boldsymbol{A}^{2k}\Big]=\boldsymbol{A}\cdot\sum_{k=1}^{\infty}\frac{(-1)^k}{(2k-1)!}\cdot t^{2k-1}\boldsymbol{A}^{2k-1}$$
$$=\boldsymbol{A}\cdot\sum_{k=0}^{\infty}\frac{(-1)^k(-1)}{(2k+1)!}\cdot t^{2k+1}\boldsymbol{A}^{2k+1}$$
$$=-\boldsymbol{A}\cdot\sum_{k=0}^{\infty}\frac{(-1)^k}{(2k+1)!}\cdot(t\boldsymbol{A})^{2k+1}$$
$$=\sum_{k=0}^{\infty}\frac{(-1)^k}{(2k+1)!}\cdot(t\boldsymbol{A})^{2k+1}\cdot(-\boldsymbol{A})$$
$$=-\boldsymbol{A}\cdot[\sin(t\boldsymbol{A})]=-[\sin(t\boldsymbol{A})]\cdot\boldsymbol{A}.$$

(3) 与(2)类似可以证明,这里请读者自己完成.

注:由本例可以看出,若已知 $\mathrm{e}^{\boldsymbol{A}t}$,将其求导并令 $t=0$,可求出矩阵 $\boldsymbol{A}$.

例 5.23 设 $\mathrm{e}^{\boldsymbol{A}t}=\mathrm{e}^{4t}\begin{bmatrix}1-2t & 2t & t\\ -2t & 1+2t & t\\ 0 & 0 & 1\end{bmatrix}$,求 $\boldsymbol{A}$.

解:对上式两边对 t 分别求导可得

$$\boldsymbol{A}\mathrm{e}^{\boldsymbol{A}t}=4\mathrm{e}^{4t}\begin{bmatrix}1-2t & 2t & t\\ -2t & 1+2t & t\\ 0 & 0 & 1\end{bmatrix}+\mathrm{e}^{4t}\begin{bmatrix}-2 & 2 & 1\\ -2 & 2 & 1\\ 0 & 0 & 0\end{bmatrix},$$

令 $t=0$,并注意 $\mathrm{e}^{\boldsymbol{O}}=\boldsymbol{I}$,所以得到

$$\boldsymbol{A}=4\begin{bmatrix}1 & 0 & 0\\ 0 & 1 & 0\\ 0 & 0 & 1\end{bmatrix}+\begin{bmatrix}-2 & 2 & 1\\ -2 & 2 & 1\\ 0 & 0 & 0\end{bmatrix}=\begin{bmatrix}2 & 2 & 1\\ -2 & 6 & 1\\ 0 & 0 & 4\end{bmatrix}.$$

注:利用此法,当已知 $\sin(\boldsymbol{A}t)$ 时,也可以求出矩阵 $\boldsymbol{A}$.

例 5.24 设 4 阶矩阵 $\boldsymbol{A}$ 的特征多项式和最小多项式分别为

$$f(\lambda)=(\lambda-3)^4,\quad m_A(\lambda)=(\lambda-3)^3.$$

(1) 求 $\boldsymbol{A}$ 所有可能的 Jordan 标准形 $\boldsymbol{J}$；

(2) 对每一个 Jordan 标准形 $\boldsymbol{J}$，求 $e^{\boldsymbol{J}}$.

解：(1) 由 $\boldsymbol{A}$ 的特征多项式 $f(\lambda)=(\lambda-3)^4$，最小多项式 $m_A(\lambda)=(\lambda-3)^3$，可知 $\boldsymbol{A}$ 只有唯一的 Jordan 标准形

$$\boldsymbol{J}=\begin{bmatrix}3&1&0&0\\0&3&1&0\\0&0&3&0\\0&0&0&3\end{bmatrix}.$$

(2) 由于 $\boldsymbol{A}$ 与 $\boldsymbol{J}$ 相似，所以 $\boldsymbol{J}$ 的最小多项式 $m_J(\lambda)=(\lambda-3)^3$，故设 $g(\lambda)=e^{\lambda}=a+b\lambda+c\lambda^2$，令 $\lambda=3$，分别代入 $g(\lambda),g'(\lambda),g''(\lambda)$，得到

$$\begin{cases}g(3)=e^3=a+3b+9c,\\g'(3)=e^3=b+6c,\\g''(3)=e^3=2c,\end{cases}\quad\text{解得}\quad\begin{cases}a=\dfrac{5}{2}e^3,\\b=-2e^3,\\c=\dfrac{1}{2}e^3,\end{cases}$$

所以

$$e^{\boldsymbol{J}}=a\boldsymbol{I}+b\boldsymbol{J}+c\boldsymbol{J}^2=\frac{5}{2}e^3\boldsymbol{I}-2e^3\boldsymbol{J}+\frac{1}{2}e^3\boldsymbol{J}^2=e^3\begin{bmatrix}1&1&\frac{1}{2}&0\\0&1&1&0\\0&0&1&0\\0&0&0&1\end{bmatrix}.$$

例 5.25 设 $\boldsymbol{A}\in\mathbf{C}^{n\times n}$，证明：

(1) $\|e^{\boldsymbol{A}}\|\leqslant e^{\|\boldsymbol{A}\|}$； (2) $|e^{\boldsymbol{A}}|=e^{\operatorname{tr}\boldsymbol{A}}$.

证明：(1) 因为 $e^{\boldsymbol{A}}=\sum\limits_{k=0}^{\infty}\dfrac{\boldsymbol{A}^k}{k!}$，$S_N=\sum\limits_{k=0}^{N}\dfrac{1}{k!}\boldsymbol{A}^k$，则

$$\|S_N\|=\left\|\sum_{k=0}^{N}\frac{1}{k!}\boldsymbol{A}^k\right\|\leqslant\sum_{k=0}^{N}\frac{1}{k!}\|\boldsymbol{A}\|^k,$$

两边取极限得

$$\|e^{\boldsymbol{A}}\|\leqslant\sum_{k=0}^{\infty}\frac{\|\boldsymbol{A}\|^k}{k!}=e^{\|\boldsymbol{A}\|}.$$

(2) 设 $\boldsymbol{J}=\begin{bmatrix}\boldsymbol{J}_{n_1}&&&\\&\boldsymbol{J}_{n_2}&&\\&&\ddots&\\&&&\boldsymbol{J}_{n_s}\end{bmatrix}$ 是 $\boldsymbol{A}$ 的 Jordan 标准形，其中

$$\boldsymbol{J}_{n_i}=\begin{bmatrix}\lambda_i & 1 & & \\ & \lambda_i & \ddots & \\ & & \ddots & 1 \\ & & & \lambda_i\end{bmatrix}_{n_i\times n_i}\quad(i=1,2,\cdots,s;n_1+n_2+\cdots+n_s=n),$$

则 $n_1\lambda_1+n_2\lambda_2+\cdots+n_s\lambda_s=\mathrm{tr}(\boldsymbol{A})$，且存在 n 阶可逆矩阵 $\boldsymbol{P}$，使得 $\boldsymbol{P}^{-1}\boldsymbol{AP}=\boldsymbol{J}$，即 $\boldsymbol{A}=\boldsymbol{PJP}^{-1}$，得

$$\mathrm{e}^{\boldsymbol{A}}=\boldsymbol{P}\mathrm{e}^{\boldsymbol{J}}\boldsymbol{P}^{-1}=\boldsymbol{P}\begin{bmatrix}\mathrm{e}^{\boldsymbol{J}_{n_1}} & & & \\ & \mathrm{e}^{\boldsymbol{J}_{n_2}} & & \\ & & \ddots & \\ & & & \mathrm{e}^{\boldsymbol{J}_{n_s}}\end{bmatrix}\boldsymbol{P}^{-1},$$

其中

$$\mathrm{e}^{\boldsymbol{J}_{n_i}}=\begin{bmatrix}\mathrm{e}^{\lambda_i} & \mathrm{e}^{\lambda_i} & \frac{1}{2}\mathrm{e}^{\lambda_i} & \cdots & \frac{1}{(n_i-1)!}\mathrm{e}^{\lambda_i} \\ 0 & \mathrm{e}^{\lambda_i} & \mathrm{e}^{\lambda_i} & \cdots & \frac{1}{(n_i-2)!}\mathrm{e}^{\lambda_i} \\ \vdots & \vdots & \vdots & & \vdots \\ 0 & 0 & 0 & \cdots & \mathrm{e}^{\lambda_i}\end{bmatrix}_{n_i\times n_i}\quad(i=1,2,\cdots,s),$$

因而 $\mathrm{e}^{\boldsymbol{A}}$ 的行列式为

$$\begin{aligned}|\mathrm{e}^{\boldsymbol{A}}|&=|\boldsymbol{P}||\mathrm{e}^{\boldsymbol{J}}||\boldsymbol{P}^{-1}|=|\mathrm{e}^{\boldsymbol{J}}|\\&=|\mathrm{e}^{\boldsymbol{J}_{n_1}}||\mathrm{e}^{\boldsymbol{J}_{n_2}}|\cdots|\mathrm{e}^{\boldsymbol{J}_{n_s}}|=\mathrm{e}^{n_1\lambda_1}\mathrm{e}^{n_2\lambda_2}\cdots\mathrm{e}^{n_s\lambda_s}\\&=\mathrm{e}^{n_1\lambda_1+n_2\lambda_2+\cdots+n_s\lambda_s}=\mathrm{e}^{\mathrm{tr}(\boldsymbol{A})}.\end{aligned}$$

例 5.26 (1) 设 $f(\boldsymbol{X})=\|\boldsymbol{X}\|_F^2=\mathrm{tr}(\boldsymbol{X}^{\mathrm{T}}\boldsymbol{X})$，其中 $\boldsymbol{X}=(x_{ij})_{m\times n}\in\mathbf{R}^{m\times n}$ 是矩阵变量，求 $\frac{\mathrm{d}f}{\mathrm{d}\boldsymbol{X}}$；

(2) 设 $\boldsymbol{A}=(a_{ij})_{m\times n}\in\mathbf{R}^{m\times n}$，$\boldsymbol{x}=(x_1,x_2,\cdots,x_n)^{\mathrm{T}}\in\mathbf{R}^n$ 是向量变量，$F(\boldsymbol{x})=\boldsymbol{Ax}$，求 $\frac{\mathrm{d}F}{\mathrm{d}\boldsymbol{x}^{\mathrm{T}}}$.

解：(1) 因为 $f(\boldsymbol{X})=\sum_{i=1}^{m}\sum_{j=1}^{n}x_{ij}^2$，$\frac{\partial f}{\partial x_{ij}}=2x_{ij}$，故

$$\frac{\mathrm{d}f}{\mathrm{d}\boldsymbol{X}}=\left(\frac{\partial f}{\partial x_{ij}}\right)_{m\times n}=(2x_{ij})_{m\times n}=2\boldsymbol{X}.$$

(2) 因为 $F(\boldsymbol{x})=\boldsymbol{Ax}=\begin{bmatrix}\sum_{k=1}^{n}a_{1k}x_k\\ \vdots \\ \sum_{k=1}^{n}a_{mk}x_k\end{bmatrix}$，$\frac{\partial F}{\partial x_i}=\begin{bmatrix}a_{1i}\\ \vdots \\ a_{mi}\end{bmatrix}(i=1,2,\cdots,n)$，故

$$\frac{\mathrm{d}F}{\mathrm{d}\boldsymbol{x}^{\mathrm{T}}}=\left(\frac{\partial F}{\partial x_1},\cdots,\frac{\partial F}{\partial x_n}\right)=\begin{bmatrix} a_{11} & \cdots & a_{1n} \\ \vdots & & \vdots \\ a_{m1} & \cdots & a_{mn} \end{bmatrix}=\boldsymbol{A}.$$

例 5.27　已知函数矩阵 $\boldsymbol{A}(t)=\begin{bmatrix} \mathrm{e}^{-t} & t\mathrm{e}^{-t} & 3t^2 \\ \mathrm{e}^{2t} & 3\mathrm{e}^{2t} & 2t \\ 2t & 0 & 1 \end{bmatrix}$，求 $\int_0^1 \boldsymbol{A}(t)\mathrm{d}t$，$\frac{\mathrm{d}}{\mathrm{d}t}\int_0^{t^2}\boldsymbol{A}(\tau)\mathrm{d}\tau$.

解：根据题意，得

$$\int_0^1 \boldsymbol{A}(t)\mathrm{d}t=\begin{bmatrix} \int_0^1 \mathrm{e}^{-t}\mathrm{d}t & \int_0^1 t\mathrm{e}^{-t}\mathrm{d}t & \int_0^1 3t^2\mathrm{d}t \\ \int_0^1 \mathrm{e}^{2t}\mathrm{d}t & \int_0^1 3\mathrm{e}^{2t}\mathrm{d}t & \int_0^1 2t\mathrm{d}t \\ \int_0^1 2t\mathrm{d}t & \int_0^1 0\mathrm{d}t & \int_0^1 1\mathrm{d}t \end{bmatrix}=\begin{bmatrix} 1-\mathrm{e}^{-1} & 1-2\mathrm{e}^{-1} & 1 \\ \frac{1}{2}(\mathrm{e}^2-1) & \frac{3}{2}(\mathrm{e}^2-1) & 1 \\ 1 & 0 & 1 \end{bmatrix},$$

$$\frac{\mathrm{d}}{\mathrm{d}t}\int_0^{t^2}\boldsymbol{A}(\tau)\mathrm{d}\tau=2t\begin{bmatrix} \mathrm{e}^{-t^2} & t^2\mathrm{e}^{-t^2} & 3t^4 \\ \mathrm{e}^{2t^2} & 3\mathrm{e}^{2t^2} & 2t^2 \\ 2t^2 & 0 & 1 \end{bmatrix}.$$

例 5.28　设 $\boldsymbol{A}=\begin{bmatrix} 2 & 2 & 1 \\ -2 & 6 & 1 \\ 0 & 0 & 4 \end{bmatrix}$，求齐次线性微分方程组满足初始条件的解：

$$\begin{cases} \frac{\mathrm{d}\boldsymbol{X}(t)}{\mathrm{d}t}=\boldsymbol{A}\boldsymbol{X}(t), \\ \boldsymbol{X}(0)=(1,1,1)^{\mathrm{T}}. \end{cases}$$

解：因为

$$\lambda\boldsymbol{I}-\boldsymbol{A}=\begin{bmatrix} \lambda-2 & -2 & -1 \\ 2 & \lambda-6 & -1 \\ 0 & 0 & \lambda-4 \end{bmatrix}\to\begin{bmatrix} 1 & 0 & 0 \\ 0 & \lambda-4 & 0 \\ 0 & 0 & (\lambda-4)^2 \end{bmatrix},$$

则 $m_A(\lambda)=(\lambda-4)^2$.

设 $\mathrm{e}^{\lambda t}=a+b\lambda$，则

$$\begin{cases} \mathrm{e}^{4t}=a+4b, \\ t\mathrm{e}^{4t}=b, \end{cases}\quad \text{解得}\quad \begin{cases} a=\mathrm{e}^{4t}-4t\mathrm{e}^{4t}, \\ b=t\mathrm{e}^{4t}. \end{cases}$$

于是

$$\mathrm{e}^{t\boldsymbol{A}}=a\boldsymbol{I}+b\boldsymbol{A}=(\mathrm{e}^{4t}-4t\mathrm{e}^{4t})\boldsymbol{I}+t\mathrm{e}^{4t}\boldsymbol{A}=\mathrm{e}^{4t}\begin{bmatrix} 1-2t & 2t & t \\ -2t & 1+2t & t \\ 0 & 0 & 1 \end{bmatrix},$$

故满足初始条件的解为

$$\boldsymbol{X}(t)=\mathrm{e}^{\boldsymbol{A}t}\boldsymbol{X}(0)=\mathrm{e}^{4t}\begin{bmatrix}1-2t & 2t & t\\ -2t & 1+2t & t\\ 0 & 0 & 1\end{bmatrix}\begin{bmatrix}1\\1\\1\end{bmatrix}=\mathrm{e}^{4t}\begin{bmatrix}1+t\\1+t\\1\end{bmatrix}.$$

例 5.29 求非齐次线性微分方程组

$$\begin{cases}\dfrac{\mathrm{d}x_1}{\mathrm{d}t}=-2x_1+x_2+1,\\ \dfrac{\mathrm{d}x_2}{\mathrm{d}t}=-4x_1+2x_2+2,\\ \dfrac{\mathrm{d}x_3}{\mathrm{d}t}=-2x_1+x_3+\mathrm{e}^t-1,\end{cases}$$

满足初始条件 $x_1(0)=1, x_2(0)=1, x_3(0)=-1$ 的解.

解:设

$$\boldsymbol{A}=\begin{bmatrix}-2 & 1 & 0\\ -4 & 2 & 0\\ -2 & 0 & 1\end{bmatrix},\quad f(t)=\begin{bmatrix}1\\2\\ \mathrm{e}^t-1\end{bmatrix},\quad \boldsymbol{X}(0)=\begin{bmatrix}1\\1\\-1\end{bmatrix},$$

则

$$f(\lambda)=|\lambda\boldsymbol{I}-\boldsymbol{A}|=\lambda^3-\lambda^2,$$

由 Hamilton-Cayley 定理知

$$\boldsymbol{A}^3=\boldsymbol{A}^2,$$

于是 $\boldsymbol{A}^k=\boldsymbol{A}^2(k=3,4,\cdots)$. 从而有

$$\begin{aligned}\mathrm{e}^{\boldsymbol{A}t}&=\boldsymbol{I}+(\boldsymbol{A}t)+\frac{1}{2!}(\boldsymbol{A}t)^2+\frac{1}{3!}(\boldsymbol{A}t)^3+\frac{1}{4!}(\boldsymbol{A}t)^4+\cdots\\ &=\boldsymbol{I}+t\boldsymbol{A}+\left(\frac{1}{2!}t^2+\frac{1}{3!}t^3+\frac{1}{4!}t^4+\cdots\right)\boldsymbol{A}^2\\ &=\boldsymbol{I}+t\boldsymbol{A}+(\mathrm{e}^t-1-t)\boldsymbol{A}^2\\ &=\begin{bmatrix}1-2t & t & 0\\ -4t & 2t+1 & 0\\ 2\mathrm{e}^t-4t-2 & -2\mathrm{e}^t+2t+2 & \mathrm{e}^t\end{bmatrix},\end{aligned}$$

故

$$\boldsymbol{X}(t)=\mathrm{e}^{\boldsymbol{A}t}\left\{\boldsymbol{X}(0)+\int_0^t\mathrm{e}^{-\boldsymbol{A}\tau}f(\tau)\mathrm{d}\tau\right\}=\mathrm{e}^{\boldsymbol{A}t}\left\{\boldsymbol{X}(0)+\int_0^t\begin{bmatrix}1\\2\\0\end{bmatrix}\mathrm{d}\tau\right\}$$

$$=\mathrm{e}^{\boldsymbol{A}t}\left\{\begin{bmatrix}1\\1\\-1\end{bmatrix}+\begin{bmatrix}t\\2t\\0\end{bmatrix}\right\}=\begin{bmatrix}1\\1\\-\mathrm{e}^t(2t+1)\end{bmatrix}.$$

5.5 考博真题选录

1. 证明下列向量范数或矩阵范数的等价性:

(1) $\|\boldsymbol{x}\|_\infty \leqslant \|\boldsymbol{x}\|_2 \leqslant \sqrt{n}\|\boldsymbol{x}\|_\infty$(其中 $\boldsymbol{x} \in \mathbf{R}^n$ 为任意向量);

(2) $\|\boldsymbol{A}\|_2 \leqslant \|\boldsymbol{A}\|_F \leqslant \sqrt{n}\|\boldsymbol{A}\|_2$(其中 $\boldsymbol{A} \in \mathbf{R}^{n\times n}$ 为任意矩阵).

证明:(1) 因为

$$\|\boldsymbol{x}\|_\infty = \max_i |x_i|, \quad \|\boldsymbol{x}\|_2^2 = \sum_{i=1}^n x_i^2, \quad \|\boldsymbol{x}\|_1 = \sum_{i=1}^n |x_i|,$$

则

$$\|\boldsymbol{x}\|_\infty = \max_i |x_i| = \sqrt{(\max_i |x_i|)^2} = \sqrt{\max_i |x_i|^2}$$
$$\leqslant \sqrt{\sum_{i=1}^n x_i^2} = \|\boldsymbol{x}\|_2 \leqslant \sqrt{n(\max_i |x_i|)^2} = \sqrt{n}\|\boldsymbol{x}\|_\infty,$$

即

$$\|\boldsymbol{x}\|_\infty \leqslant \|\boldsymbol{x}\|_2 \leqslant \sqrt{n}\|\boldsymbol{x}\|_\infty.$$

(2) 因为

$$\|\boldsymbol{A}\|_2^2 = \rho(\boldsymbol{A}^{\mathrm{H}}\boldsymbol{A}) = \max_i\{\lambda_i(\boldsymbol{A}^{\mathrm{H}}\boldsymbol{A})\},$$

而

$$\sum_{i=1}^n \lambda_i = \operatorname{tr}(\boldsymbol{A}^{\mathrm{H}}\boldsymbol{A}) = \sum_{i=1}^n\sum_{j=1}^n a_{ij}^2 = \|\boldsymbol{A}\|_F^2,$$

由于 $\lambda_i \geqslant 0(i = 1,2,\cdots,n)$,从而

$$\max_i\{\lambda_i\} \leqslant \sum_{i=1}^n \lambda_i \leqslant n\max_i\{\lambda_i\},$$

故

$$\|\boldsymbol{A}\|_2^2 \leqslant \|\boldsymbol{A}\|_F^2 \leqslant n\|\boldsymbol{A}\|_2^2, \quad 即 \quad \|\boldsymbol{A}\|_2 \leqslant \|\boldsymbol{A}\|_F \leqslant \sqrt{n}\|\boldsymbol{A}\|_2.$$

2. 设 $\boldsymbol{A}$ 是可逆矩阵,$\dfrac{1}{\|\boldsymbol{A}^{-1}\|} = a$,$\|\boldsymbol{B}-\boldsymbol{A}\| = b$(这里矩阵范数都是算子范数),如果 $b < a$,证明:

(1) $\boldsymbol{B}$ 是可逆矩阵;

(2) $\|\boldsymbol{B}^{-1}\| \leqslant \dfrac{1}{a-b}$;

(3) $\|\boldsymbol{B}^{-1}-\boldsymbol{A}^{-1}\| \leqslant \dfrac{b}{a(a-b)}$.

证法一:(1) 因为

$$\|x\| = \|A^{-1}Ax\| \leqslant \|A^{-1}\| \|Ax\| = \frac{1}{a}\|(A-B)x+Bx\|$$

$$\leqslant \frac{1}{a}(\|(A-B)x\| + \|Bx\|) \leqslant \frac{b}{a}\|x\| + \frac{1}{a}\|Bx\|,$$

即

$$(a-b)\|x\| \leqslant \|Bx\|, \qquad (*)$$

因此，$\forall x \neq 0 \Rightarrow Bx \neq 0$，说明 B 可逆.

(2) 由($*$)式，取 $x = B^{-1}y$，则

$$(a-b)\|B^{-1}y\| \leqslant \|BB^{-1}y\| = \|y\| \Rightarrow \|B^{-1}y\| \leqslant \frac{1}{a-b}\|y\|,$$

由算子范数的定义得

$$\|B^{-1}\| \leqslant \frac{1}{a-b}.$$

(3) $\|B^{-1}-A^{-1}\| = \|B^{-1}(A-B)A^{-1}\| \leqslant \|B^{-1}\| \|A-B\| \|A^{-1}\|$

$$\leqslant \frac{1}{a-b}\cdot b\cdot\frac{1}{a} = \frac{b}{a(a-b)}.$$

证法二:(引理) 设 $A \in \mathbf{C}^{n\times n}$，若 $\|A\| < 1$，则 $I-A$ 可逆，并有

$$\|(I-A)^{-1}\| \leqslant \frac{1}{1-\|A\|}.$$

(1) 因为

$$\|I-A^{-1}B\| = \|A^{-1}(B-A)\| \leqslant \|A^{-1}\| \|B-A\| = \frac{b}{a} < 1, \qquad (**)$$

由引理知 $A^{-1}B = I-(I-A^{-1}B)$ 可逆，从而 B 可逆.

(2) 因 $B^{-1} = (I-(I-A^{-1}B))^{-1}A^{-1}$，由($**$)式和引理，得

$$\|B^{-1}\| \leqslant \|A^{-1}\| \|(I-(I-A^{-1}B))^{-1}\| \leqslant \frac{1}{a}\cdot\frac{1}{1-\|I-A^{-1}B\|}$$

$$\leqslant \frac{1}{a}\cdot\frac{1}{1-\frac{b}{a}} = \frac{1}{a-b}.$$

(3) 同证法一.

3. 已知 $A = \begin{bmatrix} 3 & 0 & 8 \\ 3 & -1 & 6 \\ -2 & 0 & -5 \end{bmatrix}$，$X(0) = \begin{bmatrix} 1 \\ 1 \\ 1 \end{bmatrix}$.

(1) 求 e^{At}；

(2) 求微分方程组 $\frac{d}{dt}X(t) = AX(t)$ 满足初始条件 $X(0) = (1,1,1)^T$ 的解.

解:(1) 因为

$$\lambda\boldsymbol{I}-\boldsymbol{A}=\begin{bmatrix}\lambda-3 & 0 & -8\\ -3 & \lambda+1 & -6\\ 2 & 0 & \lambda+5\end{bmatrix}\longrightarrow\begin{bmatrix}1 & 0 & 0\\ 0 & \lambda+1 & 0\\ 0 & 0 & (\lambda+1)^2\end{bmatrix},$$

则 $\boldsymbol{A}$ 的最小多项式 $m(\lambda)=(\lambda+1)^2$，令 $g(\lambda)=e^{\lambda t}=a+b\lambda$. 因

$$g(-1)=e^{-t}=a-b,\quad g'(-1)=te^{-t}=b,$$

解得

$$a=e^{-t}(1+t),\quad b=te^{-t},$$

故

$$e^{\boldsymbol{A}t}=a\boldsymbol{I}+b\boldsymbol{A}=e^{-t}(1+t)\boldsymbol{I}+te^{-t}\boldsymbol{A}=e^{-t}\begin{bmatrix}4t+1 & 0 & 8t\\ 3t & 1 & 6t\\ -2t & 0 & -4t+1\end{bmatrix}.$$

(2) 满足初始条件的解为

$$\boldsymbol{X}(t)=e^{\boldsymbol{A}t}\boldsymbol{X}(0)=e^{-t}\begin{bmatrix}4t+1 & 0 & 8t\\ 3t & 1 & 6t\\ -2t & 0 & -4t+1\end{bmatrix}\begin{bmatrix}1\\1\\1\end{bmatrix}=e^{-t}\begin{bmatrix}12t+1\\ 9t+1\\ -6t+1\end{bmatrix}.$$

4. 已知微分方程组

$$\begin{cases}\dfrac{d\boldsymbol{x}}{dt}=\boldsymbol{A}\boldsymbol{x},\\ \boldsymbol{x}(0)=\boldsymbol{x}_0,\end{cases}\quad 其中\quad \boldsymbol{A}=\begin{bmatrix}2 & 0 & 0\\ 0 & 3 & -1\\ 0 & 1 & 1\end{bmatrix},\quad \boldsymbol{x}_0=\begin{bmatrix}1\\1\\1\end{bmatrix}.$$

(1) 求矩阵 $\boldsymbol{A}$ 的 Jordan 标准形 $\boldsymbol{J}$ 和可逆矩阵 $\boldsymbol{P}$，使 $\boldsymbol{P}^{-1}\boldsymbol{A}\boldsymbol{P}=\boldsymbol{J}$；

(2) 求矩阵 $\boldsymbol{A}$ 的最小多项式 $m_A(\lambda)$；

(3) 计算矩阵函数 $e^{\boldsymbol{A}t}$；

(4) 求该微分方程组满足初始条件的解.

解:(1) 因 $|\lambda\boldsymbol{I}-\boldsymbol{A}|=(\lambda-2)^3$，$r(2\boldsymbol{I}-\boldsymbol{A})=1$，即 $\lambda=2$ 对应两个线性无关的特征向量，则 $\boldsymbol{A}$ 的 Jordan 标准形为

$$\boldsymbol{J}=\begin{bmatrix}2 & 0 & 0\\ 0 & 2 & 1\\ 0 & 0 & 2\end{bmatrix},$$

且

$$\boldsymbol{P}^{-1}\boldsymbol{A}\boldsymbol{P}=\boldsymbol{J}=\begin{bmatrix}2 & 0 & 0\\ 0 & 2 & 1\\ 0 & 0 & 2\end{bmatrix},\quad 其中\ \boldsymbol{P}=\begin{bmatrix}1 & 0 & -1\\ 0 & 1 & 2\\ 0 & 1 & 1\end{bmatrix}(不唯一).$$

(2) 由 $\boldsymbol{A}$ 的 Jordan 标准形知 $m_A(\lambda)=(\lambda-2)^2$.

(3) 用待定系数法，设

$$f(\lambda)=e^{\lambda t},\quad g(\lambda)=a+b\lambda,$$

由 $g(2)=f(2), g'(2)=f'(2)$ 可求得 $a=(1-2t)e^{2t}, b=te^{2t}$,故

$$e^{At}=a\boldsymbol{I}+b\boldsymbol{A}=e^{2t}\begin{bmatrix}1&0&0\\0&1+t&-t\\0&t&1-t\end{bmatrix}.$$

(4) 该微分方程组满足初始条件的解为

$$\boldsymbol{x}(t)=e^{At}\boldsymbol{x}(0)=e^{2t}\begin{bmatrix}1&0&0\\0&1+t&-t\\0&t&1-t\end{bmatrix}\begin{bmatrix}1\\1\\1\end{bmatrix}=\begin{bmatrix}e^{2t}\\e^{2t}\\e^{2t}\end{bmatrix}.$$

5. 设 $\boldsymbol{A}=\begin{bmatrix}3&1&-1\\-2&0&2\\-1&-1&3\end{bmatrix}$.

(1) 求矩阵 e^{At};

(2) 求 $\dfrac{d(e^{At})}{dt}$.

解:(1) 因为

$$|\lambda\boldsymbol{I}-\boldsymbol{A}|=(\lambda-2)^3,\quad 且\quad \boldsymbol{A}-2\boldsymbol{I}\neq\boldsymbol{O},\quad (\boldsymbol{A}-2\boldsymbol{I})^2=\boldsymbol{O},$$

故最小多项式为 $m(\lambda)=(\lambda-2)^2$.

令 $g(\lambda)=e^{\lambda t}=a+b\lambda$,则

$$g(2)=e^{2t}=a+2b,\quad g'(2)=te^{2t}=b,$$

解得

$$a=(1-2t)e^{2t},\quad b=te^{2t},$$

故

$$e^{At}=a\boldsymbol{I}+b\boldsymbol{A}=(1-2t)e^{2t}\boldsymbol{I}+te^{2t}\begin{bmatrix}3&1&-1\\-2&0&2\\-1&-1&3\end{bmatrix}$$

$$=e^{2t}\begin{bmatrix}t+1&t&-t\\-2t&1-2t&2t\\-t&-t&t+1\end{bmatrix}.$$

(2) $$\frac{d(e^{At})}{dt}=\boldsymbol{A}e^{At}=\begin{bmatrix}3&1&-1\\-2&0&2\\-1&-1&3\end{bmatrix}\cdot e^{2t}\begin{bmatrix}t+1&t&-t\\-2t&1-2t&2t\\-t&-t&t+1\end{bmatrix}$$

$$=e^{2t}\begin{bmatrix}2t+3&2t+1&-2t-1\\-4t-2&-4t&4t+2\\-2t-1&-2t-1&2t+3\end{bmatrix}.$$

6. 已知 $\boldsymbol{A}$ 是 n 阶矩阵，且 $\rho(\boldsymbol{A})<1$.

(1) 求 $\sum_{k=0}^{\infty} k\boldsymbol{A}^k$；

(2) 若矩阵 $\boldsymbol{A}=\begin{bmatrix}0.2 & 0.7\\ 0.5 & 0.4\end{bmatrix}$，求 $\sum_{k=1}^{\infty}\boldsymbol{A}^k$.

解：(1) 显然幂级数 $\sum_{k=0}^{\infty} kx^k$ 收敛半径是 1，由 $\rho(\boldsymbol{A})<1$，故矩阵幂级数 $\sum_{k=0}^{\infty} k\boldsymbol{A}^k$ 绝对收敛，于是

$$\boldsymbol{S}=\sum_{k=0}^{\infty} k\boldsymbol{A}^k=\boldsymbol{A}\sum_{k=1}^{\infty} k\boldsymbol{A}^{k-1}=\boldsymbol{A}+2\boldsymbol{A}^2+3\boldsymbol{A}^3+\cdots+k\boldsymbol{A}^k+\cdots, \tag{$*$}$$

$$\boldsymbol{AS}=\boldsymbol{A}^2+2\boldsymbol{A}^3+3\boldsymbol{A}^4+\cdots+(k-1)\boldsymbol{A}^k+\cdots, \tag{$**$}$$

(＊)－(＊＊)得

$$\begin{aligned}(\boldsymbol{I}-\boldsymbol{A})\boldsymbol{S}&=\boldsymbol{A}+\boldsymbol{A}^2+\boldsymbol{A}^3+\cdots+\boldsymbol{A}^k+\cdots\\&=\boldsymbol{A}(\boldsymbol{I}+\boldsymbol{A}+\boldsymbol{A}^2+\boldsymbol{A}^3+\cdots+\boldsymbol{A}^k+\cdots)\\&=\boldsymbol{A}(\boldsymbol{I}-\boldsymbol{A})^{-1},\end{aligned}$$

于是得到

$$\boldsymbol{S}=\sum_{k=0}^{\infty} k\boldsymbol{A}^k=\boldsymbol{A}(\boldsymbol{I}-\boldsymbol{A})^{-2}.$$

(2) 由于 $\boldsymbol{A}=\begin{bmatrix}0.2 & 0.7\\ 0.5 & 0.4\end{bmatrix}$，则

$$\|\boldsymbol{A}\|_{\infty}=0.9<1,$$

所以

$$\rho(\boldsymbol{A})\leqslant\|\boldsymbol{A}\|_{\infty}=0.9<1,\quad 得\quad \sum_{k=1}^{\infty}\boldsymbol{A}^k=(\boldsymbol{I}-\boldsymbol{A})^{-1}-\boldsymbol{I}.$$

由于

$$\boldsymbol{I}-\boldsymbol{A}=\begin{bmatrix}0.8 & -0.7\\ -0.5 & 0.6\end{bmatrix}=\frac{1}{10}\begin{bmatrix}8 & -7\\ -5 & 6\end{bmatrix},$$

得

$$(\boldsymbol{I}-\boldsymbol{A})^{-1}=\frac{10}{13}\begin{bmatrix}6 & 7\\ 5 & 8\end{bmatrix},$$

所以

$$\sum_{k=1}^{\infty}\boldsymbol{A}^k=(\boldsymbol{I}-\boldsymbol{A})^{-1}-\boldsymbol{I}=\frac{10}{13}\begin{bmatrix}6 & 7\\ 5 & 8\end{bmatrix}-\begin{bmatrix}1 & 0\\ 0 & 1\end{bmatrix}=\frac{1}{13}\begin{bmatrix}47 & 70\\ 50 & 67\end{bmatrix}.$$

7. 设 $\boldsymbol{A}=\begin{bmatrix}-1 & -2 & 6\\ -1 & 0 & 3\\ -1 & -1 & 4\end{bmatrix}$，求 $f(\boldsymbol{A})$ 的 Lagrange-Sylvester 内插多项式，并用

其计算矩阵函数 e^{A}, e^{tA}, $\sin A$.

解:矩阵 A 的最小多项式 $m_A(\lambda)=(\lambda-1)^2$, 由 Lagrange-Sylvester 内插多项式表达式可得 $\varphi_1(\lambda)=1$, 故

$$c_{11}=\frac{f(\lambda)}{\varphi_1(\lambda)}\bigg|_{\lambda=1}=f(1),\quad c_{12}=\left[\frac{\mathrm{d}}{\mathrm{d}\lambda}\left(\frac{f(\lambda)}{\varphi_1(\lambda)}\right)\right]\bigg|_{\lambda=1}=f'(1),$$

于是 $f(\boldsymbol{A})$ 的 Lagrange-Sylvester 内插多项式为

$$f(\boldsymbol{A})=f(1)\boldsymbol{I}+f'(1)(\boldsymbol{A}-\boldsymbol{I}).$$

(1) 当 $f(\lambda)=e^{\lambda}$, $f(1)=e$, $f'(1)=e$, 得

$$e^{\boldsymbol{A}}=e(\boldsymbol{I}+\boldsymbol{A}-\boldsymbol{I})=e\boldsymbol{A}=e\begin{bmatrix}-1&-2&6\\-1&0&3\\-1&-1&4\end{bmatrix};$$

(2) 当 $f(\lambda)=e^{t\lambda}$, $f(1)=e^{t}$, $f'(1)=te^{t}$, 得

$$e^{t\boldsymbol{A}}=e^{t}\boldsymbol{I}+te^{t}(\boldsymbol{A}-\boldsymbol{I})=e^{t}\begin{bmatrix}1-2t&-2t&6t\\-t&1-t&3t\\-t&-t&1+3t\end{bmatrix};$$

(3) 当 $f(\lambda)=\sin\lambda$, $f(1)=\sin1$, $f'(1)=\cos1$, 得

$$\begin{aligned}\sin\boldsymbol{A}&=\sin1\cdot\boldsymbol{I}+\cos1\cdot(\boldsymbol{A}-\boldsymbol{I})\\&=\begin{bmatrix}\sin1-2\cos1&-2\cos1&6\cos1\\-\cos1&\sin1-\cos1&3\cos1\\-\cos1&-\cos1&\sin1+3\cos1\end{bmatrix}.\end{aligned}$$

8. 证明:(1) 设 $\boldsymbol{A}\in\mathbf{C}^{m\times n}$, 对于任意 m 阶酉矩阵 $\boldsymbol{U}$ 和 n 阶酉矩阵 $\boldsymbol{V}$, 有

$$\|\boldsymbol{UAV}\|_F=\|\boldsymbol{A}\|_F;$$

(2) 若 $r(\boldsymbol{A})=r$, 且 $\sigma_1,\sigma_2,\cdots,\sigma_r$ 是 $\boldsymbol{A}$ 的全部正奇异值, 则

$$\sum_{i=1}^{r}\sigma_i^2=\sum_{i=1}^{m}\sum_{j=1}^{n}|a_{ij}|^2.$$

证明:(1) 根据题意, 得

$$\begin{aligned}\|\boldsymbol{UAV}\|_F^2&=\mathrm{tr}[(\boldsymbol{UAV})^{\mathrm{H}}(\boldsymbol{UAV})]=\mathrm{tr}(\boldsymbol{V}^{\mathrm{H}}\boldsymbol{A}^{\mathrm{H}}\boldsymbol{U}^{\mathrm{H}}\boldsymbol{UAV})\\&=\mathrm{tr}(\boldsymbol{V}^{\mathrm{H}}\boldsymbol{A}^{\mathrm{H}}\boldsymbol{AV})=\mathrm{tr}(\boldsymbol{A}^{\mathrm{H}}\boldsymbol{AVV}^{\mathrm{H}})\\&=\mathrm{tr}(\boldsymbol{A}^{\mathrm{H}}\boldsymbol{A})=\|\boldsymbol{A}\|_F^2,\end{aligned}$$

所以 $\|\boldsymbol{UAV}\|_F=\|\boldsymbol{A}\|_F$.

(2) 因为 $r(\boldsymbol{A})=r$, $\sigma_1,\sigma_2,\cdots,\sigma_r$ 是 $\boldsymbol{A}$ 的全部正奇异值, 所以 $\boldsymbol{A}^{\mathrm{H}}\boldsymbol{A}$ 的非零特征值为 $\sigma_1^2,\sigma_2^2,\cdots,\sigma_r^2$, 且存在 n 阶酉矩阵 $\boldsymbol{V}$, 使得

$$\boldsymbol{V}^{\mathrm{H}}(\boldsymbol{A}^{\mathrm{H}}\boldsymbol{A})\boldsymbol{V}=\mathrm{diag}(\sigma_1^2,\sigma_2^2,\cdots,\sigma_r^2,0,\cdots,0),$$

由(1) 得到

$$\sum_{i=1}^{r}\sigma_i^2=\mathrm{tr}(\boldsymbol{V}^{\mathrm{H}}(\boldsymbol{A}^{\mathrm{H}}\boldsymbol{A})\boldsymbol{V})=\mathrm{tr}(\boldsymbol{A}^{\mathrm{H}}\boldsymbol{A})=\sum_{i=1}^{m}\sum_{j=1}^{n}|a_{ij}|^2.$$

5.6　书后习题解答

1. 若 $\|\cdot\|$ 是酉空间 $\mathbf{C}^n$ 的向量范数,证明向量范数的下列基本性质:

(1) 零向量的范数是零;

(2) 若向量 $\boldsymbol{\alpha}\neq\mathbf{0}$,则$\left\|\dfrac{\boldsymbol{\alpha}}{\|\boldsymbol{\alpha}\|}\right\|=1$;

(3) $\|-\boldsymbol{\alpha}\|=\|\boldsymbol{\alpha}\|$;

(4) $|\,\|\boldsymbol{\alpha}\|-\|\boldsymbol{\beta}\|\,|\leqslant\|\boldsymbol{\alpha}-\boldsymbol{\beta}\|$.

证明:(1) $\|\mathbf{0}\|=\|0\cdot\boldsymbol{\alpha}\|=|0|\,\|\boldsymbol{\alpha}\|=0$.

(2) 若向量 $\boldsymbol{\alpha}\neq\mathbf{0}$,则

$$\left\|\frac{\boldsymbol{\alpha}}{\|\boldsymbol{\alpha}\|}\right\|=\frac{1}{\|\boldsymbol{\alpha}\|}\|\boldsymbol{\alpha}\|=1.$$

(3) $\|-\boldsymbol{\alpha}\|=|-1|\,\|\boldsymbol{\alpha}\|=\|\boldsymbol{\alpha}\|$.

(4) 因为

$$\|\boldsymbol{\alpha}\|=\|(\boldsymbol{\alpha}-\boldsymbol{\beta})+\boldsymbol{\beta}\|\leqslant\|\boldsymbol{\alpha}-\boldsymbol{\beta}\|+\|\boldsymbol{\beta}\|,$$

所以

$$\|\boldsymbol{\alpha}\|-\|\boldsymbol{\beta}\|\leqslant\|\boldsymbol{\alpha}-\boldsymbol{\beta}\|,$$

又

$$\|\boldsymbol{\beta}\|=\|-(\boldsymbol{\alpha}-\boldsymbol{\beta})+\boldsymbol{\alpha}\|\leqslant\|\boldsymbol{\alpha}-\boldsymbol{\beta}\|+\|\boldsymbol{\alpha}\|,$$

即

$$-(\|\boldsymbol{\alpha}\|-\|\boldsymbol{\beta}\|)\leqslant\|\boldsymbol{\alpha}-\boldsymbol{\beta}\|,$$

故有

$$|\,\|\boldsymbol{\alpha}\|-\|\boldsymbol{\beta}\|\,|\leqslant\|\boldsymbol{\alpha}-\boldsymbol{\beta}\|.$$

2. 若 $\boldsymbol{\alpha}\in\mathbf{C}^n$,证明下列各不等式:

(1) $\|\boldsymbol{\alpha}\|_2\leqslant\|\boldsymbol{\alpha}\|_1\leqslant\sqrt{n}\,\|\boldsymbol{\alpha}\|_2$;

(2) $\|\boldsymbol{\alpha}\|_\infty\leqslant\|\boldsymbol{\alpha}\|_1\leqslant n\,\|\boldsymbol{\alpha}\|_\infty$;

(3) $\|\boldsymbol{\alpha}\|_\infty\leqslant\|\boldsymbol{\alpha}\|_2\leqslant\sqrt{n}\,\|\boldsymbol{\alpha}\|_\infty$.

证明:(1) 设 $\forall\boldsymbol{\alpha}=(x_1,x_2,\cdots,x_n)^{\mathrm{T}}\in\mathbf{C}^n$,则

$$\|\boldsymbol{\alpha}\|_2=\sqrt{\sum_{i=1}^n|x_i|^2}\leqslant\sqrt{\left(\sum_{i=1}^n|x_i|\right)^2}=\sum_{i=1}^n|x_i|=\|\boldsymbol{\alpha}\|_1,$$

$$\|\boldsymbol{\alpha}\|_1=\sum_{i=1}^n|x_i|\cdot1\leqslant\sqrt{\sum_{i=1}^n|x_i|^2\cdot\sum_{i=1}^n1^2}=\sqrt{n}\sqrt{\sum_{i=1}^n|x_i|^2}=\sqrt{n}\,\|\boldsymbol{\alpha}\|_2.$$

(2),(3) 仿此证明.

3. 设 $\|x\|$ 是 $\mathbf{C}^n$ 中的向量范数，$\boldsymbol{A}\in\mathbf{C}^{n\times n}$，证明：$\|\boldsymbol{x}\|_A=\|\boldsymbol{Ax}\|$ 也是向量范数的充要条件是 $\boldsymbol{A}$ 可逆.

证明：先证必要性(用反证法). 由 $\|\boldsymbol{x}\|_A$ 是向量范数，若 $\boldsymbol{A}$ 不可逆，则 $\exists\boldsymbol{x}_0\in\mathbf{C}^n$ 且 $\boldsymbol{x}_0\neq\boldsymbol{0}$，使 $\boldsymbol{Ax}_0=\boldsymbol{0}$，从而

$$\|\boldsymbol{x}_0\|_A=\|\boldsymbol{Ax}_0\|=\|\boldsymbol{0}\|=0,$$

与 $\boldsymbol{x}_0\neq\boldsymbol{0}$ 矛盾. 故 $\boldsymbol{A}$ 可逆.

再证充分性. 由 $\boldsymbol{A}$ 可逆，则

① $\forall\boldsymbol{x}\in\mathbf{C}^n$，有 $\|\boldsymbol{x}\|_A=\|\boldsymbol{Ax}\|\geqslant0$，且

$$\|\boldsymbol{x}\|_A=0\Leftrightarrow\boldsymbol{Ax}=\boldsymbol{0}\Leftrightarrow\boldsymbol{x}=\boldsymbol{0};$$

② $\forall k\in\mathbf{C},\boldsymbol{x}\in\mathbf{C}^n$，有

$$\|k\boldsymbol{x}\|_A=\|k\boldsymbol{Ax}\|=|k|\|\boldsymbol{Ax}\|=|k|\|\boldsymbol{x}\|_A;$$

③ $\forall\boldsymbol{x},\boldsymbol{y}\in\mathbf{C}^n$，有

$$\begin{aligned}\|\boldsymbol{x}+\boldsymbol{y}\|_A&=\|\boldsymbol{A}(\boldsymbol{x}+\boldsymbol{y})\|=\|\boldsymbol{Ax}+\boldsymbol{Ay}\|\\&\leqslant\|\boldsymbol{Ax}\|+\|\boldsymbol{Ay}\|=\|\boldsymbol{x}\|_A+\|\boldsymbol{y}\|_A.\end{aligned}$$

故 $\|\boldsymbol{x}\|_A$ 是 $\mathbf{C}^n$ 上的向量范数.

4. 设 $\boldsymbol{A}\in\mathbf{C}^{n\times n}$，证明：$\frac{1}{\sqrt{n}}\|\boldsymbol{A}\|_F\leqslant\|\boldsymbol{A}\|_2\leqslant\|\boldsymbol{A}\|_F$.

证明：参见例 5.12.

5. 证明：矩阵范数 $\|\boldsymbol{A}\|_1$，$\|\boldsymbol{A}\|_2$ 和 $\|\boldsymbol{A}\|_\infty$ 分别是向量 1- 范数 l_1，2- 范数 l_2 和 ∞- 范数 l_∞ 导出的矩阵范数.

证明：这里只证明 $\|\boldsymbol{A}\|_1$ 是向量 1- 范数导出的矩阵范数，其余方法相同. 设

$$\boldsymbol{A}=(a_{ij})\in\mathbf{C}^{m\times n},\quad\boldsymbol{x}=(x_1,x_2,\cdots,x_n)^{\mathrm{T}}\in\mathbf{C}^n,$$

则

$$\begin{aligned}\|\boldsymbol{Ax}\|_1&=\sum_{i=1}^{m}\Big|\sum_{j=1}^{n}a_{ij}x_j\Big|\leqslant\sum_{j=1}^{n}\sum_{i=1}^{m}(|a_{ij}|\cdot|x_j|)\\&\leqslant\Big(\max_j\sum_{i=1}^{m}|a_{ij}|\Big)\Big(\sum_{j=1}^{n}|x_j|\Big)\\&=\Big(\max_j\sum_{i=1}^{m}|a_{ij}|\Big)\|\boldsymbol{x}\|_1,\end{aligned}$$

从而

$$\max_j\sum_{i=1}^{m}|a_{ij}|\geqslant\max_j\frac{\|\boldsymbol{Ax}\|_1}{\|\boldsymbol{x}\|_1}.$$

另一方面，设

$$\max_j\sum_{i=1}^{m}|a_{ij}|=\sum_{i=1}^{m}|a_{ik}|,$$

再设 $\boldsymbol{\beta}_k$ 是 $\boldsymbol{A}$ 的第 k 列向量，$\boldsymbol{e}_k$ 是单位矩阵的第 k 列，则 $\|\boldsymbol{e}_k\|_1=1$，且 $\boldsymbol{A}\boldsymbol{e}_k=\boldsymbol{\beta}_k$，于是

$$\frac{\|\boldsymbol{A}\boldsymbol{e}_k\|_1}{\|\boldsymbol{e}_k\|_1}=\|\boldsymbol{\beta}_k\|_1=\sum_{i=1}^{m}|a_{ik}|=\max_j\sum_{i=1}^{m}|a_{ij}|.$$

综上，有

$$\max_j\frac{\|\boldsymbol{A}\boldsymbol{x}\|_1}{\|\boldsymbol{x}\|_1}\leqslant\max_j\sum_{i=1}^{m}|a_{ij}|\leqslant\max_j\frac{\|\boldsymbol{A}\boldsymbol{x}\|_1}{\|\boldsymbol{x}\|_1},$$

取 $\|\boldsymbol{x}\|_1=1$，则得 $\|\boldsymbol{A}\|_1=\max\limits_j\sum\limits_{i=1}^{m}|a_{ij}|$.

6. 设 $\boldsymbol{x}=(3\mathrm{i},-5,2\mathrm{i})^{\mathrm{T}}$，试计算 $\|\boldsymbol{x}\|_1$，$\|\boldsymbol{x}\|_2$，$\|\boldsymbol{x}\|_\infty$.

解：根据题意，得

$$\|\boldsymbol{x}\|_1=\sum_{k=1}^{3}|x_k|=10,\quad \|\boldsymbol{x}\|_2=\sqrt{\boldsymbol{x}^{\mathrm{H}}\boldsymbol{x}}=\sqrt{38},$$

$$\|\boldsymbol{x}\|_\infty=\max\{|x_1|,|x_2|,|x_3|\}=5.$$

7. 设 $\boldsymbol{A}=\begin{bmatrix}2&-1&0\\0&2&3\\1&2&0\end{bmatrix}$，求 $\|\boldsymbol{A}\|_{m_1}$，$\|\boldsymbol{A}\|_F$，$\|\boldsymbol{A}\|_{m_\infty}$，$\|\boldsymbol{A}\|_1$，$\|\boldsymbol{A}\|_2$，$\|\boldsymbol{A}\|_\infty$.

解：根据题意，得

$$\|\boldsymbol{A}\|_{m_1}=\sum_{i=1}^{3}\sum_{j=1}^{3}|a_{ij}|=11,$$

$$\|\boldsymbol{A}\|_F=\left(\sum_{i=1}^{3}\sum_{j=1}^{3}|a_{ij}|^2\right)^{\frac{1}{2}}=\sqrt{23},\quad \|\boldsymbol{A}\|_{m_\infty}=\max\{m,n\}\max_{i,j}|a_{ij}|=9,$$

$$\|\boldsymbol{A}\|_1=\max_{1\leqslant j\leqslant 3}\sum_{i=1}^{3}|a_{ij}|=5,\quad \|\boldsymbol{A}\|_\infty=\max_{1\leqslant i\leqslant 3}\sum_{j=1}^{3}|a_{ij}|=5,$$

又 $\boldsymbol{A}^{\mathrm{H}}\boldsymbol{A}$ 的特征值为 3，5，15，而 $\|\boldsymbol{A}\|_2$ 为 $\boldsymbol{A}^{\mathrm{H}}\boldsymbol{A}$ 最大特征值的算术平方根，故

$$\|\boldsymbol{A}\|_2=\sqrt{15}.$$

8. 设 $\boldsymbol{A}=\begin{bmatrix}2&2&1\\-2&6&1\\0&0&4\end{bmatrix}$，求矩阵函数 $\mathrm{e}^{\boldsymbol{A}t}$，$\sin\boldsymbol{A}$.

解：因为

$$\lambda\boldsymbol{I}-\boldsymbol{A}=\begin{bmatrix}\lambda-2&-2&-1\\2&\lambda-6&-1\\0&0&\lambda-4\end{bmatrix}\rightarrow\begin{bmatrix}1&0&0\\0&\lambda-4&0\\0&0&(\lambda-4)^2\end{bmatrix},$$

所以最小多项式为 $m(\lambda)=(\lambda-4)^2$.

(1) 令 $e^{\lambda t}=a+b\lambda$,则

$$e^{4t}=a+4b,\quad te^{4t}=b,$$

解得 $a=e^{4t}-4te^{4t}$,$b=te^{4t}$,故

$$e^{At}=aI+bA=(e^{4t}-4te^{4t})\begin{bmatrix}1&0&0\\0&1&0\\0&0&1\end{bmatrix}+te^{4t}\begin{bmatrix}2&2&1\\-2&6&1\\0&0&4\end{bmatrix}$$

$$=e^{4t}\begin{bmatrix}1-2t&2t&t\\-2t&1+2t&t\\0&0&1\end{bmatrix}.$$

(2) 令 $\sin\lambda=a+b\lambda$,则 $\sin4=a+4b$,$\cos4=b$,解得

$$a=\sin4-4\cos4,\quad b=\cos4,$$

故

$$\sin A=(\sin4-4\cos4)I+(\cos4)A=\begin{bmatrix}\sin4-2\cos4&2\cos4&\cos4\\-2\cos4&\sin4+2\cos4&\cos4\\0&0&\sin4\end{bmatrix}.$$

9. 设 $A=\begin{bmatrix}2&2&1\\1&3&1\\1&2&2\end{bmatrix}$,求 $\sin At$.

解:因为

$$|\lambda I-A|=\begin{vmatrix}\lambda-2&-2&-1\\-1&\lambda-3&-1\\-1&-2&\lambda-2\end{vmatrix}=(\lambda-1)^2(\lambda-5),$$

故 A 的特征值为

$$\lambda_1=\lambda_2=1,\quad \lambda_3=5.$$

解 $(1I-A)x=0$,得基础解系为

$$\alpha_1=(-2,1,0)^T,\quad \alpha_2=(-1,0,1)^T,$$

解 $(5I-A)x=0$,得基础解系为

$$\alpha_3=(1,1,1)^T,$$

故 A 可以对角化. 令 $P=\begin{bmatrix}-2&-1&1\\1&0&1\\0&1&1\end{bmatrix}$,则

$$P^{-1}AP=\begin{bmatrix}1&0&0\\0&1&0\\0&0&5\end{bmatrix},\quad A=P\begin{bmatrix}1&0&0\\0&1&0\\0&0&5\end{bmatrix}P^{-1},$$

于是

$$\sin\boldsymbol{A}t=\boldsymbol{P}\sin(t\boldsymbol{J})\boldsymbol{P}^{-1}=\boldsymbol{P}\begin{bmatrix}\sin t&0&0\\0&\sin t&0\\0&0&\sin 5t\end{bmatrix}\boldsymbol{P}^{-1}$$

$$=\frac{1}{4}\begin{bmatrix}3\sin t+\sin 5t&2\sin 5t-2\sin t&\sin 5t-\sin t\\\sin 5t-\sin t&2\sin t+2\sin 5t&\sin 5t-\sin t\\\sin 5t-\sin t&2\sin 5t-2\sin t&3\sin t+\sin 5t\end{bmatrix}.$$

10. 已知 $\boldsymbol{A}=\begin{bmatrix}0&a&a\\a&0&a\\a&a&0\end{bmatrix}$,试讨论 a 为何值时 $\boldsymbol{A}$ 是收敛矩阵.

解:因为

$$|\lambda\boldsymbol{I}-\boldsymbol{A}|=(\lambda-2a)(\lambda+a)^2,$$

又 $\boldsymbol{A}$ 收敛当且仅当 $\rho(\boldsymbol{A})<1$,所以 $|2a|<1$ 且 $|a|<1$,解得 $|a|<\dfrac{1}{2}$.

11. 设

$$\boldsymbol{A}(t)=\begin{bmatrix}1&t^3&0\\\sin t&t&\cos t\\\dfrac{\sin t}{t}&t^2&e^t\end{bmatrix}\quad(t\neq 0),$$

求 $\lim\limits_{t\to 0}\boldsymbol{A}(t)$,$\dfrac{d}{dt}\boldsymbol{A}(t)$,$\dfrac{d^2}{dt^2}\boldsymbol{A}(t)$,$\dfrac{d}{dt}|\boldsymbol{A}(t)|$,$\left|\dfrac{d}{dt}\boldsymbol{A}(t)\right|$.

解:根据题意,得

$$\lim_{t\to 0}\boldsymbol{A}(t)=\begin{bmatrix}1&0&0\\0&0&1\\1&0&1\end{bmatrix},\quad \frac{d}{dt}\boldsymbol{A}(t)=\begin{bmatrix}0&3t^2&0\\\cos t&1&-\sin t\\\dfrac{t\cos t-\sin t}{t^2}&2t&e^t\end{bmatrix},$$

$$\frac{d^2}{dt^2}\boldsymbol{A}(t)=\begin{bmatrix}0&6t&0\\\sin t&0&-\cos t\\\dfrac{-t^2\sin t-2t\cos t+2\sin t}{t^3}&2&e^t\end{bmatrix},$$

又

$$|\boldsymbol{A}(t)|=\begin{vmatrix}1&t^3&0\\\sin t&t&\cos t\\\dfrac{\sin t}{t}&t^2&e^t\end{vmatrix}=te^t+t^2\sin t\cos t-t^2\cos t-t^3e^t\sin t,$$

则

$$\frac{d}{dt}|\boldsymbol{A}(t)|=e^t+te^t+2t\sin t\cos t+t^2\cos 2t-2t\cos t$$
$$+t^2\sin t-3t^2e^t\sin t-t^3e^t\sin t-t^3e^t\cos t,$$

$$\left|\frac{\mathrm{d}}{\mathrm{d}t}\boldsymbol{A}(t)\right| = -3t^2\left(\mathrm{e}^t\cos t + \frac{t\sin t\cos t - \sin^2 t}{t^2}\right).$$

12. 设函数矩阵 $\boldsymbol{A}(t) = \begin{bmatrix} 2\mathrm{e}^{2t} & \mathrm{e}^{-t} & 0 \\ t\mathrm{e}^t & \mathrm{e}^{2t} & t^2 \\ 0 & 3t & 0 \end{bmatrix}$，求$\int_0^1 \boldsymbol{A}(t)\mathrm{d}t$ 与$\frac{\mathrm{d}}{\mathrm{d}t}\left[\int_0^{t^2} \boldsymbol{A}(\tau)\mathrm{d}\tau\right]$.

解：根据题意，得

$$\int_0^1 \boldsymbol{A}(t)\mathrm{d}t = \begin{bmatrix} \mathrm{e}^2 - 1 & 1 - \mathrm{e}^{-1} & 0 \\ 1 & \frac{1}{2}(\mathrm{e}^2 - 1) & \frac{1}{3} \\ 0 & \frac{3}{2} & 0 \end{bmatrix},$$

$$\frac{\mathrm{d}}{\mathrm{d}t}\left[\int_0^{t^2} \boldsymbol{A}(\tau)\mathrm{d}\tau\right] = 2t\begin{bmatrix} 2\mathrm{e}^{2t^2} & \mathrm{e}^{-t^2} & 0 \\ t^2\mathrm{e}^{t^2} & \mathrm{e}^{2t^2} & t^4 \\ 0 & 3t^2 & 0 \end{bmatrix}.$$

13. 求解一阶线性常系数齐次微分方程组

$$\begin{cases} \dfrac{\mathrm{d}\boldsymbol{x}}{\mathrm{d}t} = \boldsymbol{A}\boldsymbol{x}, \\ \boldsymbol{x}(0) = (1,1,3)^{\mathrm{T}}, \end{cases} \quad 其中\ \boldsymbol{A} = \begin{bmatrix} 2 & 2 & -1 \\ -1 & -1 & 1 \\ -1 & -2 & 2 \end{bmatrix}.$$

解：矩阵 $\boldsymbol{A}$ 的 Jordan 标准形为

$$\boldsymbol{J} = \begin{bmatrix} 1 & 1 & 0 \\ 0 & 1 & 0 \\ 0 & 0 & 1 \end{bmatrix},$$

变换矩阵为

$$\boldsymbol{P} = \begin{bmatrix} 1 & 1 & 1 \\ -1 & 0 & 0 \\ -1 & 0 & 1 \end{bmatrix},$$

则

$$\mathrm{e}^{\boldsymbol{A}t} = \boldsymbol{P}\mathrm{e}^{\boldsymbol{J}t}\boldsymbol{P}^{-1} = \boldsymbol{P}\begin{bmatrix} \mathrm{e}^t & t\mathrm{e}^t & 0 \\ 0 & \mathrm{e}^t & 0 \\ 0 & 0 & \mathrm{e}^t \end{bmatrix}\boldsymbol{P}^{-1} = \mathrm{e}^t\begin{bmatrix} 1+t & 2t & -t \\ -t & 1-2t & t \\ -t & -2t & 1+t \end{bmatrix},$$

于是所求的解是

$$\boldsymbol{x}(t) = \mathrm{e}^{\boldsymbol{A}t}\boldsymbol{x}(0) = (\mathrm{e}^t, \mathrm{e}^t, 3\mathrm{e}^t)^{\mathrm{T}}.$$

14. 求解一阶线性常系数非齐次微分方程组

$$\begin{cases} \dfrac{\mathrm{d}\boldsymbol{x}}{\mathrm{d}t} = \boldsymbol{A}\boldsymbol{x} + f(t), \\ \boldsymbol{x}(0) = (1,1,0)^{\mathrm{T}}, \end{cases} \quad 其中\ \boldsymbol{A} = \begin{bmatrix} 3 & -1 & 1 \\ 2 & 0 & -1 \\ 1 & -1 & 2 \end{bmatrix}, f(t) = (0,0,\mathrm{e}^{2t})^{\mathrm{T}}.$$

解:因为

$$|\lambda\boldsymbol{I}-\boldsymbol{A}|=\begin{vmatrix}\lambda-3 & 1 & -1\\ -2 & \lambda & 1\\ -1 & 1 & \lambda-2\end{vmatrix}=\lambda(\lambda-2)(\lambda-3),$$

得 $\boldsymbol{A}$ 的特征值$\lambda_1=0,\lambda_2=2,\lambda_3=3$ 互异,故 $\boldsymbol{A}$ 可对角化. 分别求出三个特征值对应的特征向量为

$$\boldsymbol{\alpha}_1=(1,5,2)^{\mathrm{T}},\quad \boldsymbol{\alpha}_2=(1,1,0)^{\mathrm{T}},\quad \boldsymbol{\alpha}_3=(2,1,1)^{\mathrm{T}},$$

令 $\boldsymbol{P}=\begin{bmatrix}1 & 1 & 2\\ 5 & 1 & 1\\ 2 & 0 & 1\end{bmatrix}$,则 $\boldsymbol{A}=\boldsymbol{P}\begin{bmatrix}0 & 0 & 0\\ 0 & 2 & 0\\ 0 & 0 & 3\end{bmatrix}\boldsymbol{P}^{-1}$,得

$$\mathrm{e}^{\boldsymbol{A}t}=\boldsymbol{P}\begin{bmatrix}1 & 0 & 0\\ 0 & \mathrm{e}^{2t} & 0\\ 0 & 0 & \mathrm{e}^{3t}\end{bmatrix}\boldsymbol{P}^{-1}=\begin{bmatrix}1 & 1 & 2\\ 5 & 1 & 1\\ 2 & 0 & 1\end{bmatrix}\begin{bmatrix}1 & 0 & 0\\ 0 & \mathrm{e}^{2t} & 0\\ 0 & 0 & \mathrm{e}^{3t}\end{bmatrix}\begin{bmatrix}-\frac{1}{6} & \frac{1}{6} & \frac{1}{6}\\ \frac{1}{2} & \frac{1}{2} & -\frac{3}{2}\\ \frac{1}{3} & -\frac{1}{3} & \frac{2}{3}\end{bmatrix},$$

于是

$$\mathrm{e}^{\boldsymbol{A}t}\boldsymbol{x}(0)=\begin{bmatrix}\mathrm{e}^{2t}\\ \mathrm{e}^{2t}\\ 0\end{bmatrix}.$$

又方程组满足初始条件的解为

$$\boldsymbol{x}(t)=\mathrm{e}^{\boldsymbol{A}t}\boldsymbol{x}(0)+\int_0^t \mathrm{e}^{\boldsymbol{A}(t-\tau)}f(\tau)\mathrm{d}\tau,$$

其中

$$\mathrm{e}^{\boldsymbol{A}(t-\tau)}f(\tau)=\boldsymbol{P}\begin{bmatrix}1 & 0 & 0\\ 0 & \mathrm{e}^{2(t-\tau)} & 0\\ 0 & 0 & \mathrm{e}^{3(t-\tau)}\end{bmatrix}\boldsymbol{P}^{-1}\begin{bmatrix}0\\ 0\\ \mathrm{e}^{2\tau}\end{bmatrix}=-\frac{1}{6}\boldsymbol{P}\begin{bmatrix}-\mathrm{e}^{2\tau}\\ 9\mathrm{e}^{2t}\\ -4\mathrm{e}^{3t-\tau}\end{bmatrix}$$

$$=-\frac{1}{6}\begin{bmatrix}-\mathrm{e}^{2\tau}+9\mathrm{e}^{2t}-8\mathrm{e}^{3t-\tau}\\ -5\mathrm{e}^{2\tau}+9\mathrm{e}^{2t}-4\mathrm{e}^{3t-\tau}\\ -2\mathrm{e}^{2\tau}-4\mathrm{e}^{3t-\tau}\end{bmatrix},$$

所以

$$\int_0^t \mathrm{e}^{\boldsymbol{A}(t-\tau)}f(\tau)\mathrm{d}\tau=-\frac{1}{6}\begin{bmatrix}\frac{1}{2}+\left(9t+\frac{15}{2}\right)\mathrm{e}^{2t}-8\mathrm{e}^{3t}\\ \frac{5}{2}+\left(9t+\frac{3}{2}\right)\mathrm{e}^{2t}-4\mathrm{e}^{3t}\\ 1+3\mathrm{e}^{2t}-4\mathrm{e}^{3t}\end{bmatrix},$$

故

$$\boldsymbol{x}(t)=\mathrm{e}^{\boldsymbol{A}t}\boldsymbol{x}(0)+\int_0^t \mathrm{e}^{\boldsymbol{A}(t-\tau)}f(\tau)\mathrm{d}\tau=-\frac{1}{6}\begin{bmatrix}\frac{1}{2}+\left(9t+\frac{3}{2}\right)\mathrm{e}^{2t}-8\mathrm{e}^{3t}\\ \frac{5}{2}+\left(9t-\frac{9}{2}\right)\mathrm{e}^{2t}-4\mathrm{e}^{3t}\\ 1+3\mathrm{e}^{2t}-4\mathrm{e}^{3t}\end{bmatrix}.$$

5.7 课外习题选解

1. 设$\boldsymbol{A}=\begin{bmatrix}1&2&3\\6&5&4\\7&8&9\end{bmatrix}$,$\boldsymbol{X}=\begin{bmatrix}1\\1\\1\end{bmatrix}$,则$\|\boldsymbol{A}\|_1=$________,$\|\boldsymbol{A}\|_{m_\infty}=$________,$\|\boldsymbol{AX}\|_1=$________,$\|\boldsymbol{AX}\|_\infty=$________.

解:根据题意,得

$$\|\boldsymbol{A}\|_1=\max_j\sum_{i=1}^3|a_{ij}|=16,$$

$$\|\boldsymbol{A}\|_{m_\infty}=\max\{m,n\}\cdot\max_{i,j}|a_{ij}|=3\times 9=27,$$

又

$$\boldsymbol{AX}=(6,15,24)^{\mathrm{T}},$$

所以

$$\|\boldsymbol{AX}\|_1=45,\quad \|\boldsymbol{AX}\|_\infty=24.$$

2. 设$\boldsymbol{A}=(a_{ij})\in\mathbf{C}^{m\times n}$,$\boldsymbol{B}=(b_{ij})\in\mathbf{C}^{n\times m}$,定义实函数值$\|\boldsymbol{A}\|=\max\limits_{i,j}|a_{ij}|$,说明$\|\boldsymbol{A}\|$不是$\mathbf{C}^{m\times n}$的矩阵范数.

解:$\|\boldsymbol{A}\|$不是$\mathbf{C}^{m\times n}$的矩阵范数,因为两矩阵乘积不满足

$$\|\boldsymbol{AB}\|\leqslant\|\boldsymbol{A}\|\cdot\|\boldsymbol{B}\|.$$

例如,设

$$\boldsymbol{A}=\begin{bmatrix}1&1&0&0\\0&0&0&0\\\vdots&\vdots&\vdots&\vdots\\0&0&0&0\end{bmatrix},\quad \boldsymbol{B}=\begin{bmatrix}1&0&\cdots&0\\1&0&\cdots&0\\0&0&\cdots&0\\0&0&\cdots&0\end{bmatrix},$$

则

$$\boldsymbol{AB}=\begin{bmatrix}2&0&\cdots&0\\0&0&\cdots&0\\\vdots&\vdots&&\vdots\\0&0&\cdots&0\end{bmatrix},$$

因 $\|A\| = 1, \|B\| = 1, \|AB\| = 2$,故 $\|AB\| \leqslant \|A\| \cdot \|B\|$ 不成立.

3. 已知矩阵$A=\begin{bmatrix}-\mathrm{i} & 1 & -1\\ 1 & 0 & 1\end{bmatrix}$,求 $\|A\|_{m_1}$, $\|A\|_{m_\infty}$ $\|A\|_F$, $\|A\|_1$, $\|A\|_2$, $\|A\|_\infty$.

解:由矩阵相关范数定义,得

$$\|A\|_{m_1} = \sum_{i=1}^{2}\sum_{j=1}^{3}|a_{ij}| = 5, \quad \|A\|_F = \left(\sum_{i=1}^{2}\sum_{j=1}^{3}|a_{ij}|^2\right)^{\frac{1}{2}} = \sqrt{5},$$

$$\|A\|_{m_\infty} = \max\{m,n\}\max_{i,j}|a_{ij}| = 3, \quad \|A\|_1 = \max_j \sum_{i=1}^{2}|a_{ij}| = 2,$$

$$\|A\|_\infty = \max_i \sum_{j=1}^{3}|a_{ij}| = 3,$$

又

$$A^{\mathrm{H}}A = \begin{bmatrix}2 & \mathrm{i} & 1-\mathrm{i}\\ -\mathrm{i} & 1 & -1\\ 1+\mathrm{i} & -1 & 2\end{bmatrix}, \quad |\lambda I - A^{\mathrm{H}}A| = \lambda(\lambda-4)(\lambda-1),$$

所以

$$\|A\|_2 = \sqrt{\rho(A^{\mathrm{H}}A)} = 2.$$

4. 设$A=(a_{ij})\in \mathbf{C}^{m\times n}$,定义实函数 $\|A\| = \sqrt{mn}\cdot\max\limits_{i,j}|a_{ij}|$,证明:$\|A\|$ 是 $\mathbf{C}^{m\times n}$ 中的矩阵范数,且该范数与向量的 2- 范数相容.

证明:由定义显然知

(1) $\|A\| \geqslant 0$,且 $\|A\| = 0 \Leftrightarrow A = O$;

(2) $\|kA\| = \sqrt{mn}\max\limits_{i,j}|ka_{ij}| = k\sqrt{mn}\max\limits_{i,j}|a_{ij}| = |k|\,\|A\|$;

(3) 设$A=(a_{ij})_{m\times n}$,$B=(b_{ij})_{m\times n}$,则

$$\begin{aligned}\|A+B\| &= \sqrt{mn}\max_{i,j}|a_{ij}+b_{ij}| \leqslant \sqrt{mn}\max_{i,j}|a_{ij}| + \sqrt{mn}\max_{i,j}|b_{ij}|\\ &= |A| + |B|;\end{aligned}$$

(4) 设$A=(a_{ij})_{m\times s}$,$B=(b_{ij})_{s\times n}$,则

$$\begin{aligned}\|AB\| &= \sqrt{mn}\max_{i,j}\left|\sum_{k=1}^{s}a_{ik}b_{kj}\right| \leqslant \sqrt{mn}\max_{i,j}\sum_{k=1}^{s}|a_{ik}b_{kj}|\\ &\leqslant \sqrt{ms}\max_{i,k}|a_{ik}|\cdot\sqrt{sn}\max_{k,j}|b_{kj}| = \|A\|\,\|B\|.\end{aligned}$$

综上,$\|\cdot\|$ 是矩阵范数.

因$A=(a_{ij})\in \mathbf{C}^{m\times n}$,$\forall x\in \mathbf{C}^n$,有

$$\begin{aligned}\|Ax\| &= \sqrt{m}\max_i\left|\sum_{j=1}^{n}a_{ij}x_j\right| \leqslant \sqrt{m}\max_{i,j}|a_{ij}|\sum_{j=1}^{n}|x_j|\\ &\leqslant \sqrt{m}\max_{i,j}|a_{ij}|\sqrt{n\cdot\sum_{j=1}^{n}|x_j|^2}\end{aligned}$$

$$= \sqrt{mn} \max_{i,j} | a_{ij} | \sqrt{\sum_{j=1}^{n} | x_j |^2} = \| \boldsymbol{A} \| \| \boldsymbol{x} \|_2,$$

即该矩阵范数与向量的 2- 范数相容.

注:以上证明过程中运用了柯西不等式,即

$$\left(\sum_{j=1}^{n} | x_j |\right)^2 = \left(\sum_{j=1}^{n} 1 \cdot | x_j |\right)^2 \leqslant \sum_{j=1}^{n} 1^2 \cdot \sum_{j=1}^{n} | x_j |^2.$$

5. 证明:对任意的 $n \times n$ 矩阵 $\boldsymbol{A} = (a_{ij})_{n\times n}$,若定义 $\| \boldsymbol{A} \| = \sum_{i=1}^{n} \sum_{j=1}^{n} | a_{ij} |$,则 $\| \cdot \|$ 是一种矩阵范数,但不是算子范数(从属于向量范数的矩阵范数).

证明:由定义显然知

(1) $\| \boldsymbol{A} \| \geqslant 0$,且 $\| \boldsymbol{A} \| = 0 \Leftrightarrow \boldsymbol{A} = \boldsymbol{O}$;

(2) $\| k\boldsymbol{A} \| = \sum_{i=1}^{n} \sum_{j=1}^{n} | ka_{ij} | = | k | \sum_{i=1}^{n} \sum_{j=1}^{n} | a_{ij} | = | k | \| \boldsymbol{A} \|$;

(3) 设 $\boldsymbol{A} = (a_{ij})_{n\times n}, \boldsymbol{B} = (b_{ij})_{n\times n}$,则

$$\begin{aligned} \| \boldsymbol{A} + \boldsymbol{B} \| &= \sum_{i=1}^{n} \sum_{j=1}^{n} | a_{ij} + b_{ij} | \leqslant \sum_{i=1}^{n} \sum_{j=1}^{n} (| a_{ij} | + | b_{ij} |) \\ &= \sum_{i=1}^{n} \sum_{j=1}^{n} | a_{ij} | + \sum_{i=1}^{n} \sum_{j=1}^{n} | b_{ij} | = | \boldsymbol{A} | + | \boldsymbol{B} |; \end{aligned}$$

(4) 设 $\boldsymbol{A} = (a_{ij})_{n\times n}, \boldsymbol{B} = (b_{ij})_{n\times n}$,则

$$\begin{aligned} \| \boldsymbol{AB} \| &= \sum_{i=1}^{n} \sum_{j=1}^{n} \sum_{k=1}^{n} | a_{ik} b_{kj} | \leqslant \sum_{i=1}^{n} \sum_{j=1}^{n} \left(\sum_{k=1}^{n} | a_{ik} | \cdot | b_{kj} | \right) \\ &\leqslant \sum_{i=1}^{n} \sum_{j=1}^{n} \left[\left(\sum_{k=1}^{n} | a_{ik} | \right) \left(\sum_{k=1}^{n} | b_{kj} | \right) \right] \\ &\leqslant \left(\sum_{i=1}^{n} \sum_{k=1}^{n} | a_{ik} | \right) \left(\sum_{k=1}^{n} \sum_{j=1}^{n} | b_{kj} | \right) = | \boldsymbol{A} | | \boldsymbol{B} |. \end{aligned}$$

综上, $\| \cdot \|$ 是矩阵范数.

下面说明它不是算子范数.如果它是算子范数,则存在某个向量范数 $\| \cdot \|_p$,使得

$$\| \boldsymbol{A} \| = \max_{\| \boldsymbol{X} \|_p \neq 0} \frac{\| \boldsymbol{AX} \|_p}{\| \boldsymbol{X} \|_p},$$

但是对单位矩阵而言,左边 $\| \boldsymbol{I} \| = n$,右边 $= 1$,矛盾.

6. 设 3 阶方阵的奇异值为 3,6,2,求 $\| \boldsymbol{A} \|_F$.

解:因为 $\boldsymbol{A}^{\mathrm{H}}\boldsymbol{A}$ 的特征值为 9,36,4,所以

$$\operatorname{tr}(\boldsymbol{A}^{\mathrm{H}}\boldsymbol{A}) = 9 + 36 + 4 = 49,$$

于是

$$\|\boldsymbol{A}\|_F=\sqrt{\operatorname{tr}(\boldsymbol{A}^{\mathrm{H}}\boldsymbol{A})}=\sqrt{49}=7.$$

7. 已知矩阵 $\boldsymbol{B}$ 对某个算子范数满足 $\|\boldsymbol{B}\|<1$,证明:

(1) $\boldsymbol{I}-\boldsymbol{B}$ 可逆;

(2) $\|(\boldsymbol{I}-\boldsymbol{B})^{-1}\|\leqslant\dfrac{1}{1-\|\boldsymbol{B}\|}$.

证明:(1) 用反证法.若 $\boldsymbol{I}-\boldsymbol{B}$ 不可逆,则齐次方程组 $(\boldsymbol{I}-\boldsymbol{B})\boldsymbol{x}=\boldsymbol{0}$ 有非零解,即存在非零向量 $\boldsymbol{x}_0$,使得 $\boldsymbol{B}\boldsymbol{x}_0=\boldsymbol{x}_0$.因此

$$\frac{\|\boldsymbol{B}\boldsymbol{x}_0\|}{\|\boldsymbol{x}_0\|}=1,$$

则

$$\|\boldsymbol{B}\|=\max_{\boldsymbol{x}\neq\boldsymbol{0}}\frac{\|\boldsymbol{B}\boldsymbol{x}\|}{\|\boldsymbol{x}\|}\geqslant 1,$$

矛盾,从而 $\boldsymbol{I}-\boldsymbol{B}$ 可逆.

(2) 证法一:因为

$$\boldsymbol{I}=(\boldsymbol{I}-\boldsymbol{B})(\boldsymbol{I}-\boldsymbol{B})^{-1}=(\boldsymbol{I}-\boldsymbol{B})^{-1}-\boldsymbol{B}(\boldsymbol{I}-\boldsymbol{B})^{-1},$$

所以

$$(\boldsymbol{I}-\boldsymbol{B})^{-1}=\boldsymbol{I}+\boldsymbol{B}(\boldsymbol{I}-\boldsymbol{B})^{-1},$$

两边同时取范数,有

$$\|(\boldsymbol{I}-\boldsymbol{B})^{-1}\|\leqslant 1+\|\boldsymbol{B}\|\cdot\|(\boldsymbol{I}-\boldsymbol{B})^{-1}\|,$$

整理得

$$\|(\boldsymbol{I}-\boldsymbol{B})^{-1}\|\leqslant\frac{1}{1-\|\boldsymbol{B}\|}.$$

证法二:记 $\boldsymbol{B}=(b_{ij})_{n\times n}$,矩阵幂级数 $\sum\limits_{k=0}^{\infty}\boldsymbol{B}^k$ 收敛等价于它的每个分量收敛.对于每个范数,存在一个常数 c,使得 $|x_{jk}|\leqslant c\|\boldsymbol{B}\|$,得到

$$|(\boldsymbol{B}^i)_{jk}|\leqslant c\|\boldsymbol{B}^i\|\leqslant c\|\boldsymbol{B}\|^i,$$

故 $\sum\limits_{k=0}^{\infty}\boldsymbol{B}^k$ 的每个分量被一个收敛的几何级数 $\sum\limits_{k=0}^{\infty}c\|\boldsymbol{B}\|^k=\dfrac{c}{1-\|\boldsymbol{B}\|}$ 所控制,则必定收敛.

因此,当 $n\to\infty$ 时,$\boldsymbol{S}_n=\sum\limits_{k=0}^{n}\boldsymbol{B}^k$ 收敛于 $\boldsymbol{S}$,并且当 $n\to\infty$ 时,有

$$\|\boldsymbol{B}^n\|\leqslant\|\boldsymbol{B}\|^n\to 0,$$

所以

$$(\boldsymbol{I}-\boldsymbol{B})\boldsymbol{S}_n=(\boldsymbol{I}-\boldsymbol{B})(\boldsymbol{I}+\boldsymbol{B}+\boldsymbol{B}^2+\cdots+\boldsymbol{B}^n)=\boldsymbol{I}-\boldsymbol{B}^{n+1}\to\boldsymbol{I},$$

即有

$$(\boldsymbol{I}-\boldsymbol{B})\boldsymbol{S}=\boldsymbol{I},\quad \boldsymbol{S}=(\boldsymbol{I}-\boldsymbol{B})^{-1},$$

故

$$\|(\boldsymbol{I}-\boldsymbol{B})^{-1}\| = \left\|\sum_{k=0}^{\infty}\boldsymbol{B}^k\right\| \leqslant \sum_{k=0}^{\infty}\|\boldsymbol{B}^k\| \leqslant \sum_{k=0}^{\infty}\|\boldsymbol{B}\|^k \leqslant \frac{1}{1-\|\boldsymbol{B}\|}.$$

8. 判断矩阵幂级数 $\sum\limits_{n=1}^{\infty}\frac{1}{10^n}\begin{bmatrix}1 & 8\\ 2 & 1\end{bmatrix}^n$ 的敛散性，若收敛求其和.

解:令

$$\boldsymbol{A}=\frac{1}{10}\begin{bmatrix}1 & 8\\ 2 & 1\end{bmatrix},\quad |\lambda\boldsymbol{I}-\boldsymbol{A}|=\left(\lambda-\frac{1}{2}\right)\left(\lambda+\frac{3}{10}\right),$$

故 $\boldsymbol{A}$ 的特征值为 $0.5,-0.3$.

因此 $\boldsymbol{A}$ 的谱半径 $\rho(\boldsymbol{A})=0.5$，而幂级数 $\sum\limits_{n=1}^{\infty}z^n=\frac{z}{1-z}$ 的收敛半径 $R=1$，所以 $\rho(\boldsymbol{A})<R$，因而矩阵幂级数 $\sum\limits_{n=1}^{\infty}\frac{1}{10^n}\begin{bmatrix}1 & 8\\ 2 & 1\end{bmatrix}^n$ 收敛. 且

$$\sum_{n=1}^{\infty}\frac{1}{10^n}\begin{bmatrix}1 & 8\\ 2 & 1\end{bmatrix}^n=\sum_{n=0}^{\infty}\frac{1}{10^n}\begin{bmatrix}1 & 8\\ 2 & 1\end{bmatrix}^n-\boldsymbol{I}_2=\sum_{n=0}^{\infty}\boldsymbol{A}^n-\boldsymbol{I}_2=(\boldsymbol{I}-\boldsymbol{A})^{-1}-\boldsymbol{I}$$

$$=\frac{2}{13}\begin{bmatrix}9 & 8\\ 2 & 9\end{bmatrix}-\begin{bmatrix}1 & 0\\ 0 & 1\end{bmatrix}=\frac{1}{13}\begin{bmatrix}5 & 16\\ 4 & 5\end{bmatrix}.$$

9. 设 $\boldsymbol{X}=(x_{ij})_{n\times n}\in\mathbf{R}^{n\times n}$，$\boldsymbol{B}=(b_{ij})_{n\times n}\in\mathbf{R}^{n\times n}$ 为常值矩阵，求 $\frac{\mathrm{d}\operatorname{tr}(\boldsymbol{BX})}{\mathrm{d}\boldsymbol{X}}$.

解:由于

$$\operatorname{tr}(\boldsymbol{BX})=b_{11}x_{11}+b_{12}x_{21}+\cdots+b_{1n}x_{n1}+b_{21}x_{12}+b_{22}x_{22}$$
$$+\cdots+b_{2n}x_{n2}+\cdots+b_{n1}x_{1n}+\cdots+b_{nn}x_{nn},$$

所以

$$\frac{\partial\operatorname{tr}(\boldsymbol{BX})}{\partial x_{ij}}=b_{ji}\quad(i=1,2,\cdots n;j=1,2,\cdots,n).$$

于是

$$\frac{\mathrm{d}}{\mathrm{d}\boldsymbol{X}}\operatorname{tr}(\boldsymbol{BX})=\left(\frac{\partial\operatorname{tr}(\boldsymbol{BX})}{\partial x_{ij}}\right)=(b_{ji})_{n\times n}=\boldsymbol{B}^{\mathrm{T}}.$$

10. 已知方阵 $\boldsymbol{M}=\begin{bmatrix}\boldsymbol{A} & \boldsymbol{O}\\ \boldsymbol{O} & \boldsymbol{B}\end{bmatrix}$，其中，$m$ 阶方阵 $\boldsymbol{A}$ 及 n 阶方阵 $\boldsymbol{B}$ 的 F- 范数及算子 2- 范数分别是 $\|\boldsymbol{A}\|_F=5$，$\|\boldsymbol{B}\|_F=4$，$\|\boldsymbol{A}\|_2=3$，$\|\boldsymbol{B}\|_2=2$，试求 $\|\boldsymbol{M}\|_F$ 和 $\|\boldsymbol{M}\|_2$.

解:矩阵 $\boldsymbol{A}$ 的 F- 范数定义为 $\|\boldsymbol{A}\|_F=\sqrt{\sum\limits_i\sum\limits_j|a_{ij}|^2}$，则

$$\|\boldsymbol{M}\|_F=\sqrt{(\|\boldsymbol{A}\|_F)^2+(\|\boldsymbol{B}\|_F)^2}=\sqrt{41}.$$

矩阵 $\boldsymbol{M}$ 的 2- 范数定义为 $\|\boldsymbol{M}\|_2=\sqrt{\rho(\boldsymbol{M}^{\mathrm{H}}\boldsymbol{M})}$，又 $\|\boldsymbol{A}\|_2=3$ 表示 $\boldsymbol{A}$ 中特征

值最大为 3，$\|\boldsymbol{B}\|_2=2$ 表示 $\boldsymbol{B}$ 中特征值最大为 2，而 $\boldsymbol{M}$ 的特征值即为 $\boldsymbol{A}$，$\boldsymbol{B}$ 全部特征值，故 $\|\boldsymbol{M}\|_2$ 为 $\boldsymbol{A}$，$\boldsymbol{B}$ 中特征值的最大值，即 $\|\boldsymbol{M}\|_2=3$.

11. 设 $\boldsymbol{A}\in\mathbf{C}^{m\times n}$，$r(\boldsymbol{A})=r$，证明：

(1) $\frac{1}{\sqrt{r}}\|\boldsymbol{A}\|_F\leqslant\|\boldsymbol{A}\|_2\leqslant\|\boldsymbol{A}\|_F$；

(2) $\frac{1}{n}\|\boldsymbol{A}\|_\infty\leqslant\|\boldsymbol{A}\|_1\leqslant m\cdot\|\boldsymbol{A}\|_\infty$；

(3) $\frac{1}{\sqrt{n}}\|\boldsymbol{A}\|_\infty\leqslant\|\boldsymbol{A}\|_2\leqslant\sqrt{m}\|\boldsymbol{A}\|_\infty$.

证明：(1) 因为

$$\|\boldsymbol{A}\|_2=\sqrt{\lambda_{\max}(\boldsymbol{A}^{\mathrm{H}}\boldsymbol{A})},$$

又矩阵 $\boldsymbol{A}^{\mathrm{H}}\boldsymbol{A}$ 是半正定 Hermite 矩阵，其特征值是非负实数，记为 $\lambda_1\geqslant\cdots\geqslant\lambda_r>\lambda_{r+1}=\cdots=\lambda_n=0$，故得

$$\|\boldsymbol{A}\|_2=\sqrt{\lambda_1},\quad 且\quad \|\boldsymbol{A}\|_F=\sqrt{\mathrm{tr}(\boldsymbol{A}^{\mathrm{H}}\boldsymbol{A})}=\sqrt{\sum_{i=1}^{r}\lambda_i}\geqslant\sqrt{\lambda_1}=\|\boldsymbol{A}\|_2,$$

另一方面，有

$$\|\boldsymbol{A}\|_F=\sqrt{\sum_{i=1}^{r}\lambda_i}\leqslant\sqrt{r\lambda_1}=\sqrt{r}\|\boldsymbol{A}\|_2,$$

故有

$$\frac{1}{\sqrt{r}}\|\boldsymbol{A}\|_F\leqslant\|\boldsymbol{A}\|_2\leqslant\|\boldsymbol{A}\|_F.$$

(2) 因为

$$\begin{aligned}\|\boldsymbol{A}\|_\infty&=\max_i\sum_{j=1}^{n}|a_{ij}|\leqslant\sum_{i=1}^{m}\sum_{j=1}^{n}|a_{ij}|=\sum_{j=1}^{n}\sum_{i=1}^{m}|a_{ij}|\\&\leqslant n\cdot\max_j\sum_{i=1}^{m}|a_{ij}|=n\|\boldsymbol{A}\|_1,\end{aligned}$$

所以

$$\frac{1}{n}\|\boldsymbol{A}\|_\infty\leqslant\|\boldsymbol{A}\|_1,$$

另一方面，有

$$\begin{aligned}\|\boldsymbol{A}\|_1&=\max_j\sum_{i=1}^{m}|a_{ij}|\leqslant\sum_{j=1}^{n}\sum_{i=1}^{m}|a_{ij}|=\sum_{i=1}^{m}\sum_{j=1}^{n}|a_{ij}|\\&\leqslant m\cdot\max_i\sum_{j=1}^{n}|a_{ij}|=m\cdot\|\boldsymbol{A}\|_\infty,\end{aligned}$$

从而

$$\frac{1}{n}\|\boldsymbol{A}\|_\infty\leqslant\|\boldsymbol{A}\|_1\leqslant m\cdot\|\boldsymbol{A}\|_\infty.$$

(3) 易证

$$\| A \|_2^2 \leqslant \| A \|_1 \| A \|_\infty \leqslant m \| A \|_\infty^2,$$

事实上,由谱半径的性质,对 A 的任一范数,有 $\rho(A) \leqslant \| A \|$,故

$$\begin{aligned}\| A \|_2^2 &= \max_{1\leqslant i\leqslant n} \lambda_i(A^H A) = \rho(A^H A) \leqslant \| A^H A \|_1 \leqslant \| A^H \|_1 \| A \|_1 \\ &= \| A \|_\infty \| A \|_1,\end{aligned}$$

于是

$$\| A \|_2 \leqslant \sqrt{m} \| A \|_\infty.$$

设 $\| A \|_\infty = \max\limits_{1\leqslant i\leqslant m} \sum\limits_{j=1}^n | a_{ij} | \triangleq \sum\limits_{j=1}^n | a_{i_0,j} |$,又

$$\begin{aligned}\sum_{j=1}^n | a_{i_0,j} | &\leqslant \sqrt{n}\left(\sum_{j=1}^n | a_{i_0,j} |^2\right)^{1/2} = \sqrt{n}(e_{i_0}^T A A^H e_{i_0})^{1/2} \\ &\leqslant \sqrt{n}(e_{i_0}^T \lambda_{\max}(AA^H) \cdot I \cdot e_{i_0})^{1/2} = \sqrt{n} \| A \|_2,\end{aligned}$$

于是$\frac{1}{\sqrt{n}} \| A \|_\infty \leqslant \| A \|_2$.

综上,有

$$\frac{1}{\sqrt{n}} \| A \|_\infty \leqslant \| A \|_2 \leqslant \sqrt{m} \| A \|_\infty.$$

12. 设 A 为 n 阶方阵,证明:$\| A \|_F = \| A \|_2$ 当且仅当存在 n 维列向量 α,β,使得 $A = \alpha\beta^H$.

证明:若 $A = O$,结论显然成立. 假设 A 不为零矩阵,则 $A^H A$ 是半正定 Hermite 矩阵,故 $A^H A$ 的特征值为 $\lambda_1 \geqslant \lambda_2 \geqslant \cdots \geqslant \lambda_n \geqslant 0$,所以

$$\| A \|_F^2 = \operatorname{tr}(A^H A) = \sum_{i=1}^n \lambda_i, \quad \| A \|_2^2 = \lambda_1,$$

故 $\| A \|_F = \| A \|_2$ 当且仅当 $\lambda_2 = \lambda_3 = \cdots = \lambda_n = 0$,当且仅当 A 的奇异值分解为

$$A = U\begin{bmatrix} \sqrt{\lambda_1} & & & \\ & 0 & & \\ & & \ddots & \\ & & & 0 \end{bmatrix}V^H,$$

当且仅当 $r(A) = 1$,当且仅当存在 n 维非零列向量 α,β 使得 $A = \alpha\beta^H$. 由此得证.

13. 设 $\| \cdot \|$ 是 $C^{n\times n}$ 上的算子范数.

(1) 证明:$\| I \| = 1$;

(2) 设 A 为 n 阶可逆矩阵,λ 是 A 的特征值,证明:$\| A^{-1} \|^{-1} \leqslant | \lambda | \leqslant \| A \|$.

证明:(1) $\| I \| = \max\limits_{x\neq 0} \frac{\| Ix \|}{\| x \|} = \max\limits_{x\neq 0} \frac{\| x \|}{\| x \|} = 1$.

(2) $\forall A \in C^{n\times n}$,$A$ 可逆,λ 为其特征值,则存在 $x \neq 0$,有 $Ax = \lambda x$,因

$$\|Ax\| \leqslant \|A\| \cdot \|x\|,$$

所以

$$|\lambda| \leqslant \|A\|,$$

又由于λ^{-1}是A^{-1}的特征值,同样有$|\lambda^{-1}| \leqslant \|A^{-1}\|$,此即$|\lambda|^{-1} \leqslant \|A^{-1}\|$,故

$$\|A^{-1}\|^{-1} \leqslant |\lambda|,$$

从而

$$\|A^{-1}\|^{-1} \leqslant |\lambda| \leqslant \|A\|.$$

14. 设$A=(a_{ij})_{n\times n} \in \mathbf{C}^{n\times n}$,$\lambda_1,\cdots,\lambda_n$是$A$的特征值,证明:

$$\sum_{j=1}^{n} |\lambda_j|^2 \leqslant \sum_{i=1}^{n}\sum_{j=1}^{n} |a_{ij}|^2,$$

等号成立当且仅当A是正规矩阵.

证明:由Schur定理知,存在n阶酉矩阵U和n阶上三角矩阵R,使得

$$U^{\mathrm{H}}AU = R = \begin{bmatrix} \lambda_1 & r_{12} & \cdots & r_{1n} \\ & \lambda_2 & \cdots & r_{2n} \\ & & \ddots & \vdots \\ & & & \lambda_n \end{bmatrix},$$

于是

$$\begin{aligned}\sum_{i=1}^{n}\sum_{j=1}^{n} |a_{ij}|^2 &= \|A\|_F^2 = \|U^{\mathrm{H}}AU\|_F^2 = \|R\|_F^2 \\ &= |\lambda_1|^2 + |\lambda_2|^2 + \cdots + |\lambda_n|^2 + |r_{12}|^2 + \cdots + |r_{n-1,n}|^2 \\ &\geqslant \sum_{j=1}^{n} |\lambda_j|^2.\end{aligned}$$

若等号成立,则$r_{ij}=0(1\leqslant i<j\leqslant n)$,从而

$$U^{\mathrm{H}}AU = \mathrm{diag}(\lambda_1,\lambda_2,\cdots,\lambda_n),$$

故A是正规矩阵.

反之,若A正规,则存在n阶酉矩阵P使得

$$P^{\mathrm{H}}AP = \mathrm{diag}(\lambda_1,\cdots,\lambda_n) = \Lambda,$$

故

$$A^{\mathrm{H}}A = P(\bar{\Lambda}\Lambda)P^{\mathrm{H}} = P\mathrm{diag}(|\lambda_1|^2,\cdots,|\lambda_n|^2)P^{\mathrm{H}},$$

于是$|\lambda_1|^2,\cdots,|\lambda_n|^2$是$A^{\mathrm{H}}A$的特征值,因而

$$\|A\|_F = \left(\sum_{i=1}^{n}\sum_{j=1}^{n} |a_{ij}|^2\right)^{\frac{1}{2}} = (\mathrm{tr}(A^{\mathrm{H}}A))^{\frac{1}{2}},$$

所以等号成立.

15. 设4阶矩阵A的特征多项式为$f(\lambda)=(\lambda-3)^4$,最小多项式为$m(\lambda)=(\lambda-3)^2$,且$r(3I-A)=2$,求:

(1) $\boldsymbol{A}$ 的 Jordan 标准形 $\boldsymbol{J}$；

(2) $e^{t\boldsymbol{J}}$.

解:由于$\boldsymbol{A}$的特征多项式$f(\lambda)=(\lambda-3)^4$,最小多项式$m(\lambda)=(\lambda-3)^2$,并且$r(3\boldsymbol{I}-\boldsymbol{A})=2$,因此$\boldsymbol{A}$的 Jordan 标准形$\boldsymbol{J}$是唯一的,即存在 4 阶可逆矩阵$\boldsymbol{P}$,使得

$$\boldsymbol{P}^{-1}\boldsymbol{A}\boldsymbol{P}=\boldsymbol{J}=\begin{bmatrix}3&1&0&0\\0&3&0&0\\0&0&3&1\\0&0&0&3\end{bmatrix}.$$

(2) 设 $e^{t\lambda}=a+b\lambda$,则

$$\begin{cases}e^{3t}=a+3b,\\te^{3t}=b,\end{cases}\quad 解得\quad \begin{cases}a=(1-3t)e^{3t},\\b=te^{3t},\end{cases}$$

则

$$e^{t\boldsymbol{J}}=a\boldsymbol{I}+b\boldsymbol{J}=e^{3t}\begin{bmatrix}1&t&0&0\\0&1&0&0\\0&0&1&t\\0&0&0&1\end{bmatrix}.$$

16. 填空题:

(1) 已知 $\boldsymbol{A}=\begin{bmatrix}0&1&2\\2&3&4\\4&5&6\end{bmatrix}$,$\boldsymbol{x}=\begin{bmatrix}1\\1\\1\end{bmatrix}$,则 $\|\boldsymbol{Ax}\|_1=$ ________,$\|\boldsymbol{Ax}\|_\infty=$ ________,$\|\boldsymbol{Ax}\|_2=$ ________.

(2) 已知 $\boldsymbol{x}=(2,0,\mathrm{i},-1)^{\mathrm{T}}(\mathrm{i}=\sqrt{-1})$,$\boldsymbol{A}=\boldsymbol{x}\boldsymbol{x}^{\mathrm{H}}$,则 $\|\boldsymbol{A}\|_{m_2}=$ ________.

(3) 已知 $\boldsymbol{A}=\begin{bmatrix}2&-1&0\\0&2&3\\1&2&0\end{bmatrix}$,则 $\|\boldsymbol{A}\|_\infty=$ ________,$\|\boldsymbol{A}\|_F=$ ________,$\|\boldsymbol{A}\|_2=$ ________,$\|\boldsymbol{A}\|_1=$ ________.

(4) 设 $\boldsymbol{A}(t)=\begin{bmatrix}t^2+1&\sin t&t\\0&1&\cos t\end{bmatrix}$,则$\int_0^1\boldsymbol{A}(t)\mathrm{d}t=$ ________.

(5) 已知 $\boldsymbol{A}_k=\begin{bmatrix}\frac{1}{2^k}&0\\\frac{1}{3^k}&\frac{(-1)^k}{5^k}\end{bmatrix}$,则$\sum\limits_{k=0}^{\infty}\boldsymbol{A}_k=$ ________.

(6) 已知 $\boldsymbol{A}=\begin{bmatrix}1&0\\2&0\end{bmatrix}$,则 $e^{\boldsymbol{A}}=$ ________.

(7) 已知 $\boldsymbol{A}(t)=\begin{bmatrix}\cos t & -\sin t\\ \sin t & \cos t\end{bmatrix}$，则 $\lim\limits_{t\to 0}\boldsymbol{A}(t)=$ ________，$\dfrac{\mathrm{d}}{\mathrm{d}t}[\boldsymbol{A}^{-1}(t)]=$ ________，$\int_0^{\frac{\pi}{2}}\boldsymbol{A}(t)\mathrm{d}t=$ ________.

(8) 设 $\boldsymbol{A}$ 为 n 阶方阵，$f(\lambda)=|\lambda\boldsymbol{I}-\boldsymbol{A}|$，则 $f(\boldsymbol{A})=$ ________.

(9) 如果 $\boldsymbol{A}=\boldsymbol{A}^{-1}$，那么 $\sin\boldsymbol{A}=$ ________.

(10) 已知 $\boldsymbol{X}=\begin{bmatrix}x_{11} & x_{12} & x_{13}\\ x_{21} & x_{22} & x_{23}\end{bmatrix}$，$f(\boldsymbol{X})=x_{11}+x_{12}^2+x_{13}^3$，则 $\dfrac{\mathrm{d}f(\boldsymbol{X})}{\mathrm{d}\boldsymbol{X}}=$ ________.

解: (1) $27, 15, \sqrt{315}$；　(2) 由 $\boldsymbol{x}^{\mathrm{H}}\boldsymbol{x}=6$，所以 $\|\boldsymbol{A}\|_{m_2}=6$；

(3) $5, \sqrt{23}, \sqrt{15}, 5$；　(4) $\begin{bmatrix}\frac{4}{3} & 1-\cos 1 & \frac{1}{2}\\ 0 & 1 & \sin 1\end{bmatrix}$；

(5) $\begin{bmatrix}\sum\limits_{k=0}^{\infty}\frac{1}{2^k} & 0\\ \sum\limits_{k=0}^{\infty}\frac{1}{3^k} & \sum\limits_{k=0}^{\infty}\left(-\frac{1}{5}\right)^k\end{bmatrix}=\begin{bmatrix}2 & 0\\ \frac{3}{2} & \frac{5}{6}\end{bmatrix}$；

(6) 由 $\boldsymbol{A}^2=\boldsymbol{A}$，所以

$$\mathrm{e}^{\boldsymbol{A}}=\sum_{k=0}^{\infty}\frac{\boldsymbol{A}^k}{k!}=\boldsymbol{I}_2+\sum_{k=1}^{\infty}\frac{\boldsymbol{A}^k}{k!}=\boldsymbol{I}_2+\boldsymbol{A}\sum_{k=1}^{\infty}\frac{1}{k!}$$

$$=\boldsymbol{I}_2+(\mathrm{e}-1)\boldsymbol{A}=\begin{bmatrix}\mathrm{e} & 0\\ 2\mathrm{e}-2 & 1\end{bmatrix}；$$

(7) $\begin{bmatrix}1 & 0\\ 0 & 1\end{bmatrix}$，$\begin{bmatrix}-\sin t & \cos t\\ -\cos t & -\sin t\end{bmatrix}$，$\begin{bmatrix}1 & -1\\ 1 & 1\end{bmatrix}$；

(8) 由 Hamilton-Cayley 定理得 $f(\boldsymbol{A})=0$；　(9) $(\sin 1)\boldsymbol{A}$；

(10) $\begin{bmatrix}1 & 2x_{12} & 3x_{13}^2\\ 0 & 0 & 0\end{bmatrix}$.

6 广义逆矩阵

矩阵广义逆在理论和实际中有着广泛应用，因此学习好矩阵广义逆意义重大.

6.1 教学基本要求

(1) 熟练掌握广义逆矩阵的定义，了解各种广义逆矩阵及其表达式；

(2) 掌握 $\boldsymbol{A}^-$ 的定义及求法；

(3) 掌握矩阵 $\boldsymbol{A}$ 的 Moore-Penrose 广义逆矩阵 $\boldsymbol{A}^+$ 的定义、性质与求法，熟练掌握利用矩阵的满秩分解求广义逆和利用矩阵奇异值分解求广义逆的方法；

(4) 熟练掌握非齐次方程组 $\boldsymbol{AX}=\boldsymbol{b}$ 相容的条件及通解的表达式，会求极小范数解；

(5) 熟练掌握非齐次方程组 $\boldsymbol{AX}=\boldsymbol{b}$ 不相容时最小二乘解的通解及极小范数最小二乘解(即最佳逼近解)的求法.

难点：矩阵 $\boldsymbol{A}$ 的 Moore-Penrose 广义逆矩阵 $\boldsymbol{A}^+$ 的求法，及用 $\boldsymbol{A}^+$ 判断 $\boldsymbol{Ax}=\boldsymbol{b}$ 的相容性.

6.2 主要内容提要

6.2.1 矩阵的广义逆的定义

对任意复矩阵 $\boldsymbol{A}\in\mathbf{C}^{m\times n}$，若存在 $\boldsymbol{G}\in\mathbf{C}^{n\times m}$，满足 Penrose 方程

(1) $\boldsymbol{AGA}=\boldsymbol{A}$；

(2) $\boldsymbol{GAG}=\boldsymbol{G}$；

(3) $(\boldsymbol{AG})^{\mathrm{H}}=\boldsymbol{AG}$；

(4) $(\boldsymbol{GA})^{\mathrm{H}}=\boldsymbol{GA}$

中的某几个或全部，则称 $\boldsymbol{G}$ 为 $\boldsymbol{A}$ 的一个广义逆矩阵. 满足全部四个方程的广义逆矩阵称为 $\boldsymbol{A}$ 的 Moore-Penrose 逆，记为 $\boldsymbol{A}^+$.

设 $\boldsymbol{A}\in\mathbf{C}^{m\times n}$，若存在 $\boldsymbol{G}\in\mathbf{C}^{n\times m}$ 满足 Penrose 方程中的第(i)，(j)，…，(k) 等方程，则称 $\boldsymbol{G}$ 为 $\boldsymbol{A}$ 的$\{i,j,\cdots,k\}$ 逆，其全体记为 $\boldsymbol{A}\{i,j,\cdots,k\}$.

(1) $\boldsymbol{A}\{1\}$：其中任意一个确定的广义逆称为减号逆，记为 $\boldsymbol{A}^-$；

(2) $\boldsymbol{A}\{1,2\}$:其中任意一个确定的广义逆称为自反减号逆,记为 $\boldsymbol{A}_r^-$;

(3) $\boldsymbol{A}\{1,3\}$:其中任意一个确定的广义逆称为最小范数广义逆,记为 $\boldsymbol{A}_m^-$;

(4) $\boldsymbol{A}\{1,4\}$:其中任意一个确定的广义逆称为最小二乘广义逆,记为 $\boldsymbol{A}_l^-$;

(5) $\boldsymbol{A}\{1,2,3,4\}$ 是唯一的一个,称为 Moore-Penrose 逆或加号逆,记为 $\boldsymbol{A}^+$.

由于 $\boldsymbol{A}^-$ 是最基本的,而 $\boldsymbol{A}^+$ 唯一且同时包含在 15 种广义逆矩阵的集合中,所以 $\boldsymbol{A}^-$ 与 $\boldsymbol{A}^+$ 在广义逆矩阵中占有十分重要的地位.

6.2.2　$\boldsymbol{A}^-$ 的求法

设 $\boldsymbol{A}\in\mathbf{C}^{m\times n}$,$r(\boldsymbol{A})=r$,则分别存在 m 阶可逆矩阵 $\boldsymbol{P}$ 及 n 阶可逆矩阵 $\boldsymbol{Q}$,使

$$\boldsymbol{PAQ}=\begin{bmatrix}\boldsymbol{I}_r & \boldsymbol{O}\\ \boldsymbol{O} & \boldsymbol{O}\end{bmatrix},$$

则

$$\boldsymbol{A}^-=\boldsymbol{Q}\begin{bmatrix}\boldsymbol{I}_r & \boldsymbol{C}\\ \boldsymbol{B} & \boldsymbol{D}\end{bmatrix}\boldsymbol{P},$$

其中 $\boldsymbol{B}\in\mathbf{C}^{(n-r)\times r}$,$\boldsymbol{C}\in\mathbf{C}^{r\times(m-r)}$,$\boldsymbol{D}\in\mathbf{C}^{(n-r)\times(m-r)}$ 都是任意矩阵.

求 $\boldsymbol{P},\boldsymbol{Q}$ 的初等变换方法如下:

$$\begin{bmatrix}\boldsymbol{A} & \boldsymbol{I}_m\\ \boldsymbol{I}_n & \boldsymbol{O}\end{bmatrix}\xrightarrow{\text{初等变换}}\left[\begin{array}{cc|c}\boldsymbol{I}_r & \boldsymbol{O} & \multirow{2}{*}{$\boldsymbol{P}$}\\ \boldsymbol{O} & \boldsymbol{O} & \\ \hline \multicolumn{2}{c|}{\boldsymbol{Q}} & \boldsymbol{O}\end{array}\right].$$

6.2.3　$\boldsymbol{A}^+$ 的求法与性质

(1) $\boldsymbol{A}^+$ 的求法

方法 1:(满秩分解法) 设复矩阵 $\boldsymbol{A}\in\mathbf{C}_r^{m\times n}(r>0)$,且 $\boldsymbol{A}$ 的满秩分解为

$$\boldsymbol{A}=\boldsymbol{FG}\quad(\boldsymbol{F}\in\mathbf{C}_r^{m\times r},\boldsymbol{G}\in\mathbf{C}_r^{r\times n}),$$

则

$$\boldsymbol{A}^+=\boldsymbol{G}^{\mathrm{H}}(\boldsymbol{GG}^{\mathrm{H}})^{-1}(\boldsymbol{F}^{\mathrm{H}}\boldsymbol{F})^{-1}\boldsymbol{F}^{\mathrm{H}}.$$

特别地,若 $\boldsymbol{A}$ 是列满秩矩阵,则

$$\boldsymbol{A}^+=(\boldsymbol{A}^{\mathrm{H}}\boldsymbol{A})^{-1}\boldsymbol{A}^{\mathrm{H}},$$

若 $\boldsymbol{A}$ 是行满秩矩阵,则

$$\boldsymbol{A}^+=\boldsymbol{A}^{\mathrm{H}}(\boldsymbol{AA}^{\mathrm{H}})^{-1}.$$

方法 2:(奇异值分解法) 设复矩阵 $\boldsymbol{A}\in\mathbf{C}_r^{m\times n}(r>0)$,若矩阵 $\boldsymbol{A}$ 的奇异值分解为 $\boldsymbol{A}=\boldsymbol{U}\begin{bmatrix}\boldsymbol{\Sigma} & \boldsymbol{O}\\ \boldsymbol{O} & \boldsymbol{O}\end{bmatrix}\boldsymbol{V}^{\mathrm{H}}$,其中 $\boldsymbol{\Sigma}=\mathrm{diag}(\sigma_1,\sigma_2,\cdots,\sigma_r)$,$\sigma_1,\sigma_2,\cdots,\sigma_r$ 是 $\boldsymbol{A}$ 的正奇异值,则

$$\boldsymbol{A}^+=\boldsymbol{V}\begin{bmatrix}\boldsymbol{\Sigma}^{-1} & \boldsymbol{O}\\ \boldsymbol{O} & \boldsymbol{O}\end{bmatrix}\boldsymbol{U}^{\mathrm{H}}.$$

注:由于求矩阵的奇异值比较麻烦,所以通常用矩阵的满秩分解法求矩阵 $\boldsymbol{A}$ 的 Moore-Penrose 广义逆矩阵 $\boldsymbol{A}^{+}$.

(2) $\boldsymbol{A}^{+}$ 的性质

① $\boldsymbol{A}^{+}\boldsymbol{A},\boldsymbol{A}\boldsymbol{A}^{+}$ 都是 Hermite 矩阵;

② $(a\boldsymbol{A})^{+}=\frac{1}{a}\boldsymbol{A}^{+}\ (a\neq 0)$;

③ $(\boldsymbol{A}^{+})^{+}=\boldsymbol{A}$;

④ $(\boldsymbol{A}^{\mathrm{H}})^{+}=(\boldsymbol{A}^{+})^{\mathrm{H}}$;

⑤ $(\boldsymbol{A}^{\mathrm{H}}\boldsymbol{A})^{+}=\boldsymbol{A}^{+}(\boldsymbol{A}^{\mathrm{H}})^{+},(\boldsymbol{A}\boldsymbol{A}^{\mathrm{H}})^{+}=(\boldsymbol{A}^{\mathrm{H}})^{+}\boldsymbol{A}^{+}$;

⑥ $\boldsymbol{A}^{+}=\boldsymbol{A}^{\mathrm{H}}(\boldsymbol{A}\boldsymbol{A}^{\mathrm{H}})^{+}=(\boldsymbol{A}^{\mathrm{H}}\boldsymbol{A})^{+}\boldsymbol{A}^{\mathrm{H}}$;

⑦ $r(\boldsymbol{A})=r(\boldsymbol{A}^{+})=r(\boldsymbol{A}^{+}\boldsymbol{A})=r(\boldsymbol{A}\boldsymbol{A}^{+})$;

⑧ 设 $\boldsymbol{U},\boldsymbol{V}$ 是酉矩阵,则 $(\boldsymbol{U}\boldsymbol{A}\boldsymbol{V})^{+}=\boldsymbol{V}^{\mathrm{H}}\boldsymbol{A}^{+}\boldsymbol{U}^{\mathrm{H}}$;

⑨ 设 $\boldsymbol{A}$ 是正规矩阵,则 $(\boldsymbol{A}^{+})^{k}=(\boldsymbol{A}^{k})^{+}$.

注:一般地,有

$$(\boldsymbol{A}\boldsymbol{B})^{+}\neq\boldsymbol{B}^{+}\boldsymbol{A}^{+},\quad (\boldsymbol{A}^{k})^{+}\neq(\boldsymbol{A}^{+})^{k},\quad \boldsymbol{A}\boldsymbol{A}^{+}\neq\boldsymbol{A}^{+}\boldsymbol{A}.$$

6.2.4 用 $\boldsymbol{A}^{-}$ 解相容线性方程组

(1) 非齐次方程组 $\boldsymbol{A}\boldsymbol{X}=\boldsymbol{b}$ 有解 $\boldsymbol{X}=\boldsymbol{G}\boldsymbol{b}$ 的充分必要条件是 $\boldsymbol{A}\boldsymbol{G}\boldsymbol{A}=\boldsymbol{A}$;

(2) 非齐次方程组 $\boldsymbol{A}\boldsymbol{X}=\boldsymbol{b}$ 有解的充分必要条件是 $\boldsymbol{A}\boldsymbol{A}^{+}\boldsymbol{b}=\boldsymbol{b}$,且在有解时,极小范数解是 $\boldsymbol{X}=\boldsymbol{A}^{+}\boldsymbol{b}$;

(3) 设 $\boldsymbol{A}^{-}$ 是 $\boldsymbol{A}$ 的减号逆,则相容线性方程组 $\boldsymbol{A}\boldsymbol{X}=\boldsymbol{b}$ 的通解表达式为

$$\boldsymbol{X}=\boldsymbol{A}^{-}\boldsymbol{b}+(\boldsymbol{I}-\boldsymbol{A}^{-}\boldsymbol{A})\boldsymbol{Z}\quad(\boldsymbol{Z}\in\mathbf{C}^{n}\text{ 是任意向量}).$$

6.2.5 不相容非齐次方程组 $\boldsymbol{A}\boldsymbol{X}=\boldsymbol{b}$ 的最小二乘解

设线性方程组 $\boldsymbol{A}\boldsymbol{X}=\boldsymbol{b}$.

(1) 非齐次方程组 $\boldsymbol{A}\boldsymbol{X}=\boldsymbol{b}$ 是不相容的,则最小二乘解的通解是

$$\boldsymbol{X}=\boldsymbol{A}^{+}\boldsymbol{b}+(\boldsymbol{I}-\boldsymbol{A}^{+}\boldsymbol{A})\boldsymbol{Y}\quad(\boldsymbol{Y}\text{ 是任意 }n\text{ 维列向量}).$$

(2) 非齐次方程组 $\boldsymbol{A}\boldsymbol{X}=\boldsymbol{b}$ 是不相容的,则极小范数最小二乘解为 $\boldsymbol{X}=\boldsymbol{A}^{+}\boldsymbol{b}$.

6.3 解题方法归纳

6.3.1 求矩阵 $\boldsymbol{A}^{-}$ 的方法

请参见第 6.2.2 节.

6.3.2　求矩阵 $\boldsymbol{A}^{+}$ 的方法

请参见第 6.2.3 节.

6.3.3　求线性方程组 $\boldsymbol{AX}=\boldsymbol{b}$ 的极小范数解或者极小范数最小二乘解方法

先求 $\boldsymbol{A}$ 的满秩分解 $\boldsymbol{A}=\boldsymbol{FG}$,分别计算

$$\boldsymbol{F}^{+}=(\boldsymbol{F}^{\mathrm{H}}\boldsymbol{F})^{-1}\boldsymbol{F}^{\mathrm{H}},\quad \boldsymbol{G}^{+}=\boldsymbol{G}^{\mathrm{H}}(\boldsymbol{G}\boldsymbol{G}^{\mathrm{H}})^{-1},$$

则

$$\boldsymbol{A}^{+}=\boldsymbol{G}^{+}\boldsymbol{F}^{+}.$$

(1) 若 $\boldsymbol{AA}^{+}\boldsymbol{b}=\boldsymbol{b}$,则线性方程组 $\boldsymbol{AX}=\boldsymbol{b}$ 有解,其极小范数解为

$$\boldsymbol{X}=\boldsymbol{A}^{+}\boldsymbol{b}.$$

(2) 若 $\boldsymbol{AA}^{+}\boldsymbol{b}\neq\boldsymbol{b}$,则线性方程组 $\boldsymbol{AX}=\boldsymbol{b}$ 无解,其极小范数最小二乘解为

$$\boldsymbol{X}=\boldsymbol{A}^{+}\boldsymbol{b}.$$

6.4　典型例题解析

例 6.1　设 $\boldsymbol{A}=\begin{bmatrix}2&3&1&-1\\5&8&0&-1\\1&2&-2&3\end{bmatrix}$,求 $\boldsymbol{A}^{-}$.

解:作矩阵

$$\begin{bmatrix}\boldsymbol{A}&\boldsymbol{I}_m\\\boldsymbol{I}_n&\boldsymbol{O}\end{bmatrix}=\left[\begin{array}{cccc|ccc}2&3&1&-1&1&0&0\\5&8&0&-1&0&1&0\\1&2&-2&3&0&0&1\\\hline 1&0&0&0&&&\\0&1&0&0&&\boldsymbol{O}&\\0&0&1&0&&&\\0&0&0&1&&&\end{array}\right]$$

$$\xrightarrow{\text{初等变换}}\left[\begin{array}{cccc|ccc}1&0&0&0&2&0&-3\\0&1&0&0&-1&0&2\\0&0&0&0&-2&1&-1\\\hline 1&0&-8&11&&&\\0&1&5&-7&&\boldsymbol{O}&\\0&0&1&0&&&\\0&0&0&1&&&\end{array}\right],$$

所以

$$P=\begin{bmatrix}2&0&-3\\-1&0&2\\-2&1&-1\end{bmatrix},\quad Q=\begin{bmatrix}1&0&-8&11\\0&1&5&-7\\0&0&1&0\\0&0&0&1\end{bmatrix},$$

则

$$A^{-}=Q\begin{bmatrix}I_2&C\\B&D\end{bmatrix}P=Q\begin{bmatrix}1&0&c_1\\0&1&c_2\\b_1&b_3&d_1\\b_2&b_4&d_2\end{bmatrix}P,$$

其中,$b_i(1\leqslant i\leqslant 4)$,$c_j$,$d_j(j=1,2)$ 为任意常数.

例 6.2 设 $A=\begin{bmatrix}1&2&1\\0&0&1\\1&2&0\end{bmatrix}$,求 A^{+}.

解:因为

$$A=\begin{bmatrix}1&2&1\\0&0&1\\1&2&0\end{bmatrix}\xrightarrow{r_3-r_1}\begin{bmatrix}1&2&1\\0&0&1\\0&0&-1\end{bmatrix}\xrightarrow[r_3+r_2]{r_1-r_2}\begin{bmatrix}1&2&0\\0&0&1\\0&0&0\end{bmatrix},$$

取

$$F=\begin{bmatrix}1&1\\0&1\\1&0\end{bmatrix},\quad G=\begin{bmatrix}1&2&0\\0&0&1\end{bmatrix},$$

则 A 的满秩分解为 $A=FG$. 又

$$F^{\mathrm{H}}F=F^{\mathrm{T}}F=\begin{bmatrix}1&0&1\\1&1&0\end{bmatrix}\begin{bmatrix}1&1\\0&1\\1&0\end{bmatrix}=\begin{bmatrix}2&1\\1&2\end{bmatrix},$$

$$GG^{\mathrm{H}}=GG^{\mathrm{T}}=\begin{bmatrix}1&2&0\\0&0&1\end{bmatrix}\begin{bmatrix}1&0\\2&0\\0&1\end{bmatrix}=\begin{bmatrix}5&0\\0&1\end{bmatrix},$$

$$(F^{\mathrm{H}}F)^{-1}=\frac{1}{3}\begin{bmatrix}2&-1\\-1&2\end{bmatrix},\quad (GG^{\mathrm{H}})^{-1}=\frac{1}{5}\begin{bmatrix}1&0\\0&5\end{bmatrix},$$

所以

$$A^{+}=G^{\mathrm{H}}(GG^{\mathrm{H}})^{-1}(F^{\mathrm{H}}F)^{-1}F^{\mathrm{H}}=\frac{1}{15}\begin{bmatrix}1&-1&2\\2&-2&4\\5&10&-5\end{bmatrix}.$$

例 6.3　已知 $\boldsymbol{A}=\begin{bmatrix}0&0&0\\0&0&0\\1&0&0\\0&1&0\end{bmatrix}$,利用矩阵的奇异值分解求 $\boldsymbol{A}^{+}$.

解:先求 $\boldsymbol{A}$ 的奇异值分解.

由 $\boldsymbol{A}^{\mathrm{T}}\boldsymbol{A}=\begin{bmatrix}1&0&0\\0&1&0\\0&0&0\end{bmatrix}$,故 $\boldsymbol{A}^{\mathrm{T}}\boldsymbol{A}$ 的特征值为 $\lambda_1=\lambda_2=1,\lambda_3=0$,得 $\boldsymbol{A}$ 的正奇异值为 $\sigma_1=\sigma_2=1$.

对 $\lambda_1=\lambda_2=1$,解 $(\boldsymbol{I}-\boldsymbol{A}^{\mathrm{T}}\boldsymbol{A})\boldsymbol{x}=\boldsymbol{0}$ 得基础解系

$$\boldsymbol{\alpha}_1=(1,0,0)^{\mathrm{T}},\quad \boldsymbol{\alpha}_2=(0,1,0)^{\mathrm{T}},$$

对 $\lambda_3=0$,解 $(0\boldsymbol{I}-\boldsymbol{A}^{\mathrm{T}}\boldsymbol{A})\boldsymbol{x}=\boldsymbol{0}$ 得基础解系

$$\boldsymbol{\alpha}_3=(0,0,1)^{\mathrm{T}}.$$

令 $\boldsymbol{V}=(\boldsymbol{\alpha}_1,\boldsymbol{\alpha}_2,\boldsymbol{\alpha}_3)=\boldsymbol{I}_3$,则

$$\boldsymbol{V}^{\mathrm{T}}\boldsymbol{A}^{\mathrm{T}}\boldsymbol{A}\boldsymbol{V}=\begin{bmatrix}1&0&0\\0&1&0\\0&0&0\end{bmatrix}.$$

令

$$\boldsymbol{\Sigma}=\begin{bmatrix}\sigma_1&0\\0&\sigma_2\end{bmatrix}=\begin{bmatrix}1&0\\0&1\end{bmatrix},\quad \boldsymbol{V}_1=\begin{bmatrix}1&0\\0&1\\0&0\end{bmatrix},\quad \boldsymbol{U}_1=\boldsymbol{A}\boldsymbol{V}_1\boldsymbol{\Sigma}^{-1}=\begin{bmatrix}0&0\\0&0\\1&0\\0&1\end{bmatrix},$$

再令 $\boldsymbol{U}_2=\begin{bmatrix}1&0\\0&1\\0&0\\0&0\end{bmatrix}$,则 $\boldsymbol{U}=(\boldsymbol{U}_1,\boldsymbol{U}_2)$ 是正交矩阵.故 $\boldsymbol{A}$ 的奇异值分解为

$$\boldsymbol{A}=\boldsymbol{U}\begin{bmatrix}1&0&0\\0&1&0\\0&0&0\\0&0&0\end{bmatrix}\boldsymbol{V}^{\mathrm{T}}.$$

因此

$$\boldsymbol{A}^{+}=\boldsymbol{V}\begin{bmatrix}\boldsymbol{\Sigma}_r^{-1}&\boldsymbol{O}\\\boldsymbol{O}&\boldsymbol{O}\end{bmatrix}\boldsymbol{U}^{\mathrm{H}}=\begin{bmatrix}1&0&0\\0&1&0\\0&0&1\end{bmatrix}\begin{bmatrix}1&0&0&0\\0&1&0&0\\0&0&0&0\end{bmatrix}\begin{bmatrix}0&0&1&0\\0&0&0&1\\1&0&0&0\\0&1&0&0\end{bmatrix}$$

$$= \begin{bmatrix} 0 & 0 & 1 & 0 \\ 0 & 0 & 0 & 1 \\ 0 & 0 & 0 & 0 \end{bmatrix}.$$

例 6.4 举例说明以下不等式:

(1) $(\boldsymbol{AB})^+ \neq \boldsymbol{B}^+\boldsymbol{A}^+$; (2) $(\boldsymbol{A}^k)^+ \neq (\boldsymbol{A}^+)^k$;

(3) $\boldsymbol{AA}^+ \neq \boldsymbol{A}^+\boldsymbol{A}$; (4) $(\boldsymbol{A}^2)^+ \neq (\boldsymbol{A}^+)^2$.

解:(1) 设

$$\boldsymbol{A} = \begin{bmatrix} 1 & 0 \\ 0 & 0 \end{bmatrix}, \quad \boldsymbol{B} = \begin{bmatrix} 1 & 1 \\ 0 & 1 \end{bmatrix},$$

由 $\boldsymbol{A} = \begin{bmatrix} 1 \\ 0 \end{bmatrix}(1,0)$ 可得 $\boldsymbol{A}^+ = \boldsymbol{A}$.

又 $\boldsymbol{B}$ 为满秩矩阵,则

$$\boldsymbol{B}^+ = \boldsymbol{B}^{-1} = \begin{bmatrix} 1 & -1 \\ 0 & 1 \end{bmatrix},$$

从而

$$\boldsymbol{B}^+\boldsymbol{A}^+ = \begin{bmatrix} 1 & 0 \\ 0 & 0 \end{bmatrix},$$

而

$$(\boldsymbol{AB})^+ = \begin{bmatrix} 1 & 1 \\ 0 & 0 \end{bmatrix}^+ = \frac{1}{2}\begin{bmatrix} 1 & 0 \\ 1 & 0 \end{bmatrix},$$

则

$$(\boldsymbol{AB})^+ \neq \boldsymbol{B}^+\boldsymbol{A}^+.$$

(2) 设 $\boldsymbol{A} = \begin{bmatrix} 1 & 0 \\ 1 & 0 \end{bmatrix}$,由 $\boldsymbol{A} = \begin{bmatrix} 1 \\ 1 \end{bmatrix}(1,0)$ 可得

$$\boldsymbol{A}^+ = \frac{1}{2}\begin{bmatrix} 1 & 1 \\ 0 & 0 \end{bmatrix},$$

因为 $\boldsymbol{A}^k = \boldsymbol{A}$,所以

$$(\boldsymbol{A}^k)^+ = \boldsymbol{A}^+ = \frac{1}{2}\begin{bmatrix} 1 & 1 \\ 0 & 0 \end{bmatrix},$$

而$(\boldsymbol{A}^+)^k = \frac{1}{2^k}\begin{bmatrix} 1 & 1 \\ 0 & 0 \end{bmatrix}$,则

$$(\boldsymbol{A}^k)^+ \neq (\boldsymbol{A}^+)^k.$$

(3) 设 $\boldsymbol{A}$ 同(2),由

$$\boldsymbol{AA}^+ = \frac{1}{2}\begin{bmatrix} 1 & 1 \\ 1 & 1 \end{bmatrix}, \quad \boldsymbol{A}^+\boldsymbol{A} = \frac{1}{2}\begin{bmatrix} 2 & 0 \\ 0 & 0 \end{bmatrix},$$

因此有

$$AA^{+} \neq A^{+}A.$$

(4) 设 $A = \begin{bmatrix} 1 & -1 \\ 0 & 0 \end{bmatrix}$,则

$$A^{+} = \frac{1}{2}\begin{bmatrix} 1 & 0 \\ -1 & 0 \end{bmatrix}, \quad A^2 = A,$$

从而

$$(A^2)^{+} = A^{+} = \frac{1}{2}\begin{bmatrix} 1 & 0 \\ -1 & 0 \end{bmatrix}, \quad (A^{+})^2 = \frac{1}{4}\begin{bmatrix} 1 & 0 \\ -1 & 0 \end{bmatrix} \neq (A^2)^{+}.$$

例 6.5　判断线性方程组 $Ax = b$ 是否有解. 若有解,求其极小范数解;若无解,求其极小范数最小二乘解. 其中

$$A = \begin{bmatrix} -1 & 0 & 1 \\ 2 & 0 & -2 \end{bmatrix}, \quad b = \begin{bmatrix} 1 \\ 0 \end{bmatrix}.$$

解: 由于 $r(A) = 1 \neq r(A \mid b) = 2$,故此方程组为矛盾方程组,无解. 为了求方程组的极小范数最小二乘解,先求 A^{+}.

对 A 进行满秩分解,即 $A = FG$,其中

$$F = \begin{bmatrix} -1 \\ 2 \end{bmatrix}, \quad G = (1, 0, -1),$$

则

$$F^{+} = (F^{\mathrm{T}}F)^{-1}F^{\mathrm{T}} = \frac{1}{5}(-1, 2), \quad G^{+} = G^{\mathrm{T}}(GG^{\mathrm{T}})^{-1} = \frac{1}{2}\begin{bmatrix} 1 \\ 0 \\ -1 \end{bmatrix},$$

从而

$$A^{+} = G^{+}F^{+} = \frac{1}{10}\begin{bmatrix} -1 & 2 \\ 0 & 0 \\ 1 & -2 \end{bmatrix}.$$

因此,该方程组的极小范数最小二乘解为

$$x = A^{+}b = \frac{1}{10}(-1, 0, 1)^{\mathrm{T}}.$$

例 6.6　设 $A \in \mathbf{C}^{m \times n}$,证明:满足 $\min\limits_{\min \| AX - I \|_F} \| X \|_F$ 的唯一解是 $X = A^{+}$.

证明: 所求问题是矩阵方程 $AX = I$ 的极小 F- 范数最小二乘解,于是问题可以转化为求线性方程组 $Ax = e_i (i = 1, 2, \cdots, m)$ 的极小 F- 范数最小二乘解.

由于 $Ax = e_i$ 的唯一极小 F- 范数最小二乘解为

$$A^{+}e_i \quad (i = 1, 2, \cdots, m),$$

故 $AX = I$ 的唯一极小 F- 范数最小二乘解为

$$X=(x_1,x_2,\cdots,x_m)=(A^+e_1,A^+e_2,\cdots,A^+e_m)=A^+I=A^+.$$

例 6.7 设 $A\in\mathbf{R}^{m\times n}$，$b\in\mathbf{R}^m$，若线性方程组 $Ax=b$ 有解，证明：

(1) 在 A^T 的值域 $R(A^T)$ 中，必有 $Ax=b$ 的解向量；

(2) 在 A^T 的值域 $R(A^T)$ 中，只有 $Ax=b$ 的一个解向量.

证明：(1) 因线性方程组 $Ax=b$ 有解，所以 $x_0=A^+b$ 是它的一个解向量，并且

$$x_0=A^+b=A^+AA^+b=(A^+A)^H(A^+b)=A^T[(A^+)^TA^+b]\in R(A^T).$$

(2) 设 $x_1,x_2\in R(A^T)$ 是 $Ax=b$ 的两个解向量，即有

$$Ax_1=b,\quad Ax_2=b,\quad x_1-x_2\in R(A^T)=[N(A)]^\perp,$$

又

$$A(x_1-x_2)=Ax_1-Ax_2=0,$$

故又有 $x_1-x_2\in N(A)$，因此 $x_1-x_2=0$. 即在 A^T 的值域 $R(A^T)$ 中，只有 $Ax=b$ 的一个解向量.

注：(1) 本例说明若线性方程组 $Ax=b$ 有解，则其在值域 $R(A^T)$ 中的唯一解是它的极小范数解；

(2) 第(1) 问也可以如下证明：设 $x_0\in\mathbf{R}^n$ 是 $Ax=b$ 解向量，由于 $\mathbf{R}^n=R(A^T)\oplus N(A)$，故设

$$x_0=y+z\quad (y\in R(A^T),z\in N(A)),$$

于是 $Ay=Ay+0=Ay+Az=Ax_0=b$，即 $y\in R(A^T)$ 是 $Ax=b$ 的一个解向量.

例 6.8 证明：非齐次线性方程组 $Ax=b$ 有解的充要条件是 $b=AA^-b$.

证明：先证必要性. 设 $Ax=b$ 有解 x_0，即 $Ax_0=b$，由于 $A=AA^-A$，故

$$b=Ax_0=AA^-Ax_0=AA^-b.$$

再证充分性. 设 $b=AA^-b$，则

$$A(A^-b)=AA^-b=b,$$

所以 $x_0=A^-b$ 就是 $Ax=b$ 的解.

例 6.9 证明：设 A 是 $m\times n$ 矩阵，若非齐次线性方程组 $Ax=b$ 有解，则其一般解为 $x=A^-b$，其中 A^- 是 A 的任意一个广义逆.

证明：设 A^- 是 A 的任意一个广义逆，因为线性方程组 $Ax=b$ 有解，由例 6.8 得到 $b=AA^-b=A(A^-b)$，表明 $x_0=A^-b$ 是 $Ax=b$ 的一个解.

任取 $Ax=b$ 的一个解 x_0，并设 $r(A)=r$，则存在 m 阶可逆矩阵 P 以及 n 阶可逆矩阵 Q，使 $PAQ=\begin{bmatrix}I_r & O\\ O & O\end{bmatrix}$，于是可得

$$A^-=Q\begin{bmatrix}I_r & B\\ C & D\end{bmatrix}P,$$

其中 $\boldsymbol{B}\in\mathbf{C}^{r\times(m-r)}$，$\boldsymbol{C}\in\mathbf{C}^{(n-r)\times r}$，$\boldsymbol{D}\in\mathbf{C}^{(n-r)\times(m-r)}$ 都是任意矩阵.

由题设，要找到合适的矩阵 $\boldsymbol{B},\boldsymbol{C},\boldsymbol{D}$ 使得

$$\boldsymbol{x}_0=\boldsymbol{Q}\begin{bmatrix}\boldsymbol{I}_r & \boldsymbol{B}\\ \boldsymbol{C} & \boldsymbol{D}\end{bmatrix}\boldsymbol{Pb},$$

也即

$$\boldsymbol{Q}^{-1}\boldsymbol{x}_0=\begin{bmatrix}\boldsymbol{I}_r & \boldsymbol{B}\\ \boldsymbol{C} & \boldsymbol{D}\end{bmatrix}\boldsymbol{Pb}.$$

由已知条件有

$$\begin{bmatrix}\boldsymbol{I}_r & \boldsymbol{O}\\ \boldsymbol{O} & \boldsymbol{O}\end{bmatrix}\boldsymbol{Q}^{-1}\boldsymbol{x}_0=\boldsymbol{PAx}_0=\boldsymbol{Pb},$$

令

$$\boldsymbol{Q}^{-1}\boldsymbol{x}_0=\begin{bmatrix}\boldsymbol{y}_1\\ \boldsymbol{y}_2\end{bmatrix}\begin{matrix}(r\text{行})\\(n-r\text{行})\end{matrix},\quad \boldsymbol{Pb}=\begin{bmatrix}\boldsymbol{z}_1\\ \boldsymbol{z}_2\end{bmatrix}\begin{matrix}(r\text{行})\\(m-r\text{行})\end{matrix},$$

故有

$$\begin{bmatrix}\boldsymbol{I}_r & \boldsymbol{O}\\ \boldsymbol{O} & \boldsymbol{O}\end{bmatrix}\begin{bmatrix}\boldsymbol{y}_1\\ \boldsymbol{y}_2\end{bmatrix}=\begin{bmatrix}\boldsymbol{z}_1\\ \boldsymbol{z}_2\end{bmatrix},$$

所以

$$\boldsymbol{y}_1=\boldsymbol{z}_1,\quad \boldsymbol{z}_2=\boldsymbol{0}.$$

由于 $\boldsymbol{b}\neq\boldsymbol{0}$，所以 $\boldsymbol{Pb}\neq\boldsymbol{0}$，故 $\boldsymbol{z}_1\neq\boldsymbol{0}$，则设 $\boldsymbol{z}_1=(k_1,k_2,\cdots,k_r)^{\mathrm{T}}$，其中 $k_i\neq 0$. 在 $\boldsymbol{A}^-$ 的表达式中，取 $\boldsymbol{B}=\boldsymbol{O},\boldsymbol{D}=\boldsymbol{O},\boldsymbol{C}=(\boldsymbol{0},\cdots,\boldsymbol{0},k_i^{-1}\boldsymbol{y}_2,\boldsymbol{0},\cdots,\boldsymbol{0})_{(n-r)\times r}$，则

$$\begin{bmatrix}\boldsymbol{I}_r & \boldsymbol{O}\\ \boldsymbol{C} & \boldsymbol{O}\end{bmatrix}\boldsymbol{Pb}=\begin{bmatrix}\boldsymbol{I}_r & \boldsymbol{O}\\ \boldsymbol{C} & \boldsymbol{O}\end{bmatrix}\begin{bmatrix}\boldsymbol{z}_1\\ \boldsymbol{z}_2\end{bmatrix}=\begin{bmatrix}\boldsymbol{z}_1\\ \boldsymbol{C}\boldsymbol{z}_1\end{bmatrix}=\begin{bmatrix}\boldsymbol{y}_1\\ \boldsymbol{y}_2\end{bmatrix}=\boldsymbol{Q}^{-1}\boldsymbol{x}_0,$$

故

$$\boldsymbol{x}_0=\boldsymbol{Q}\begin{bmatrix}\boldsymbol{I}_r & \boldsymbol{O}\\ \boldsymbol{C} & \boldsymbol{O}\end{bmatrix}\boldsymbol{Pb}=\boldsymbol{A}^-\boldsymbol{b},$$

其中取 $\boldsymbol{A}^-=\boldsymbol{Q}\begin{bmatrix}\boldsymbol{I}_r & \boldsymbol{O}\\ \boldsymbol{C} & \boldsymbol{O}\end{bmatrix}\boldsymbol{P}$，也即 $\boldsymbol{Ax}=\boldsymbol{b}$ 的一般解为 $\boldsymbol{x}=\boldsymbol{A}^-\boldsymbol{b}$.

例 6.10 设 $\boldsymbol{A}\in\mathbf{C}_r^{m\times n}$，$\boldsymbol{A}=\boldsymbol{FG}$ 是 $\boldsymbol{A}$ 的满秩分解，证明：$\boldsymbol{A}^+=\boldsymbol{G}^+\boldsymbol{F}^+$.

证明：由于 $\boldsymbol{A}=\boldsymbol{FG}$ 是 $\boldsymbol{A}$ 的满秩分解，故

$$\boldsymbol{A}^+=\boldsymbol{G}^{\mathrm{H}}(\boldsymbol{GG}^{\mathrm{H}})^{-1}(\boldsymbol{F}^{\mathrm{H}}\boldsymbol{F})^{-1}\boldsymbol{F}^{\mathrm{H}},$$

又由于 $\boldsymbol{G}$ 是行满秩矩阵，$\boldsymbol{F}$ 是列满秩矩阵，所以

$$\boldsymbol{G}^+=\boldsymbol{G}^{\mathrm{H}}(\boldsymbol{GG}^{\mathrm{H}})^{-1},\quad \boldsymbol{F}^+=(\boldsymbol{F}^{\mathrm{H}}\boldsymbol{F})^{-1}\boldsymbol{F}^{\mathrm{H}},$$

所以

$$\boldsymbol{A}^+=\boldsymbol{G}^+\boldsymbol{F}^+.$$

例 6.11 设 $\boldsymbol{A}\in\mathbf{C}^{n\times n}$，证明：$\boldsymbol{A}^{+}=\boldsymbol{A}$ 的充要条件是 $\boldsymbol{A}^2$ 为幂等 Hermite 矩阵，且 $r(\boldsymbol{A}^2)=r(\boldsymbol{A})$.

证明：先证必要性. 由 $\boldsymbol{A}^{+}=\boldsymbol{A}$，所以

$$(\boldsymbol{A}^2)^2=(\boldsymbol{A}\boldsymbol{A}^{+})^2=(\boldsymbol{A}\boldsymbol{A}^{+}\boldsymbol{A})\boldsymbol{A}^{+}=\boldsymbol{A}\boldsymbol{A}^{+}=\boldsymbol{A}^2,$$

$$(\boldsymbol{A}^2)^{\mathrm{H}}=(\boldsymbol{A}\boldsymbol{A}^{+})^{\mathrm{H}}=\boldsymbol{A}\boldsymbol{A}^{+}=\boldsymbol{A}^2,$$

又

$$r(\boldsymbol{A})\geqslant r(\boldsymbol{A}^2)=r(\boldsymbol{A}\boldsymbol{A}^{+})\geqslant r(\boldsymbol{A}\boldsymbol{A}^{+}\boldsymbol{A})=r(\boldsymbol{A}),$$

故

$$r(\boldsymbol{A}^2)=r(\boldsymbol{A}\boldsymbol{A}^{+})=r(\boldsymbol{A}).$$

再证充分性. 由于 $R(\boldsymbol{A}^2)\subset R(\boldsymbol{A})$，且 $r(\boldsymbol{A}^2)=r(\boldsymbol{A})$，故 $R(\boldsymbol{A}^2)=R(\boldsymbol{A})$，因此存在 n 阶矩阵 $\boldsymbol{B}$ 使 $\boldsymbol{A}=\boldsymbol{A}^2\boldsymbol{B}$，又 $\boldsymbol{A}^2$ 为幂等 Hermite 矩阵，所以

$$\boldsymbol{A}\boldsymbol{A}\boldsymbol{A}=\boldsymbol{A}^2\boldsymbol{A}=\boldsymbol{A}^2\boldsymbol{A}^2\boldsymbol{B}=\boldsymbol{A}^2\boldsymbol{B}=\boldsymbol{A},\quad (\boldsymbol{A}^2)^{\mathrm{H}}=\boldsymbol{A}^2,$$

所以 $\boldsymbol{A}$ 满足 Moore-Penrose 的四个方程，由 $\boldsymbol{A}^{+}$ 的唯一性得 $\boldsymbol{A}^{+}=\boldsymbol{A}$.

例 6.12 设 $\boldsymbol{A}\in\mathbf{C}_r^{m\times n}$，$r>0$，$\boldsymbol{U}$ 是 n 阶酉矩阵，求 $(\boldsymbol{A},\boldsymbol{A}\boldsymbol{U})^{+}$.

解：设 $\boldsymbol{A}$ 的满秩分解为 $\boldsymbol{A}=\boldsymbol{F}\boldsymbol{G}$，于是 $(\boldsymbol{A},\boldsymbol{A}\boldsymbol{U})=\boldsymbol{F}(\boldsymbol{G},\boldsymbol{G}\boldsymbol{U})$. 记 $\boldsymbol{G}_1=(\boldsymbol{G},\boldsymbol{G}\boldsymbol{U})$，则 $\boldsymbol{G}_1$ 是行满秩矩阵，从而 $(\boldsymbol{A},\boldsymbol{A}\boldsymbol{U})=\boldsymbol{F}\boldsymbol{G}_1$ 是 $(\boldsymbol{A},\boldsymbol{A}\boldsymbol{U})$ 的满秩分解，由例 6.10 可知

$$(\boldsymbol{A},\boldsymbol{A}\boldsymbol{U})^{+}=(\boldsymbol{G}_1)^{+}\boldsymbol{F}^{+}.$$

又

$$\begin{aligned}\boldsymbol{G}_1^{+}&=\begin{bmatrix}\boldsymbol{G}^{\mathrm{H}}\\ \boldsymbol{U}^{\mathrm{H}}\boldsymbol{G}^{\mathrm{H}}\end{bmatrix}\left[(\boldsymbol{G},\boldsymbol{G}\boldsymbol{U})\begin{bmatrix}\boldsymbol{G}^{\mathrm{H}}\\ \boldsymbol{U}^{\mathrm{H}}\boldsymbol{G}^{\mathrm{H}}\end{bmatrix}\right]^{-1}=\begin{bmatrix}\boldsymbol{G}^{\mathrm{H}}\\ \boldsymbol{U}^{\mathrm{H}}\boldsymbol{G}^{\mathrm{H}}\end{bmatrix}(\boldsymbol{G}\boldsymbol{G}^{\mathrm{H}}+\boldsymbol{G}\boldsymbol{U}\boldsymbol{U}^{\mathrm{H}}\boldsymbol{G}^{\mathrm{H}})^{-1}\\&=\begin{bmatrix}\boldsymbol{G}^{\mathrm{H}}\\ \boldsymbol{U}^{\mathrm{H}}\boldsymbol{G}^{\mathrm{H}}\end{bmatrix}(2\boldsymbol{G}\boldsymbol{G}^{\mathrm{H}})^{-1}=\frac{1}{2}\begin{bmatrix}\boldsymbol{G}^{\mathrm{H}}\\ \boldsymbol{U}^{\mathrm{H}}\boldsymbol{G}^{\mathrm{H}}\end{bmatrix}(\boldsymbol{G}\boldsymbol{G}^{\mathrm{H}})^{-1}\\&=\frac{1}{2}\begin{bmatrix}\boldsymbol{G}^{\mathrm{H}}(\boldsymbol{G}\boldsymbol{G}^{\mathrm{H}})^{-1}\\ \boldsymbol{U}^{\mathrm{H}}\boldsymbol{G}^{\mathrm{H}}(\boldsymbol{G}\boldsymbol{G}^{\mathrm{H}})^{-1}\end{bmatrix}=\frac{1}{2}\begin{bmatrix}\boldsymbol{G}^{+}\\ \boldsymbol{U}^{\mathrm{H}}\boldsymbol{G}^{+}\end{bmatrix},\end{aligned}$$

故

$$(\boldsymbol{A},\boldsymbol{A}\boldsymbol{U})^{+}=(\boldsymbol{G}_1)^{+}\boldsymbol{F}^{+}=\frac{1}{2}\begin{bmatrix}\boldsymbol{G}^{+}\\ \boldsymbol{U}^{\mathrm{H}}\boldsymbol{G}^{+}\end{bmatrix}\boldsymbol{F}^{+}=\frac{1}{2}\begin{bmatrix}\boldsymbol{G}^{+}\boldsymbol{F}^{+}\\ \boldsymbol{U}^{\mathrm{H}}\boldsymbol{G}^{+}\boldsymbol{F}^{+}\end{bmatrix}=\frac{1}{2}\begin{bmatrix}\boldsymbol{A}^{+}\\ \boldsymbol{U}^{\mathrm{H}}\boldsymbol{A}^{+}\end{bmatrix}.$$

例 6.13 设 $\boldsymbol{A}\in\mathbf{R}^{m\times n}$，$r(\boldsymbol{A})=n$，即 $\boldsymbol{A}$ 列满秩，证明：

(1) $\|\boldsymbol{A}\boldsymbol{A}^{+}\|_2=1$；　(2) $\|\boldsymbol{A}(\boldsymbol{A}^{\mathrm{T}}\boldsymbol{A})^{-1}\boldsymbol{A}^{\mathrm{T}}\|_2=1$.

证明：(1) 因

$$(\boldsymbol{A}\boldsymbol{A}^{+})^2=\boldsymbol{A}(\boldsymbol{A}^{+}\boldsymbol{A}\boldsymbol{A}^{+})=\boldsymbol{A}\boldsymbol{A}^{+},\quad (\boldsymbol{A}\boldsymbol{A}^{+})^{\mathrm{H}}=\boldsymbol{A}\boldsymbol{A}^{+},$$

故 $\boldsymbol{A}\boldsymbol{A}^{+}$ 是幂等 Hermite 矩阵，其特征值为 1 或 0，所以

$$\|\boldsymbol{A}\boldsymbol{A}^{+}\|_2=\rho(\boldsymbol{A}\boldsymbol{A}^{+})=1.$$

(2) 令 $\boldsymbol{B}=\boldsymbol{A}(\boldsymbol{A}^{\mathrm{T}}\boldsymbol{A})^{-1}\boldsymbol{A}^{\mathrm{T}}$，则 $\boldsymbol{B}^{\mathrm{T}}=\boldsymbol{B}$，且

$$\boldsymbol{B}^2=\boldsymbol{A}(\boldsymbol{A}^{\mathrm{T}}\boldsymbol{A})^{-1}\boldsymbol{A}^{\mathrm{T}}\boldsymbol{A}(\boldsymbol{A}^{\mathrm{T}}\boldsymbol{A})^{-1}\boldsymbol{A}^{\mathrm{T}}=\boldsymbol{A}(\boldsymbol{A}^{\mathrm{T}}\boldsymbol{A})^{-1}\boldsymbol{A}^{\mathrm{T}}=\boldsymbol{B},$$

则 $\boldsymbol{B}$ 是幂等矩阵，又 $\boldsymbol{B}$ 是正交投影阵，故

$$\|\boldsymbol{B}\|_2 = \|\boldsymbol{A}(\boldsymbol{A}^{\mathrm{T}}\boldsymbol{A})^{-1}\boldsymbol{A}^{\mathrm{T}}\|_2 = \rho(\boldsymbol{B}) = 1.$$

注：此例利用幂等矩阵的性质解决问题，方法值得借鉴.

例 6.14 证明：

(1) 设 $\boldsymbol{A} \in \mathbf{C}^{m\times n}$，$\boldsymbol{U}$，$\boldsymbol{V}$ 分别是 m，n 阶酉矩阵，则 $(\boldsymbol{UAV})^+ = \boldsymbol{V}^{\mathrm{H}}\boldsymbol{A}^+\boldsymbol{U}^{\mathrm{H}}$；

(2) 若 $\boldsymbol{A}$ 是 n 阶正规矩阵，则 $(\boldsymbol{A}^k)^+ = (\boldsymbol{A}^+)^k$，其中 $k \in \mathbf{N}^*$.

证明：(1) 令 $\boldsymbol{G} = \boldsymbol{V}^{\mathrm{H}}\boldsymbol{A}^+\boldsymbol{U}^{\mathrm{H}}$，则

$$\boldsymbol{UAVGUAV} = \boldsymbol{UAVV}^{\mathrm{H}}\boldsymbol{A}^+\boldsymbol{U}^{\mathrm{H}}\boldsymbol{UAV} = \boldsymbol{UAA}^+\boldsymbol{AV} = \boldsymbol{UAV},$$

$$\boldsymbol{GUAVG} = \boldsymbol{V}^{\mathrm{H}}\boldsymbol{A}^+\boldsymbol{U}^{\mathrm{H}}\boldsymbol{UAVV}^{\mathrm{H}}\boldsymbol{A}^+\boldsymbol{U}^{\mathrm{H}} = \boldsymbol{V}^{\mathrm{H}}\boldsymbol{A}^+\boldsymbol{AA}^+\boldsymbol{U}^{\mathrm{H}} = \boldsymbol{V}^{\mathrm{H}}\boldsymbol{A}^+\boldsymbol{U}^{\mathrm{H}} = \boldsymbol{G},$$

$$(\boldsymbol{UAVG})^{\mathrm{H}} = (\boldsymbol{UAVV}^{\mathrm{H}}\boldsymbol{A}^+\boldsymbol{U}^{\mathrm{H}})^{\mathrm{H}} = (\boldsymbol{UAA}^+\boldsymbol{U}^{\mathrm{H}})^{\mathrm{H}} = \boldsymbol{UAA}^+\boldsymbol{U}^{\mathrm{H}} = \boldsymbol{UAVG},$$

$$(\boldsymbol{GUAV})^{\mathrm{H}} = (\boldsymbol{V}^{\mathrm{H}}\boldsymbol{A}^+\boldsymbol{U}^{\mathrm{H}}\boldsymbol{UAV})^{\mathrm{H}} = (\boldsymbol{V}^{\mathrm{H}}\boldsymbol{A}^+\boldsymbol{AV})^{\mathrm{H}} = \boldsymbol{V}^{\mathrm{H}}\boldsymbol{A}^+\boldsymbol{AV} = \boldsymbol{GUAV},$$

所以

$$(\boldsymbol{UAV})^+ = \boldsymbol{G} = \boldsymbol{V}^{\mathrm{H}}\boldsymbol{A}^+\boldsymbol{U}^{\mathrm{H}}.$$

(2) 由于 $\boldsymbol{A}$ 是正规矩阵，所以存在酉矩阵 $\boldsymbol{U}$，使得

$$\boldsymbol{U}^{\mathrm{H}}\boldsymbol{AU} = \mathrm{diag}(\lambda_1,\lambda_2,\cdots,\lambda_n) = \boldsymbol{\Lambda},$$

故 $\boldsymbol{A} = \boldsymbol{U\Lambda U}^{\mathrm{H}}$. 由(1) 得 $\boldsymbol{A}^+ = \boldsymbol{U\Lambda}^+\boldsymbol{U}^{\mathrm{H}}$，又因为对于任意正整数 k，$\boldsymbol{A}^k = \boldsymbol{U\Lambda}^k\boldsymbol{U}^{\mathrm{H}}$，故

$$(\boldsymbol{A}^k)^+ = \boldsymbol{U}(\boldsymbol{\Lambda}^k)^+\boldsymbol{U}^{\mathrm{H}} = \boldsymbol{U}(\boldsymbol{\Lambda}^+)^k\boldsymbol{U}^{\mathrm{H}} = [(\boldsymbol{U\Lambda U}^{\mathrm{H}})^+]^k = (\boldsymbol{A}^+)^k.$$

例 6.15 已知线性方程组

$$\begin{cases} x_1 + 2x_2 + x_3 = 2, \\ x_1 + x_3 = 0, \\ 2x_1 + 2x_3 = 1, \\ 2x_1 + 4x_2 + 2x_3 = 0. \end{cases}$$

(1) 证明：线性方程组不相容；

(2) 求线性方程组的极小范数最小二乘解 $\boldsymbol{X}$；

(3) 求 $\|\boldsymbol{X}\|_2$，并求 $\boldsymbol{b} = (2,0,1,0)^{\mathrm{T}}$ 到 $R(\boldsymbol{A})$ 的最短距离，其中 $\boldsymbol{A}$ 是线性方程组的系数矩阵.

解：线性方程组的系数矩阵为

$$\boldsymbol{A} = \begin{bmatrix} 1 & 2 & 1 \\ 1 & 0 & 1 \\ 2 & 0 & 2 \\ 2 & 4 & 2 \end{bmatrix}.$$

(1) 因为 $r(\boldsymbol{A}) = 2 \neq r(\boldsymbol{A} \mid \boldsymbol{b}) = 3$，故线性方程组不相容.

(2) 对 $\boldsymbol{A}$ 作满秩分解得到

$$A=FG=\begin{bmatrix}1&2\\1&0\\2&0\\2&4\end{bmatrix}\begin{bmatrix}1&0&1\\0&1&0\end{bmatrix},$$

又

$$GG^{\mathrm{T}}=\begin{bmatrix}2&0\\0&1\end{bmatrix},\quad (GG^{\mathrm{T}})^{-1}=\begin{bmatrix}\frac{1}{2}&0\\0&1\end{bmatrix},$$

$$F^{\mathrm{T}}F=\begin{bmatrix}10&10\\10&20\end{bmatrix},\quad (F^{\mathrm{T}}F)^{-1}=\frac{1}{10}\begin{bmatrix}2&-1\\-1&1\end{bmatrix},$$

所以

$$A^{+}=G^{\mathrm{T}}(GG^{\mathrm{T}})^{-1}(F^{\mathrm{T}}F)^{-1}F^{\mathrm{T}}=\frac{1}{10}\begin{bmatrix}0&1&2&0\\1&-1&-2&2\\0&1&2&0\end{bmatrix},$$

则线性方程组的极小范数最小二乘解为

$$X=A^{+}b=\frac{1}{5}\begin{bmatrix}1\\0\\1\end{bmatrix}.$$

(3) 由(2) 可得

$$\|X\|_2=\frac{1}{5}\sqrt{1^2+0^2+1^2}=\frac{\sqrt{2}}{5},$$

又

$$AX-b=\frac{1}{5}\begin{bmatrix}2\\2\\4\\4\end{bmatrix}-\begin{bmatrix}2\\0\\1\\0\end{bmatrix}=\frac{1}{5}\begin{bmatrix}-8\\2\\-1\\4\end{bmatrix},$$

所以 b 到 $R(A)$ 的最短距离为

$$\|AX-b\|_2=\frac{\sqrt{85}}{5}.$$

例 6.16 设 $A\in\mathbf{R}_r^{m\times n}$,证明:

(1) $r(I_n-A^{+}A)=n-r$;

(2) $Ax=0$ 的通解是 $x=(I_n-A^{+}A)y,\forall y\in\mathbf{R}^n$.

证明:(1) 设 A 的奇异值分解为

$$A=U\begin{bmatrix}\Sigma_r&O\\O&O\end{bmatrix}V^{\mathrm{T}},\quad 得\quad A^{+}=V\begin{bmatrix}\Sigma_r^{-1}&O\\O&O\end{bmatrix}U^{\mathrm{T}},$$

则

$$\begin{aligned}\boldsymbol{I}_n-\boldsymbol{A}^{+}\boldsymbol{A}&=\boldsymbol{I}_n-\boldsymbol{V}\begin{bmatrix}\boldsymbol{\Sigma}_r^{-1}&\boldsymbol{O}\\\boldsymbol{O}&\boldsymbol{O}\end{bmatrix}\boldsymbol{U}^{\mathrm{T}}\boldsymbol{U}\begin{bmatrix}\boldsymbol{\Sigma}_r&\boldsymbol{O}\\\boldsymbol{O}&\boldsymbol{O}\end{bmatrix}\boldsymbol{V}^{\mathrm{T}}\\&=\boldsymbol{I}_n-\boldsymbol{V}\begin{bmatrix}\boldsymbol{I}_r&\boldsymbol{O}\\\boldsymbol{O}&\boldsymbol{O}\end{bmatrix}\boldsymbol{V}^{\mathrm{T}}\\&=\boldsymbol{V}\left(\boldsymbol{I}-\begin{bmatrix}\boldsymbol{I}_r&\boldsymbol{O}\\\boldsymbol{O}&\boldsymbol{O}\end{bmatrix}\right)\boldsymbol{V}^{\mathrm{T}}=\boldsymbol{V}\begin{bmatrix}\boldsymbol{O}&\boldsymbol{O}\\\boldsymbol{O}&\boldsymbol{I}_{n-r}\end{bmatrix}\boldsymbol{V}^{\mathrm{T}},\end{aligned}$$

所以

$$r(\boldsymbol{I}_n-\boldsymbol{A}^{+}\boldsymbol{A})=n-r.$$

(2) 由

$$\boldsymbol{A}(\boldsymbol{I}_n-\boldsymbol{A}^{+}\boldsymbol{A})=\boldsymbol{A}-\boldsymbol{A}\boldsymbol{A}^{+}\boldsymbol{A}=\boldsymbol{A}-\boldsymbol{A}=\boldsymbol{O},$$

知 $\boldsymbol{I}_n-\boldsymbol{A}^{+}\boldsymbol{A}$ 的列都是 $\boldsymbol{Ax}=\boldsymbol{0}$ 的解，而 $\boldsymbol{I}_n-\boldsymbol{A}^{+}\boldsymbol{A}$ 的列中又有 $\boldsymbol{n}-\boldsymbol{r}$ 个线性无关的，故其线性组合 $(\boldsymbol{I}_n-\boldsymbol{A}^{+}\boldsymbol{A})\boldsymbol{y},\forall\,\boldsymbol{y}\in\mathbf{R}^n$ 就是 $\boldsymbol{Ax}=\boldsymbol{0}$ 通解.

例 6.17 设 $\boldsymbol{A}$ 是 n 阶正规矩阵，证明：$\boldsymbol{A}\boldsymbol{A}^{+}=\boldsymbol{A}^{+}\boldsymbol{A}$.

证明： 由于 $\boldsymbol{A}$ 是 n 阶正规矩阵，故存在 n 阶酉矩阵 $\boldsymbol{U}$，使

$$\boldsymbol{A}=\boldsymbol{U}\begin{bmatrix}\lambda_1&&&\\&\lambda_2&&\\&&\ddots&\\&&&\lambda_n\end{bmatrix}\boldsymbol{U}^{\mathrm{H}},$$

因此，由例 6.14 可得

$$\boldsymbol{A}^{+}=\boldsymbol{U}\begin{bmatrix}\lambda_1&&&\\&\lambda_2&&\\&&\ddots&\\&&&\lambda_n\end{bmatrix}^{+}\boldsymbol{U}^{\mathrm{H}},$$

故

$$\begin{aligned}\boldsymbol{A}^{+}\boldsymbol{A}&=\boldsymbol{U}\begin{bmatrix}\lambda_1&&&\\&\lambda_2&&\\&&\ddots&\\&&&\lambda_n\end{bmatrix}^{+}\boldsymbol{U}^{\mathrm{H}}\boldsymbol{U}\begin{bmatrix}\lambda_1&&&\\&\lambda_2&&\\&&\ddots&\\&&&\lambda_n\end{bmatrix}\boldsymbol{U}^{\mathrm{H}}\\&=\boldsymbol{U}\begin{bmatrix}\lambda_1&&&\\&\lambda_2&&\\&&\ddots&\\&&&\lambda_n\end{bmatrix}\boldsymbol{U}^{\mathrm{H}}\boldsymbol{U}\begin{bmatrix}\lambda_1&&&\\&\lambda_2&&\\&&\ddots&\\&&&\lambda_n\end{bmatrix}^{+}\boldsymbol{U}^{\mathrm{H}}=\boldsymbol{A}\boldsymbol{A}^{+}.\end{aligned}$$

例 6.18 设 $\boldsymbol{A}\in\mathbf{R}^{m\times n}$，$r(\boldsymbol{A})=n$，且线性方程组 $\boldsymbol{Ax}=\boldsymbol{b}$ 不相容.

(1) 求 $\boldsymbol{Ax}=\boldsymbol{b}$ 的极小范数最小二乘解；

(2) 利用矩阵的正交三角分解 $\boldsymbol{A}=\boldsymbol{Q}_{m\times n}\boldsymbol{R}_{n\times n}$，证明极小范数最小二乘解为 $\boldsymbol{x}_0=\boldsymbol{R}^{-1}\boldsymbol{Q}^{\mathrm{T}}\boldsymbol{b}$.

解：(1) 因为 $\boldsymbol{A}$ 列满秩，则 $\boldsymbol{A}^{\mathrm{T}}\boldsymbol{A}$ 可逆，且 $\boldsymbol{A}^{+}=(\boldsymbol{A}^{\mathrm{T}}\boldsymbol{A})^{-1}\boldsymbol{A}^{\mathrm{T}}$，极小范数最小二乘解为

$$\boldsymbol{x}_0=\boldsymbol{A}^{+}\boldsymbol{b}=(\boldsymbol{A}^{\mathrm{T}}\boldsymbol{A})^{-1}\boldsymbol{A}^{\mathrm{T}}\boldsymbol{b}.$$

(2) 矩阵 $\boldsymbol{A}$ 的正交三角分解为 $\boldsymbol{A}=\boldsymbol{Q}_{m\times n}\boldsymbol{R}_{n\times n}$，其中 $\boldsymbol{Q}\in\mathbf{R}^{m\times n}$ 的 n 个列向量是 $\mathbf{R}^m$ 的标准正交的向量组，即 $\boldsymbol{Q}^{\mathrm{T}}\boldsymbol{Q}=\boldsymbol{I}_n$，$\boldsymbol{R}$ 是主对角元素均为正实数的 n 阶上三角矩阵，因而可逆. 所以有

$$\boldsymbol{x}_0=\boldsymbol{A}^{+}\boldsymbol{b}=(\boldsymbol{A}^{\mathrm{T}}\boldsymbol{A})^{-1}\boldsymbol{A}^{\mathrm{T}}\boldsymbol{b}=(\boldsymbol{R}^{\mathrm{T}}\boldsymbol{Q}^{\mathrm{T}}\boldsymbol{Q}\boldsymbol{R})^{-1}\boldsymbol{R}^{\mathrm{T}}\boldsymbol{Q}^{\mathrm{T}}\boldsymbol{b}=\boldsymbol{R}^{-1}\boldsymbol{Q}^{\mathrm{T}}\boldsymbol{b}.$$

注：本例给出了一种求系数矩阵为列满秩的不相容线性方程组极小范数最小二乘解的方法.

6.5 考博真题选录

1. 已知

$$\boldsymbol{A}=\begin{bmatrix}1&0\\0&1\\1&1\end{bmatrix},\quad \boldsymbol{b}=\begin{bmatrix}1\\1\\2\end{bmatrix}.$$

(1) 求 $\boldsymbol{A}$ 的奇异值分解；

(2) 求 $\boldsymbol{A}^{+}$；

(3) 判断方程组 $\boldsymbol{Ax}=\boldsymbol{b}$ 是否有解，如果有解求其极小范数解，如果无解求其极小范数最小二乘解.

解：(1) 因 $\boldsymbol{A}$ 是实矩阵，故

$$\boldsymbol{A}^{\mathrm{H}}=\boldsymbol{A}^{\mathrm{T}},\quad \boldsymbol{A}^{\mathrm{T}}\boldsymbol{A}=\begin{bmatrix}2&1\\1&2\end{bmatrix},$$

$$|\lambda\boldsymbol{I}-\boldsymbol{A}^{\mathrm{T}}\boldsymbol{A}|=\begin{vmatrix}\lambda-2&-1\\-1&\lambda-2\end{vmatrix}=(\lambda-3)(\lambda-1),$$

故 $\boldsymbol{A}^{\mathrm{T}}\boldsymbol{A}$ 的特征值是 $\lambda_1=3$，$\lambda_2=1$，$\boldsymbol{A}$ 的奇异值为

$$\sigma_1=\sqrt{3},\quad \sigma_2=1.$$

对 $\lambda_1=3$，解 $(3\boldsymbol{I}-\boldsymbol{A}^{\mathrm{T}}\boldsymbol{A})\boldsymbol{x}=\boldsymbol{0}$ 得基础解系 $\boldsymbol{\xi}_1=(1,1)^{\mathrm{T}}$；对 $\lambda_2=1$，解 $(\boldsymbol{I}-\boldsymbol{A}^{\mathrm{T}}\boldsymbol{A})\boldsymbol{x}=\boldsymbol{0}$ 得基础解系 $\boldsymbol{\xi}_2=(1,-1)^{\mathrm{T}}$. 将 $\boldsymbol{\xi}_1,\boldsymbol{\xi}_2$ 单位化得

$$\boldsymbol{e}_1=\begin{bmatrix}\frac{1}{\sqrt{2}}\\ \frac{1}{\sqrt{2}}\end{bmatrix},\quad \boldsymbol{e}_2=\begin{bmatrix}\frac{1}{\sqrt{2}}\\ -\frac{1}{\sqrt{2}}\end{bmatrix},$$

令

$$\boldsymbol{V}=\begin{bmatrix}\frac{1}{\sqrt{2}} & \frac{1}{\sqrt{2}}\\ \frac{1}{\sqrt{2}} & -\frac{1}{\sqrt{2}}\end{bmatrix},$$

则

$$\boldsymbol{V}^{\mathrm{T}}\boldsymbol{A}^{\mathrm{T}}\boldsymbol{A}\boldsymbol{V}=\begin{bmatrix}3 & 0\\ 0 & 1\end{bmatrix}=\begin{bmatrix}\sqrt{3} & 0\\ 0 & 1\end{bmatrix}^2=\boldsymbol{\Sigma}^2,$$

其中 $\boldsymbol{\Sigma}=\begin{bmatrix}\sqrt{3} & 0\\ 0 & 1\end{bmatrix}$,故有

$$\boldsymbol{\Sigma}^{-1}\boldsymbol{V}^{\mathrm{T}}\boldsymbol{A}^{\mathrm{T}}\boldsymbol{A}\boldsymbol{V}\boldsymbol{\Sigma}^{-1}=\boldsymbol{I}_2.$$

令

$$\boldsymbol{U}_1=\boldsymbol{A}\boldsymbol{V}\boldsymbol{\Sigma}^{-1}=\begin{bmatrix}\frac{1}{\sqrt{6}} & \frac{1}{\sqrt{2}}\\ \frac{1}{\sqrt{6}} & -\frac{1}{\sqrt{2}}\\ \frac{2}{\sqrt{6}} & 0\end{bmatrix},$$

再令

$$\boldsymbol{U}_2=\begin{bmatrix}\frac{1}{\sqrt{3}}\\ \frac{1}{\sqrt{3}}\\ -\frac{1}{\sqrt{3}}\end{bmatrix},\quad \boldsymbol{U}=(\boldsymbol{U}_1,\boldsymbol{U}_2)=\begin{bmatrix}\frac{1}{\sqrt{6}} & \frac{1}{\sqrt{2}} & \frac{1}{\sqrt{3}}\\ \frac{1}{\sqrt{6}} & -\frac{1}{\sqrt{2}} & \frac{1}{\sqrt{3}}\\ \frac{2}{\sqrt{6}} & 0 & -\frac{1}{\sqrt{3}}\end{bmatrix},$$

故得到 $\boldsymbol{A}$ 的奇异值分解为

$$\boldsymbol{A}=\begin{bmatrix}1 & 0\\ 0 & 1\\ 1 & 1\end{bmatrix}=\boldsymbol{U}\begin{bmatrix}\sqrt{3} & 0\\ 0 & 1\\ 0 & 0\end{bmatrix}\boldsymbol{V}^{\mathrm{T}}=\begin{bmatrix}\frac{1}{\sqrt{6}} & \frac{1}{\sqrt{2}} & \frac{1}{\sqrt{3}}\\ \frac{1}{\sqrt{6}} & -\frac{1}{\sqrt{2}} & \frac{1}{\sqrt{3}}\\ \frac{2}{\sqrt{6}} & 0 & -\frac{1}{\sqrt{3}}\end{bmatrix}\begin{bmatrix}\sqrt{3} & 0\\ 0 & 1\\ 0 & 0\end{bmatrix}\begin{bmatrix}\frac{1}{\sqrt{2}} & \frac{1}{\sqrt{2}}\\ \frac{1}{\sqrt{2}} & -\frac{1}{\sqrt{2}}\end{bmatrix}.$$

(2) 由(1)得

$$\boldsymbol{A}^{+}=\boldsymbol{V}\begin{bmatrix}\frac{1}{\sqrt{3}} & 0 & 0\\ 0 & 1 & 0\end{bmatrix}\boldsymbol{U}^{\mathrm{H}}=\begin{bmatrix}\frac{1}{\sqrt{2}} & \frac{1}{\sqrt{2}}\\ \frac{1}{\sqrt{2}} & -\frac{1}{\sqrt{2}}\end{bmatrix}\begin{bmatrix}\frac{1}{\sqrt{3}} & 0 & 0\\ 0 & 1 & 0\end{bmatrix}\begin{bmatrix}\frac{1}{\sqrt{6}} & \frac{1}{\sqrt{6}} & \frac{2}{\sqrt{6}}\\ \frac{1}{\sqrt{2}} & -\frac{1}{\sqrt{2}} & 0\\ \frac{1}{\sqrt{3}} & \frac{1}{\sqrt{3}} & -\frac{1}{\sqrt{3}}\end{bmatrix}$$

$$=\frac{1}{3}\begin{bmatrix}2 & -1 & 1\\ -1 & 2 & 1\end{bmatrix}.$$

(3) 由于 $r(\overline{\boldsymbol{A}})=r(\boldsymbol{A})=2$ 或者利用 $\boldsymbol{A}\boldsymbol{A}^{+}\boldsymbol{b}=\boldsymbol{b}$,故线性方程组 $\boldsymbol{A}\boldsymbol{x}=\boldsymbol{b}$ 有解,其极小范数解为

$$\boldsymbol{x}=\boldsymbol{A}^{+}\boldsymbol{b}=\begin{bmatrix}1\\ 1\end{bmatrix}.$$

2. 设

$$\boldsymbol{A}=\begin{bmatrix}1 & 1 & -1 & 1\\ 0 & 2 & 4 & -2\\ -1 & 1 & 5 & -3\end{bmatrix},\quad \boldsymbol{b}=\begin{bmatrix}1\\ 1\\ 1\end{bmatrix}.$$

(1) 求矩阵 $\boldsymbol{A}$ 的 Moore-Penrose 广义逆 $\boldsymbol{A}^{+}$;

(2) 在矩阵 $\boldsymbol{A}$ 的列空间 $R(\boldsymbol{A})$ 中求一个向量 $\boldsymbol{\beta}$,使 $\boldsymbol{\beta}$ 与 $\boldsymbol{b}$ 在 2- 范数意义下距离最近.

解:(1) 将 $\boldsymbol{A}$ 进行初等行变换化成行最简矩阵,即

$$\boldsymbol{A}=\begin{bmatrix}1 & 1 & -1 & 1\\ 0 & 2 & 4 & -2\\ -1 & 1 & 5 & -3\end{bmatrix}\longrightarrow\begin{bmatrix}1 & 0 & -3 & 2\\ 0 & 1 & 2 & -1\\ 0 & 0 & 0 & 0\end{bmatrix},$$

令

$$\boldsymbol{G}=\begin{bmatrix}1 & 0 & -3 & 2\\ 0 & 1 & 2 & -1\end{bmatrix},\quad \boldsymbol{F}=\begin{bmatrix}1 & 1\\ 0 & 2\\ -1 & 1\end{bmatrix},$$

得 $\boldsymbol{A}$ 的满秩分解为 $\boldsymbol{A}=\boldsymbol{F}\boldsymbol{G}$,则

$$\boldsymbol{A}^{+}=\boldsymbol{G}^{\mathrm{T}}(\boldsymbol{G}\boldsymbol{G}^{\mathrm{T}})^{-1}(\boldsymbol{F}^{\mathrm{T}}\boldsymbol{F})^{-1}\boldsymbol{F}^{\mathrm{T}}$$

$$=\begin{bmatrix}1 & 0\\ 0 & 1\\ -3 & 2\\ 2 & -1\end{bmatrix}\begin{bmatrix}14 & -8\\ -8 & 6\end{bmatrix}^{-1}\begin{bmatrix}2 & 0\\ 0 & 6\end{bmatrix}^{-1}\begin{bmatrix}1 & 0 & -1\\ 1 & 2 & 1\end{bmatrix}$$

$$=\frac{1}{60}\begin{bmatrix}13 & 8 & -5\\ 9 & 14 & -5\\ -1 & 4 & 5\\ 7 & 2 & -5\end{bmatrix}.$$

(2) $\boldsymbol{Ax}=\boldsymbol{b}$ 的最小二乘解 $\boldsymbol{x}_0=\boldsymbol{A}^+\boldsymbol{b}=\frac{1}{30}(8,9,4,2)^{\mathrm{T}}$，则满足条件的

$$\boldsymbol{\beta}=\boldsymbol{Ax}_0=\frac{1}{30}\begin{bmatrix}15\\30\\15\end{bmatrix}=\frac{1}{2}\begin{bmatrix}1\\2\\1\end{bmatrix}.$$

3. 已知矩阵 $\boldsymbol{A}=\begin{bmatrix}1 & -1 & 1\\ 1 & 1 & 0\\ 0 & 0 & 1\\ 0 & 0 & 1\end{bmatrix}$，向量 $\boldsymbol{b}=\begin{bmatrix}2\\1\\1\\2\end{bmatrix}$.

(1) 求矩阵 $\boldsymbol{A}$ 的 QR 分解；

(2) 计算 $\boldsymbol{A}^+$；

(3) 用广义逆判断方程组 $\boldsymbol{Ax}=\boldsymbol{b}$ 是否相容，若相容求其通解，若不相容求其极小范数最小二乘解.

解:(1) 作矩阵 $\boldsymbol{A}$ 的 QR 分解，令

$$\boldsymbol{\alpha}_1=\begin{bmatrix}1\\1\\0\\0\end{bmatrix},\quad \boldsymbol{\alpha}_2=\begin{bmatrix}-1\\1\\0\\0\end{bmatrix},\quad \boldsymbol{\alpha}_3=\begin{bmatrix}1\\0\\1\\1\end{bmatrix},$$

则

$$\boldsymbol{A}=(\boldsymbol{\alpha}_1,\boldsymbol{\alpha}_2,\boldsymbol{\alpha}_3),$$

将其正交化得到

$$\boldsymbol{\beta}_1=\boldsymbol{\alpha}_1=(1,1,0,0)^{\mathrm{T}},\quad \boldsymbol{\beta}_2=\boldsymbol{\alpha}_2-\frac{(\boldsymbol{\alpha}_2,\boldsymbol{\beta}_1)}{(\boldsymbol{\beta}_1,\boldsymbol{\beta}_1)}\boldsymbol{\beta}_1=\boldsymbol{\alpha}_2=(-1,1,0,0)^{\mathrm{T}},$$

$$\boldsymbol{\beta}_3=\boldsymbol{\alpha}_3-\frac{(\boldsymbol{\alpha}_3,\boldsymbol{\beta}_1)}{(\boldsymbol{\beta}_1,\boldsymbol{\beta}_1)}\boldsymbol{\beta}_1-\frac{(\boldsymbol{\alpha}_3,\boldsymbol{\beta}_2)}{(\boldsymbol{\beta}_2,\boldsymbol{\beta}_2)}\boldsymbol{\beta}_2=\boldsymbol{\alpha}_3-\frac{1}{2}\boldsymbol{\beta}_1-\frac{-1}{2}\boldsymbol{\beta}_2=(0,0,1,1)^{\mathrm{T}},$$

故有

$$\boldsymbol{\alpha}_1=\boldsymbol{\beta}_1,\quad \boldsymbol{\alpha}_2=\boldsymbol{\beta}_2,\quad \boldsymbol{\alpha}_3=\frac{1}{2}\boldsymbol{\beta}_1-\frac{1}{2}\boldsymbol{\beta}_2+\boldsymbol{\beta}_3.$$

再将 $\boldsymbol{\beta}_1,\boldsymbol{\beta}_2,\boldsymbol{\beta}_3$ 单位化，得到

$$\boldsymbol{e}_1=\frac{\boldsymbol{\beta}_1}{\|\boldsymbol{\beta}_1\|}=\left(\frac{1}{\sqrt{2}},\frac{1}{\sqrt{2}},0,0\right)^{\mathrm{T}},\quad \boldsymbol{e}_2=\frac{\boldsymbol{\beta}_2}{\|\boldsymbol{\beta}_2\|}=\left(-\frac{1}{\sqrt{2}},\frac{1}{\sqrt{2}},0,0\right)^{\mathrm{T}},$$

$$\boldsymbol{e}_3=\frac{\boldsymbol{\beta}_3}{\|\boldsymbol{\beta}_3\|}=\left(0,0,\frac{1}{\sqrt{2}},\frac{1}{\sqrt{2}}\right)^{\mathrm{T}},$$

即

$$(\boldsymbol{\beta}_1,\boldsymbol{\beta}_2,\boldsymbol{\beta}_3)=(\boldsymbol{e}_1,\boldsymbol{e}_2,\boldsymbol{e}_3)\begin{bmatrix}\sqrt{2}&0&0\\0&\sqrt{2}&0\\0&0&\sqrt{2}\end{bmatrix}.$$

令

$$\boldsymbol{Q}=\begin{bmatrix}\frac{\sqrt{2}}{2}&-\frac{\sqrt{2}}{2}&0\\\frac{\sqrt{2}}{2}&\frac{\sqrt{2}}{2}&0\\0&0&\frac{\sqrt{2}}{2}\\0&0&\frac{\sqrt{2}}{2}\end{bmatrix},$$

则

$$\boldsymbol{A}=(\boldsymbol{\alpha}_1,\boldsymbol{\alpha}_2,\boldsymbol{\alpha}_3)=(\boldsymbol{\beta}_1,\boldsymbol{\beta}_2,\boldsymbol{\beta}_3)\begin{bmatrix}1&0&\frac{1}{2}\\0&1&-\frac{1}{2}\\0&0&1\end{bmatrix}$$

$$=(\boldsymbol{e}_1,\boldsymbol{e}_2,\boldsymbol{e}_3)\begin{bmatrix}\sqrt{2}&0&0\\0&\sqrt{2}&0\\0&0&\sqrt{2}\end{bmatrix}\begin{bmatrix}1&0&\frac{1}{2}\\0&1&-\frac{1}{2}\\0&0&1\end{bmatrix}$$

$$=\boldsymbol{Q}\begin{bmatrix}\sqrt{2}&0&\frac{\sqrt{2}}{2}\\0&\sqrt{2}&-\frac{\sqrt{2}}{2}\\0&0&\sqrt{2}\end{bmatrix}.$$

(2) 由于 $\boldsymbol{A}$ 列满秩,故

$$\boldsymbol{A}^{+}=(\boldsymbol{A}^{\mathrm{T}}\boldsymbol{A})^{-1}\boldsymbol{A}^{\mathrm{T}}=\frac{1}{4}\begin{bmatrix}2&2&-1&-1\\-2&2&1&1\\0&0&2&2\end{bmatrix}.$$

(3) 由于

$$\boldsymbol{A}\boldsymbol{A}^{+}\boldsymbol{b}=\left(2,1,\frac{3}{2},\frac{3}{2}\right)^{\mathrm{T}}\neq\boldsymbol{b},$$

因此该方程组不相容. 极小范数最小二乘解为

$$x = A^{+}b = \frac{1}{4}\begin{bmatrix}3\\1\\6\end{bmatrix}.$$

4. 设矩阵 $A \in R_r^{m\times n}$ 的奇异值分解为 $A = U\begin{bmatrix}\Sigma_r & O\\ O & O\end{bmatrix}V^{T}$.

(1) 写出 A^{+} 的表达式；

(2) 证明：$N(A) = \{x \in R^n \mid Ax = 0\} = \mathrm{span}\{v_{r+1}, v_{r+2}, \cdots, v_n\}$.

解：(1) 根据题意，得

$$A^{+} = V\begin{bmatrix}\Sigma_r^{-1} & O\\ O & O\end{bmatrix}U^{T}.$$

(2) 设 $V = (v_1, v_2, \cdots, v_r \mid v_{r+1}, \cdots, v_n) \equiv (V_1 \mid V_2)$，由

$$U^{T}AV = \begin{bmatrix}\Sigma_r & O\\ O & O\end{bmatrix},$$

则

$$(U^{T}AV_1 \mid U^{T}AV_2) = \begin{bmatrix}\Sigma_r & O\\ O & O\end{bmatrix} \Rightarrow U^{T}AV_2 = O \Rightarrow AV_2 = O,$$

即 $Av_i = 0(i = r+1, \cdots, n)$，这说明 $v_{r+1}, v_{r+2}, \cdots, v_n$ 为 $Ax = 0$ 的基础解系，得证.

5. 设 $A \in C_r^{m\times n}(r > 0)$，奇异值分解为 $A = U\begin{bmatrix}\Sigma & O\\ O & O\end{bmatrix}V^{H}$，令

$$x_0 = V\begin{bmatrix}\Sigma^{-1} & O\\ O & O\end{bmatrix}U^{H}b,$$

其中 $b \in C^m$ 是给定的向量，证明：x_0 是线性方程组 $Ax = b$ 的极小范数最小二乘解.

证明：对于任意的 $x \in C^n$，令 $y = V^{H}x, d = U^{H}b$，且适当分块为

$$y = \begin{bmatrix}y_1\\ y_2\end{bmatrix},\quad d = \begin{bmatrix}d_1\\ d_2\end{bmatrix},$$

其中 $y_1, d_1 \in C^r$，则

$$\|Ax - b\|_2^2 = \|U^{H}(Ax - b)\|_2^2 = \|U^{H}AVV^{H}x - U^{H}b\|_2^2 = \left\|\begin{bmatrix}\Sigma & O\\ O & O\end{bmatrix}y - d\right\|_2^2$$

$$= \left\|\begin{matrix}\Sigma y_1 - d_1\\ -d_2\end{matrix}\right\|_2^2 = \|\Sigma y_1 - d_1\|_2^2 + \|d_2\|_2^2 \geqslant \|d_2\|_2^2,$$

即对于任意的 $x \in C^n$，函数 $f(x) = \|Ax - b\|_2$ 下界为 $\|d_2\|_2$，且当 $y_1 = \Sigma^{-1}d_1$ 时函数 $f(x) = \|Ax - b\|_2$ 达到下界 $\|d_2\|_2$. 此时对于任意的 $y_2 \in C^{n-r}$，向量

$$x = Vy = V\begin{bmatrix}\Sigma^{-1}d_1\\ y_2\end{bmatrix} = V\begin{bmatrix}\Sigma^{-1} & O\\ O & O\end{bmatrix}\begin{bmatrix}d_1\\ d_2\end{bmatrix}$$

$$= V\begin{bmatrix} \boldsymbol{\Sigma}^{-1} & \boldsymbol{O} \\ \boldsymbol{O} & \boldsymbol{O} \end{bmatrix} \boldsymbol{U}^{\mathrm{H}} \boldsymbol{b} = \boldsymbol{x}_0$$

是函数 $f(\boldsymbol{x}) = \| \boldsymbol{A}\boldsymbol{x} - \boldsymbol{b} \|_2$ 的极小值点. 即其极小范数的最小二乘解为

$$\boldsymbol{x}_0 = \boldsymbol{V}\begin{bmatrix} \boldsymbol{\Sigma}^{-1} & \boldsymbol{O} \\ \boldsymbol{O} & \boldsymbol{O} \end{bmatrix} \boldsymbol{U}^{\mathrm{H}} \boldsymbol{b}.$$

6.6 书后习题解答

1. 求下列矩阵的减号逆：

(1) $\boldsymbol{A} = \begin{bmatrix} 1 & 0 & 3 \\ 2 & 3 & 0 \\ 1 & 1 & 1 \end{bmatrix}$；　　(2) $\boldsymbol{A} = \begin{bmatrix} 2 & 3 & 1 & -1 \\ 5 & 8 & 0 & 1 \\ 1 & 2 & -2 & 3 \end{bmatrix}$；

(3) $\boldsymbol{A} = \begin{bmatrix} 0 & 1 & -1 & -1 & 1 \\ 0 & -2 & 2 & -2 & 6 \\ 0 & 1 & -1 & -2 & 3 \end{bmatrix}$.

解:(1) 因为

$$\begin{bmatrix} \boldsymbol{A} & \boldsymbol{I}_3 \\ \boldsymbol{I}_3 & \boldsymbol{O} \end{bmatrix} = \left[\begin{array}{ccc|ccc} 1 & 0 & 3 & 1 & 0 & 0 \\ 2 & 3 & 0 & 0 & 1 & 0 \\ 1 & 1 & 1 & 0 & 0 & 1 \\ \hline 1 & 0 & 0 & & & \\ 0 & 1 & 0 & & & \\ 0 & 0 & 1 & & & \end{array}\right] \to \left[\begin{array}{ccc|ccc} 1 & 0 & 0 & 1 & 0 & 0 \\ 0 & 1 & 0 & -1 & 0 & 1 \\ 0 & 0 & 0 & 1 & 1 & -3 \\ \hline 1 & 0 & -3 & & & \\ 0 & 1 & 2 & & & \\ 0 & 0 & 1 & & & \end{array}\right]$$

所以

$$\boldsymbol{P} = \begin{bmatrix} 1 & 0 & 0 \\ -1 & 0 & 1 \\ 1 & 1 & -3 \end{bmatrix}, \quad \boldsymbol{Q} = \begin{bmatrix} 1 & 0 & -3 \\ 0 & 1 & 2 \\ 0 & 0 & 1 \end{bmatrix},$$

则

$$\boldsymbol{A}^{-} = \boldsymbol{Q}\begin{bmatrix} 1 & 0 & a \\ 0 & 1 & b \\ c & d & e \end{bmatrix}\boldsymbol{P} \quad (a,b,c,d,e \text{ 是任意常数}).$$

(2) 参见例 6.1.

(3) 同(1) 可求得

$$\boldsymbol{PAQ} = \begin{bmatrix} 1 & 0 & 0 & -1 & -1 \\ 0 & 1 & 0 & 0 & -2 \\ 0 & 0 & 0 & 0 & 0 \end{bmatrix},$$

其中

$$P=\begin{bmatrix}2&0&-1\\1&0&-1\\6&1&-4\end{bmatrix},\quad Q=\begin{bmatrix}0&0&1&0&0\\1&0&0&0&0\\0&0&0&1&0\\0&1&0&0&0\\0&0&0&0&1\end{bmatrix},$$

则

$$A^{-}=Q\begin{bmatrix}I_2&*\\ *&*\end{bmatrix}_{5\times 3}P\quad（*\text{ 可任意选取}）.$$

2. 证明：$\begin{bmatrix}S&O\\O&O\end{bmatrix}^{+}=\begin{bmatrix}S^{-1}&O\\O&O\end{bmatrix}$，其中 $S\in C_r^{r\times r}$.

证明：令

$$A=\begin{bmatrix}S&O\\O&O\end{bmatrix},\quad G=\begin{bmatrix}S^{-1}&O\\O&O\end{bmatrix},$$

则

$$AGA=\begin{bmatrix}S&O\\O&O\end{bmatrix}\begin{bmatrix}S^{-1}&O\\O&O\end{bmatrix}\begin{bmatrix}S&O\\O&O\end{bmatrix}=\begin{bmatrix}S&O\\O&O\end{bmatrix}=A,$$

$$GAG=\begin{bmatrix}S^{-1}&O\\O&O\end{bmatrix}\begin{bmatrix}S&O\\O&O\end{bmatrix}\begin{bmatrix}S^{-1}&O\\O&O\end{bmatrix}=\begin{bmatrix}S^{-1}&O\\O&O\end{bmatrix}=G,$$

$$(AG)^{H}=\left(\begin{bmatrix}S&O\\O&O\end{bmatrix}\begin{bmatrix}S^{-1}&O\\O&O\end{bmatrix}\right)^{H}=\begin{bmatrix}I_r&O\\O&O\end{bmatrix}^{H}=\begin{bmatrix}I_r&O\\O&O\end{bmatrix}=AG,$$

$$(GA)^{H}=\left(\begin{bmatrix}S^{-1}&O\\O&O\end{bmatrix}\begin{bmatrix}S&O\\O&O\end{bmatrix}\right)^{H}=\begin{bmatrix}I_r&O\\O&O\end{bmatrix}^{H}=\begin{bmatrix}I_r&O\\O&O\end{bmatrix}=GA,$$

由 A^{+} 的唯一性可得 $A^{+}=G$，即

$$\begin{bmatrix}S&O\\O&O\end{bmatrix}^{+}=\begin{bmatrix}S^{-1}&O\\O&O\end{bmatrix}.$$

3. 设 $\alpha,\beta\in C^{n}$，且 $\alpha\neq 0$，证明：

(1) $\alpha^{+}=(\alpha^{H}\alpha)^{-1}\alpha^{H}$；

(2) $(\alpha\beta^{H})^{+}=(\alpha^{H}\alpha)^{+}(\beta^{H}\beta)^{+}\beta\alpha^{H}$.

证明：(1) 因为

$$\alpha\cdot(\alpha^{H}\alpha)^{-1}\alpha^{H}\cdot\alpha=\alpha,$$

$$(\alpha^{H}\alpha)^{-1}\alpha^{H}\cdot\alpha\cdot(\alpha^{H}\alpha)^{-1}\alpha^{H}=(\alpha^{H}\alpha)^{-1}\alpha^{H},$$

$$\begin{aligned}(\alpha\cdot(\alpha^{H}\alpha)^{-1}\alpha^{H})^{H}&=\alpha((\alpha^{H}\alpha)^{-1})^{H}\alpha^{H}=\alpha[(\alpha^{H}\alpha)^{H}]^{-1}\alpha^{H}\\&=\alpha\cdot(\alpha^{H}\alpha)^{-1}\alpha^{H},\end{aligned}$$

$$((\alpha^{H}\alpha)^{-1}\alpha^{H}\cdot\alpha)^{H}=1=\alpha^{H}\alpha((\alpha^{H}\alpha)^{-1})^{H}=(\alpha^{H}\alpha)^{-1}\alpha^{H}\cdot\alpha,$$

由 $\boldsymbol{\alpha}^{+}$ 的唯一性，得到

$$\boldsymbol{\alpha}^{+}=(\boldsymbol{\alpha}^{\mathrm{H}}\boldsymbol{\alpha})^{-1}\boldsymbol{\alpha}^{\mathrm{H}}.$$

(2) 若 $\boldsymbol{\beta}=\mathbf{0}$，结论自然成立. 设 $\boldsymbol{\beta}\neq\mathbf{0}$，由 $\boldsymbol{\alpha}\neq\mathbf{0}$ 知 $\boldsymbol{A}=\boldsymbol{\alpha}\boldsymbol{\beta}^{\mathrm{H}}$ 是 $\boldsymbol{A}$ 的一个满秩分解，故

$$\boldsymbol{A}^{+}=(\boldsymbol{\beta}^{\mathrm{H}})^{\mathrm{H}}(\boldsymbol{\beta}^{\mathrm{H}}\boldsymbol{\beta})^{-1}(\boldsymbol{\alpha}^{\mathrm{H}}\boldsymbol{\alpha})^{-1}\boldsymbol{\alpha}^{\mathrm{H}},$$

由 $\boldsymbol{\alpha}\neq\mathbf{0},\boldsymbol{\beta}\neq\mathbf{0}$，则 $\boldsymbol{\beta}^{\mathrm{H}}\boldsymbol{\beta}>0,\boldsymbol{\alpha}^{\mathrm{H}}\boldsymbol{\alpha}>0$，所以

$$(\boldsymbol{\beta}^{\mathrm{H}}\boldsymbol{\beta})^{-1}=(\boldsymbol{\beta}^{\mathrm{H}}\boldsymbol{\beta})^{+},\quad (\boldsymbol{\alpha}^{\mathrm{H}}\boldsymbol{\alpha})^{-1}=(\boldsymbol{\alpha}^{\mathrm{H}}\boldsymbol{\alpha})^{+},$$

且均为非零常数. 所以

$$\boldsymbol{A}^{+}=(\boldsymbol{\beta}^{\mathrm{H}}\boldsymbol{\beta})^{+}(\boldsymbol{\alpha}^{\mathrm{H}}\boldsymbol{\alpha})^{+}\boldsymbol{\beta}\boldsymbol{\alpha}^{\mathrm{H}}.$$

4. 已知

$$\boldsymbol{B}=(1,-1),\quad \boldsymbol{C}=\begin{bmatrix}1&1\\0&1\end{bmatrix},\quad \boldsymbol{A}=\boldsymbol{B}\boldsymbol{C},$$

求 $\boldsymbol{A}^{+},\boldsymbol{B}^{+},\boldsymbol{C}^{+}$，并验证 $\boldsymbol{A}^{+}=(\boldsymbol{B}\boldsymbol{C})^{+}\neq\boldsymbol{C}^{+}\boldsymbol{B}^{+}$.

解：因为 $\boldsymbol{B}$ 行满秩，故

$$\boldsymbol{B}^{+}=\boldsymbol{B}^{\mathrm{H}}(\boldsymbol{B}\boldsymbol{B}^{\mathrm{H}})^{-1}=\frac{1}{2}\begin{bmatrix}1\\-1\end{bmatrix},$$

又 $\boldsymbol{C}=\begin{bmatrix}1&1\\0&1\end{bmatrix}$ 可逆，故

$$\boldsymbol{C}^{+}=\boldsymbol{C}^{-1}=\begin{bmatrix}1&-1\\0&1\end{bmatrix},$$

而 $\boldsymbol{A}=\boldsymbol{B}\boldsymbol{C}=(1,0)$，所以 $\boldsymbol{A}$ 行满秩，故

$$\boldsymbol{A}^{+}=\boldsymbol{A}^{\mathrm{H}}(\boldsymbol{A}\boldsymbol{A}^{\mathrm{H}})^{-1}=\begin{bmatrix}1\\0\end{bmatrix}.$$

因为

$$\boldsymbol{C}^{+}\boldsymbol{B}^{+}=\begin{bmatrix}1&-1\\0&1\end{bmatrix}\cdot\frac{1}{2}\begin{bmatrix}1\\-1\end{bmatrix}=\frac{1}{2}\begin{bmatrix}2\\-1\end{bmatrix}=\begin{bmatrix}1\\-\frac{1}{2}\end{bmatrix},$$

所以

$$(\boldsymbol{B}\boldsymbol{C})^{+}\neq\boldsymbol{C}^{+}\boldsymbol{B}^{+}.$$

5. 设 $\boldsymbol{A}\in\mathbf{C}^{m\times n}$，$\boldsymbol{U},\boldsymbol{V}$ 分别为 m 阶和 n 阶酉矩阵，试证：

$$(\boldsymbol{U}\boldsymbol{A}\boldsymbol{V}^{\mathrm{H}})^{+}=\boldsymbol{V}\boldsymbol{A}^{+}\boldsymbol{U}^{\mathrm{H}}.$$

证明：请参见例 6.14(1).

6. 设复矩阵 $\boldsymbol{A}\in\mathbf{C}_r^{m\times n}(r>0)$，且 $\boldsymbol{A}$ 的奇异值分解为

$$\boldsymbol{A}=\boldsymbol{U}\begin{bmatrix}\boldsymbol{\Sigma}&\boldsymbol{O}\\\boldsymbol{O}&\boldsymbol{O}\end{bmatrix}\boldsymbol{V}^{\mathrm{H}},$$

其中 $\boldsymbol{\Sigma}=\operatorname{diag}(\sigma_1,\sigma_2,\cdots,\sigma_r)$，$\sigma_i(i=1,2,\cdots,r)$ 是 $\boldsymbol{A}$ 的非零奇异值，$\boldsymbol{U},\boldsymbol{V}$ 分别是 m 阶和 n 阶酉矩阵，证明：

$$\boldsymbol{A}^{+}=\boldsymbol{V}\begin{bmatrix}\boldsymbol{\Sigma}^{-1} & \boldsymbol{O}\\ \boldsymbol{O} & \boldsymbol{O}\end{bmatrix}\boldsymbol{U}^{\mathrm{H}}.$$

证明： 令 $\boldsymbol{G}=\boldsymbol{V}\begin{bmatrix}\boldsymbol{\Sigma}^{-1} & \boldsymbol{O}\\ \boldsymbol{O} & \boldsymbol{O}\end{bmatrix}\boldsymbol{U}^{\mathrm{H}}$，则

$$\boldsymbol{AGA}=\boldsymbol{U}\begin{bmatrix}\boldsymbol{\Sigma} & \boldsymbol{O}\\ \boldsymbol{O} & \boldsymbol{O}\end{bmatrix}\boldsymbol{V}^{\mathrm{H}}\boldsymbol{V}\begin{bmatrix}\boldsymbol{\Sigma}^{-1} & \boldsymbol{O}\\ \boldsymbol{O} & \boldsymbol{O}\end{bmatrix}\boldsymbol{U}^{\mathrm{H}}\boldsymbol{U}\begin{bmatrix}\boldsymbol{\Sigma} & \boldsymbol{O}\\ \boldsymbol{O} & \boldsymbol{O}\end{bmatrix}\boldsymbol{V}^{\mathrm{H}}=\boldsymbol{U}\begin{bmatrix}\boldsymbol{\Sigma} & \boldsymbol{O}\\ \boldsymbol{O} & \boldsymbol{O}\end{bmatrix}\boldsymbol{V}^{\mathrm{H}}=\boldsymbol{A},$$

$$\boldsymbol{GAG}=\boldsymbol{V}\begin{bmatrix}\boldsymbol{\Sigma}^{-1} & \boldsymbol{O}\\ \boldsymbol{O} & \boldsymbol{O}\end{bmatrix}\boldsymbol{U}^{\mathrm{H}}\boldsymbol{U}\begin{bmatrix}\boldsymbol{\Sigma} & \boldsymbol{O}\\ \boldsymbol{O} & \boldsymbol{O}\end{bmatrix}\boldsymbol{V}^{\mathrm{H}}\boldsymbol{V}\begin{bmatrix}\boldsymbol{\Sigma}^{-1} & \boldsymbol{O}\\ \boldsymbol{O} & \boldsymbol{O}\end{bmatrix}\boldsymbol{U}^{\mathrm{H}}=\boldsymbol{V}\begin{bmatrix}\boldsymbol{\Sigma}^{-1} & \boldsymbol{O}\\ \boldsymbol{O} & \boldsymbol{O}\end{bmatrix}\boldsymbol{U}^{\mathrm{H}}=\boldsymbol{G},$$

$$(\boldsymbol{AG})^{\mathrm{H}}=\left(\boldsymbol{U}\begin{bmatrix}\boldsymbol{\Sigma} & \boldsymbol{O}\\ \boldsymbol{O} & \boldsymbol{O}\end{bmatrix}\boldsymbol{V}^{\mathrm{H}}\boldsymbol{V}\begin{bmatrix}\boldsymbol{\Sigma}^{-1} & \boldsymbol{O}\\ \boldsymbol{O} & \boldsymbol{O}\end{bmatrix}\boldsymbol{U}^{\mathrm{H}}\right)^{\mathrm{H}}=\boldsymbol{U}\begin{bmatrix}\boldsymbol{I}_r & \boldsymbol{O}\\ \boldsymbol{O} & \boldsymbol{O}\end{bmatrix}\boldsymbol{U}^{\mathrm{H}}=\boldsymbol{AG},$$

$$(\boldsymbol{GA})^{\mathrm{H}}=\left(\boldsymbol{V}\begin{bmatrix}\boldsymbol{\Sigma}^{-1} & \boldsymbol{O}\\ \boldsymbol{O} & \boldsymbol{O}\end{bmatrix}\boldsymbol{U}^{\mathrm{H}}\boldsymbol{U}\begin{bmatrix}\boldsymbol{\Sigma} & \boldsymbol{O}\\ \boldsymbol{O} & \boldsymbol{O}\end{bmatrix}\boldsymbol{V}^{\mathrm{H}}\right)^{\mathrm{H}}=\boldsymbol{V}\begin{bmatrix}\boldsymbol{I}_r & \boldsymbol{O}\\ \boldsymbol{O} & \boldsymbol{O}\end{bmatrix}\boldsymbol{V}^{\mathrm{H}}=\boldsymbol{GA},$$

即 $\boldsymbol{G}$ 满足 Moore-Penrose 的四个方程，由 $\boldsymbol{A}^{+}$ 的唯一性，得

$$\boldsymbol{A}^{+}=\boldsymbol{G}=\boldsymbol{V}\begin{bmatrix}\boldsymbol{\Sigma}^{-1} & \boldsymbol{O}\\ \boldsymbol{O} & \boldsymbol{O}\end{bmatrix}\boldsymbol{U}^{\mathrm{H}}.$$

7. 求下列矩阵的 Moore-Penrose 逆：

(1) $\boldsymbol{A}=\begin{bmatrix}1 & 0 & 3\\ 2 & 3 & 0\\ 1 & 1 & 1\end{bmatrix}$；　(2) $\boldsymbol{A}=\begin{bmatrix}2 & 3 & 1 & -1\\ 5 & 8 & 0 & 1\\ 1 & 2 & -2 & 3\end{bmatrix}$；　(3) $\boldsymbol{A}=\begin{bmatrix}0 & 0 & 2\\ 1 & 1 & 0\\ 0 & 0 & 1\\ 1 & 1 & 1\end{bmatrix}$.

解：(1) 对 $\boldsymbol{A}$ 进行初等行变换，有

$$\boldsymbol{A}=\begin{bmatrix}1 & 0 & 3\\ 2 & 3 & 0\\ 1 & 1 & 1\end{bmatrix}\xrightarrow[r_3-r_1]{r_2-2r_1}\begin{bmatrix}1 & 0 & 3\\ 0 & 3 & -6\\ 0 & 1 & -2\end{bmatrix}\xrightarrow[r_3\leftrightarrow r_2]{r_2-3r_3}\begin{bmatrix}1 & 0 & 3\\ 0 & 1 & -2\\ 0 & 0 & 0\end{bmatrix},$$

令

$$\boldsymbol{F}=\begin{bmatrix}1 & 0\\ 2 & 3\\ 1 & 1\end{bmatrix},\quad \boldsymbol{G}=\begin{bmatrix}1 & 0 & 3\\ 0 & 1 & -2\end{bmatrix},$$

则

$$\boldsymbol{A}=\boldsymbol{FG}=\begin{bmatrix}1 & 0\\ 2 & 3\\ 1 & 1\end{bmatrix}\begin{bmatrix}1 & 0 & 3\\ 0 & 1 & -2\end{bmatrix},$$

又

$$GG^{H}=\begin{bmatrix}10 & -6\\ -6 & 5\end{bmatrix},\quad (GG^{H})^{-1}=\frac{1}{14}\begin{bmatrix}5 & 6\\ 6 & 10\end{bmatrix},$$

$$F^{H}F=\begin{bmatrix}6 & 7\\ 7 & 10\end{bmatrix},\quad (F^{H}F)^{-1}=\frac{1}{11}\begin{bmatrix}10 & -7\\ -7 & 6\end{bmatrix},$$

于是

$$A^{+}=G^{H}(GG^{H})^{-1}(F^{H}F)^{-1}F^{H}=\frac{1}{154}\begin{bmatrix}8 & 19 & 9\\ -10 & 34 & 8\\ 44 & -11 & 11\end{bmatrix}.$$

(2) 同理可求得

$$A=FG=\begin{bmatrix}2 & 3\\ 5 & 8\\ 1 & 2\end{bmatrix}\begin{bmatrix}1 & 0 & 8 & -11\\ 0 & 1 & -5 & 7\end{bmatrix},\quad A^{+}=\frac{1}{522}\begin{bmatrix}16 & 25 & -7\\ 18 & 39 & 3\\ 38 & 5 & -71\\ -50 & -2 & 98\end{bmatrix}.$$

(3) 同理可求得

$$A=FG=\begin{bmatrix}0 & 2\\ 1 & 0\\ 0 & 1\\ 1 & 1\end{bmatrix}\begin{bmatrix}1 & 1 & 0\\ 0 & 0 & 1\end{bmatrix},\quad A^{+}=\frac{1}{22}\begin{bmatrix}-2 & 6 & -1 & 5\\ -2 & 6 & -1 & 5\\ 8 & -2 & 4 & 2\end{bmatrix}.$$

8. 求下列线性方程组的极小范数解：

(1) $\begin{bmatrix}2 & 3 & 1 & 3\\ 1 & 1 & 1 & 2\\ 3 & 5 & 1 & 4\end{bmatrix}X=\begin{bmatrix}14\\ 6\\ 22\end{bmatrix}$;

(2) $\begin{bmatrix}1 & 0 & -1 & 1\\ 0 & 2 & 2 & 2\\ -1 & 4 & 5 & 3\end{bmatrix}X=\begin{bmatrix}4\\ 1\\ -2\end{bmatrix}$;

(3) $\begin{bmatrix}2 & 0 & 0 & 8\\ 0 & 2 & 8 & 0\\ 2 & 2 & 8 & 8\end{bmatrix}X=\begin{bmatrix}1\\ 0\\ 1\end{bmatrix}$.

解:(1) 令 $A=\begin{bmatrix}2 & 3 & 1 & 3\\ 1 & 1 & 1 & 2\\ 3 & 5 & 1 & 4\end{bmatrix}$,对 A 作满秩分解得到

$$A=FG=\begin{bmatrix}2 & 3\\ 1 & 1\\ 3 & 5\end{bmatrix}\begin{bmatrix}1 & 0 & 2 & 3\\ 0 & 1 & -1 & -1\end{bmatrix},$$

于是

$$A^{+}=G^{H}(GG^{H})^{-1}(F^{H}F)^{-1}F^{H}=\frac{1}{102}\begin{bmatrix}2&-1&5\\-8&-47&31\\12&45&-21\\14&44&-16\end{bmatrix},$$

经验证得 $AA^{+}b=b$,所以线性方程组有解,极小范数解为

$$X=A^{+}b=\frac{1}{17}(22,48,-4,18)^{T}.$$

(2) 因为 $r(A\mid b)=2=r(A)$,所以线性方程组有无穷多解.

对 A 作满秩分解得到

$$A=FG=\begin{bmatrix}1&0\\0&2\\-1&4\end{bmatrix}\begin{bmatrix}1&0&-1&1\\0&1&1&1\end{bmatrix},$$

于是

$$\begin{aligned}A^{+}&=G^{H}(GG^{H})^{-1}(F^{H}F)^{-1}F^{H}\\&=\begin{bmatrix}1&0\\0&1\\-1&1\\1&1\end{bmatrix}\begin{bmatrix}\frac{1}{3}&0\\0&\frac{1}{3}\end{bmatrix}\frac{1}{12}\begin{bmatrix}10&2\\2&1\end{bmatrix}\begin{bmatrix}1&0&-1\\0&2&4\end{bmatrix}\\&=\frac{1}{18}\begin{bmatrix}5&2&-1\\1&1&1\\-4&-1&2\\6&3&0\end{bmatrix},\end{aligned}$$

故极小范数解为

$$X=A^{+}b=\frac{1}{6}(8,1,-7,9)^{T}.$$

(3) 经检验线性方程组有无穷多解,且

$$A^{+}=\frac{1}{102}\begin{bmatrix}2&-1&1\\-1&2&1\\-4&8&4\\8&-4&4\end{bmatrix},$$

所以极小范数解为

$$X=A^{+}b=\frac{1}{34}(1,0,0,4)^{T}.$$

9. 用广义逆矩阵 $\boldsymbol{A}^+$ 验证下列线性方程组无解，并求极小范数最小二乘解.

(1) $\begin{bmatrix}0&0&2\\1&1&0\\0&0&1\\1&1&1\end{bmatrix}\boldsymbol{X}=\begin{bmatrix}1\\1\\1\\1\end{bmatrix}$； (2) $\begin{bmatrix}1&0&-1&1\\0&2&2&2\\-1&4&5&3\end{bmatrix}\boldsymbol{X}=\begin{bmatrix}4\\1\\2\end{bmatrix}$.

解：(1) 令 $\boldsymbol{A}=\begin{bmatrix}0&0&2\\1&1&0\\0&0&1\\1&1&1\end{bmatrix}$，由第 7 题(3) 知

$$\boldsymbol{A}^+=\frac{1}{22}\begin{bmatrix}-2&6&-1&5\\-2&6&-1&5\\8&-2&4&2\end{bmatrix},$$

因为

$$\boldsymbol{A}\boldsymbol{A}^+\boldsymbol{b}=\frac{1}{11}\begin{bmatrix}12\\8\\6\\14\end{bmatrix}\neq\boldsymbol{b},$$

故线性方程组无解，其极小范数最小二乘解为

$$\boldsymbol{X}=\boldsymbol{A}^+\boldsymbol{b}=\frac{2}{11}(2,2,3)^{\mathrm{T}}.$$

(2) 令 $\boldsymbol{A}=\begin{bmatrix}1&0&-1&1\\0&2&2&2\\-1&4&5&3\end{bmatrix}$，由第 8 题(2) 知

$$\boldsymbol{A}^+=\frac{1}{18}\begin{bmatrix}5&2&-1\\1&1&1\\-4&-1&2\\6&3&0\end{bmatrix},\quad \boldsymbol{A}\boldsymbol{A}^+\boldsymbol{b}=\frac{1}{3}\begin{bmatrix}10\\7\\4\end{bmatrix}\neq\boldsymbol{b},$$

故线性方程组无解，其极小范数最小二乘解为

$$\boldsymbol{X}=\boldsymbol{A}^+\boldsymbol{b}=\frac{1}{18}(20,7,-13,27)^{\mathrm{T}}.$$

6.7 课外习题选解

1. 已知线性方程组 $\begin{cases}x_1+x_2=2,\\2x_1+2x_2=2,\\3x_1+x_2=2.\end{cases}$

(1) 证明线性方程组不相容；

(2) 求线性方程组的极小范数最小二乘解 $\boldsymbol{X}$；

(3) 求 $\|\boldsymbol{X}\|_2$，并求 $\boldsymbol{b}=(2,2,2)^{\mathrm{T}}$ 到 $R(\boldsymbol{A})$ 的最短距离，其中 $\boldsymbol{A}$ 是线性方程组的系数矩阵.

解：(1) 对线性方程组 $\boldsymbol{Ax}=\boldsymbol{b}$ 的增广矩阵进行初等行变换，有

$$\bar{\boldsymbol{A}}=\begin{bmatrix}1&1&2\\2&2&2\\3&1&2\end{bmatrix}\xrightarrow[r_3-3r_1]{r_2-2r_1}\begin{bmatrix}1&1&2\\0&0&-2\\0&-2&-4\end{bmatrix},$$

因为

$$r(\bar{\boldsymbol{A}})=3,\quad r(\boldsymbol{A})=2,$$

所以线性方程组不相容.

(2) 因为 $\boldsymbol{A}$ 列满秩，所以

$$\boldsymbol{A}^{+}=(\boldsymbol{A}^{\mathrm{T}}\boldsymbol{A})^{-1}\boldsymbol{A}^{\mathrm{T}}=\frac{1}{10}\begin{bmatrix}3&-4\\-4&7\end{bmatrix}\begin{bmatrix}1&2&3\\1&2&1\end{bmatrix}=\frac{1}{10}\begin{bmatrix}-1&-2&5\\3&6&-5\end{bmatrix},$$

故线性方程组的极小范数最小二乘解为

$$\boldsymbol{X}=\boldsymbol{A}^{+}\boldsymbol{b}=\begin{bmatrix}\frac{2}{5}\\\frac{4}{5}\end{bmatrix}.$$

(3) 由(2) 可得 $\|\boldsymbol{X}\|_2=\dfrac{2\sqrt{5}}{5}$，且 $\boldsymbol{b}$ 到 $R(\boldsymbol{A})$ 的最短距离为

$$\|\boldsymbol{AX}-\boldsymbol{b}\|_2=\left\|\frac{1}{5}\begin{bmatrix}-4\\2\\0\end{bmatrix}\right\|_2=\frac{2}{5}\sqrt{5}.$$

2. 证明：线性方程组 $\boldsymbol{Ax}=\boldsymbol{b}$ 有解当且仅当 $\boldsymbol{AA}^{+}\boldsymbol{b}=\boldsymbol{b}$.

证明：若 $\boldsymbol{AA}^{+}\boldsymbol{b}=\boldsymbol{b}$ 成立，则 $\boldsymbol{x}=\boldsymbol{A}^{+}\boldsymbol{b}$ 是方程组 $\boldsymbol{Ax}=\boldsymbol{b}$ 的解；反之，若 $\boldsymbol{Ax}=\boldsymbol{b}$ 有解 $\boldsymbol{x}_0$，则 $\boldsymbol{b}=\boldsymbol{Ax}_0=\boldsymbol{AA}^{+}\boldsymbol{Ax}_0=\boldsymbol{AA}^{+}\boldsymbol{b}$.

3. 设

$$\boldsymbol{A}=\begin{bmatrix}1&1&1&1\\1&2&3&4\\0&1&2&3\end{bmatrix},\quad \boldsymbol{b}=\begin{bmatrix}1\\2\\1\end{bmatrix}.$$

(1) 求矩阵 $\boldsymbol{A}$ 的满秩分解；

(2) 求 $\boldsymbol{A}^{+}$；

(3) 判断方程组 $\boldsymbol{Ax}=\boldsymbol{b}$ 是否相容，若相容求其极小范数解，若不相容求其极小范数最小二乘解.

解:(1) 对 $\boldsymbol{A}$ 进行初等行变换,有

$$\boldsymbol{A}=\begin{bmatrix}1&1&1&1\\1&2&3&4\\0&1&2&3\end{bmatrix}\to\begin{bmatrix}1&0&-1&-2\\0&1&2&3\\0&0&0&0\end{bmatrix},$$

得

$$\boldsymbol{A}=\begin{bmatrix}1&1\\1&2\\0&1\end{bmatrix}\begin{bmatrix}1&0&-1&-2\\0&1&2&3\end{bmatrix}=\boldsymbol{FG}.$$

(2) 因

$$\boldsymbol{GG}^{\mathrm{T}}=\begin{bmatrix}6&-8\\-8&14\end{bmatrix},\quad(\boldsymbol{GG}^{\mathrm{T}})^{-1}=\frac{1}{10}\begin{bmatrix}7&4\\4&3\end{bmatrix},$$

$$\boldsymbol{F}^{\mathrm{T}}\boldsymbol{F}=\begin{bmatrix}2&3\\3&6\end{bmatrix},\quad(\boldsymbol{F}^{\mathrm{T}}\boldsymbol{F})^{-1}=\frac{1}{3}\begin{bmatrix}6&-3\\-3&2\end{bmatrix},$$

故

$$\boldsymbol{A}^{+}=\boldsymbol{G}^{\mathrm{T}}(\boldsymbol{GG}^{\mathrm{T}})^{-1}(\boldsymbol{F}^{\mathrm{T}}\boldsymbol{F})^{-1}\boldsymbol{F}^{\mathrm{T}}=\frac{1}{30}\begin{bmatrix}17&4&-13\\9&3&-6\\1&2&1\\-7&1&8\end{bmatrix}.$$

(3) 因为 $r(\bar{\boldsymbol{A}})=r(\boldsymbol{A})=2$,故 $\boldsymbol{AX}=\boldsymbol{b}$ 相容. 极小范数解为

$$\boldsymbol{X}=\boldsymbol{A}^{+}\boldsymbol{b}=\frac{1}{10}(4,3,2,1)^{\mathrm{T}}.$$

4. 已知如下矛盾方程组 $\boldsymbol{Ax}=\boldsymbol{b}$:

$$\begin{cases}x_1+x_2+x_4=1,\\x_1+x_2+x_3+2x_4=1,\\x_3+x_4=1.\end{cases}$$

(1) 求 $\boldsymbol{A}$ 的满秩分解 $\boldsymbol{A}=\boldsymbol{FG}$;

(2) 由满秩分解计算 $\boldsymbol{A}^{+}$;

(3) 求该方程组的极小 2- 范数最小二乘解(或求最小二乘解的通解).

解:对系数矩阵 $\boldsymbol{A}$ 进行初等行变换,有

$$\boldsymbol{A}=\begin{bmatrix}1&1&0&1\\1&1&1&2\\0&0&1&1\end{bmatrix}\xrightarrow{r_2-r_1}\begin{bmatrix}1&1&0&1\\0&0&1&1\\0&0&1&1\end{bmatrix}\xrightarrow{r_3-r_2}\begin{bmatrix}1&1&0&1\\0&0&1&1\\0&0&0&0\end{bmatrix}.$$

(1) 令

$$\boldsymbol{F}=\begin{bmatrix}1&0\\1&1\\0&1\end{bmatrix},\quad\boldsymbol{G}=\begin{bmatrix}1&1&0&1\\0&0&1&1\end{bmatrix},$$

故 $\boldsymbol{A}$ 的满秩分解为 $\boldsymbol{A}=\boldsymbol{FG}$.

(2) 因

$$\boldsymbol{GG}^{\mathrm{T}}=\begin{bmatrix}3&1\\1&2\end{bmatrix},\quad \boldsymbol{F}^{\mathrm{T}}\boldsymbol{F}=\begin{bmatrix}2&1\\1&2\end{bmatrix},$$

$$(\boldsymbol{GG}^{\mathrm{T}})^{-1}=\frac{1}{5}\begin{bmatrix}2&-1\\-1&3\end{bmatrix},\quad (\boldsymbol{F}^{\mathrm{T}}\boldsymbol{F})^{-1}=\frac{1}{3}\begin{bmatrix}2&-1\\-1&2\end{bmatrix},$$

$$\boldsymbol{A}^{+}=\boldsymbol{G}^{\mathrm{T}}(\boldsymbol{GG}^{\mathrm{T}})^{-1}(\boldsymbol{F}^{\mathrm{T}}\boldsymbol{F})^{-1}\boldsymbol{F}^{\mathrm{T}}=\frac{1}{15}\begin{bmatrix}5&1&-4\\5&1&-4\\-5&2&7\\0&3&3\end{bmatrix}.$$

(3) 由(2)可得

$$\boldsymbol{X}=\boldsymbol{A}^{+}\boldsymbol{b}=\frac{1}{15}(2,2,4,6)^{\mathrm{T}}.$$

5. 已知矩阵 $\boldsymbol{A}=\begin{bmatrix}1&1&0&0&0\\2&2&0&0&0\\0&0&0&0&0\\0&0&0&2&3\end{bmatrix}$,求 $\boldsymbol{A}$ 的广义逆矩阵 $\boldsymbol{A}^{+}$.

解:对 $\boldsymbol{A}$ 进行分块,有

$$\boldsymbol{A}=\left[\begin{array}{cc|c|cc}1&1&0&0&0\\2&2&0&0&0\\\hline 0&0&0&0&0\\\hline 0&0&0&2&3\end{array}\right]=\begin{bmatrix}\boldsymbol{M}&&\\&\boldsymbol{O}&\\&&\boldsymbol{N}\end{bmatrix},$$

则

$$\boldsymbol{A}^{+}=\begin{bmatrix}\boldsymbol{M}^{+}&&\\&\boldsymbol{O}&\\&&\boldsymbol{N}^{+}\end{bmatrix}.$$

对 $\boldsymbol{M}=\begin{bmatrix}1&1\\2&2\end{bmatrix}$进行满秩分解,有 $\boldsymbol{M}=\begin{bmatrix}1\\2\end{bmatrix}(1,1)$,则

$$\boldsymbol{M}^{+}=\begin{bmatrix}1\\1\end{bmatrix}\left((1,1)\begin{bmatrix}1\\1\end{bmatrix}\right)^{-1}\left((1,2)\begin{bmatrix}1\\2\end{bmatrix}\right)^{-1}(1,2)=\frac{1}{10}\begin{bmatrix}1&2\\1&2\end{bmatrix},$$

对 $\boldsymbol{N}=(2,3)$ 进行满秩分解,有 $\boldsymbol{N}=(2,3)=\boldsymbol{I}_1(2,3)$,则

$$\boldsymbol{N}^{+}=\begin{bmatrix}2\\3\end{bmatrix}\left((2,3)\begin{bmatrix}2\\3\end{bmatrix}\right)^{-1}\boldsymbol{I}_1=\frac{1}{13}\begin{bmatrix}2\\3\end{bmatrix},$$

故

$$\boldsymbol{A}^{+}=\begin{bmatrix}\frac{1}{10} & \frac{1}{5} & 0 & 0\\ \frac{1}{10} & \frac{1}{5} & 0 & 0\\ 0 & 0 & 0 & 0\\ 0 & 0 & 0 & \frac{2}{13}\\ 0 & 0 & 0 & \frac{3}{13}\end{bmatrix}.$$

6. 已知$\boldsymbol{A}\in\mathbf{C}^{m\times n}$,若$\boldsymbol{A}^{+}$是$\boldsymbol{A}$的广义逆矩阵,证明:$\mathbf{C}^{n}=N(\boldsymbol{A})\oplus R(\boldsymbol{A}^{+})$,其中,$N(\boldsymbol{A}),R(\boldsymbol{A}^{+})$分别表示矩阵$\boldsymbol{A}$的核空间和$\boldsymbol{A}^{+}$的值域.

证明: $\forall\,\boldsymbol{x}\in\mathbf{C}^{n}$,$\boldsymbol{x}=(\boldsymbol{x}-\boldsymbol{A}^{+}\boldsymbol{A}\boldsymbol{x})+\boldsymbol{A}^{+}\boldsymbol{A}\boldsymbol{x}$,由

$$\boldsymbol{A}(\boldsymbol{x}-\boldsymbol{A}^{+}\boldsymbol{A}\boldsymbol{x})=\boldsymbol{A}\boldsymbol{x}-\boldsymbol{A}\boldsymbol{A}^{+}\boldsymbol{A}\boldsymbol{x}=\boldsymbol{0},$$

所以

$$\boldsymbol{x}-\boldsymbol{A}^{+}\boldsymbol{A}\boldsymbol{x}\in N(\boldsymbol{A}),$$

又

$$\boldsymbol{A}^{+}\boldsymbol{A}\boldsymbol{x}\in R(\boldsymbol{A}^{+}),$$

所以

$$\mathbf{C}^{n}=N(\boldsymbol{A})+R(\boldsymbol{A}^{+}).$$

假设$\forall\,\boldsymbol{x}\in N(\boldsymbol{A})\cap R(\boldsymbol{A}^{+})$,$\boldsymbol{A}\boldsymbol{x}=\boldsymbol{0}$且存在$\boldsymbol{y}\in\mathbf{C}^{m}$使$\boldsymbol{x}=\boldsymbol{A}^{+}\boldsymbol{y}$. 设$r(\boldsymbol{A})=r$,奇异值分解为

$$\boldsymbol{A}=\boldsymbol{U}\begin{bmatrix}\boldsymbol{\Sigma} & \boldsymbol{O}\\ \boldsymbol{O} & \boldsymbol{O}\end{bmatrix}\boldsymbol{V}^{\mathrm{H}},$$

其中$\boldsymbol{\Sigma}=\mathrm{diag}(\sigma_1,\sigma_2,\cdots,\sigma_r)$,$\sigma_i>0(i=1,2,\cdots,r)$是$\boldsymbol{A}$的正奇异值,故

$$\boldsymbol{A}^{+}=\boldsymbol{V}\begin{bmatrix}\boldsymbol{\Sigma}^{-1} & \boldsymbol{O}\\ \boldsymbol{O} & \boldsymbol{O}\end{bmatrix}\boldsymbol{U}^{\mathrm{H}},\quad \boldsymbol{A}\boldsymbol{x}=\boldsymbol{A}\boldsymbol{V}\begin{bmatrix}\boldsymbol{\Sigma}^{-1} & \boldsymbol{O}\\ \boldsymbol{O} & \boldsymbol{O}\end{bmatrix}\boldsymbol{U}^{\mathrm{H}}\boldsymbol{y}=\boldsymbol{U}\begin{bmatrix}\boldsymbol{I}_r & \boldsymbol{O}\\ \boldsymbol{O} & \boldsymbol{O}\end{bmatrix}\boldsymbol{U}^{\mathrm{H}}\boldsymbol{y}=\boldsymbol{0},$$

令

$$\boldsymbol{U}^{\mathrm{H}}\boldsymbol{y}=\begin{bmatrix}\boldsymbol{z}_1\\ \boldsymbol{z}_2\end{bmatrix}\quad(\boldsymbol{z}_1\in\mathbf{C}^{r}),$$

则

$$\boldsymbol{z}_1=\boldsymbol{0},\quad \boldsymbol{x}=\boldsymbol{A}^{+}\boldsymbol{y}=\boldsymbol{V}\begin{bmatrix}\boldsymbol{\Sigma}^{-1} & \boldsymbol{O}\\ \boldsymbol{O} & \boldsymbol{O}\end{bmatrix}\begin{bmatrix}\boldsymbol{z}_1\\ \boldsymbol{z}_2\end{bmatrix}=\boldsymbol{V}\begin{bmatrix}\boldsymbol{\Sigma}^{-1}\boldsymbol{z}_1\\ \boldsymbol{0}\end{bmatrix}=\boldsymbol{0},$$

即

$$N(\boldsymbol{A})\cap R(\boldsymbol{A}^{+})=\{\boldsymbol{0}\},$$

于是

$$\mathbf{C}^{n}=N(\boldsymbol{A})\oplus R(\boldsymbol{A}^{+}).$$

7. 设 $\boldsymbol{A}\in\mathbf{C}^{m\times n}$，若 $\boldsymbol{G}$ 满足 $\boldsymbol{AGA}=\boldsymbol{A}$，$(\boldsymbol{AG})^{\mathrm{H}}=\boldsymbol{AG}$，则记 $\boldsymbol{G}\in\boldsymbol{A}\{1,3\}$. 证明：对于任意的 $\boldsymbol{b}\in\mathbf{C}^{m}$，$\boldsymbol{Gb}$ 是 $\boldsymbol{Ax}=\boldsymbol{b}$ 的最小二乘解，其中 $\boldsymbol{G}\in\boldsymbol{A}\{1,3\}$.

证明：由于 $\boldsymbol{x}$ 是 $\boldsymbol{Ax}=\boldsymbol{b}$ 的最小二乘解当且仅当 $\boldsymbol{x}$ 是 $\boldsymbol{A}^{\mathrm{H}}\boldsymbol{Ax}=\boldsymbol{A}^{\mathrm{H}}\boldsymbol{b}$ 解. 而

$$\boldsymbol{A}^{\mathrm{H}}\boldsymbol{A}(\boldsymbol{Gb})=\boldsymbol{A}^{\mathrm{H}}(\boldsymbol{AG})\boldsymbol{b}=\boldsymbol{A}^{\mathrm{H}}(\boldsymbol{AG})^{\mathrm{H}}\boldsymbol{b}=\boldsymbol{A}^{\mathrm{H}}\boldsymbol{G}^{\mathrm{H}}\boldsymbol{A}^{\mathrm{H}}\boldsymbol{b}=(\boldsymbol{AGA})^{\mathrm{H}}\boldsymbol{b}=\boldsymbol{A}^{\mathrm{H}}\boldsymbol{b},$$

故 $\boldsymbol{Gb}$ 是 $\boldsymbol{Ax}=\boldsymbol{b}$ 的最小二乘解，其中 $\boldsymbol{G}\in\boldsymbol{A}\{1,3\}$.

8. 设 $\boldsymbol{A}\in\mathbf{C}^{m\times n}$，若 $\boldsymbol{G}$ 满足 $\boldsymbol{AGA}=\boldsymbol{A}$，$(\boldsymbol{GA})^{\mathrm{H}}=\boldsymbol{GA}$，证明：对于任意的 $\boldsymbol{b}\in R(\boldsymbol{A})$，有 $\boldsymbol{Gb}=\boldsymbol{A}^{+}\boldsymbol{b}$，且 $\boldsymbol{Gb}$ 是 $\boldsymbol{Ax}=\boldsymbol{b}$ 的最小二乘解.

证明：由 $\boldsymbol{b}\in R(\boldsymbol{A})$，故存在 $\boldsymbol{y}\in\mathbf{C}^{n}$，使得 $\boldsymbol{b}=\boldsymbol{Ay}$. 因为

$$\begin{aligned}\|\boldsymbol{Gb}-\boldsymbol{A}^{+}\boldsymbol{b}\|_2^2&=(\boldsymbol{Gb}-\boldsymbol{A}^{+}\boldsymbol{b})^{\mathrm{H}}(\boldsymbol{Gb}-\boldsymbol{A}^{+}\boldsymbol{b})\\&=(\boldsymbol{y}^{\mathrm{H}}(\boldsymbol{GA})^{\mathrm{H}}-\boldsymbol{y}^{\mathrm{H}}(\boldsymbol{A}^{+}\boldsymbol{A})^{\mathrm{H}})(\boldsymbol{GAy}-\boldsymbol{A}^{+}\boldsymbol{Ay})\\&=(\boldsymbol{y}^{\mathrm{H}}\boldsymbol{GA}-\boldsymbol{y}^{\mathrm{H}}\boldsymbol{A}^{+}\boldsymbol{A})(\boldsymbol{GAy}-\boldsymbol{A}^{+}\boldsymbol{Ay})\\&=\boldsymbol{y}^{\mathrm{H}}\boldsymbol{GAGAy}-\boldsymbol{y}^{\mathrm{H}}\boldsymbol{GAA}^{+}\boldsymbol{Ay}-\boldsymbol{y}^{\mathrm{H}}\boldsymbol{A}^{+}\boldsymbol{AGAy}+\boldsymbol{y}^{\mathrm{H}}\boldsymbol{A}^{+}\boldsymbol{AA}^{+}\boldsymbol{Ay}\\&=\boldsymbol{y}^{\mathrm{H}}\boldsymbol{GAy}-\boldsymbol{y}^{\mathrm{H}}\boldsymbol{GAy}-\boldsymbol{y}^{\mathrm{H}}\boldsymbol{A}^{+}\boldsymbol{Ay}+\boldsymbol{y}^{\mathrm{H}}\boldsymbol{A}^{+}\boldsymbol{Ay}=0,\end{aligned}$$

所以 $\boldsymbol{Gb}=\boldsymbol{A}^{+}\boldsymbol{b}$，即 $\boldsymbol{Gb}$ 是 $\boldsymbol{Ax}=\boldsymbol{b}$ 的最小二乘解.

9. 若 $\boldsymbol{A},\boldsymbol{B}\in\mathbf{C}^{n\times n}$，且满足 $\boldsymbol{AB}^{\mathrm{H}}=\boldsymbol{O}$，$\boldsymbol{B}^{\mathrm{H}}\boldsymbol{A}=\boldsymbol{O}$，证明：$(\boldsymbol{A}+\boldsymbol{B})^{+}=\boldsymbol{A}^{+}+\boldsymbol{B}^{+}$.

证明：因为

$$\begin{aligned}&(\boldsymbol{A}+\boldsymbol{B})(\boldsymbol{A}^{+}+\boldsymbol{B}^{+})(\boldsymbol{A}+\boldsymbol{B})\\=&\boldsymbol{AA}^{+}\boldsymbol{A}+\boldsymbol{AA}^{+}\boldsymbol{B}+\boldsymbol{AB}^{+}\boldsymbol{A}+\boldsymbol{AB}^{+}\boldsymbol{B}+\boldsymbol{BA}^{+}\boldsymbol{A}\\&+\boldsymbol{BA}^{+}\boldsymbol{B}+\boldsymbol{BB}^{+}\boldsymbol{A}+\boldsymbol{BB}^{+}\boldsymbol{B}\\=&\boldsymbol{A}+(\boldsymbol{AA}^{+})^{\mathrm{H}}\boldsymbol{B}+\boldsymbol{A}(\boldsymbol{B}^{+}\boldsymbol{B})^{\mathrm{H}}\boldsymbol{B}^{+}\boldsymbol{A}+\boldsymbol{A}(\boldsymbol{B}^{+}\boldsymbol{B})^{\mathrm{H}}+\boldsymbol{B}(\boldsymbol{A}^{+}\boldsymbol{A})^{\mathrm{H}}\\&+\boldsymbol{B}(\boldsymbol{A}^{+}\boldsymbol{A})^{\mathrm{H}}\boldsymbol{A}^{+}\boldsymbol{B}+(\boldsymbol{BB}^{+})^{\mathrm{H}}\boldsymbol{A}+\boldsymbol{B}\\=&\boldsymbol{A}+(\boldsymbol{A}^{+})^{\mathrm{H}}(\boldsymbol{B}^{\mathrm{H}}\boldsymbol{A})^{\mathrm{H}}+\boldsymbol{AB}^{\mathrm{H}}(\boldsymbol{B}^{+})^{\mathrm{H}}\boldsymbol{B}^{+}\boldsymbol{A}+\boldsymbol{AB}^{\mathrm{H}}(\boldsymbol{B}^{+})^{\mathrm{H}}\\&+(\boldsymbol{AB}^{\mathrm{H}})^{\mathrm{H}}(\boldsymbol{A}^{+})^{\mathrm{H}}+(\boldsymbol{AB}^{\mathrm{H}})^{\mathrm{H}}(\boldsymbol{A}^{+})^{\mathrm{H}}\boldsymbol{A}^{+}\boldsymbol{B}+(\boldsymbol{B}^{+})^{\mathrm{H}}\boldsymbol{B}^{\mathrm{H}}\boldsymbol{A}+\boldsymbol{B}\\=&\boldsymbol{A}+\boldsymbol{B},\end{aligned}$$

同理可证

$$(\boldsymbol{A}^{+}+\boldsymbol{B}^{+})(\boldsymbol{A}+\boldsymbol{B})(\boldsymbol{A}^{+}+\boldsymbol{B}^{+})=\boldsymbol{A}^{+}+\boldsymbol{B}^{+}.$$

又因为

$$\begin{aligned}((\boldsymbol{A}+\boldsymbol{B})(\boldsymbol{A}^{+}+\boldsymbol{B}^{+}))^{\mathrm{H}}&=(\boldsymbol{AA}^{+}+\boldsymbol{AB}^{+}+\boldsymbol{BA}^{+}+\boldsymbol{BB}^{+})^{\mathrm{H}}\\&=\boldsymbol{AA}^{+}+(\boldsymbol{B}^{+}\boldsymbol{BB}^{+})^{\mathrm{H}}\boldsymbol{A}^{\mathrm{H}}+(\boldsymbol{A}^{+}\boldsymbol{AA}^{+})^{\mathrm{H}}\boldsymbol{B}^{\mathrm{H}}+\boldsymbol{BB}^{+}\\&=\boldsymbol{AA}^{+}+(\boldsymbol{B}^{+})^{\mathrm{H}}\boldsymbol{B}^{+}\boldsymbol{BA}^{\mathrm{H}}+(\boldsymbol{A}^{+})^{\mathrm{H}}\boldsymbol{A}^{+}\boldsymbol{AB}^{\mathrm{H}}+\boldsymbol{BB}^{+}\\&=\boldsymbol{AA}^{+}+\boldsymbol{BB}^{+},\end{aligned}$$

$$\begin{aligned}(\boldsymbol{A}+\boldsymbol{B})(\boldsymbol{A}^{+}+\boldsymbol{B}^{+})&=\boldsymbol{AA}^{+}+\boldsymbol{AB}^{+}+\boldsymbol{BA}^{+}+\boldsymbol{BB}^{+}\\&=\boldsymbol{AA}^{+}+\boldsymbol{A}(\boldsymbol{B}^{+}\boldsymbol{B})^{\mathrm{H}}\boldsymbol{B}^{+}+\boldsymbol{B}(\boldsymbol{A}^{+}\boldsymbol{A})^{\mathrm{H}}\boldsymbol{A}^{+}+\boldsymbol{BB}^{+}\\&=\boldsymbol{AA}^{+}+\boldsymbol{AB}^{\mathrm{H}}(\boldsymbol{B}^{+})^{\mathrm{H}}\boldsymbol{B}^{+}+\boldsymbol{BA}^{\mathrm{H}}(\boldsymbol{A}^{+})^{\mathrm{H}}\boldsymbol{A}^{+}+\boldsymbol{BB}^{+}\\&=\boldsymbol{AA}^{+}+\boldsymbol{BB}^{+},\end{aligned}$$

故有

$$((\boldsymbol{A}+\boldsymbol{B})(\boldsymbol{A}^{+}+\boldsymbol{B}^{+}))^{\mathrm{H}}=(\boldsymbol{A}+\boldsymbol{B})(\boldsymbol{A}^{+}+\boldsymbol{B}^{+}),$$

同理可证

$$((\boldsymbol{A}^{+}+\boldsymbol{B}^{+})(\boldsymbol{A}+\boldsymbol{B}))^{\mathrm{H}}=(\boldsymbol{A}^{+}+\boldsymbol{B}^{+})(\boldsymbol{A}+\boldsymbol{B}).$$

综上所述，有

$$(\boldsymbol{A}+\boldsymbol{B})^{+}=\boldsymbol{A}^{+}+\boldsymbol{B}^{+}.$$

10. 设 $\boldsymbol{A}_i\in\mathbf{C}^{m\times n}$，$\boldsymbol{A}_i\boldsymbol{A}_j^{\mathrm{H}}=\boldsymbol{O}$，$\boldsymbol{A}_i^{\mathrm{H}}\boldsymbol{A}_j=\boldsymbol{O}(i\neq j;i,j=1,2,\cdots,k)$，证明：

$$\Big(\sum_{i=1}^{k}\boldsymbol{A}_i\Big)^{+}=\sum_{i=1}^{k}\boldsymbol{A}_i^{+}.$$

证明：对 k 用数学归纳法证明. 当 $k=2$ 时，由上一题知

$$(\boldsymbol{A}_1+\boldsymbol{A}_2)^{+}=\boldsymbol{A}_1^{+}+\boldsymbol{A}_2^{+}.$$

设 $k>2$ 且结论对 $k-1$ 成立，即

$$\Big(\sum_{i=1}^{k-1}\boldsymbol{A}_i\Big)^{+}=\sum_{i=1}^{k-1}\boldsymbol{A}_i^{+},$$

对 k，由题设知

$$\Big(\sum_{i=1}^{k-1}\boldsymbol{A}_i\Big)^{\mathrm{H}}\boldsymbol{A}_k=\sum_{i=1}^{k-1}\boldsymbol{A}_i^{\mathrm{H}}\boldsymbol{A}_k=\boldsymbol{O},\quad \Big(\sum_{i=1}^{k-1}\boldsymbol{A}_i\Big)\boldsymbol{A}_k^{\mathrm{H}}=\sum_{i=1}^{k-1}\boldsymbol{A}_i\boldsymbol{A}_k^{\mathrm{H}}=\boldsymbol{O},$$

故再由上一题的结论有

$$\Big(\sum_{i=1}^{k}\boldsymbol{A}_i\Big)^{+}=\Big(\sum_{i=1}^{k-1}\boldsymbol{A}_i\Big)^{+}+\boldsymbol{A}_k^{+}=\sum_{i=1}^{k-1}\boldsymbol{A}_i^{+}+\boldsymbol{A}_k^{+}=\sum_{i=1}^{k}\boldsymbol{A}_i^{+}.$$

由归纳法原理知，对一切正整数 $k\geqslant 2$，有

$$\Big(\sum_{i=1}^{k}\boldsymbol{A}_i\Big)^{+}=\sum_{i=1}^{k}\boldsymbol{A}_i^{+}.$$

11. 设矩阵 $\boldsymbol{A}\in\mathbf{R}_r^{m\times n}$ 的奇异值分解为

$$\boldsymbol{U}^{\mathrm{T}}\boldsymbol{A}\boldsymbol{V}=\begin{bmatrix}\boldsymbol{\Sigma}_r & \boldsymbol{O}\\ \boldsymbol{O} & \boldsymbol{O}\end{bmatrix},$$

其中 $\boldsymbol{\Sigma}_r=\mathrm{diag}(\sigma_1,\sigma_2,\cdots,\sigma_r)$，且 $\sigma_1\geqslant\sigma_2\geqslant\cdots\geqslant\sigma_r>0$ 是 $\boldsymbol{A}$ 的正奇异值.

(1) 证明：$\|\boldsymbol{A}\|_2=\sigma_1$；

(2) 根据 $\boldsymbol{A}$ 的奇异值分解写出广义逆 $\boldsymbol{A}^{+}$ 的表达式；

(3) 证明齐次方程组 $\boldsymbol{A}\boldsymbol{x}=\boldsymbol{0}$ 的通解为

$$\boldsymbol{x}=(\boldsymbol{I}_n-\boldsymbol{A}^{+}\boldsymbol{A})\boldsymbol{y}\quad(\boldsymbol{y}\in\mathbf{R}^n).$$

解：(1) 由

$$\boldsymbol{U}^{\mathrm{T}}\boldsymbol{A}\boldsymbol{V}=\begin{bmatrix}\boldsymbol{\Sigma}_r & \boldsymbol{O}\\ \boldsymbol{O} & \boldsymbol{O}\end{bmatrix},\quad \boldsymbol{\Sigma}_r=\mathrm{diag}(\sigma_1,\sigma_2,\cdots,\sigma_r)$$

可知 $\boldsymbol{A}^{\mathrm{T}}\boldsymbol{A}$ 的正特征值为 $\sigma_1^2\geqslant\sigma_2^2\geqslant\cdots\geqslant\sigma_r^2>0$，而 $\|\boldsymbol{A}\|_2$ 等于 $\boldsymbol{A}^{\mathrm{T}}\boldsymbol{A}$ 的最大特征值的算术平方根，即

$$\|\boldsymbol{A}\|_2 = \sigma_1.$$

(2) 由于

$$\boldsymbol{U}^{\mathrm{T}}\boldsymbol{A}\boldsymbol{V} = \begin{bmatrix} \boldsymbol{\Sigma}_r & \boldsymbol{O} \\ \boldsymbol{O} & \boldsymbol{O} \end{bmatrix},$$

则

$$\boldsymbol{A} = \boldsymbol{U}\begin{bmatrix} \boldsymbol{\Sigma}_r & \boldsymbol{O} \\ \boldsymbol{O} & \boldsymbol{O} \end{bmatrix}\boldsymbol{V}^{\mathrm{T}},$$

所以

$$\boldsymbol{A}^{+} = \boldsymbol{V}\begin{bmatrix} \boldsymbol{\Sigma}_r^{-1} & \boldsymbol{O} \\ \boldsymbol{O} & \boldsymbol{O} \end{bmatrix}\boldsymbol{U}^{\mathrm{T}}.$$

(3) $\forall\, \boldsymbol{y} \in \mathbf{R}^n$,有

$$\boldsymbol{A}(\boldsymbol{I}_n - \boldsymbol{A}^{+}\boldsymbol{A})\boldsymbol{y} = \boldsymbol{A}\boldsymbol{y} - \boldsymbol{A}\boldsymbol{A}^{+}\boldsymbol{A}\boldsymbol{y} = \boldsymbol{A}\boldsymbol{y} - \boldsymbol{A}\boldsymbol{y} = \boldsymbol{0},$$

所以

$$\boldsymbol{x} = (\boldsymbol{I}_n - \boldsymbol{A}^{+}\boldsymbol{A})\boldsymbol{y} \quad (\forall\, \boldsymbol{y} \in \mathbf{R}^n)$$

是齐次线性方程组 $\boldsymbol{A}\boldsymbol{x} = \boldsymbol{0}$ 的解.

对于齐次线性方程组 $\boldsymbol{A}\boldsymbol{x} = \boldsymbol{0}$ 的任一解 $\boldsymbol{x}_0$,因 $\boldsymbol{x}_0 = (\boldsymbol{I}_n - \boldsymbol{A}^{+}\boldsymbol{A})\boldsymbol{x}_0$,所以齐次方程组 $\boldsymbol{A}\boldsymbol{x} = \boldsymbol{0}$ 的通解为

$$\boldsymbol{x} = (\boldsymbol{I}_n - \boldsymbol{A}^{+}\boldsymbol{A})\boldsymbol{y} \quad (\boldsymbol{y} \in \mathbf{R}^n).$$

12. 设

$$\boldsymbol{A} = \begin{bmatrix} 1 & 2 \\ 0 & 0 \\ 2 & 4 \end{bmatrix}, \quad \boldsymbol{b} = \begin{bmatrix} 1 \\ 1 \\ 2 \end{bmatrix}.$$

(1) 证明:$\boldsymbol{b} \notin R(\boldsymbol{A})$;

(2) 求向量 $\boldsymbol{b}$ 到子空间 $R(\boldsymbol{A})$ 的最短距离.

解:(1) $\boldsymbol{b} \notin R(\boldsymbol{A})$ 等价于线性方程组 $\boldsymbol{A}\boldsymbol{x} = \boldsymbol{b}$ 不相容. 为此,对齐次线性方程组增广矩阵进行初等行变换,有

$$(\boldsymbol{A} \mid \boldsymbol{b}) = \begin{bmatrix} 1 & 2 & 1 \\ 0 & 0 & 1 \\ 2 & 4 & 2 \end{bmatrix} \xrightarrow{r_3 - 2r_1} \begin{bmatrix} 1 & 2 & 1 \\ 0 & 0 & 1 \\ 0 & 0 & 0 \end{bmatrix},$$

因

$$2 = r(\boldsymbol{A} \mid \boldsymbol{b}) \neq r(\boldsymbol{A}) = 1,$$

故线性方程组 $\boldsymbol{A}\boldsymbol{x} = \boldsymbol{b}$ 不相容,即 $\boldsymbol{b} \notin R(\boldsymbol{A})$.

(2) 求向量 $\boldsymbol{b}$ 到子空间 $R(\boldsymbol{A})$ 的最短距离就是求 $\|\boldsymbol{A}\boldsymbol{A}^{+}\boldsymbol{b} - \boldsymbol{b}\|_2$,为此先求 $\boldsymbol{A}^{+}$. 因 $\boldsymbol{A}$ 的满秩分解为

$$A = FG, \quad 其中 \quad F = \begin{bmatrix} 1 \\ 0 \\ 2 \end{bmatrix}, \quad G = (1,2),$$

又

$$GG^{\mathrm{T}} = (1,2)\begin{bmatrix} 1 \\ 2 \end{bmatrix} = 5, \quad F^{\mathrm{T}}F = (1,0,2)\begin{bmatrix} 1 \\ 0 \\ 2 \end{bmatrix} = 5,$$

则

$$A^{+} = G^{\mathrm{T}}(GG^{\mathrm{T}})^{-1}(F^{\mathrm{T}}F)^{-1}F^{\mathrm{T}} = \frac{1}{25}\begin{bmatrix} 1 \\ 2 \end{bmatrix}(1,0,2) = \frac{1}{25}\begin{bmatrix} 1 & 0 & 2 \\ 2 & 0 & 4 \end{bmatrix},$$

故

$$AA^{+}b = \frac{1}{25}\begin{bmatrix} 1 & 2 \\ 0 & 0 \\ 2 & 4 \end{bmatrix}\begin{bmatrix} 1 & 0 & 2 \\ 2 & 0 & 4 \end{bmatrix}\begin{bmatrix} 1 \\ 1 \\ 2 \end{bmatrix} = \begin{bmatrix} 1 \\ 0 \\ 2 \end{bmatrix},$$

得

$$\| AA^{+}b - b \|_2 = \left\| \begin{bmatrix} 1 \\ 0 \\ 2 \end{bmatrix} - \begin{bmatrix} 1 \\ 1 \\ 2 \end{bmatrix} \right\|_2 = 1.$$

13. 填空题：

(1) 设 $A \in \mathbf{C}^{n\times n}$，$B = \begin{bmatrix} A \\ A \end{bmatrix}$，则 $B^{+} =$ ________.

(2) 设 $x_1, x_2, \cdots, x_m (m > 1)$ 是 $\mathbf{R}^n$ 中两两正交的单位列向量，记 $A = (x_1, x_2, \cdots, x_m)$，则 $A^{+} =$ ________.

(3) 设 A 是 n 阶可逆矩阵，则 $M = \begin{bmatrix} O & A \\ O & O \end{bmatrix}$ 的广义逆矩阵 $M^{+} =$ ________.

(4) 设 $A \in \mathbf{C}_n^{n\times n}$，则 $\| AA^{+} \|_2 =$ ________.

(5) 设 A 是 n 阶可逆矩阵，则 $M = \begin{bmatrix} A & A \\ A & A \end{bmatrix}$ 的广义逆矩阵 $M^{+} =$ ________.

(6) 设 A, B 是 n 阶酉矩阵，则 $M = \begin{bmatrix} A & B \\ A & B \end{bmatrix}$ 的广义逆矩阵 $M^{+} =$ ________.

解：(1) $\frac{1}{2}(A^{+}, A^{+})$；　(2) A^{T}；　(3) $\begin{bmatrix} O & O \\ A^{-1} & O \end{bmatrix}$；

(4) 1；　(5) $\frac{1}{4}\begin{bmatrix} A^{-1} & A^{-1} \\ A^{-1} & A^{-1} \end{bmatrix}$；　(6) $\frac{1}{4}\begin{bmatrix} A^{\mathrm{H}} & A^{\mathrm{H}} \\ B^{\mathrm{H}} & B^{\mathrm{H}} \end{bmatrix}$.

7 Hermite 二次型

二次型是矩阵论中的一个重要内容，其理论不仅在数学中，在自然科学、环境工程、工程技术之中也有广泛的应用.

7.1 教学基本要求

(1) 掌握 Hermite 矩阵的定义与性质；

(2) 掌握 Hermite 矩阵特征值与特征向量的性质；

(3) 熟悉 Hermite 二次型能够酉相似于标准形，并能够将二次型通过酉变换化为标准形；

(4) 掌握正定二次型的定义与性质，会具体判定一个二次型是否为正定二次型；

(5) 掌握 Hermite 矩阵的 Rayleigh 商的定义与性质.

7.2 主要内容提要

7.2.1 Hermite 矩阵

设 $\boldsymbol{A}$ 是 n 阶复矩阵，若满足 $\boldsymbol{A}^{\mathrm{H}}=\boldsymbol{A}$，则称 $\boldsymbol{A}$ 是 Hermite 矩阵；若满足 $\boldsymbol{A}^{\mathrm{H}}=-\boldsymbol{A}$，则称 $\boldsymbol{A}$ 是反 Hermite 矩阵.

Hermite 矩阵具有如下简单性质：

(1) 如果 $\boldsymbol{A}$ 是 n 阶复矩阵，则 $\boldsymbol{A}+\boldsymbol{A}^{\mathrm{H}}$，$\boldsymbol{A}\boldsymbol{A}^{\mathrm{H}}$ 及 $\boldsymbol{A}^{\mathrm{H}}\boldsymbol{A}$ 都是 Hermite 矩阵；

(2) 如果 $\boldsymbol{A}$ 是 Hermite 矩阵，则对正整数 k，$\boldsymbol{A}^k$ 也是 Hermite 矩阵；

(3) 如果 $\boldsymbol{A}$ 是可逆 Hermite 矩阵，则 $\boldsymbol{A}^{-1}$ 是 Hermite 矩阵；

(4) 如果 $\boldsymbol{A},\boldsymbol{B}$ 都是 n 阶 Hermite 矩阵，则对实数 k,l，$k\boldsymbol{A}+l\boldsymbol{B}$ 是 Hermite 矩阵；

(5) 如果 $\boldsymbol{A},\boldsymbol{B}$ 都是 n 阶 Hermite 矩阵，则 $\boldsymbol{A}\boldsymbol{B}$ 是 Hermite 的矩阵的充分必要条件是 $\boldsymbol{A}\boldsymbol{B}=\boldsymbol{B}\boldsymbol{A}$；

(6) $\boldsymbol{A}$ 是 n 阶 Hermite 矩阵的充分必要条件是对任意 n 阶复方阵 $\boldsymbol{S}$，$\boldsymbol{S}^{\mathrm{H}}\boldsymbol{A}\boldsymbol{S}$ 是 Hermite 矩阵；

(7) $\boldsymbol{A}=(a_{jk})\in\mathbf{C}^{n\times n}$ 是 Hermite 矩阵的充分必要条件是对任意 $\boldsymbol{x}\in\mathbf{C}^n$，$\boldsymbol{x}^{\mathrm{H}}\boldsymbol{A}\boldsymbol{x}$ 为实数.

7.2.2 Hermite 矩阵特征值的性质

(1) 设 $\boldsymbol{A}$ 为 n 阶 Hermite 矩阵,则

① $\boldsymbol{A}$ 的所有特征值全是实数;

② $\boldsymbol{A}$ 的不同特征值所对应的特征向量是互相正交的.

(2) n 阶复矩阵 $\boldsymbol{A}$ 是 Hermite 矩阵的充分必要条件是存在酉矩阵 $\boldsymbol{U}$,使得

$$\boldsymbol{U}^{\mathrm{H}}\boldsymbol{A}\boldsymbol{U}=\boldsymbol{\Lambda}=\mathrm{diag}(\lambda_1,\lambda_2,\cdots,\lambda_n).$$

推论 1 实对角阵是 Hermite 阵;$\boldsymbol{A}$ 是实对称矩阵的充分必要条件是存在正交矩阵 $\boldsymbol{Q}$,使得

$$\boldsymbol{Q}^{\mathrm{T}}\boldsymbol{A}\boldsymbol{Q}=\boldsymbol{\Lambda}=\mathrm{diag}(\lambda_1,\lambda_2,\cdots,\lambda_n)$$

推论 2 实对称阵的特征向量都是实向量.

(3) 设 $\boldsymbol{A}$ 是 n 阶 Hermite 矩阵,则 $\boldsymbol{A}$ 合同于矩阵

$$\boldsymbol{D}=\begin{bmatrix}\boldsymbol{I}_p & \boldsymbol{O} & \boldsymbol{O}\\ \boldsymbol{O} & -\boldsymbol{I}_{r-p} & \boldsymbol{O}\\ \boldsymbol{O} & \boldsymbol{O} & \boldsymbol{O}_{n-r}\end{bmatrix},$$

其中 $r=r(\boldsymbol{A})$,p 是 $\boldsymbol{A}$ 的正特征值(重特征值按重数计算)的个数.

矩阵 $\boldsymbol{D}$ 称为 n 阶 Hermite 矩阵 $\boldsymbol{A}$ 的相合规范形.

设 $\boldsymbol{A},\boldsymbol{B}$ 是 n 阶 Hermite 矩阵,则 $\boldsymbol{A}$ 与 $\boldsymbol{B}$ 酉相似的充分必要条件是 $\boldsymbol{A},\boldsymbol{B}$ 有相同的特征值.

7.2.3 Hermite 二次型

称

$$f(x_1,x_2,\cdots,x_n)=\sum_{i=1}^{n}\sum_{j=1}^{n}a_{ij}\bar{x}_i x_j\quad(\bar{a}_{ij}=a_{ji}\in\mathbf{C}),$$

为 n 元 Hermite 二次型. 设 $\boldsymbol{A}=(a_{ij})$ 是 n 阶 Hermite 矩阵,称为二次型的矩阵.

Hermite 二次型中最简单的一种是只包含平方项的二次型.

形如 $\lambda_1\bar{y}_1y_1+\lambda_2\bar{y}_2y_2+\cdots+\lambda_n\bar{y}_ny_n$ 的 Hermite 二次型称为标准形.

(1) 对 Hermite 二次型 $f(\boldsymbol{x})=\boldsymbol{x}^{\mathrm{H}}\boldsymbol{A}\boldsymbol{x}$,存在酉线性变换 $\boldsymbol{x}=\boldsymbol{U}\boldsymbol{y}$(其中 $\boldsymbol{U}$ 是酉矩阵),使得 Hermite 二次型化为标准形 $\lambda_1\bar{y}_1y_1+\lambda_2\bar{y}_2y_2+\cdots+\lambda_n\bar{y}_ny_n$.

(2) 对 Hermite 二次型 $f(\boldsymbol{x})=\boldsymbol{x}^{\mathrm{H}}\boldsymbol{A}\boldsymbol{x}$,存在可逆线性变换 $\boldsymbol{x}=\boldsymbol{P}\boldsymbol{y}$(其中 $\boldsymbol{P}$ 是可逆矩阵),使得 Hermite 二次型 $f(\boldsymbol{x})$ 化为

$$f(\boldsymbol{x})=\boldsymbol{x}^{\mathrm{H}}\boldsymbol{A}\boldsymbol{x}=\bar{y}_1y_1+\cdots+\bar{y}_py_p-\bar{y}_{p+1}y_{p+1}-\cdots-\bar{y}_ry_r,$$

称为二次型的规范形,其中 $r=r(\boldsymbol{A})$,p 称为 $\boldsymbol{A}$ 的正惯性指数,$r-p$ 称为 $\boldsymbol{A}$ 的负惯性指数.

Hermite 二次型可分为五种情况:

设 Hermite 二次型 $f(\boldsymbol{x}) = \boldsymbol{x}^{\mathrm{H}}\boldsymbol{A}\boldsymbol{x}$,若对任意 $\boldsymbol{x}(\neq \boldsymbol{0}) \in \mathbf{C}^n$,恒有

① $f(\boldsymbol{x}) > 0$,则称 f 是正定的,称 $\boldsymbol{A}$ 为正定 Hermite 矩阵;

② $f(\boldsymbol{x}) < 0$,则称 f 是负定的,称 $\boldsymbol{A}$ 为负定 Hermite 矩阵;

③ $f(\boldsymbol{x}) \geqslant 0$,则称 f 是半正定的,称 $\boldsymbol{A}$ 为半正定 Hermite 矩阵;

④ $f(\boldsymbol{x}) \leqslant 0$,则称 f 是半负定的,称 $\boldsymbol{A}$ 为半负定 Hermite 矩阵;

⑤ 若 $f(\boldsymbol{x})$ 既可大于零,又可小于零,则称 f 是不定的.

Hermite 矩阵 $\boldsymbol{A}$ 的以下性质等价:

① $\boldsymbol{A}$ 是正定矩阵;

② 对任意 n 阶可逆矩阵 $\boldsymbol{P}$,$\boldsymbol{P}^{\mathrm{H}}\boldsymbol{A}\boldsymbol{P}$ 都是 Hermite 正定矩阵;

③ $\boldsymbol{A}$ 的 n 个特征值均为正数;

④ 存在 n 阶可逆矩阵 $\boldsymbol{P}$,使得 $\boldsymbol{P}^{\mathrm{H}}\boldsymbol{A}\boldsymbol{P} = \boldsymbol{I}_n$;

⑤ 存在 n 阶可逆矩阵 $\boldsymbol{Q}$,使得 $\boldsymbol{A} = \boldsymbol{Q}^{\mathrm{H}}\boldsymbol{Q}$;

⑥ 存在 n 阶 Hermite 正定矩阵 $\boldsymbol{S}$,使得 $\boldsymbol{A} = \boldsymbol{S}^2$.

7.3 解题方法归纳

(1) 化二次型为标准形的方法(酉变换法)

① 写出二次型 f 的矩阵 $\boldsymbol{A}$,并求出 $\boldsymbol{A}$ 的全部互异特征值 λ_1(n_1 重),λ_2(n_2 重),$\cdots$,λ_s(n_s 重),其中 $n_1 + n_2 + \cdots + n_s = n$;

② 求出 $\boldsymbol{A}$ 属于特征值 λ_i 的线性无关的特征向量 $\boldsymbol{\eta}_{i1}, \boldsymbol{\eta}_{i2}, \cdots, \boldsymbol{\eta}_{in_i}$ $(i = 1, 2, \cdots, s)$;

③ 将 $\boldsymbol{\eta}_{i1}, \boldsymbol{\eta}_{i2}, \cdots, \boldsymbol{\eta}_{in_i}$ 正交化后再单位化,得到标准正交的特征向量 $\boldsymbol{\gamma}_{i1}, \boldsymbol{\gamma}_{i2}, \cdots, \boldsymbol{\gamma}_{in_i}$ $(i = 1, 2, \cdots, s)$;

④ 作酉矩阵 $\boldsymbol{U} = (\boldsymbol{\gamma}_{11}, \boldsymbol{\gamma}_{12}, \cdots, \boldsymbol{\gamma}_{1n_1}, \boldsymbol{\gamma}_{21}, \boldsymbol{\gamma}_{22}, \cdots, \boldsymbol{\gamma}_{2n_2}, \cdots, \boldsymbol{\gamma}_{s1}, \boldsymbol{\gamma}_{s2}, \cdots, \boldsymbol{\gamma}_{sn_s})$,则

$$\boldsymbol{U}^{\mathrm{H}}\boldsymbol{A}\boldsymbol{U} = \begin{bmatrix} \lambda_1 & & & & & & \\ & \ddots & & & & & \\ & & \lambda_1 & & & & \\ & & & \ddots & & & \\ & & & & \lambda_s & & \\ & & & & & \ddots & \\ & & & & & & \lambda_s \end{bmatrix};$$

⑤ 作酉变换 $\boldsymbol{x} = \boldsymbol{U}\boldsymbol{y}$,化二次型为标准形

$f(x_1, x_2, \cdots, x_n) = \lambda_1 \bar{y}_1 y_1 + \cdots + \lambda_1 \bar{y}_{n_1} y_{n_1} + \lambda_2 \bar{y}_{n_1+1} y_{n_1+1} + \cdots + \lambda_s \bar{y}_n y_n$.

(2) 判别矩阵正定的方法

① 如果矩阵或二次型是抽象的,用可逆线性变换先将二次型化为标准形再证明.

② 如果给出矩阵的特征值,则证明各特征值都大于零.

③ 正定判别法,即设 n 元 Hermite 二次型 $f(x_1,x_2,\cdots,x_n)=\boldsymbol{X}^{\mathrm{H}}\boldsymbol{AX}$,则下述命题等价:

(i) $f(x_1,x_2,\cdots,x_n)=\boldsymbol{X}^{\mathrm{H}}\boldsymbol{AX}$ 正定;

(ii) $f(x_1,x_2,\cdots,x_n)=\boldsymbol{X}^{\mathrm{H}}\boldsymbol{AX}$ 的正惯性指数为 n;

(iii) $f(x_1,x_2,\cdots,x_n)=\boldsymbol{X}^{\mathrm{H}}\boldsymbol{AX}$ 的规范形是 $\bar{y}_1y_1+\bar{y}_2y_2+\cdots+\bar{y}_ny_n$;

(iv) $\boldsymbol{A}$ 是正定矩阵;

(v) $\boldsymbol{A}$ 的特征值均为正实数;

(vi) $\boldsymbol{A}$ 酉合同于单位矩阵 $\boldsymbol{I}_n$;

(vii) $\boldsymbol{A}=\boldsymbol{C}^{\mathrm{H}}\boldsymbol{C}$,其中 $\boldsymbol{C}$ 是 n 阶可逆矩阵;

(viii) $\boldsymbol{A}=\boldsymbol{S}^{\mathrm{H}}\boldsymbol{S}=\boldsymbol{S}^2$,其中 $\boldsymbol{S}$ 是 n 阶 Hermite 正定矩阵;

(ix) $\boldsymbol{A}$ 的各阶顺序主子式全大于零.

④ 当二次型是标准形

$$f(x_1,x_2,\cdots,x_n)=d_1\bar{x}_1x_1+d_2\bar{x}_2x_2+\cdots+d_n\bar{x}_nx_n,$$

则 $f(x_1,x_2,\cdots,x_n)$ 正定当且仅当 $d_i>0,i=1,2,\cdots,n$.

⑤ Hermite 二次型 $f(x_1,x_2,\cdots,x_n)=\sum\limits_{i=1}^{n}\sum\limits_{j=1}^{n}a_{ij}\bar{x}_ix_j$ 正定,必有

(i) $a_{ii}>0,i=1,2,\cdots,n$;

(ii) $\boldsymbol{A}$ 的行列式一定大于零.

注:(i) 和(ii) 反之都不真.

7.4 典型例题解析

例 7.1 设 $\boldsymbol{A}=\begin{bmatrix}0&\mathrm{i}&1\\-\mathrm{i}&0&0\\1&0&0\end{bmatrix}$,求酉矩阵 $\boldsymbol{U}$ 使得 $\boldsymbol{U}^{\mathrm{H}}\boldsymbol{AU}$ 是对角阵.

解:因为

$$|\lambda\boldsymbol{I}-\boldsymbol{A}|=\begin{vmatrix}\lambda&-\mathrm{i}&-1\\\mathrm{i}&\lambda&0\\-1&0&\lambda\end{vmatrix}=\lambda(\lambda^2-2),$$

故 $\boldsymbol{A}$ 的特征值为 $\lambda_1=\sqrt{2},\lambda_2=-\sqrt{2},\lambda_3=0$,对应的线性无关的特征向量分别是

$$\boldsymbol{\alpha}_1=(\sqrt{2},-\mathrm{i},1)^{\mathrm{T}},\quad \boldsymbol{\alpha}_2=(-\sqrt{2},-\mathrm{i},1)^{\mathrm{T}},\quad \boldsymbol{\alpha}_3=(0,\mathrm{i},1)^{\mathrm{T}},$$

它们两两正交,将其单位化得到

$$\boldsymbol{e}_1=\left(\frac{1}{\sqrt{2}},-\frac{\mathrm{i}}{2},\frac{1}{2}\right)^{\mathrm{T}},\quad \boldsymbol{e}_2=\left(-\frac{1}{\sqrt{2}},-\frac{\mathrm{i}}{2},\frac{1}{2}^{\mathrm{T}}\right)^{\mathrm{T}},\quad \boldsymbol{e}_3=\left(0,\frac{\mathrm{i}}{\sqrt{2}},\frac{1}{\sqrt{2}}\right)^{\mathrm{T}},$$

则酉矩阵为

$$\boldsymbol{U}=\begin{bmatrix}\frac{1}{\sqrt{2}} & -\frac{1}{\sqrt{2}} & 0\\ -\frac{\mathrm{i}}{2} & -\frac{\mathrm{i}}{2} & \frac{\mathrm{i}}{\sqrt{2}}\\ \frac{1}{2} & \frac{1}{2} & \frac{1}{\sqrt{2}}\end{bmatrix},\quad 使\quad \boldsymbol{U}^{\mathrm{H}}\boldsymbol{A}\boldsymbol{U}=\begin{bmatrix}\sqrt{2} & 0 & 0\\ 0 & -\sqrt{2} & 0\\ 0 & 0 & 0\end{bmatrix}.$$

注:Hermite 矩阵 $\boldsymbol{A}$ 酉对角化问题与实对称矩阵正交对角化问题类似.第一步求 $\boldsymbol{A}$ 的特征值,再求对应的线性无关的特征向量,并将其正交化再单位化,得到一组标准正交的特征向量;第二步以这些标准正交的特征向量为列构成酉矩阵 $\boldsymbol{U}$,则 $\boldsymbol{U}^{\mathrm{H}}\boldsymbol{A}\boldsymbol{U}$ 是对角阵.

例 7.2 用酉变换将 Hermite 二次型

$$f(x_1,x_2,x_3)=x_1\bar{x}_1-\mathrm{i}x_1\bar{x}_2+x_1\bar{x}_3+\mathrm{i}\bar{x}_1x_2+2\mathrm{i}x_2\bar{x}_3+\bar{x}_1x_3-2\mathrm{i}\bar{x}_2x_3$$

化为标准形.

解:该二次型的矩阵为 $\boldsymbol{A}=\begin{bmatrix}1 & \mathrm{i} & 1\\ -\mathrm{i} & 0 & -2\mathrm{i}\\ 1 & 2\mathrm{i} & 0\end{bmatrix}$,则

$$|\lambda\boldsymbol{I}-\boldsymbol{A}|=\begin{vmatrix}\lambda-1 & -\mathrm{i} & -1\\ \mathrm{i} & \lambda & 2\mathrm{i}\\ -1 & -2\mathrm{i} & \lambda\end{vmatrix}=\lambda(\lambda+2)(\lambda-3),$$

故 $\boldsymbol{A}$ 的特征值为

$$\lambda_1=3,\quad \lambda_2=-2,\quad \lambda_3=0,$$

对应的线性无关的特征向量分别是

$$\boldsymbol{\alpha}_1=(1,-\mathrm{i},1)^{\mathrm{T}},\quad \boldsymbol{\alpha}_2=(0,\mathrm{i},1)^{\mathrm{T}},\quad \boldsymbol{\alpha}_3=(-2,-\mathrm{i},1)^{\mathrm{T}},$$

它们两两正交,将其单位化得到

$$\boldsymbol{e}_1=\left(\frac{1}{\sqrt{3}},-\frac{\mathrm{i}}{\sqrt{3}},\frac{1}{\sqrt{3}}\right)^{\mathrm{T}},\quad \boldsymbol{e}_2=\left(0,\frac{\mathrm{i}}{\sqrt{2}},\frac{1}{\sqrt{2}}\right)^{\mathrm{T}},\quad \boldsymbol{e}_3=\left(-\frac{2}{\sqrt{6}},-\frac{\mathrm{i}}{\sqrt{6}},\frac{1}{\sqrt{6}}\right)^{\mathrm{T}},$$

则酉矩阵为

$$\boldsymbol{U}=\begin{bmatrix}\frac{1}{\sqrt{3}} & 0 & -\frac{2}{\sqrt{6}}\\ -\frac{\mathrm{i}}{\sqrt{3}} & -\frac{\mathrm{i}}{\sqrt{2}} & -\frac{\mathrm{i}}{\sqrt{6}}\\ \frac{1}{\sqrt{3}} & \frac{1}{\sqrt{2}} & \frac{1}{\sqrt{6}}\end{bmatrix},\quad 使\quad \boldsymbol{U}^{\mathrm{H}}\boldsymbol{A}\boldsymbol{U}=\begin{bmatrix}3 & 0 & 0\\ 0 & -2 & 0\\ 0 & 0 & 0\end{bmatrix},$$

即作酉变换 $\boldsymbol{x}=\boldsymbol{U}\boldsymbol{y}$ 化二次型为标准形

$$f(x_1,x_2,x_3)=\boldsymbol{y}^{\mathrm{H}}\boldsymbol{U}^{\mathrm{H}}\boldsymbol{A}\boldsymbol{U}\boldsymbol{y}=3y_1\bar{y}_1-2y_2\bar{y}_2=3\mid y_1\mid^2-2\mid y_2\mid^2.$$

例 7.3 设 $\boldsymbol{A},\boldsymbol{B}$ 均是 n 阶正规矩阵,试证:$\boldsymbol{A}$ 与 $\boldsymbol{B}$ 酉相似的充要条件是 $\boldsymbol{A}$ 与 $\boldsymbol{B}$ 的特征值相同.

证明:先证必要性. 因为 $\boldsymbol{A},\boldsymbol{B}$ 是 n 阶正规矩阵,所以存在 $\boldsymbol{U}_1\in\mathrm{U}^{n\times n}$ 使得

$$\boldsymbol{U}_1^{\mathrm{H}}\boldsymbol{A}\boldsymbol{U}_1=\mathrm{diag}(\lambda_1,\lambda_2,\cdots,\lambda_n),$$

存在 $\boldsymbol{U}_2\in\mathrm{U}^{n\times n}$ 使得

$$\boldsymbol{U}_2^{\mathrm{H}}\boldsymbol{B}\boldsymbol{U}_2=\mathrm{diag}(\lambda_1',\lambda_2',\cdots,\lambda_n').$$

又因为 $\boldsymbol{A}$ 酉相似于 $\boldsymbol{B}$,所以存在 $\boldsymbol{U}\in\mathrm{U}^{n\times n}$,使得

$$\boldsymbol{B}=\boldsymbol{U}^{\mathrm{H}}\boldsymbol{A}\boldsymbol{U},$$

所以

$$\boldsymbol{U}_2^{\mathrm{H}}\boldsymbol{B}\boldsymbol{U}_2=\boldsymbol{U}_2^{\mathrm{H}}\boldsymbol{U}^{\mathrm{H}}\boldsymbol{A}\boldsymbol{U}\boldsymbol{U}_2=(\boldsymbol{U}\boldsymbol{U}_2)^{\mathrm{H}}\boldsymbol{A}(\boldsymbol{U}\boldsymbol{U}_2).$$

因为

$$\boldsymbol{U}\in\mathrm{U}^{n\times n},\quad \boldsymbol{U}_2\in\mathrm{U}^{n\times n},$$

所以

$$\boldsymbol{U}\boldsymbol{U}_2\in\mathrm{U}^{n\times n}\Rightarrow\boldsymbol{U}_2^{\mathrm{H}}\boldsymbol{B}\boldsymbol{U}_2=\mathrm{diag}(\lambda_1,\lambda_2,\cdots\lambda_n),$$

可记为 $\lambda_1'=\lambda_1,\lambda_2'=\lambda_2,\cdots,\lambda_n'=\lambda_n$,即 $\boldsymbol{A}$ 与 $\boldsymbol{B}$ 特征值相同.

再证充分性. 存在 $\boldsymbol{U}_1\in\mathrm{U}^{n\times n}$ 使得

$$\boldsymbol{U}_1^{\mathrm{H}}\boldsymbol{A}\boldsymbol{U}_1=\mathrm{diag}(\lambda_1,\lambda_2,\cdots,\lambda_n),$$

存在 $\boldsymbol{U}_2\in\mathrm{U}^{n\times n}$ 使得

$$\boldsymbol{U}_2^{\mathrm{H}}\boldsymbol{B}\boldsymbol{U}_2=\mathrm{diag}(\lambda_1,\lambda_2,\cdots,\lambda_n),$$

则

$$\begin{aligned}\boldsymbol{B}&=(\boldsymbol{U}_2^{\mathrm{H}})^{-1}\mathrm{diag}(\lambda_1,\lambda_2,\cdots,\lambda_n)\boldsymbol{U}_2^{-1}\\&=(\boldsymbol{U}_2^{\mathrm{H}})^{-1}\boldsymbol{U}_1^{\mathrm{H}}\boldsymbol{A}\boldsymbol{U}_1\boldsymbol{U}_2^{-1}=(\boldsymbol{U}_1\boldsymbol{U}_2^{-1})^{\mathrm{H}}\boldsymbol{A}(\boldsymbol{U}_1\boldsymbol{U}_2^{-1}).\end{aligned}$$

因为

$$\boldsymbol{U}_1\in\mathrm{U}^{n\times n},\quad \boldsymbol{U}_2^{-1}\in\mathrm{U}^{n\times n},$$

所以

$$\boldsymbol{U}_1\boldsymbol{U}_2^{-1}\in\mathrm{U}^{n\times n},$$

即 $\boldsymbol{A}$ 酉相似于 $\boldsymbol{B}$.

例 7.4 设 $\boldsymbol{A}$ 是 n 阶 Hermite 矩阵,$r(\boldsymbol{A})=r$ 且 $\boldsymbol{A}^2=\boldsymbol{A}$,证明:存在酉矩阵 $\boldsymbol{U}$,使得 $\boldsymbol{U}^{\mathrm{H}}\boldsymbol{A}\boldsymbol{U}=\begin{bmatrix}\boldsymbol{I}_r & \boldsymbol{O}\\ \boldsymbol{O} & \boldsymbol{O}\end{bmatrix}$.

证明:因 $\boldsymbol{A}$ 是 n 阶 Hermite 矩阵,则存在 $\boldsymbol{U}\in\mathrm{U}^{n\times n}$,使得

$$\boldsymbol{U}^{\mathrm{H}}\boldsymbol{A}\boldsymbol{U}=\mathrm{diag}(\lambda_1,\lambda_2,\cdots\lambda_n),$$

故

$$\boldsymbol{A}=\boldsymbol{U}\begin{bmatrix}\lambda_1 & & & \\ & \lambda_2 & & \\ & & \ddots & \\ & & & \lambda_n\end{bmatrix}\boldsymbol{U}^{\mathrm{H}},$$

由 $\boldsymbol{A}^2=\boldsymbol{A}$ 可得

$$\boldsymbol{A}^2=\boldsymbol{U}\begin{bmatrix}\lambda_1 & & & \\ & \lambda_2 & & \\ & & \ddots & \\ & & & \lambda_n\end{bmatrix}\boldsymbol{U}^{\mathrm{H}}\boldsymbol{U}\begin{bmatrix}\lambda_1 & & & \\ & \lambda_2 & & \\ & & \ddots & \\ & & & \lambda_n\end{bmatrix}\boldsymbol{U}^{\mathrm{H}}$$

$$=\boldsymbol{U}\begin{bmatrix}\lambda_1^2 & & & \\ & \lambda_2^2 & & \\ & & \ddots & \\ & & & \lambda_n^2\end{bmatrix}\boldsymbol{U}^{\mathrm{H}}=\boldsymbol{U}\begin{bmatrix}\lambda_1 & & & \\ & \lambda_2 & & \\ & & \ddots & \\ & & & \lambda_n\end{bmatrix}\boldsymbol{U}^{\mathrm{H}},$$

则 $\lambda_1^2=\lambda_1,\cdots,\lambda_n^2=\lambda_n$. 从而可知 1,0 是 $\boldsymbol{A}$ 的特征值,且有 r 个 1,$n-r$ 个 0. 不失一般性,可设前 r 个特征值不为 0,所以

$$\boldsymbol{U}^{\mathrm{H}}\boldsymbol{A}\boldsymbol{U}=\begin{bmatrix}\boldsymbol{I}_r & \boldsymbol{O}\\ \boldsymbol{O} & \boldsymbol{O}\end{bmatrix}.$$

例 7.5 设 $\boldsymbol{A}$ 是 n 阶 Hermite 矩阵,证明:$\boldsymbol{A}$ 是正定矩阵当且仅当存在 n 阶正定的 Hermite 矩阵 $\boldsymbol{B}$,使得 $\boldsymbol{A}=\boldsymbol{B}^2$.

证明:由 $\boldsymbol{A}$ 是 n 阶 Hermite 正定矩阵,故存在 n 阶酉矩阵 $\boldsymbol{U}$,使得

$$\boldsymbol{U}^{\mathrm{H}}\boldsymbol{A}\boldsymbol{U}=\begin{bmatrix}\lambda_1 & & & \\ & \lambda_2 & & \\ & & \ddots & \\ & & & \lambda_n\end{bmatrix}\quad(\lambda_i>0;i=1,2,\cdots,n),$$

于是

$$\boldsymbol{A}=\boldsymbol{U}\begin{bmatrix}\lambda_1 & & & \\ & \lambda_2 & & \\ & & \ddots & \\ & & & \lambda_n\end{bmatrix}\boldsymbol{U}^{\mathrm{H}}$$

$$=\boldsymbol{U}\begin{bmatrix}\sqrt{\lambda_1} & & & \\ & \sqrt{\lambda_2} & & \\ & & \ddots & \\ & & & \sqrt{\lambda_n}\end{bmatrix}\boldsymbol{U}^{\mathrm{H}}\boldsymbol{U}\begin{bmatrix}\sqrt{\lambda_1} & & & \\ & \sqrt{\lambda_2} & & \\ & & \ddots & \\ & & & \sqrt{\lambda_n}\end{bmatrix}\boldsymbol{U}^{\mathrm{H}},$$

令

$$B = U\begin{bmatrix} \sqrt{\lambda_1} & & & \\ & \sqrt{\lambda_2} & & \\ & & \ddots & \\ & & & \sqrt{\lambda_n} \end{bmatrix} U^H,$$

则 B 正定且 $A = B^2$.

反之,当 $A = B^2$ 且 B 是 Hermite 正定矩阵时 $B^H = B$,故 $A = B^2 = B^H B$. 因此,$\forall x \in \mathbf{C}^n$ 且 $x \neq 0$,有

$$x^H A x = (Bx)^H (Bx) > 0,$$

故 A 是 Hermite 正定矩阵.

例 7.6 设 $A = A^H \in \mathbf{C}^{n\times n}$,证明:$A$ 正定的充分必要条件是存在可逆矩阵 $Q \in \mathbf{C}^{n\times n}$,使得 $A = Q^H Q$.

证明: 先证必要条件. 由于 $A = A^H \in \mathbf{C}^{n\times n}$ 且 A 正定,故有酉矩阵 P 使

$$A = P\mathrm{diag}(\lambda_1, \lambda_2, \cdots, \lambda_n) P^H,$$

其中 $\lambda_1, \lambda_2, \cdots, \lambda_n$ 为正数,故

$$A = P\mathrm{diag}(\sqrt{\lambda_1}, \sqrt{\lambda_2}, \cdots, \sqrt{\lambda_n})\mathrm{diag}(\sqrt{\lambda_1}, \sqrt{\lambda_2}, \cdots, \sqrt{\lambda_n}) P^H,$$

记 $Q = \mathrm{diag}(\sqrt{\lambda_1}, \sqrt{\lambda_2}, \cdots, \sqrt{\lambda_n}) P^H$,则 Q 可逆且 $A = Q^H Q$.

再证充分条件. 若有可逆矩阵 Q 使 $A = Q^H Q$,则对任意非零向量 x,有

$$x^H A x = x^H Q^H Q x = (Qx)^H Q x,$$

又因为 x 非零且 Q 可逆,故 Qx 非零,从而

$$x^H A x = (Qx)^H Q x > 0,$$

即 A 正定.

例 7.7 若 S, T 分别是实对称矩阵和反实对称矩阵,且 $\det(I - T - \mathrm{i}S) \neq 0$,试证:$(I + T + \mathrm{i}S)(I - T - \mathrm{i}S)^{-1}$ 是酉矩阵.

证明: 令

$$B = I + T + \mathrm{i}S,\quad C = (I - T - \mathrm{i}S)^{-1},\quad A = (I + T + \mathrm{i}S)(I - T - \mathrm{i}S)^{-1} = BC,$$

则

$$\begin{aligned} A^H A &= (BC)^H A = C^H B^H A \\ &= ((I - T - \mathrm{i}S)^{-1})^H (I + T + \mathrm{i}S)^H (I + T + \mathrm{i}S)(I - T - \mathrm{i}S)^{-1}, \end{aligned}$$

又 S, T 分别是实对称矩阵和反实对称矩阵,即有

$$S^H = S,\quad T^H = -T,$$

则

$$\begin{aligned} C^H B^H A &= ((I - T - \mathrm{i}S)^{-1})^H (I + T + \mathrm{i}S)^H (I + T + \mathrm{i}S)(I - T - \mathrm{i}S)^{-1} \\ &= (I + T + \mathrm{i}S)^{-1}(I - T - \mathrm{i}S)(I + T + \mathrm{i}S)(I - T - \mathrm{i}S)^{-1}, \end{aligned}$$

又因为

$$(\boldsymbol{I}-\boldsymbol{T}-\mathrm{i}\boldsymbol{S})(\boldsymbol{I}+\boldsymbol{T}+\mathrm{i}\boldsymbol{S})=(\boldsymbol{I}+\boldsymbol{T}+\mathrm{i}\boldsymbol{S})(\boldsymbol{I}-\boldsymbol{T}-\mathrm{i}\boldsymbol{S}),$$

显然有 $\boldsymbol{A}^{\mathrm{H}}\boldsymbol{A}=\boldsymbol{I}$.

同理可得 $\boldsymbol{A}\boldsymbol{A}^{\mathrm{H}}=\boldsymbol{I}$,即

$$\boldsymbol{A}^{\mathrm{H}}\boldsymbol{A}=\boldsymbol{A}\boldsymbol{A}^{\mathrm{H}}=\boldsymbol{I}.$$

例 7.8 设 $\boldsymbol{A}$ 是 Hermite 矩阵,且 $\boldsymbol{A}^2=\boldsymbol{I}$,则存在酉矩阵 $\boldsymbol{U}$,使得

$$\boldsymbol{U}^{\mathrm{H}}\boldsymbol{A}\boldsymbol{U}=\begin{bmatrix}\boldsymbol{I}_r & \boldsymbol{O}\\ \boldsymbol{O} & -\boldsymbol{I}_{n-r}\end{bmatrix}.$$

证明:因为 $\boldsymbol{A}$ 是 Hermite 矩阵,故存在 $\boldsymbol{U}\in\mathrm{U}^{n\times n}$,使得

$$\boldsymbol{U}^{\mathrm{H}}\boldsymbol{A}\boldsymbol{U}=\mathrm{diag}(\lambda_1,\lambda_2,\cdots,\lambda_n)\Rightarrow\boldsymbol{A}^2=\boldsymbol{U}\begin{bmatrix}\lambda_1^2 & & & & \\ & \ddots & & & \\ & & \lambda_r^2 & & \\ & & & \ddots & \\ & & & & \lambda_n^2\end{bmatrix}\boldsymbol{U}^{\mathrm{H}}=\boldsymbol{I},$$

则

$$\lambda_1^2=\lambda_2^2=\cdots=\lambda_n^2=1,$$

故 -1 和 1 为 $\boldsymbol{A}$ 的特征值,不失一般性,可设 $\lambda_1=\lambda_2=\cdots=\lambda_r=1,\lambda_{r+1}=\cdots=\lambda_n=-1$,即有

$$\boldsymbol{U}^{\mathrm{H}}\boldsymbol{A}\boldsymbol{U}=\begin{bmatrix}\boldsymbol{I}_r & \boldsymbol{O}\\ \boldsymbol{O} & -\boldsymbol{I}_{n-r}\end{bmatrix}.$$

例 7.9 设 $\boldsymbol{A},\boldsymbol{B}$ 均是 n 阶 Hermite 矩阵,且 $\boldsymbol{A}$ 正定,试证:$\boldsymbol{AB}$ 与 $\boldsymbol{BA}$ 的特征值都是实数.

证明:由 $\boldsymbol{A}$ 正定,故存在唯一的 Hermite 正定阵 $\boldsymbol{P}$,使 $\boldsymbol{A}=\boldsymbol{P}^{\mathrm{H}}\boldsymbol{P}=\boldsymbol{P}^2$,则

$$\boldsymbol{AB}=\boldsymbol{P}^{\mathrm{H}}\boldsymbol{PBP}^{\mathrm{H}}(\boldsymbol{P}^{\mathrm{H}})^{-1}$$

与 $\boldsymbol{PBP}^{\mathrm{H}}$ 相似,故 $\boldsymbol{AB}$ 与 $\boldsymbol{PBP}^{\mathrm{H}}$ 有相同的特征值.

由于 $\boldsymbol{B}$ 为 Hermite 阵,即 $\boldsymbol{B}^{\mathrm{H}}=\boldsymbol{B}$,故

$$(\boldsymbol{PBP}^{\mathrm{H}})^{\mathrm{H}}=\boldsymbol{PB}^{\mathrm{H}}\boldsymbol{P}^{\mathrm{H}}=\boldsymbol{PBP}^{\mathrm{H}},$$

即 $\boldsymbol{PBP}^{\mathrm{H}}$ 也是 Hermite 阵,从而特征值均为实数,所以 $\boldsymbol{AB}$ 的特征值也均为实数.

又同理可证 $\boldsymbol{BA}=\boldsymbol{P}^{-1}(\boldsymbol{PBP}^{\mathrm{H}})\boldsymbol{P}$ 与 $\boldsymbol{PBP}^{\mathrm{H}}$ 相似,所以 $\boldsymbol{BA}$ 与 $\boldsymbol{PBP}^{\mathrm{H}}$ 有相同特征值,故 $\boldsymbol{BA}$ 特征值均为实数.

例 7.10 设 $\boldsymbol{A}$ 是 n 阶正定 Hermite 矩阵,且 $\boldsymbol{A}$ 是酉矩阵,则 $\boldsymbol{A}=\boldsymbol{I}_n$.

证明:由

$$\boldsymbol{A}\in\mathrm{U}^{n\times n}\Rightarrow\boldsymbol{A}^{\mathrm{H}}\boldsymbol{A}=\boldsymbol{I},\quad\boldsymbol{A}\in\mathrm{H}^{n\times n}\Rightarrow\boldsymbol{A}^{\mathrm{H}}=\boldsymbol{A},$$

所以

$$\boldsymbol{A}^2=\boldsymbol{I},$$

由例7.8可知 $\boldsymbol{A}$ 的特征值为 $|\lambda_i|=1$,又 $\boldsymbol{A}$ 是正定的,所以 $\boldsymbol{A}$ 的特征值全部为 1. 因

此,存在 $\boldsymbol{U} \in \mathrm{U}^{n\times n} \Rightarrow \boldsymbol{U}^{\mathrm{H}}\boldsymbol{A}\boldsymbol{U} = \boldsymbol{I}$,由此可得 $\boldsymbol{A} = \boldsymbol{U}\boldsymbol{I}\boldsymbol{U}^{\mathrm{H}} = \boldsymbol{I}$.

例 7.11 证明:

(1) 两个 n 阶半正定 Hermite 矩阵之和是半正定的;

(2) n 阶半正定 Hermite 矩阵与 n 阶正定 Hermite 矩阵之和是正定的.

证明:(1) 令 $\boldsymbol{A},\boldsymbol{B}$ 为半正定的 n 阶 Hermite 矩阵,则 $\forall \boldsymbol{x} \in \mathbf{C}^n$,有

$$\boldsymbol{x}^{\mathrm{H}}\boldsymbol{A}\boldsymbol{x} \geqslant 0,\quad \boldsymbol{x}^{\mathrm{H}}\boldsymbol{B}\boldsymbol{x} \geqslant 0,$$

又由 Hermite 矩阵的简单性质,$\boldsymbol{A}+\boldsymbol{B}$ 为 Hermite 矩阵,$\forall \boldsymbol{x} \in \mathbf{C}^n$,有

$$\boldsymbol{x}^{\mathrm{H}}(\boldsymbol{A}+\boldsymbol{B})\boldsymbol{x} = \boldsymbol{x}^{\mathrm{H}}\boldsymbol{A}\boldsymbol{x} + \boldsymbol{x}^{\mathrm{H}}\boldsymbol{B}\boldsymbol{x} \geqslant 0,$$

则 $\boldsymbol{A}+\boldsymbol{B}$ 为半正定 Hermite 矩阵.

(2) 令 $\boldsymbol{A}$ 为半正定 Hermite 矩阵,$\boldsymbol{B}$ 为正定 Hermite 矩阵,则 $\forall \boldsymbol{x} \in \mathbf{C}^n$ 且 $\boldsymbol{x} \neq \mathbf{0}$,均有

$$\boldsymbol{x}^{\mathrm{H}}\boldsymbol{A}\boldsymbol{x} \geqslant 0,\quad \boldsymbol{x}^{\mathrm{H}}\boldsymbol{B}\boldsymbol{x} > 0,$$

又由 Hermite 矩阵的简单性质,$\boldsymbol{A}+\boldsymbol{B}$ 为 Hermite 矩阵,$\forall \boldsymbol{x} \in \mathbf{C}^n$ 且 $\boldsymbol{x} \neq \mathbf{0}$,均有

$$\boldsymbol{x}^{\mathrm{H}}(\boldsymbol{A}+\boldsymbol{B})\boldsymbol{x} = \boldsymbol{x}^{\mathrm{H}}\boldsymbol{A}\boldsymbol{x} + \boldsymbol{x}^{\mathrm{H}}\boldsymbol{B}\boldsymbol{x} > 0,$$

则 $\boldsymbol{A}+\boldsymbol{B}$ 为正定 Hermite 矩阵.

例 7.12 设 $\boldsymbol{A},\boldsymbol{B}$ 是 n 阶正规矩阵,试证:$\boldsymbol{A}$ 与 $\boldsymbol{B}$ 相似的充要条件是 $\boldsymbol{A}$ 与 $\boldsymbol{B}$ 酉相似.

证明:先证必要性. 因为 $\boldsymbol{A},\boldsymbol{B}$ 是 n 阶正规矩阵,则存在 $\boldsymbol{U} \in \mathrm{U}^{n\times n}$,$\boldsymbol{V} \in \mathrm{U}^{n\times n}$,使得

$$\boldsymbol{U}^{\mathrm{H}}\boldsymbol{A}\boldsymbol{U} = \mathrm{diag}(\lambda_1,\lambda_2,\cdots,\lambda_n),\quad \boldsymbol{V}^{\mathrm{H}}\boldsymbol{B}\boldsymbol{V} = \mathrm{diag}(\mu_1,\mu_2,\cdots,\mu_n),$$

其中 $\lambda_1,\lambda_2,\cdots,\lambda_n$ 和 $\mu_1,\mu_2,\cdots,\mu_n$ 分别是 $\boldsymbol{A}$ 与 $\boldsymbol{B}$ 的特征值. 又因为 $\boldsymbol{A}$ 与 $\boldsymbol{B}$ 相似,所以其对应的特征值相同,可设为 $\lambda_i = \mu_i(i = 1,2,\cdots,n)$,则有

$$\boldsymbol{U}^{\mathrm{H}}\boldsymbol{A}\boldsymbol{U} = \boldsymbol{V}^{\mathrm{H}}\boldsymbol{B}\boldsymbol{V} \Rightarrow (\boldsymbol{V}^{\mathrm{H}})^{-1}\boldsymbol{U}^{\mathrm{H}}\boldsymbol{A}\boldsymbol{U}\boldsymbol{V}^{-1} = \boldsymbol{B},$$

令 $\boldsymbol{W} = \boldsymbol{U}\boldsymbol{V}^{-1}$,则

$$\boldsymbol{W}^{\mathrm{H}}\boldsymbol{A}\boldsymbol{W} = \boldsymbol{B},$$

因为 $\boldsymbol{U},\boldsymbol{V}$ 是酉矩阵,则 $\boldsymbol{W}$ 也是酉矩阵,所以 $\boldsymbol{A}$ 与 $\boldsymbol{B}$ 酉相似.

再证充分性. 因为 $\boldsymbol{A}$ 与 $\boldsymbol{B}$ 酉相似,则有 $\boldsymbol{U} \in \mathrm{U}^{n\times n}$ 使得 $\boldsymbol{U}^{\mathrm{H}}\boldsymbol{A}\boldsymbol{U} = \boldsymbol{B}$,又由于 $\boldsymbol{U} \in \mathrm{U}^{n\times n}$,则

$$\boldsymbol{U}^{\mathrm{H}}\boldsymbol{U} = \boldsymbol{I} \Rightarrow \boldsymbol{U}^{\mathrm{H}} = \boldsymbol{U}^{-1} \Rightarrow \boldsymbol{U}^{\mathrm{H}}\boldsymbol{A}\boldsymbol{U} = \boldsymbol{U}^{-1}\boldsymbol{A}\boldsymbol{U} = \boldsymbol{B},$$

因而 $\boldsymbol{A}$ 与 $\boldsymbol{B}$ 相似.

例 7.13 设 $\boldsymbol{A}$ 为 n 阶正规矩阵,$\lambda_1,\lambda_2,\cdots,\lambda_n$ 为 $\boldsymbol{A}$ 的特征值,试证:$\boldsymbol{A}^{\mathrm{H}}\boldsymbol{A}$ 的特征值为 $|\lambda_1|^2, |\lambda_2|^2,\cdots, |\lambda_n|^2$.

证明:因为 $\boldsymbol{A}$ 是正规矩阵,所以存在 n 阶酉矩阵 $\boldsymbol{U}$,使

$$\boldsymbol{U}^{\mathrm{H}}\boldsymbol{A}\boldsymbol{U} = \mathrm{diag}(\lambda_1,\lambda_2,\cdots,\lambda_n),$$

从而

$$\boldsymbol{U}^{\mathrm{H}}\boldsymbol{A}^{\mathrm{H}}\boldsymbol{A}\boldsymbol{U}=\operatorname{diag}(|\lambda_1|^2,|\lambda_2|^2,\cdots,|\lambda_n|^2),$$

所以 $\boldsymbol{A}^{\mathrm{H}}\boldsymbol{A}$ 的特征值为 $|\lambda_1|^2,|\lambda_2|^2,\cdots,|\lambda_n|^2$.

例 7.14 设 $\boldsymbol{A}\in\mathbf{C}^{m\times n}$,证明:

(1) $\boldsymbol{A}^{\mathrm{H}}\boldsymbol{A}$ 和 $\boldsymbol{A}\boldsymbol{A}^{\mathrm{H}}$ 都是半正定的 Hermite 矩阵;

(2) $\boldsymbol{A}^{\mathrm{H}}\boldsymbol{A}$ 和 $\boldsymbol{A}\boldsymbol{A}^{\mathrm{H}}$ 的非零特征值相同.

证明:(1) 因为

$$\boldsymbol{x}^{\mathrm{H}}(\boldsymbol{A}^{\mathrm{H}}\boldsymbol{A})\boldsymbol{x}=(\boldsymbol{x}^{\mathrm{H}}\boldsymbol{A}^{\mathrm{H}})\boldsymbol{A}\boldsymbol{x}=(\boldsymbol{A}\boldsymbol{x})^{\mathrm{H}}\boldsymbol{A}\boldsymbol{x}\geqslant 0\quad(\forall\,\boldsymbol{x}\in\mathbf{C}^n),$$

$$\boldsymbol{x}^{\mathrm{H}}(\boldsymbol{A}\boldsymbol{A}^{\mathrm{H}})\boldsymbol{x}=(\boldsymbol{x}^{\mathrm{H}}\boldsymbol{A})(\boldsymbol{A}^{\mathrm{H}}\boldsymbol{x})=(\boldsymbol{A}^{\mathrm{H}}\boldsymbol{x})^{\mathrm{H}}(\boldsymbol{A}^{\mathrm{H}}\boldsymbol{x})\geqslant 0\quad(\forall\,\boldsymbol{x}\in\mathbf{C}^m),$$

所以 $\boldsymbol{A}^{\mathrm{H}}\boldsymbol{A}$ 和 $\boldsymbol{A}\boldsymbol{A}^{\mathrm{H}}$ 都是半正定的 Hermite 矩阵.

(2) 令

$$\boldsymbol{S}=\begin{bmatrix}\boldsymbol{I}_m & \boldsymbol{A}\\ \boldsymbol{O} & \boldsymbol{I}_n\end{bmatrix},$$

则

$$\begin{bmatrix}\boldsymbol{A}\boldsymbol{A}^{\mathrm{H}} & \boldsymbol{O}\\ \boldsymbol{A}^{\mathrm{H}} & \boldsymbol{O}\end{bmatrix}\boldsymbol{S}=\begin{bmatrix}\boldsymbol{A}\boldsymbol{A}^{\mathrm{H}} & \boldsymbol{O}\\ \boldsymbol{A}^{\mathrm{H}} & \boldsymbol{O}\end{bmatrix}\begin{bmatrix}\boldsymbol{I}_m & \boldsymbol{A}\\ \boldsymbol{O} & \boldsymbol{I}_n\end{bmatrix}=\begin{bmatrix}\boldsymbol{A}\boldsymbol{A}^{\mathrm{H}} & \boldsymbol{A}\boldsymbol{A}^{\mathrm{H}}\boldsymbol{A}\\ \boldsymbol{A}^{\mathrm{H}} & \boldsymbol{A}^{\mathrm{H}}\boldsymbol{A}\end{bmatrix},$$

$$\boldsymbol{S}\begin{bmatrix}\boldsymbol{O} & \boldsymbol{O}\\ \boldsymbol{A}^{\mathrm{H}} & \boldsymbol{A}^{\mathrm{H}}\boldsymbol{A}\end{bmatrix}=\begin{bmatrix}\boldsymbol{I}_m & \boldsymbol{A}\\ \boldsymbol{O} & \boldsymbol{I}_n\end{bmatrix}\begin{bmatrix}\boldsymbol{O} & \boldsymbol{O}\\ \boldsymbol{A}^{\mathrm{H}} & \boldsymbol{A}^{\mathrm{H}}\boldsymbol{A}\end{bmatrix}=\begin{bmatrix}\boldsymbol{A}\boldsymbol{A}^{\mathrm{H}} & \boldsymbol{A}\boldsymbol{A}^{\mathrm{H}}\boldsymbol{A}\\ \boldsymbol{A}^{\mathrm{H}} & \boldsymbol{A}^{\mathrm{H}}\boldsymbol{A}\end{bmatrix},$$

则

$$\begin{bmatrix}\boldsymbol{A}\boldsymbol{A}^{\mathrm{H}} & \boldsymbol{O}\\ \boldsymbol{A}^{\mathrm{H}} & \boldsymbol{O}\end{bmatrix}\boldsymbol{S}=\boldsymbol{S}\begin{bmatrix}\boldsymbol{O} & \boldsymbol{O}\\ \boldsymbol{A}^{\mathrm{H}} & \boldsymbol{A}^{\mathrm{H}}\boldsymbol{A}\end{bmatrix},$$

又因为 $\boldsymbol{S}=\begin{bmatrix}\boldsymbol{I}_m & \boldsymbol{A}\\ \boldsymbol{O} & \boldsymbol{I}_n\end{bmatrix}$为可逆矩阵,则

$$\begin{bmatrix}\boldsymbol{A}\boldsymbol{A}^{\mathrm{H}} & \boldsymbol{O}\\ \boldsymbol{A}^{\mathrm{H}} & \boldsymbol{O}\end{bmatrix}\boldsymbol{S}\boldsymbol{S}^{-1}=\boldsymbol{S}\begin{bmatrix}\boldsymbol{O} & \boldsymbol{O}\\ \boldsymbol{A}^{\mathrm{H}} & \boldsymbol{A}^{\mathrm{H}}\boldsymbol{A}\end{bmatrix}\boldsymbol{S}^{-1}\Rightarrow\begin{bmatrix}\boldsymbol{A}\boldsymbol{A}^{\mathrm{H}} & \boldsymbol{O}\\ \boldsymbol{A}^{\mathrm{H}} & \boldsymbol{O}\end{bmatrix}=\boldsymbol{S}\begin{bmatrix}\boldsymbol{O} & \boldsymbol{O}\\ \boldsymbol{A}^{\mathrm{H}} & \boldsymbol{A}^{\mathrm{H}}\boldsymbol{A}\end{bmatrix}\boldsymbol{S}^{-1},$$

则 $\det(\lambda\boldsymbol{I}-\boldsymbol{A}\boldsymbol{A}^{\mathrm{H}})=0$ 与 $\det(\lambda\boldsymbol{I}-\boldsymbol{A}^{\mathrm{H}}\boldsymbol{A})=0$ 有相同的非零解.

7.5 考博真题选录

1. (1) 设矩阵

$$\boldsymbol{A}=\begin{bmatrix}5 & 3 & 2\\ 3 & 2 & t\\ 2 & t & 2\end{bmatrix},\quad\boldsymbol{B}=\begin{bmatrix}0 & 1 & 2\\ 1 & 1 & 0.5t\\ 2 & 0.5t & 1\end{bmatrix},$$

其中 t 为实数,问当 t 满足什么条件时 $\boldsymbol{A}-\boldsymbol{B}$ 正定?

(2) 设 n 阶 Hermite 矩阵 $\boldsymbol{A}=\begin{bmatrix}\boldsymbol{A}_{11} & \boldsymbol{A}_{12}\\ \boldsymbol{A}_{12}^{\mathrm{H}} & \boldsymbol{A}_{22}\end{bmatrix}$正定,其中 $\boldsymbol{A}_{11}\in\mathbf{C}^{k\times k}$,证明:$\boldsymbol{A}_{11}$ 及

$A_{22}-A_{12}^{H}A_{11}^{-1}A_{12}$ 都正定；

(3) 已知 Hermite 矩阵 $A=(a_{ij})\in \mathbf{C}^{n\times n}$，且 $a_{ii}>\sum\limits_{j\neq i}|a_{ij}|\ (i=1,2,\cdots,n)$，证明：$A$ 正定.

解：(1) 因为 $A-B=\begin{bmatrix}5 & 2 & 0\\ 2 & 1 & 0.5t\\ 0 & 0.5t & 1\end{bmatrix}$，则当

$$\Delta_1=5>0,\quad \Delta_2=5\times1-2\times2>0,\quad \Delta_3=|A-B|=1-\frac{5}{4}t^2>0$$

时 $A-B$ 正定. 即 $-\frac{2}{\sqrt{5}}<t<\frac{2}{\sqrt{5}}$ 时，$A-B$ 正定.

(2) 由 $A=\begin{bmatrix}A_{11} & A_{12}\\ A_{12}^{H} & A_{22}\end{bmatrix}$ 正定，$|A_{11}|$ 为 A 的前 k 阶顺序主子式，故 A_{11} 正定，所以可逆.

由于存在可逆矩阵

$$P=\begin{bmatrix}I_k & O\\ -A_{12}^{H}A_{11}^{-1} & I_{n-k}\end{bmatrix},$$

使得

$$PAP^{H}=\begin{bmatrix}A_{11} & O\\ O & A_{22}-A_{12}^{H}A_{11}^{-1}A_{12}\end{bmatrix}=M,$$

由 A 正定，所以 M 正定，因而 $A_{22}-A_{12}^{H}A_{11}^{-1}A_{12}$ 正定.

(3) 设 λ 是矩阵 A 的任一特征值，相应的特征向量为 $x=(x_1,\cdots,x_n)^{T}$，令 $|x_{i_0}|=\max\limits_{i}|x_i|$，则 $|x_{i_0}|>0$. 由 $Ax=\lambda x$，有

$$(\lambda-a_{i_0i_0})x_{i_0}=\sum_{j=1,j\neq i_0}^{n}a_{i_0j}x_j,$$

从而

$$|\lambda-a_{i_0i_0}|=\sum_{j\neq i_0}|a_{i_0j}|\frac{|x_j|}{|x_{i_0}|}\leqslant\sum_{j\neq i_0}|a_{i_0j}|,$$

又因为

$$a_{ii}>\sum_{j\neq i}|a_{ij}|\quad(i=1,2,\cdots,n),$$

所以 $\lambda>0$.

由 λ 的任意性，可知 A 的所有特征值均为正数，所以 A 正定.

2. 验证 $A=\begin{bmatrix}0 & -1 & \mathrm{i}\\ 1 & 0 & 0\\ \mathrm{i} & 0 & 0\end{bmatrix}$ 是正规矩阵，并求酉矩阵 U，使 $U^{H}AU$ 为对角矩阵.

解:因为

$$AA^{H}=A^{H}A=\begin{bmatrix}2&0&0\\0&1&-i\\0&i&1\end{bmatrix},$$

故 A 是正规矩阵.

又由

$$|\lambda I-A|=\begin{vmatrix}\lambda&1&-i\\-1&\lambda&0\\-i&0&\lambda\end{vmatrix}=\lambda(\lambda^{2}+2),$$

得特征值

$$\lambda_1=0,\quad \lambda_2=\sqrt{2}i,\quad \lambda_3=-\sqrt{2}i.$$

当 $\lambda_1=0$ 时,解得特征向量为 $\boldsymbol{\alpha}_1=(0,i,1)^{T}$;

当 $\lambda_2=\sqrt{2}i$ 时,解得特征向量为 $\boldsymbol{\alpha}_2=(\sqrt{2},-i,1)^{T}$;

当 $\lambda_3=-\sqrt{2}i$ 时,解得特征向量为 $\boldsymbol{\alpha}_2=(\sqrt{2},i,-1)^{T}$.

显然 $\boldsymbol{\alpha}_1,\boldsymbol{\alpha}_2,\boldsymbol{\alpha}_3$ 两两正交,将它们分别单位化得

$$e_1=\left(0,\frac{i}{\sqrt{2}},\frac{1}{\sqrt{2}}\right)^{T},\quad e_2=\left(\frac{1}{\sqrt{2}},-\frac{i}{2},\frac{1}{2}\right)^{T},\quad e_3=\left(\frac{1}{\sqrt{2}},\frac{i}{2},-\frac{1}{2}\right)^{T},$$

令

$$U=\begin{bmatrix}0&\frac{1}{\sqrt{2}}&\frac{1}{\sqrt{2}}\\ \frac{i}{\sqrt{2}}&-\frac{i}{2}&\frac{i}{2}\\ \frac{1}{\sqrt{2}}&\frac{1}{2}&-\frac{1}{2}\end{bmatrix},\quad 得\quad U^{H}AU=\begin{bmatrix}0&0&0\\0&\sqrt{2}i&0\\0&0&-\sqrt{2}i\end{bmatrix}.$$

3. 设 n 阶 Hermite 矩阵 A,B 均是正定的,且 $AB=BA$,证明:AB 是正定矩阵.

证明:因为 A,B 均是正定的 Hermite 阵,故

$$A^{H}=A,\quad B^{H}=B,$$

且存在 n 阶可逆矩阵 P,有 $A=P^{H}P$.

要证明 AB 是正定矩阵,首先证 AB 是 Hermite 矩阵. 因为

$$(AB)^{H}=B^{H}A^{H}=BA=AB,$$

所以 AB 是 Hermite 矩阵. 又

$$AB=P^{H}(PBP^{H})(P^{H})^{-1},$$

即 AB 相似于 PBP^{H},从而有相同特征值.

又 B 正定,P 可逆,故 PBP^{H} 正定,因而特征值均大于0,所以 AB 的特征值也均大于0,即 AB 正定.

4. 已知 $\boldsymbol{A}$ 是 Hermite 矩阵，且 $\boldsymbol{A}^k=\boldsymbol{O}$($k$ 为正整数)，试证：$\boldsymbol{A}=\boldsymbol{O}$.

证明:因为 $\boldsymbol{A}$ 是 Hermite 矩阵，所以存在酉矩阵 $\boldsymbol{U}$，使得

$$\boldsymbol{U}^{\mathrm{H}}\boldsymbol{A}\boldsymbol{U}=\begin{bmatrix}\lambda_1 & 0 & \cdots & 0\\ 0 & \lambda_2 & \cdots & 0\\ \vdots & \vdots & & \vdots\\ 0 & 0 & \cdots & \lambda_n\end{bmatrix}\quad(\lambda_i \text{ 为 } \boldsymbol{A} \text{ 的特征根，且为实数}),$$

于是

$$\boldsymbol{A}=\boldsymbol{U}\begin{bmatrix}\lambda_1 & 0 & \cdots & 0\\ 0 & \lambda_2 & \cdots & 0\\ \vdots & \vdots & & \vdots\\ 0 & 0 & \cdots & \lambda_n\end{bmatrix}\boldsymbol{U}^{\mathrm{H}},$$

从而

$$\boldsymbol{A}^k=\boldsymbol{U}\begin{bmatrix}\lambda_1^k & 0 & \cdots & 0\\ 0 & \lambda_2^k & \cdots & 0\\ \vdots & \vdots & & \vdots\\ 0 & 0 & \cdots & \lambda_n^k\end{bmatrix}\boldsymbol{U}^{\mathrm{H}}=\boldsymbol{O},$$

所以

$$\lambda_1=\lambda_2=\cdots=\lambda_n=0,$$

故 $\boldsymbol{A}=\boldsymbol{O}$.

7.6 课外习题选解

1. 证明：在 $\mathbf{C}^n$ 上的任何一个正交投影矩阵 $\boldsymbol{P}$ 是半正定的 Hermite 矩阵.

证明:由正交投影矩阵的性质知，存在酉矩阵 $\boldsymbol{U}\in \mathrm{U}_r^{n\times r}$ 使得 $\boldsymbol{P}=\boldsymbol{U}\boldsymbol{U}^{\mathrm{H}}$. 于是由

$$\boldsymbol{P}^{\mathrm{H}}=\boldsymbol{U}\boldsymbol{U}^{\mathrm{H}}=\boldsymbol{P},$$

知 $\boldsymbol{P}$ 是 Hermite 矩阵. 又由于当 $\forall \boldsymbol{X}\in\mathbf{C}^n$ 时有

$$\boldsymbol{X}^{\mathrm{H}}\boldsymbol{P}\boldsymbol{X}=\boldsymbol{X}^{\mathrm{H}}\boldsymbol{U}\boldsymbol{U}^{\mathrm{H}}\boldsymbol{X}=(\boldsymbol{U}^{\mathrm{H}}\boldsymbol{X})^{\mathrm{H}}(\boldsymbol{U}^{\mathrm{H}}\boldsymbol{X})=(\boldsymbol{U}^{\mathrm{H}}\boldsymbol{X},\boldsymbol{U}^{\mathrm{H}}\boldsymbol{X})\geqslant 0,$$

所以 $\boldsymbol{P}$ 是半正定的 Hermite 矩阵.

2. 证明：正规矩阵属于不同特征值的特征向量是互相正交的.

证明:设 $\boldsymbol{A}$ 是 n 阶正规矩阵，故存在 n 阶酉矩阵 $\boldsymbol{U}=(\boldsymbol{\alpha}_1,\boldsymbol{\alpha}_2,\cdots,\boldsymbol{\alpha}_n)$，使得

$$\boldsymbol{U}^{\mathrm{H}}\boldsymbol{A}\boldsymbol{U}=\begin{bmatrix}\lambda_1 & & & 0\\ & \lambda_2 & & \\ & & \ddots & \\ 0 & & & \lambda_n\end{bmatrix},\qquad (*)$$

故

$$\boldsymbol{A}\boldsymbol{\alpha}_i = \lambda_i\boldsymbol{\alpha}_i \quad (i=1,2,\cdots,n),$$

(*)式两边取共轭转置得

$$\boldsymbol{U}^{\mathrm{H}}\boldsymbol{A}^{\mathrm{H}}\boldsymbol{U} = \begin{bmatrix} \bar{\lambda}_1 & & & 0 \\ & \bar{\lambda}_2 & & \\ & & \ddots & \\ 0 & & & \bar{\lambda}_n \end{bmatrix},$$

故

$$\boldsymbol{A}^{\mathrm{H}}\boldsymbol{\alpha}_i = \bar{\lambda}_i\boldsymbol{\alpha}_i \quad (i=1,2,\cdots,n),$$

上述结果表明对正规矩阵$\boldsymbol{A}$,若λ是$\boldsymbol{A}$的特征值,则$\bar{\lambda}$是$\boldsymbol{A}^{\mathrm{H}}$的特征值,且$\lambda$与$\bar{\lambda}$对应相同的特征向量.

设λ,μ是$\boldsymbol{A}$的任意两不同特征值,$\boldsymbol{\alpha},\boldsymbol{\beta}$分别是$\boldsymbol{A}$属于$\lambda$和$\mu$的特征向量,则

$$\boldsymbol{A}\boldsymbol{\alpha} = \lambda\boldsymbol{\alpha}, \quad \boldsymbol{A}\boldsymbol{\beta} = \mu\boldsymbol{\beta},$$

从而

$$\boldsymbol{A}^{\mathrm{H}}\boldsymbol{\alpha} = \bar{\lambda}\boldsymbol{\alpha}, \quad \boldsymbol{A}^{\mathrm{H}}\boldsymbol{\beta} = \bar{\mu}\boldsymbol{\beta},$$

所以

$$\begin{aligned} \lambda(\boldsymbol{\alpha},\boldsymbol{\beta}) &= (\lambda\boldsymbol{\alpha},\boldsymbol{\beta}) = (\boldsymbol{A}\boldsymbol{\alpha},\boldsymbol{\beta}) = \boldsymbol{\beta}^{\mathrm{H}}(\boldsymbol{A}\boldsymbol{\alpha}) \\ &= (\boldsymbol{A}^{\mathrm{H}}\boldsymbol{\beta})^{\mathrm{H}}\boldsymbol{\alpha} = (\bar{\mu}\boldsymbol{\beta})^{\mathrm{H}}\boldsymbol{\alpha} = (\boldsymbol{\alpha},\bar{\mu}\boldsymbol{\beta}) \\ &= \mu(\boldsymbol{\alpha},\boldsymbol{\beta}), \end{aligned}$$

得

$$(\lambda-\mu)(\boldsymbol{\alpha},\boldsymbol{\beta}) = 0,$$

而$\lambda-\mu\neq 0$,故$(\boldsymbol{\alpha},\boldsymbol{\beta})=0$,即$\boldsymbol{\alpha},\boldsymbol{\beta}$相互正交.

3. 设$\boldsymbol{A}$是正规矩阵,试证:

(1) 若$\boldsymbol{A}^r=\boldsymbol{O}$($r$是正整数),则$\boldsymbol{A}=\boldsymbol{O}$;

(2) 若$\boldsymbol{A}^2=\boldsymbol{A}$,则$\boldsymbol{A}^{\mathrm{H}}=\boldsymbol{A}$;

(3) 若$\boldsymbol{A}^3=\boldsymbol{A}^2$,则$\boldsymbol{A}^2=\boldsymbol{A}$.

证明:(1) 因为$\boldsymbol{A}$是正规矩阵,所以存在$\boldsymbol{U}\in \mathrm{U}^{n\times n}$,使

$$\boldsymbol{U}^{\mathrm{H}}\boldsymbol{A}\boldsymbol{U} = \mathrm{diag}(\lambda_1,\lambda_2,\cdots,\lambda_n),$$

其中$\lambda_1,\lambda_2,\cdots,\lambda_n$为$\boldsymbol{A}$的特征值,则

$$\boldsymbol{A} = \boldsymbol{U}\mathrm{diag}(\lambda_1,\lambda_2,\cdots,\lambda_n)\boldsymbol{U}^{\mathrm{H}},$$

得

$$\begin{aligned} \boldsymbol{A}^r &= \boldsymbol{U}\mathrm{diag}(\lambda_1,\lambda_2,\cdots,\lambda_n)\boldsymbol{U}^{\mathrm{H}}\cdots\boldsymbol{U}\mathrm{diag}(\lambda_1,\lambda_2,\cdots,\lambda_n)\boldsymbol{U}^{\mathrm{H}} \\ &= \boldsymbol{U}\mathrm{diag}(\lambda_1^r,\lambda_2^r,\cdots,\lambda_n^r)\boldsymbol{U}^{\mathrm{H}} = \boldsymbol{O} \\ &\Rightarrow \mathrm{diag}(\lambda_1^r,\lambda_2^r,\cdots,\lambda_n^r) = \boldsymbol{O} \\ &\Rightarrow \lambda_1 = \lambda_2 = \cdots = \lambda_n = 0 \end{aligned}$$

$$\Rightarrow \boldsymbol{A} = \boldsymbol{U}\text{diag}(\lambda_1, \lambda_2, \cdots, \lambda_n)\boldsymbol{U}^{\text{H}} = \boldsymbol{O}.$$

(2) 由(1) 可得

$$\begin{aligned} \boldsymbol{A}^2 &= \boldsymbol{U}\text{diag}(\lambda_1^2, \lambda_2^2, \cdots, \lambda_n^2)\boldsymbol{U}^{\text{H}} = \boldsymbol{A} = \boldsymbol{U}\text{diag}(\lambda_1, \lambda_2, \cdots, \lambda_n)\boldsymbol{U}^{\text{H}} \\ &\Rightarrow \lambda_1^2 = \lambda_1, \lambda_2^2 = \lambda_2, \cdots, \lambda_n^2 = \lambda_n \\ &\Rightarrow \lambda_i = 0 \text{ 或 } 1 \quad (i = 1, 2, \cdots, n), \end{aligned}$$

即 $\boldsymbol{A}$ 的特征值都为实数，所以 $\boldsymbol{A}^{\text{H}} = \boldsymbol{A}$.

(3) 同理

$$\lambda_1^3 = \lambda_1^2, \lambda_2^3 = \lambda_2^2, \cdots, \lambda_n^3 = \lambda_n^2 \Rightarrow \lambda_i = 0 \text{ 或 } 1 \Rightarrow \lambda_i^2 = \lambda_i,$$

即

$$\boldsymbol{U}\text{diag}(\lambda_1^2, \lambda_2^2, \cdots, \lambda_n^2)\boldsymbol{U}^{\text{H}} = \boldsymbol{U}\text{diag}(\lambda_1, \lambda_2, \cdots, \lambda_n)\boldsymbol{U}^{\text{H}},$$

所以 $\boldsymbol{A}^2 = \boldsymbol{A}$.

4. 假设 $\boldsymbol{\alpha}, \boldsymbol{\beta}$ 是 $\mathbf{C}^n$ 中两个 n 维且相互正交的单位列向量，实数 p, q 均小于1. 证明：矩阵 $\boldsymbol{A} = \boldsymbol{I} - p\boldsymbol{\alpha}\boldsymbol{\alpha}^{\text{H}} - q\boldsymbol{\beta}\boldsymbol{\beta}^{\text{H}}$ 是正定的.

证明：$\boldsymbol{A}$ 显然是 Hermite 矩阵. 令 $\boldsymbol{\alpha}_1 = \boldsymbol{\alpha}, \boldsymbol{\alpha}_2 = \boldsymbol{\beta}$，并将它们扩充成 $\mathbf{C}^n$ 的一组标准正交基 $\boldsymbol{\alpha}_1, \boldsymbol{\alpha}_2, \boldsymbol{\alpha}_3, \cdots, \boldsymbol{\alpha}_n$，记 $\boldsymbol{U} = (\boldsymbol{\alpha}_1, \boldsymbol{\alpha}_2, \cdots, \boldsymbol{\alpha}_n)$，则 $\boldsymbol{U}$ 是 n 阶酉矩阵且

$$\boldsymbol{U}^{\text{H}}\boldsymbol{A}\boldsymbol{U} = \text{diag}(1 - p, 1 - q, 1, \cdots, 1),$$

这表明矩阵 $\boldsymbol{A}$ 的特征值均为正实数，所以正定.

5. 设 $\boldsymbol{A}$ 是 n 阶 Hermite 矩阵.

(1) 证明：$\boldsymbol{A}$ 半正定的充分必要条件是 $\boldsymbol{A}$ 的特征值均为非负实数；

(2) 若 $\boldsymbol{A}$ 半正定，证明：$|\boldsymbol{A} + \boldsymbol{I}_n| \geqslant 1$，且等号成立的充分必要条件为 $\boldsymbol{A} = \boldsymbol{O}$.

解：(1) 设 λ 是 $\boldsymbol{A}$ 的任一特征值，$\boldsymbol{\alpha} \neq \mathbf{0}$ 是 $\boldsymbol{A}$ 属于 λ 的任一特征向量，则 λ 是实数，且 $\boldsymbol{A}\boldsymbol{\alpha} = \lambda\boldsymbol{\alpha}$，得 $\boldsymbol{\alpha}^{\text{H}}\boldsymbol{A}\boldsymbol{\alpha} = \lambda\boldsymbol{\alpha}^{\text{H}}\boldsymbol{\alpha}$.

若 $\boldsymbol{A}$ 半正定，则 $\boldsymbol{\alpha}^{\text{H}}\boldsymbol{A}\boldsymbol{\alpha} = \lambda\boldsymbol{\alpha}^{\text{H}}\boldsymbol{\alpha} \geqslant 0$，又 $\boldsymbol{\alpha}^{\text{H}}\boldsymbol{\alpha} > 0$，因此 $\lambda \geqslant 0$；若 $\lambda \geqslant 0$，因 $\boldsymbol{\alpha}^{\text{H}}\boldsymbol{\alpha} > 0$，所以 $\boldsymbol{\alpha}^{\text{H}}\boldsymbol{A}\boldsymbol{\alpha} \geqslant 0$，即 $\boldsymbol{A}$ 半正定.

(2) 由 $\boldsymbol{A}$ 为 Hermite 矩阵且半正定，故存在 n 阶酉矩阵 $\boldsymbol{U}$ 使得

$$\boldsymbol{U}^{\text{H}}\boldsymbol{A}\boldsymbol{U} = \text{diag}(\lambda_1, \lambda_2, \cdots, \lambda_n) \quad (\lambda_i \geqslant 0; i = 1, 2, \cdots, n),$$

于是

$$\boldsymbol{U}^{\text{H}}(\boldsymbol{A} + \boldsymbol{I}_n)\boldsymbol{U} = \text{diag}(1 + \lambda_1, 1 + \lambda_2, \cdots, 1 + \lambda_n),$$

则

$$|\boldsymbol{A} + \boldsymbol{I}_n| = |\boldsymbol{U}^{\text{H}}(\boldsymbol{A} + \boldsymbol{I}_n)\boldsymbol{U}| = (1 + \lambda_1)(1 + \lambda_2)\cdots(1 + \lambda_n) \geqslant 1,$$

等号成立当且仅当 $\lambda_1 = \lambda_2 = \cdots = \lambda_n = 0$，即仅当 $\boldsymbol{A} = \boldsymbol{O}$.

6. 假设 $\boldsymbol{A}, \boldsymbol{B}$ 都 n 阶 Hermite 矩阵.

(1) 如果 $\boldsymbol{A}$ 是正定的，证明：存在可逆矩阵 $\boldsymbol{C}$，使得 $\boldsymbol{C}^{\text{H}}\boldsymbol{A}\boldsymbol{C}, \boldsymbol{C}^{\text{H}}\boldsymbol{B}\boldsymbol{C}$ 都是对角阵；

(2) 如果 $\boldsymbol{A}, \boldsymbol{B}$ 都是半正定的，并且 $\boldsymbol{A}$ 的秩 $r(\boldsymbol{A}) = n-1$，证明：存在可逆矩阵 $\boldsymbol{C}$，使得 $\boldsymbol{C}^{\text{H}}\boldsymbol{A}\boldsymbol{C}, \boldsymbol{C}^{\text{H}}\boldsymbol{B}\boldsymbol{C}$ 都是对角阵.

证明:(1) 由 $\boldsymbol{A}$ 正定,故存在 n 阶可逆矩阵 $\boldsymbol{P}$,使得

$$\boldsymbol{P}^{\mathrm{H}}\boldsymbol{A}\boldsymbol{P}=\boldsymbol{I}_n,$$

令 $\boldsymbol{B}_1=\boldsymbol{P}^{\mathrm{H}}\boldsymbol{B}\boldsymbol{P}$,则 $\boldsymbol{B}_1$ 也是 Hermite 矩阵,故存在 n 阶酉矩阵 $\boldsymbol{U}$,使得

$$\boldsymbol{U}^{\mathrm{H}}\boldsymbol{B}_1\boldsymbol{U}=\mathrm{diag}(\lambda_1,\lambda_2,\cdots,\lambda_n),$$

则存在可逆矩阵 $\boldsymbol{C}=\boldsymbol{P}\boldsymbol{U}$,使得

$$\boldsymbol{C}^{\mathrm{H}}\boldsymbol{A}\boldsymbol{C}=\boldsymbol{I}_n,\quad \boldsymbol{C}^{\mathrm{H}}\boldsymbol{B}\boldsymbol{C}=\mathrm{diag}(\lambda_1,\lambda_2,\cdots,\lambda_n).$$

(2) 由于 $\boldsymbol{A}$ 半正定并且 $\boldsymbol{A}$ 的秩 $r(\boldsymbol{A})=n-1$,所以存在 n 阶酉矩阵 $\boldsymbol{U}$,使得

$$\boldsymbol{U}^{\mathrm{H}}\boldsymbol{A}\boldsymbol{U}=\mathrm{diag}(\lambda_1,\lambda_2,\cdots,\lambda_{n-1},0)\quad(\lambda_i>0;i=1,2,\cdots,n-1),$$

取

$$\boldsymbol{V}=\mathrm{diag}\left(\frac{1}{\sqrt{\lambda_1}},\frac{1}{\sqrt{\lambda_2}},\cdots,\frac{1}{\sqrt{\lambda_{n-1}}},1\right),$$

使得

$$\boldsymbol{V}^{\mathrm{H}}\boldsymbol{U}^{\mathrm{H}}\boldsymbol{A}\boldsymbol{U}\boldsymbol{V}=\begin{bmatrix}\boldsymbol{I}_{n-1} & \boldsymbol{0}\\ \boldsymbol{0} & 0\end{bmatrix},$$

又 $\boldsymbol{P}=\boldsymbol{U}\boldsymbol{V}$ 是可逆矩阵,且 $\boldsymbol{B}_1=\boldsymbol{P}^{\mathrm{H}}\boldsymbol{B}\boldsymbol{P}$ 也是 Hermite 矩阵,故存在 n 阶酉矩阵 $\boldsymbol{W}$,使得

$$\boldsymbol{W}^{\mathrm{H}}\boldsymbol{B}_1\boldsymbol{W}=\mathrm{diag}(\mu_1,\mu_2,\cdots,\mu_n),$$

则存在可逆矩阵 $\boldsymbol{C}=\boldsymbol{P}\boldsymbol{W}$,使得

$$\boldsymbol{C}^{\mathrm{H}}\boldsymbol{B}\boldsymbol{C}=\mathrm{diag}(\mu_1,\mu_2,\cdots,\mu_n),\quad \boldsymbol{C}^{\mathrm{H}}\boldsymbol{A}\boldsymbol{C}=\begin{bmatrix}\boldsymbol{I}_{n-1} & \boldsymbol{0}\\ \boldsymbol{0} & 0\end{bmatrix}.$$

7. 假设 f 是 n 维酉空间 V 上的线性变换,若对任意 $\boldsymbol{\alpha},\boldsymbol{\beta}\in V$,有

$$(f(\boldsymbol{\alpha}),\boldsymbol{\beta})=(\boldsymbol{\alpha},f(\boldsymbol{\beta})).$$

(1) 证明:在 V 的标准正交基下,f 的矩阵为 Hermite 矩阵;

(2) 证明:存在 V 的一组标准正交基,使得 f 的矩阵为对角阵.

证明:(1) 设 $\boldsymbol{\varepsilon}_1,\boldsymbol{\varepsilon}_2,\cdots,\boldsymbol{\varepsilon}_n$ 是 V 的任意一个标准正交基,f 在该基下矩阵为 $\boldsymbol{A}=(a_{ij})_{n\times n}$,故

$$f(\boldsymbol{\varepsilon}_i)=a_{1i}\boldsymbol{\varepsilon}_1+a_{2i}\boldsymbol{\varepsilon}_2+\cdots+a_{ni}\boldsymbol{\varepsilon}_n=\sum_{k=1}^{n}a_{ki}\boldsymbol{\varepsilon}_k\quad(i=1,2,\cdots,n),$$

于是 $\forall 1\leqslant i,j\leqslant n$ 有

$$(f(\boldsymbol{\varepsilon}_i),\boldsymbol{\varepsilon}_j)=\left(\sum_{k=1}^{n}a_{ki}\boldsymbol{\varepsilon}_k,\boldsymbol{\varepsilon}_j\right)=\sum_{k=1}^{n}a_{ki}(\boldsymbol{\varepsilon}_k,\boldsymbol{\varepsilon}_j)=a_{ji},$$

$$(\boldsymbol{\varepsilon}_i,f(\boldsymbol{\varepsilon}_j))=\left(\boldsymbol{\varepsilon}_i,\sum_{l=1}^{n}a_{lj}\boldsymbol{\varepsilon}_l\right)=\sum_{l=1}^{n}\bar{a}_{lj}(\boldsymbol{\varepsilon}_i,\boldsymbol{\varepsilon}_l)=\bar{a}_{ij},$$

所以 $a_{ji}=\bar{a}_{ij}$. 由 i,j 的任意性知 $\boldsymbol{A}^{\mathrm{H}}=\boldsymbol{A}$,即 $\boldsymbol{A}$ 是 Hermite 矩阵.

(2) 由(1)知 f 在标准正交基 $\boldsymbol{\varepsilon}_1,\boldsymbol{\varepsilon}_2,\cdots,\boldsymbol{\varepsilon}_n$ 下的矩阵 $\boldsymbol{A}$ 是 Hermite 矩阵,故存在

n 阶酉矩阵 $\boldsymbol{U}$ 使

$$\boldsymbol{U}^{\mathrm{H}}\boldsymbol{A}\boldsymbol{U}=\begin{bmatrix}\lambda_1 & & & 0\\ & \lambda_2 & & \\ & & \ddots & \\ 0 & & & \lambda_n\end{bmatrix},$$

令

$$(\boldsymbol{\eta}_1,\boldsymbol{\eta}_2,\cdots,\boldsymbol{\eta}_n)=(\boldsymbol{\varepsilon}_1,\boldsymbol{\varepsilon}_2,\cdots,\boldsymbol{\varepsilon}_n)\boldsymbol{U},$$

则 $\boldsymbol{\eta}_1,\boldsymbol{\eta}_2,\cdots,\boldsymbol{\eta}_n$ 也是 V 的一组标准正交基,且 f 在该基下的矩阵

$$\boldsymbol{B}=\boldsymbol{U}^{\mathrm{H}}\boldsymbol{A}\boldsymbol{U}=\begin{bmatrix}\lambda_1 & & & 0\\ & \lambda_2 & & \\ & & \ddots & \\ 0 & & & \lambda_n\end{bmatrix}.$$

8. 设 $\boldsymbol{A}\in\mathbf{C}^{n\times n}$,那么 $\boldsymbol{A}$ 可以唯一的写成 $\boldsymbol{A}=\boldsymbol{S}+\mathrm{i}\boldsymbol{T}$,其中 $\boldsymbol{S},\boldsymbol{T}$ 为 Hermite 矩阵,且 $\boldsymbol{A}$ 可以唯一的写成 $\boldsymbol{A}=\boldsymbol{B}+\boldsymbol{C}$,其中 $\boldsymbol{B}$ 是 Hermite 矩阵,$\boldsymbol{C}$ 是反 Hermite 矩阵.

证明:令

$$\boldsymbol{S}=\frac{\boldsymbol{A}+\boldsymbol{A}^{\mathrm{H}}}{2},\quad \boldsymbol{T}=\frac{\boldsymbol{A}^{\mathrm{H}}-\boldsymbol{A}}{2}\mathrm{i},$$

则

$$\boldsymbol{A}=\boldsymbol{S}+\mathrm{i}\boldsymbol{T},\quad \boldsymbol{S}^{\mathrm{H}}=\boldsymbol{S},\quad \boldsymbol{T}^{\mathrm{H}}=\boldsymbol{T}.$$

下面用反证法证唯一性.

假设存在 $\boldsymbol{S}_1,\boldsymbol{T}_1$ 和 $\boldsymbol{S}_2,\boldsymbol{T}_2$ 使

$$\boldsymbol{A}=\boldsymbol{S}_1+\mathrm{i}\boldsymbol{T}_1=\boldsymbol{S}_2+\mathrm{i}\boldsymbol{T}_2,$$

且 $\boldsymbol{S}_1,\boldsymbol{T}_1$ 和 $\boldsymbol{S}_2,\boldsymbol{T}_2$ 均为 Hermite 矩阵. 则由

$$\boldsymbol{A}=\boldsymbol{S}_1+\mathrm{i}\boldsymbol{T}_1\Rightarrow\boldsymbol{A}^{\mathrm{H}}=\boldsymbol{S}_1^{\mathrm{H}}-\mathrm{i}\boldsymbol{T}_1^{\mathrm{H}}=\boldsymbol{S}_1-\mathrm{i}\boldsymbol{T}_1,$$

即有

$$\boldsymbol{S}_1=\frac{\boldsymbol{A}+\boldsymbol{A}^{\mathrm{H}}}{2},\quad \boldsymbol{T}_1=\frac{\boldsymbol{A}^{\mathrm{H}}-\boldsymbol{A}}{2}\mathrm{i},$$

同理有

$$\boldsymbol{S}_2=\frac{\boldsymbol{A}+\boldsymbol{A}^{\mathrm{H}}}{2},\quad \boldsymbol{T}_2=\frac{\boldsymbol{A}^{\mathrm{H}}-\boldsymbol{A}}{2}\mathrm{i}\Rightarrow\boldsymbol{S}_1=\boldsymbol{S}_2,\boldsymbol{T}_1=\boldsymbol{T}_2,$$

故 $\boldsymbol{A}$ 可唯一的写成 $\boldsymbol{A}=\boldsymbol{S}+\mathrm{i}\boldsymbol{T}$.

令 $\boldsymbol{B}=\boldsymbol{S},\boldsymbol{C}=\mathrm{i}\boldsymbol{T}$,则显然 $\boldsymbol{B}$ 为 Hermite 矩阵,$\boldsymbol{C}$ 为反 Hermite 矩阵,因此 $\boldsymbol{A}$ 可唯一写成 $\boldsymbol{A}=\boldsymbol{B}+\boldsymbol{C}$,其中

$$\boldsymbol{B}=\frac{\boldsymbol{A}+\boldsymbol{A}^{\mathrm{H}}}{2},\quad \boldsymbol{C}=\frac{\boldsymbol{A}-\boldsymbol{A}^{\mathrm{H}}}{2}.$$

9. 设$\boldsymbol{A}$是一个n阶正定的Hermite阵，$\boldsymbol{B}$是n阶反Hermite阵，证明：$\boldsymbol{AB}$与$\boldsymbol{BA}$的特征值实部为零.

证明：设λ是矩阵$\boldsymbol{AB}$的任意一个特征值，则

$$|\lambda \boldsymbol{I}-\boldsymbol{AB}|=0,$$

由于$\boldsymbol{A}$是一个正定Hermite阵，所以存在可逆矩阵$\boldsymbol{Q}$使得$\boldsymbol{A}=\boldsymbol{Q}^{\mathrm{H}}\boldsymbol{Q}$，将其代入上面的特征多项式，有

$$\begin{aligned}|\lambda \boldsymbol{I}-\boldsymbol{AB}| &= |\lambda \boldsymbol{I}-\boldsymbol{Q}^{\mathrm{H}}\boldsymbol{QB}| = |\lambda \boldsymbol{Q}^{\mathrm{H}}(\boldsymbol{Q}^{\mathrm{H}})^{-1}-\boldsymbol{Q}^{\mathrm{H}}\boldsymbol{QBQ}^{\mathrm{H}}(\boldsymbol{Q}^{\mathrm{H}})^{-1}| \\ &= |\boldsymbol{Q}^{\mathrm{H}}|\cdot|\lambda \boldsymbol{I}-\boldsymbol{QBQ}^{\mathrm{H}}|\cdot|(\boldsymbol{Q}^{\mathrm{H}})^{-1}| = |\lambda \boldsymbol{I}-\boldsymbol{QBQ}^{\mathrm{H}}|,\end{aligned}$$

由于$\boldsymbol{B}$是n阶反Hermite矩阵，所以$\boldsymbol{QBQ}^{\mathrm{H}}$也是反Hermite矩阵，从而特征值为0或者纯虚数，因$\boldsymbol{AB}$与$\boldsymbol{QBQ}^{\mathrm{H}}$有相同特征值，所以$\boldsymbol{AB}$的特征值实部均为零.

同理可证$\boldsymbol{BA}$特征值实部也都为零.

10. 设矩阵$\boldsymbol{A}\in\mathbf{C}^{n\times n}$为单纯矩阵，证明：$\boldsymbol{A}$的特征值都是实数的充分必要条件是存在正定矩阵$\boldsymbol{H}\in\mathbf{C}^{n\times n}$，使得$\boldsymbol{HA}$为Hermite矩阵.

证明：先证充分性. 设λ是$\boldsymbol{A}$的任意特征值，则存在n维复向量$\boldsymbol{x}$，使得

$$\boldsymbol{Ax}=\lambda\boldsymbol{x}\quad(\boldsymbol{x}\neq\boldsymbol{0}),$$

从而

$$\boldsymbol{x}^{\mathrm{H}}\boldsymbol{HAx}=\lambda\boldsymbol{x}^{\mathrm{H}}\boldsymbol{Hx}\in\mathbf{R}\quad(\boldsymbol{x}^{\mathrm{H}}\boldsymbol{Hx}>0,\boldsymbol{x}^{\mathrm{H}}\boldsymbol{HAx}\in\mathbf{R}),$$

因此$\lambda\in\mathbf{R}$.

再证必要性. 因为$\boldsymbol{A}$为单纯矩阵，所以$\boldsymbol{A}$可以对角化，故存在n阶可逆矩阵$\boldsymbol{P}$使

$$\boldsymbol{A}=\boldsymbol{P}^{-1}\boldsymbol{DP},\quad 其中\quad \boldsymbol{D}=\mathrm{diag}(\lambda_1,\cdots,\lambda_n)\quad(\lambda_i\in\mathbf{R}),$$

令$\boldsymbol{H}=\boldsymbol{P}^{\mathrm{H}}\boldsymbol{P}$，则

$$\boldsymbol{HA}=\boldsymbol{P}^{\mathrm{H}}\boldsymbol{PP}^{-1}\boldsymbol{DP}=\boldsymbol{P}^{\mathrm{H}}\boldsymbol{DP}$$

为Hermite矩阵.

11. (1) 设矩阵$\boldsymbol{A}\in\mathbf{C}^{m\times n}(m<n)$，且$\boldsymbol{AA}^{\mathrm{H}}=\boldsymbol{I}_m$，其中$\boldsymbol{I}_m$为单位矩阵，证明$\boldsymbol{A}^{\mathrm{H}}\boldsymbol{A}$酉相似于对角矩阵，并求此对角矩阵；

(2) 设矩阵$\boldsymbol{A}\in\mathbf{C}_n^{m\times n}$，证明：$\|\boldsymbol{AA}^{+}\|_2=1$.

解：(1) 由例7.14(2)可知矩阵$\boldsymbol{A}^{\mathrm{H}}\boldsymbol{A}$和$\boldsymbol{AA}^{\mathrm{H}}=\boldsymbol{I}_m$的非零特征值相同，所以矩阵$\boldsymbol{A}^{\mathrm{H}}\boldsymbol{A}$的特征值为1($m$个)和0($n-m$个)，同时由于矩阵$\boldsymbol{A}^{\mathrm{H}}\boldsymbol{A}$为Hermite矩阵，所以矩阵$\boldsymbol{A}^{\mathrm{H}}\boldsymbol{A}$酉相似于对角矩阵

$$\boldsymbol{D}=\begin{bmatrix}\boldsymbol{I}_m & \boldsymbol{O}\\ \boldsymbol{O} & \boldsymbol{O}\end{bmatrix}_{n\times n}.$$

(2) 由$\boldsymbol{A}\in\mathbf{C}_n^{m\times n}$，故$\boldsymbol{A}$为列满秩矩阵，因此有奇异值分解

$$\boldsymbol{A}=\boldsymbol{U}\begin{bmatrix}\boldsymbol{\Sigma}\\ \boldsymbol{O}\end{bmatrix}\boldsymbol{V}^{\mathrm{H}},$$

其中$\boldsymbol{U},\boldsymbol{V}$分别是$m$阶和$n$阶酉矩阵，而

$$\boldsymbol{\Sigma}=\operatorname{diag}(\sigma_1,\sigma_2,\cdots,\sigma_n)\quad(\sigma_i>0;i=1,2,\cdots,n),$$

于是

$$\boldsymbol{A}^{+}=\boldsymbol{V}(\boldsymbol{\Sigma}^{-1},\boldsymbol{O})\boldsymbol{U}^{\mathrm{H}},$$

所以

$$\boldsymbol{A}\boldsymbol{A}^{+}=\boldsymbol{U}\begin{bmatrix}\boldsymbol{I}_n & \boldsymbol{O}\\ \boldsymbol{O} & \boldsymbol{O}\end{bmatrix}\boldsymbol{U}^{\mathrm{H}},$$

因而 $\boldsymbol{AA}^{+}$ 的非零特征值均为 1. 又 $\boldsymbol{AA}^{+}$ 是正规矩阵,故

$$\|\boldsymbol{AA}^{+}\|_2=\rho(\boldsymbol{AA}^{+})=1.$$

12. 假设 $\boldsymbol{A}$ 是正规矩阵,若 $\boldsymbol{A}$ 的特征值全是实数,证明:$\boldsymbol{A}$ 是 Hermite 矩阵.

证明:因为 $\boldsymbol{A}$ 是正规矩阵,故存在 n 阶酉矩阵 $\boldsymbol{U}$ 使得

$$\boldsymbol{U}^{\mathrm{H}}\boldsymbol{A}\boldsymbol{U}=\operatorname{diag}(\lambda_1,\lambda_2,\cdots,\lambda_n),$$

其中 $\lambda_1,\lambda_2,\cdots,\lambda_n$ 为 $\boldsymbol{A}$ 的特征值,且均为实数,则

$$\boldsymbol{A}=\boldsymbol{U}\operatorname{diag}(\lambda_1,\lambda_2,\cdots,\lambda_n)\boldsymbol{U}^{\mathrm{H}},\quad \boldsymbol{A}^{\mathrm{H}}=\boldsymbol{U}\operatorname{diag}(\lambda_1,\lambda_2,\cdots,\lambda_n)\boldsymbol{U}^{\mathrm{H}}=\boldsymbol{A},$$

所以 $\boldsymbol{A}$ 是 Hermite 矩阵.

13. 假设 $\boldsymbol{A},\boldsymbol{B}$ 都是 $n\times n$ 的 Hermite 矩阵,证明:$\boldsymbol{AB}$ 是 Hermite 矩阵当且仅当 $\boldsymbol{AB}=\boldsymbol{BA}$.

证明:$\boldsymbol{AB}$ 是 Hermite 矩阵当且仅当

$$\boldsymbol{AB}=(\boldsymbol{AB})^{\mathrm{H}}=\boldsymbol{B}^{\mathrm{H}}\boldsymbol{A}^{\mathrm{H}}=\boldsymbol{BA}.$$

14. 证明:Hermite 阵和酉矩阵都是正规阵. 试举一例说明存在这样的正规阵,它既不是 Hermite 矩阵,也不是酉矩阵.

证明:(1) 设 $\boldsymbol{A}$ 是 n 阶 Hermite 阵,则 $\boldsymbol{A}^{\mathrm{H}}=\boldsymbol{A}$,所以

$$\boldsymbol{A}\boldsymbol{A}^{\mathrm{H}}=\boldsymbol{A}^2=\boldsymbol{A}^{\mathrm{H}}\boldsymbol{A},$$

故 $\boldsymbol{A}$ 是正规矩阵.

(2) 设 $\boldsymbol{A}$ 是 n 阶酉矩阵,故

$$\boldsymbol{A}\boldsymbol{A}^{\mathrm{H}}=\boldsymbol{A}^{\mathrm{H}}\boldsymbol{A}=\boldsymbol{I}_n,$$

即 $\boldsymbol{A}$ 是正规矩阵.

举例如下:例如 $\boldsymbol{A}=\begin{bmatrix}1 & 2\\ -2 & 1\end{bmatrix}$,$\boldsymbol{A}$ 的特征值是 $\lambda_{1,2}=1\pm 2\mathrm{i}$,且

$$\boldsymbol{A}^{\mathrm{T}}\boldsymbol{A}=\boldsymbol{A}\boldsymbol{A}^{\mathrm{T}}=\begin{bmatrix}5 & 0\\ 0 & 5\end{bmatrix},$$

故 $\boldsymbol{A}$ 是正规矩阵,但 $\boldsymbol{A}$ 既不是 Hermite 矩阵,也不是酉矩阵.

15. 若 n 维列向量 $\boldsymbol{\alpha}\in\mathbf{C}^n$ 的长度小于 2,证明:$4\boldsymbol{I}-\boldsymbol{\alpha}\boldsymbol{\alpha}^{\mathrm{H}}$ 是正定矩阵.

证明:若 $\boldsymbol{\alpha}=\boldsymbol{0}$,则结论显然正确;若 $\boldsymbol{\alpha}\neq\boldsymbol{0}$,则 $\boldsymbol{\alpha}\boldsymbol{\alpha}^{\mathrm{H}}$ 是 n 阶 Hermite 矩阵,且 $r(\boldsymbol{\alpha}\boldsymbol{\alpha}^{\mathrm{H}})=1$,故存在 n 阶酉矩阵 $\boldsymbol{U}$ 使得

$$\boldsymbol{U}^{\mathrm{H}}(\boldsymbol{\alpha}\boldsymbol{\alpha}^{\mathrm{H}})\boldsymbol{U}=\operatorname{diag}(|\boldsymbol{\alpha}|^2,0,\cdots,0),$$

所以

$$U^{H}(4I-\alpha\alpha^{H})U=\operatorname{diag}(4-|\alpha|^{2},4,\cdots,4),$$

又因为 $4-|\alpha|^{2}>0$,所以 $4I-\alpha\alpha^{H}$ 的特征值均为正实数,从而是正定矩阵.

16. 假设 A 是 $n\times n$ 酉矩阵,B 是 $n\times n$ 矩阵,证明:AB 是酉矩阵当且仅当 B 是酉矩阵.

证明:AB 是酉矩阵当且仅当

$$(AB)^{H}AB=B^{H}A^{H}AB=B^{H}B=I_{n},$$

当且仅当 B 是酉矩阵.

17. 假设 A 是 $n\times n$ 酉矩阵,B 是 $n\times n$ 的 Hermite 矩阵,并且 $AB=BA$. 记 $M=AB$,证明:存在酉矩阵 U,使得 $U^{H}MU$ 是对角阵.

证明:由 A 是 $n\times n$ 酉矩阵,B 是 $n\times n$ 的 Hermite 矩阵,则

$$AA^{H}=A^{H}A=I_{n} \quad 且 \quad B^{H}=B,$$

又 $AB=BA$,所以

$$(AB)^{H}(AB)=B^{H}A^{H}AB=B^{H}B=B^{2},$$

$$(AB)(AB)^{H}=BA(BA)^{H}=BB^{H}=B^{2},$$

这表明 $M=AB$ 是正规矩阵,所以存在 n 阶酉矩阵 U,使得 $U^{H}MU$ 是对角阵.

18. 若 n 阶 Hermite 矩阵 A 为正定阵,又 B 是 n 阶方阵且 $A-B^{H}AB$ 也是正定阵,证明:B 的谱半径 $\rho(B)<1$.

证明:设 $|\lambda|=\rho(B)$,$\alpha\neq 0$ 是矩阵 B 属于特征值 λ 的特征向量,故

$$B\alpha=\lambda\alpha,$$

所以

$$\alpha^{H}(A-B^{H}AB)\alpha=\alpha^{H}A\alpha-\alpha^{H}B^{H}AB\alpha=(1-\lambda\bar{\lambda})\alpha^{H}A\alpha,$$

由于 A 与 $A-B^{H}AB$ 均为正定阵,所以

$$\alpha^{H}A\alpha>0, \quad \alpha^{H}(A-B^{H}AB)\alpha>0,$$

故

$$1-\lambda\bar{\lambda}=1-|\lambda|^{2}>0,$$

即 $|\lambda|=\rho(B)<1$.

19. 若 A 是正规矩阵,证明:A 是酉矩阵的充要条件是 A 的特征值的模全为 1.

证明:由于 A 是正规矩阵,则存在 n 阶酉矩阵 U,使得

$$U^{H}AU=\operatorname{diag}(\lambda_{1},\lambda_{2},\cdots,\lambda_{n}),$$

故 A 是酉矩阵当且仅当

$$A^{H}A=U\operatorname{diag}(|\lambda_{1}|^{2},|\lambda_{2}|^{2},\cdots,|\lambda_{n}|^{2})U^{H}=I_{n},$$

当且仅当 $|\lambda_{i}|=1,i=1,2,\cdots,n$.

20. 设 $\boldsymbol{A}$ 为 n 阶 Hermite 矩阵,其特征值为 $\lambda_1 \geqslant \lambda_2 \geqslant \cdots \geqslant \lambda_n$,证明:

$$\lambda_1 = \max_{0 \neq x \in \mathbf{C}^n} \frac{\boldsymbol{x}^{\mathrm{H}}\boldsymbol{A}\boldsymbol{x}}{\boldsymbol{x}^{\mathrm{H}}\boldsymbol{x}}, \quad \lambda_n = \min_{0 \neq x \in \mathbf{C}^n} \frac{\boldsymbol{x}^{\mathrm{H}}\boldsymbol{A}\boldsymbol{x}}{\boldsymbol{x}^{\mathrm{H}}\boldsymbol{x}}.$$

证明:因为 $\boldsymbol{A}$ 为 n 阶 Hermite 矩阵,故存在 n 阶酉矩阵 $\boldsymbol{U}$,使得

$$\boldsymbol{A} = \boldsymbol{U}\mathrm{diag}(\lambda_1, \lambda_2, \cdots, \lambda_n)\boldsymbol{U}^{\mathrm{H}},$$

$\forall \boldsymbol{x} \in \mathbf{C}^n, \boldsymbol{x} \neq \mathbf{0}$,令

$$\boldsymbol{y} = \boldsymbol{U}^{\mathrm{H}}\boldsymbol{x} = (y_1, y_2, \cdots, y_n)^{\mathrm{T}},$$

则

$$\boldsymbol{y}^{\mathrm{H}}\boldsymbol{y} = \sum_{i=1}^{n} \bar{y}_i y_i = \boldsymbol{x}^{\mathrm{H}}\boldsymbol{x} \quad 且 \quad \boldsymbol{x}^{\mathrm{H}}\boldsymbol{A}\boldsymbol{x} = \boldsymbol{x}^{\mathrm{H}}\boldsymbol{U}\mathrm{diag}(\lambda_1, \lambda_2, \cdots, \lambda_n)\boldsymbol{U}^{\mathrm{H}}\boldsymbol{x} = \sum_{i=1}^{n} \lambda_i \bar{y}_i y_i,$$

故

$$\lambda_1 \sum_{i=1}^{n} \bar{y}_i y_i \geqslant \sum_{i=1}^{n} \lambda_i \bar{y}_i y_i \geqslant \lambda_n \sum_{i=1}^{n} \bar{y}_i y_i,$$

$$\lambda_1 \geqslant \frac{\sum_{i=1}^{n} \lambda_i \bar{y}_i y_i}{\sum_{i=1}^{n} \bar{y}_i y_i} \geqslant \lambda_n, \quad 即 \quad \lambda_1 \geqslant \frac{\boldsymbol{x}^{\mathrm{H}}\boldsymbol{A}\boldsymbol{x}}{\boldsymbol{x}^{\mathrm{H}}\boldsymbol{x}} \geqslant \lambda_n.$$

再分别令 $\boldsymbol{\alpha}, \boldsymbol{\beta}$ 是 λ_1, λ_n 对应的特征向量,则

$$\frac{\boldsymbol{\alpha}^{\mathrm{H}}\boldsymbol{A}\boldsymbol{\alpha}}{\boldsymbol{\alpha}^{\mathrm{H}}\boldsymbol{\alpha}} = \lambda_1, \quad \frac{\boldsymbol{\beta}^{\mathrm{H}}\boldsymbol{A}\boldsymbol{\beta}}{\boldsymbol{\beta}^{\mathrm{H}}\boldsymbol{\beta}} = \lambda_n,$$

所以

$$\lambda_1 = \max_{0 \neq x \in \mathbf{C}^n} \frac{\boldsymbol{x}^{\mathrm{H}}\boldsymbol{A}\boldsymbol{x}}{\boldsymbol{x}^{\mathrm{H}}\boldsymbol{x}}, \quad \lambda_n = \min_{0 \neq x \in \mathbf{C}^n} \frac{\boldsymbol{x}^{\mathrm{H}}\boldsymbol{A}\boldsymbol{x}}{\boldsymbol{x}^{\mathrm{H}}\boldsymbol{x}}.$$

21. 设 $\boldsymbol{A}$ 为 $m \times n$ 实矩阵,且 $n < m$,证明:$\boldsymbol{A}^{\mathrm{T}}\boldsymbol{A}$ 为正定矩阵的充分必要条件是 $r(\boldsymbol{A}) = n$.

证明:因为

$$(\boldsymbol{A}^{\mathrm{T}}\boldsymbol{A})^{\mathrm{T}} = \boldsymbol{A}^{\mathrm{T}}(\boldsymbol{A}^{\mathrm{T}})^{\mathrm{T}} = \boldsymbol{A}^{\mathrm{T}}\boldsymbol{A},$$

所以 $\boldsymbol{A}^{\mathrm{T}}\boldsymbol{A}$ 为实对称矩阵.

设 $r(\boldsymbol{A}) = n$,故齐次方程组 $\boldsymbol{A}\boldsymbol{x} = \mathbf{0}$ 只有零解,因此对于任意 n 维非零列向量 $\boldsymbol{X}$,有

$$\boldsymbol{X}^{\mathrm{T}}\boldsymbol{A}^{\mathrm{T}}\boldsymbol{A}\boldsymbol{X} = \| \boldsymbol{A}\boldsymbol{X} \|^2 > 0,$$

故 $\boldsymbol{A}^{\mathrm{T}}\boldsymbol{A}$ 为正定矩阵.

反之,如果 $r(\boldsymbol{A}) < n$,则齐次方程组 $\boldsymbol{A}\boldsymbol{x} = \mathbf{0}$ 有非零解 $\boldsymbol{X}_0$,且

$$\boldsymbol{X}_0^{\mathrm{T}}\boldsymbol{A}^{\mathrm{T}}\boldsymbol{A}\boldsymbol{X}_0 = \boldsymbol{X}_0^{\mathrm{T}}\boldsymbol{A}^{\mathrm{T}}\mathbf{0} = \mathbf{0},$$

故 $\boldsymbol{A}^{\mathrm{T}}\boldsymbol{A}$ 不是正定矩阵.

22. 设 $\boldsymbol{A}$ 为 n 阶正定矩阵，$\boldsymbol{I}$ 为 n 阶单位矩阵，证明：$\boldsymbol{A}+\boldsymbol{I}$ 的行列式大于 1.

证明：设 $\boldsymbol{A}$ 的特征值为 $\lambda_i(i=1,2,\cdots,n)$，由于 $\boldsymbol{A}$ 是正定矩阵，故 $\lambda_i>0(i=1,2,\cdots,n)$，于是 $\boldsymbol{A}+\boldsymbol{I}$ 的特征值为 $\lambda_i+1>1(i=1,2,\cdots,n)$，故

$$|\boldsymbol{A}+\boldsymbol{I}|=(\lambda_1+1)(\lambda_2+1)\cdots(\lambda_n+1)>1.$$

23. 设 $\boldsymbol{A}$ 为 m 阶 Hermite 正定矩阵，$\boldsymbol{B}$ 为 $m\times n$ 矩阵，试证：$\boldsymbol{B}^{\mathrm{H}}\boldsymbol{AB}$ 为正定矩阵的充分必要条件是 $r(\boldsymbol{B})=n$.

证明：因为

$$(\boldsymbol{B}^{\mathrm{H}}\boldsymbol{AB})^{\mathrm{H}}=\boldsymbol{B}^{\mathrm{H}}\boldsymbol{A}^{\mathrm{H}}\boldsymbol{B}=\boldsymbol{B}^{\mathrm{H}}\boldsymbol{AB},$$

所以 $\boldsymbol{B}^{\mathrm{H}}\boldsymbol{AB}$ 是 n 阶 Hermite 矩阵.

设 $r(\boldsymbol{B})=n$，则齐次线性方程组 $\boldsymbol{Bx}=\boldsymbol{0}$ 只有零解，因此对于任何 n 维非零列向量 $\boldsymbol{X}$，$\boldsymbol{BX}\neq\boldsymbol{0}$，而 $\boldsymbol{A}$ 是正定矩阵，故

$$\boldsymbol{X}^{\mathrm{H}}(\boldsymbol{B}^{\mathrm{H}}\boldsymbol{AB})\boldsymbol{X}=(\boldsymbol{BX})^{\mathrm{H}}\boldsymbol{A}(\boldsymbol{BX})>0,$$

即 $\boldsymbol{B}^{\mathrm{H}}\boldsymbol{AB}$ 是正定矩阵.

反之，如果 $r(\boldsymbol{B})<n$，则齐次方程组 $\boldsymbol{Bx}=\boldsymbol{0}$ 有非零解 $\boldsymbol{X}_0$，于是

$$\boldsymbol{X}_0^{\mathrm{H}}(\boldsymbol{B}^{\mathrm{H}}\boldsymbol{AB})\boldsymbol{X}_0=(\boldsymbol{BX}_0)^{\mathrm{H}}\boldsymbol{A}(\boldsymbol{BX}_0)=\boldsymbol{0},$$

因此 $\boldsymbol{B}^{\mathrm{H}}\boldsymbol{AB}$ 不是正定矩阵.

24. 设 $\boldsymbol{A}=(a_{ij})_{n\times n}$ 为 n 阶 Hermite 矩阵，证明：

(1) 存在唯一 Hermite 矩阵 $\boldsymbol{B}$，使得 $\boldsymbol{A}=\boldsymbol{B}^3$；

(2) 如果 $\boldsymbol{A}$ 半正定，则 $\mathrm{tr}(\boldsymbol{A}^2)\leqslant(\mathrm{tr}(\boldsymbol{A}))^2$；

(3) 如果 $\boldsymbol{A}$ 正定，则 $\mathrm{tr}(\boldsymbol{A})\mathrm{tr}(\boldsymbol{A}^{-1})\geqslant n$.

证明：(1) 因为 $\boldsymbol{A}$ 为 n 阶 Hermite 矩阵，则存在 n 阶酉矩阵 $\boldsymbol{U}$，使得

$$\boldsymbol{A}=\boldsymbol{U\Lambda U}^{\mathrm{H}},$$

其中 $\boldsymbol{\Lambda}=\mathrm{diag}(\lambda_1,\cdots,\lambda_n)$，并且 $\lambda_1\geqslant\cdots\geqslant\lambda_n$. 令

$$\boldsymbol{B}=\boldsymbol{U}\mathrm{diag}(\lambda_1^{\frac{1}{3}},\cdots,\lambda_n^{\frac{1}{3}})\boldsymbol{U}^{\mathrm{H}},$$

则 $\boldsymbol{B}$ 是 n 阶 Hermite 矩阵，并且 $\boldsymbol{A}=\boldsymbol{B}^3$.

设有另一个 n 阶 Hermite 矩阵 $\boldsymbol{C}$，使得 $\boldsymbol{A}=\boldsymbol{C}^3$，则存在 n 阶酉矩阵 $\boldsymbol{V}$，使得

$$\boldsymbol{C}=\boldsymbol{V}\mathrm{diag}(\mu_1,\cdots,\mu_n)\boldsymbol{V}^{\mathrm{H}},$$

其中 $\mu_1\geqslant\cdots\geqslant\mu_n$. 因为 $\boldsymbol{A}=\boldsymbol{C}^3$，则

$$\mu_i^3=\lambda_i\quad(i=1,2,\cdots,n),$$

即

$$\boldsymbol{C}=\boldsymbol{V}\mathrm{diag}(\lambda_1^{\frac{1}{3}},\cdots,\lambda_n^{\frac{1}{3}})\boldsymbol{V}^{\mathrm{H}},$$

由 $\boldsymbol{A}=\boldsymbol{B}^3=\boldsymbol{C}^3$，有

$$\boldsymbol{U}\mathrm{diag}(\lambda_1,\cdots,\lambda_n)\boldsymbol{U}^{\mathrm{H}}=\boldsymbol{V}\mathrm{diag}(\lambda_1,\cdots,\lambda_n)\boldsymbol{V}^{\mathrm{H}}.$$

记 $\boldsymbol{P}=\boldsymbol{U}^{\mathrm{H}}\boldsymbol{V}=(p_{ij})$，则

$$\mathrm{diag}(\lambda_1,\cdots,\lambda_n)\boldsymbol{P}=\boldsymbol{P}\mathrm{diag}(\lambda_1,\cdots,\lambda_n),$$

从而

$$\lambda_i p_{ij}=\lambda_j p_{ij}\quad(i,j=1,2,\cdots,n),$$

于是

$$\lambda_i^{\frac{1}{3}} p_{ij}=\lambda_j^{\frac{1}{3}} p_{ij}\quad(i,j=1,2,\cdots,n),$$

即

$$\mathrm{diag}(\lambda_1^{\frac{1}{3}},\cdots,\lambda_n^{\frac{1}{3}})\boldsymbol{P}=\boldsymbol{P}\mathrm{diag}(\lambda_1^{\frac{1}{3}},\cdots,\lambda_n^{\frac{1}{3}}),$$

因此

$$\boldsymbol{B}=\boldsymbol{U}\mathrm{diag}(\lambda_1^{\frac{1}{3}},\cdots,\lambda_n^{\frac{1}{3}})\boldsymbol{U}^{\mathrm{H}}=\boldsymbol{V}\mathrm{diag}(\lambda_1^{\frac{1}{3}},\cdots,\lambda_n^{\frac{1}{3}})\boldsymbol{V}^{\mathrm{H}}=\boldsymbol{C}.$$

(2) 因为$\boldsymbol{A}$半正定,所以$\boldsymbol{A}$的特征值均非负.设$\boldsymbol{A}$的特征值为$\lambda_1,\cdots,\lambda_n$,且$\lambda_1\geqslant\cdots\geqslant\lambda_n\geqslant 0$,则$\boldsymbol{A}^2$的特征值为$\lambda_1^2,\cdots,\lambda_n^2$,于是

$$(\mathrm{tr}(\boldsymbol{A}))^2=(\lambda_1+\cdots+\lambda_n)^2\geqslant\lambda_1^2+\cdots+\lambda_n^2=\mathrm{tr}(\boldsymbol{A}^2).$$

(3) 因为$\boldsymbol{A}$正定,则$\boldsymbol{A}$可逆,并且$\boldsymbol{A}^{-1}$正定.由$\boldsymbol{I}=\boldsymbol{A}\boldsymbol{A}^{-1}$,可得

$$\begin{aligned}n&=\mathrm{tr}(\boldsymbol{I})=\mathrm{tr}(\boldsymbol{A}\boldsymbol{A}^{-1})=\mathrm{tr}(\boldsymbol{A}^{\mathrm{H}}\boldsymbol{A}^{-1})\\&\leqslant[\mathrm{tr}(\boldsymbol{A}^{\mathrm{H}}\boldsymbol{A})\mathrm{tr}(\boldsymbol{A}^{-\mathrm{H}}\boldsymbol{A}^{-1})]^{\frac{1}{2}}=[\mathrm{tr}(\boldsymbol{A}^2)\mathrm{tr}(\boldsymbol{A}^{-2})]^{\frac{1}{2}},\end{aligned}$$

又由(2)知

$$\sqrt{\mathrm{tr}(\boldsymbol{A}^2)}\leqslant\mathrm{tr}(\boldsymbol{A}),\quad\sqrt{\mathrm{tr}(\boldsymbol{A}^{-2})}\leqslant\mathrm{tr}(\boldsymbol{A}^{-1}),$$

因此$n\leqslant\mathrm{tr}(\boldsymbol{A})\mathrm{tr}(\boldsymbol{A}^{-1})$.

参考文献

[1] 许立炜,赵礼峰.矩阵论.北京:科学出版社,2011.
[2] 张明淳.工程矩阵理论.第2版.南京:东南大学出版社,2011.
[3] 戴华.矩阵论.北京:科学出版社,2001.
[4] 方保镕,周继东,李医民.矩阵论.北京:清华大学出版社,2004.
[5] 徐仲,张凯院,等.矩阵论简明教程.第2版.北京:科学出版社,2005.